Ernst von Glasersfeld

# Wissen, Sprache und Wirklichkeit

# Wissenschaftstheorie
# Wissenschaft und Philosophie

Gegründet von Prof. Dr. Simon Moser, Karlsruhe

Herausgegeben von Prof. Dr. Siegfried J. Schmidt, Siegen

1 H. Reichenbach: Der Aufstieg der wissenschaftlichen Philosophie (lieferbar als Band 1 der Hans Reichenbach Gesammelten Werke)
2 R. Wohlgenannt: Was ist Wissenschaft? (vergriffen)
3 S. J. Schmidt: Bedeutung und Begriff (vergriffen)
4 A.-J. Greimas: Strukturale Semantik (vergriffen)
5 B. G. Kuznecov: Von Galilei bis Einstein (vergriffen)
6 B. d'Espagnat: Grundprobleme der gegenwärtigen Physik (vergriffen)
7 H. J. Hummell, K. D. Opp: Die Reduzierbarkeit von Soziologie auf Psychologie (vergriffen)
8 H. Lenk (Hrsg.): Neue Aspekte der Wissenschaftstheorie (vergriffen)
9 I. Lakatos, A. Musgrave (Hrsg.): Kritik und Erkenntnisfortschritt (vergriffen)
10 R. Haller, J. Götschl (Hrsg.): Philosophie und Physik
11 A. Schreiber: Theorie und Rechtfertigung
12 H. F. Spinner: Begründung, Kritik und Rationalität. Band 1
13 P. K. Feyerabend: Der wissenschaftstheoretische Realismus und die Autorität der Wissenschaften
14 I. Lakatos: Beweise und Widerlegungen (vergriffen)
15 P. Finke: Grundlagen einer linguistischen Theorie
16 W. Balzer, A. Kamlah (Hrsg.): Aspekte der physikalischen Begriffsbildung
17 P. K. Feyerabend: Probleme des Empirismus
18 W. Diederich: Strukturalistische Rekonstruktionen
19 H. R. Maturana: Erkennen: Die Organisation und Verkörperung von Wirklichkeit
20 W. Balzer: Empirische Theorien: Modelle – Strukturen – Beispiele
21 H. von Foerster: Sicht und Einsicht
22 P. Finke, S. J. Schmidt (Hrsg.): Analytische Literaturwissenschaft
23 J. F. Ihwe: Konversationen über Literatur
24 E. von Glasersfeld: Wissen, Sprache und Wirklichkeit
25 J. Klüver: Die Konstruktion der sozialen Realität Wissenschaft: Alltag und System
26 Ch. Lumer: Praktische Argumentationstheorie
27 P. Hoyningen-Huene: Die Wissenschaftsphilosophie Thomas S. Kuhns
28 W. Stangl: Das neue Paradigma der Psychologie
29 W. Krohn, G. Küppers (Hrsg.): Selbstorganisation. Aspekte einer wissenschaftlichen Revolution
30 E. Matthies, J. Baecker, M. Wiesner: Erkenntniskonstruktion am Beispiel der Tastwahrnehmung
31 M. Borg-Laufs, L. Duda: Zur sozialen Konstruktion von Geschmackswahrnehmung
32 R. Paslack: Urgeschichte der Selbstorganisation
33 G. Schiepek: Systemtheorie der Klinischen Psychologie
34 A. Kertész: Die Modularität der Wissenschaft

Ernst von Glasersfeld

# Wissen, Sprache und Wirklichkeit

## Arbeiten zum radikalen Konstruktivismus

Autorisierte deutsche Fassung
von Wolfram K. Köck

vieweg

Autorisierte Übersetzung aus dem Englischen von Priv.-Doz. Dr. Wolfram K. Köck, Siegen

1. Auflage 1987
Nachdruck 1992



Der Verlag Vieweg ist ein Unternehmen der Verlagsgruppe Bertelsmann International.



Gedruckt auf säurefreiem Papier

ISSN 0939-6268

ISBN 978-3-528-08598-8 ISBN 978-3-322-91089-9 (eBook)
DOI 10.1007/978-3-322-91089-9

# Inhaltsverzeichnis

# Quellenverzeichnis

"The problem of syntactic complexity in reading and readability", *Journal of Reading Behavior* 3 (2), 1970, 1–14.

"Reading, understanding, and conceptual situations", Vortrag auf National Reading Conference, Tampa/Florida 1971. Veröff. in: F. P. Greene (ed.), *21st Yearbook of the N.R.C.*, Milwaukee/Wisc. 1972. 119–127.

"Semantic analysis of verbs in terms of conceptual situations", *Linguistics* 94, 1972, 90–107.

"'Because' and the concepts of causation", *Semiotica* 12 (2), 1974, 129–144.

"Signs, communication, and language", *Journal of Human Evolution* 3, 1974, 465–474.

"The development of language as purposive behavior", Vortrag auf Conference on Origins and Evolution of Speech and Language, New York 1976. Veröff. in: *Annals of the New York Academy of Sciences* 280, 1976, 212–226.

"Adaptation and viability", Vortrag auf APA Symposium "On the Proposal to 'Cannibalize' Comparative Psychology", Toronto 1978. Veröff. in: *American Psychologist* 35 (11), 1980, 970–974.

"On the concept of interpretation", *Poetics* 12, 1983, 207–218.

"Piaget and the radical constructivist epistemology", in: C. D. Smock/E. v. Glasersfeld (eds.), *Epistemology and Education,* Report 14, Athens/Georgia, Follow Through Publications 1974.

"The construct of identity or the art of disregarding a difference", Vortrag auf Fourth Biennial Southeastern Conference on Human Development, Nashville/Tennessee 1976.

"Notes on the epistemological revolution", Vortrag auf SGSR/AAAS Symposium on the General Systems Paradigm: Model for a Changing Science, Denver/Colorado 1977.

"A radical constructivist view of knowledge", Vortrag auf Annual Meeting of the American Educational Research Association (Symposium on Implications of Constructivism for Human Development), New York 1977.

"The concepts of adaptation and viability in a radical constructivist theory of knowledge", Vortrag auf Annual Meeting of the Jean Piaget Society, Philadelphia 1977. Veröff. in: I. Sigel/R. Golinkoff/D. Brodzinski (eds.), *New Directions in Piagetian Theory and their Application to Education,* Hillsdale/New Jersey: Erlbaum 1980, 87–95.

"Cybernetics, experience, and the concept of self", in: M. N. Ozer (ed.), *A Cybernetic Approach to the Assessment of Children: Toward a more Humane Use of Human Beings,* Boulder/Colorado: Westview Press 1979, 67–113.

"An epistemology for cognitive systems", Vortrag auf International Symposium on Problems of the Theory of Self-Organizing Systems, Bremen/W. G. 1979. Veröff. in: G. Roth/H. Schwegler (eds.), *Self-Organizing Systems,* Frankfurt/New York: Campus 1981, 121–131.

"The concept of equilibration in a constructivist theory of knowledge", Vortrag auf International Symposium on Communication and Society. The Theory of Autopoietic Systems as a Foundation of the Social Sciences, Paderborn 1979. Veröff. in: F. Benseler/P. M. Hejl/W. K. Köck (eds.), *Autopoiesis, Communication, and Society*, Frankfurt/New York 1980, 75–85.

„Einführung in den radikalen Konstruktivismus", in: P. Watzlawick (Hrsg.), *Die erfundene Wirklichkeit*, München: Piper 1981, 16–38. (Deutsche Originalfassung.)

"Feedback, induction, and epistemology", Vortrag auf International Congress on Applied Systems Research and Cybernetics, Acapulco 1980. Veröff. in: G. E. Lasker (ed.), *Applied Systems and Cybernetics*, New York: Pergamon Press 1981, 712–719.

"An interpretation of Piaget's constructivism", *Revue Internationale de Philosophie* (Invitational Piaget Issue), 36 (4), 1982, 612–635. (Deutsche Fassung vom Autor.)

"An attentional model for the conceptual construction of units and number", *Journal for Research in Mathematics Education* 12 (3), 1981, 83–94.

"Subitizing – the role of figural patterns in the development of numerical concepts", *Archives de Psychologie* 50, 1982, 191–218.

"Learning as constructive activity", *Proceedings of the 5th Annual Meeting of the International Group for Psychology in Mathematics Education*, Montreal 1983.

# Vorwort des Autors

Die Aufsätze, die in diesem Band gesammelt sind, belegen *einen* Weg zu einer konstruktivistischen Theorie des Wissens. Sie wurden zwischen 1970 und 1983 geschrieben und können in die drei Gruppen eingeteilt werden, die die Abschnitte dieses Buches ausmachen. Diese Einteilung spiegelt die drei Hauptthemen wider, denen meine tägliche Arbeit während der letzten fünfundzwanzig Jahre gewidmet war: begriffliche Sprachanalyse, die Natur der Erfahrungswirklichkeit, in der und über die wir uns verständigen, und die Struktur der besonderen Begriffe, auf denen mathematisches Denken beruht. Die Reihenfolge, in der ich die drei Gebiete „beruflich" zu studieren begann, wurde hauptsächlich durch äußere Umstände bestimmt, Umstände wie das Finden von Arbeitsstellen und das Ergattern von Forschungszuschüssen. Im Rückblick jedoch erscheint mir die Reihenfolge nun überaus vernünftig gewesen zu sein. Dieser Eindruck rührt wahrscheinlich von der unzweifelhaften Erinnerung, daß alle drei Gebiete mich seit jeher interessiert haben.

Obschon meine grundlegend konstruktivistische Orientierung schon Mitte der sechziger Jahre ziemlich ausgeprägt war, hatte ich damals noch keineswegs im Konstruktivismus den Schlüssel zu einer umfassenden Wissenstheorie entdeckt. Einige der Aufsätze, die hier nun wiedergegeben werden, waren für mich entscheidende Schritte auf der Suche nach einem einheitlichen Zugang zu Sprache, Kommunikation und Erkenntnislehre.

Heute sind nun einige zentrale Stücke dieses Unternehmens recht gut ausgearbeitet. Andere, wie der kritische Leser zweifellos bemerken wird, bleiben noch zu erkunden. Zwei Aufgaben erscheinen mir da die wichtigsten zu sein: erstens eine befriedigende Rechtfertigung des sogenannten „sicheren" Wissens zu liefern, das Logik und Mathematik angeblich verbürgen sollen; und zweitens zu zeigen, daß man auch aus einer Denkweise heraus, die alles Wissen als subjektive Konstruktion betrachtet, nicht nur die Notwendigkeit, sondern auch die Möglichkeit einer Grundlage für eine spezifisch menschliche Ethik aufbauen kann. Doch statt ein Ende vorwegzunehmen, will ich lieber zurück zu den Anfängen, die mir den Weg zum Konstruktivismus eröffneten.

Da war zunächst die einfache Tatsache, daß ich nicht in einer, sondern *zwischen* mehreren Sprachen aufwuchs. Meine beiden Eltern waren Österreicher, doch mein Vater hatte längere Zeit in Schottland gelebt. Auch meine Mutter sprach gut Englisch, und so kam es, daß meine Eltern es für gewisse Gegenstände und Situationen dem Deutschen vorzogen. Ohne es zu merken, lernte ich eine ganze Menge von beiden Sprachen. Kurz nach dem Ersten Weltkrieg, als ich vier oder fünf Jahre alt war, ließen meine Eltern sich in Norditalien nieder, und da lernte ich von Kindern, mit denen ich spielte, einiges Italienisch. Die Zeit von meinem zehnten bis zum achtzehnten Lebensjahr verbrachte ich in Zuoz, einem Internat in der Schweiz, wo man unter anderem *drei* Fremdsprachen wirklich erlernen mußte. Als ich die Matura machte, konnte ich fließend Englisch, Französisch und Italienisch sprechen und schreiben. Zwei Jahrzehnte später, als ich in begriffssemantische Untersuchungen dieser und anderer Sprachen verwickelt wurde, wurde mir klar, daß ich es versäumt hatte, mir eine Muttersprache anzueignen.

Eine Muttersprache haben heißt stillschweigend annehmen, daß die Art und Weise, in der diese Sprache die Erlebenswelt aufteilt, ordnet und beschreibt, selbstverständlich der wirklichen Wirklichkeit entspricht. Je tiefer ein Denker in seiner Muttersprache verankert ist, um so schwerer ist es für ihn, die Möglichkeit in Betracht zu ziehen, daß andere die Welt auf andere Weise sehen, kategorisieren und somit *erkennen* könnten. Ist man hingegen *zwischen* mehreren Sprachen aufgewachsen, hat in jeder von ihnen gelebt, dann hat man sich daran gewöhnt, von der einen Begriffswelt in die andere umzuschalten, so wie man etwa seine Schritte den Umständen anpaßt, je nachdem ob man eben auf Asphalt, Sand oder Schnee geht. Kommt man dann dazu, über die Mehrzahl dieser Erlebenswelten nachzudenken, dann kann man nicht umhin festzustellen, daß keine von ihnen eine Begriffsstruktur haben kann, die privilegierten Zugang zu jener unabhängigen ontischen Wirklichkeit hätte, von der die Philosophen seit jeher träumen.

Von dieser Einsicht zu jener anderen allgemeineren, daß alle kognitiven Organismen auch innerhalb ein und derselben Sprachgruppe sich ihre Vorstellungen von der Welt selber aufbauen müssen, ist kein allzugroßer Schritt. Die Intuition einer konstruktivistischen Erkenntnislehre liegt also ziemlich nahe, wenn man in mehreren Sprachen lebt und sich dauernd zwischen Begriffswelten bewegt, die im Vergleich zueinander alle etwas verschoben sind. Doch von der Intuition bis zur ausdrücklichen Formulierung ist es ein langer Weg.

Die Entwicklung meiner Ideen verdankt einigen Denkern und Schriftstellern sehr viel, die längst ähnliche Gedanken ausgedrückt hatten. Angesichts meiner Kindheit in Italien und der Tatsache, daß ich den Zweiten Weltkrieg als Farmer im Irischen Freistaat überlebte, ist es wohl kein Zufall, daß es vor allem Pirandello und Joyce, Vico und Berkeley waren, die mich zuerst in der Richtung auf subjektive Konstruktion bewegten. Was mir aber dann nach dem Ende des Krieges analytische Methode und eine gewisse formale Strenge des Denkens verlieh, waren die beinahe zwanzig Jahre zeitweiliger, aber außerordentlich intensiver Zusammenarbeit mit Silvio Ceccato, dem Gründer des ersten kybernetischen Instituts in Italien.

Während dieser zwei Jahrzehnte, die hauptsächlich mit semantischen Analysen in unterschiedlichen Sprachen verliefen, hing ich immer noch an der Auffassung, daß unter der Vielfalt von begrifflichen Konstruktionen doch ein fester Grund von Dingen, Beziehungen und Ereignissen zu finden sein müsse, auf den man die Bedeutungen aller sprachlichen Ausdrücke zurückführen könnte. Was dies unter anderem nicht nur plausibel, sondern geradezu notwendig erscheinen ließ, waren die scheinbar unabänderlichen Tatsachen der Mathematik und der Logik.

Mathematik war mein Lieblingsfach in der Schule gewesen und das bißchen Universitätsstudium, das ich hatte (ein Jahr in Zürich und eines in Wien, bevor Hitler meiner akademischen Erziehung ein Ende bereitete), war auch in diesem Fach. Aus eigener Erfahrung kann ich darum sagen, daß die Art und Weise, wie Mathematik gelehrt wird, zumindest in einer Beziehung außerordentlich erfolgreich ist: Sie tränkt den Studenten mit Platons metaphysischem Realismus und dem Glauben, daß es eine ganze Welt von ewigen „mathematischen Gegenständen" gibt, Dinge wie Zahlen, Punkte, Mengen, regelmäßige geometrische Körper usw., die da irgendwo wie Kristalle in einem unpersönlichen, geistigen Raum schweben. Sie mögen zuweilen schwer zu fangen sein, doch sie sind nichtsdestoweniger dem suchenden menschlichen Geist zugänglich, weil sie *da* sind, herrlich und unabänderlich wie am ersten Tag, dank der Voraussehung des göttlichen Schöpfers, der selbstverständlich selbst Mathematiker war.

Es ist in der Tat nicht leicht, von diesem herkömmlichen Glauben loszukommen. Obschon sowohl Berkeley wie auch Vico ganz ausdrücklich sagten, daß die Zahlen vom denkenden Geist konstruiert werden, ging mir das Licht erst auf dank einer Anekdote, die Juan Caramuel, ein Bischof von Vigevano, um 1670 geschrieben hatte, und die ich erst dreihundert Jahre später zu lesen bekam.

> Da war einmal ein Mann, der sprach im Schlaf. Als die Uhr die vierte Stunde schlug, sagte er: „Eins, eins, eins, eins – die Uhr ist ja verrückt, sie hat viermal eins geschlagen!"
>
> Der Mann hatte offensichtlich viermal einen Schlag wahrgenommen, nicht aber, daß die Uhr vier geschlagen hatte. Was er im Sinn hatte, war nicht vier, sondern viermal eins; woraus man ersieht, daß Zählen etwas anderes ist, als mehrere Dinge als gleichzeitig zu betrachten.
>
> Hätte ich vier Uhren in meiner Bibliothek, und alle vier schlügen eins zur gleichen Zeit, so würde ich nicht sagen, sie hätten vier geschlagen, sondern viermal eins. Dieser Unterschied liegt nicht in den Dingen, unabhängig von den Operationen des Geistes. Im Gegenteil, er hängt vom Geist desjenigen ab, der zählt. Der Intellekt also *findet keine* Zahlen, sondern er *macht* sie; er betrachtet unterschiedliche Dinge, jedes an sich verschieden, und vereinigt sie willentlich im Denken. (Caramuel, 1670/1977: 13) [1].

Es genügt aber nicht, einfach zu zeigen, daß Zahlen vom denkenden Menschen gemacht werden. Die konstruktivistische Anschauung wird erst dann überzeugend, wenn man nicht nur bestimmte Operationen beschreiben kann, sondern auch ein hypothetisches Modell, das diese Operationen ausführen könnte. Im Fall der Zahlen müßte so ein Modell Strukturen produzieren können, von denen man zeigen könnte, daß sie leisten könnten, was Zahlen zu leisten imstande sein sollen.

Für mich war es ein ungemein glücklicher Umstand, daß ich im Jahr 1976 in die Untersuchungen der Entwicklung von Zahlbegriffen bei Kindern eingeführt wurde, die Leslie Steffe auch heute noch an der Universität von Georgia leitet. Dank der raffinierten Technik, die Steffe im Rahmen des „Lernexperiments" entwickelt hatte, war es nun möglich, die Plausibilität hypothetischer Modelle anhand von empirischen Beobachtungen zu prüfen. Die Aufsätze, mit denen diese Sammlung schließt, stammen aus dieser Zusammenarbeit, sowie ein Buch – *Children's Counting Types* [2] – das wir gemeinsam verfaßten.

Wie auch immer diese Forschung eines Tages eingeschätzt wird, mich hat sie auf jeden Fall in dem Glauben bestärkt, daß mathematisches und logisches Wissen erfolgreich vom konstruktivistischen Gesichtspunkt aus analysiert werden können. Meine gegenwärtige Auffassung ist also kurz die folgende: Ersetzt man die Begriffe der Übereinstimmung und Korrespondenz durch den Begriff der konstruierten Anpassung, dann löst sich erstens das Dilemma der herkömmlichen Erkenntnislehre; zweitens schafft man einen neuen Zugang zu dem Problem des „Verstehens" in der Kommunikation zwischen Benützern natürlicher Sprachen; und drittens hat die Arbeit im Bereich der Einheits- und Zahlbegriffe, obschon sie noch in den Anfängen ist, die Hoffnung verstärkt, daß die Wirklichkeit der Mathematik nicht minder als Konstruktion erklärt werden kann als die alltägliche Wirklichkeit des sogenannten „gesunden Menschenverstandes". Was zu tun bleibt, und was ich in den nächsten Jahren in Angriff zu nehmen hoffe, ist einerseits der Versuch einer konstruktivistischen Analyse der deduktiven Denkvorgänge und andererseits die Erkundung eines möglichen Wegs zur Entwicklung einer konstruktivistischen Ethik.

In diesem kurzen Vorwort habe ich nur einige wenige der Ideen erwähnt, die mein Denken beeinflußt haben. Andere waren nicht minder hilfreich. Percy Bridgman, dessen Werk vom psychologischen *establishment* in den Vereinigten Staaten hoffnungslos mißverstanden wurde, lieferte den ersten soliden Ausgangspunkt für Ceccatos Begriffsanalysen und später für meine eigenen. Und wie der Leser dieser Aufsätze feststellen kann, habe ich mich bemüht, immer wieder den Dank auszudrücken, den ich der bahnbrechenden Arbeit Jean Piagets schulde.

Große Denker zu lesen ist aber nicht die einzige Quelle der Eingebung. Da gibt es persönliche Kontakte, die – wie man oft erst im Rückblick erkennt – ausschlaggebend für die Ideen waren, die man im Lauf der Zeit entwickelt hat. In dieser Hinsicht will ich vor allem Rowena Swanson danken, die das U.S. Air Force Forschungsprojekt beaufsichtigte, das ich in Italien und dann in Athens, Georgia, leitete. Sie schuf die Gelegenheiten, die es mir möglich machten, Warren McCulloch und Heinz von Foerster kennenzulernen und so in die „zweite" Kybernetik in den Vereinigten Staaten eingeführt zu werden. Die vielen Diskussionen mit Heinz, mit Humberto Maturana und mit Francisco Varela gaben mir und geben mir weiterhin unvergleichliche Kritik, Hilfe und Ermutigung.

Tiefer und umfassender noch ist mein Dank an jene, deren liebevolle, nachsichtige Unterstützung mir den Gleichmut und die Zuversicht verliehen, meine Ideen niederzuschreiben: Isabel, die Gefährtin meiner Jugend, und Charlotte, deren Vertrauen und Verständnis mein gegenwärtiges Leben erhellen.

*Athens, Georgia, im Juli 1986* E. v. G.

**Anmerkungen**

[1] Joannes Caramuel, *Meditatio Prooemialis* (1670). In: A. Parea, P. Soriano & P. Terzi (Hrsg.), *L'aritmetica binaria e le altre aritmetiche di Giovanni Caramuel, Vescovo di Vigevano.* Vigevano: Academia Tiberina 1977. Den Hinweis auf dieses außerordentlich wichtige Dokument verdanke ich meinem verstorbenen Freund Paolo Terzi, der es in der Bibliothek von Vigevano wiederentdeckte.

[2] L. P. Steffe, E. v. Glasersfeld, J. Richards & P. Cobb, *Children's Counting Types: Philosophy, Theory, and Application.* New York: Praeger 1983.

# Teil I

# Sprache und Semantik

# Lesen und Lesbarkeit: das Problem der syntaktischen Komplexität

*Kurzfassung*

Der Begriff der syntaktischen Komplexität wird unter dem Gesichtspunkt der Lesbarkeit erörtert. Es wird gezeigt, daß Leseschwierigkeiten durch verschiedene Faktoren verursacht werden, und daß einige dieser Faktoren Untersuchungen unzugänglich bleiben, die auf traditionelle oder generative Grammatiken gegründet sind. Die Messung „syntaktischer Tiefe" wird der Richtung der interpretativen Verarbeitung auf seiten des Lesers angepaßt, die Relevanz der relationalen Semantik ebenso wie der „prospektiven" Ambiguität von Phrasenstrukturen wird nachgewiesen. Merkmale einer interpretativen Grammatik, wie sie für Lesbarkeitsuntersuchungen nützlich scheint, werden mit Bezug auf die Korrelationsgrammatik verdeutlicht, die für die automatische Interpretation englischer Sätze durch einen Computer entwickelt worden ist.

Lange bevor naturwissenschaftlich orientierte Forscher ihre Aufmerksamkeit auf die Prozesse richteten, die wir *Lernen* und *Lehren* nennen, gab es bereits in gewissem Umfang eine empirisch entwickelte Methodologie. Da die meisten Wissensbereiche und die meisten Fertigkeiten unschwer in Teile zerlegt werden konnten, die mehr oder weniger schwierig erschienen, war es allgemein üblich, sich zuerst mit den leichteren und erst später mit den komplexeren zu beschäftigen.

In bestimmten Bereichen lassen es die wissenschaftlichen Untersuchungen der letzten Jahrhunderthälfte inzwischen zweifelhaft erscheinen, was einfach und was komplex ist, ja sie mögen die überkommenen Vorstellungen davon sogar umgekehrt haben; nichts aber hat die Grundüberzeugung erschüttert, daß dem Studenten erst die einfacheren Dinge dargeboten werden sollten, bevor die schwierigeren angegangen werden.

Für die sprachlichen Fertigkeiten und besonders den Leseunterricht haben neuere Forschungsergebnisse sehr deutlich gemacht, daß wir zwar intuitiv mehr oder minder fähig sind, die allgemeinen Schwierigkeiten einzuschätzen, die ein Text dem Leser bereitet, daß wir aber nach wie vor nur ein recht unzureichendes Verständnis einiger der Faktoren haben, die diese Schwierigkeiten erzeugen, und daß uns daher Mittel und Wege abgehen, ihre Bedeutung bzw. ihren Einfluß objektiv zu ermitteln (vgl. Chall 1959; Klare 1963; Spache 1964; Stauffer 1969).

In seiner Arbeit "New Developments in Readability Research" (1968) stellt John R. Bormuth nach einer kritischen Besprechung von Lesbarkeitsuntersuchungen fest:

> „Alle diese Bücher machen klar, daß sich die zukünftige Lesbarkeitsforschung auf drei Probleme wird konzentrieren müssen. Zuerst muß eine verläßlichere Methode für die Messung der Schwierigkeiten entwickelt werden, die die Kinder beim Verstehen von Texten haben. Zweitens müssen Forscher

eine so gründliche Kenntnis der Linguistik erwerben, daß sie diejenigen sprachlichen Merkmale der Texte, die von wirklich entscheidendem Einfluß auf das Verstehen sind, messen und beschreiben können. Und drittens müssen Forscher ihre Daten weitaus genauer analysieren, als sie es bisher getan haben."

Die Erforschung der sprachlichen Merkmale, die die Lesbarkeit von Texten bestimmen, ist jedoch nur langsam und sporadisch vorangekommen. Die vielen Lesbarkeitsformeln, die entwickelt worden sind, ermitteln die relative Schwierigkeit eines Texts gewöhnlich auf der Basis des benutzten *Wortschatzes* (Anzahl lexikalischer Elemente, „schwieriger" Wörter, abstrakter Ausdrücke usw.), der *Satzlänge* (Anzahl der Wörter pro Satz), der *Lebensnähe* (Miller 1963), und in einigen wenigen Fällen durch eine Zählung von *Präpositionalphrasen* und *Teilsätzen*. Niemand hat unseres Wissens bis jetzt einen Lesbarkeitstest geschaffen, der die völlig *andersartigen* Schwierigkeiten berücksichtigt, die ein bestimmter Text auf der syntaktischen oder strukturellen Ebene bereiten kann.

Obwohl kein Zweifel daran bestehen kann, daß syntaktische Komplexität als ein wichtiger Faktor des Verstehens (Rystrom 1970; Moffet 1968; Strang u. a. 1967) und somit der Beurteilung sowohl der Lesbarkeit von Texten als auch der Lesefähigkeit von Studenten gelten muß, ist überhaupt nicht klar, was mit diesem Begriff gemeint sein soll. Einer der Gründe für diese Vagheit ist das recht verzweifelte Bemühen traditioneller Linguisten, die absolute Trennung von Syntax, Semantik und Pragmatik durchzuhalten und Sprache daher als ein mehr oder minder „formales" System zu behandeln, dessen Satzstrukturen ohne Bezug auf Kontext oder Bedeutung beschrieben werden können. Dies hat zu einer extremen Übersimplifizierung der Elemente und Regeln geführt, mit denen eine natürliche Sprache beschrieben wird, hat außerdem mindestens drei Bereiche im Dunkeln belassen, von denen jeder, wie wir glauben, seine eigenen ganz spezifischen Leseschwierigkeiten erzeugt. Diese sind: *syntaktische Tiefe, relationale Semantik* und *prospektive Ambiguität.*

## Syntaktische Tiefe

In seinen bereits klassischen Arbeiten "A Model and a Hypothesis for Language Structure" und "The Depth Hypothesis" (1960; 1961) hat Victor Yngve den Begriff der strukturellen *Tiefe* eingeführt. Anhand des recht geläufigen Modells der Sprachstruktur, demgemäß ein Satz als eine hierarchische binäre Anordnung unmittelbarer Konstituenten (binäres Baumdiagramm) dargestellt wird, konnte Yngve zeigen, daß die von einem Satzgenerator benötigte temporäre Speicherkapazität durch die Anzahl konsekutiver Links-Verzweigungen determiniert wird, die die Grammatik, der die Sätze entsprechen müssen, zuläßt.

Werden Sätze generisch durch das Diagramm

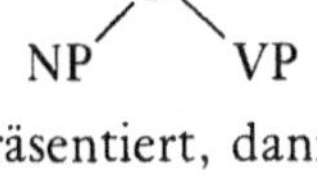


repräsentiert, dann nimmt Yngve an, daß jeder Satz nach dieser Formel durch „Expansion" der unteren Knoten bis zur Ebene der lexikalischen Elemente generiert wird, und daß diese Expansion zuerst immer für den linken von einem Knoten absteigenden Zweig, und erst danach für den rechten Zweig durchgeführt wird. Daraus ergibt sich notwendig eine „Verpflichtung" in dem Sinne, daß während der Expansion eines linken Zweiges (z. B. der Nominalphrase NP im obigen Diagramm) eine Aufzeichnung des grammatischen Typs des rechten Elements (z. B. der Verbalphrase VP) gespeichert werden muß, so daß der Generator weiß, wie er weiter zu verfahren hat, sobald die ablaufende Expansion beendet ist. Je mehr konsekutive Linksverzweigungen es also gibt, um so mehr Symbole müssen gespeichert werden, und die Anzahl der zu speichernden Symbole ist das Maß der „Tiefe" des Satzes.

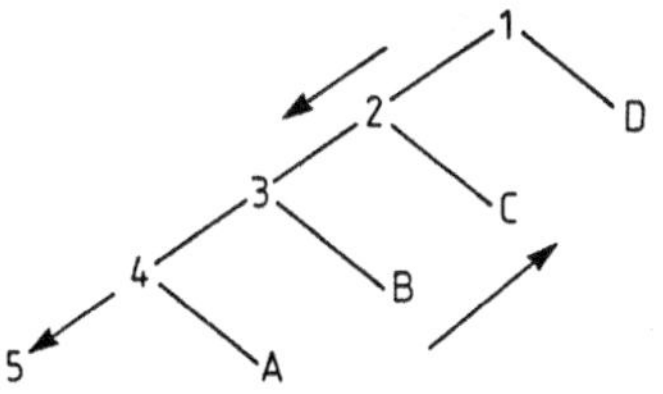

regressiv

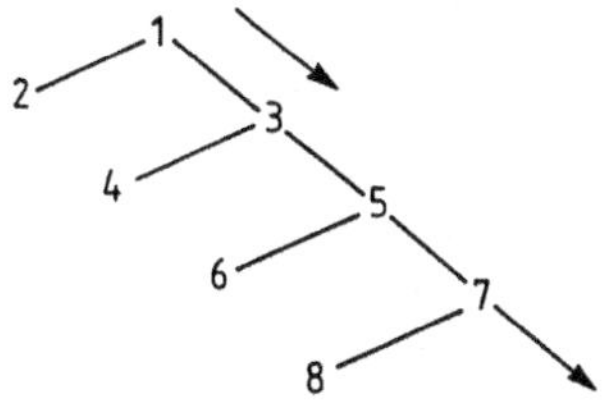

progressiv

Eine regressive Struktur wie die auf der linken Seite erfordert für jeden nach unten gerichteten Schritt die Speicherung eines zusätzlichen Symbols. Die gegebene Struktur von der Tiefe 4 erfordert die Speicherung der 4 Symbole A, B, C und D. Eine progressive Struktur wie die auf der rechten Seite kann mit Hilfe eines temporären Speichers, der nur ein Symbol behalten kann, beliebig lang ausgedehnt werden (Yngve 1961).

Auf den ersten Blick könnte man nun meinen, daß Yngves „Tiefe" ein Maß syntaktischer Komplexität ist. Das ist aber nicht der Fall. Der Tiefenkoeffizient eines gegebenen Satzes gibt in Wirklichkeit die Anzahl der vom temporären Speicher des Generators geforderten Plätze an, und Yngve hat überzeugend nachgewiesen, daß bestimmte Komplexitäten der englischen Syntax den Zweck haben, die Tiefe von Satzstrukturen zu begrenzen. Er sagt:

> „Es ist *nicht* der Fall, daß in der englischen Sprache sehr tiefe Strukturen wohl zugelassen, aber aufgrund beschränkter Speicherkapazität nur nicht genutzt werden. Es *ist* aber der Fall, daß die Grammatik des Englischen so aufgebaut ist, daß übermäßig tiefe Konstruktionen wirksam verhindert und alternative Konstruktionen von geringerer Tiefe bereitgestellt werden. Und es ist eben diese Tatsache, die einen Großteil der Komplexität des Englischen erklärt, die die Komplexität mathematischer oder logistischer Notationen bei weitem übertrifft." (Yngve 1961)

Die Tatsache, daß syntaktische Komplexität und Tiefe mit unterschiedlichen Aspekten der Satzstruktur zu tun haben, wird klar, wenn wir Sätze der folgenden Art miteinander vergleichen: Satz (A) hat eine Tiefe von 5, Satz (B) eine Tiefe von 3, es wäre jedoch schwierig zu behaupten, daß (A) syntaktisch komplexer ist als (B).

Mit Bezug auf Lesbarkeit muß jedoch eine andere und bei weitem wichtigere Überlegung angestellt werden. Yngves Maß der Satztiefe gibt den Speicherbedarf eines Satzgenerators an; ein Leser generiert aber keine Sätze, seine Aufgabe ist es vielmehr, Sätze zu interpretieren.[1] Bei jeder Erörterung von Lesbarkeit sollte man

1) Dieser Richtungsunterschied ist von manchen Sprachwissenschaftlern durchaus berücksichtigt worden: vgl. etwa Hoppe (1964), Zierer (1967).

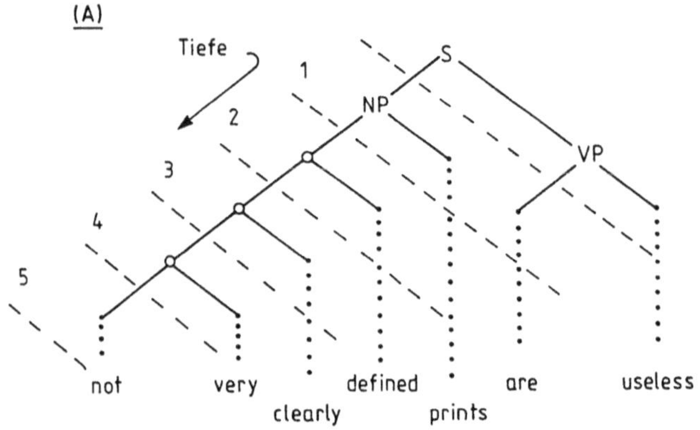


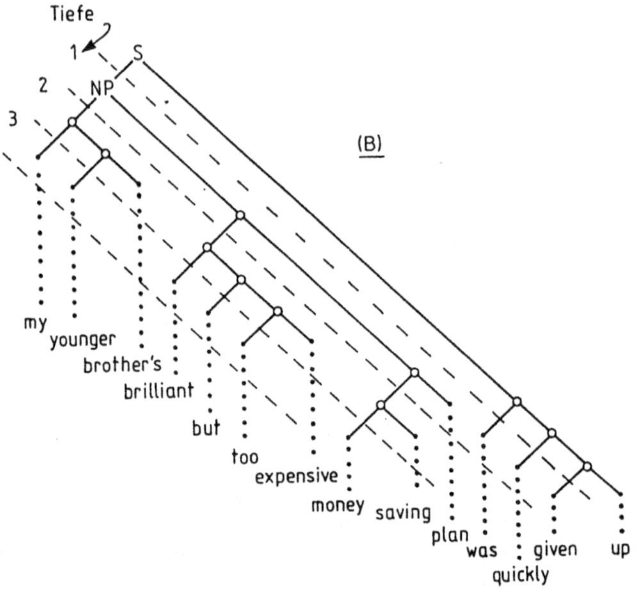


sich daher die Tatsache vor Augen halten, daß interpretierendes Verstehen ein Prozeß ist, der von einem *gegebenen* Stück Sprache, etwa einem Satz, ausgeht, und daß solches Verstehen folglich eine operationale Richtung hat, die in einem sehr realen Sinne der operationalen Richtung der Generierung eines Satzes entgegengesetzt ist.

Die Verschiedenheit der Richtung ist in mehr als nur einer Weise entscheidend, und wir werden später noch einmal darauf zurückkommen, wenn wir die „prospektive Ambiguität" behandeln. Im gegenwärtigen Zusammenhang ist es wichtig zu sehen, daß der Speicherbedarf, wie er sich in Yngves Tiefenmaß ausdrückt, sich allein aus der Notwendigkeit ergibt, die Verpflichtungen *während der Expansion* eines linken Zweiges genau zu verfolgen, Verpflichtungen, die für den Leser oder Interpreten nicht existieren. Was ein Leser nämlich tatsächlich verfolgen muß, sind die *potentiellen* syntaktischen Verknüpfungen zwischen Wörtern und Phrasen, die er bereits gelesen hat, denn mit Hilfe dieser syntaktischen Verknüpfungen, und *nur* mit ihrer Hilfe, ist er imstande, die Wörter und Phrasen des Satzes zu einer kohärenten Struktur zusammenzufügen. Diese potentiellen syntaktischen Verknüpfungen sind sozusagen Verweise auf das, was der noch ungelesene Teil des Satzes bringen wird, keine Verpflichtungen für die Generierung von Rechtsverzweigungen im Sinne Yngves.

Der Satzgenerator, der Satz (A) zu NP und VP expandiert, muß daher die Verpflichtung speichern, hernach VP zu expandieren, und er muß ihre Aufzeichnung so lange bewahren, wie er mit NP beschäftigt ist, d. h. über die ganze Strecke der Linksverzweigung bis unten hin, wo er das Wort "not" einführt; und bei jeder neuen Linksverzweigung muß er eine weitere Verpflichtung für die Rechtsverzweigung eines Knotens speichern, den er expandiert.

Der Leser andererseits beginnt seine Interpretationsarbeit, wenn er das Wort "not", das erste Wort des Satzes, aufnimmt. Da es das erste Wort ist, kann er vorhersagen, daß es den Endpunkt eines linken Zweiges oder einer Folge von Linksverzweigungen bildet, aber es gibt für ihn überhaupt keine Hinweise auf mögliche „Verpflichtungen" durch Knoten jenseits des unmittelbar benachbarten höheren Knotens. „Verpflichtung" ist außerdem kaum der richtige Begriff für all das, was das Wort "not" über den angrenzenden Knoten mitteilt; läßt man nämlich einmal seinen Bedeutungsgehalt beiseite, so besteht die Information, die der Leser diesem Wort entnehmen und für späteren Gebrauch speichern muß, darin, daß es praktisch mit fast jedem Wort, das folgen könnte, eine syntaktische Verbindung eingehen kann, die finite Form eines Verbs ausgenommen. Sobald der Leser daraufhin das Wort "very" aufnimmt, kann er die syntaktische Struktur "not very" bilden und gleichzeitig seine Aufzeichnung bezüglich des Einzelwortes "not" löschen bzw. sie durch eine Aufzeichnung der potentiellen syntaktischen Verknüpfungen der Struktur, die er eben hergestellt hat, ersetzen. Er kann dieses Vorgehen für die Wörter "clearly", "defined" und "prints" wiederholen und kommt dabei die ganze Zeit mit nur einem Speicherplatz aus, mit dem er bei jedem Schritt die Aufzeichnung entweder vervollständigt oder austauscht und so die syntaktischen Möglichkeiten der neuen größeren Struktur abbildet. Erst dann, wenn der Leser das Wort "are" erreicht, benötigt er einen zweiten Speicherplatz, denn nun muß er ein zweites Wort aufzeichnen, d. h. "useless", um die Struktur "are useless" zu bilden, bevor er diese mit der fünfwortigen NP-Struktur verknüpfen kann, die er verfügbar hat, um so schließlich zur vollständigen Struktur des ganzen Satzes zu gelangen.

Der Leser benötigt daher im Gegensatz zum Generator keine zusätzlichen Speicherplätze, wenn er einem linken Pfad folgt, benötigt diese aber immer dann, wenn er sich entlang eines rechten Zweiges bewegt.

Sehen wir einmal von der Frage ab, wie groß die vom Leser benötigten Speichereinheiten sein müßten (vgl. weiter unten zur relationalen Ambiguität), dann könnten wir hier sagen, daß die „Tiefe", die die für die Interpretation eines gegebenen Satzes notwendige Speicherkapazität abbildet (wir könnten sie als „Interpretationstiefe" bezeichnen), an den konsekutiven Rechtsverzweigungen der Satzstruktur und nicht an den Linksverzweigungen gemessen werden müßte, wie dies für die „generative Tiefe" bei der Satzerzeugung der Fall ist.

Ein Vergleich der Sätze (A) und (B) zeigt, daß beide je nach Standpunkt unterschiedliche Tiefe haben, d. h. je nachdem, ob wir an generativer oder an interpretativer Tiefe interessiert sind:

| | Generative Tiefe | Interpretative Tiefe |
|---|---|---|
| Satz (A) | 5 | 2 |
| Satz (B) | 3 | 4 |

Interpretative Tiefe hat natürlich mit syntaktischer Komplexität ebensowenig zu tun wie generative Tiefe, sie dürfte jedoch einen etwas nützlicheren Ansatz für die Abschätzung des bei einem *Leser* erforderlichen temporären Speicherbedarfs bieten als der Begriff der generativen Tiefe, der explizit von einem Modell der Satzerzeugung abgeleitet wurde.[2]

## Relationale Semantik[3]

Wir haben die Beziehung zwischen Syntax und Semantik erst vor kurzem in einem Aufsatz über Computerlinguistik erörtert (von Glasersfeld 1969). Auch wenn wir uns in dieser Arbeit mit dem Problem befaßt haben, einen Computer zu „lehren", englische Sätze zu interpretieren (oder zu verstehen), scheinen uns einige der wesentlichen Punkte gleichermaßen für die Untersuchung von Lesbarkeit sowie für Probleme relevant zu sein, die sich stellen, wenn Kindern das Lesen und Interpretieren von Sprache beigebracht werden soll:

> „Traditionelle Sprachwissenschaftler, besonders Grammatiker, konnten ihr Geschäft ganz fröhlich auf der Grundlage der mehr oder weniger expliziten Annahme betreiben, daß Sprache – wie so viele andere Dinge in der nach wie vor weit verbreiteten platonischen Weltsicht – auf zwei Ebenen verteilt werden kann: auf die ideale, unbeschmutzte Ebene der reinen Struktur oder reinen Form, die ihrer Natur nach Generalisierungen erlaubt, und die etwas unordentliche, unsystematische, und daher weit weniger interessante Ebene des einzelnen Bedeutungsinhalts. Diese Dichotomie blieb so lange möglich und praktikabel, als der Gebrauch von Sprache auf Organismen beschränkt wurde, die zu dem Zeitpunkt, in dem sie sprachliche Handlungen auszuführen begannen, notwendig eine ungeheure Masse sowohl von Erfahrungs- als auch Begriffswissen angesammelt hatten, von der sie mehr oder weniger bewußt Gebrauch machen konnten, wann immer die Formulierung oder das Verstehen eines sprachlichen Ausdrucks etwas erforderte, das über die Regeln der idealen Grammatik hinausreichte.
>
> Mit dem Auftreten von Computern hat sich diese Situation radikal verändert. Plötzlich sahen Linguisten sich aus dem einen oder anderen Grund vor die Aufgabe gestellt, ihr Fachwissen einem potentiellen Sprachbenutzer zu übermitteln, der überhaupt kein vorgegebenes Erfahrungs- oder Begriffswissen besaß. Daraus ergaben sich zahllose Fragen, die bis dahin niemand beantworten hatte müssen, ja es wurde geradezu quälend deutlich, daß die Anwendung eines Großteils des von Linguisten so hoch geschätzten theoreti-

[2] Die Tatsache, daß eine gewisse Beziehung zwischen Leseschwierigkeit und Yngves generativer Tiefe feststellbar ist (vgl. Martin/Roberts 1966), mag durchaus damit zusammenhängen, daß generative und interpretative Tiefe in einfachen, wohl-ausgewogenen Sätzen etwa den gleichen Wert haben, und daß so weit voneinander abliegende Sätze wie (A) und (B) in Lesetexten ziemlich selten sein dürften.

[3] Dieser Begriff wurde unseres Wissens erstmals von Ullmann (1957) gebraucht.

schen Wissens auf konkret gegebenes Sprachmaterial eine beträchtliche, aber noch völlig ungeklärte *Vorverarbeitung* eben dieses selben Sprachmaterials voraussetzte."

Arbeiten zur automatischen Satzanalyse (d. h. Satzanalyse durch einen Computer) haben eine Vielzahl von Problembereichen zutage gefördert, die sich von der Tatsache herleiten, daß die korrekte syntaktische Interpretation eines bestimmten Satzes von der semantischen Eigenart der lexikalischen Elemente abhängen kann, aus denen der Satz besteht. Zwei Beispiele dürften genügen, um diese Art von Problem zu verdeutlichen.

Das korrekte Verstehen von Sätzen wie

(a) "He trains rats to push a button" und
(b) "He catches rats to make a living"

setzt voraus, daß wir verstehen, daß es in (a) die Ratten sind, die auf Knöpfe drücken (d. h. daß die mit "rats" bezeichneten Elemente die Ausführenden der Aktivität sind, die mit "to push" bezeichnet wird), während es im Satz (b) das als "he" benannte Element ist, das sich einen Lebensunterhalt verdient. Grammatisch sind die Konstituenten der beiden Sätze identisch; die relationale Struktur ist jedoch verschieden, und um diesen Unterschied wahrzunehmen, müssen wir etwas über den semantischen Aufbau der durch die Konstituenten bezeichneten Elemente wissen.

In ähnlicher Weise erfordert die korrekte Interpretation von Sätzen wie

(c) "John is very easy to please"
(d) "John is very likely to win",
(e) "John is very young to go to school",

das Wissen, daß in (c) das mit "John" bezeichnete Element das Objekt der mit "to please" bezeichneten Aktivität ist, und daß dieser Satz in "to please John is very easy" transformiert werden kann, während in (d) und (e) dasselbe Element Ausführender der jeweiligen Tätigkeiten ist; und während in (d) das Adjektiv "likely" sich auf das Auftreten der mit "to win" benannten Aktivität bezieht und der Satz daher in "it is very likely that John will win" transformiert werden kann, bezieht sich in (e) das Adjektiv "young" auf "John", und der Satz kann nicht auf die gleiche Weise wie (d) transformiert werden, entspricht vielmehr der Paraphrase "John is very young for going to school".[4])

Relationale Unterscheidungen dieser Art finden sich in vielen Bereichen der englischen Grammatik. Obwohl ihre Schwierigkeit erst richtig begriffen wurde, als Computer programmiert werden sollten, um englische Sätze zu interpretieren, handelt es sich dabei doch offensichtlich um Schwierigkeiten, die jedes Kind überwinden muß, das Lesen, d. h. das Verstehen von Sätzen des Englischen lernt.

Die bisher gegebenen Beispiele könnten den Eindruck erwecken, daß die Probleme relationaler Semantik erst dann auftreten, wenn wir es mit relativ komplizierten Formen sprachlicher Ausdrücke zu tun haben. Nach unserer Erfahrung ist dies nicht der Fall. Denken wir nur an das so gewaltige und verschiedenartige Netz von Relationen, das wir beherrschen müssen, sobald wir anfangen, Präpositionen zu gebrauchen. Der traditionelle Grammatiker spricht in der Regel

[4]) Von Glasersfeld/Notarmarco (1972) unterscheiden zehn relationale Typen, die im Englischen alle durch dieselbe Kette grammatischer Konstituenten bezeichnet werden.

von „Präpositionalphrasen", macht aber seine Augen zu[5]), wenn sich das Problem stellt, die relationalen Unterschiede zwischen Sätzen wie den folgenden sauber auseinanderzulegen:

| | | |
|---|---|---|
| (f) | "John had arrived by car", | (*mit* dem Auto) |
| (g) | "John had arrived by the fields", | (*über* die Felder) |
| (h) | "John had arrived by sunrise", | (*vor* Sonnenaufgang) |
| (i) | "John had arrived by moonlight", | (*bei* Mondlicht) |
| (j) | "John had arrived by accident" | (*durch* Zufall) |

usw.

Und doch muß jedes Kind, das Englisch als Muttersprache sprechen soll, oder jeder Ausländer, der Englisch als weitere Sprache lernen will, und schließlich jeder Computer, der englische Texte interpretieren soll, unweigerlich die verschiedenen Relationen zu unterscheiden lernen, die von "by" in den Beispielen (f)–(j) ausgedrückt werden, und in ähnlicher Weise natürlich *alle* die vielen anderen Relationen, die von Präpositionen des Englischen ausgedrückt werden können.

In den Untersuchungen, die zur Entwicklung der „korrelationalen Grammatik" geführt haben (von Glasersfeld 1970; Dutton 1968; von Glasersfeld 1970), wurden die von den 25 häufigsten englischen Präpositionen ausgedrückten Relationen festgestellt, beschrieben und klassifiziert (von Glasersfeld 1967). Obwohl diese Untersuchungen noch nicht abgeschlossen sind, ist genügend Material durchgearbeitet worden, um die Vorhersage zu rechtfertigen, daß die Gesamtzahl exakt definierbarer Relationen, die die englische Sprache mithilfe von Präpositionen ausdrückt, 1000 nicht überschreitet, wahrscheinlich eher um die 500 betragen wird.

Unseres Wissens ist noch keine umfassende Untersuchung angestellt worden, um herauszufinden, welche der von einer bestimmten Präposition ausgedrückten Relationen von Kindern (und generell von Lernern der Sprache) zuerst bewältigt wird, oder in welcher Reihenfolge die unterschiedlichen Relationen normalerweise erworben werden. Es ist nicht plausibel anzunehmen, daß alle gleichzeitig gelernt werden. Die präpositionalen Beziehungen in einem bestimmten Text dürften also, besonders dann, wenn sie nicht zu den besonders gebräuchlichen gehören, eine Quelle von Schwierigkeiten und folglich für die Beurteilung der Verständlichkeit und Lesbarkeit dieses Textes von Bedeutung sein.

Wir haben das Problem der Präpositionalbeziehungen besonders herausgestellt, weil wir es an keiner anderen Stelle behandelt gefunden haben. Das Erkennen spezifischer Beziehungen sowie des Beziehungsnetzes, das durch eine Phrase oder einen Satz ausgedrückt wird, ist jedoch ein Problem nicht nur der Präpositionen, sondern auch eines gut Teils anderer syntaktischer Strukturen. Dies sollte aus den Beispielen (a)–(e) klar geworden sein, wir können aber noch Dutzende anderer Wortketten anfügen, die sorgfältig unterschieden werden müssen, wenn Verstehen erreicht werden soll, obgleich ihre Konstituenten vom Standpunkt der traditionellen Grammatik her nicht unterscheidbar sind:

---

5) Es hat allerdings einige Linguisten und Grammatiker gegeben, die an der Erforschung der verschiedenen Relationen gearbeitet haben, die nach der groben Klassifikation konventioneller syntaktischer Funktionen unter nur einem Begriff gebündelt worden sind. Vgl. etwa Sapir (1932), Brøndal (1950), und einige wenige andere. Diese Arbeiten haben aber im größten Teil der neueren linguistischen Literatur nicht die geringste Spur hinterlassen.

In

(k) "This child reads well"
(l) "This book reads well"

ist die Beziehung Akteur – Aktivität verschieden, in

(m) "Charles paid the bill"
(n) "Charles paid the waiter"
(o) "Charles paid five dollars"

ist die Beziehung Verb – Objekt verschieden, in

(p) "He beats the iron hot"
(q) "He files the iron smooth"
(r) "He climbed the steps exhausted"

ist die Relation des Adjektivs zur Bezugsgröße jeweils verschieden usw.

Wenn wir diesen sehr kurzen und etwas oberflächlichen Exkurs in die relationale Semantik zusammenfassen, können wir sagen: Wenn wir mit *syntaktischer Komplexität* lediglich die Komplexität der Satzstruktur meinen, wie sie in den Begriffen der traditionellen Grammatik beschrieben wird, dann kommen wir der tatsächlichen Komplexität der Relationen, die der Leser des jeweiligen Satzes zu entwirren hat, um Verstehen zu erreichen, nicht einmal nahe. Oder, um es anders zu formulieren, wenn die Komplexität der grammatischen Oberflächenstruktur eines Satzes tatsächlich als ein Faktor für die Beurteilung der Lesbarkeit angesehen werden kann, dann liegt ein weitaus wirksamerer Faktor in der Komplexität der relationalen Struktur, die dieser Oberfläche zugrundeliegt.

**Prospektive Ambiguität**

Im Abschnitt über syntaktische Tiefe haben wir die Auswirkungen der Richtung der Verarbeitung bei der Generierung von Sätzen einerseits, bei der Interpretation von Sätzen andererseits zu zeigen gesucht. Diese Verschiedenheit der Richtung scheint nun nicht minder bedeutsam zu sein, wenn wir uns den dornigen Problemen der Ambiguität zuwenden.

Auch wenn dies kaum je gesagt wird, gibt es doch mehrere wesentliche Unterschiede zwischen einer Menge von Regeln (Grammatik), die die Generierung von Sätzen steuern soll (d. h. die Formulierung wohlgeformter sprachlicher Ausdrücke) und einer Menge von Regeln, die die Interpretation von Sätzen steuern soll (d. h. die Extraktion des Inhalts eines sprachlichen Ausdrucks).

Einer dieser Unterschiede ist von besonderer Wichtigkeit für unsere Erörterung. Er besteht in folgendem: Eine generative Grammatik für eine natürliche Sprache wie etwa das Englische (eine Sprache, die natürlicherweise sowohl ambige, d. h. mehrdeutige, Wörter als auch ambige Strukturen umfaßt) sucht die Regeln zu formulieren, die notwendig sind, um grammatisch korrekte (und möglicherweise bedeutungsvolle) Sätze zu erzeugen, sie ist nicht in erster Linie an der Eindeutigkeit der von ihr erzeugten Sätze interessiert; eine interpretative Grammatik sucht andererseits die Regeln anzugeben, die man braucht, um den Strukturplan (und möglicherweise die Bedeutung) *gegebener* Sätze zu ermitteln, sie kümmert sich daher auch nicht um die Wohlgeformtheit der Inputsätze, sondern vielmehr um die Erfassung und wo immer möglich die Eliminierung von Ambiguitäten.

Beim Lesen und Verstehen, und in der Tat bei jeglicher Art natürlicher Sprachverarbeitung, die es mit dem Inhalt sprachlicher Ausdrücke zu tun hat, benötigen wir eine interpretative Grammatik; angesichts der Eigenart natürlicher Sprachen haben wir uns fast ständig mit Problemen der Ambiguität auseinanderzusetzen.

Lexikalische Ambiguität (d.h. die Ambiguität von Wörtern mit mehr als einer Bedeutung, wie z.B. „Tor", „Weide", „Taube" usw.) kann einbezogen werden, wenn der Wortschatz eines gegebenen Textes nach seiner Lesbarkeit bewertet wird. Dies ist jedoch bei Problemen struktureller Ambiguität nicht möglich, denn sie ergeben sich aus der Art, in der Wörter zu größeren Strukturen verbunden werden. Solche Ambiguitäten sind in der Tat weitaus häufiger, als auf den ersten Blick der Fall zu sein scheint, und sie sollten von keiner seriösen Untersuchung syntaktischer Komplexität unter dem Gesichtspunkt der Interpretation von Sätzen oder der Lesbarkeit vernachlässigt werden.

Alle Versuche, die bisher unternommen worden sind, um die syntaktische Komplexität von Lesetexten zu messen (die Zählung von Teilsätzen und/oder Präpositionalphrasen), sind sämtlich auf die korrekte grammatische Analyse der gegebenen Sätze gegründet worden. Dies wäre in der Tat ein zufriedenstellendes Verfahren, wenn man annehmen könnte, daß alle oder zumindest die meisten Sätze eindeutig sind, und daß auch die Teile, aus denen sie bestehen, eindeutig sind. Es ist leicht zu zeigen, daß dies bei englischer Prosa eher die Ausnahme denn die Regel ist. Dies bedeutet, daß der Leser oder Interpret eines englischen Satzes oft gezwungen ist, mehr als nur eine strukturelle Interpretation für einen Satzteil zu erzeugen, den er verarbeitet, denn er kann ja erst dann, wenn er den Rest des Satzes verarbeitet hat, entscheiden, welche der möglichen Interpretationen der Teile in die syntaktische Struktur für den ganzen Satz eingefügt werden kann.

Wenn ein Satz z.B. mit den Worten beginnt

(s) "The lobster she ate ...",

dann muß der Leser zwei Interpretationen verfügbar haben, eine, die die vorliegende Kette als einen Relativsatz bestimmt, der dem Ausdruck "the lobster which she ate" äquivalent ist, für den Fall nämlich, daß der vollständige Satz so lautet:

(t) "The lobster she ate made her very sick",

und eine andere, die die Kette als einen invertierten Subjekt-Verb-Objekt-Ausdruck erkennt, und zwar für den Fall, daß der vollständige Satz so lautet:

(u) "The lobster she ate but the mayonnaise she would not touch".

Da es nach wie vor umstritten ist, ob ein Leser im strengen Sinne Wort für Wort und von links nach rechts vorgeht oder eher mit größeren Teilstücken und ohne festgelegte Richtung verfährt, soll festgehalten werden, daß die Art des Ambiguitätsproblems, mit dem wir es hier zu tun haben, *unabhängig* von der Richtung der Verarbeitung entsteht. (Wenn wir bei dem obigen Beispiel annehmen, daß der Leser von rechts nach links vorgeht, dann würde die zweite Hälfte des Satzes (u) das genau gleiche Problem bieten wie der Ausdruck (s), wenn die Richtung von links nach rechts verliefe.)

Es scheint unvermeidlich, daß das Auftreten von strukturell ambigen Ausdrücken dieser Art, d.h. von Phrasen, für die zwei oder mehr verschiedene Interpretationen angefertigt und während des Prozesses der Satzverarbeitung temporär gespeichert werden müssen (wir nennen dies „prospektive Ambiguität"), die Leseschwierigkeit erhöht und daher bei der Beurteilung der Lesbarkeit eines Textes berücksichtigt werden muß. Gleichermaßen könnte die Fähigkeit eines

Lesers, alle legitimen Interpretationen für eine ambige Phrase zu erzeugen, als ein Zeichen sprachlicher Kompetenz aufgefaßt werden.

Ein generatives Verfahren braucht sich ganz offensichtlich mit prospektiver Ambiguität nicht zu beschäftigen, denn es „expandiert" die Satzstruktur stets von einem gegebenen Knoten abwärts, d. h. es setzt mit der syntaktischen Funktion ein und selektiert daraufhin Elemente, die dieser Funktion entsprechen. Die interpretative Vorgangsweise eines Lesers beginnt stattdessen notwendig mit der terminalen Ebene der Satzstruktur und synthetisiert nach oben in Richtung eines höheren Knotens. Der Leser benötigt daher eine prädiktive Grammatik, die ihm sagt, in welche syntaktischen Funktionen die ihm verfügbaren Terme eingefügt werden können.

Die korrelationale Grammatik wurde ausdrücklich für ein interpretatives Computersystem entwickelt (von Glasersfeld/Pisani 1968; 1970), das auf einem Prozeß prädiktiver Synthese beruht, das also im Betrieb beim Input eines jeden neuen Wortes eines Satzes *alle* relationalen Strukturen erzeugt, welche durch die Kombination dieses neuen Worts mit den bereits verarbeiteten Wörtern und Phrasen entstehen könnten. Die korrelationale Interpretation der Sätze (t) und (u) würde folgendermaßen aussehen:

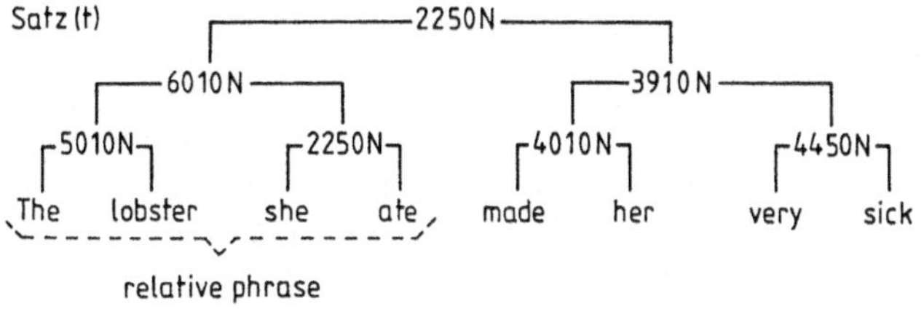


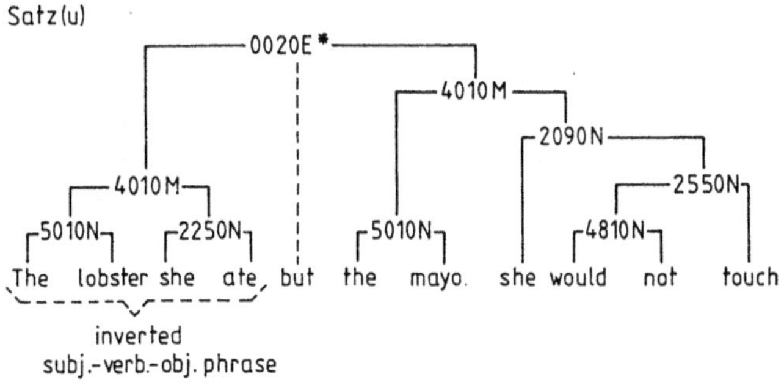


Der Knoten, der die Ausdrücke "the lobster" und "she ate" verbindet, ist mit 6010 N (relativ, mit Akkusativobjekt) im Satz (t) bezeichnet, mit 4010 M (Inversion Verb-Objekt) im Satz (u). Beide Strukturen werden hergestellt, bevor das fünfte Wort eingegeben wird, und jeder Struktur wird eine Kette von Indices zugeordnet, die ihre potentiellen syntaktischen Verknüpfungen abbildet. Die eine enthält unter anderen einen Hinweis auf Subjekt-Verb-Funktionen (z. B. 2250 N),

* (Anm.: In der korrelationalen Grammatik werden Präpositionen und Konjunktionen als „explizite" relationale Marker [explizite Korrelatoren] behandelt und treten daher nicht als Endpunkte der syntaktischen Struktur auf.)

nicht aber auf die konjunktive Funktion 0020 E, während die andere außer anderen Indices einen Hinweis auf eben diese konjunktive Funktion, keinen aber auf Subjekt-Verb-Funktionen enthält.

Abgesehen von der Endinterpretation der eingegebenen Sätze druckt das Programm zusätzlich noch die Kodezahlen aller potentiellen syntaktischen Relationen aus, mit denen die bereits erzeugten Stücke in größere Strukturen eingefügt werden könnten.

Dieser Output bietet also genau die Daten prospektiver Ambiguität und könnte theoretisch dafür verwendet werden, diesen besonderen Faktor syntaktischer Komplexität unabhängig von der Komplexität der Struktur des ganzen Satzes zu messen. Wir sagen „theoretisch", denn zur Zeit ist die operationale Implementation des automatischen Syntaxanalysators (von Glasersfeld/Pisani 1968; 1970) noch nicht so weit gediehen, daß er jeden beliebigen Text als Input akzeptieren könnte.

**Schluß**

Für die Beurteilung der Lesbarkeit eines gegebenen Texts ebenso wie für die Abschätzung der sprachlichen Fähigkeiten eines Schülers oder Lesers scheint der Begriff „syntaktische Komplexität" relevant zu sein. Schon eine kursorische Erörterung aber zeigt, daß wir mit diesem Begriff stets ein ganzes Konglomerat verschiedener Faktoren bezeichnen.

Die Satzlänge, gemessen durch die Anzahl der in einem Satz enthaltenen Wörter, hat ohne Zweifel etwas mit Leseschwierigkeit zu tun, wir treffen jedoch auf lange Sätze, die syntaktisch sehr einfach, und auf kurze Sätze, die sehr kompliziert sind. Länge ist daher im besten Fall ein sehr grobes Maß der Komplexität. Gleiches ist über die Zählung von Präpositionalphrasen und/oder Teilsätzen zu sagen. Auch diese bereiten offenbar eine große Vielfalt von Interpretationsschwierigkeiten, und eine bloße Zählung ihrer Häufigkeit ergibt nur eine sehr oberflächliche Abschätzung der Komplexität.

Der „Tiefenkoeffizient", wie Yngve selbst demonstriert hat, zeigt wohl die Kapazität an temporären Speicherplätzen an, die für die Generierung eines gegebenen Satzes benötigt wird, nicht aber dessen syntaktische Komplexität; und auch wenn wir die Richtung der Tiefenmessung umkehren, wie wir das für die Satzinterpretation tun müßten, würden wir immer noch Speichererfordernisse messen und nicht tatsächliche syntaktische Komplexität. Was wir „interpretative Tiefe" genannt haben, ist darüberhinaus nur ein sehr abstraktes Maß für den Speicherbedarf des Lesers, denn auch wenn es angibt, wo und wann Information gespeichert werden muß, zeigt es überhaupt nicht, wie groß die jeweiligen Aufzeichnungen sind. Der Umfang der Aufzeichnungen wird in Wirklichkeit durch das Ausmaß der aufgetretenen prospektiven Ambiguität bestimmt.

Wir haben also in unserer Erörterung die Aufmerksamkeit auf zwei Faktoren gelenkt, die, wie wir glauben, direkt verantwortlich für das sind, was intuitiv syntaktische Komplexität genannt wird, und somit auch für den Schwierigkeitsgrad eines gegebenen Satzes oder Texts. Der erste dieser Faktoren ist das Auftreten syntaktischer Relationen, die Lesern weniger vertraut und für sie daher schwieriger sind. Der zweite ist die prospektive Ambiguität gewisser Phrasen, die während des Interpretationsprozesses das zu erhöhen pflegt, was wir syntaktische Komplexität nennen, somit auch den Schwierigkeitsgrad der Bestimmung der korrekten relationalen Struktur.

Die Voraussetzung für eine gründlichere Untersuchung der syntaktischen Komplexität scheint eine spezifisch für die Interpretation, nicht für die Generierung von Sätzen entwickelte Grammatik zu sein. Eine derartige Grammatik muß, wenn sie überhaupt nützlich sein soll, Licht auf die relationalen Komplexitäten der zu untersuchenden Sätze werfen, auf Komplexitäten, die weitaus verschiedenartiger und verschlungener sind, als eine Repräsentation mithilfe traditioneller syntaktischer Kategorien und Funktionen uns glauben macht. Auch wenn die korrelationale Grammatik, mit der wir experimentiert haben, nur eine erste Annäherung darstellt, scheint sie doch ein vielversprechendes Werkzeug sowohl für Lesbarkeitsuntersuchungen als auch für den Leseunterricht zu sein.

# Lesen, Verstehen und begriffliche Situationen

Es gibt viele Arbeiten, die sich mit Methoden und Verfahren beschäftigen, mit denen Kindern die Verarbeitung und das Verstehen geschriebener Sprache beigebracht werden soll. Ich selbst habe mich darum bemüht, das gleiche einem Computer einzutrichtern. Kinder und Computer sind aber glücklicherweise grundverschiedene Wesen. Computer sind zwar sehr schnell und sehr genau, haben aber nicht die Spur des Selbstvertrauens, der Eigenständigkeit, der Originalität oder des Zaubers, wie sie uns im Umgang mit Kindern in so ermutigender und anregender Weise immer wieder begegnen. Und doch stoßen wir auf Ähnlichkeiten, besonders dann, wenn wir uns auf die Untersuchung konzentrieren, wie die Aneignung spezifischer Fertigkeiten vor sich geht.

Zwischen einer Näherin und einer Nähmaschine gibt es natürlich tiefgreifende Unterschiede, dennoch müssen wir mit Bezug auf die Fertigkeit des Nähens, betrachten wir sie als einen Prozeß, der von einem bestimmten Input zum gewünschten Output führt, Ähnlichkeiten erkennen, die ebenso interessant wie instruktiv sind. Wer immer zum ersten Mal die Idee hatte, den Prozeß des Nähens zu mechanisieren, sah sich sofort gezwungen, diesen Prozeß in viel detaillierterer und präziserer Weise zu definieren, zu begreifen und zu analysieren, als jemals zuvor notwendig gewesen war. Und wenn wir uns nun vornehmen, eine Maschine dazu zu bringen, Sätze zu verstehen, dann müssen wir eben auch den Prozeß des Verstehens viel schärfer durchleuchten, als es im Falle von Kindern notwendig erscheint. Es dürfte daher nicht ganz unvernünftig sein zu erwarten, daß zumindest einige der Einsichten, die sich in der Arbeit mit Maschinen bewähren, auch brauchbar sein könnten, um den Lernprozeß von Kindern zu erleichtern oder zu beschleunigen.

Die Verwendung des Wortes „Verstehen“ soll klarstellen, daß es mir hier nicht um das Erkennen von gesprochenen oder geschriebenen Wörtern geht, noch auch um irgendeine der dabei mitwirkenden sensorischen oder perzeptuellen Aktivitäten. Ich beschäftige mich ausschließlich mit der Verarbeitung sprachlicher Angebote, die vom aufnehmenden Organismus bereits als solche erkannt worden sind.

Ziff (1970) meint, daß wir nicht wissen, wovon wir reden, wenn wir das Verb „verstehen“ gebrauchen. (Ich verwende in diesem Text doppelte Anführungszeichen, wenn der so markierte Ausdruck als *Einzelwortzeichen* verstanden werden soll, und einfache Anführungszeichen dann, wenn der dadurch markierte Ausdruck als *Designat* zu verstehen ist, d.h. als der Begriff oder die begriffliche Struktur, die semantisch mit dem entsprechenden Wort oder der jeweiligen Wortkombination verknüpft ist.) Ziff mag vom Standpunkt der formalen Logik aus recht haben. Ich glaube aber, daß wir in der Praxis eine ziemlich genaue Vorstellung von dem haben, was ein Kind lernen muß, um einen Satz zu lesen und zu begreifen bzw. zu verstehen. Das Problem liegt darin, daß die Linguisten fast ohne Ausnahme Sprache als ein fertig gegebenes beobachtbares Phänomen auffassen und untersuchen. So wie gute Naturwissenschaftler in anderen Disziplinen bemühen sie sich, Regularitäten, Muster und Regeln zu entdecken, die ihnen helfen würden, möglichst viele der unmittelbar zugänglichen Eigenarten des Phänomens zu erfassen, zu klassifizieren und zu beschreiben. Chomsky hat dies mit bewunderswerter Klarheit formuliert:

„Um ein immer wieder auftretendes Mißverständnis auszuräumen, ist es vielleicht nicht unnütz zu wiederholen, daß eine generative Grammatik kein Modell eines Sprechers oder Hörers ist. Wenn wir von einer Grammatik sagen, daß sie einen Satz mit einer bestimmten Strukturbeschreibung generiert, dann meinen wir schlicht und einfach, daß die Grammatik dem Satz die Strukturbeschreibung zuweist. Wenn wir sagen, daß ein Satz mit Bezug auf eine bestimmte generative Grammatik die und die Ableitung aufweist, dann sagen wir nichts darüber, wie der Sprecher oder Hörer vorgehen könnte, um eine derartige Ableitung in irgendeiner praktikablen oder besonders wirkungsvollen Weise vorzunehmen." (1965, 9)

Es gibt immer noch Linguisten und Psycholinguisten, die uns glauben machen wollen, daß eine allein auf die Oberflächenmerkmale von Wörtern und Wortverbindungen gegründete Grammatik ein brauchbares Modell des Spracherwerbs bieten kann, das auch den Prozeß des Interpretierens bzw. Verstehens von Sprache einschließt, wie ihn ein Kind meistern muß, um erfolgreich lesen zu können. Glücklicherweise gibt es aber heute schon eine ganze Reihe von Sprachwissenschaftlern und Psychologen – Piaget, Ceccato, Lenneberg, Hays, Schank, um nur einige zu nennen –, die klargestellt haben, daß ein Modell eines sprachverarbeitenden Organismus, wie immer es aussehen mag, auf einem angemessenen Modell der kognitiven Entwicklung basieren muß.

**Begriffliche Strukturen**

Hier ist nicht der Ort, ein solches Modell der kognitiven Entwicklung vollständig zu beschreiben. Auf dem verfügbaren beschränkten Raum kann ich nicht mehr tun, als anhand einiger weniger Beispiele zu zeigen, wie gewisse Ausdrücke einer Sprache mit bestimmten kognitiven oder begrifflichen Strukturen verknüpft werden, und daß eben solche Verknüpfungen in dem Prozeß, den wir Verstehen nennen, von grundlegender Bedeutung sind.

Die frühen Phasen der kognitiven Entwicklung des Kindes wurden von Piaget (1926) vor fast einem halben Jahrhundert in Hypothesen zusammenfassend dargestellt. Heute scheint kaum noch ein Zweifel daran zu bestehen, daß die Konstruktion relativ dauerhafter Objektbegriffe (Objekterhaltung) sowie einiger grundlegender relationaler Begriffe, mit denen die statischen Objekte verknüpft werden, zu den allerersten kognitiven Leistungen des Kindes zu zählen sind. Es scheint heute außerdem sehr plausibel, daß die relationalen Begriffe zuerst aus den verschiedenartigen Bemühungen abgeleitet werden, die das Kind unternimmt, um seine eigenen motorischen Handlungsabfolgen mit den visuellen und taktilen Datenmustern zu koordinieren, die es in Form von Objektrepräsentationen konstant zu halten gelernt hat (Piagets *sensorisch-motorische Phase*).

Obwohl ein Kleinkind im Alter von wenigen Monaten natürlich noch weit davon entfernt ist, bewußte Begriffe von „Tätigkeit" und „Verursachung" zu verwenden, enthalten doch die motorischen Muster, die es auszuführen lernt (z. B. nach einer Rassel greifen, diese erfassen und schütteln), bereits Elemente, die in einer viel späteren Phase als „verursachendes Agens", „Akteur", „Tätigkeit", „Objekt", und „verursachte Wirkung" oder „Resultat" kategorisiert werden. Und eben dies sind die eigentlichen Elemente, aus denen die Situationen zusammengesetzt sind, die das Kind in der Sprache mithilfe eines Subjekts, eines Verbs und verschiedener Ergänzungen auszudrücken lernt. Um diese sprachliche Ausdrucksfähigkeit zu erwerben, muß das Kind sowohl die semantischen Verknüpfungen beherrschen lernen, mit deren Hilfe seine Sprache einzelne begriffliche Elemente benennt (d.h. „Objekte", die Sprecher normalerweise konstant halten), als auch relationale Begriffe (d.h. die Relationen, die die einzelnen begrifflichen Elemente in einer gegebenen Situation verknüpfen). Wie wir noch sehen werden, ist diese Dichotomie zwischen den einzelnen statischen Elementen und den relationalen Begriffen, die diese verbinden, nur sehr näherungsweise auf der sprachlichen Ebene abgebildet, und zwar in der grammatischen Trennung von Wörtern (lexikalischen Elementen) und Satzstruktur (Syntax).

Das Kind muß z.B. lernen, daß die Sätze 1–7 alle auf ein- und dieselbe begriffliche Situation bezogen werden müssen:

1. Das Baby schüttelt seine Rassel.
2. Die Rassel wird vom Baby geschüttelt.
3. Die Rassel wird geschüttelt und rasselt.
4. Die Rassel rasselt.
5. Das Baby rasselt mit seiner Rassel.
6. Das Baby rasselt.
7. Das Rasseln des Babys (ärgert Vater).

Es würde nun dem Kind wenig helfen (denn wir können ja sicher annehmen, daß ihm grammatische Beschreibungen noch ganz fremd sind), wenn ihm ein Linguist sagte, daß Satz 2 durch Transformations- und Substitutionsregeln aus Satz 1 abgeleitet werden kann; der Linguist wäre nämlich völlig außerstande, linguistische Regeln für die Generierung der Sätze 4, 5, 6 und 7 anzugeben. Und es ist in der Tat schwierig einzusehen, wie irgendjemand diese Sätze verstehen (bzw. erzeugen) kann, wenn er das begriffliche Netzwerk noch nicht entwickelt hat, das ihm erlaubt, den von den einzelnen Wörtern benannten Elementen die Rollen zuzuweisen, die sie in dem Ereignis spielen, auf das sich der gegebene Satz bezieht. Darüberhinaus enthalten einige der Sätze nicht einmal Wörter für all die Elemente, die in dem Ereignis tatsächlich eine wichtige Rolle spielen. In den Sätzen 3 und 4 wird das verursachende Agens in keiner Weise benannt. In den Sätzen 6 und 7 bleibt das Element, das die Tätigkeit des „Rasselns" tatsächlich ausführt (d.h. „die Rassel"), gänzlich implizit. Die Beispiele zeigen außerdem, daß eine grammatische Satzzerlegung in Wortarten bei der Zuweisung der Rollen nicht hilft.

Somit scheint die Schlußfolgerung unausweichlich, daß wir für ein Verständnis auch relativ einfacher Sätze die Information, die die Sätze liefern, mit Information zusammenführen müssen, die wir selbst bereitstellen. Diese zusätzliche Information braucht nicht sprachliche Information in dem Sinn zu sein, daß sie aus oder durch Sprachverwendung gewonnen wurde. Diese Information ist häufig (und manchmal ausschließlich) Erfahrungsinformation.

Wenn wir nun die oben zitierten Sätze betrachten, dann erkennen wir rasch, daß die für ihr Verständnis erforderliche Erfahrungsinformation primär aus den folgenden statischen und relationalen Begriffen besteht:

A Ein verursachendes Agens (z. B. benannt durch „Baby"), das B etwas tun läßt;
B Ein nicht-verursachendes Element (z. B. benannt durch „eine Rassel"), das etwas ausführt;
C Eine Tätigkeit (z. B. benannt durch „Schütteln"), die ihrerseits etwas bewirkt;
D Eine Tätigkeit (z. B. benannt durch „Rasseln").

Abgesehen von dieser Information sind noch zumindest vier Elemente lexikalischer Information von Bedeutung:

E „Baby" benennt den Typ von Element, der als „verursachendes" Agens funktionieren kann;
F „Rassel" benennt den Typ von Element, der die beiden mit „Schütteln" bzw. „Rasseln" benannten Tätigkeiten ausführen kann;
G „Schütteln" benennt eine Tätigkeit, die wiederholten „Lagewechsel" erfordert;
H „Rasseln" benennt eine Tätigkeit, die die Angabe eines sich in spezifischer Weise wiederholenden Typs von Lärm enthält.

Mit zunehmendem Erfahrungswissen wird die begriffliche Struktur im Laufe der Zeit immer differenzierter: der Kausalnexus zwischen A und C wird als mechanische Verursachung bestimmt (Erzeugung von Bewegung durch mechanische Kraft, z. B. durch Greifkontakt); die Ursache der Erzeugung von Lärm wird als stoßweiser Kontakt zweier Elemente bestimmt; das wirkende Objekt „Rassel", B, wird als ein zweckgerichtetes Werkzeug bestimmt, das aus mindestens zwei Teilen besteht, die Kontakt miteinander sowohl herstellen als auch unterbrechen können, usw.

Erst wenn diese begrifflichen Verfeinerungen (und weitere, die sich auf andere Situationen beziehen) aufgenommen worden sind, ist das Kind in der Lage, Sätze der folgenden Art zu verstehen:

8. Der Offizier rasselte mit dem Säbel.
9. Des Kranken rasselnder Atem war beängstigend.
10. Der Gefangene rasselte mit seinen Ketten.
11. Mein Bruder ist leider durch's Examen gerasselt.

Es ist leicht einzusehen, daß die Bestimmung des grammatischen Subjekts oder Objekts für den Prozeß des Verstehens wenig hilfsreich ist, wenn wir mit „Verstehen" die korrekte Zuweisung von Rollen innerhalb des beschriebenen Ereignisses meinen. Tatsächlich nämlich erlaubt uns nichts von alledem, was wir möglicherweise über die syntaktische Struktur dieser Sätze sagen können, mit irgendwelcher Gewißheit festzustellen, welches sprachliche Element das verursachende Agens und welches den ausführenden Akteur in der begrifflichen Situation benennt, die durch das Verb „rasseln" bezeichnet wird. In einer Vielzahl von Fällen können wir aber der syntaktischen Struktur tatsächlich entnehmen, welcher Teil des Satzes diejenige begriffliche Situation benennt, der sich der Interpret (oder Leser) zuwenden muß, um all die weitere Information zu gewinnen, die er zur Herstellung seiner Interpretation benötigt. So kann etwa „Rasseln" sowohl die Tätigkeit als auch das sie bewirkende Element benennen. Die Stellung in der Wortfolge hilft uns zu entscheiden, ob „Rasseln" in dem gegebenen Satz die dynamische begriffliche Situation benennt oder den statischen Begriff, der als aktives Element wirken kann.

Kurz, wir können den Wörtern und ihrer sequentiellen Ordnung in einem Satzteil oder einem Satz zwar gewisse semantische und syntaktische Indizien entnehmen, in vielen Fällen aber reichen diese Indizien nicht aus, um die tatsächliche Situation zu rekonstruieren, auf die sich das gegebene Stück Sprache bezieht. Eine volle Rekonstruktion wird erst dann möglich, wenn wir diese Indizien auf ein vorgegebenes Netzwerk begrifflicher Elemente und Relationen beziehen.

Wir wollen einige andere Beispiele betrachten:

12. Uli schneidet Brot sehr gut.
13. Dieses Messer schneidet Brot sehr gut.
14. Dieses Brot schneidet sich sehr gut.

Wir könnten diese Sätze kaum verstehen, wären wir nicht in der Lage, uns in eine begriffliche Situation zu versetzen, die für alle drei Sätze gleich ist, weil sie durch die Tätigkeit „Schneiden" bestimmt wird, nicht durch das, was hier auf linguistischer Ebene zufällig als grammatisches Subjekt oder Objekt erscheint.

Nur wenn wir das, was wir bereits über die Einzelelemente wissen, die durch die Wörter des Satzes benannt werden, mit den spezifischen Erfordernissen einer bekannten begrifflichen Situation vereinbaren können, können wir behaupten, daß wir den Satz verstanden haben. Jedes Element muß sozusagen in eine ganz bestimmte Stelle des begrifflichen Netzwerks eingepaßt werden. Glücklicherweise ist es relativ selten, daß ein Satz mehrere Elemente angibt, die gleich gut an ein und dieselbe Stelle gesetzt werden könnten (oder an Stellen verschiedener begrifflicher Situationen).

Die Zuweisung von Rollen ist keineswegs das einzige Interpretationsproblem, das auf diese Weise entschieden werden muß. Ein vorgegebenes Netzwerk ist ebenso unentbehrlich, um zu entscheiden, auf welches Element ein die Aussage modifizierendes Adjektiv bzw. Adverb bezogen werden muß. In den Beispielen 15–22 sagt uns die formale Satzstruktur des Englischen nicht, welchem Element die durch das letzte Wort der Kette benannte Eigenschaft zukommen soll. Im übrigen sagt uns diese Struktur auch nicht immer, ob dieses letzte Wort eine Eigenschaft oder etwas anderes bezeichnet.

15. He climbed the hill fast.
16. He bent the wire down.
17. He bent the wire cold.
18. He sliced the ham thin.
19. He bought his car new.
20. He painted the car silver.
21. He offered the client silver.
22. He finished the race exhausted.

Mit Ausnahme von "new" kann jedes der Wörter am Satzende als selbständiges lexikalisches Element im alltäglichen Sprachgebrauch mehr als eine Funktion übernehmen. "Thin" und "exhausted" können als Verben gebraucht werden, "cold" als Substantiv, "fast" und "silver" als Substantive und als Verben, "down" als Verb, Substantiv und Präposition. Außerdem sind "fast" und "silver" in ihren grammatischen Funktionen mehrdeutig. Das Adjektiv "fast" kann als "speedy", "tight", oder "indelible" verstanden werden, das Substantiv "silver" einen Stoff oder eine Farbe bezeichnen. (Man könnte diese Liste von Ambiguitäten noch verlängern, sie ist aber lang genug, um zu verdeutlichen, worauf es mir ankommt.)

Angesichts dieser Vielzahl potentieller Funktionen stellt sich die Frage, wie es der Leser bewerkstelligt, daß er in der Praxis kaum je einen Zweifel hat, was das Wort am Ende des Satzes bedeutet und welches Element es in seiner Bedeutung modifiziert. Ich möchte versuchen, eine mögliche Vorgehensweise zu skizzieren.

In Satz 15 kann "climbed", das direkt auf "he" folgt, mit ziemlicher Sicherheit als Personalform eines Verbs bestimmt werden. Als solche vermittelt „climbed" das zentrale Element einer dynamischen begrifflichen Situation. Es benennt eine Tätigkeit, die eine nach oben gerichtete „Lageveränderung" enthält (es sei denn ein Wort wie "down" würde die Richtung umkehren). Da in unserem Beispiel das Wort "hill" folgt, das ein Element bezeichnet, das sehr gut an die zweite Stelle, die Stelle des Ziels in der Struktur „Lageveränderung", paßt, erwarten wir, daß die Bedeutung des letzten Wortes im Satz in die begriffliche Struktur eingeführt werden kann, die wir bereits aufgebaut haben, und eben nicht, daß es uns zwingen wird, die vorausgegangenen Elemente zu einer wieder anderen begrifflichen Struktur umzubauen. Die Erwartung gründet sich natürlich auf unsere bereits gewonnenen Erfahrungen mit der englischen Sprache, also auf die immer wieder bekräftigte Tatsache, daß das Wort oder die Wortkombination, die die zentrale begriffliche Struktur benennt, im englischen Satz sehr früh erscheint. (Zur detaillierten Analyse der verschiedenen Erwartungsebenen im Prozeß des Verstehens vgl. Schank 1971.) Und wenn wir dann tatsächlich zum letzten Wort des Satzes kommen, in unserem Beispiel "fast", dann denken wir gar nicht mehr an die potentielle Tätigkeitsbezeichnung dieses Wortes, denn weder würde die zentrale Tätigkeit, um die herum wir bereits eine begriffliche Struktur aufgebaut haben, es zulassen, eine weitere Tätigkeit an diesem Punkt einzubauen, noch hätten wir ein geeignetes „wirkendes Objekt", das wir uns als Ausführenden dieser Tätigkeit vorstellen könnten. (Es wäre ganz anders, wenn der Satz lautete "He saw the monks fast" oder "He knew the monks fast", wo die von "to see" und "to know" benannten begrifflichen Strukturen in der Tat Raum für eine weitere Tätigkeit bieten.) Und was die potentielle substantivische Bedeutung von "fast" angeht, so könnte diese nur wirksam werden, wenn sie uns mit einem begrifflichen Element versorgte, das wir unmittelbar mit dem von "hill" benannten Element verknüpfen könnten, ohne daß dadurch eine Ergänzung im Rahmen der Situation „Lageveränderung" ausgeschlossen wäre. (Dies wäre der Fall, wenn das letzte Wort "side" oder "track" hieße, so daß sich "hill side" oder "hill track" ergäbe, was aber mit dem Substantiv "fast" nicht plausibel erscheint.) So bleiben die Modalfunktionen von "fast" übrig, und da diejenige, die mit Geschwindigkeit zu tun hat, in den Begriffsstrukturen um „Lageveränderung" oder „Bewegung" höchst wahrscheinlich ist, modifizieren wir damit eine Aktivität, oder, wie ein Grammatiker sagen würde, verstehen wir "fast" adverbial.

Ich möchte hier aber das Geduldspiel nicht weiter treiben und die verbleibenden sieben Beispiele gleichermaßen mit hypothetischen Interpretationsverfahren versehen. Ich möchte nur noch auf die verschiedenen Möglichkeiten hinweisen, die Bedeutung des letzten Wortes mit anderen Elementen in unterschiedlichen Situationen zu verknüpfen.

Im Beispiel 16 bestimmt "down" die Richtung, in die das Objekt am Ende der Tätigkeit weist.

Im Beispiel 17 bestimmt "cold" den Zustand des aktiven Objekts vor und während der Tätigkeit.

Im Beispiel 18 bestimmt "thin" eine Eigenschaft des Ergebnisses einer spezifischen umwandelnden Tätigkeit, d.h. ein Merkmal der *Scheiben*, in die der Schinken transformiert wird.

Im Beispiel 19 bestimmt "new" den Zustand eines von vier Elementen, das zur Tätigkeit „reziproker Transfer", benannt durch "to buy", gehört (Käufer, Verkäufer, das vom Käufer erworbene Element, und das Element, z.B. Geld, das vom Verkäufer entgegengenommen wird oder entgegengenommen werden soll).

Im Beispiel 20 bestimmt "silver" eine Eigenschaft des transformierten Elements, d.h. eine Eigenschaft, die Ergebnis der spezifischen transformativen Tätigkeit ist.

Im Beispiel 21 benennt "silver" das wirkende Objekt einer Tätigkeit „Transfer", die allerdings durch die mit "to offer" benannte Aktivität nur projiziert wird.

Im Beispiel 22 bestimmt "exhausted" den Zustand des aktiven Objekts am Endpunkt einer „Lageveränderung", d.h. des Wechsels von „Tätigkeit" zu „Nicht-Tätigkeit", benannt durch "to finish".

## Ein begriffliches Universum

Diese groben Skizzen begrifflicher Situationen erschöpfen keineswegs die relationalen Netzwerke, die in ihnen enthalten sind. Auch wenn sie grob sind, eignen sie sich doch recht gut, den Umfang und die Komplexität wohlbestimmter Begriffsgebilde zu illustrieren (was die semantische Struktur lexikalischer Elemente sowie die Relationen angeht, in die diese eingefügt werden können), – Begriffsgebilde, die für den Leser unentbehrlich sind, wenn er sprachliche Ausdrücke verstehen soll, auch wenn weder Syntax noch lexikalische Elemente in diesen Ausdrücken in irgendeiner Weise ungewöhnlich sind.

Die große Anzahl und Verschiedenartigkeit dieser Begriffsgebilde, sowie die Art ihrer Differenzierung und Integration zu einem kohärenten begrifflichen Universum lassen nun die bis heute unüberbrückte Kluft zwischen dem Lesenlernen des Kindes und dem Textverstehen eines Computers überaus deutlich werden. Wenn das Kind das Alter erreicht, in dem gewöhnlich mit dem Lesen begonnen werden kann, hat es vier oder fünf Jahre voller Lebenserfahrung hinter sich, in denen es zumindest das Skelett seines begrifflichen Universums aufgebaut hat. Es hat außerdem drei oder vier Jahre lang sprachliche Erfahrungen gemacht, durch die es eine große Mannigfaltigkeit von Information gewonnen hat, mit der es dieses Skelett ausbauen und stärken konnte. Ein Computer hat nichts dergleichen. Wenn wir nicht fertige Erfahrung einbringen oder ein leistungsfähiges Selbstlernverfahren programmieren können, werden wir den Tag kaum erleben, an dem ein Computer gewöhnliches Englisch lesen und verstehen kann.

Obwohl nun die Art der Analyse begrifflicher Situationen, die ich auf den vorhergegangenen Seiten zu skizzieren versuchte, der Arbeit mit Computern entsprungen ist, wirft sie doch, so meine ich, etwas Licht auf gewisse Aspekte der Sprache und sprachlicher Fertigkeiten, die von vielen Linguisten nicht erklärt werden. Solange die Analyse eines Stücks Sprache lediglich Regeln für die Transformation einer Formulierung in eine andere sowie Regeln für die Generierung von Sätzen aus einer Tiefenstruktur bietet, deren Komponenten ebenso sprachlicher Art sind wie das generierte Ergebnis, wird die Gesamtheit dieser Regeln weder für Schüler noch für den Lehrer hilfreich sein, soll eine sprachliche Fertigkeit wie etwa das Lesen entwickelt werden. Denn der entscheidende Schritt in der Interpretation geschriebener (und natürlich auch gesprochener) Sprache ist nicht der Schritt von einer linguistischen Struktur zu einer anderen, sondern der Schritt von einem sprachlichen Ausdruck zu einem nicht-sprachlichen begrifflichen Gebilde. Wie ich zu zeigen versucht habe, wird die begriffliche Situation durch den gegebenen sprachlichen Input oft nur global bestimmt. Verstehen erfordert daher einen stets wechselnden Betrag zusätzlicher Information, der notwendigerweise aus einem vorentwickelten begrifflichen Netzwerk genommen werden muß.

Die Unfähigkeit, einen bestimmten Satz zu verstehen, muß daher nicht immer durch fehlende sprachliche Kompetenz bedingt sein, sondern kann auch auf eine Lücke im begrifflichen Universum des Lesers zurückgehen. Nun ist dies natürlich mit Bezug auf den Wortschatz des Lesers schon immer bekannt gewesen, wir haben uns aber erst in der letzten Zeit richtig klar gemacht, daß die korrekte relationale Interpretation einer Satzstruktur häufig von relationaler Information abhängt, die die Syntax des Satzes selbst nicht anbietet.

Nicht weniger wichtig als diese zusätzliche relationale Information ist die Erzeugung gewisser Erwartungen im Leser, was den Inhalt von Teilen des Satzes (oder des Textes) betrifft, die noch nicht aufgenommen oder verarbeitet worden sind. Auch hier besteht kaum ein Zweifel daran, daß diese Erwartungen dadurch erzeugt werden, daß der Leser die einzelnen Wörtern und Phrasen entnommene Information in umfassendere vorgegebene begriffliche Strukturen einfügt.

Das vorgegebene begriffliche Netzwerk eines Lesers ist daher in zumindest zweierlei Hinsicht – und zwar aufeinander bezogen, aber in der Funktion recht verschieden – von entscheidender Bedeutung für sein Verstehen eines Stücks Sprache. Ist dies aber so, dann sollten wir die Methoden des Leseunterrichts überprüfen, vor allem auch die Förderungsstrategien für zurückgebliebene Leser, um genauer festzustellen, ob diese Methoden und Strategien nicht in dieser Richtung verbessert werden könnten, d.h. ob sie in der Tat so leistungsfähig sind, wie sie es für die Entwicklung des begrifflichen Universums eines Schülers sein sollten.

# Die semantische Analyse von Verben auf der Grundlage begrifflicher Situationen

„Je tiefer man in den Mechanismus eindringt, mit dem man ein Wort zu einer Situation fügt, desto überzeugter ist man von der Wichtigkeit unformulierter, ja sogar unbewußter mentaler Vorgänge.“ P. W. Bridgman (1959)

Auch wenn semantische Untersuchungen in den letzten 10 oder 15 Jahren eine gewisse Anerkennung gefunden haben und von professionellen Linguisten nicht länger als unverzeihlicher Verstoß gegen die Etikette betrachtet werden, übt man nach wie vor große Zurückhaltung, wenn es darum geht, semantische Analysen jenseits der engen Grenzen durchzuführen, die von den Lexikologen aus dem einen oder anderen Grund in der Vergangenheit gezogen worden waren. Diese Zurückhaltung läßt sich in gleichem Maße bei Psychologen, Psycholinguisten und Sprachphilosophen beobachten, und es scheint, daß sie in den meisten Fällen auf das starke und verständliche Bedürfnis gegründet ist, sich nicht auf die verworrenen und bodenlosen Probleme der Erkenntnistheorie einzulassen.

Nach wie vor steht die semantische Analyse im Bann der Theorie der Referenz, die vorschreibt, daß Fragen nach der Bedeutung von Wörtern nur durch die Beantwortung von Fragen nach Dingen in der „wirklichen Welt“ beantwortet werden können. Ein halbes Jahrhundert ist es her, daß Ogden und Richards (1923) das Problem der Semantik in einem Dreieck dargestellt haben, bei dem zwei Seiten eine feste Verbindung zwischen *Wort* und *Gedanke* bzw. zwischen *Gedanke* und *Ding* zeigten, während die dritte Seite *Wort* und *Ding* nur durch eine gepunktete Linie verknüpfte, die eine bloß *angenommene Beziehung* repräsentierte. Und erst vor kurzem betonte Irena Bellert erneut (1969), und zwar im Zusammenhang mit einem Versuch, formal-logische Repräsentationen so zu modifizieren, daß auch bestimmte Aspekte der natürlichen Sprache erfaßt werden könnten, daß der Inhalt jeder sprachlichen Äußerung einer *angenommenen Überzeugung* des Sprechers entspreche. Eine Überzeugung ist nun klarerweise etwas, was irgendjemand denkt, was in seinem Bewußtsein vor sich geht oder geschieht, und die Frage, ob dieses Etwas mit der „wirklichen“ Welt übereinstimmt oder nicht, ist durchaus eine erkenntnistheoretische Frage, keine semantische. Daß dem so ist, sollte allein aus der Tatsache deutlich werden, daß wir alle in der Lage sind, Phänomene wie Träume, Hypothesen, Fiktionen und Lügen zu beschreiben, mitzuteilen und zu erörtern, obwohl sie alle „irreal“ sind, d. h. keine „Existenz“ außerhalb unseres Bewußtseins haben.

Zwischen den frühen zwanziger und den späten sechziger Jahren hat es verschiedentlich starke Bemühungen gegeben, die Mechanismen zu durchleuchten, die die Elemente (Gedanken oder Begriffe) aufbauen, mit denen wir in unserem Bewußtsein operieren, die also auch den semantischen Inhalt sprachlicher Kommunikation bilden. Drei Ansätze sind ziemlich bekannt geworden und werden gewöhnlich mit ihren Initiatoren identifiziert: Jean Piaget (1970; 1957) in der

Schweiz, Silvio Ceccato (1964; 1966) in Italien, und George A. Kelly (1955) in den USA. Vergleicht man die drei Theorien, dann scheinen sie zunächst recht verschieden zu sein, was allerdings zum Teil auf die unterschiedlichen Interessen ihrer Autoren zurückzuführen ist. Piagets zentrales Anliegen ist die Ontogenese des Wissens, Ceccatos der Nachweis, daß alle mentalen Aktivitäten als technisch reproduzierbare Operationen beschrieben und daher in kybernetischen Modellen „mechanisiert" werden können, und Kellys schließlich die Analyse und Klassifikation der menschlichen Persönlichkeit auf der Basis individueller begrifflicher Konstrukte. Die drei Theorien haben aber auch viel gemeinsam. Alle sind in gewissem Maße Bridgmans Konzept der *operationalen Definition* (Bridgman 1959) verpflichtet (und stellen dies explizit auch fest), und alle betonen, daß die Objekte und Ereignisse, die wir „wahrnehmen" oder „wissen", d.h. die Objekte und Ereignisse, auf die wir uns auch in sprachlicher Kommunikation beziehen, *Konstrukte,* oder mit anderen Worten: Resultate mentaler Operationen sind.

Diese letzte Feststellung ist für den Semantiker von ganz besonderer Bedeutung. Wenn er nämlich den Standpunkt einnimmt, daß die Analyse von Bedeutungen unter allen Umständen eng mit der Analyse von Begriffen oder mentalen Konstrukten verbunden sein muß, dann kann er alle Fragen nach der objektiven Existenz von Dingen, aber auch gewisse Fragen nach der Wahrheit oder Falschheit von Aussagen vergessen.

Ich möchte dies ganz klar machen. Wenn ein Lexikograph unter dem Stichwort *chair* formuliert: "a single seat with a back and usually four legs" (Wyld 1936), dann interessiert ihn nicht im mindesten, ob der Gegenstand, den er da zu definieren versucht, ein Gegenstand der „wirklichen Welt" ist, eine von Gott gegebene „Idee", ein „Stimulus" mehr oder weniger öffentlich beobachtbarer Reaktionen, oder ein „Begriff"! Wohl aber ist er interessiert, anderen darin behilflich zu sein, das Wort *chair* in Übereinstimmung mit der allgemein akzeptierten Gebrauchsweise in sprachlicher Kommunikation so zu verwenden, daß sie sprachliche Ausdrücke, die dieses Wort enthalten, sowohl bilden als auch verstehen können.

In ähnlicher Weise braucht sich ein Übersetzer, der den englischen Satz *George killed the dragon* in eine andere Sprache übertragen soll, nicht darum zu kümmern, ob diese Drachentötung tatsächlich stattgefunden hat oder nicht oder ob der Name *George* sich auf eine „wirkliche" Person bezieht oder nicht, und ob so ein Tier wie der Drache existiert oder nicht, oder jemals existiert hat. Er hat nur darauf zu achten, daß die Aussage als Aussage soweit wie möglich die gleiche bleibt, wenn er sie in einer anderen Sprache formuliert. Was aber, könnte man nun sehr wohl fragen, meinen wir denn, wenn wir fordern, daß eine Aussage, sagen wir etwa im Deutschen oder Italienischen, möglichst die gleiche Aussage im Englischen sein soll? Wann halten wir in der Tat die eine Aussage für eine adäquate Übersetzung der anderen?

Zunächst, so meine ich, haben wir nichts weiter als das Urteil von Leuten, die für beide Sprachen kompetent sind. Wenn die Projekte maschineller Übersetzung, die in vielen Teilen der Welt enthusiastisch begonnen und nach wenigen Jahren Arbeit betrüblicherweise wieder aufgegeben wurden, überhaupt irgend etwas gezeigt haben, dann dies, daß es keine Möglichkeit gibt, von der Oberflächenstruktur einer Sprache zur Oberflächenstruktur einer anderen Sprache zu kommen, *ohne* in das Substrat begrifflichen Verstehens einzutauchen.

Wo es nur um einzelne Wörter geht, scheint es etwas leichter zu sein als bei Sätzen, denn wir haben ja zweisprachige Wörterbücher, d.h. Kompendien, in denen die zweisprachige Kompetenz nicht nur einzelner Individuen, sondern vieler Menschen, manchmal sogar mehrerer Generationen, mehr oder minder geschickt niedergelegt worden ist. Treffen wir also auf das englische Wort *chair*, dann ist die Aussicht günstig, daß wir in einem englisch-deutschen Wörterbuch ein deutsches Wort finden, für das die oben gegebene Definition "single seat with a back and usually four legs" gleichermaßen Gültigkeit hat. Und dies gilt für verschiedene Arten von Wörtern wie Substantive, Adjektive und Adverbien.

Nun ist es natürlich richtig, daß es oft keine so simple 1 : 1-Übereinstimmung gibt, da viele Wörter in einer der Sprachen oder in beiden mehrdeutig sind. Diese Mehrdeutigkeiten aber sind von den Lexikographen ziemlich umfassend aufgearbeitet worden, und sobald wir uns entschieden haben, welche der möglichen Definitionen die von uns benötigte ist, haben wir nur selten Probleme, das fremdsprachige Wort zu finden, das ihr entspricht.

Sobald wir es aber mit Verben zu tun haben, wird die Lage weitaus problematischer. Nehmen wir etwa das Verb *to hit*, das so häufig in linguistischen Arbeiten als Beispiel gewählt wird, wohl wegen seiner scheinbaren Einfachheit. Auf den ersten Blick mag der Satz *The boy hit the ball* einem Englischsprachigen überhaupt nicht mehrdeutig vorkommen. Wenn wir ihn jedoch übersetzen wollen – sogar in eine so nah verwandte Sprache wie das Deutsche – dann geraten wir sofort in Schwierigkeiten. Das Verbum *to hit* könnte im Deutschen den Verben *schlagen* oder *treffen* entsprechen, *schlagen* – oder auch *stoßen* – mit einer der Präpositionen *auf, an* oder *gegen;* und das Problem liegt darin, daß im Deutschen kaum einer dieser Ausdrücke untereinander austauschbar ist. Der Grund für diese Diskrepanzen ist rasch gefunden: sie ergeben sich daraus, daß diese deutschen Verben und Verbalausdrücke, die alle Übersetzungen des englischen Verbs *to hit* sein können, um einiges expliziter sind, was die Art des Schlagens oder Stoßens angeht, die gemeint sein kann, oder noch allgemeiner: was die spezifischen Charakteristika der Situation angeht, auf die sie jeweils anwendbar sind.

Im Lichte des oben Gesagten sollte also klar sein, daß ich mit „Situation" *begriffliche Situation* meine, d.h. eine Struktur, die aus bestimmten Elementen und bestimmten Relationen aufgebaut ist, deren Ort das Bewußtsein des Sprachbenutzers ist, unabhängig davon, ob die Struktur der Wahrnehmung, der Phantasie, oder sogar einer Illusion entstammt. Während es für den Psychologen von großem Interesse ist, die Herkunft begrifflicher Situationen zu untersuchen, gilt dies nicht für den Semantiker. Sprachliche Ausdrücke können zwar lexikalische Indizien für die Überzeugung des Sprechers mit Bezug auf die Herkunft einer begrifflichen Situation enthalten (z.B. *es schien heiß* im Gegensatz zu *es war heiß, ich träumte, sie wäre schön* im Gegensatz zu *ich sah, sie war schön*), wenn ein sprachlicher Ausdruck aber ein derart spezifisches lexikalisches Indiz nicht enthält (und dies gilt für die meisten Ausdrücke), dann liegt das Problem der Herkunft außerhalb des Untersuchungsbereichs des Semantikers, und zwar aus dem einfachen Grund, daß die sprachliche Formulierung identisch ist, egal ob sie eine Phantasie, eine Halluzination, oder das beschreibt, was wir beobachtbare Realität nennen.

Jeder Versuch jedoch, die Beschreibung einer begrifflichen Situation (gewöhnlich durch Verbalphrasen) expliziter und präziser als das Verb zu machen, das sie normalerweise benennt, begegnet einer praktischen Schwierigkeit. Während die von Substantiven vermittelten Begriffe in der Regel durch einfache

Paraphrasen erschöpfend beschrieben werden können, zeigen die von Verben benannten begrifflichen Situationen oft eine solche strukturelle Komplexität, daß ihre Beschreibung durch Paraphrasen zu lang und umständlich ist. Dies ergibt sich aus der Tatsache, daß wir es bei der Analyse eines Verbs mit einer begrifflichen Situation zu tun haben, die stets aus einer *Sequenz* diskreter operationaler Schritte besteht, und daß es eben gerade diese Sequentialität ist, die die Situation durch ein Verb ausdrückbar macht.

Nun scheint einleuchtend, daß dies für Verben gilt, die Tätigkeiten, Prozesse oder Veränderungen irgendwelcher Art bezeichnen. Bei genauerem Hinsehen wird aber klar, daß dies auch für Verben gilt, die Zustände benennen – denn wenn es keine Sequenz von zumindest zwei Handlungsschritten gibt, die das gleiche Resultat ergeben (d.h. zwischen denen kein relevanter Unterschied besteht, der als „Veränderung“ vermerkt wird), können wir nicht von einem „Zustand“ sprechen.

Die Begriffe „Veränderung“ und „Zustand“ werden auf eine Situation korrekt angewendet, wenn und nur wenn wir zwei Elemente haben, die sich in der Handlungsabfolge an zwei verschiedenen aufeinanderfolgenden Punkten befinden, zwei Elemente aber, die wir als identisch auffassen, und die im Falle eines „Zustandes“ in der Hinsicht, die uns interessiert, gleich sind, während sie im Falle einer „Veränderung“ verschieden sind.

Es ist wichtig zu sehen, daß die Unterscheidung zwischen einer Handlungsabfolge und einer zeitlichen Abfolge in den meisten natürlichen Sprachen (vielleicht sogar in allen, sicher aber im Englischen, Deutschen, Französischen, Italienischen) nicht mit einfachen Begriffen expliziert werden kann, denn die einfachen sequentiellen Begriffe werden normalerweise für beide Typen der Abfolge gleich verwendet. Dies ist sicher deshalb so, weil die tatsächliche *Ausführung* einer Sequenz von Operationen unweigerlich von der temporalen Dimension überlagert wird, weil diese einfach in unserer „Erfahrung“ jeder solchen Handlungsabfolge enthalten ist.[1])

Dies gewinnt grundlegende Bedeutung, wenn wir die Bedeutung von Wörtern wie z.B. *before, after, beginning, end, past, present, future* usw. zu analysieren versuchen. Die Verben jedoch, mit denen wir uns hier beschäftigen, enthalten in ihrer semantischen Struktur den *Begriff* der Zeit nicht, und der Leser sollte sich daher vor Augen halten, daß jeder in unserer Darstellung verwendete mehrdeutige Begriff sich nur auf den sequentiellen Aspekt der Operationen und nicht auf eine temporale Dimension als solche beziehen soll, wie sie z.B. durch die verschiedenen Zeitformen des Verbs ausgedrückt wird.

Die den Verben zugrundeliegenden begrifflichen Strukturen müssen daher eine Abfolge von zumindest zwei Schritten enthalten sowie etwas, was konstant ist, und was sich im Verlauf der operationalen Sequenz, die von den zwei (oder mehreren) operationalen Schritten gebildet wird, in gewisser Hinsicht verändert hat oder in gewisser Hinsicht gleichgeblieben ist. Haben wir uns einmal diese

[1]) Es sei daran erinnert, daß der deutsche Begriff für Verb *Zeitwort* ist. – Im 18. Jahrhundert gab Jeremy Bentham (vgl. 1932) eine operationale Definition, die zeigt, daß für den Relationsbegriff ein Zeitelement unentbehrlich ist. Silvio Ceccatos Untersuchungen in den 50er Jahren dieses Jahrhunderts führten zur gleichen operationalen Definition des grundlegenden relationalen Prozesses im menschlichen Denken, doch wurde dabei auch der Unterschied zwischen Handlungsabfolge und temporaler Sequenz entdeckt.

operationale Abfolge als einen grundlegenden Aspekt aller Verbsituationen vollständig klar gemacht, dann sehen wir auch, daß diese Situationen einerseits durch die Charakteristika differenziert werden, die wir den in jedem der Schritte auftretenden statischen Elementen zuschreiben, und andererseits durch die spezifischen Relationen, die wir zwischen diesen herstellen. Außerdem hilft uns die Unterteilung in Schritte auch, diese Situation mit hinreichender Genauigkeit so abzubilden, daß alle die semantischen Unterschiede wiedergegeben werden, die wir benötigen, um Verben in zufriedenstellender Weise zu gebrauchen (von Glasersfeld 1963).

Wenn wir nun z. B. Verben wie *to move, to come* und *to go* betrachten, (d. h. Verben, die begriffliche Strukturen benennen, welche einen Lagewechsel enthalten), dann stellen wir fest, daß sie alle eine Grundsituation umfassen, die folgendermaßen beschrieben werden kann:

– Beim *ersten Schritt S 1* befindet sich ein Element X am Ort 1;
– bei einem darauf *folgenden Schritt S 2* befindet sich ein Element, das wir als dasselbe Element X auffassen, am Ort 2.

Wenn wir nun die Abfolge dieser operationalen Schritte von links nach rechts aufzeichnen, ergibt sich eine Art graphischer Notation, mit deren Hilfe wir versuchsweise die folgende Situationsstruktur darstellen können:

| *S1* | *S2* |
|---|---|
| X | X |
| loc. 1 | loc. 2 |

Eine Interpretation der in dieser Situation gegebenen Relationen ist jedoch nicht so einfach, wie dies auf den ersten Blick erscheint. Zwei der oben erwähnten Verben sind nämlich tatsächlich mit Bezug auf die von ihnen ausgedrückte Relation zweideutig. Zwei Beispiele sollen dies klar machen: *Sam goes to the bathroom* und *This pipe goes to the bathroom.* Im ersten Beispiel werden die X zugewiesenen Orte als „Bewegung", im zweiten als „Ausdehnung" interpretiert. (Man beachte: In der Praxis haben wir natürlich kaum Zweifel, ob wir *to go* oder *to come* als Bewegung oder als Ausdehnung zu interpretieren haben. Unsere relative Sicherheit beruht aber nicht auf dem semantischen Inhalt der Verben, sondern auf unserem Erfahrungswissen über das Element X in dem jeweiligen Fall: es gibt Elemente, von denen wir wissen, daß sie sich mit gewisser Wahrscheinlichkeit bewegen, und Elemente, die wir für stationär halten. Unsere Interpretation basiert daher auf einer Wahrscheinlichkeit, die wir aufgrund der Daten vorausgegangener Erfahrungen mit ähnlichen Elementen und Situationen berechnen. Es gibt Fälle, in denen die Wahrscheinlichkeiten mehr oder minder gleich groß sind, z. B. kann *This pipe goes all the way to Alaska* bedeuten, daß das Rohr bis Alaska reicht oder daß es nach Alaska transportiert wird, und wir müssen mehr über die Handlungssituation wissen, bevor wir die Mehrdeutigkeit beseitigen können. Glücklicherweise sind im Kommunikationsalltag derartige Fälle selten ohne einen entsprechenden ergänzenden Zusammenhang.)

Bevor wir uns nun mit der unterschiedlichen Abbildung von „Bewegung" und „Ausdehnung" beschäftigen, wollen wir versuchen, eine weitere Unterscheidung zu explizieren, die von den drei erwähnten Verben ausgedrückt wird. Sowohl *to go* als auch *to come* enthält eine Richtungskomponente, während *to move* in dieser Hinsicht neutral ist. In Situationen, die uns *to come* gebrauchen lassen, haben wir zusätzlich zu der Grundstruktur ein Element, das die „Bewegung" (oder Ausdehnung) dahingehend näher bestimmt, daß sie einen bestimmten Punkt erreicht, einen Punkt nämlich, mit dem sich der Sprecher in gewisser Weise selbst identifiziert. Für *to come* könnten wir dies durch folgende Formel abbilden:

| | |
|---|---|
| *1* | *2* |
| X | X |
| loc. 1 | loc. Sp. |

Die durch *to go* benannte Situation ist natürlich die Umkehrung davon und wir könnten ihre Formel versuchsweise so hinschreiben:

| | |
|---|---|
| *1* | *2* |
| X | X |
| loc. Sp. | loc. 2 |

(Bei *to go* gibt es eine weitere Ambiguität, die ich hier jedoch außer acht lassen will: Ist X von bestimmter Art – z. B. eine Maschine – dann kann es weder Fortbewegung noch Ausdehnung geben, sondern nur „stationäre Bewegung" oder „Funktionieren".)

Die von *to move* bezeichnete Situation unterscheidet sich in zumindest zwei Hinsichten von jenen, die mit *to come* und *to go* benannt werden. Erstens einmal kann sie nicht als „Ausdehnung" interpretiert werden, und zweitens kann das Verb nicht nur für Situationen verwendet werden, in denen die „Lageveränderung" des Elements X als eine Sache nur dieses Elements betrachtet wird (wie dies bei *to come* und *to go* der Fall ist), sondern auch für Situationen, in denen die „Lageveränderung" des Elements X von etwas anderem verursacht worden ist. Dieser zweite Punkt fällt mit dem zusammen, was die Grammatiker „Transitivität" und „Intransitivität" nennen, und wir müssen uns damit etwas ausführlicher beschäftigen. Zuerst aber wollen wir das Problem „Bewegung" versus „Ausdehnung" abschließen.

Dieses Problem besteht zunächst einmal nicht nur aus der einfachen Opposition von „Lageveränderung" versus „Zustand in zwei Lagen". Die Wörter *Ausdehnung* und *ausdehnen* sind selbst insofern mehrdeutig, als sie Situationen benennen können, in denen ein Element die Orte 1 und 2 statisch besetzt, aber auch Situationen, in denen ein Element die Orte 1 und 2 besetzt und sich so ausdehnt, daß es noch einen weiteren Ort 3 einnimmt. Wir können daher sowohl von „statischer" wie auch von „prozessualer Ausdehnung" sprechen und müssen also in unserer Notation nicht nur „Bewegung" und „Ausdehnung", sondern auch diese beiden Arten der „Ausdehnung" unterscheiden.

Eine Vorgehensweise hierfür beruht auf den folgenden Überlegungen. „Bewegung" und „Lageveränderung" unterscheiden sich von der „prozessualen Ausdehnung" durch die Tatsache, daß das aktive Element im Fall der Bewegung den Ort verläßt, wo es sich ursprünglich befand, während es im Fall der Ortsveränderung dort verbleibt, später aber auch einen Ort einnimmt, wo es sich ursprünglich nicht befand; im Falle der „statischen Ausdehnung" ist und bleibt es an zwei Orten. Wir können somit die drei Situationen durch drei verschiedene Abfolgen von Einzelschritten darstellen.

Für „Bewegung" (im Sinne einer aktiven Lageveränderung) schreiben wir folgende Formel:

| | | |
|---|---|---|
| *1* | *2* | *3* |
| X | $\overline{X}$ | X |
| loc. 1 | loc. 1 | loc. 2 |

(d.h. im Schritt 1 befindet sich das Element X am Ort 1; beim Schritt 2 haben wir den Ort 1 ohne das Element X; und beim Schritt 3 ist das Element X am Ort 2.)

Für „prozessuale Ausdehnung" schreiben wir folgende Formel:

| | | | |
|---|---|---|---|
| *1* | *2* | *3* | *4* |
| X | X | $\overline{X}$ | X |
| loc. 1 | loc. 1 | loc. 2 | loc. 2 |

(d.h. die Schritte 1 und 2, wenn das Element X sich am Ort 1 befindet, bilden eine „ortsfeste Lage"; beim Schritt 3 haben wir einen weiteren Ort ohne X; und beim Schritt 4 befindet sich das Element X am Ort 2.)

Für „statische Ausdehnung" schreiben wir folgende Formel:

| | | | |
|---|---|---|---|
| *1* | *2* | *3* | *4* |
| X | X | X | X |
| loc. 1 | loc. 1 | loc. 2 | loc. 2 |

(d. h. die Schritte 1 und 2 bilden wiederum die „ortsfeste Lage" von X am Ort 1; die Schritte 3 und 4 bilden auch eine „ortsfeste Lage", aber am Ort 2, und da das Element X bei beiden eine Rolle spielt, ergibt sich die „statische Ausdehnung" von X.)

Sind nun diese operationalen Unterschiede explizit gemacht worden und als Arbeitshypothesen akzeptiert, empfiehlt es sich, die Notation abzukürzen. Wir haben in jedem Fall eine *minimale* Notation für die „ortsfeste Lage" verwendet, und zwar in dem Sinne, daß wir zwei und nur zwei Schritte eingeführt haben, um die Konstanz des Ortes darzustellen, – was in der tatsächlichen Erfahrung eine unbestimmt große Anzahl ähnlicher Beobachtungsmomente umfassen kann, sicherlich aber nicht *weniger* als zwei. Nun wollen wir die Symbole „m" für „Bewegung", „se" für „statische Ausdehnung" und „pe" für „prozessuale Ausdehnung" einführen. Dies macht die Formeln für komplexere begriffliche Situationen mit diesen Elementen viel handlicher.

Wo immer es sich also empfiehlt, werden wir die Formel etwa für „statische Ausdehnung" auf folgende Weise schreiben:

| | |
|---|---|
| *1* | *2* |
| X .....se..... | X |
| loc. 1 | loc. 2 |

Und auf ähnliche Weise werden wir die Buchstaben „m" oder „pe" für „Bewegung" oder „prozessuale Ausdehnung" benutzen.

Bisher haben wir keine Schwierigkeiten gehabt, die von uns gewünschten Unterscheidungen darzustellen. Sobald wir aber zu dem oben erwähnten kausalen Element kommen, müssen wir erkennen, daß die begrifflichen Situationen um einiges verwickelter sind, als uns die simplen Klassifikationen der traditionellen Grammatik erscheinen lassen. Wir wollen aber behutsam beginnen. Die von dem Verb *to move,* z. B. in dem Ausdruck

(a) *The clouds move*

bezeichnete Situation wird durch folgende Formel gut genug dargestellt:

| | |
|---|---|
| *1* | *2* |
| X .....m..... | X |
| loc. 1 | loc. 2 |

Die Wolken, dargestellt durch X, sind das Element, das seinen Ort ändert, sie sind in diesem Ereignis aktiv oder, wie wir es ausdrücken wollen, sie sind der *Akteur*. Der Satz scheint keinerlei Verursachung auszudrücken, und es gibt gewiß auch kein Wort darin, das in spezifischer Weise eine Ursache benennt.

Betrachten wir nun aber die vom gleichen Verb *to move* bezeichnete Situation im folgenden Ausdruck:

(b) *The wind moves the clouds*

oder

(c) *The clouds are moved by the wind.*

Hier nun gibt es nicht nur einen Akteur, der die Ortsveränderung ausführt (Element X), sondern es gibt auch ein spezifisches zweites Element, das für die Tätigkeit von X kausal verantwortlich gemacht wird, d. h. wir haben einen „Akteur" und ein davon getrenntes kausatives „Agens".

Auf der begrifflichen Ebene scheint die Struktur, die wir „Bewegung" oder „Ortsveränderung" nennen, in allen drei Sätzen dieselbe zu sein. Was sich offensichtlich verändert, das ist die grammatische Rolle, die dem Wort, das das Element X bezeichnet, zugewiesen ist. Im Fall (b) gibt es die Rolle des *Subjekts* an das „Agens" ab und nimmt die des *Objekts* ein, während es im Falle (c) die Subjektrolle beibehält und die Anwesenheit eines „Agens" durch eine *passive* Verbform angegeben wird, während das Wort, das das „Agens" bestimmt, einem *by* folgt.

Diese Erklärung soll keine Beleidigung der Intelligenz des Lesers sein! All dies ist in der Tat bekannt, und Grammatiker haben schon seit jeher Begriffe wie *transitiv, aktiv* und *passiv* dafür verwendet. Sie haben diese Begriffe allerdings meist auch für Ausdrücke und Sätze benutzt, die völlig verschiedene begriffliche Situationen bezeichnen. Man vergleiche etwa die folgenden:

| | | | |
|---|---|---|---|
| (a) | *The clouds move* | (a') | *John paints* |
| (b) | *The wind moves the clouds* | (b') | *John paints a picture* |
| (c) | *The clouds are moved by the wind* | (c') | *A picture is painted by John* |

Der *Oberflächenstruktur* nach würde jedes der Paare die gleiche grammatische Bedeutung erhalten, d. h. (a) und (a') intransitiv, (b) und (b') transitiv, und (c) und (c') passiv; und dennoch sind die begrifflichen Situationen in mehrfacher Hinsicht verschieden. Nehmen wir als erstes (a'): John ist hier das „Agens" und nicht das ausführende Element X, denn wie immer wir auch das zentrale Element der von *to paint* bezeichneten Situation darstellen wollen, es kann nicht das durch *John* bezeichnete Element sein, sondern muß etwas sein, was eine Oberfläche besitzt, die beim ersten Schritt unbedeckt oder leer ist und nach einem weiteren Schritt Farbe, Linien oder Figuren zeigt. Wenn es kein Ergebnis dieser Art gibt, dann kann der Maler tun, was er will, wir würden nicht *he paints* sagen, sondern im besten Falle *he feigns to paint.* Und während in den nächsten Beispielen (b) und (c) *the clouds* wiederum den ausführenden „Akteur" bezeichnet, benennt *a picture* in (b') und (c') nicht den „Akteur", sondern das „Resultat" der Aktivität, d. h. ein Element, das nicht in allen Schritten der operationalen Abfolge auftritt, sondern erst am Ende.

Es gibt mehrere andere Verbtypen, die Strukturen bezeichnen, welche untereinander insofern wesentlich verschieden sind, als die Elemente, die auf der grammatischen Ebene die Rollen von *Subjekt* oder *Objekt* spielen, auf der begrifflichen Ebene völlig verschiedenartig sind.[2])

Da ich hier in erster Linie eine Methode der semantischen Analyse illustrieren will, also nicht vorhabe, einen bestimmten Problembereich vollständig zu analysieren, mag es genügen, nur zwei der Rollen herauszustellen, die ein kausatives Element in von Verben bezeichneten begrifflichen Situationen spielen kann. Die erste Rolle ist rein implizit, wie etwa im Beispiel *the clouds move*. Wir wissen sehr wohl, daß die von dem Wort *clouds* bezeichneten Elemente nicht fähig sind, sich aus eigenem Willen zu bewegen, d. h. wir wissen, daß es sich um Elemente handelt, die sich dann und nur dann bewegen, wenn etwas anderes sie in Bewegung *setzt* (also ihre Bewegung *verursacht*), – und wir wissen auch sehr gut, was dieses Etwas gewöhnlich ist. Es ist daher nicht nötig, es ausdrücklich zu erwähnen. Ein ähnliches Beispiel findet sich weiter unten: *The bullet hit the target*. Auch hier wissen wir, daß Gewehrkugeln dies nicht von sich aus tun, daß es irgendeines kausativen „Agens" bedarf, sie auf die Reise zu schicken. Wenn aber – und dies führt uns zum zweiten, zum *expliziten* kausativen Element – der Ausdruck *John hit the target* lautet, dann erscheint das kausative „Agens" auch explizit in der Oberflächenstruktur, während der „Akteur", d. h. das Element, das in der Sequenz operationaler Schritte tatsächlich wirksam ist, implizit bleibt.[3]) Im ersten Falle können wir die durch das Verb benannte begriffliche Struktur so darstellen, daß wir die Abfolge der Schritte, die den „Akteur" betreffen, abbilden und das implizite „Agens" weglassen. Im zweiten Fall jedoch wird das „Agens" zwar explizit angegeben, um aber die Abfolge der durch das Verb bezeichneten Schritte auszudrücken, müssen wir den „Akteur" hinzufügen, obwohl er in der Phrase nur implizit enthalten ist. In diesem Falle wird also der Kausalnexus zwischen dem kausativen „Agens" und der ihm zugeschriebenen Wirkung oder Wirkungskette durch einen schrägen Pfeil abgebildet.

Kehren wir nun zu unserem ersten Beispiel, dem englischen Verb *to hit* sowie zu den deutschen Verben zurück, die wir benötigen, um zumindest die häufigsten von dem englischen Verb bezeichneten begrifflichen Situationen wiederzugeben, dann müssen wir in unsere Notation noch eine Reihe weiterer Präzisierungen einführen. Ich möchte sie nicht vorweg alle aufzählen, sondern nacheinander dort erläutern, wo sie in den Analysen vorkommen.

Die von dem Verb *to hit* ausgedrückte Grundsituation besteht aus zwei Elementen, von denen sich eines an den Ort des anderen bewegt und Kontakt herstellt, wobei dieser „Kontakt" durch eine gewisse Kraft der „Einwirkung" charakterisiert ist. Diese Grundsituation, die sich durch die Analyse einer beträchtlichen Anzahl englischer und deutscher Verben ermitteln läßt, kann folgendermaßen abgebildet werden:

---

2) Diese Verschiedenheit der Elementklassen auf der Begriffsebene liegt, so meine ich, noch etwas tiefer oder weiter von der Oberflächenstruktur entfernt als die Kriterien, mit denen Halliday in seinen außerordentlich aufschlußreichen Arbeiten zur Transitivität seine neun Typen transitiver Teilsätze bestimmt hat. Der Grund dafür liegt ohne Zweifel darin, daß Halliday sich mit dem semantischen Gehalt syntaktischer Funktionen und nicht mit der semantischen Struktur einzelner Verben beschäftigt. Vgl. Halliday (1967; 1968).

3) Eine ausführlichere Behandlung des Problems der „Verursachung" in von Verben bezeichneten begrifflichen Situationen findet sich in E. von Glasersfeld (1972).

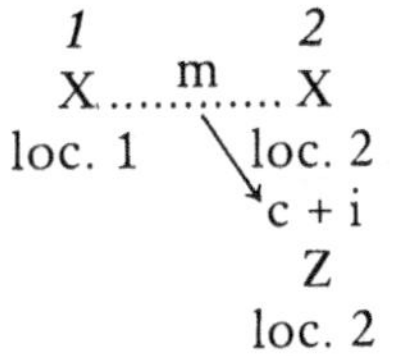


Hier ist X das Element, das sich bewegt, Z das Element, mit dem Kontakt hergestellt wird, und c + i der „Kontakt zusammen mit der Einwirkung", der durch die von m angezeigte Bewegung verursacht wird.

(Man beachte: wenn wir die „Einwirkung" aus der Formel entfernen und „c" statt „c + i" schreiben, erhalten wir die Abbildung einer Situation, die im Englischen durch das Verb *to touch* ausgedrückt wird.)

Wenn wir nun das Verb *to hit* im Textzusammenhang analysieren und in die Darstellung auch jene begrifflichen Merkmale einzubeziehen versuchen, die in jedem einzelnen Fall das genaue deutsche Verb bestimmen, welches wir für die Übersetzung benötigen, dann werden unsere Formeln notwendigerweise sehr viel komplexer. Um nun zu zeigen, daß Deutsch keineswegs die einzige Sprache ist, die größere begriffliche Präzision als das kontextfreie englische Verb *to hit* erfordert, habe ich die italienischen Verben hinzufügt, die für eine Übersetzung der verschiedenen Ausdrücke in das Italienische erforderlich sind.

(1) *John hit the ball (200 yards)*
*John schlug den Ball*

Deutsches Verb: *schlagen*
Italienisches Verb: *tirare*

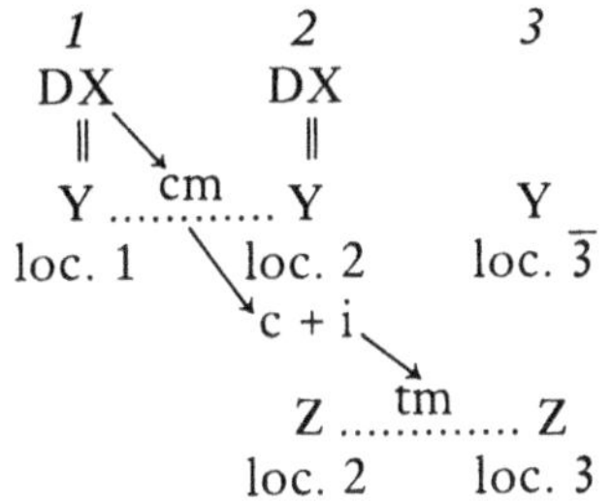


DX: intentionales konatives Element;
‖: Greifkontakt oder „Teil-Ganzes"-Relation;
Y: Instrument oder Teil von X;
cm: Kreisbewegung;
loc. $\overline{3}$: jede Lage außer Lage 3;
tm: Bahnbewegung.

Das deutsche Verb *schlagen*, ergänzt durch ein direktes Objekt, bedeutet, daß die Tätigkeit eine Wirkung ausübt. Im gegebenen Beispiel besteht diese Wirkung in der Bewegung, die dem Ball verliehen wird (Element Z). Geht aus dem Zusammenhang hervor, daß der Ball sich in Wirklichkeit *gar nicht* bewegte, dann müßte das Verb *schlagen* mit der Präposition *auf* verbunden werden. Die semantische Situation im Italienischen ist ähnlich, aber nicht identisch: wenn man, wie in diesem Beispiel, annehmen kann, daß die Bewegung von Z einer Bahn folgt, muß es das Verb *tirare* sein, ist eine solche Annahme nicht möglich, das Verb *colpire*.

Im Bereich der hier exemplifizierten Analysen werden drei Typen der „Bewegung" unterschieden: Bewegung, einfach definiert als „Lageveränderung"; „Kreisbewegung", d. h. Bewegung eines festgehaltenen oder in anderer Weise befestigten Elements mit Bezug auf das haltende Element und in einer Kreisbahn (nicht notwendig einen ganzen Kreis beschreibend); und schließlich „Bewegung entlang einer Bahn", d. h. gleichmäßige Bewegung auf vorgegebenem Weg, wie etwa die Bewegung einer Gewehrkugel oder eines Himmelskörpers, die durch Naturgesetze bzw. bewußte Absicht („konative Intention") gelenkt wird.

(2) *John hit the dog (with his hand)*
*John schlug den Hund*

Deutsches Verb: *schlagen*
Italienisches Verb: *colpire*

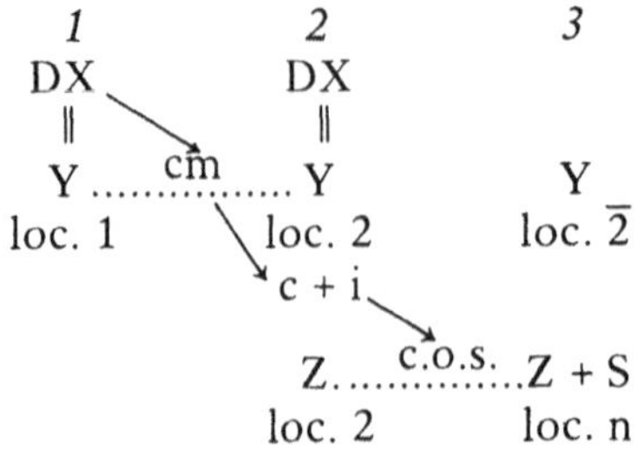


loc. $\overline{2}$: jede Lage außer Lage 2;
c.o.s.: Zustandsveränderung;
Z+S: sensibles Element;
loc.n: jede beliebige Lage.

Ist das direkte Objekt des deutschen Verbs *schlagen* ein sensibles Element, dann ist die „Wirkung" der beschriebenen Aktivität eine an Z beobachtbare Empfindung, die in den meisten Fällen als Schmerz bestimmt werden kann. Auch eine dritte, ziemlich eingeschränkte Klasse direkter Objekte ist in Verbindung mit diesem Verb zulässig: Elemente nämlich, die ihre physikalische Struktur aufgrund der Tätigkeit verändern; bei einem solchen Objekt drückt das deutsche Verb jedoch Wiederholung aus, entspricht folglich dem englischen *to beat* (wie z. B. in *She beats the cream*).

(3) *John hit the ball (after having missed it)*
*John traf den Ball*

Deutsches Verb: *treffen*
Italienisches Verb: *colpire*

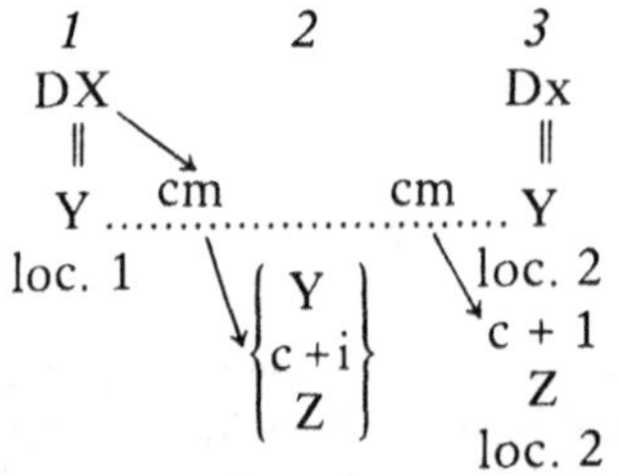


{c + i}: „Repräsentation" des Kontakts von Y mit Z
(d. h. X zielt auf Z).

Ist das Subjekt des deutschen Verbs *treffen* der freien Willensentscheidung fähig, dann ergibt sich daraus eine Handlung des „Zielens", die wir dadurch anzeigen, daß wir eine „Repräsentation" (in diesem Falle das „Bild" des Resultats eines nachfolgenden operationalen Schritts) in die Formel aufnehmen. (Man beachte, daß der Begriff „Repräsentation" hier im Verständnis von Ceccato und Piaget gebraucht wird, d. h. als Bezeichnung eines Operationsmodus, in dem die zu verarbeitenden Daten ganz oder in Teilen bewußt einem Speicher entnommen werden, also nicht von den Wahrnehmungsorganen stammen, die sie in dem Operationsmodus bereitstellen, den wir „Erfahrung" nennen; da dieser Unterschied ganz bewußt gemacht wird, stellt sich das Problem „Realität *versus* Irrealität" nicht, das oben erörtert wurde.)

(4) *John hit the dog (with a stone he threw)*
*John traf den Hund*

Deutsches Verb: *treffen*
Italienisches Verb: *colpire*

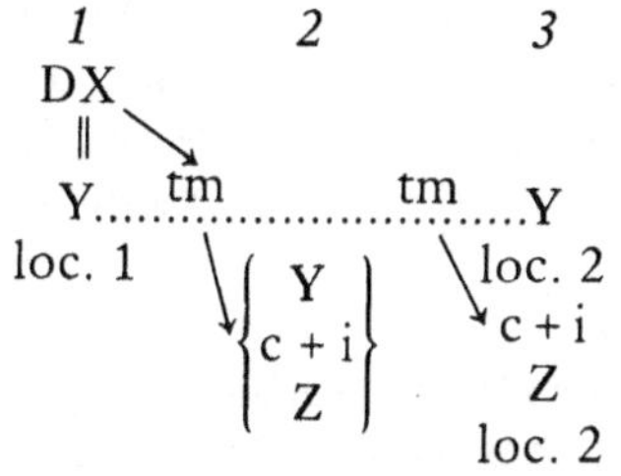


tm: Bahnbewegung
{...}: Repräsentation von c + i.

„Bahnbewegung" kann aus der Kombination von intentionalem „Agens" mit der kontextuellen Bestimmung einer Aktivität wie etwa *throwing, shooting* oder ähnlichem gefolgert werden, oder auch aus einem nicht-konativen „Akteur" (Element Y), von dem dieser Bewegungstyp direkt ableitbar ist (vgl. Beispiel 5).

(5) *The bullet hit the target.*
*Die Kugel traf das Ziel.*

Deutsches Verb: *treffen*
Italienisches Verb: *colpire*

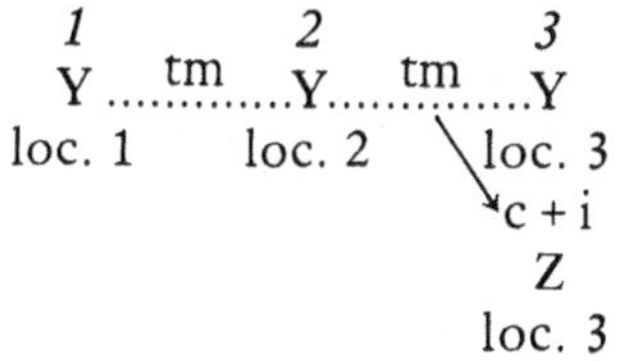


Y: nicht-konatives Element, das Bahnbewegung impliziert.

Der Unterschied zwischen dieser Situation und der vorhergegangenen besteht darin, daß das Element der Bahnbewegung hier ein nicht-konatives projektilartiges Element im Bewegungsmodus ist, dessen Ursache implizit bleibt (vgl. oben *the clouds move*), während im Beispiel 4 der intentionale Auslöser von tm explizit ausgedrückt ist und das Projektil implizit bleibt. In diese Situation paßt daher jedes Element, das eine festgelegte Bahn durchlaufen kann (z. B. *A meteorite hit the space ship*).

(6) *John hit the concrete (having fallen from the roof)*
*John schlug auf den Zementboden.*

Deutsches Verb: *schlagen + auf*
Italienisches Verb: *sbattere contro*

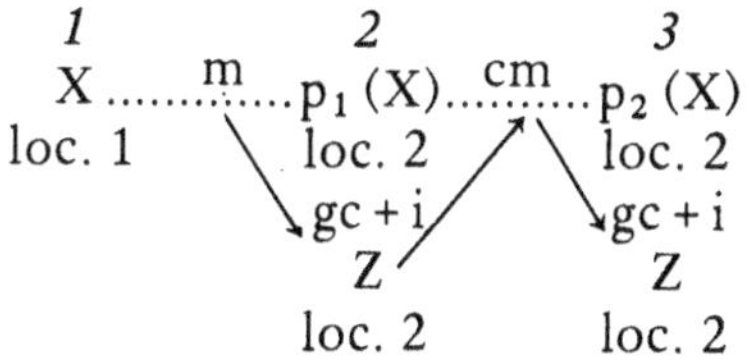


$p_1$, $p_2$: Teile von X;
gc: Kontakt in Richtung der Schwerkraft.

Hier müssen zwei sehr subtile Unterscheidungen getroffen werden. 1. Die Richtung des Kontaktes ist genauer bestimmt, denn im Deutschen würde jeder Kontakt in jeder Richtung, der nicht aufgrund der Wirkung der Schwerkraft erfolgt, durch das Verb zusammen mit der Präposition *an* oder *gegen* ausgedrückt werden; z. B. würde *the car hit the tree (after flying off the road) schlagen + an* verlangen, wenn die Bewegung, die sich aus c + i ergibt, zirkulär ist (wenn nicht, das Verb *stoßen + an*, vgl. Beispiel 7). 2. Wenn das Objekt des Satzes ein kausatives „Agens“ und nicht das Element bezeichnet, das in der Lageveränderung als „Akteur“ mitwirkt (wie z. B. in *John hit the concrete* (*with a sledge-hammer*), dann würde das deutsche *schlagen + auf* gebraucht, auch wenn die begriffliche Situation nach dem Schritt 2 keine Veränderung der Bewegung enthält; wenn aber wie im Beispiel 6 das Subjekt nur den „Akteur“ benennt, und dieser auch keine kausativen oder intentionalen Aspekte aufweist, dann scheinen die sukzessive Einwirkung der Teile von X und die begleitende Veränderung der Bewegung unentbehrliche Elemente der begrifflichen Situation zu sein.

(7) *John hit the tree (cycling home from a party)*
*John stieß an (gegen) einen Baum* — Deutsches Verb: *stoßen + an/-gegen*
Italienisches Verb: *urtare contro*

(a)

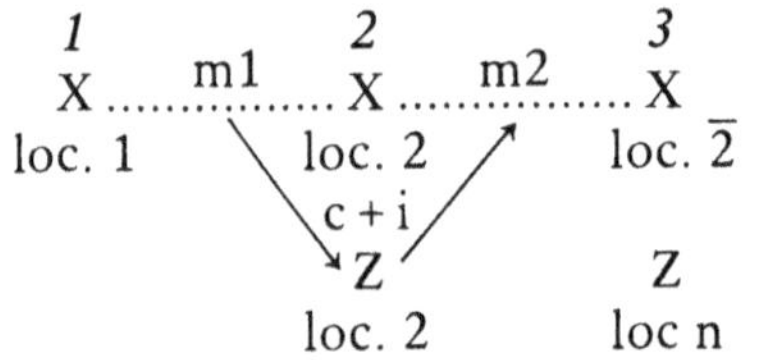


m1: Bewegung von X;
m2: Veränderte Bewegung von X (verursacht durch c + i);
loc. $\overline{2}$: jede Lage außer loc. 2;
loc. n: jede beliebige Lage.

(b)

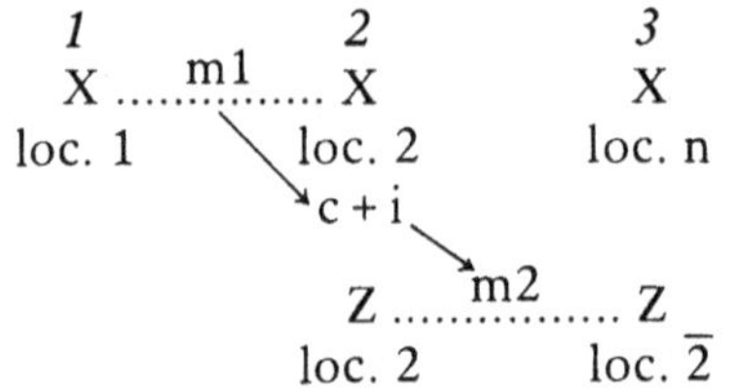


m1: Bewegung von X;
loc. n: jede beliebige Lage;
m2: Bewegung von Z (verursacht durch c + i);
loc. $\overline{2}$: jede Lage außer loc. 2.

In Verbindung mit der Präposition *an* verlangt das Verb *stoßen* einen Zusatz, der entweder eine weitere Bewegung von X (Formel 7a) ist, aber verschieden von der Bewegung, die X in Kontakt mit Z gebracht hat (abgelenkt, umgekehrt usw.), oder eine Bewegung von Z, die durch die Einwirkung von X auf Z (Formel 7b) verursacht worden ist. Der Gebrauch der Präpositionen *an* und *gegen* zeigt regionale Unterschiede: in Norddeutschland ist *gegen* zusammen mit diesem Verb häufiger, und die Verbindung umfaßt sowohl die Situation (a) als auch die Situation (b), in Süddeutschland und Österreich wird *an* häufiger gebraucht (mehrdeutig in den Situationen (a) und (b)), *gegen* würde zusammen mit dem Verb *stoßen* die Situation (a) bedeuten.

(8) *John met Mary (at the theatre)*
*John traf Mary* — Deutsches Verb: *treffen*
Italienisches Verb: *incontrare*

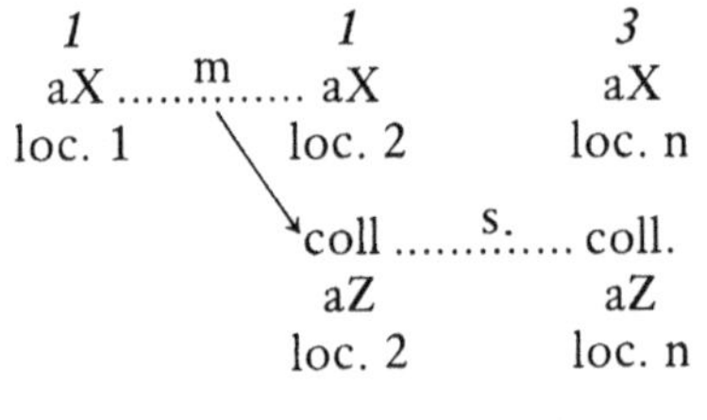


aX: belebtes Element;
coll.: „Kollokation“ (s. u.);
s.: Zustand (hier: Zustand bei Kollokation);
aZ: belebtes Element.

Auch wenn diese Situation nicht von dem englischen Verb *to hit* abgedeckt wird (man beachte, daß hier kein c + i im Spiel ist), muß sie in die Analyse des deutschen Verbs *treffen* einbezogen werden. Sie erlaubt außerdem die Einführung des Begriffs „Kollokation", den wir als Bezeichnung eines häufig wieder auftretenden semantischen Elements verwenden. Eine versuchsweise Definition dieses Begriffes wäre etwa: räumliche Anordnung zweier Elemente auf solche Weise, daß sie auf mehrere Arten interagieren können, z. B. Austausch gesprochener Sprache. Im Beispiel 9 wird „Kollokation" für eine räumliche Situation verwendet, die die visuelle Wahrnehmung des Objektelements durch den „Akteur" möglich macht. Das entscheidende Kriterium für die Verwendung von *treffen* im obigen Sinn ist, daß nicht nur X, sondern auch Z ein belebtes Element ist, und daß „Kollokation" unabhängig von der örtlichen Lage der beiden Elemente bei Schritt 3 aufrechterhalten wird.

(9) *The explorer came upon natives*
*Der Forscher stieß auf Eingeborene* — Deutsches Verb: *stoßen + auf*
Italienisches Verb: *incontrare*

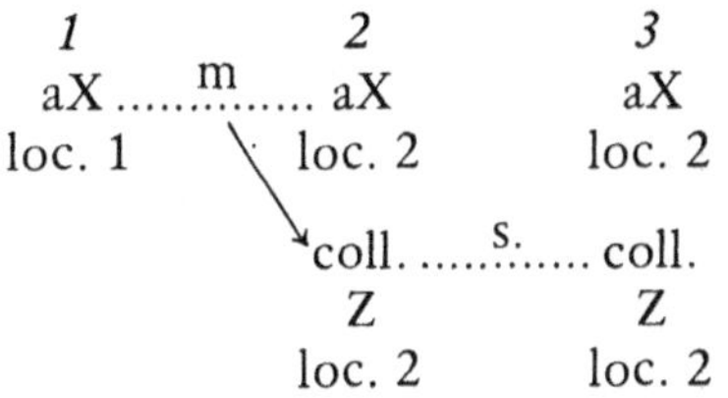


aX: belebtes Element;
coll.: Kollokation;
s.: Zustand (bei Kollokation).

Der Unterschied zwischen dieser und der Situation des Beispiels 8 besteht darin, daß Z hier kein belebtes Element sein muß; es kann irgendein Element sein, welches in den Bereich der visuellen Wahrnehmung des sich bewegenden Elements X gerät und die Bewegung von X unterbricht.

Ich möchte betonen, daß diese Analysen als vorläufige Skizzen betrachtet werden müssen. Sie sind unvollständig, denn nicht alle von *to hit* umfaßten Situationen sind einbezogen, außerdem sind die ausgewählten deutschen Verben nur in einigen Gebrauchsweisen untersucht worden, keinesfalls in allen ihren Verwendungsmöglichkeiten. Nicht minder vorläufig sind die semantische Klassifikation der verschiedenen Elemente sowie die Definitionen der in den Formeln abgebildeten Relationen. Die Erfahrung hat gezeigt, daß man nur selten ein semantisches Element mit Erfolg isoliert und definiert, welches zum ersten Mal in einer Analyse vorkommt, daß es vielmehr erst dann klarere Umrisse gewinnt und in befriedigender Weise definiert wird, wenn es sich in den Analysen anderer Verben als bedeutsam erwiesen hat. Wie grob diese Analysen auch sein mögen, sie demonstrieren nichtsdestoweniger eines: die Bedeutungen von Verben können mit beachtlicher Präzision dargestellt werden, wenn sie als begriffliche Situationen betrachtet werden, die aus sequentiellen Schritten bestehen, in denen jeweils spezifische Elemente in spezifische Relationen miteinander eintreten. Die Formeln drücken *Bedeutung* etwa so ähnlich aus wie markierte Baumdiagramme die syntaktische Struktur von Sätzen abbilden. Ich würde außerdem meinen, daß die Ergebnisse dieser Art der Analyse zeigen, daß eine grammatische Repräsentation, die eine *Tiefenstruktur* zu sein beansprucht, und zwar in dem Sinne, daß sie eine begriffliche Verkettung zeigt, die nicht durch die Grammatik und die Syntax einer bestimmten natürlichen Sprache determiniert ist, sondern durch *sprachliche*

*Universalien,* d. h. durch eben die Eigenarten des Substrats selbst, das vielen, wenn nicht allen menschlichen Sprachen zugrundeliegen soll, in keinem Fall das Wort, und schon gar nicht das Verb, als eine grundlegende und unteilbare Einheit auffassen kann.

P.S.
Nach Beendigung dieses Aufsatzes habe ich die Arbeiten von Roger Schank (1971, 1972) kennengelernt, der einen durchaus ähnlichen Zugang zur Analyse begrifflicher Situationen entwickelt hat. Der wesentliche Unterschied zwischen Schanks Repräsentationen begrifflicher Relationen und meinen eigenen besteht darin, daß er primär auf die Computerisierung der Interpretation englischer Sätze zielt und daher nicht über die Spezifikation englischer Verben hinausgehen muß und hinausgeht, während ich mich bemüht habe, gerade die Unterschiede zwischen verwandten Verben mehrerer Sprachen zu bestimmen und abzubilden. Ich bin sicher, daß die beiden Methoden der Repräsentation nicht nur vereinbar sind, sondern sich letztendlich als komplementär erweisen werden.

# *Weil* und die Begriffe der Verursachung

Oberflächlich betrachtet scheint die semantische Analyse des Worts *weil* einfach genug zu sein. Wenn wir in einem Wörterbuch nachschlagen, finden wir als Umschreibung etwa „da; aus dem Grunde, daß ..." und akzeptieren dies ohne Bedenken, da wir uns längst daran gewöhnt haben, statt einer Definition eine Gruppe sogenannter Synonyme angeboten zu bekommen. Ein Grammatiker würde noch hinzufügen, daß *weil* als kausale Konjunktion dient, und wir wissen aus eigener Spracherfahrung, daß es meist in Antworten auf Warum-Fragen auftritt. Wir fühlen uns daher sicher, wenn wir sagen, daß *weil* das Wort oder den Ausdruck markiert, die auf eine solche Frage folgen und den Grund für eine Tätigkeit oder einen Sachverhalt angeben. Damit ist aber herzlich wenig gesagt, wir erfahren ja lediglich, daß wir *weil* oft durch *aus dem Grund, daß* usw. ersetzen können, keiner dieser Ausdrücke aber sagt uns wirklich, was wir denn nun mitteilen, wenn wir ihn benutzen. Zwar hat diese wechselseitige Ersetzbarkeit durchaus etwas mit Bedeutung und Semantik zu tun – Wörter können als austauschbar eben nur gelten, weil sie in zumindest gewissem Maß semantisch äquivalent sind –, nichts aber mit semantischer Analyse. Es kann eine(r) sehr wohl wissen, daß das Wort *Automobil* durch das Wort *Kraftwagen* ersetzbar ist und dennoch keine Ahnung von den spezifischen Merkmalen haben, die eine Sache aufweisen muß, um *Automobil* oder *Kraftwagen* genannt werden zu können. Für den Linguisten wie den Psychologen wäre es sehr nützlich, wenn es Methoden der Beschreibung oder Kennzeichnung derjenigen Sache gäbe, auf die ein bestimmtes Wort korrekt bezogen werden kann.

Man beachte, daß ich „Sache" sage – nicht „Ding" oder „Gegenstand" –, denn ich möchte den Begriff so offen wie möglich halten. Es ist oft genug darauf hingewiesen worden (z. B. Olson 1970; Ceccato 1960; von Glasersfeld 1963; 1972), daß die semantische Analyse lange Zeit von zwei Grundannahmen behindert worden ist. Zunächst einmal hat die traditionelle Theorie der Referenz durch ihre recht großzügige Vernachlässigung epistemologischer Probleme die Vorstellung vertreten, daß „Bedeutung" Wörter mit Gegenständen der wirklichen Welt verbindet (was natürlich mit sich bringt, daß wir über irreale Elemente nicht sinnvoll reden noch sie richtig benennen können). Zum anderen haben Vertreter des Logischen Positivismus behauptet, daß „Bedeutung" von der Wahrheit oder Falschheit oder zumindest der Verifizierbarkeit einer Aussage abhängig sei. Für die Art der semantischen Analyse, die wir als kognitive bezeichnen können, ist jedoch die Existenz von Dingen oder die Wahrheit von Aussagen kaum je von irgendeiner Bedeutung. Was in der Tat wichtig ist, das sind die *begrifflichen* Elemente, die durch die sprachlichen Aussagen aktiviert, sowie die Relationen, die zwischen ihnen hergestellt werden.

Obwohl wir wissen, daß die Etymologie oft irreführend sein kann, wo es um Semantik geht, bewegen wir uns, wie ich meine, auf sicherem Gelände, wenn wir annehmen, daß das Wort *weil* Verursachung oder dem Begriff der Kausalität zu tun hat. Dies ist nun aber ein Begriff, der seit jeher Philosophen jeglicher Herkunft interessiert hat und der in neuerer Zeit auch von Psychologen untersucht worden ist (Piaget 1930; Michotte 1963).

Der erste Denker, der die Elemente klassifiziert hat, die unter die Bezeichnung „Ursache" fallen, war – wie könnte es anders sein – Aristoteles. Eine Klassifikation ist nun, wie ordentlich und nützlich sie auch immer sein mag, nicht notwendigerweise äquivalent einer Analyse der klassifizierten Elemente. Für Psycholinguisten sollte dies trivial sein. Die grammatische Klassifikation von Wörtern, die etwa Substantive von Verben trennt, ist für den Grammatiker nicht nur nützlich, sondern wahrscheinlich unentbehrlich. Für den Semantiker ist sie allerdings nicht besonders hilfreich, denn wenn er Verben und Substantive analysiert, stellt er fest, daß sich in beiden Klassen Elemente finden, die begriffliche Strukturen bezeichnen, die Tätigkeiten enthalten, aber auch solche, für die das nicht gilt. Vermutlich ist das so, weil grammatische Klassifikationen auf Kriterien beruhen (oder zumindest ursprünglich darauf beruhten), die mit der Morphologie von Wörtern und Phrasen oder, wie wir heute sagen würden, mit den Merkmalen der sprachlichen „Oberfläche" zu tun haben, nicht mit Bedeutung oder Inhalt. Die Klassifikation der Kausalbegriffe durch Aristoteles wurde jedoch mit dem Ziel unternommen, einige der Ideen oder Prinzipien zu klären, die nicht nur sprachlichen Ausdrücken, sondern auch dem alltäglichen Denken zugrundeliegen, und die bloße Tatsache, daß diese seine Klassifikation heute noch lebendig ist, also nach etwa 25 Jahrhunderten, beweist doch einen gewissen Erfolg. Es dürfte sich also durchaus lohnen zu prüfen, was Aristoteles zu sagen hatte.

Wie vielleicht bekannt, hat er vier Typen von Ursachen unterschieden: 1. die „materiale" und 2. die „formale" Ursache, 3. die Wirkursache und 4. die Zweckursache. Die Reihenfolge, in der er sie vorstellt, ist durch die Gründe bestimmt, die er für seinen Versuch einer Klassifikation nennt:

> „Das Ziel unserer Forschung ist Wissen; Menschen aber glauben nicht, einen Gegenstand zu kennen, wenn sie nicht die Ursache seiner Existenz erfaßt haben ... Es leuchtet also ein, daß wir genauso verfahren müssen, was das Werden und das Vergehen und jegliche Art der natürlichen Veränderung angeht, damit wir durch Erkenntnis ihrer Prinzipien in die Lage versetzt werden, jedes unserer Probleme auf diese Prinzipien zurückzuführen." (Physik, Buch II)

Die ersten beiden Ursachen, d.h. die „materiale" und die „formale", sind wichtig für das *Sein* der Dinge, oder, wie wir heute sagen würden, für den ontologischen Aspekt. Die Menschen, die Sprache alltäglich verwenden, machen sich natürlich kaum Gedanken über Ontologie. Das Verb *sein* mag zwar gelegentlich im ontologischen Sinn verwendet werden, in der Praxis aber kommt das sehr selten vor. Außer Hamlets oft zitierter rhetorischer Frage, einigen Übersetzungen aus dem Lateinischen (vor allem von Luther und Descartes), und den Schrullen der Existenzialisten habe ich kaum irgendwelche wahrhaft ontologischen Belege für *sein* feststellen können. (Man beachte, daß Ausdrücke wie *Es gibt Leute, die rauchen* meist nicht mit den Gründen des *Seins* zu tun haben, sondern lediglich feststellen, daß „einige Leute rauchen"; sie sind daher nicht das, was ich als echt ontologisch bezeichnen würde.)

## 1 „Materiale" Ursachen

Hier interessiert uns, daß es schwierig wenn nicht unmöglich ist, das Wort *weil* in einem Satz zu verwenden, der mit einer Ursache streng „materialer" Art zu tun. hat.

*Diese Statue ist, weil sie aus Bronze besteht* klingt für unsere modernen Ohren ausgesprochen seltsam, und doch scheint Aristoteles genau das gemeint zu haben, nicht eine erklärende oder definitorische Aussage etwa der Art *Das ist eine Bronzestatue, weil sie aus Bronze besteht.* Auch seine eigenen Beispiele für „materiale" Ursachen, „die Bronze ist die Ursache der Statue, das Silber die Ursache der Schale" (*ebda.*), sind heute unannehmbar, es sei denn im expliziten Kontext der Aristotelischen Ontologie.

Wir sind daher versucht zu sagen, daß das Wort *weil,* was immer es auch bedeuten möge, nicht zur Bezeichnung einer „materialen" Ursache dient.

Unglückseligerweise hat Aristoteles die Angelegenheit dadurch viel komplizierter gemacht, daß er etwas später feststellt, die Prämissen eines Syllogismus seien die „materiale" Ursache für seine Konklusion (*ebda.*). Dies ist ebenso explizit wie verblüffend. Uns Heutigen scheint die logische Beziehung, um die es geht, viel eher dem zu entsprechen, was er „formale" Verursachung genannt hat, – doch mit Aristoteles können wir leider nicht mehr diskutieren!

Aussagen, die in einem Syllogismus abgeleitet werden, enthalten in der Tat häufig ein *weil* (z. B. *Sokrates ist sterblich, weil er ein Mensch ist; Sokrates ist sterblich, weil alle Menschen sterblich sind;* ja wir finden sogar einen Satz wie *Sokrates ist ein Mensch, weil er sterblich ist,* und diese letzte Aussage ist nicht logisch deduziert).

An dieser Stelle können wir daher nur sagen, daß *weil* zwar nicht die ontologische Relation zwischen Materie und Sein bezeichnet, wohl aber eine „materiale" Ursache vom syllogistischen Typ. Das ist zwar keine besonders großartige Entdeckung, doch gehen wir einmal weiter.

## 2 „Formale" Ursachen

An der zweiten Stelle in Aristoteles' Klassifikation steht die „formale" Ursache. Er erwähnt diesen Begriff an vielen Stellen, macht ihn aber nirgendwo erkennbar klarer. Er ist eng verbunden mit den Begriffen der „Form" und der „Essenz", die, wie wohl jeder schon feststellen mußte, zu den schwierigsten und unbegreiflichsten des Aristotelischen Begriffsgebäudes gehören. Es scheint mir daher sinnvoll, alle metaphysischen Fragen, in denen die „formale" Ursache des alten Meisters eine Rolle spielt, beiseitezulassen und kurz nur auf den einen Punkt einzugehen, der für unsere Erörterung von Bedeutung sein dürfte. Die Relation der „formalen" Ursache, so stellt Aristoteles (*ebda.*) fest, besteht zwischen den Teilen einer Definition und der „Form" bzw. dem „Archetyp", den diese definiert. In meiner Interpretation heißt das folgendes: Wenn der Mensch als federleser Zweibeiner definiert wird, dann kann ich mit Recht sagen, daß die Tatsache, daß ich zwei Beine und keine Federn habe, der „formale" Grund dafür ist, daß ich ein Mensch bin, oder, was hier wichtiger ist: *Ich bin ein Mensch, weil ich zwei Beine und keine Federn habe.*

Oberflächlich betrachtet müßte der Satz sinnlos sein, wenn man ihn umdreht. Der Satz *Ich habe zwei Beine und keine Federn, weil ich ein Mensch bin* scheint logisch das Pferd vom Schwanz aufzuzäumen. Und doch kann ich mir einen Kontext vorstellen, in dem ein Satz wie *Der arme alte Mann, er kann nichts sehen, weil er blind ist* durchaus vernünftig gebraucht werden könnte. Ich weiß nicht, was Aristoteles mit diesem Beispiel angefangen hätte. Ich sehe jedenfalls keinen Grund, solche Umkehrungen der normalen Definition nicht den „formalen" Ursachen zuzuteilen und diese den syllogistischen „materialen" hinzuzufügen, die wir eben erörtert haben. Was den Gebrauch von *weil* angeht, so ist er in allen oben gegebenen Beispielen ununterscheidbar. Wenn wir mit der Prämisse *Kein blinder Mensch kann sehen* beginnen und weitergehen zu dem Satz *Dieser Mann ist blind,* dann könnten wir durchaus logisch schließen *Dieser Mann kann nicht sehen,* – und entsprechend dem gegebenen Syllogismus können wir schließlich entweder sagen *Dieser arme alte Mann kann nicht sehen, weil er blind ist,* oder *Dieser arme alte Mann ist blind, weil er nicht sehen kann* (denn Menschen, die nicht sehen können, werden als „blind" bezeichnet).

Ich bin natürlich nicht der Meinung, daß diese beiden Aussagen logisch äquivalent sind. Aus der Prämisse *Kein blinder Mensch kann sehen* folgt nicht, daß alle Menschen, die nicht sehen können, blind sind, die Definition aber, „Ein blinder Mensch ist ein Mensch, der nicht sehen kann", berechtigt mich, jeden Menschen, der nicht sehen kann, „blind" zu *nennen.* Was nun den Gebrauch von *weil* betrifft, so scheint es ohne jede Bedeutung zu sein, ob die Kausalrelation definitorisch oder syllogistisch ist. In beiden Fällen können wir die Funktion des *weil* ganz grob dadurch charakterisieren, daß wir für die obigen Beispiele eine umständliche, aber explizitere Formulierung der folgenden Art einsetzen: „Meine Annahme/Feststellung A gründet sich auf bzw. wird gerechtfertigt durch B". Und in der Regel haben wir an dieser Art von Aussage nichts auszusetzen, vorausgesetzt die Beziehung zwischen A und B ist in der Tat eine logische oder eine allgemein akzeptierte definitorische.

Das ist, so meine ich, ein sehr wichtiger Punkt auf der begrifflichen Ebene, besonders hinsichtlich anderer Gebrauchsweisen von *weil,* auf die ich gleich eingehen werde. Ich möchte ihn daher gerne so klar wie möglich machen.

In Aussagen wie

*Sokrates ist sterblich, weil er ein Mensch ist;*
*Ich bin ein Mensch, weil ich zwei Beine und keine Federn habe;*
*Dieser arme alte Mann kann nicht sehen, weil er blind ist;*
*Dieser arme alte Mann ist blind, weil er nicht sehen kann;* usw.

bestimmt der Teil nach dem Wort *weil* in keiner Weise einen Grund oder eine *Ursache* dafür, daß das Subjekt des vorausgehenden Ausdrucks eben so *ist,* wie gesagt wird, oder die Eigenschaft oder das Leiden *hat,* das ihm zugeschrieben wird. Was dem Wort *weil* folgt, ist lediglich unsere Rechtfertigung oder Begründung dafür, das Subjekt des ersten Teils so zu *benennen,* wie wir es benannt haben, oder ihm die Eigenschaft zuzuschreiben, die wir ihm zugeschrieben haben. Das *weil* führt daher den Grund für etwas ein, was wir sagen, und gibt *keine* kausale Erklärung eines Sachverhalts.

## 3 „Wirkursachen"

Damit wird dieser Gebrauch von *weil* sehr deutlich von jenen Gebrauchsweisen getrennt, die sich von den beiden anderen von Aristoteles aufgezeichneten Ursachen herleiten, d.h. von der „Wirkursache" und der „Zweckursache". Die „Wirkursache" ist in den Worten des Meisters „die primäre Quelle der Veränderung oder des Eintretens von Ruhe; ... und ganz allgemein das, was macht, wenn etwas gemacht wird, und was verändert, wenn etwas verändert wird" (*ebda.*). Diese Definition verweist unmittelbar auf einen weiteren Unterschied, der die „Wirkursache" von den ersten beiden Ursachen absetzt, sie betrifft nämlich Situationen, die eine *Veränderung* enthalten. Immer wenn wir Veränderungen beobachten, suchen wir ein Element, das wir dafür verantwortlich machen können, ein Element, das in irgendeiner Weise die Veränderung in Gang setzt, – und genau dieses Element nennen wir dann, heute wie in den Tagen des Aristoteles, die „Wirkursache" der Veränderung. Eine „Wirkursache" soll daher immer einen Sachverhalt erklären, der sich von einem vorhergegangenen Sachverhalt unterscheidet. Was aber ist eine Veränderung, müssen wir nun fragen?

Wir alle wissen, was das Wort *Veränderung* bedeutet, und wir sind alle durchaus kompetent, die Situationen zu erkennen, auf die wir es korrekt anwenden können. Nichtsdestoweniger kann es nicht schaden, wenn wir versuchen genau anzugeben, und zwar durch eine elementare Definition, welche Elemente oder Merkmale eine Situation aufweisen muß, so daß wir von „Veränderung" sprechen können.

Zuerst, würde ich sagen, muß da ein Element sein, das wir als das „Opfer" oder den „Erdulder" (oder, wenn es unbedingt sein muß, in hoffnungslos mehrdeutiger Weise als „Objekt") der Veränderung ansehen können. Zweitens müssen wir zumindest zwei Aufzeichnungen oder Beobachtungen oder, metaphorisch gesprochen, zwei Momentaufnahmen dieses Elements besitzen, denn es ist ganz unmöglich, von einer Veränderung zu reden, wenn wir nur eine einzige Aufzeichnung haben. Dies deshalb, weil jede Veränderung, wie wir bereits oben vorweggenommen haben, die Aufzeichnung eines Unterschieds erfordert, und zwar, um genau zu sein, nicht eines Unterschieds zwischen separaten Elementen (z. B. zwischen zwei Töpfen auf dem Herd, einem mit kaltem und einem mit kochendem Wasser), sondern eines Unterschieds, der sich an ein und demselben Element zu unterschiedlichen Zeitpunkten findet (z. B. an einem Topf, in dem das Wasser zuerst kalt und dann heiß ist). Mit anderen Worten, wir sprechen von Veränderung immer dann, wenn zwei Aufzeichnungen von Erfahrung

(a) unterschiedliche Zeitkoordinaten haben,
(b) Merkmale aufweisen, die uns in die Lage versetzen, die Aufzeichnungen als im wesentlichen gleich anzusehen, und wenn sie
(c) eine spezifische Diskrepanz zeigen, etwa zusätzliche Komponenten oder Eigenschaften in einer der Aufzeichnungen und nicht in der anderen.

Ich will sofort hinzufügen, daß Bedingung (b) nach wie vor etwas mysteriös ist. Unser Begriff von „Gleichheit" und/oder „Identität" hängt eng zusammen mit dem, was Piaget „Invarianzen" genannt hat, auch mit dem, was er und andere als „Objektkonstanz" oder „Objektpermanenz" bezeichnen. Wir wissen, daß schon Kleinkinder diesen Begriff sehr früh in ihrer kognitiven Karriere entwickeln, und wir können mit Sicherheit annehmen, daß eben dieser Begriff eine der tragenden Säulen jener phantastisch komplizierten Struktur ist, die wir irgendwann in unserem Leben schließlich „Wirklichkeit" nennen. Die operationale Analyse des Begriffs der Identität ist nicht nur extrem schwierig, sondern auch sehr umstritten. Glücklicherweise kann zumindest kein Zweifel daran bestehen, daß wir alle diesen Begriff haben und benützen. Das läßt sich aus mehreren Gründen feststellen, vor allem aber deshalb, weil wir alle relativ kompetente Verwender einer Sprache sind. Wären wir nicht in der Lage, Objekte konstant zu halten, d. h. sie zu verschiedenen Zeitpunkten als „dieselben" wahrzunehmen, dann könnten wir sie auch nie benennen, schon gar nicht in Beziehungsstrukturen einbauen, wie sie durch die Wörter und Sätze unserer Sprache bezeichnet werden. Da wir also auf dieser Grundlage den Begriff der Gleichheit ohne eine weitere Definition gebrauchen können, möchte ich nun die drei notwendigen Bedingungen für den Gebrauch des Begriffs „Veränderung“ an einem einfachen Bild veranschaulichen (Bild 1). Es ist die Art von Bild, die uns Silvio Ceccato, der einmal als einer der hervorragendsten Pioniere der begrifflichen Analyse anerkannt sein wird, vor etwa 25 Jahren zu zeichnen gelehrt hat (Ceccato 1960; 1968; von Glasersfeld 1963; 1972).

| | | | | | | |
|---|---|---|---|---|---|---|
| $t_1$ | | $t_2$ | | $t_1$ | | $t_2$ |
| X | ... = ... | X | oder | X | ... = ... | X |
| )( | | )( | | )( | | )( |
| nicht–A | ... ≠ ... | A | | A | ... ≠ ... | nicht–A |

**Bild 1**

Dies bedeutet auf gut Deutsch, daß wir dann von „Veränderung“ sprechen können, wenn wir eine Aufzeichnung (oder Momentaufnahme) eines Element X zum Zeitpunkt $t_1$ und eine Aufzeichnung desselben Elements X zum Zeitpunkt $t_2$ haben, und wenn X bei $t_2$ eine zusätzliche Komponente hat, die es bei $t_1$ nicht hatte, oder umgekehrt eine Zusatzkomponente bei $t_1$ hatte, die es bei $t_2$ nicht mehr hat. (Ich benutze den Begriff „zusätzliche Komponente“, um auszudrücken, daß es sich dabei um eine Eigenschaft, ein Merkmal, oder irgendetwas anderes handeln kann, das wir in einer bestimmten Weise als zu X gehörig auffassen.)

Die Tatsache aber, daß wir X als dasselbe X bei $t_1$ wie bei $t_2$ auffassen, macht es recht unbequem, beide sowohl mit dem Zusatz A als auch ohne ihn zu haben. X mit A zu einem Zeitpunkt und ohne A zum nächsten Zeitpunkt (oder umgekehrt) zu beobachten, ergibt eine Differenz, und diese Differenz kontrastiert mit der Gleichheit (Identität), die wir angenommen haben. So beginnen wir also nach etwas anderem Ausschau zu halten, nach einem anderen Element, das wir für das Auftreten der Differenz verantwortlich machen können.

David Hume, der gewöhnlich als Urheber des modernen wissenschaftlichen Begriffs der Kausalität betrachtet wird, hat genau untersucht, wie wir dazu gelangen, ein spezifisches Element für eine gegebene Veränderung verantwortlich zu machen, ein Element, das wir sodann als „Ursache“ bezeichnen, während wir die Veränderung zu ihrer „(Aus)Wirkung“ erklären. Hume bestand mit aller Schärfe darauf, daß wir, wie genau wir auch immer das verursachende Element untersuchen mögen, niemals irgendeine Art von Spur oder Samenkorn der Wirkung darin finden können. In seiner Auffassung ist der Kausalnexus ausschließlich auf unsere Feststellung gegründet, daß „bestimmte Gegenstände in unserer Erfahrung beständig miteinander verbunden sind“ (Hume 1750/1903).

Wie T. R. Miles (1963) nachgewiesen hat, entsteht dieser Eindruck von Kausalität oft schon bei der ersten Erfahrung einer solchen Abfolge, „wenn aber die Stimulusbedingungen falsch sind, dann tritt er überhaupt nicht auf, wie oft das Experiment auch wiederholt wird“. Seit Humes Zeit haben Philosphen viel Zeit auf diese Frage verwendet, und Bertrand Russell (1953) hat schon vor einem halben Jahrhundert ein gutes Beispiel für die gegebene Schwierigkeit präsentiert. Wenn unsere Idee der Kausalität aus nichts anderem entspringt als der häufigen

Verbindung zweier Ereignisse in unserer Erfahrung, warum betrachten wir dann nicht den Tag als die Ursache der Nacht oder die Nacht als die Ursache des Tages, denn was wäre in unserer Erfahrung beständiger miteinander verbunden?

In meiner Sicht ist der Grund dafür, daß wir die Nacht nicht als die Ursache des Tages auffassen oder umgekehrt, daß diese beiden Elemente fast gar nichts gemeinsam haben. Mit anderen Worten, es gibt hier kein X, das wir konstant halten können, um die notwendige Gleichheitsrelation zwischen etwas bei $t_1$ und etwas bei $t_2$ zu ermitteln. Es gibt in der Tat kein *Element,* das *sich* verändert. Wenn wir den Tag mit dem Licht identifizieren, dann ist die Nacht bloß das Fehlen des Lichts, und wir können nicht einfach mithilfe einer kausalen oder anderen rationalen Relation von nichts zu etwas übergehen oder umgekehrt. (*Ex nihilo nihil* ist ja allgemein akzeptiert, von Mystikern abgesehen, denen es natürlich keine Beschwerden macht, irrational zu sein.) Wenn wir jedoch ein Fenster haben, aus dem wir bei Tag in der Ferne eine Gebirgskette sehen können, dann bereitet es uns keine Schwierigkeit, das Tageslicht dafür verantwortlich zu machen, daß wir die Berge einmal sehen und einmal nicht. Das X, das Element, das wir konstant halten (in dem Sinne, daß wir es als existent ansehen, auch wenn es nicht da ist), ist in diesem Falle die Gebirgskette.

Um daher von „Ursache“ zu sprechen, müssen wir unser Bild der „Veränderung“ erweitern und ein anderes Element einfügen, ein Element, das für das Auftreten der Veränderung verantwortlich gemacht werden kann, und das mit X bei $t_1$ vorhanden oder zumindest zu irgendeinem Zwischenzeitpunkt *vor* $t_2$ gegeben sein muß, wo die Veränderung vollzogen ist. (Und daher ist diese „Kopräsenz“ oder „Kontiguität“ auch eine der Variablen in den berühmten Experimenten von Michotte 1963.)

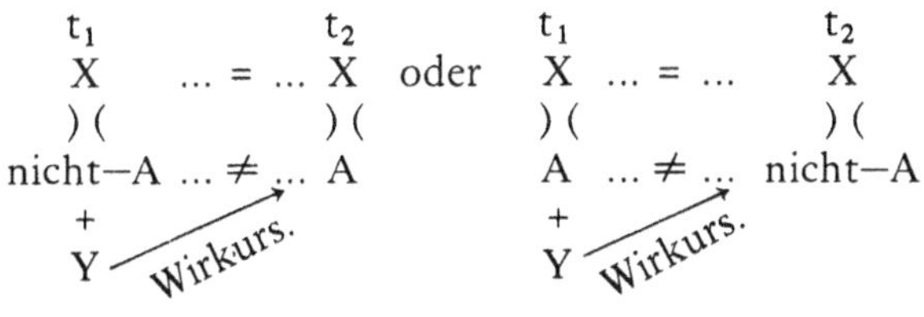


**Bild 2**

Die hier abgebildete Situation enthält alle die für „Veränderung“ erforderlichen Elemente, außerdem die Kopräsenz eines Elements Y bei $t_1$, d. h. des Elements, das wir für die „Wirkursache“ der an X bei $t_2$ festzustellenden Differenz halten (das Auftreten oder das Verschwinden von A).

Ich glaube, daß wir nun mit einiger Erleichterung sagen können, daß Humes Idee, im Begriff der Verursachung spiele erfahrungsbedingte Verknüpfung eine Rolle, doch nicht ganz falsch ist. Es scheint kein Zweifel daran zu bestehen (und die moderne Physik beruht darauf), daß wir nur durch erfahrungsbedingte Verknüpfung einem bestimmten Element die Rolle der „Wirkursache“ für eine bestimmte Situation oder Veränderung zuweisen können; bevor wir aber dieses Element als „Ursache“ einsetzen können, müssen wir die Identität von X bei $t_1$ und bei $t_2$ feststellen. (Wie Ceccato (1970) gezeigt hat, ergibt sich die Differenz, die wir als „Wirkung“ der gesuchten „Ursache“ auffassen, aus einem Vergleich von X bei $t_1$ mit X bei $t_2$, wobei das erste X als Muster dient. Was ich hier betonen möchte, ist die Tatsache, daß die beiden X in gewisser Weise schon als identisch aufgefaßt worden sein müssen, bevor die Differenz zwischen ihnen als eine „Wirkung" verstanden werden kann.)

Kommen wir auf das Wort *weil* zurück, können wir nunmehr sagen, daß es in der Tat häufig gebraucht wird, um die nähere Bestimmung (d. h. den Ausdruck, der direkt folgt) von etwas einzuführen, was die „Wirkursache" für das sein soll, was in der anderen Hälfte der Aussage behauptet wird. Wie ich versucht habe zu zeigen, ist dies eine radikal andere begriffliche Funktion als die, die wir „syllogistisch" oder „definitorisch" genannt haben. Auch wenn wir eine Menge von Aussagen konstruieren, die die Oberflächenform eines Syllogismus zeigen, z. B. *Alle Töpfe kochen, wenn man sie aufs Feuer stellt – Dieser Topf steht auf dem Feuer – Daher kocht dieser Topf,* und wenn wir daraufhin wie oben daraus den Satz ableiten *Dieser Topf kocht, weil er auf das Feuer gestellt wurde,* könnten wir an der Tatsache kaum vorbei, daß wir die Aussage *Der Topf wurde auf das Feuer gestellt* als den Grund oder, wenn man dies vorzieht, als die Erklärung dafür ansehen, daß der Topf nun kocht, und nicht nur als die logische oder definitorische Rechtfertigung dafür, dies zu sagen; wir behaupten in der Tat, daß es das Feuer ist, was den Topf kochen *macht* – und wir können dies sagen, weil wir es oft genug erlebt haben, um damit eine generalisierte Erwartung oder sogar ein „Naturgesetz" zu formulieren.

Die Entwicklung des Sprachgebrauchs hat die Sache allerdings erheblich kompliziert. Nehmen wir einen ganz harmlos aussehenden Satz wie etwa *Die Terrasse ist naß, weil es geregnet hat.* Ohne jeden Kontext würde er sicherlich als Erklärung aufgefaßt werden, d. h. als die nähere Bestimmung einer akzeptierten (oder zumindest provisorisch oder hypothetisch akzeptablen) kausalen Verbindung, die wir gemäß unserem Modell so darstellen können (Bild 3):

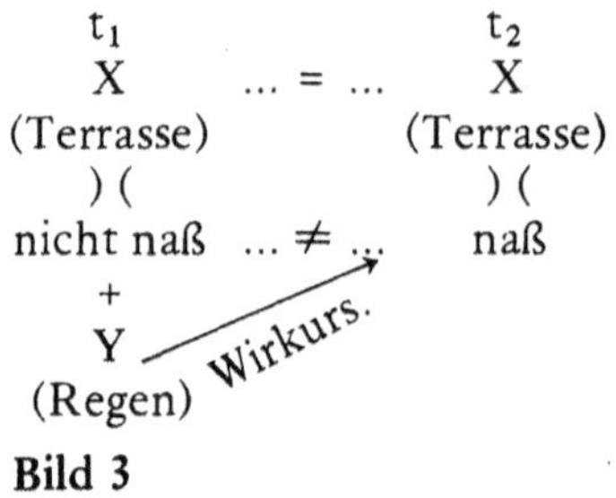


**Bild 3**

Ist eine derartige Verbindung einmal als „wahr" oder auch nur als „wahrscheinlich" akzeptiert worden, kann sie als Basis für Äußerungen benutzt werden, die zwar weder logische noch linguistische Transformationen davon sind, nichtsdestoweniger aber durch den Sprachgebrauch sanktioniert werden. Wenn ich also z. B. den Morgen in meinem Arbeitszimmer zugebracht habe, von dem aus ich den Regen, nicht aber die Terrasse sehen kann, dann würde kein Sprecher der deutschen Sprache etwas daran auszusetzen haben, wenn ich sagte: *Ich weiß, daß die Terrasse naß ist, weil es geregnet hat.* Auf den ersten Blick bedeutet dies eine kausale Verbindung zwischen *es hat geregnet* (Ursache) und meinem *Wissen* (Wirkung), daß die Terrasse naß ist. Damit wird auf verkürzte Art natürlich folgendes gesagt: *Da wir alle die Aussage „Regen macht Terrassen naß" akzeptieren, läßt mich die Tatsache, daß es geregnet hat, erkennen, daß die Terrasse naß ist.*

(Es bedarf keiner Betonung, daß eine solche Aussage alle möglichen anderen Dinge mitbedeutet, z. B. daß gewisse raumzeitliche Bedingungen für die Anwendung der akzeptierten kausalen Verbindung erfüllt sind, – aber dies sind Aspekte, mit denen wir uns hier nicht beschäftigen müssen). Der wichtige Punkt ist, daß die durch *weil* ausgedrückte kausale Relation in diesem Falle keine „Wirkursache" bedeutet, sondern eine syllogistische Verbindung, die durch einen Syllogismus abgeleitet ist, der eine akzeptierte kausale Verbindung als Prämisse enthält (z. B. Terrassen, auf die Regen fällt, sind naß – Auf diese Terrasse ist Regen gefallen – Daher ist die Terrasse naß).

Wie wir gesehen haben (siehe oben), kann das syllogistische *weil* für beide Richtungen benutzt werden und bedeutet nicht mehr, als daß der Sprecher seine Aussage nach einem Syllogismus abgeleitet hat, den er als gültig betrachtet, und daß er sich daher für berechtigt hält, das zu sagen, was er sagt. Die Aussage, die wir gerade geprüft haben, kann allerdings auch umgekehrt werden. Wenn ich den ganzen Morgen in einem fensterlosen Arbeitszimmer verbracht habe, wo ich keinerlei Hinweis darauf erhalten kann, was das Wetter macht, und dann auf die Terrasse hinausgehe, dann kann ich korrekterweise sagen: *Ich weiß, daß es geregnet hat, denn die Terrasse ist naß.* Wiederum ist die „wirkkausale" Verbindung zwischen dem Regen und der Nässe der Terrasse in dem Syllogismus enthalten, nach dem die Aussage abgeleitet wurde, und das *weil* der Äußerung ist ein syllogistisches (ein „induktives" eigentlich, um genau zu sein, das ganz ungerechtfertigt sein kann, denn vielleicht hat meine Frau nur die Blumenkästen auf der Terrasse gegossen ...).

Diese sprachliche Möglichkeit, das Wort *weil* in Aussagen zu verwenden, die indirekt (und manchmal sehr umständlich) von einer implizierten (und manchmal auch bloß vermuteten) kausalen Verbindung des Wirkungstyps abgeleitet sind – eines Typs, der leicht als „empirische" oder wissenschaftliche Tatsache präsentiert werden kann –, ist ganz augenscheinlich ein unschätzbares Werkzeug des Demagogen, sei er nun ein Intellektueller oder ein Politiker. Es ist in der Tat oft schwierig, die verschiedenen Typen von Ursachen auseinanderzulegen, die in der einem *weil*-Satz zugrundeliegenden begrifflichen Struktur eingebettet sein können. Die einzige Verteidigungswaffe, die wir haben, ist die, uns selbst zu fragen, ob wir aufgrund unserer Erfahrung oder anderen sicheren Wissens akzeptieren können, daß die angebliche Ursache tatsächlich auf einer „wirksamen" beruht, an die wir glauben können.

## 4 Zweckursachen

Wir sind damit bei der „Zweckursache" (oder *causa finalis*) angekommen, der vierten und letzten in der Liste des Aristoteles. In seinen Worten ist diese „das, dessentwillen etwas getan wird, z. B. ist die Gesundheit die Ursache dafür, daß man laufen kann" (*ebda.*).

Heutzutage würden wir sagen, *X oder Y betreibt Jogging seiner Gesundheit wegen* oder *für seine Gesundheit.* Damit zeigt sich sofort, daß das Wort *weil,* von den bisher erörterten Funktionen abgesehen, in Situationen, in denen es um eine „Zweckursache" geht, noch eine weitere Bedeutung hat. Wir müssen daher prüfen, welche Art von begrifflicher Struktur diesem Typus der Ursache entspricht. Wie schon Aristoteles bemerkte, handelt es sich hier um die wichtige Beziehung zwischen Mitteln und Zwecken, zwischen Handlungen, die vorgenommen oder Instrumenten, die gebraucht werden, um ein Ziel zu erreichen oder einen Zweck zu erfüllen, – eben das, wogegen manche Behavioristen mit nicht nachlassender Beharrlichkeit kämpfen. Glücklicherweise müssen wir hier nicht erörtern, ob Ziele, Zwecke oder Absichten im Bereich der Psychologie tragfähige Begriffe sind; überall dort, wo Sprache und sprachlicher Ausdruck im Spiel sind, können wir keinen Schritt tun, ohne auf sie zu stoßen. Der Semantiker tut gut daran, sich damit auseinanderzusetzen, auch wenn B. F. Skinner uns einreden will, daß sie sinnlos sind. Was immer auch „Absicht", „Ziel" oder „Zweck" bezeichnen mögen, es besteht kaum ein Zweifel daran, daß es etwas sein muß, was gewünscht wird und noch nicht erreicht worden ist. Es kann sich also nur um etwas handeln, das wir vor uns sehen, das wir uns vorstellen, das wir in die Zukunft projizieren, und nicht um etwas, das wir auf die gleiche Art und Weise wahrnehmen, wie wir etwa die Berge durch das Fenster sehen oder den Teekessel auf dem Herd pfeifen hören. Ich schlage vor, diese besondere Art der Erfahrung als *Vorwärts-Repräsentation* zu bezeichnen, um sie nicht nur von der Wahrnehmung und von aller tatsächlichen gegenwärtigen Erfahrung zu unterscheiden, sondern auch von der Erinnerung (die die Aufzeichnung von etwas Vergangenem abbildet oder aufruft).

Wenn jemand sagt, *Soundso betreibt Jogging wegen seiner Gesundheit,* dann sagt er u. a., daß Soundo (oder vielleicht er, der Sprecher, selbst) glaubt, daß Jogging eine Veränderung von weniger Gesundheit zu mehr Gesundheit bewirkt und daß er eine solche Veränderung für wünschenswert hält. (Im Englischen steht *because* nicht nur für „weil", sondern auch zumeist für „wegen".) Im Anschluß an das, was wir eben erörtert haben, bedeutet dies, daß Jogging eine „Wirkursache" für einen verbesserten Gesundheitszustand des Joggers ist oder als solche betrachtet werden kann. In der Aussage *Soundo betreibt Jogging wegen seiner Gesundheit* scheint es aber die „Gesundheit" zu sein, die als Ursache des „Jogging" gesehen wird. Einmal also erfordert eine finalistische Aussage den Glauben an eine kausale Verbindung vom „Wirktypus", auf der anderen Seite setzt sie jedoch als Aussage die erwartete Veränderung an die Stelle der Ursache und die unterstellte Ursache an die Stelle der Wirkung. Eine bildliche Darstellung der „Zweckursache" müßte daher aussehen wie Bild 4, auf dem das Subjekt X bei $t_1$ sich (aufgrund bisheriger Erfahrung) den Zustand verbesserter eigener Gesundheit als durch Jogging bewirkt vorstellt, und dann, da es seine Gesundheit verbessern will

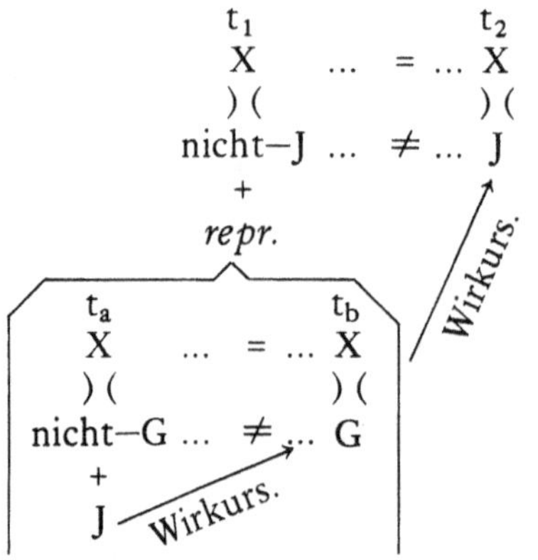


**Bild 4**

und an die Verläßlichkeit bzw. Wirksamkeit dieser kausalen Verbindung glaubt, Jogging bei $t_2$ tatsächlich ausführt. (Die Zeitpunkte $t_a$ und $t_b$ sind als Teil der Vorwärtsrepräsentation von X natürlich nicht Augenblicke in der tatsächlichen Ereignisabfolge, sondern lediglich Augenblicke der repräsentierten oder vorgestellten Zeitdimension, die X in die Zukunft entwirft.)

Wenn wir also sagen *Soundso betreibt Jogging wegen seiner Gesundheit,* dann ist dies in der Tat eine sehr abgekürzte Form festzustellen: *Soundso will seinen Gesundheitszustand verbessern, und da er glaubt, daß Jogging verläßlich eine entsprechende Veränderung bewirkt, betreibt er Jogging.* (Man beachte allerdings, daß der Fall etwas anders liegt, wenn der Grund für das Jogging nicht die Verbesserung, sondern die Erhaltung der Gesundheit ist: statt eine Veränderung zum Besseren zu bewirken, verhindert die „Ursache" wirksam eine drohende Verschlechterung. Dadurch werden nur einige Details der Vorwärtsrepräsentation modifiziert, die Grundstruktur für Wirk- und Zweckursachen bleibt gleich.)

In diesem Fall ist wie in vielen ähnlichen Fällen nicht unmittelbar klar, ob das Element, das als „Zweckursache" funktioniert, am Anfang oder am Ende der vorgestellten Veränderung liegt. Das Wort *weil* ist in dieser Hinsicht durchaus mehrdeutig. Soundso kann Jogging betreiben, weil sie oder er Symptome schlechter Gesundheit bemerkt, die er/sie loswerden will, oder weil sie/er Symptome guter Gesundheit wahrnimmt, die er/sie selbst erreichen will. Dieser Unterschied beeinflußt jedoch nicht den Typ von Ursache, der im Spiel ist, sondern lediglich den Typus der Veränderung, der innerhalb der Vorwärtsrepräsentation verursacht wird. Das Symptom schlechter Gesundheit ist eine zusätzliche Komponente von X bei $t_a$, die bei $t_b$ eliminiert wird; das Symptom guter Gesundheit andererseits fehlt bei $t_a$ und wird bei $t_b$ erworben; mit anderen Worten, wir haben im ersten Fall eine Veränderung durch Abzug, im zweiten eine Veränderung durch Hinzufügung, beide aber sind Teil einer Vorwärtsrepräsentation und enthalten daher „Finalität".

Traditionell ist diese Unterscheidung so getroffen worden, daß man von „Motivursachen" im Gegensatz zu „Zweckursachen" gesprochen hat. Wenn wir z. B. sagen *Wir gehen schwimmen, weil es heiß ist,* dann führt das *weil* eine zusätzliche Bestimmung des Anfangspunkts der vorgestellten Veränderung ein (die Hitze, die wir loswerden wollen), und dies hat man eine „Motivursache" genannt. Wenn wir dagegen sagen *Wir gehen schwimmen, weil es lustig ist,* dann führt das *weil* eine nähere Bestimmung des Endpunkts der Veränderung ein (Spaß, den wir als Ergebnis erwarten), und wir können dies ein „Ziel" oder einen „Zweck" nennen. In beiden Fällen aber wird die Aussage direkt von der begrifflichen Struktur abgeleitet, die der „Zweckursache" zugrundeliegt, und beide sind in gleicher Weise finalistisch. Die Unterscheidung zwischen „Motiv" und „Ziel" ist in vielen Fällen nur mithilfe kontextueller oder situativer Information zu treffen, also mit Information, die nicht in dem jeweiligen Stück Sprache enthalten ist.

## 5 Schlußbemerkungen

Wir können nun die Funktionen des Worts *weil* im Rahmen der durch Aristoteles' Liste erfaßten begrifflichen Situationen zusammenfassen und feststellen versuchen, ob es Mittel und Wege gibt, sie voneinander abzugrenzen.

Als erstes können wir festhalten, daß jede Aussage, die *weil* enthält, die Form *A weil B* aufweist, wobei B das Element bezeichnet, das durch *weil* als die

Ursache von A eingeführt wird. (Dies ist wichtig unabhängig davon, ob die Aussage tatsächlich die Abfolge *A weil B* zeigt oder aber die häufige Inversion (*Weil B, A.*)

Bezeichnet *weil* eine Kausalbeziehung des syllogistischen oder definitorischen Typs, wie sie der Aristotelischen Unterscheidung von „formaler" und „materialer" Ursache entspricht, dann stellen wir fest, daß die Aussage grob durch *A ist durch B gerechtfertigt* paraphrasiert werden kann, wobei „gerechtfertigt" entweder *streng logisch* oder *definitorisch gerechtfertigt* bedeutet. In diesen Fällen, so haben wir gefunden, leitet das *weil* eine Erklärung dafür ein, daß der Sprecher A sagt oder glaubt, und B ist daher keine Erklärung des durch A näher bestimmten Sachverhalts. Die diesem Typ von *weil* zugrundeliegende begriffliche Situation ist statisch, enthält keinerlei Veränderung oder Prozeß, noch auch temporale Elemente bzw. Abfolgen von Ereignissen.

Wenn *weil* eine Kausalbeziehung vom „Wirktypus" bezeichnet, dann muß die zugrundeliegende begriffliche Situation eine Veränderung enthalten – auch wenn dies nicht unmittelbar aus der sprachlichen Oberfläche hervorgeht. In diesem Falle leitet das *weil* B als eine Erklärung des durch A näher bestimmten Sachverhalts ein. Diese Erklärung ist nicht auf einen Syllogismus oder eine Definition gegründet, sondern, wie die Naturwissenschaftler von Hume gelernt haben, auf kumulierte Erfahrung und induktives Schließen. Es scheint zwar keine narrensichere Paraphrase für diese Funktion des Wortes *weil* zu geben, über den Daumen kann man aber sagen, daß das „wirkende" *A weil B* die einzige Aussage ist, die in akzeptabler Weise in die Variante *B verursacht A* transformiert werden kann. (So ist es kaum akzeptabel zu sagen *Daß ich zwei Beine habe und keine Federn, ist die Ursache dafür, daß ich ein Mensch bin,* noch auch *Die Nässe dieser Terrasse verursacht, daß ich weiß, daß es geregnet hat;* dagegen haben wir nichts einzuwenden gegen *Der Regen verursacht, daß die Terrasse naß ist.*)

Wenn das Wort *weil* schließlich eine Kausalbeziehung des „finalen" Typs bezeichnet, dann enthält die zugrundeliegende begriffliche Situation notwendigerweise die Repräsentation einer erwünschten Veränderung sowie die wirkende Ursache, von der man meint, daß sie jene erzeugt. Im sprachlichen Ausdruck *A weil B* bezeichnet dann die Phrase A die Wirkursache, während B die erwartete Wirkung benennt, und zwar in die Zukunft projiziert. In diesem Fall kann die Aussage in akzeptabler Weise durch einen *um-zu*-Ausdruck paraphrasiert werden (der natürlich eine Veränderung der sprachlichen Oberflächenstruktur verlangt).

Das alles klingt nun recht sauber und einfach. In der Praxis ist es weder dies noch jenes. Wir treffen auf so manches *weil,* das hinsichtlich der ausgedrückten Ursache mehrdeutig bleibt, und das hat meistens mit einer besonderen Ambiguität der Phrase B zu tun, d. h. der Phrase, die das verursachende Element näher bestimmt. Hören wir etwa *Hans ist gegangen, weil er hungrig war,* hängt die Klassifikation der Ursache davon ab, wie wir *hungrig* definieren. Die eine Möglichkeit besteht darin, es als physischen Zustand zu definieren, z. B. als „nagenden Schmerz im Magen", und wir wären dann damit zufrieden, die Paraphrase *Sein Hunger verursachte, daß er ging* zu akzeptieren, können also diese Ursache als „Wirkursache" klassifizieren, wenn auch nicht ohne gewisse Vorbehalte. Dies wäre insofern korrekt, als der physische Zustand tatsächlich der Wirkung, die er verursachen soll, vorausgeht, wir würden aber kaum als eine allgemein bestätigte Kausalverbindung akzeptieren, daß Menschen „weggehen", weil sie diese Art von Schmerz in ihrem Magen fühlen; unter bestimmten äußeren Umständen würden wir dies aber vielleicht doch für plausibel halten. Wir können aber *hungrig* auch als das „Verlangen nach Essen" definieren, und die Phrase B würde dann eine ganz eindeutige „finale" Ursache enthalten.

In anderen Fällen müssen wir ein gut Teil mehr über den situativen Kontext wissen, um eine Entscheidung zu treffen. Eine Feststellung wie z. B. *Maria ging wegen Hans* kann, für sich genommen, eine „Wirkursache" oder eine „Zweckursache" enthalten, das Problem löst sich erst dann, wenn wir entdecken, daß Hans Maria gerade beleidigt hat, oder daß er in einer halben Stunde am Flughafen ankommt.

Ein derartiger Mangel an Spezifität ist, wie wir alle wissen, eher die Regel als die Ausnahme im Bereich natürlicher Sprache. Wir müssen uns damit abfinden, und im großen und ganzen kommen wir ganz gut damit zurecht. Nur eines dürfen wir nie aus den Augen verlieren: daß die Sprache als Vehikel der Kommunikation nur funktionieren kann, soweit sie spezifisch und systematisch ist. Die fixen semantischen Beziehungen zwischen sprachlichen Ausdrücken und den begrifflichen Strukturen, die sie benennen, aufzudecken und zu explizieren, scheint einer der besten Wege zu sein, sicherzustellen, daß unsere Sprache das kommunikative Potential nicht verliert, auf das viele wenn nicht alle unserer wissenschaftlichen Bemühungen angewiesen sind.

# Zeichen – Kommunikation – Sprache

*Kurzfassung*

Angesichts der unklaren und widersprüchlichen Auffassung des Phänomens der Kommunikation in der Literatur über tierisches Verhalten wird hier der Versuch unternommen, „Zeichen" und „Kommunikation" vom Gesichtspunkt der Kybernetik sowie der Symbolphilosophie Susanne Langers zu definieren. Es wird zu zeigen versucht, daß weder Kommunikation noch Sprache mit Erfolg untersucht werden kann, solange es das Tabu des dogmatischen Behaviorismus verbietet, sich mit zielgerichteten bzw. zweckorientierten Handlungen wissenschaftlich zu beschäftigen. In Übereinstimmung mit jüngeren Entwicklungen der Rückkopplungstheorie wird gezeigt, daß der Zweckbegriff des Kybernetikers mit voller Berechtigung in der wissenschaftlichen Verhaltensanalyse verwendet werden kann, und daß er nicht nur eine fruchtbare Klassifikation von Zeichen ermöglicht, sondern auch die präzise Abgrenzung der Kommunikation von anderen Typen der Interaktion. Zum Abschluß werden einige von Hocketts „Konstruktionsmerkmalen" der Sprache erörtert sowie versuchsweise Kriterien für jene Form der Kommunikation formuliert, die als „sprachliche" Kommunikation gelten soll.

Wenn wir den Ausdruck „Kommunikation" im Alltag verwenden, plagen uns selten Zweifel, was damit gemeint sein soll. Wir unterstellen als seine Bedeutung schlicht, daß man einander vermittelt, was man fühlt, denkt, weiß oder tut, – oft auch, was man vom Partner wünscht. Wenn sich jedoch die biologischen Wissenschaften an dieses Phänomen machen, löst sich der Alltagsbegriff nur allzu rasch auf. Colin Cherry, Verfasser einer der solidesten Einführungen in die Kommunikationswissenschaften, stellt fest (1957,6): „Der wissenschaftliche Sprachgebrauch muß zwar meist stärker beschränkt werden, sollte aber dem vernünftigen Alltagsverständnis nicht zuwiderlaufen..." Die Erforschung der Kommunikation lebender Organismen hat sich zu oft weder an den ersten noch an den zweiten Teil von Cherrys Ermahnung gehalten.

Im folgenden möchte ich versuchen, nur *einige* begriffliche und definitorische Korrekturen vorzunehmen, wie sie mir unentbehrlich scheinen, wenn wir all die Vagheiten, Mehrdeutigkeiten und Widersprüchlichkeiten beseitigen wollen, die die Literatur über tierisches Verständigungsverhalten und Sprache durchziehen. Die Betonung liegt dabei auf *einige*, denn mehr als nur ein paar Seiten wären notwendig, um jene vollständige Menge exakt definierter Begriffe zu liefern, die für die Darstellung eines derartig großen begrifflichen Bereichs benötigt wird.

In einer neueren Veröffentlichung, auf die ich erst nach Beendigung dieses Aufsatzes gestoßen bin, erörtert Donald MacKay (1972) einen wesentlich größeren Teil der Probleme und gelangt, wie ich meine, zu den gleichen allgemeinen Schlußfolgerungen. Ich werde mich hier damit zufriedengeben, einige Schritte in die Richtung zu tun, in der eine präzisere Verwendung der Begriffe „Zeichen" und „Symbol" ebenso wie der allgemeineren Begriffe „Kommunikation" und „Sprache" gefunden werden könnte. Meine Vorschläge sind im übrigen gar nicht besonders originell. Der größte Teil davon ist bereits vor Jahren in einem Wissenschaftszweig formuliert worden, der trotz seiner Spezialisiertheit auf den Alltagsbegriff der Kommunikation gegründet ist. Die Kybernetik nämlich, wie Norbert Wiener sie (1948) definierte, besteht in der Erforschung von „Regelung und *Nachrichtenübertragung* im Lebewesen und in der Maschine" (Hervorhebung von mir). Auch wenn Wiener oft von Autoren zitiert worden ist, die sich mit der Kommunikation bei Tieren befassen (z.B. Altmann 1967; Hockett 1960a; Sebeok 1972), haben die meisten von ihnen ihr Interesse auf zwei recht spezielle Aspekte beschränkt, das allgemeine kybernetische System aber nachlässigt, in das Wiener alle kommunikativen Prozesse eingeordnet hatte.

Der erste dieser Aspekte ist die Tatsache, daß kommunikative Ereignisse nicht den Gesetzen der Mechanik gehorchen. D.h. die Energie, die die kommunikative *Handlung* verwendet, determiniert in keiner Weise die Energie, die die darauf folgende *Reaktion* benötigt (Rosenblueth/Wiener/Bigelow 1943; Haldane 1955). Die Energie der Schallwellen nämlich, die z.B. von einem Mann ausgehen, der „Feuer!" schreit, steht in keiner festgelegten oder kalkulierbaren Beziehung zu der Energie des Ereignisses, das durch diesen Schrei ausgelöst wird, wie etwa des Knalls, mit dem eine 6-Zoll-Granate abgeschossen wird, oder der Panik einer Menge in einem Theater, oder der Frage „Wo?" irgendeiner gerade anwesenden Person. Diese Tatsache ist von grundlegender Bedeutung, wenn wir Kommunikation von mechanischen oder chemischen Aktions/Reaktions-Ereignissen abgrenzen wollen. Wenn wir nämlich diese Unterscheidung nicht treffen, dann landen wir bei Definitionen des Begriffs „Kommunikation", die jegliche Art der Wechselwirkung einschließen, z.B. „Kommunikation tritt immer dann auf, wenn das Verhalten eines Lebewesens das Verhalten anderer Lebewesen beeinflußt" (Alexander 1960, 38).

Der zweite Aspekt ist von Wiener selbst in der Einleitung zu seinem Buch *Kybernetik* (1948, 18) deutlich gemacht worden: „... es ist völlig unmöglich, soziale Gemeinschaften ... ohne eine gründliche Untersuchung ihrer Kommunikationsmittel ... zu verstehen".

Beide Aspekte haben mit der *Beobachtung* kommunikativer Ereignisse zu tun, und darin liegt vermutlich der Grund, warum sie von professionellen Beobachtern tierischen Verhaltens direkt aufgegriffen wurden. Reißt man sie jedoch aus dem kybernetischen Systemzusammenhang, so tragen sie nichts mehr zur Erhellung der Funktionen bei, die ein kommunikatives Ereignis in der Organisation eines sozialen Verbandes oder im Verhalten eines Individuums erfüllen kann. *Nur* diese beiden Aspekte zu berücksichtigen bedeutet in der Tat, das Wesen des kybernetischen Ansatzes zu übersehen.

Es bedarf nun keines besonderen Scharfblicks, den Grund dafür zu erkennen, daß strenge Behavioristen mehr als zurückhaltend waren, auch noch anderes aus der Kybernetik zu übernehmen. Der Aufsatz nämlich, der zum erstenmal Grundlagen des kybernetischen Vorgehens entwickelte, trug den Titel „Verhalten, Zweck und Teleologie" (Rosenblueth/Wiener/Bigelow 1943). Zweck und Teleologie waren vom strengen Behaviorismus geächtet worden. Marler formulierte es folgendermaßen (1961, 296). „Dieser Begriff (Zweckorientierung), der auch mit einer anthropozentrischen Sicht zusammenhängt, hat die Erforscher des tierischen Verhaltens in der Vergangenheit in beträchtliche Verwirrung gestürzt." (Er zitiert dazu Thorpe 1956.) Eine Seite davor stellt Marler fest, daß er viele der von Cherry

(1957) erläuterten Ideen als bedeutsam für seine Forschungsarbeit betrachtet, und er zitiert Cherrys Aussage, daß Kommunikation „die Herstellung eines sozialen Verbandes durch Individuen mithilfe einer Sprache oder Zeichen“ ist. Dieses Zitat stammt aus dem Anhang in Cherrys Buch (305), bildet jedoch nur die eine Hälfte der Definition, die dort für den Begriff „Kommunikation“ gegeben wird. Die andere Hälfte lautet: „Die einvernehmliche Anerkennung von Verhaltensregeln für verschiedene zielgerichtete Handlungen. (Es gibt viele *unterschiedliche Meinungen*)“ (Hervorhebung von Cherry). Ganz offensichtlich war Marler der Ausdruck „zielgerichtet“ noch nicht so ganz geheuer.

Nicht viel anders ist es mit der Kenntnisnahme von Shannons *Mathematical Theory of Communication* (1949). Auch diese Arbeit wird von mehreren Autoren zitiert (z.B. Hockett 1960a, 1963; Altmann 1967; Marler 1961; Sebeok 1965, 1972), doch immer wird die Tatsache verschwiegen, daß Shannons Theorie in einem sehr speziellen Zusammenhang entworfen, entwickelt und formuliert wurde, nämlich zum Zwecke der Verbesserung von Kommunikationssystemen hinsichtlich ihrer Kanalkapazität und der Verläßlichkeit der Signalidentifizierung durch den Empfänger, und daß diese Theorie aus eben diesem Grunde die Zielgerichtetheit der kommunizierten Botschaften voraussetzt. Von diesem Gesichtspunkt ist es daher unsinnig, alle „teleologischen“, „kausalen“ und „kontextuellen“ Begriffe aus der Beschreibung und Klassifikation von Tierlauten zu entfernen, wie Emlen (1960) dies verlangt. Würde dies geschehen, dann müßte man auch auf das Wort und die Idee von „Kommunikation“ verzichten.

Nicht alle Erforscher tierischen Verhaltens sind jedoch dauernd bloß damit beschäftigt, den Teufel der Zweckbestimmtheit zu exorzieren. Menzel verwendet in einer neueren Arbeit (1973) MacKays Definition der Kommunikation (MacKay 1972), welche die Bedingung der Zielgerichtetheit explizit festhält. Earl W. Count (1969), einer der ganz wenigen, die vor der Übernahme kybernetischer Begriffe die Quellen studiert haben, aus denen sich die Kybernetik entwickelte, führt den Begriff der „Informationsökologie“ ein und kennzeichnet ohne jeden Vorbehalt einen lebenden Organismus als eine „zielstrebige Maschine.“

An diesem Punkt sollte klargestellt werden, daß die Ausdrücke „Ziel“ und „Zweck“ in der Kybernetik nicht genau das gleiche bedeuten wie im alltäglichen Sprachgebrauch. „Die Teleologie ist vor allem deswegen diskreditiert worden, weil sie so definiert wurde, daß eine Ursache einer bestimmten Wirkung zeitlich folgte. Als dieser Aspekt der Teleologie eliminiert wurde, wurde unglücklicherweise auch die damit verbundene Erkenntnis der Wichtigkeit eines Ziels beseitigt ... Wir haben die Konnotation teleologischen Verhaltens so eingeschränkt, daß wir diese Bezeichnung nur auf solche zweckgerichtete Reaktionen anwenden, die durch einen Fehler in der Reaktion gesteuert werden, d.h. durch die Differenz zwischen dem Zustand des sich verhaltenden Objekts zu einem beliebigen Zeitpunkt und dem Endzustand, der als Zweck interpretiert wird. Teleologisches Verhalten wird damit synonym mit Verhalten, das durch negative Rückkopplung gesteuert wird...“ (Rosenblueth/Wiener/Bigelow 1943, 24). Die Funktion, die „Rückkopplung“ genannt wurde, besteht nach Wieners allgemeinster Definition (1950, 47) darin, „zukünftiges Verhalten durch vergangenes Verhalten korrigieren zu können“.

Was die Analyse von Verhalten angeht, so hat die gegenwärtige Entwicklung der Rückkopplungstheorie (vgl. Powers 1973b) viel dazu beigetragen, die Beziehung zwischen dem zweckorientierten Verhaltensmodell des Kybernetikers und dem Stimulus-Reaktions-Modell des traditionellen Behavioristen besser zu verstehen. Der S-R-Theoretiker hat sich immer bemüht, das Verhalten eines Organismus ausschließlich auf der Basis direkt beobachtbarer Reize zu beschreiben und vorherzusagen. Der Rückkopplungstheoretiker andererseits versteht das Verhalten des Organismus als eine Aktivität, die auf die Minimierung jeglicher Diskrepanz zwischen einem sensorischen Inputwert (Stimulus) und einem vorgegebenen „Referenzwert" gerichtet ist, mit dem der jeweilige Typ des sensorischen Inputs verglichen wird. Diese Diskrepanz ist der „negative Feedback"; je größer er ist, umso mehr an Aktivität muß der Organismus aufwenden, um den sensorischen Inputwert dem Referenzwert anzugleichen. In diesem Sinne, und nur in diesem Sinne, kann die Aktivität des Organismus als „zweckbezogen" bezeichnet werden, und der Referenzwert als „Ziel".

Busnel (1969, 35) verzeichnet in ihrer Klassifikation von Verhaltenssituationen, die als potentielle Kontexte für kommunikative Ereignisse angesehen werden können, sieben Typen (z.B. Begegnung der Geschlechter, Nahrungssuche, Territoriumsverteidigung usw.). Für jede dieser Situationen würde die Rückkopplungstheorie zumindest einen Referenzwert festlegen. Das Verhalten des Organismus kann sodann, soweit es überhaupt verläßlich einer dieser sieben Situationen zugeordnet werden kann, insofern als zweckgerichtet beschrieben und vorhergesagt werden, als es auf die Angleichung des sensorischen Inputs an den relevanten Referenzwert gerichtet ist. Je höher entwickelt der Organismus ist, um so größer ist die Vielfalt sensorischer Rückkopplungen, die er empfängt, sowie das Verhaltensrepertoire, das er einsetzen kann, um ihnen zu entsprechen. Francisco Ayala (1974, 350) hat vor kurzem die evolutionären Anfänge der Informationsverarbeitung dargestellt: „Die rudimentärste Fähigkeit, Information über die Umwelt einzuholen und zu verarbeiten, findet sich bei bestimmten einzelligen Eukaryonten. Ein schwimmendes *Paramecium* folgt einer gewundenen Bahn und verschlingt dabei alle Bakterien, die es antrifft. Ergeben sich ungünstige Bedingungen, wie z.B. lebensgefährliche Säure- oder Salzkonzentration des Wassers, dann hält das *Paramecium* an, dreht ab und schwimmt in eine andere Richtung. Seine Reaktion ist durchwegs negativ .... Größeres Vermögen, Information über die Umwelt zu verarbeiten, findet sich bei der einzelligen *Euglena*... Sie meidet nicht nur ungeeignete Umwelten, sondern sucht aktiv geeignete. Eine Amöbe zeigt weiteren Fortschritt in dieser Richtung; sie reagiert auf Licht, indem sie sich davon entfernt, und verfolgt außerdem aktiv Nahrungspartikel." Diese Fähigkeiten, etwas zu meiden, zu suchen oder zu verfolgen, lassen sich als Ergebnis verschiedener einfacher Rückkopplungsschleifen erklären, die alle ihre spezifischen Referenzwerte haben.

Die Übertragung der Signale von den Sinnesorganen zu einer zentralen Verarbeitungseinheit, welche die negative Rückkopplung berechnet, und von da wieder zu anderen Organen, die die angleichenden Aktivitäten ausführen, soll, so wird oft behauptet, Kommunikation einschließen; diese Art der Kommunikation aber läuft *innerhalb* eines einzelnen Organismus ab. Wenn wir im üblichen Verständnis von Kommunikation sprechen, dann meinen wir damit jedoch das, was Wiener (1948) „Interkommunikation" genannt hat, d.h. den Transfer von Signalen oder Botschaften von einem Organismus zu einem anderen. Obwohl die erste Art der Kommunikation eindeutig Teil einer Rückkopplungsschleife ist, ist nicht unmittelbar einleuchtend, daß auch die zweite Art im Rahmen eines Rückkopplungsmechanismus gesehen werden muß. Daß dies nicht gesehen wird, ist, so meine ich, einer der Hauptgründe für die Verwirrung in der Literatur über tierische Kommunikation.

Betrachtet man Interkommunikation als ein Instrument des Rückkopplungsausgleichs, dann ist sie ein Typ von Aktivität, der im Verhaltensrepertoire von Organismen über einem bestimmten Komplexitätsniveau auftritt. Jede Interaktion *unter* dieser Ebene ist eine Sache der „Energetik" (Count 1969), eine Interaktion *darüber* kann mit „Information" zu tun haben. Wir können den energetischen Typ der Interaktion von dem informationbezogenen mithilfe des von Wiener (1948) und Haldane (1955) formulierten Kriteriums unterscheiden. Damit wird eine notwendige Bedingung, aber noch keine hinreichende Definition des Begriffs „Kommunikation" angeben. So wie es sinnlos ist, alle Ereignisse, in denen eine mechanische Übertragung von Energie zwischen zwei Organismen stattfindet, als „Interaktion" zu benennen, ist es irreführend, alle Ereignisse, die die Beförderung von Information enthalten, als „Interkommunikation" zu bezeichnen.

Wenn ich mit dem Gesicht im Rinnstein lande, weil mich jemand rücksichtslos umgerannt hat, dann ist der Energietransfer nicht sehr verschieden von dem Fall, daß mich der wohlgezielte Hieb eines Schlägers in die gleiche Lage bringt. Im Sinn von Verhalten ist die Situation aber natürlich eine ganz andere. Im ersten Fall ist das Ergebnis ein Unfall, und zwar deshalb, weil weder ich noch die Lage, in der ich mich schließlich finde, irgendetwas mit dem Referenzwert der anrennenden Person zu tun hat, noch auch mit dem negativen Feedback, den diese Person durch ihr Hasten zu reduzieren suchte. Im zweiten Fall jedoch ist der Hieb des Schlägers und mein Sturz in den Rinnstein in der Tat „zielgerichtet", was den Schläger betrifft, denn dieser hat im Laufe seiner früheren Erfahrungen zweifellos gelernt, daß derartige Handlungen sehr geeignet sind, seinen sensorischen Input und sein Referenzsignal (z.B. meine Geldbörse in seiner Hand) in Übereinstimmung zu bringen. Man könnte das eine Ereignis „zufällig" nennen, das andere „instrumental". In gewöhnlichem Deutsch würde das erste Ereignis „Zusammenstoß", das zweite „Angriff" heißen.

Die Klärung, auf die es mir hier ankommt, muß jedoch auf der Ebene der Begriffe, nicht bloß auf der Ebene von Wörtern vorgenommen werden. Wir können die beiden Verhaltenssituationen ohne Bezugnahme auf freien Willen, auf Bewußtsein, auf Geist oder irgendeinen ähnlichen „mit einer anthropozentrischen Weltsicht" verbundenen Begriff unterscheiden; sie können durch die Bestimmung der operativen Rückkopplungsschleifen unterschieden werden, – und solche Rückkopplungsschleifen haben kaum etwas besonders Anthropozentrisches an sich, denn sie erklären Handlungsweisen nicht nur des Menschen, sondern auch primitiver Lebewesen und Maschinen.

Unter bestimmten Umständen kann die Bestimmung einer operativen Rückkopplungsschleife und ihres Referenzwerts allerdings eine sehr schwierige Aufgabe sein. Powers (1973a, b) hat ein experimentelles Verfahren für die Lösung dieses Problems angeboten, das den Vorzug großer Flexibilität hat. Zweifellos muß in dieser Richtung noch mehr Arbeit geleistet werden. Aber auch wenn wir in der Praxis auf Verhaltenssituationen treffen, bei denen wir außerstande sind, die Referenzwerte des Organismus mit gewünschter Präzision anzugeben, dann sollte dies die Extrapolation des theoretischen Begriffs nicht beeinträchtigen, denn der „Referent" des Begriffs kann ja in vielen anderen Fällen aufgezeigt und gemessen werden.

Wenn wir die Unterscheidung zwischen zufälligen und zielgerichteten (oder planlosen und instrumentellen) Handlungen in den Bereich der Kommunikation zwischen Organismen einführen, dann stellen wir fest, daß sie weitgehend mit der Zeichenklassifikation vereinbar ist, die Susanne Langer ausgearbeitet hat (1942). Sie unterscheidet „natürliche" von „künstlichen" Zeichen. „Ein natürliches Zeichen ist Teil eines umfassenderen Ereignisses oder einer komplexeren Lage und bedeutet für einen erfahrenen Beobachter den gesamten verbleibenden Teil derjenigen Situation, deren auffallendes Merkmal es darstellt. Es ist das *Symptom* eines Sachverhalts." Auf der anderen Seite haben wir „künstliche Zeichen" vor uns, wenn „willkürlich Ereignisse erzeugt werden, die absichtsvoll mit wichtigen Ereignissen korreliert werden, die ihre Bedeutung darstellen sollen" (Langer 1948, 59).

Langer gibt folgende Beispiele für natürliche Zeichen: nasse Straßen als Zeichen dafür, daß es geregnet hat (vergangenes Ereignis); Rauchgeruch als Zeichen für ein Feuer (gegenwärtiges Ereignis); ein Ring um den Mond als Zeichen dafür, daß es regnen wird (zukünftiges Ereignis); Donner als ein Zeichen für Blitz und Blitz als ein Zeichen für Donner. In jedem Fall ist das Element, das wir als „Zeichen" aufzufassen wünschen, ein Ereignis, das in unserer vorhergegangenen Erfahrung beständig mit einem anderen Ereignis korreliert worden ist; und da wir, wie Hume es formuliert hat, glauben, daß zukünftige Erfahrungen im großen und ganzen vergangenen Erfahrungen ähnlich sein werden, läßt uns das Auftreten des Zeichenereignisses das zugehörige Korrelat antizipieren. Wenn der wahrnehmende Organismus außerdem an das Ereigniskorrelat eine Verhaltensreaktion geknüpft hat, dann nennt der Behaviorist das Zeichenereignis einen „diskriminierenden Stimulus"; wenn die Antizipation in einem erkenntnisfähigen Organismus zu einer internen Repräsentation oder zu Gedanken führt, nennt der Philosoph dies „induktives Schließen"; auf beiden Ebenen ist dies die einfachste und allgemeinste Form des Lernens und des Erkennens.

Langer gibt folgende Beispiele für künstliche Zeichen: ein Pfeifton bedeutet, daß der Zug abfährt, ein Gewehrschuß, daß die Sonne gerade untergeht. Der Unterschied zwischen diesen und den natürlichen Zeichen ist klar. Weder der Pfeifton noch der Gewehrschuß sind jemals mit der Abfahrt des Zuges oder dem Sonnenuntergang korreliert worden (oder könnten damit korreliert werden), *bevor* sie *als Zeichen* eingeführt wurden, und zwar einfach deshalb, weil sie in diesen Kontexten nicht aufgetreten waren; sie wurden zu Zeichen *gemacht* (vgl. Hocketts Ausführungen zu Paul Revere 1960a, 420).

Leider verwischt Langer die Sache ein wenig, wenn sie ihre „zufälligen Zeichen" zu den künstlichen Zeichen rechnet. Solche zufälligen Zeichen sind für sie etwa die Warnrufe von Tieren, z.B. die verschiedenen Vokalisationen der südafrikanischen Meerkatzen, die andere Mitglieder der Horde auf die Nähe eines großen oder kleinen Säugetierräubers oder Raubvogels hinweisen (Struhsaker 1967). In ähnlicher Weise dienen einige der verschiedenen Laute, die „im Zusammenhang mit anderen Verhaltensweisen" von Wassertieren erzeugt werden (Tavolga 1960, 94) als natürliche Zeichen. Es wäre in der Tat anthropozentrisch anzunehmen, daß Meerkatzen diese Rufe erfunden haben, um die Anwesenheit bestimmter Räuber zu signalisieren; eine derartige Annahme ist aber gar nicht nötig. Die Unterscheidung, die Langer wahrscheinlich vorschwebte, ist diese: Während die Zeichen, die sie „natürlich" nennt, Ereignisse sind, die vom Gesichtspunkt des menschlichen Beobachters in einer bestimmten kausalen Verbindung mit anderen Elementen des Ereignisses oder Verhaltens stehen, die sie bedeuten, ist dies bei den Zeichen, die sie „zufällig" nennt, nicht der Fall. Eben diese Unterscheidung bereitet auch Hockett Schwierigkeiten, wenn er das Konstruktionsmerkmal „Spezialisierung" erörtert (1960a, 408). Ob nun die Äußerung eines Rufs bei den Meerkatzen kausal mit den Fluchtversuchen der Tiere verknüpft werden kann, oder ob sie lediglich als eine zufällige Begleiterscheinung des Fluchtverhaltens anzusehen ist, hängt von der Differenziertheit unserer Kausalerklärungen ab und beeinflußt in keiner Weise den semiotischen Status dieses Rufs für die Meerkatzen. Für sie ist er ein Zeichen geworden – und sicher kein künstliches –, denn er ist häufig in Fluchtsituationen aufgetreten, so daß er *von ihnen* mit Flucht und der Anwesenheit bestimmter Räuber assoziiert worden ist. Mit anderen Worten, wenn eine Meerkatze einen solchen Ruf hört, dann reagiert sie darauf aufgrund ihrer früheren Erfahrungen in den damit verbundenen Situationen, also so, als ob sie *tatsächlich* einen Räuber wahrnehme.

Um diese Überlegungen zum Zeichenbegriff abzuschließen, möchte ich betonen, daß all die Elemente, die nach meiner Definition „Zeichen" genannt werden könnten, ein Merkmal gemeinsam haben müssen: sie stehen in einer eindeutigen Beziehung zum *Auftreten* des Ereignisses oder der Situation, welche sie bedeuten. Sie sind „natürliche" Zeichen, wenn sie so häufig mit einem Ereignis oder einer Situation zusammen auftreten, daß sie sie deshalb bedeuten, weil sie *vom Empfänger* fest mit diesem Ereignis verbunden werden. Sie sind hingegen „künstliche" Zeichen, wenn und nur wenn ihre Verbindung mit dem bedeuteten Ereignis bzw. der bedeuteten Situation absichtlich hergestellt worden ist, und zwar so, daß das Zeichenereignis vom Sender erzeugt wird, damit es vom Empfänger als Zeichen interpretiert werde.

Diese Unterscheidung von natürlichen und künstlichen Zeichen ist in vielen Fällen für den Interpreten des Zeichens völlig irrelevant. Für den Reisenden an der Bahnhofstheke ist es nicht sonderlich wichtig, ob er hört, daß die Zugtüren zugeschlagen werden, ob er hört, daß der Fahrdienstleiter „Einsteigen!" ruft, oder ob er das Pfeifen der Lokomotive hört. Alle drei Zeichen bedeuten für ihn, daß der Zug abfährt. Der Reisende reagiert auf diese Zeichen oder auch nicht, unabhängig davon, ob er weiß, daß das erste ein integraler Teil des Abfahrereignisses ist, das zweite und dritte dagegen künstlich erzeugt und aus rein semiotischen Gründen eingeführt worden sind. Und doch ist es genau diese Unterscheidung, die uns in die Lage versetzt, zwischen Ereignissen zu unterscheiden, die die instrumentelle Funktion der Kommunikation haben oder aber keine derartige instrumentelle Absicht enthalten.

Diese Unterscheidung entspricht der, die für „Interaktion" gegeben wurde. Sie läßt sich nur mit Bezug auf den Sender des Zeichens treffen, d.h. durch eine Analyse der Situation des Senders und seiner operativen Rückkopplungsschleifen sowie seiner Handlungen, die seine Inputsignale mit einem bestimmten Referenzwert bzw. einem Ziel zur Deckung bringen sollen.

In diesem Zusammenhang könnte Tinbergens Begriff der „Auslöserbewegungen" (1952; zit. von Altmann 1967) bzw. des Auslöseverhaltens allgemein nützlich sein, um die evolutionäre Entwicklung künstlicher Zeichen aus natürlichen Zeichnen zu erklären. Es wäre absurd, einen Biß als Zeichen für einen Biß zu betrachten, daß der Beißer aber sein Maul öffnet, kann zum Zeichen dafür werden, daß ein Biß bevorsteht. Mit wachsender Erfahrung kann ein Organismus lernen, daß auch dann, wenn ein anderer seinen Kopf hebt oder auf eine bestimmte Weise aufsteht, ein Biß droht. Carpenter (1969, 46) beschreibt z.B. die Entwicklung eines solchen antizipatorischen Zeichens in der Interaktion eines Brüllaffenbabys mit seiner Mutter. Die Kette miteinander verknüpfter Ereignisse wird dadurch verlängert und das Intervall zwischen dem Zeichenereignis und dem bezeichneten Ereignis wird größer. Der interpretierende Organismus gewinnt ganz eindeutig einen Vorteil durch diese Ausdehnung. Gleiches gilt aber auch für den Senderorganismus. War Beißen eine Aktivität, die dazu verhalf, die unmittelbare Umgebung von anderen Organismen frei zu halten – woraus als Referenzwert zu erschließen wäre, daß ein Eindringling eine Störung bedeutet –, dann lernte der beißende Organismus recht schnell, daß es zur Elimination seiner negativen Rückkopplung ausreichte, aufzustehen oder sein Maul zu öffnen. Es ist von da nur ein kleiner Schritt zum sogenannten „ritualisierten" Verhalten; sobald nämlich bestimmte Handlungen oder Auslöseraktivitäten allein schon die gleiche instrumentelle Leistung erbringen wie die gesamte ursprüngliche Ereigniskette, zu deren Anfang sie gehören, kann sich eine ähnliche Kette auf der Reaktionsseite des Ablaufs herausbilden, die die unmittelbare Reaktion des Interpreten durch eine später folgende ersetzt, und dies so weit, bis es keine noch irgendwie erkennbare erfahrungsmäßige Verbindung zwischen dem Zeichen und der darauffolgenden Aktivität des Empfängers mehr gibt (vom Gesichtspunkt des Beobachters aus).

Sobald wir derartig komplexe Ebenen semiotischen Austausches erreichen, bietet uns das Zeichen selbst, wie immer wir es analysieren, keinerlei Hinweis mehr auf seine Bedeutung, noch können wir mit Zuverlässigkeit seine Bedeutung korrekt aus der Reaktion des Empfängers erschließen. In vielen Situationen gibt es aber *doch* einen ziemlich verläßlichen Hinweis, der auch von jedem Beobachter tierischer Kommunikation intuitiv erfaßt worden ist, obwohl ihn meines Wissens noch niemand expliziert hat. Es ist die einfache Tatsache, daß der Sender aufhört, Zeichen zu geben, wenn seine Umwelt, die oft den Empfänger der Zeichen einschließt, sich so verändert hat, daß die Diskrepanz zwischen seinen sensorischen Signalen und seinem Referenzwert eliminiert worden ist. (Es ist festzuhalten, daß aus dieser Sicht relativ permanente Umweltveränderungen, z.B. die Fährten oder Duftmarken eines Tieres, der Klasse zufälliger oder natürlicher Zeichen angehören.) Marlers Kompendium der Sammel- und Zerstreuungssignale (1968) ist ein Beispiel, bei dem die relevanten Referenzwerte leicht und präzise bestimmt werden können. Die Referenzwerte sind hier die Entfernungen zwischen dem Individuum und anderen Gruppenmitgliedern bzw. zwischen der Gruppe des Senders und anderen Gruppen. Die gehörten (empfangenen) Vokalisationen erlauben die Erschließung der tatsächlichen Entfernung. Immer dann, wenn es eine Diskrepanz zwischen dieser und dem Referenzwert gibt, wird eine „distanzvergrößernde" bzw. eine „distanzverkleinernde" Vokalisation erzeugt, und die instrumentelle Funktion, d.h. der Zweck dieser Vokalisation besteht in der Eliminierung dieser Diskrepanz.

In anderen Situationen kann es weitaus schwieriger sein, den genauen Referenzwert zu erschließen, aus dem sich die Zielorientierung eines Zeichens ergibt, ja, es kann ohne experimentierendes Vorgehen unmöglich sein, d.h. es bedarf gewisser wohlüberlegter methodischer Eingriffe oder „Störungen" von seiten des Beobachters (Powers 1973a, b). Wenn man aber den sensorischen Input für einen Organismus variiert und sodann Art und Aufwand der Aktivitäten beobachtet, mit denen der Organismus auf solche Störeinwirkungen reagiert, dann können wir schließlich doch feststellen, worin der Referenzwert besteht, dem der Organismus seinen Wahrnehmungsinput anzugleichen sucht.

Diese Isolierung und Spezifizierung des Referenzwerts bzw. des Ziels ist notwendig, wenn wir zwischen den Verhaltensweisen, die eine semiotische Funktion haben, und all den anderen Verhaltensweisen unterscheiden wollen, die keine derartige Funktion haben und nur in dem Sinne bedeutsam sind, daß sie erfahrungsgemäß mit gewissen Ereignissen oder Sachverhalten verknüpft sind. Mit anderen Worten, nur dann, wenn wir die instrumentelle Relation zwischen einem Zeichen und einem Ziel angeben können, das der *Sender* des Zeichens erreichen will, können wir von „Kommunikation" sprechen.

Wenn wir dem Rückkopplungsmodell des Verhaltens folgen, läßt sich die Bedeutung der Kommunikation für die Entwicklung und Aufrechterhaltung sozialer Organisation leicht erklären. Was eine Anzahl von individuellen Organismen zu einer *sozialen* Gruppe zusammenschweißt, ist nicht bloß die Ähnlichkeit gewisser Verhaltensweisen, sondern vielmehr die Gemeinsamkeit bestimmter Referenzwerte oder Ziele. Aufgrund dieser Gemeinsamkeit eliminiert die Aktivität eines Individuums häufig nicht nur seine eigene rückgemeldete Diskrepanz, sondern auch die anderer. Dies wiederum erzeugt *gegenseitige* bzw. reziproke Unterstützung: andere sind dabei behilflich, meinen Input meinem Referenzwert anzugleichen, und ich helfe mit, ihren Input ihren Referenzwerten anzugleichen. Diese wechselweise Unterstützung, die nichts mit der Ethik des Altruismus zu tun hat, schafft den Zusammenhalt der Gruppe.

Hier ist nicht der Ort zu diskutieren, wie sich gemeinschaftliche Unterstützung, Arbeitsteilung und schließlich reziproke Abhängigkeiten aus der ursprünglichen Gemeinsamkeit von Referenzwerten entwickeln, es sollte allerdings klar sein, daß Zeichen, Signale und Kommunikation für die Entwicklung jeder solchen organisatorischen Leistung unentbehrlich sind. Sebeok (1972, 79) spricht davon, daß die Angehörigen einer Art „in Interessengemeinschaften integriert werden, etwa zum Zwecke gemeinsamen Schutzes – wie z.B. ein Schwarm von Tümmlern". Teleki (1973) beobachtete und beschrieb das kooperative Verhalten von Schimpansen beim Beutefang und bei der Fleischverteilung. Malinowski untersuchte schon vor einem halben Jahrhundert die Kommunikation bei primitiven Völkern und stellte fest (1923, 310): „Sprechen ist das notwendige Mittel gemeinsamen Verstehens; es ist das eine unentbehrliche Instrument für die Herstellung der Bindungen des Augenblicks, ohne die geeintes soziales Handeln unmöglich ist." Malinowski verwendete die Begriffe „Sprechen" und „Sprache", und obwohl er sehr klar zwischen der Sprache „als einem Bindeglied im gemeinsamen menschlichen Handeln, einem Stück menschlichen Handelns" und der Sprache als „einem kondensierten Gegenstand der Reflexion, einer Aufzeichnung von Tatsachen oder Gedanken" (ebda. 312) unterschied, sind diese beiden Kategorien in fast jeder Arbeit, die seitdem über Sprache und sprachliche Kommunikation geschrieben wurde, zusammengeworfen worden.

Der Unterschied zwischen dem Gebrauch eines bedeutsamen Elements als eines Instruments des Handeln und seinem Gebrauch als eines Instruments der Reflexion wurde auch von Susanne Langer betont. Sie kontrastiert Zeichen mit Symbolen (1948, 61): „Sich ein Ding oder eine Situation vorzustellen, ist nicht dasselbe, wie ‚auf diese' mit wahrnehmbarer Tätigkeit ‚zu reagieren' oder sich ihrer Gegenwart bewußt zu sein. Wenn wir über Dinge sprechen, haben wir Vorstellungen von ihnen, verfügen nicht über die Dinge selbst; und *es sind diese Vorstellungen, nicht die Dinge selbst, die Symbole direkt ‚bedeuten'*" (Hervorhebungen von Langer).

Dies ist eine Paraphrase der semantischen Grundrelation, die Ogden und Richards (1923) durch ihr berühmtes Dreieck dargestellt haben. Die Tatsache, daß das Symbol mit einer Vorstellung verknüpft wird, und nur in einigen Fällen, und dann indirekt, mit einem „Ding", entläßt das Symbol aus der eindeutigen Bindung an das Auftreten einer Erfahrungssituation. Ein Zeichen wird daher dann zum Symbol, wenn es ohne direkte Verbindung mit einem Erfahrungskontext gebraucht werden kann. Die sprachlichen Elemente, die wir normalerweise als „Wörter" bezeichnen, sind primär Symbole, auch wenn sie natürlich als Zeichen verwendet werden können. Wir können sie in operationalen Schleifen verwenden, wenn weder der Input noch die Referenzwerte aus der Wahrnehmung stammen, und wenn die Aktivitäten, die zur Eliminierung von Diskrepanzen zwischen den beiden ausgeführt werden, nicht in beobachtbarem Verhalten, sondern in persönlichen, reflexiven Operationen bestehen, die niemals direkt in öffentlich wahrnehmbaren Ergebnissen manifest werden. Wir können sie dafür verwenden, die Referenzwerte eines Mitmenschen zu modifizieren, sein Repertoire an instrumentellen Aktivitäten zu ergänzen, oder die Repräsentation der von ihm erfahrenen Welt, d.h. sein „Wissen", zu verändern.

Diese Abhebung von der tatsächlichen Erfahrungssituation entspricht nicht ganz dem, was Hockett mit dem Konstruktionsmerkmal „Dislozierung" charakterisiert (1960a, 415). Der Protohominide, der einen Freßfeind bemerkt, zwar erschrickt, aber „nicht unmittelbar mit seinem Warnruf herausplatzt, sondern erst still zum Rest seiner Horde zurückschleicht", hat damit in der Tat eine Dislozierung des Warnrufs erreicht, die Überlebensbedeutung hat, aber diese bloße Verzögerung allein verändert noch nicht die eindeutige Verbindung von Zeichen und tatsächlicher Wahrnehmungssituation. Der Warnruf bleibt nach wie vor instrumentelles Element einer Rückkopplungsschleife, die von dem sensorischen Input, also dem auftretenden Freßfeind, gestört wurde. Der Warnruf wird erst zu einem Symbol, wenn ein späterer Hominide ihn *ohne* Wahrnehmung des Freßfeindes äußern kann, und wenn die anderen Angehörigen der Gruppe ihn hören können, *ohne* zu fliehen. Die von Hockett charakterisierte Dislozierung kann durchaus ein plausibler Schritt in dieser Entwicklung sein, hat aber im besten Falle nur vorbereitende Funktion und ist daher kein Kriterium jener Symbolizität, die ein wesentliches Merkmal von „Sprache" ist.

Hockett hat daraufhin (1963, 10) ein zusätzliches Konstruktionsmerkmal eingeführt, das Symbolizität impliziert. Er nennt es „Vortäuschung" („prevarication") und bemerkt dazu: „Es sollte bedacht werden, daß ohne diese Eigenschaft ‚Vortäuschung' die Formulierung von Hypothesen unmöglich ist". Nun scheint es unwahrscheinlich, daß wir jemals *durch direkte Beobachtung* erhärten könnten, daß das Zeichen eines anderen Organismus im hypothetischen Modus geäußert wird, es sei denn, der Organismus besitzt bereits ein konventionelles Zeichen, um dies ausdrücklich anzuzeigen. Was die Primatologen als „Spielgesicht" bezeichnet haben, d.h. als Zeichen dafür, daß ein nachfolgendes aggressives Verhalten nicht ernst genommen werden soll, ist ein einschlägiges Beispiel. Man sollte außerdem bedenken, daß die Symbolfunktion in Piagets Theorie der kognitiven Entwicklung zuerst im Spiel entsteht (Piaget 1967, 90).

Auch wenn nun aber die Bedeutung von Symbolen im Bereich der Vorstellung und daher definitionsbedingt innerhalb eines Organismus liegt und sich direkter Beobachtung entzieht, kann doch die Funktion solcher Bedeutungen demonstriert werden. Premack hat in seinem künstlichen Kommunikationssystem mit der Schimpansin Sarah Fragen und Negation in einer sehr frühen Phase eingeführt (Premack 1971). Beide erfordern begriffliche Repräsentationen, die dem sehr nahe kommen, was wir eine Hypothese nennen, und die erfolgreiche Handhabung einer Kombination der beiden beweist die Existenz einer gewissen Symbolizität.

Erfolgreiche Handhabung ist in diesem Zusammenhang keine Frage des Verhaltens, wenn wir unter „Verhalten" die Reaktion verstehen, die das behavioristische Dogma als beobachtbar gelten läßt. Daß ein Organismus ein Symbol erfolgreich handhabt, kann nur mithilfe anderer Symbole gezeigt werden, denn die Referenzwerte und die Inputs, die einander angeglichen werden müssen, liegen nicht im Wahrnehmungsbereich. Wenn wir einem Schimpansen eine Orange zeigen und ihn daraufhin mithilfe irgendwelcher Zeichen, die er gelernt hat, fragen: „Heißt das hier ‚Apfel'?", dann ist die richtige Antwort „Nein". Was diese Antwort richtig macht, ist nicht der Wahrnehmungsunterschied zwischen dem Zeichen ‚Apfel' und der Orange – jedes Zeichen ist von der Orange verschieden! –, sondern der Unterschied zwischen dem mit dem Zeichen für Apfel verknüpften Begriff und dem Begriff, mithilfe dessen die Orange als Orange erkannt wird. Die Art von Element, die wir mit dem Begriff einer Orange meinen, ist von Bronowski und Bellugi (1970) mit bewunderswerter Klarsichtigkeit erörtert worden. Um korrekt zu reagieren, muß auf der begrifflichen Ebene ein Vergleich ausgeführt werden, was bei den üblichen Diskriminationsaufgaben in Experimenten mit Tieren nicht der Fall ist. In diesem sehr speziellen Sinne ist die Kombination von Frage und Negation ein Test der Symbolhandhabung.

Wenn wir das Wort „Sprache" im Alltag gebrauchen, dann setzen wir sicherlich voraus, daß wir es mit einem System zu tun haben, dessen Elemente nicht nur der Dislozierung fähig sind, sondern auch als Symbole funktionieren können. Es gibt aber ein noch weit leichter erkennbares Merkmal, das wir stillschweigend voraussetzen. Was wir „Sprache" nennen, muß ein kombinatorisches Symbolsystem sein, welches, um Hockett (1960a, 418) noch einmal zu zitieren" ... bestimmte Muster anbietet, nach denen diese elementaren bedeutsamen Einheiten zu größeren Gebilden kombiniert werden können, und auch Konventionen, die regeln, welche Arten von Bedeutungen sich aus solchen Anordnungen ergeben". Hockett vermeidet klug den Begriff „Syntax" und spricht von der „Art von Bedeutungen, die sich aus solchen Anordnungen ergeben". Dies ist wichtig, denn Linguisten haben gewöhnlich die semantische Dimension der Syntax geringgeschätzt, wenn nicht ohnehin verdrängt. Das entscheidende Merkmal ist folglich nicht, daß eine Sprache Regeln besitzt, um Symbole zu verketten, sondern daß diese Verkettung eine weitere Bedeutungsebene erzeugt. „Ein rotes Haus streichen" enthält fast die gleichen elementaren Symbole wie „ein Haus rot streichen", aber einige relationale Begriffe, die von den zwei Ketten ausgedrückt werden, sind verschieden. Und es ist eben dieses Merkmal kombinatorischer Bedeutung, das die „Offenheit" sprachlicher Kommunikationssysteme begründet und ihrem Benutzer die Möglichkeiten der „Produktivität" oder „Neuheit" des Ausdrucks bietet. Kombinatorische Bedeutung und Symbolizität der Elemente sind somit ein verläßliches Kriterium dafür, zwischen Sprache und jenen anderen Kommunikationssystemen zu unterscheiden, deren Elemente in eindeutiger Verbindung mit Ereignissen oder Sachverhalten stehen, die in dem Erfahrungszusammenhang, in dem sie benutzt werden, gegeben sind.

# Sprache als zweckorientiertes Verhalten: zur Entwicklungsgeschichte

Die Formulierung des Themas „Ursprung und Evolution von Sprache und Sprechen" zeigt bereits an, daß wir es mit einem mehrschichtigen Gegenstand zu tun haben. Die zwei Begriffe in jedem der Paare sind zwar sicherlich miteinander verwandt, aber doch auch verschieden. Auf die Gefahr hin, als Pedant verrufen zu werden, möchte ich einen Augenblick auf die Unterschiede näher eingehen. Sie zu formulieren hat mir sehr geholfen, in meinem Kopf etwas Ordnung zu schaffen und wird, so hoffe ich, auch einiges von dem begründen, was ich später noch sagen will.

Zunächst ist festzustellen, daß es ohne irgendeinen Ursprung keine Evolution menschlicher Rede oder Sprache gegeben haben kann. Wir können dies sogar verallgemeinern und behaupten: ohne Anfang keine Evolution. Immer aber, wenn wir uns mit der Evolutionstheorie beschäftigen, steht der konkrete Prozeß der Evolution im Mittelpunkt, und es scheint uns ganz selbstverständlich, daß er eben von Anfang an auf diese oder jene Art abgelaufen sein muß. Nun ist aber ziemlich klar: soll sich etwas entwickeln, muß zunächst einmal irgendetwas da sein, – und eben dieses wird sodann als Quelle oder *Ursprung* all dessen aufgefaßt, was sich daraus entwickelt hat. Ich stelle dies nicht etwa heraus, um in einem metaphysischen Wespennest herumzustochern. Ich tue es nur, weil ich glaube, daß es notwendig ist, damit wir einander verstehen. Der Ausdruck „Ursprung der Sprache" bezieht sich auf einen Gegenstand, ein Ereignis, einen Sachverhalt, den wir als den Ausgangspunkt für die „Evolution menschlichen Sprechens" ansehen. Wenn wir „Sprechen" oder „Rede" sagen, denken wir unweigerlich an Sprachlaute, die eine bestimmte Funktion haben, – nicht bloß an zufällige Lautäußerungen, die mehr oder minder unwillkürlich erzeugt werden. Soll es nun eine *Evolution* solchen Redens geben, muß eine Spezies bereits irgendwelche Lautäußerungen erzeugen können, das Rohmaterial sozusagen, welches sodann die Funktion der Sprache übernehmen kann. Dieses Rohmaterial steht also am Anfang, und die danach folgenden Veränderungen, Umwandlungen und Ergänzungen, die es schließlich zu dem gemacht haben, was wir heute „Sprechen" nennen, sind seine Evolution. Wir könnten natürlich auch untersuchen, wie jene Spezies überhaupt Lautäußerungen zu erzeugen gelernt hat, wollten wir aber diese Untersuchung in das Thema „Evolution der Sprache" einbeziehen, müßten wir ebenso die Frage abklären, wie die Spezies zu den physiologischen Strukturen kam, die Geräusche produzieren und so, fürchte ich, immer weiter zurück bis zur Frage, wie überhaupt etwas zu leben begann. Hebb (1958) hat einmal gemeint, daß ein Theoretiker in gewisser Weise wie ein Maurer arbeitet: will er mit seinem Gebäude weiterkommen, muß er Ziegel schlicht als Ziegel akzeptieren. Interessiert er sich für Struktur und Herstellung der Ziegel, dann hört er auf, ein Maurer zu sein. – Dies zur Unterscheidung von Ursprung und Evolution.

Was die Begriffe des zweiten Paares in unserem Titel angeht, dürfte die Sache nicht so glatt abgehen. Lange Zeit haben Linguisten implizit und sogar explizit „Sprache“ und „Sprechen“ gleichgesetzt. Sie fanden dies ganz natürlich, da „Sprache“ stets menschliche Sprache bedeutet hatte, und da menschliche Sprache sich seit jeher in erster Linie als Sprechen manifestiert hatte, lange bevor sich andere Vermittlungstechniken wie etwa Hieroglyphen und Alphabete fanden. Aber es gibt noch einen weiteren und weniger offensichtlichen Grund. Die Mehrzahl der Sprachforscher Ende der dreißiger Jahre hatte sich für Bloomfields behavioristische Linguistik – und nicht für Sapirs kognitive Orientierung – entschieden und entwickelte eine geradezu militante Blindheit für die *Funktion* des Phänomens, das sie untersuchte. Ihr Interesse konzentrierte sich auf jene Erscheinungsweisen, die als direkt beobachtbar bzw. als physikalisch gelten konnten. Die Phonologie blühte auf und die Semantik, die Erforschung der Bedeutung, die den Kern der kommunikativen Funktion der Sprache bildet, wurde unterdrückt (vgl. Greenberg 1954; Hockett 1954). Vielleicht war es notwendig, diese enge Sackgasse bis zum ausweglosen Ende zu gehen, bevor man bereit war, Sapirs Warnung ernstzunehmen, daß nämlich ein Sprachlaut, „auch wenn er mit ganz bestimmten Bewegungen der Sprechorgane, die für seine Erzeugung notwendig sind, verknüpft ist, weit davon entfernt ist, Element einer Sprache zu sein. Er muß mit einem Element oder einer Gruppe von Elementen der Erfahrung verknüpft werden, etwa einem visuellen Bild oder einer Klasse von Bildern, oder mit dem Erlebnis einer Beziehung, bevor er auch nur rudimentäre sprachliche Bedeutung gewinnt“ (Sapir 1921). Heute verfügen wir über eine recht gut entwickelte Theorie der Kommunikation, die uns helfen kann, *Signale*, z.B. Sprachlaute und andere übertragbare und wahrnehmbare Elemente, von den Botschaften oder Bedeutungen zu unterscheiden, mit denen sie über einen bestimmten Kode verknüpft werden. Von diesem Gesichtspunkt wäre also *Sprechen* ein Sammelname für die lautlichen Signale, die Menschen benutzen, um *Nachrichten zu vermitteln*; die Nachrichten andererseits sind die Bedeutung oder der Inhalt, der semantisch mit den Signalen verknüpft ist, und nur dann, wenn wir diesen Gesamtkomplex aus Signalen, semantischem Nexus, und Bedeutung betrachten, sollten wir den Begriff *Sprache* verwenden. Als ein System der Kommunikation ist Sprache überhaupt nicht auf lautliche Signale beschränkt, sondern kann ebenso durch visuelle oder taktile Signale verwirklicht werden (vgl. z.B. die Zeichensprache der Gehörlosen, die Blindenschrift usw.).

Auch wenn viele eine so radikale Trennung vielleicht nicht akzeptieren mögen, muß irgendeine derartige Unterscheidung getroffen werden, wenn wir die *Evolution* der Sprache untersuchen wollen. Würden wir nämlich daran festhalten, daß Sprache lediglich die Erzeugung bestimmter Laute ist, dann geraten wir unvermeidlich in die peinliche Lage, zugeben zu müssen, daß ein Papagei oder ein Bego mit einem Repertoire von etwa einem Dutzend Sätzen sich von uns nur quantitativ unterscheidet, da er weniger Sprachlaute oder Lautkombinationen erzeugen kann als wir. Auch wenn dies wahrscheinlich unbestreitbar ist, würden wir dennoch das Gefühl nicht los, daß es da auch einen qualitativen Unterschied gibt. Dieser Unterschied, so meine ich, besteht darin, daß der Vogel, ganz abgesehen von dem, was er *sagt*, uns nichts *mitteilt*, das heißt, daß er keine Nachricht übermittelt (Lewis/Cook 1969). Aus diesem Grunde ist unsere Reaktion, egal was der Vogel sagt, höchst wahrscheinlich „Phantastisch!“ oder „Was für ein kluges Tier!“. Wir selbst wären dagegen, gelinde gesagt, recht erschüttert, wenn unsere eigenen sprachlichen Äußerungen unter normalen Umständen (d.h. Fremdsprachenunterricht oder gewisse Cocktailpartys ausgenommen) nur diese Art von Reaktion und keine andere hervorrufen würden![1] Unsere Betroffenheit wäre ähnlich (wenngleich weniger groß), würden wir das Lenkrad unseres Wagens drehen und der Wagen führe weiterhin geradeaus, würde also eine gelernte Tätigkeit, die wir für das Erreichen eines bestimmten Zieles mit Erfolg eingesetzt haben, auf einmal ihren Zweck verfehlen. In diesem Sinne muß Kommunikation als „instrumentell", „zielgerichtet" und daher „zweckorientiert" angesehen werden. (Vgl. hierzu ausführlich MacKay 1972; Thorpe 1972.)

In einem späteren Abschnitt dieser Arbeit möchte ich zu zeigen versuchen, daß die semantische Verknüpfung von Signalen mit ihren Bedeutungen, wenngleich eine notwendige Bedingung, doch in sich keine hinreichende Bedingung ist für die Anwendung des Begriffs „Sprache". An dieser Stelle möchte ich lediglich hervorheben, daß wir, ebensowenig wie wir Evolution ohne einen Rohstoff haben können, der sich entwickeln kann, auch kein Sprechen haben können ohne die Entwicklung der Sprache, und daß wir keine Sprache haben könnten, wenn es nicht etwas gäbe, das mitgeteilt werden soll, und wenn es kein Motiv für eine solche Mitteilung gäbe (Ploog 1974, 76). Und da wir von Evolution im Sinne einer wohlbegründeten Theorie sprechen, müssen wir auch annehmen, daß die Fähigkeit zu kommunizieren das Überleben derjenigen Organismen, die sie entwickelt haben, in bestimmter Weise gefördert hat. Wenn diese beiden Annahmen irgendeine theoretische Bedeutung haben (von einer praktischen ganz abgesehen), werden wir zeigen müssen, wie wir vorsprachliche Organismen in einer Weise betrachten können, daß das Auftreten der Sprache jeden Anstrich des Wunderbaren verliert und als ein Schritt in der natürlichen Evolution komplexer Überlebensmechanismen erklärt werden kann.

## Zweck und negative Rückkopplung

Ich habe den Begriff „Kommunikation" ganz bewußt im Zusammenhang mit der modernen *Technologie* der Kommunikation[2] eingeführt, denn wenn wir ihn nicht sorgfältig in seiner Bedeutung eingrenzen, gibt es Mißverständnisse ohne Ende. Die Literatur über tierische Kommunikation etwa ist ein schlagendes Beispiel dafür, daß menschliche Kommunikation zum Scheitern verurteilt ist, wenn der zentrale Begriff in einer Diskussion, wie Sebeok (1975) erst kürzlich formuliert hat, ein „undefinierter Grundbegriff" bleibt. Einer der Gründe, warum „Kommunikation" entweder völlig undurchsichtig geblieben ist oder mit so hoher Allgemeinheit definiert wurde, daß *jegliche* Art organismischer Interaktion eingeschlossen war (z.B. bei Alexander 1960), liegt darin, daß der Begriff des „Zwecks" für jede wissenschaftliche Erklärung zum Tabu erklärt worden war. Die Reaktion auf die Aristotelische Teleologie war so heftig und so vernichtend, daß viele der Normen-

[1]) Solche Enttäuschung, daß nämlich sprachähnliche Lautäußerungen nicht als *Nachricht* verstanden werden, zeigen bereits Kinder in der Phase des Spracherwerbs immer dann, wenn erwachsene Zuhörer ihre Signale nicht richtig interpretieren können, weil sie dem Erwachsenen-Kode nicht entsprechen. In diesen Fällen wird auch besonders deutlich, daß ein Lächeln, ein Klaps auf die Schulter, oder ein „Gut!" kaum eine „Bekräftigung" sind im Vergleich damit, daß der Adressat die Mitteilung *versteht* und den Absichten des Senders gemäß handelt.

[2]) Es ist wichtig, die *Technologie der Kommunikation*, die auf den Arbeiten von Hartley, Wiener und Shannon beruht, und die *Informationstheorie*, die von Gabor und MacKay entwickelt wurde, auseinanderzuhalten. Vgl. hierzu Cherry 1975, sowie die klare nichtmathematische Darstellung von MacKay 1953/1955.

kontrolleure, die festlegten, was Wissenschaft war und was nicht, völlig außerstande waren zu bemerken, daß einige Wissenschaftler längst einen neuen Zugang zur Teleologie und zu jener Zweckorientierung gefunden hatten, die uns allen subjektiv vertraut sind.

Im Jahre 1943 veröffentlichen Rosenblueth/Wiener/Bigelow ihre Pionierarbeit, die nicht nur eine exakte Definition von „Zweck", sondern auch ein außerordentlich effektives Modell für die konkrete Konstruktion „zielorientierter" Maschinen bot. Und drei Jahre danach erklärte Wiener die Funktion der „negativen Rückkopplung" am Beispiel einer Greifbewegung: „Ich regle meine Bewegung durch die Differenz, die zur Erfüllung meiner Aufgabe noch auszugleichen ist. Dies ermöglicht mir, die gleiche Aufgabe immer wieder zu bewältigen, und zwar unabhängig von meiner Ausgangsposition und dem zu erfassenden Objekt." (Wiener 1948) Das Ziel ist in diesem Beispiel ein „Bild" oder eine „Repräsentation" des erfaßten Objekts in der Erinnerung. Ein Vergleich zwischen diesem Bild und den sensorischen Signalen, die die tatsächliche Situation anzeigen, bewirkt negative Rückkopplung, d.h. eine Fehlermeldung, mit deren Hilfe die Bewegung der Hand korrigiert wird. Der entscheidende Punkt der Ausführungen Wieners ist eben diese Darstellung der Rückkopplungsschleife, die klarmacht, daß zweckorientiertes Verhalten keineswegs dem Prinzip widerspricht, daß ein Organismus sich nicht auf „die Zukunft beziehen kann, um die Vergangenheit zu beeinflussen".[3]

Da es kein funktionales Modell wie etwa das Rückkopplungssystem gab, hatte sich Hofstadter einige Jahre zuvor noch gezwungen gesehen, seiner brillanten Analyse „objektiver Teleologie" (1941) lediglich deskriptive und keine erklärende Bedeutung zuzuschreiben. Die nachfolgende Entwicklung der Regelungstheorie und die Anwendung des Rückkopplungsmodells auf die Untersuchung kognitiven Verhaltens verleihen heute Hofstadters logischer Exposition fast prophetische Qualität. Er faßt seine Beschreibung objektiv beobachtbarer Teleologie so zusammen: *„Das spezifische Attribut aller teleologischen Akteure ist daher nicht bloß, daß sie ein Ziel haben, oder daß sie wahrnehmungsfähig sind, oder daß sie über eine bestimmte Technik verfügen, sondern daß ihnen dieses alles gemeinsam und untrennbar zukommt."* (Hervorhebung von Hofstadter.) Und, so fährt er fort, „auch wenn sie hinsichtlich dieses spezifischen Attributs nicht zerlegt werden können, können sie dennoch durch eine Vielzahl von Handlungen des gleichen Akteurs im einzelnen analysiert werden".[4] Die modernen kybernetischen Begriffe für die drei Komponenten wären der *Referenzwert* (für „Ziel"), die *sensorische Funktion* (für „Wahrnehmungsfähigkeit"), und die *Effektorfunktion* (für die „Technik"). Und das sind die drei Komponenten der elementaren Rückkopplungsschleife, die, wie wir wissen, zumindest aus diesen drei Komponenten bestehen muß, da ihr Operieren von der zirkulären Anordnung eben dieser Komponenten abhängig ist, in der es keinen Punkt gibt, den wir als Anfangsursache oder als Endeffekt isolieren können. Es handelt sich um eine ganzheitliche Anordnung aufgrund ihrer *Funktions-*

---

[3]) Ebda. 203. Eben diese Annahme, ein „Zweck" bedeute notwendig die zeitliche Umkehrung der Ursache-Wirkung-Folge, beeinträchtigt die ansonsten hervorragende Analyse zweckorientierten Verhaltens von R.B. Perry (1921), einem frühen behavioristischen Philosophen.

[4]) Ebda. 34–35. Den Hinweis auf Hofstadters Aufsatz verdanke ich Thomas Sebeok. Er ist ganz offensichtlich jenen Biologen nicht bekannt, die sich seit kurzem bemühen, „Teleonomie" in die wissenschaftliche Analyse zielgerichteter Organismen oder Prozesse einzuführen. Vgl. etwa Pittendrigh 1958; Mayr 1965; Monod 1970. Meines Wissens bietet nur Ayala (1970) eine ähnlich präzise und ergiebige Definition wie Hofstadter.

*weise*, nicht nur aufgrund unserer Beschreibung; und da sie in funktionierenden Maschinen verwirklicht worden ist, können wir ihr Erklärungskraft kaum absprechen.

Eine Tätigkeit soll daher „zweckorientiert" heißen, wenn sie dazu dient, die Diskrepanz (negative Rückkopplung) zwischen dem Wert eines sensorischen Signals und dem Referenzwert in einer solchen „teleologischen" Einheit zu reduzieren oder zu eliminieren. Es liegt auf der Hand, daß diese Betrachtungsweise des Verhaltens zumindest in einer wichtigen Hinsicht stark verschieden ist von der traditionellen behavioristischen Sicht. Während die Reiz-Reaktions-Theorien (ob mit intervenierenden Elementen oder ohne solche) eine lineare Verbindung zwischen sensorischem Reiz und Verhaltensreaktion ansetzen, determiniert in einem Rückkopplungssystem niemals die sensorische Eingabe allein das resultierende Verhalten, sondern die Differenz zwischen dieser Eingabe und dem relevanten Referenzwert. (Und eben dies erklärt – sollte dies noch notwendig sein –, warum Nahrung für ein gesättigtes Lebewesen kein besonders wirksamer Verstärker ist.)

Die einfache Rückkopplungsschleife kann natürlich nur für die einfachsten Verhaltensformen als Modell dienen, wie etwa das Vermeiden, Suchen und Erhalten von Umständen, die durch nur einen einzigen eindimensionalen Referenzwert bestimmt sind. Zwar können mehrere solche Schleifen mit verschiedenen sensorischen Funktionen in ein und demselben Organismus auftreten, dies hebt aber den Organismus noch nicht über seine funktional primitive Verhaltensebene hinaus. Zwei wichtige Merkmale müssen hinzukommen, damit die Rückkopplungstheorie Modelle für komplexere Verhaltensweisen liefern kann. Das erste ist die hierarchische Anordnung von Rückkopplungsschleifen derart, daß der Referenzwert der einen Schleife durch die Effektorfunktion einer anderen sowohl gesetzt als auch verändert werden kann. Systeme dieser Art sind von DuBrul (1960), Ashby (1970), MacKay (1966; 1967) und vor kurzem sehr detailliert von Powers (1973b) beschrieben worden. Ihre technischen Einzelheiten brauchen uns hier nicht zu beschäftigen. Der wichtige Punkt ist: Ein System dieser Art kann, wenn es über ein Gedächtnis verfügt, das „Störungen" (sensorische Signale, die dem Referenzwert *nicht* entsprechen), „Tätigkeiten" (Effektorfunktionen), sowie „perzeptuelle" Veränderungen (sensorische Funktionen) innerhalb einer gewissen Zeitspanne *nach* einer Tätigkeit aufzeichnen kann, seine künftigen Reaktionen auf Störungen mit Rückgriff auf die gespeicherten Ereignisabfolgen der Vergangenheit optimieren. In diesem Stadium verfügt das System in der Tat bereits über die elementaren Bestandteile, die für „Lernen" bzw. in Maturanas (1970) Ausdrucksweise für das Operieren als *induktives* System erforderlich sind. Denn Induktion, ob sie als bewußte Schlußfolgerung abläuft oder unbewußt zu einem Verhalten führt, das aufgrund seines Erfolgs festgelegt wird, entspringt immer der gleichen Wurzel: der mehr oder minder regelmäßigen Wiederkehr von Ereignissen in der Vergangenheit.

Der menschliche Beobachter eines solchen „lernenden Organismus", der den Organismus und seine Umwelt als getrennte Einheiten wahrnimmt, kann sagen, daß der Organismus sein Verhalten an die Umwelt anpaßt. Vom Gesichtspunkt des Systems aber, wie wir es beschrieben haben, gibt es keine Möglichkeit, eine Umwelt auszugrenzen, denn dieses unser System kann jetzt noch nicht mehr tun als neuronale Signale zu verknüpfen und zu korrelieren.

Auch wenn es also reizvoll wäre, den erkenntnistheoretischen Konsequenzen nachzugehen, die wir aus diesem kybernetischen Modell für die „Realität" dessen ableiten könnten, was wir als *unsere* Umwelt wahrnehmen (von Glasersfeld 1975), wollen wir hier lieber die Evolution verfolgen, die ein derartiges Modell durchlaufen muß, um die Fähigkeit der Kommunikation zu entwickeln. Statt nun diesen Evolutionsprozeß Schritt für Schritt nachzuvollziehen – dies scheint angesichts des gegenwärtigen Forschungsstandes ganz unmöglich –, wollen wir uns fragen, welche weiteren Fähigkeiten ein Organismus besitzen müßte, um Verhaltensweisen zu entwickeln, die wir als Beobachter „kommunikativ" nennen würden.

## Lernen und Repräsentation

Will man nach der „induktiven" Methode vorgehen, um aufgrund von Regelmäßigkeiten in der eigenen Erfahrung bei stimmten Störungen jene Tätigkeiten auszulösen, die bis dahin diese Störungen vom besten eliminiert haben, dann muß man fähig sein, „Daten", die aus verschiedenen Kanälen kommen, miteinander zu koordinieren. Schon die einfachsten Diskriminationsaufgaben erfordern eine derartige Fähigkeit, denn immer wenn wir sagen, daß ein Organismus eine bestimmte Reaktion *gelernt* hat, bedeutet dies, daß der Organismus einen gegebenen Stimulus (Ereignis in einem sensorischen Kanal) mit einem Verhalten (Ereignis in einem Effektorkanal, oder, um genauer zu sein, einem „Reafferenzkanal") verknüpft. Wir wissen sehr wohl, daß bereits ziemlich primitive Organismen dies können. Wir wissen auch, daß die Reize, auf welche diese Organismen reagieren (besonders in freier Wildbahn), häufig nicht einzelne perzeptuelle Signale sind, sondern Bündel mehrerer Merkmale wie etwa Farbe, Klang, Geruch usw.. Dies bedeutet, daß der Organismus bereits imstande ist, neuronale Signale aus unterschiedlichen *sensorischen* Kanälen zu koordinieren. Er muß außerdem in der Lage sein, diese Koordinationsmuster zu registrieren oder irgendwie aufrechtzuerhalten, denn ohne Zweifel kann er lernen, sie wiederzuerkennen, wenn sie erneut auftreten. In der Tat scheint fast alles Lernen und alle individuelle Anpassung an eine Umwelt von einer derartigen Fähigkeit des Organismus abhängig zu sein.

Vom Standpunkt des Beobachters kann der Organismus nun also Objekte nicht nur unterscheiden, sondern auch wiedererkennen. Dieses Wiedererkennen von Objekten (das nicht mit Piagets anspruchsvollerem Konzept der „Objektpermanenz" zu verwechseln ist) manifestiert sich in der Tatsache, daß der Organismus gelernt hat, recht verläßlich mit spezifischen Verhaltensweisen auf spezifische Objekte zu reagieren, wenn er sie wahrnimmt. Objekte und damit verbundene Verhaltensreaktionen zerfallen natürlicherweise in verschiedene Klassen: Objekte, die man fressen kann, Objekte, denen man nicht nahekommen darf, Objekte, auf die man klettern kann, usw..

Für den Beobachter liegen all diese Objekte klar in der Umwelt des Organismus. Für den Organismus selbst jedoch gibt es so etwas wie eine „Umwelt" nicht. Der Organismus operiert mit Bündeln sensorischer Signale, die koordiniert worden sind, weil sie in einer bestimmten Weise für die Reduktion oder Eliminierung einer Störung in einer Rückkopplungsschleife relevant waren. Sie haben als solche keinerlei „Existenz". Sie sind Teil eines Verbunds von Tätigkeiten, der entstanden ist, weil damit in der Vergangenheit Störungen wirksam kompensiert werden konnten. Mit anderen Worten, was der Beobachter ein „Objekt" nennt, ist für den Organismus ein unabtrennbarer Bestandteil eines Verbunds von Tätigkeiten. Hiermit ist nun aber die Ausgangssituation geschaffen für einen gewaltigen Schritt vorwärts zu einer ganz neuen Art von Operation. Zweifellos wird auch dieser Schritt wie jeder andere im Prozeß der Evolution durch den Auslesedruck der Umwelt gefördert, für das Funktionieren des Organismus ist er aber ebenso völlig neu wie die Schaffung einer neuen Verarbeitungsbahn in seinem zentralen Prozessor.

Ein Objekt, d.h. ein Bündel sensorischer Signale, wird nun zu einem selbständigen Referenzelement. Es erzeugt seine eigene Rückkopplungsschleife, und diese beginnt nun in der gleichen „induktiven" Weise wie die bereits bestehenden Rückkopplungsschleifen Tätigkeiten auszuwählen, die die Transformation eines geringfügig abweichenden Bündels *konkreter* sensorischer Signale (d.h. eines „Perzepts") bewirken, um es dem Referenzelement anzugleichen. Um ein Referenzelement zu werden, muß das Objekt aus seinem ursprünglichen Zusammenhang herausgelöst werden, in dem es ein mehr oder weniger relevanter *sensorischer* Anhang eines Tätigkeitsverbundes war, und es muß zu einer Art von „Repräsentation" werden. Dies ist die gleiche Entwicklung, wie sie jedes normale Kind beim Aufbau des Konzepts der „Objektpermanenz" durchläuft, wenn es seine perzeptuellen Konstrukte zu „externalisieren" beginnt (Piaget 1967a; 1972). Operational ist dieser Transfer vielleicht nicht so besonders erstaunlich. Schon der Prozeß des Lernens verlangt ja, daß der Organismus in der Lage ist, ein bereits zusammengestelltes und abgespeichertes Handlungsprogramm aufzurufen und über einen Effektorkanal als Tätigkeit konkret zu verwirklichen. Der Transfer eines gespeicherten Bündels sensorischer Signale in einem Kanal, der verschieden ist von dem, in dem dieses Bündel entstanden war, ist im Prinzip nicht anders. Der revolutionäre Aspekt besteht darin, daß dieses Bündel sensorischer Signale nun die Position eines Referenzwertes einnimmt und daß die Rückkopplungsschleife, die es von da an steuert, zu einer Phase im Aktivitätszyklus einer bereits wirksamen Rückkopplungsschleife wird. Um ein modisches Wort zu gebrauchen: sie wird in eine andere Schleife „eingebettet", und immer dann, wenn sie aktiviert wird, überlagert ihr spezifisches Referenzelement temporär den Referenzwert jener anderen Schleife.

DuBrul (1960) hat die gleiche Idee etwas anders dargestellt: „Die Information eines neuen steuernden Rückkopplungskreises kontrolliert nunmehr die resultierende Bahn." Er formuliert eine neurologische Hypothese zur Erklärung einer derartigen Entwicklung, deren Plausibilität ich allerdings nicht beurteilen kann. Ich werde stattdessen ein bekanntes Beispiel darlegen, um zu zeigen, daß irgendeine Entwicklung dieser Art stattgefunden haben muß: das Beispiel der Termiten „fischenden" Schimpansen, wie es Jane van Lawick-Goodall (1968) auch gefilmt hat. Bemerkenswert dabei ist nicht, daß ein Schimpanse irgendwann einmal den Gebrauch eines Zweiges in die vermutlich bereits bestehende Aktivitätskette (oder: das Aktivitätsprogramm) des Termitensuchens und Termitenfressens eingebaut hat. Solche Einfügungen neuer Tätigkeitselemente, die das Repertoire eines Organismus modifizieren oder erweitern, finden sicher immer statt. Wenn der Schimpanse aber einen Zweig „auswählt", vom Strauch abbricht, seine Blätter abstreift, und ihn zum Termitenhaufen trägt, wo dieser Zweig für das „Herausfischen" der Termiten benutzt wird, dann ist eine völlig neue Rückkopplungsschleife, die die *Modifizierung* des Zweiges steuert, in die größere Schleife eingebettet worden, die das Suchen und Fressen von Termiten steuert. Es spielt keine große Rolle, ob die Tätigkeiten, die nun in den Dienst der untergeordneten Rückkopplungsschleife gestellt werden, bereits als Programm in irgendeiner anderen Handlungskette koordiniert und gespeichert vorliegen. Wichtig ist jedoch, daß sie nun von dieser ursprünglichen Kette (etwa dem Abreißen von Blättern eines Zweiges, um sie zu fressen) abgespalten und in eine Handlungskette eingefügt werden, in der sie negative Rückkopplung mit Bezug auf einen anderen Referenzwert reduzieren (nämlich das Entfernen der Blätter, um einen Zweig in ein stockähnliches Werkzeug zu transformieren)[5]. Das Referenzelement dieser eingebetteten Schleife ist auch qualitativ verschieden von jedem anderen der primären Schleifen, und zwar insofern, als es durch ein individuell koordiniertes Bündel perzeptueller Signale konstituiert wird und nicht durch einen der ursprünglichen homöostatischen Werte, die die biologischen Funktionen des Organismus steuern. In diesem Sinne könnten wir in der Tat dieses neue Referenzelement und den dadurch gesteuerten Zyklus „künstlich" nennen.

Ich möchte nicht behaupten, daß die Herstellung von Werkzeugen im Laufe der Evolution notwendig die erste komplexe Aktivität ist, die den Einbettungsprozeß sowie Repräsentationsfähigkeit als Teil des Handlungsrepertoires eines Organismus verlangt. Es mag durchaus andere geben. Bei all den Beispielen der Werkzeugherstellung aber, und so auch beim Zweig für das „Fischen" von Termiten, sticht diese Anforderung besonders deutlich hervor, denn die ganz augenscheinliche Abschätzung der Form und der Biegsamkeit eines Zweigs durch den Schimpansen wird ja nicht von einem wahrnehmbaren Modell gesteuert.

### Die Kommunikationssituation

Was ich also einen „gewaltigen Schritt" genannt habe, besteht in dem Erwerb zweier Handlungsmöglichkeiten: die eine ist die Einbettung einer Rückkopplungsschleife in eine andere, die zweite die Erzeugung eines Referenzelements, das eine Repräsentation ist, d.h. ein Bündel aufgezeichneter Signale, welches zwar ursprünglich aus Wahrnehmungsmaterial bestanden hat, aber nicht länger mit den Signalen identisch sein muß, die jeweils konkret über die Kanäle sensorischer Wahrnehmung verfügbar sind.

Beide diese Fähigkeiten sind sicherlich notwendig für kommunikatives Verhalten. Aber auch wenn wir zeigen können, daß ein Organismus sie erworben hat, erklärt ihr bloßes Vorhandensein noch nicht das Entstehen von Kommunikation. Das wird erst dann plausibel, wenn wir uns Situationen vorstellen können, in denen die Entwicklung der neuen Fähigkeit einen merklichen Vorteil bedeutet. Außerdem müssen diese vorgestellten Situationen hinsichtlich dessen, was tatsächlich beobachtet werden kann, überzeugend sein.

Bevor wir nun versuchen, derartige plausible Situationen zu umreißen, möchte ich die Tätigkeit, deren Entstehung wir suchen, ganz exakt eingrenzen. Vor über 60 Jahren schrieb Malinowski (1923): „Sprechen ist das notwendige Mittel gemeinsamen Verstehens; es ist das eine unentbehrliche Instrument für die Schaffung der Bindungen des Augenblicks, ohne die geeintes soziales Handeln unmöglich ist." Cherry (1957) hat eben dies in seiner klassischen Arbeit für die Definition des Begriffs „Kommunikation" übernommen: „Die Herstellung eines sozialen Verbandes durch Individuen mithilfe einer Sprache oder Zeichen; die einvernehmliche Anerkennung von Verhaltensregeln für verschiedene zielgerichtete Handlungen." Er fügt zwar hinzu, daß es viele „Meinungsschattierungen" gibt, man darf aber trotz

---

[5]) Vgl. Holloway 1969. Der Autor wird allerdings der Bedeutung dieser Leistung nicht gerecht, wenn er die Beziehung zwischen dem ursprünglichen und dem entblätterten Zweig bloß als „ikonisch" erfaßt. Er verdeckt so die Tatsache, daß der Schimpanse das Werkzeug zum „Fischen" von Termiten bereits im Zweig *auf dem* Strauch „sehen" muß, dort also, wo er bis dahin nur ein zusätzliches Element des Blätterfressens wahrgenommen hat.

allem annehmen, daß die vielen Autoren, die ihn als Autorität im Bereich der Kommunikation zitiert haben, seine Definition nicht völlig ablehnen. Ich zitiere daher eine weitere Passage von Malinowski (ebda.), die den Punkt, auf den es mir ankommt, noch deutlicher formuliert: „In ihren primitiven Gebrauchsweisen funktioniert die Sprache als ein Bindeglied zwischen aufeinander bezogenen Tätigkeiten, als ein Stück menschlichen Verhaltens. Sie ist eine Weise des Handelns und kein Instrument der Reflexion." Malinowski macht in der Regel keinen Unterschied zwischen „Sprache" und „Sprechen" und benutzt den Begriff „Kommunikation" sehr selten. Im gegenwärtigen Zusammenhang spielt das keine Rolle, denn was er über Sprache sagt, gilt auch für Kommunikation. Ich möchte außerdem betonen, daß die „Sprache" zwar, sobald sie einmal entwickelt *ist*, rasch die Funktion eines „Instruments der Reflexion" und eines fast unentbehrlichen Werkzeugs des Denkens annimmt, daß diese Funktion aber kaum für ihre evolutionären Anfänge verantwortlich gemacht werden kann.

Nach dieser Auffassung ist kommunikatives Verhalten also eine *Weise des Handelns*, seine Funktion besteht in der Verknüpfung aufeinander bezogener Tätigkeiten, und es ist unentbehrlich, weil es ohne dieses Bindeglied keine *geeinte soziale Tätigkeit* geben könnte. Sie ist somit ein *Instrument*, und das heißt ein *Werkzeug*. Malinowski gibt dafür auch eine Reihe von Beispielen. Die Eingeborenen der Trobriand-Inseln, die er studiert hat, sind Fischer und benutzen große Netze, die von mehreren Männern in mehreren Kanus ausgeworfen werden müssen. Ihre Tätigkeit muß koordiniert und synchronisiert werden. Die Hände der Männer sind beschäftigt und sie haben keine andere Möglichkeit, als mit Laut-Signalen zu kommunizieren. Es scheint klar, daß diese Art der organisierten Tätigkeit nicht *ohne* eine kommunikative Fähigkeit entwickelt hätte werden können. Das Beispiel demonstriert natürlich auf keine Weise den Ursprung der Kommunikation, es zeigt aber die Art der Situation, in der die Fähigkeit zu kommunizieren Tätigkeiten ermöglicht, die das Überleben fördern und die unter bestimmten Umständen sogar von ganz entscheidender Bedeutung für das Überleben sein können. Aufgrund dieser Tatsachen könnten wir vorläufig festhalten, daß sich kommunikatives Verhalten in Situationen entwickeln *könnte*, in denen Kooperation nicht bloß die additive Aktivität mehrerer Individuen, sondern eine Art der Reihenfolge oder Organisation im Sinne einer Arbeitsteilung erfordert. Das Kommunikationsexperiment von Mason/Hollies (1962) zeigt, daß dies in der Tat möglich ist und auch so geschieht. Rhesusaffen haben ihre eigenen Signale entwickelt, um einen Partner über den Ort der Nahrung zu informieren, die der erste Affe sehen, aber nicht erreichen konnte, während der Partner sie erreichen, aber nicht sehen konnte. Obwohl dieses Experiment eine eindrucksvolle Demonstration des Kommunikationspotentials der Affen ist, können wir daraus nichts für eine Evolutionshypothese gewinnen. Der Zwang zur Kooperation war künstlich hergestellt worden und völlig unähnlich irgendeiner Notwendigkeit der Zusammenarbeit, wie sie sich in einer natürlichen Umgebung ergeben würde.

Ich weiß nun nicht, ob es irgendwelche konkreten Belege für den spontanen Beginn kooperativen Verhaltens unter relativ hochentwickelten Organismen gibt. Natürlich gibt es diverse Anekdoten, aber im Vergleich zu dem Reichtum an Belegen, die wir über aggressives Kampf- und Konkurrenzverhalten haben, ist das herzlich wenig. Vom Standpunkt des Rückkopplungsmodells jedoch scheint der Unterschied zwischen der Entwicklung des kooperativen und des antagonistischen Verhaltens sehr gering zu sein.

**Ein möglicher Ursprung der Kooperation**

Ich habe den Organismus als ein hierarchisches System verschiedener Rückkopplungsschleifen beschrieben, die jeweils aus ganz bestimmten „induktiv" als wirkungsvoll selektierten Tätigkeiten bestehen, und es ist nun nicht allzu schwierig, sich Situationen vorzustellen, in denen die zufällige Addition eines neuen Elements zur Ausbildung einer neuartigen Funktion führen könnte. Wenn etwa einige Individuen der gleichen Spezies ein Jagdgebiet teilen, dann mag die folgende Episode nicht unwahrscheinlich sein: ein Individuum, das seine Beute verfolgt, kommt nicht dazu, sie zu töten, denn ein anderes Individuum ist vor ihm aufgetaucht und hat das Beutetier getötet. Wenn kein bereits erworbenes Verhaltensmuster sie daran hindert, diese Beute zu teilen, dann werden beide gemeinsam davon fressen. Übertragen wir nun diese Sequenz von Ereignissen in das Schema des Rückkopplungsmodells, dann ergeben sich unterschiedliche operationale Sequenzen für die beiden Individuen. Für das *zweite* Tier ist ein „normaler", wohlerprobter Zyklus abgelaufen: eine interne Störung, „Hunger", hat zu bestimmten Tätigkeiten geführt, und diese sind wie bisher erfolgreich gewesen, da sie Freßverhalten ermöglicht und dadurch die ursprüngliche Störung erfolgreich eliminiert haben. Für das *erste* Individuum aber ist eine Anomalie entstanden. Auch für dieses Individuum hat die Episode zunächst mit „Hunger" als Störung begonnen, die zu einer wohlerprobten Sequenz von Tätigkeiten führte, der „normale" Ablauf der Sequenz wurde aber behindert, ein Teil der Tätigkeiten vereitelt (nämlich das Erfassen und Töten der Beute). Gleichwohl aber ist das angestrebte Ergebnis – Freßverhalten, das die ursprüngliche Störung eliminiert – zum Schluß erreicht. Ein wesentliches Merkmal eines lernfähigen Rückkopplungssystems ist aber, daß es seine Aktivitäten und die darauf folgenden Veränderungen der Störungen aufzeichnet, und so wird auch die anomale Tätigkeitskette als durchaus effektiv aufgezeichnet. Anstelle der verhinderten Tätigkeiten wird die Aufzeichnung jedoch einige Elemente enthalten, die zuvor noch nie mit der Tätigkeitskette verknüpft worden waren, die von der „Hunger"-Störung gesteuert wird. Diese neuartigen Elemente, (in der Sprache des Beobachters) etwa „Nähe und Kontakt zu einem Artgenossen", können auch bereits als Bestandteile einer anderen Tätigkeitskette koordiniert worden sein. Tritt die Situation wieder auf und führt wiederholt zur Eliminierung der „Hunger"-Störung, dann muß sie zu einer operationalen Alternative der ursprünglichen Tätigkeitskette, also der Rückkopplungsschleife „Nahrung" werden. Beutefang in Paaren und Gruppen ist dann das Ergebnis, und damit sind die notwendigen Bedingungen für die Entwicklung kooperativen Beutefangs geschaffen. Wenn andererseits in der gleichen Situation das erste Individuum sowohl daran gehindert wird, das Beutetier zu töten, als auch daran, davon zu fressen, dann wird die Sequenz der Tätigkeiten als „Scheitern" gespeichert. In diesem Falle werden die neuartigen Elemente, d.h. die Tätigkeiten, die den Artgenossen einschließen, mit dem Scheitern verknüpft und führen in Zukunft zur Vermeidung von Artgenossen oder zu Konkurrenzverhalten.

Was in beiden Fällen geschehen ist, ähnelt dem Transfer der Tätigkeit des Zweigesäuberns vom gewöhnlichen Freßzyklus des Schimpansen zum Zyklus des „Fischens" nach Termiten. Der Transfer in unserem hypothetischen Fall wäre in jedem Fall wahrscheinlicher, denn das Wahrnehmungselement, das dabei eine Rolle spielt (d.h. ein Organismus der gleichen Art), ist sicherlich schon sehr früh in der ontogenetischen Entwicklung des Organismus zu einem erkennbaren Objekt koordiniert worden und daher als selbständiges Objekt bereits fest verankert. Ich will damit sagen, daß ein Bündel sonsorischer Signale, das als rekurrentes Muster zuerst im Kontext einer spezifischen Aktivität koordiniert wurde, im Kontext anderer Aktivitätszyklen wiedererkannt und so einem externalisierten „permanenten Objekt" einen Schritt nähergebracht wurde.

Ähnliche Episoden ereignen sich in der Verteidigung gegen Räuber. Wenn ein Individuum handelt und durch sein Handeln nicht nur seine eigene Störung, sondern auch die Störung anderer Individuen reduziert, dann führt dies unweigerlich zur Bildung relativ festgefügter Gruppen, denn die Reduktion von Störungen in diesen sehr einfachen Situationen wird für gewisse Zeit wechselseitig sein. Heute hilft der Organismus A dem Artgenossen B, morgen ist es umgekehrt. Sobald dies geschieht, ist es höchst wahrscheinlich, daß besonders erfolgreiche Individuen öfter diejenigen Akteure sind, die gemeinsame Störungen reduzieren, und daß sie daher sozusagen den Mittelpunkt für den Zusammenhang der Gruppe bilden, – mit all den Konsequenzen für die schrittweise Entwicklung von Dominanzen und Mustern sozialer Äquilibration. (Barth 1972 bietet ein begriffliches Modell für die Analyse dieser Entwicklung.)

Gleichzeitig jedoch enthält diese Situation wechselseitiger Unterstützung Möglichkeiten der Entwicklung von Kooperation. Deren Verwirklichung in größerem Maßstab über die zufällige Synchronisierung und Integration der Aktionen zweier Individuen hinaus kann sehr wohl eine drastische Veränderung der Umwelt erfordern, die ganz plötzlich eine sehr ernste und andauernde Störung in vielen oder allen Individuen hervorruft. Es ist ein Gemeinplatz, daß bei Menschen Krisen die Bemühungen um Zusammenarbeit dramatisch erhöhen. Theoretisch scheint es außerordentlich wahrscheinlich, daß dann, wenn der Druck der Umwelt für eine Spezies, die bereits die von mir skizzierten operationalen Mechanismen entwickelt hat, ansteigt, die kooperativen Situationen an Häufigkeit zunehmen und sehr rasch mehr als zwei Individuen umfassen. Ist aber dieses Stadium einmal erreicht, dauert es nicht mehr lang, bis eine gewisse Form der Kommunikation entsteht.[6)] Dies ist gewöhnlich Kommunikation mit Hilfe von *ad-hoc*-Zeichen, ähnlich vielleicht den idiosynkratischen Zeichen, die die Affen im Mason/-Hollis-Experiment erfunden haben. Es dürfte für den menschlichen Beobachter äußerst schwierig sein, derartige *ad-hoc*-Zeichen in natürlichen Zusammenhängen zu unterscheiden und zu erkennen.[7)] Wie immer auch ihre Form und ihr Übertragungsmodus aussehen mögen, sie wären echte kommunikative Zeichen, denn sie haben operational die gleiche zweckgerichtete instrumentelle Funktion und den gleichen Status wie das Werkzeug für das „Herausfischen" der Termiten bei den Schimpansen.

## Zeichen, Symbole und Sprache

Kommunikative Zeichen sind natürlich noch weit von Sprache entfernt. Der Abstand zwischen beiden wird gewöhnlich durch die gängige lasche Verwendung des Begriffs „Sprache" für eine Vielzahl von Verhaltensäußerungen verdunkelt, die als Signalsysteme klassifiziert werden sollten, denn sie zeigen keine der Charak-

6) Diese Hypothese wird im einzelnen entwickelt und ausführlich belegt von Hamilton 1974. Vgl. dazu auch Hill 1974.

7) Die Ausgrenzung spezifischer Signale erwies sich auch in teilweise natürlichen Situationen, in denen Kommunikation nachgewiesen werden konnte, als schwierig. Vgl. Menzel 1971; 1973.

teristika, die wir normal in einer Sprache erwarten. Wenn wir die Entwicklung der Sprache untersuchen wollen, ist es unumgänglich, diesen Abstand zu bestimmen und anzugeben, welche Zwischenschritte notwendig sind, um ihn zu überbrücken. Bevor wir dies aber tun können, müssen wir einige der Begriffe zurechtrücken, die sich in verschiedenen Versuchen finden, Sprache *ohne* Bezug auf ihre zweckorientierte instrumentelle Funktion zu beschreiben.

Charles Hocketts „Konstruktionsmerkmale" (KM) bilden wahrscheinlich das am feinsten ausgearbeitete Schema der Charakteristika menschlicher Sprache, und da es in der Literatur immer wieder erörtert worden ist, möchte ich hier davon ausgehen. Hocketts KM (1960a) entstanden als eine Menge von dreizehn deskriptiven Kriterien, die einem Beobachter helfen sollten, „Sprache" zu identifizieren, wo immer er auf sie stieß. Da sie zuallererst entwickelt wurden, um *gesprochene* menschliche Sprache zu charakterisieren, schließen sie ausdrücklich alle Kommunikationssysteme aus, die nicht in einem *Sprech-Hör-Kanal* (KM1) verwirklicht werden. Andere Konstruktionsmerkmale (KM 2, 3, 4, 5, 9), die die rein technischen Aspekte von Signalen, von Übertragung und Empfang betreffen, bekräftigen diese anthropozentrische Einschränkung. Die verbleibenden sieben KM betreffen jedoch Charakteristika von Kommunikationssystemen im allgemeinen und bilden eine sehr wertvolle Annäherung an die Kriterien, die wir einsetzen sollten, um Kommunikation von Interaktion und Sprache von Signalsystemen zu trennen. Das erste dieser Merkmale, KM 6, ist *Spezialisierung*, womit Hockett meint, daß ein Zeichen nicht nur durch den übermittelten Energiewandel (d.h. das *physikalische* Signal) allein konstituiert wird, sondern durch den informationalen oder semiotischen Inhalt, den das physikalische Signal trägt. Dieses zuerst von Wiener (Rosenblueth/Wiener/Bigelow 1943) formulierte und später von Haldane (1955) auf die tierische Kommunikation übertragene Kriterium ist, soweit ich weiß, von jedermann akzeptiert worden, der sich mit Kommunikation befaßt. Es ist unentbehrlich, denn es schließt jegliche Form direkter mechanischer Interaktion aus, bei der die Reaktion des Empfängers (oder dessen danach eintretender Zustand) thermodynamisch durch den empfangenen Energiebetrag erklärt werden kann. Hocketts Formulierung hilft uns jedoch nicht, kommunikative Zeichen von anderen zu unterscheiden, die lediglich Wahrnehmungsereignisse darstellen, aus denen ein Beobachter induktive Schlüsse zieht (z.B. vom Rauch, aus dem er das Vorhandensein eines Feuers erschließt, oder von dem donnernden Geräusch, mit dem er eine wildgewordene Herde verknüpft, der er aus dem Wege gehen sollte). Wenn derartiges induktives Schließen nicht ausgeschlossen wird, wird „Kommunikation" zu einem leeren Begriff. Es ist oft versucht worden, diese Unzulänglichkeit durch ergänzende Kriterien zu beheben, doch ohne Erfolg.[8] Das scheint auch solange nicht möglich zu sein, als man es ablehnt, die grundlegende zweckorientierte Natur kommunikativer Zeichen zu akzeptieren. Susanne Langer (1942) hat dieses Problem schon vor langer Zeit analysiert, und die von ihr gegebenen Definitionen „natürlicher" und „künstlicher" Zeichen sind mit nur geringfügigen Änderungen auf tierische Kommunikation anwendbar (von Glasersfeld 1974).

---

[8] Hockett selbst war sich dieses Problems wohl bewußt, vgl. 1960a: 408. Sein Versuch, die „Konstruktionsmerkmale" in „deskriptive Rahmen" einzubauen, sollte sowohl präziser als auch weniger autoritär sein. Vgl. Hockett/Altmann 1969. Burghardt 1970 bietet eine umfassende Übersicht der Widersprüche und Unzulänglichkeiten ergänzender Kriterien.

Die Tatsache, daß kommunikative Zeichen auf ihre Bedeutung bezogen sein müssen, und zwar nicht durch eine induktiv erschlossene (kausale, korrelative, Teil-Ganzes- usw.) Beziehung, sondern durch eine völlig andere Verknüpfung, wird zum Teil durch Hocketts KM 7 und KM 8, *Semantizität* und *Beliebigkeit*, angegeben. Wenn er aber feststellt, daß Wörter wie „Einhorn" oder „und" *keine* einleuchtenden semantischen Bezüge haben, dann zeigt sich, daß sein Begriff der *Semantizität* von der traditionellen Theorie der Referenz abgeleitet ist, die „reale" Objekte als Bezugsgrößen verlangt. Die Semantizität von Zeichen ist nun in der Tat eine wesentliche Bedingung aller Kommunikation, die einzige Einschränkung hinsichtlich der semantischen Belegung bzw. der Elemente, die mit Zeichen verknüpft werden, liegt darin, daß sie für alle Benutzer der Zeichen gleich sein müssen, d.h. daß der Zeichengebrauch *konventionell* sein muß. Dies gilt unausweichlich für alle künstlichen Zeichen, solange sie die Bedingung der *Beliebigkeit* erfüllen (KM 8), die vorschreibt, daß die Bedeutung eines Zeichens *nicht* aus irgendeiner perzeptuellen Analogie oder „ikonischen" Beziehung zu dem bedeuteten Element abgeleitet werden darf (so daß sie aus den physikalischen Charakteristika des Zeichens erschlossen werden könnte). Aus dieser Bedingung folgt notwendig, daß ein Kommunikator die angemessene Verwendung eines Zeichens nur durch Übereinkunft mit anderen Verwendern (wenn das Zeichen neu geschaffen wird), oder durch *kulturelle Übermittlung* (KM 12) erlernen kann. Ich sehe keinen Grund, warum spezifische Zeichen und ihr semantischer Inhalt nicht auch *genetisch* vererbt werden sollten. Das scheint mit besonders plausibel im Falle jener Zeichen, die aus Auslöserbewegungen entstanden (Tinbergen 1952), d.h. als ein Teil einer Kette von Bewegungen, der schließlich die gesamte Sequenz bedeutete (wenn z.B. ein ruhendes dominantes Männchen seinen Kopf hebt, dann soll dies andeuten, es beabsichtige aufzustehen und anzugreifen). Wird ein derartiges Auslöserverhalten nicht mehr als der erste Schritt der Sequenz, zu dem es gehört, ausgeführt sondern als ein Akt zur Erreichung des Ergebnisses der *ganzen* Kette (z.B. um die gewünschte Distanz herzustellen, wenn ein anderes Individuum zu nahe gekommen ist), dann ist es nahe daran, ein „künstliches" Zeichen zu werden. In Hocketts Terminologie wäre es natürlich ein ikonisches Zeichen, vom Gesichtspunkt der Kommunikationstheorie aber ist es irrelevant, ob die semantische Verbindung von Zeichen und Bedeutung ikonisch oder arbiträr ist, — wesentlich ist, daß diese Relation konventionell und somit *per definitionem* für Sender und Empfänger gleich ist.

Hocketts KM 10, *Dislozierung*, ist eines der zwei bedeutsamsten Charakteristika *sprachlicher* Kommunikation. Er erklärt dieses Merkmal folgendermaßen: „Wir können über Dinge sprechen, die in Zeit, Raum oder beiden vom Ort des kommunikativen Austausches entfernt sind." (Hockett/Altmann 1969) Erneut stimmen wir zwar mit ihm überein, die Aussage umfaßt jedoch nur die Hälfte dessen, was ein brauchbares Kriterium von „Sprache" enthalten müßte. Der Grund dafür ist das noch nicht ganz überwundene Dogma von Reiz und Reaktion: die Annahme, daß ein sprachlicher Ausdruck oder ein Zeichen nur gebraucht werden kann, wenn es sich auf einen konkret gegebenen „Referenten" bezieht. Auch wenn Hockett einmal feststellt, daß *Dislozierung* bedeute, „imstande zu sein, heute zu erörtern, was gestern geschah oder was vielleicht morgen passieren wird", erklärt er dies danach mit Begriffen der Informationsspeicherung und meint: „Jegliche Verzögerung zwischen der Aufnahme eines Reizes und dem Eintreten der Reaktion bedeutet, daß der erstere in einer stabilen räumlichen Anordnung kodiert worden ist, die zumindest solange erhalten bleibt, bis sie in der Reaktion wieder abgelesen wird." (Hockett 1960a) — Wenn wir heute ablesen können

(Reaktion), was morgen kodiert werden wird (Reiz), dann würde in der Tat die Zukunft die Gegenwart bestimmen. Ich würde zwar keinen Augenblick lang behaupten wollen, daß dies tatsächlich von Hockett so gemeint war, möchte aber *doch* sagen, daß es sich so darstellt, weil er sehr bemüht war, Ausdrücke wie „Begriff" oder „Repräsentation" zu vermeiden. Sie hätten ihm allzusehr nach Mentalismus oder, noch schlimmer, Teleologie gerochen, – und das war alles tabu.

Sprache erlaubt uns zu reden, und zwar nicht nur über Dinge, die in Zeit und Raum entfernt sein mögen, sondern auch über Dinge, die nirgendwo und nimmer sind. *Dislozierung* muß „Symbolizität" werden. Um ein Symbol zu werden, muß die eindeutige Beziehung eines Zeichens zu einem perzeptuellen „Referenten" durchbrochen werden (Mounin 1974). Dies bedeutet, daß das Zeichen semantisch mit einer Repräsentation verknüpft werden muß, die unabhängig ist von den zu irgendeiner Zeit verfügbaren perzeptuellen Signalen (nicht nur denen, die zur Zeit der Verwendung des Zeichens an einem bestimmten Ort vorhanden sind). Die Semantizität eines *sprachlichen* Zeichens wird daher nicht durch eine Verknüpfung konstituiert, die es mit einem „Ding", sondern durch eine solche, die es mit einer Repräsentation oder einem Begriff verbindet (Langer 1942). Die Tatsache, daß ein Zeichen, sei es verbal oder nonverbal, Symbolizität gewonnen hat, schließt natürlich nicht aus, daß es weiterhin als ein wahrnehmungsbezogenes Zeichen gebraucht werden kann, wenn es einen perzeptuellen Input gibt, der mit der von ihm benannten Repräsentation übereinstimmt, noch schließt es aus, daß es vom Sender gebraucht werden kann, um im Empfänger eine konventionelle Reaktion auszulösen (wie etwa im Falle eines Imperativs). Was aber einem Zeichen den Status eines Symbols verleiht, ist, daß es ohne einen derartigen Reiz und ohne Auslösung der Reaktion gebraucht werden *kann*. Das Zeichen *Tiger* etwa ist dann ein Symbol, wenn es ohne Referenz auf die gegenwärtige, vergangene oder zukünftige Wahrnehmung eines Tigers gebraucht werden kann, und ohne daß der Empfänger ein Verhalten zeigt, wie er es angesichts eines frei herumlaufenden Tigers zeigen würde.

Der Unterschied zwischen Symbolizität und Dislozierung wird ganz deutlich, wenn wir uns die Sprache der Bienen ansehen (von Frisch 1974). Nach Hocketts Vorstellung (1960a) zeigen die Zeichen der Bienen (ihr „Tanz") *immer* Dislozierung, denn ihre Botschaften betreffen entfernte Orte. In meiner Sicht qualifizieren sich die Bienen nicht für Symbolizität, denn man hat noch nie beobachten können, daß sie über Distanzen, Richtungen, Nahrungsquellen usw. kommunizieren, ohne tatsächlich (gerade) von einem ganz bestimmten Ort zu kommen oder zu einem solchen aufzubrechen.

Das letzte Konstruktionsmerkmal (KM 11), das wesentlich ist für die Charakterisierung von „Sprache", ist *Offenheit* (oder *Produktivität*). „Neue sprachliche Botschaften werden ohne Mühe frei gebildet und im zugehörigen Kontext gewöhnlich auch verstanden.' Das technische Element, das *Offenheit* ermöglicht, ist die *Dualität der Strukturierung* (KM 13), d.h. die Tatsache, daß das Zeichensystem eine „Strukturierung in beliebige, doch stabile bedeutungslose Signalelemente ebenso wie in kleinste bedeutungsvolle Anordnungen dieser Elemente" aufweist (Hockett/Altmann 1969). Die erste Art der Strukturierung betrifft die Zusammensetzung der *Signale*, d.h. der physikalischen Zeichenträger. Hockett würde mit „Sprache" nur jene Kommunikationssysteme bezeichnen, die Aufbauregeln solcher Art enthalten, daß Signale aus kleineren rekurrenten Einheiten (Phonemen, Kenemen etc.) aufgebaut werden. Dieses Charakteristikum ist offensichtlich von außerordentlicher Bedeutung, wenn wir uns die Ökonomie eines Kodierungssystems vor Augen halten. Vom Gesichtspunkt der Evolutionstheorie bildet es einen spektakulären Fortschritt. Es bedeutet den Erwerb spezieller Mechanismen der Signalbildung und folglich eine Zunahme an Handlungskomplexität und Gedächtniskapazität. Als Kriterium schließt es semiotische Systeme aus, die nicht auf ein Alphabet zurückgeführt werden können und lediglich Ideogramme verwenden. Vom Gesichtspunkt der Kommunikation scheint dies allerdings eine unnötige Einschränkung zu sein.

Die zweite Art der Strukturierung gemäß dieser *Dualität* ist jedoch als Kriterium für die Unterscheidung sprachlicher Systeme von anderen Zeichensystemen unentbehrlich. Um als „Sprache" aufgefaßt werden zu können, muß ein System „gewisse Muster anbieten, nach denen die elementaren bedeutsamen Einheiten (Morpheme oder bedeutsame Signale) zu größeren Sequenzen kombiniert werden können, ebenso wie Konventionen, die festlegen, welche Bedeutungen sich durch solche Anordnungen ergeben. Diese Muster und Konventionen bilden die *Grammatik* der Sprache." (Hockett 1960a) Auch wenn gewisse Linguisten die „Syntax" bloß als Menge von Regeln auffassen, die die Kombinierbarkeit von Wörtern (d.h. Signalen) steuern, macht Hockett klar, daß der entscheidende Punkt darin liegt, daß sich aus dieser Kombination von Zeichen *neue Bedeutungen* ergeben. Zusätzlich also zu den Konventionen, die die Bedeutung individueller Zeichen (lexikalische Semantik) erzeugen und fixieren, muß es eine zweite Menge von Konventionen (Grammatik) geben, die die semantischen Funktionen der Zeichenkombinationen (syntaktische oder relationale Semantik) erzeugen und fixieren. Da die einzelnen bedeutsamen Zeichen, die dem Sprachverwender zu einer gegebenen Zeit verfügbar sind, stets eine geschlossene Menge bilden (Lexikon), läßt sich *Offenheit* nur durch die regelgeleitete, und d.h. eben bedeutsame Kombination dieser verfügbaren Zeichen erzielen.

Um diese Erörterung sprachlicher Kommunikation zusammenzufassen, möchte ich drei Kriterien für die Abgrenzung von „Sprache" vorschlagen, von denen jedes zwar notwendig, alleine aber unzureichend ist:

1. Gegeben sein muß eine Menge (Lexikon) kommunikativer Zeichen, d.h. perzeptueller Elemente, deren Bedeutsamkeit (*Semantizität*) durch eine konventionelle Beziehung (semantischer Nexus) und nicht durch eine induktive konstituiert wird.
2. Diese Zeichen müssen Symbole, d.h. mit Repräsentationen verknüpft sein (*Symbolizität*); sie *können* daher ohne Bezug auf konkret gegebene Instanzen der Elemente, die sie bezeichnen, gesendet werden und sie können empfangen werden, ohne eine Verhaltensreaktion im Empfänger „auszulösen". Als Symbole aktivieren sie bloß die mit ihnen verknüpften Repräsentationen.
3. Gegeben sein muß eine Menge von Regeln (*Grammatik*), die die Kombination von Zeichen zu Ketten steuert, so daß bestimmte Kombinationen neue semantische Inhalte schaffen, die über die Inhalte der Teilzeichen hinausgehen.

## Schlußfolgerungen

In den vorausgegangenen Abschnitten habe ich einige Ideen und Definitionen präsentiert, die meiner Meinung nach wesentlich sind für jede Untersuchung der Evolution der Sprache von einem kommunikationstheoretischen Gesichtspunkt. Um diese Skizze abzuschließen, möchte ich die wichtigsten Punkte zusammenstellen und dabei ganz kurz zeigen, wie sie zu einer mehr oder minder kohärenten Hypothese verknüpft werden könnten.

Für eine Erörterung des „Ursprungs und der Evolution von Sprechen und Sprache" muß man sich klarmachen, daß jede Evolution an ihrem Anfang einen Rohstoff voraussetzt, und daß „Sprechen" und „Sprache" zu unterschiedlichen Teilen eines Kommunikationsprozesses gehören. Ich habe „Sprechen" auf das besondere Signalsystem beschränkt, das über den akustischen Kanal abläuft und beim Menschen Apparaturen für Sendung und Empfang erfordert, und ich habe „Sprache" als ein semiotisches System mit drei definierenden Merkmalen bestimmt: mit einem *Lexikon* von Zeichen, mit *Symbolizität*, und mit einer *Grammatik*, die semantisch produktive Kombinationen festlegt. Sprachliche Kommunikation ist somit ein höher entwickeltes System als die Kommunikation mit einfachen Zeichen, unabhängig von der Art der Übertragung oder den physikalischen Aspekten der Signale. Damit Sprechen sich entwickeln konnte, mußte es zunächst Organismen geben, die zufällige Laute äußerten. Damit Sprache sich entwickeln konnte, mußte es Organismen mit einer bestimmten Fähigkeit zur Informationsverarbeitung geben, die etwas mitzuteilen hatten.

Ein Organismus wird als eine hierarchische Organisation von Rückkopplungsschleifen gesehen, von denen die „primitiven" und ältesten Ketten von Tätigkeiten steuern, die „induktiv" ausgewählt worden sind, weil sie bei der Eliminierung von Störungen, die sich auf Referenzwerte in der Kontrolle der grundlegenden biologischen Funktionen des Organismus bezogen, besonders effektiv waren.

Die Analyse der Werkzeugherstellung zeigt, daß diese die operationale Fähigkeit des Organismus voraussetzt, gespeicherte Bündel sensorischer Signale zu isolieren und von ihrer ursprünglichen Handlungskette abzutrennen, um sie als Referenzwerte einer neuen Rückkopplungsschleife, die in die gegebene eingebettet wird, einzusetzen. Diese Ablösung gespeicherter sensorischer Koordinationen führt zur Bildung einer *Repräsentation* und ist das kybernetische Äquivalent der Analyse eines wichtigen Teils in der Ontogenese des Begriffs der „Objektpermanenz" bei Piaget.

Wenn die Bedeutung eines sprachlichen Zeichens stets eine Repräsentation ist, dann ist klar, daß der semantische Nexus, der Zeichen mit ihrer Bedeutung verbindet, nicht hergestellt werden kann, bevor der Organismus die operationale Fähigkeit für die Bildung von Repräsentationen besitzt. Das Senden kommunikativer Zeichen wird außerdem als eine instrumentelle Tätigkeit aufgefaßt, die (wie alle andere Tätigkeit) der Eliminierung von Störungen dient. Dies bedeutet, daß der Erwerb kommunikativer Zeichen ungefähr das gleiche Stadium operationaler Evolution erfordert wie die Herstellung von Werkzeugen.

Der Anstoß zu kommunizieren kann in Situationen entstehen, in denen mehrere Organismen dadurch zu kooperativer Anstrengung geführt werden, daß ihre jeweiligen Störungen wechselseitig eliminiert werden. Derartige Situationen entstehen wahrscheinlich beim Beutefang und bei der Verteidigung gegen Räuber (wenn A einen Räuber in die Flucht schlägt, dann wird diese Störung auch für B, C, usw. eliminiert). Ich meine, daß die Wiederkehr solcher Situationen zu kooperativer Tätigkeit und schließlich zu einer Art von Kooperation führt, die einen so hohen Grad von Organisation und gegenseitige Abstimmung erfordert, wie er nur mit Hilfe von Kommunikation erreichbar ist.

Da es heute noch keine Belege für die natürliche Evolution eines kommunikativen Signalsystems hin zu dem symbolischen und kombinatorischen System der menschlichen Sprache gibt, ist es meiner Meinung nach verfrüht, detaillierte Hypothesen darüber vorzulegen, wie diese Leistung erreicht worden sein soll. Das Ehepaar Gardner (Gardner/Gardner 1971), Premack (1971), Fouts (1973) und unsere eigene Gruppe am Yerkes Center (Rumbaugh u.a. 1974) haben gezeigt, daß Schimpansen die operationalen Mechanismen besitzen, sowohl mit kombinatorischen als auch mit symbolischen Prozessen fertigzuwerden. Daß bisher noch nicht beobachtet werden konnte, wie Schimpansen diese Fähigkeiten in freier Wildbahn einsetzen, mag auf die Tatsache zurückzuführen sein, daß diese Fähigkeiten ohne eine Sprache, die dem Beobachter wie den Beobachteten *gemeinsam* ist, außerhalb experimenteller Anordnungen schwierig zu entdecken sind. Es kann aber andererseits schlicht so sein, daß die großen Affen bisher sehr gut ohne Sprache als Werkzeug sozialer und kognitiver Organisation überlebt haben. Die Spezies Mensch hat jedenfalls demonstriert, wie leistungsfähig dieses Werkzeug ist. Die Evolution der Lebewesen ist aber vermutlich noch nicht an ihrem Ende angelangt, und wenn wir heute auf das zurückblicken, was wir mithilfe dieses großartigen Werkzeuges alles angerichtet haben, dann muß man sich in der Tat auch langsam fragen, ob es in Zukunft noch als so selbstverständlich gelten wird können, daß die Sprache das Fortdauern des Lebens auf diesem Planeten gefördert hat.

# Anpassung und Überlebensfähigkeit

Am Ende des Einführungskapitels seiner *Soziobiologie* (1975, 6) stellt E.O. Wilson fest, daß „sowohl aktuelle Entwicklungen als auch die Klärung der logischen Beziehungen zwischen der Verhaltensbiologie und den übrigen Wissenschaften" auf eine Kannibalisierung der vergleichenden Psychologie hindeuten. Viele meiner Kollegen sind kompetenter, um die Folgen der aktuellen Entwicklungen zu beurteilen, ich will nur auf gewisse „logische Beziehungen" eingehen, die für die Behauptung Wilsons von Bedeutung zu sein scheinen.

Die meisten, ja vielleicht alle hitzigen Debatten um die Soziobiologie betreffen die Frage, wie weit das Verhalten lebender Organismen einer „evolutionären Erklärung" zugänglich ist. Die Frage, ob „evolutionäre Erklärungen" logisch tatsächlich vom gleichen Typ sind wie Erklärungen etwa in der Mechanik oder der Physik, ist bisher kaum erörtert worden.[1] Ich möchte zeigen, daß sie nicht vom gleichen Typ sind, daß sie zu verschiedenen theoretischen Konzeptionen gehören, und daß folglich die Beziehung zwischen der Soziobiologie und „den übrigen Wissenschaften" etwas problematisch ist.

Wilson (1975, 4) sagt, „Soziobiologie wird als die systematische Erforschung der biologischen Grundlagen allen sozialen Verhaltens definiert". In der Erforschung des Verhaltens, wie Wilson sie versteht, müssen Erklärungen im Sinne der Evolutionsbiologie formuliert werden, d.h. gemäß „der modernen Synthese, ... nach der jedes Phänomen hinsichtlich seiner Anpassungsleistung bewertet und auf die Grundprinzipien der Populationsgenetik bezogen wird" (ebda.). In der Evolutionstheorie ist „Anpassung" das Ergebnis der natürlichen Auslese (Selektion), und „die natürliche Auslese ist der Prozeß, durch den die Abbildung bestimmter Gene in den nachfolgenden Generationen Vorrang gegenüber anderen Genen gewinnt, die sich an den gleichen Chromosomenpositionen befinden" (1975, 3).

Der Begriff der *natürlichen Auslese* ist schon seit langem eingebürgert, so daß wir seine Bedeutung gewöhnlich für unstrittig halten und ihn bereitwillig als ein wohlbegründetes Erklärungsprinzip der Naturwissenschaften akzeptieren. Nur selten aber machen wir uns klar, daß die Geschichte dieses Begriffs unglücklich begann. Colin Pittendrigh (1958, 397) hat es einen „unglücklichen Zufall" genannt, „daß Darwin die Begriffe 'struggle for existence' (Kampf ums Dasein) und 'survival of the fittest' (Überleben des Tüchtigsten) als bequeme Klischees für den Prozeß der natürlichen Auslese verwendete, den er ja selbst – zumindest teilweise – ganz klar als differentielle Reproduktion verstand". Die Schwierigkeiten mit dem Ausdruck „Überleben des Tüchtigsten" leuchten unmittelbar ein. Wollen wir den Begriff des „Tüchtigsten" nicht nach irgendeinem Sondermaßstab definieren – wie das Chauvinisten und Rassisten tun –, dann bleiben uns nur zwei Möglichkeiten: entweder bedeutet er die Fähigkeit zu überleben, dann wird er leer, oder er bedeu-

[1] Verschiedentlich hat man gemeint, daß evolutionäre Erklärungen vom Gesichtspunkt der klassischen Logik tautologisch sind. Einen Überblick hierzu gibt R.H. Peters 1976.

tet die Überlebenstüchtigkeit der Gene, dann wird das Wort „Überleben" zu einer Metapher, denn welche Wunder Gene auch immer bewirken mögen, sie haben kaum ein eigenes Leben, das sie erhalten, riskieren oder verlieren. Sie „leben" nur insofern, als sie Teil der Organisation eines lebenden Organismus sind. Die Metaphern des Wettbewerbs und das unvermeidlich aus ihnen folgende *Ziel* des Gewinnens sind jedoch nur eine der semantischen Fallen.

Eine weit gefährlichere Falle ist es, „Auslese" als einen gewöhnlichen *Kausal*prozeß mißzuverstehen. David Chiszar (Chiszar/Carpen 1980) hat auf die Unterschiede zwischen den Untersuchungen hingewiesen, die auf Erklärungen durch eine der vier Aristotelischen Ursachen zielen. Wenn wir von natürlicher Auslese sprechen, dann ist es von entscheidender Wichtigkeit, sich der Tatsache bewußt zu bleiben, daß wir uns damit auf eine begriffliche Situation beziehen, in der es *keine* Wirkursachen der Art gibt, wie sie in den Erklärungsbegriffen anderer Naturwissenschaften auftreten. (Meines Wissens hat Gregory Bateson 1967 als erster auf diese Besonderheit aufmerksam gemacht.)

Eine *Wirk*ursache ist eine Größe, der wir die Kraft zuschreiben, eine Veränderung zu bewirken; die sich ergebende Veränderung wird als ihre Auswirkung aufgefaßt. Das Agens der natürlichen Auslese ist die Umwelt, oder die Natur, wenn man so will – Artgenossen und alles andere außer dem Organismus selbst –, und die durch sie bewirkte Veränderung ist ausschließlich negativ, d.h. sie eliminiert. Soweit also die Natur auswählt, läßt sie weder wachsen, noch fördert sie, sie merzt bloß aus. Was merzt sie aus? Die Organismen, die es nicht schaffen, die Schwierigkeiten, Hindernisse, Fallen, die sie ihnen bietet, zu überwinden. Es ist daher außerordentlich irreführend, von einer „Selektion *für* etwas" zu sprechen – Selektion findet immer *gegen* etwas statt. Mit anderen Worten, die Natur pflastert den Weg des Überlebens und der Reproduktion mit Widerständen. Auch das aber genügt nicht, um die natürliche Auslese vollständig zu erklären. Wären alle Organismen gleich, könnte es weder Selektion noch differentielle Reproduktion geben. Angesichts eines Hindernisses würden sie alle entweder untergehen oder überleben. Es gibt aber Variation, und die Organismen sind daher nie gleich. Dies beruht zum Teil auf Mutationen, zum Teil auf der Unvollkommenheit ihrer Verfahren der Reproduktion und Replikation.[2] Die Variationen, die den Grundbestand schaffen, auf den Selektion einwirken kann, sind gänzlich zufällig. Hier ist weder die Idee eines „evolutionären Plans" noch die eines „Umweltdrucks auf Überlebensmechanismen" zulässig, denn sobald wir irgendeine Vorstellung gerichteter Veränderung zulassen, verfällt die Evolutionstheorie zu einem teleologischen Mythos. Wenn andererseits alle Variationen zufällig sind, und wenn die Auslese mit dem arbeitet, *was da ist*, indem sie Zwänge erzeugt, die einige Varianten eliminieren, während andere durchkommen, dann sollte klar sein, daß das Wort „Anpassung" sich nicht auf eine *Tätigkeit* des überlebenden Organismus beziehen kann. Um eine bestimmte Situation oder eine betimmte Umweltveränderung überleben zu können, muß ein Organismus die dafür erforderlichen Eigenschaften bereits besitzen, *bevor* diese Situation oder Umweltveränderung auftritt. Mit anderen Worten, Organismen, die überleben, sind schon vorweg angepaßt, und es wäre völlig sinnlos zu sagen, daß

---

[2]) Francis Jacob (1977, 1165) hat ein eindrucksvolles Beispiel für die Unvollkommenheit des Replikationsprozesses in der Meiose gegeben: „In verschiedenen menschlichen Populationen enden schätzungsweise 50 % aller Konzeptionen durch spontanen Abort. ... Der größte Teil dieser Aborte scheint durch eine ungerade Chromosomenzahl bedingt zu sein."

sie sich anpassen oder verändern konnten, *weil* ein bestimmtes Ereignis eintrat. Es gibt schlicht keine kausale Verbindung zwischen einem selektierenden Ereignis oder dem Umweltdruck und jenen Eigenschaften, die die überlebenden Organismen zu einer früheren Zeit durch Mutation oder irgendeinen anderen Zufall erworben haben.

Wenn wir trotzdem das Überleben eines Organismus als die Auswirkung von irgendetwas auffassen wollen, dann müssen wir die Organismen selbst betrachten und als Ursachen jene Eigenschaften feststellen, die sie von Organismen unterscheiden, die nicht überlebt haben. Aber gerade weil wir dann auf Eigenschaften stoßen, die notwendig alle überlebenden Organismen der gegebenen Art aufweisen, können wir im besten Fall von einer *materialen* Ursache, nicht von einer Wirkursache sprechen. Aber auch das würde es noch keinesfalls rechtfertigen, von einer „adaptiven" Tätigkeit der Organismen zu sprechen. Alle die Eigenschaften, die die materiale Ursache ihres Überlebens ausmachen, sind ja ausnahmslos das Ergebnis zufälliger Variation und nicht irgendeiner Einwirkung der Umwelt. Kurz, die Organismen sind, wie sie sind, weil es bei ihren Vorfahren bestimmte genetische Variationen gegeben hat, und weil keine dieser Variationen ihre Fähigkeit beeinträchtigt hat, in den Umwelten zu überleben, in die sie im Laufe der Zeit geraten sind. Im Rahmen der Darwinschen Theorie wäre es weniger irreführend, von überlebenden Organismen als Organismen zu sprechen, die *überlebensfähig* (viabel) geblieben sind, und nicht von „Anpassung", denn dieser Begriff impliziert trotz aller Vorbehalte ganz und gar undarwinsche Bemühungen der Organismen selbst (Sahlins 1976; von Glasersfeld 1975/1979)[3]).

In der Ontogenese ist die Situation ganz anders, denn dort können wir in der Tat sinnvoll von der Anpassung eines Organismus an Umweltbedingungen sprechen. Die Veränderungen im Verhalten eines Organismus können in hohem Maße als Lernen verstanden werden, und Lernen ist stets *Selektion* aus einer Vielfalt von Möglichkeiten. Es gibt da die Variation bzw. die Erzeugung unterschiedlicher Verhaltensweisen, und es gibt da die operationale Trias von Versuch, Irrtum, und der induktiven Bewahrung erfolgreicher Problemlösungen. Im Unterschied zum Geschehen im evolutionären Rahmen eliminiert Selektion in der Onotgenese in der Regel nicht Organismen, sondern nur die erfolglosen Versuche bzw. Reaktionen eines Organismus. Man kann hier auch den Begriff der „Verstärkung" einführen, der in der Phylogenese leer bleiben würde, da das einzige, was dort als „Verstärkung" gelten könnte (nämlich das Überleben), nicht von der Modifizierung des Verhaltens des Organismus abhängig ist, sondern von seiner vorausgegangenen und daher unveränderbaren Geschichte genetischer Variation.

Das Ergebnis ontogenetischer Anpassung ist wiederum *„Überlebensfähigkeit" (Viabilität)*. Das was ein Organismus lernt, wird eben deshalb beibehalten, weil es zu befriedigenden Ergebnissen führt. Dies stellt Thorndikes Gesetz der Wirkung fest, ebenso wie das Prinzip des induktiven Schließens in seiner einfachsten Fassung: Was einmal funktioniert hat, wird wahrscheinlich wieder funktionieren.

Die Tatsache, daß sowohl phylogenetische Evolution als auch ontogenetisches Lernen zu „adaptiven" oder, wie ich nun lieber sage, „viablen" Verhaltensweisen

---

[3]) Der Begriff der „Viabilität" ist auch wissenschaftstheoretisch hilfreich. Die Vorstellung, daß wissenschaftliche Theorien bzw. Wissen überhaupt als viabel oder unviabel angesehen werden, nicht als „wahr" oder „falsch", scheint zu neueren Entwicklungen in der Erkenntnistheorie zu passen (z.B. Feyerabend 1975; Kuhn 1970).

führt, allerdings in unterschiedlicher Weise, führt unweigerlich zu Fragen nach dem Ursprung der besonderen Verhaltensweisen von Organismen. Manche Soziobiologen sind durchaus bereit zuzugeben, daß es vielerlei im menschlichen Leben gibt, zu dessen Erhellung die Soziobiologie wenig beitragen kann: sie kann weder die Französische Revolution noch die Musik Bartoks oder die Bedeutung des Yom Kippur erklären und wird es wahrscheinlich nie können (van den Berghe/Barash 1977, 821). Wilson ist anderer Meinung. In seinem neuesten Buch stellt er fest: „Wenn sich das Gehirn durch natürliche Auslese entwickelt hat, dann müssen auch die Fähigkeiten, bestimmte ästhetische Urteile und religiöse Überzeugungen auszuwählen, durch denselben mechanistischen Prozeß entstanden sein." (Wilson 1978, 2)

Die Vorstellung, daß alles, was ein komplexes Stück Maschinerie wie das Gehirn tut oder tun könnte, notwendigerweise von den Bedingungen und Zwängen abhängt, unter denen die Maschinerie entstanden ist, ist eine weitverbreitete Fehlmeinung. Auch wenn ich sicherlich nicht glaube, daß Computer *wie* Gehirne sind, können sie doch als nützliche Metapher dienen, wenn es um genetische Determiniertheit geht. Wenn ein Computer vom Hersteller kommt, dann enthält er in seiner „Hardware" eine kleine Anzahl grundlegender Operationen in fest verdrahteter Form. Genau betrachtet gibt es nur drei Operationen. Speichern, Lesen, Elemente bestimmter Form miteinander vergleichen. In diesem Stadium kann der Computer nicht mehr, und man kann diese drei Operationen als sein genetisch determiniertes operationales Repertoire auffassen. Nun kommt aber der Programmierer, der „Software" in Form von Compilern und Programmen entwickelt, die aber alle auch nichts anderes sind als höchst ausgefeilte Variationen der Kombination dieser grundlegenden Operationen, – und auf einmal kann der Computer mit Zahlen rechnen, von einfacher Arithmetik bis zu den abstrusesten Arten der Integralrechnung, er kann Bankkonten und Lager beaufsichtigen, Start und Wasserung von Raumschiffen steuern, und er kann sogar alle möglichen Spiele spielen. Es ist schwer einzusehen, warum und wie irgendjemand behaupten wollte, daß all diese Leistungen ebenso wie die, die ein zukünftiger Programmierer noch realisieren wird, von der Hardware festgelegt sind oder als das Ergebnis der gleichen Ausleseprozesse betrachtet werden müssen, die zur Herstellung des Computers geführt haben.

Es gibt eine Fülle neuerer Arbeiten in der Psychologie, die genau das gleiche Phänomen illustrieren: die neuartige und völlig heterodoxe Ausbeutung grundlegender genetisch determinierter Verhaltenselemente durch Tätigkeiten und Fertigkeiten, für die überhaupt keine vorherige natürliche Auslese vorstellbar ist. Hierzu gehören die außerordentlichen Leistungen von Schimpansen in verschiedenen sprachlichen Kommunikationsexperimenten. Es gibt keinen Zweifel daran, daß Washoe, Sarah, Lana, Lucy und alle die anderen „sprechenden" Schimpansen gewisse phylogenetisch entwickelte Möglichkeiten besitzen mußten, um das tun zu können, was sie zur Zeit tun. Es mußten gewisse Fähigkeiten des Gedächtnisses, der Mustererkennung, der transmodalen Assoziation, und vor allem gewisse grundlegende induktive Prozesse vorhanden sein. Die Experimente wären wahrscheinlich mit Regenwürmern oder Krebsen weniger erfolgreich gewesen. Nichts aber rechtfertigt die Annahme, daß irgendeine Kombination dieser phylogenetisch entwickelten Elemente genetisch vorweg so festgelegt gewesen wäre, wie sie sich nun im Gebrauch der American Sign Language (ASL), des Yerkisch oder des Premack-Systems manifestieren. Mit anderen Worten, die grundlegenden operationalen Elemente waren da, ihre Zusammenordnung aber zu komplexen operationalen Systemen kann nicht der natürlichen Auslese zugeschrieben werden, da diese Ordnung nachweislich das Ergebnis von Lernprozessen in einer ganz besonderen und höchst differenzierten Umwelt ist.

Wenn wir schließlich die Genese der Kultur erklären wollen, müssen wir ein Phänomen berücksichtigen, das von Grund auf anders ist als alles, was in der biologischen Evolution geschieht: die rasche Ausbreitung neuartiger Verhaltensweisen innerhalb einer Population von Organismen, besonders wenn diese Verhaltensweisen zur Zeit ihrer Ausbreitung überhaupt nichts mit dem Überleben von Organismen oder ihrer genetischen Tüchtigkeit im Sinne der Erhaltung ihrer Gene zu tun haben. Wir verfügen heute über ausreichendes Beobachtungsmaterial, um feststellen zu können, daß es in der Tat Verhaltensweisen gibt, die sich in einer Population ohne die Unterstützung durch genetische Prozesse oder natürliche Auslesevorgänge ausbreiten, und zwar aus Gründen, die viele nur zögernd im einzelnen angeben mögen. Ich möchte nur ein Beispiel zitieren, das besonders gut dokumentiert und auch weithin bekannt ist: das Beispiel der japanischen Makakenäffin Imo auf der Insel Koshima, die als erste ihre Süßkartoffeln im Wasser reinigte (Kawai 1965). Innerhalb von zehn Jahren hat die gesamte Population diese Art der Kartoffelwäsche praktiziert, – einige wenige männliche Affen ausgenommen, die zu konservativ waren. Da war keine Zeit für eine Mutation oder irgendeinen anderen genetischen Unfall, um die Überlebenstüchtigkeit irgendeines Affen zu erhöhen oder zu vermindern. Noch gibt es auch in der Tat irgendeinen Beweis dafür, daß das Waschen der Kartoffeln die genetische Tüchtigkeit irgendeines Tieres erhöht hat. Da aber die neue Tätigkeit auch sehr rasch zu außergewöhnlicher Vertrautheit mit dem Wasser führte, ergab sich direkt eine weitere neuartige Verhaltensweise: das Schwimmen. Und da all das in einem Land passiert ist, in dem Erdbeben und tektonische Katastrophen durchaus nicht ungewöhnlich sind, ist man versucht zu vermuten, daß eines Tages, wenn die Insel Koshima im Meer versinkt, die Fertigkeit des Schwimmens in der Tat die für diese Makaken entscheidende Fähigkeit sein könnte, ein anderes Land zu erreichen, während andere Tiere zugrundegehen. Künftige Generationen von Soziobiologen könnten dann die schwimmenden Makaken als ein Schulbeispiel für ihre evolutionstheoretischen Erklärungen benutzen.

Ein Szenario, in dem Schwimmen zum wichtigen Kapital für das Überleben von Makaken bzw. ihrer Gene wird, ist aber noch nicht verwirklicht worden. Und doch sind das Waschen von Nahrung und das Schwimmen Teil des Verhaltensrepertoires einer Makakenpopulation geworden, *ohne* daß es dafür eine evolutionstheoretische Erklärung gibt. Wer kann denn sagen, wieviele allgemein übliche Verhaltensweisen im Repertoire von mehr oder minder hoch entwickelten Organismen nicht auf die gleiche spontane und ausleseunabhängige Art entstanden sind? Die These der radikalen Soziobiologen, den Ursprung *aller* Verhaltensweisen auf den „mechanistischen Prozeß" der natürlichen Auslese zurückzuführen, erscheint von Anfang an zum Scheitern verurteilt. Der Grund dafür liegt, wie ich glaube, wiederum in dem Mißverständnis der „Auslese" als einer mechanistischen (also: Wirk-) Ursache.

Von einem evolutionstheoretischen Standpunkt aus wäre es weitaus konsistenter zu sagen, daß neuartige Verhaltensweisen ebenso wie Mutationen ohne jede biologische Ursache entstehen und über Generationen beibehalten werden können, *vorausgesetzt sie senken die biologische Viabilität der Organismen nicht unter einen kritischen Punkt*. Damit stellt sich natürlich sofort die Frage, warum derartige Verhaltensweisen überhaupt entstehen.

Für den Fall der japanischen Affen bietet Kawai selbst (1965, 27) die Hypothese, die am plausibelsten scheint: es gab eine Veränderung der Einstellung und des Wertsystems der Affen. Bis vor kurzem hatten Verhaltenspsychologen und Primatologen sehr große Sorgfalt darauf verwendet (zumindest in ihren Veröffentlichungen), Begriffe wie Einstellung und Wert zu vermeiden. Jetzt stellt aber Bill Mason (1980) fest: „Objekte sind selten neutral für Lebewesen". Mit anderen Worten, es gibt gute Gründe anzunehmen, daß Organismen einer gewissen Komplexität qualitative Unterschiede wahrnehmen und Präferenzen bilden, wie zum Beispiel eine Präferenz für Süßkartoffeln ohne Sand gegenüber Süßkartoffeln mit Sand. Auch wenn die Grundelemente für die Konstitution derartiger „Einstellungen" und „Wertsysteme" durchaus einer evolutionstheoretischen Erklärung zugänglich sein mögen, kann ihre spezifische praktische Ausprägung von Auslesekriterien völlig unabhängig sein, ja sogar jeglichem Prinzip der Tüchtigkeit, ob der genetischen oder einer anderen, entgegenstehen. Allein in diesem Bereich ist also eine Fülle von Beobachtungen und Experimenten erst einmal durchzuführen und zu interpretieren, in denen vergleichende Psychologen Anfänge der Kultur ebenso wie tierische Erkenntnisleistungen studieren können, ohne im geringsten befürchten zu müssen, durch die Soziobiologie verdrängt zu werden.

# Über den Begriff der Interpretation

*Zusammenfassung*

Wenn wir eine sprachliche Äußerung interpretieren, bauen wir eine begriffliche Struktur auf. Obwohl diese Struktur neu sein mag, entstammen doch die Elemente, aus denen sie besteht, stets der persönlichen Erfahrung des Interpreten. Die Interpretationen eines Stücks Sprache durch verschiedene Individuen können daher im besten Falle miteinander *kompatibel* sein. Eine Interpretation kann mit Bezug auf den jeweiligen Text inkonsistent oder unangemessen sein, die Behauptung aber, daß nur *eine* Interpretation die „richtige" sein könne, ist in der Sicht der konstruktivistischen Erkenntnistheorie unbegründet.

1

Der Begriff „Interpretation" tritt nicht nur in der Auseinandersetzung mit Literatur häufig auf. Musiker und Juristen, Schauspieler und Priester verwenden ihn ebenso wie Übersetzer und Psychoanalytiker, Computerwissenschaftler und Diagnostiker, und als einst die ersten Privatflugzeuge auf den Markt kamen, wurden Anleitungen für die Interpretation von Wolken publiziert. Natürlich ist es nicht ungewöhnlich, daß ein Wort von verschiedenen Berufen aufgegriffen und mit einer modifizierten Bedeutung, metaphorisch oder mit völlig neuem Sinn gebraucht wird. Das Wort „Interpretation" ist allerdings, so meine ich, bemerkenswert, weil sein Bedeutungskern unverändert geblieben ist, wo immer es auch aufgenommen wurde. Ich betone den „Bedeutungskern", denn natürlich sind bestimmte marginale Aspekte weggefallen oder hinzugekommen. Eine Untersuchung dieser Bedeutungsschattierungen wäre zweifellos interessant und aufschlußreich, ich möchte aber hier davon absehen. Der Bedeutungskern des Wortes ist kompliziert genug und es dürfte mir kaum gelingen, ihn erschöpfend zu behandeln. Der Grund für diese Komplexität ist, daß die Tätigkeit des Interpretierens dreierlei verlangt: Erfahrung, die Koordinierung begrifflicher Strukturen, symbolische Repräsentation, – mit anderen Worten, alles, was einen kognitiven Prozeß ausmacht, somit auch unweigerlich eine Erkenntnistheorie.

2

Wie viele andere *nomina actionis* benennt der Ausdruck „Interpretation" sowohl eine Tätigkeit als auch deren Ergebnis. Sagt jemand etwa „Ich bin nicht sicher, wie ich das, was sie getan hat, interpretieren soll", dann bedeutet das vielleicht, daß er mehrere Interpretationsmöglichkeiten sieht, aber nicht weiß, welche davon er als die plausibelste auswählen soll; es kann aber auch bedeuten, daß er *gar keine* Möglichkeit sieht, eine Interpretation zu konstruieren. Im ersten Fall hat die Schwierigkeit des Sprechers mit den Ergebnissen zu tun, im zweiten mit dem Prozeß. Ich werde mich in diesem Aufsatz mit der Tätigkeit des Interpretierens beschäftigen und nur nebenher mit der Angemessenheit oder der Auswahl ihrer Ergebnisse.

3

Wenn wir sagen „S interpretiert X“, denken wir eine spezifische Situation, die, wie ich meine, stets aus den folgenden Elementen besteht:

(1) ein aktives Subjekt (S, der Interpret);
(2) ein Objekt (X), das durch S erfahren wird;
(3) eine spezifische Tätigkeit (Interpretieren), die von S ausgeführt wird;
(4) das Ergebnis dieser Tätigkeit (Y), das nicht Teil der unmittelbaren Erfahrung von X durch S ist, aber mit X durch eine S bekannte Relation verknüpft wird.

4

Mit dieser schematischen Analyse werden, so erwarte ich, manche nicht einverstanden sein, man wird sie als unvollständig ansehen. Es herrscht ja weithin die Tendenz, das Objekt X stillschweigend als ein Objekt besonderer Art anzusehen, als einen Gegenstand, der zur Interpretation bestimmt ist. Daher wird implizit oder explizit angenommen, daß der Urheber oder Autor (A) das Objekt X ganz bewußt ausgewählt oder erzeugt hat, um etwas von ihm Verschiedenes „auszudrücken“, „zu vermitteln“ oder „zu kommunizieren“, etwas, das wir seine *intendierte Bedeutung* nennen können. Ebenso wie Y ist diese Bedeutung M kein konstitutiver Teil des Objekts X; im Unterschied aber zu Y, welches das Ergebnis der interpretativen Tätigkeit von S ist, ist M das Ergebnis eines Assoziationsaktes von A. Dieser Assoziationsakt mag bewußter Absicht oder bloßer Gewohnheit entsprungen sein, er verwandelt aber in jedem Fall ein gewöhnliches Erfahrungsobjekt X für A in ein semiotisches Objekt bzw. in ein Symbol. Diese zusätzliche Vorstellung erscheint uns meist recht harmlos, da wir so sehr daran gewöhnt sind, mit konventionellen Symbolen umzugehen.

Die Auswirkungen dieser scheinbar harmlosen Vorstellung sind jedoch von größter Bedeutung: sie führt nämlich unweigerlich zu der Auffassung, daß das Ergebnis der Tätigkeit von S unter (3) nur dann als Erfolg betrachtet werden kann, wenn Y eine *Replikation* von M darstellt. Erklärt man diese Bedingung zur notwendigen Voraussetzung „erfolgreichen“ Interpretierens, dann ist jede weitere Erörterung des Prozesses der Interpretation von vornherein fehlorientiert, denn sie wendet sich sofort von der Frage „Wie wird Interpretation geleistet?“ ab und konzentriert sich nur noch auf die Frage, ob das Ergebnis Y eines Interpreten eine akzeptable oder „korrekte“ Wiedergabe der vom Autor intendierten Bedeutung M ist oder nicht. Da M aber *per definitionem* nur im Kopf von A existiert, und da Y in jedem Fall im Kopf von S konstruiert werden muß, gibt es schlicht keine Möglichkeit, M und Y miteinander zu vergleichen, um zu entscheiden, ob sie übereinstimmen oder nicht. Die Gedanken, Begriffe, Erfahrungen, Gefühle usw. eines Menschen können als solche niemals mit denen eines anderen verglichen werden. Sie können im besten Falle auf ihre Kompatibilität überprüft werden – Kompatibilität aber, wie präzise sie auch immer festgestellt würde, rechtfertigt keinesfalls die Annahme von „Gleichheit“. Die Forderung, daß eine Interpretation von X mit der Bedeutung *übereinstimmen* muß, die der Urheber mit X verknüpft hat, um als eine gute oder korrekte Interpretation angesehen werden zu können, ist in der Tat nur ein weiterer Beweis für die epistemologische Naivität, mit der die Realisten der unbegründeten Überzeugung anhängen, daß unsere Erfahrung auf irgendeine Weise mit einer ontologischen Realität übereinstimmen müsse, und daß wir, wenn wir uns nur richtig anstrengen, zuguterletzt ein „wahres Bild“ der Welt gewinnen werden, „wie sie ist“. (Diese Parallelität von Interpretations- und Erkenntnistheorien muß von Literaturwissenschaftlern, die Montaigne, Vico, Berkeley, Hume, oder Kant gelesen haben, bemerkt worden sein. Sie ist neuerdings explizit etwa von Fish (1980), Schmidt (1980) und von Craige (1982) dargestellt worden.)

5

Wenn wir nun die Forderung nach einer identischen Replikation aufgeben und stattdessen nur Kompatibilität verlangen, dann scheint das auf den ersten Blick keinen Gewinn zu bringen. Es scheint ja für die Ermittlung der Kompatibilität einer Interpretation mit einer intendierten Bedeutung ebenso wie im Fall ihrer Replikation notwendig zu sein, Zugang zu dieser Bedeutung zu haben. Dieser Eindruck ist jedoch falsch. Kompatibilität besteht nämlich im *Vermeiden* von Kollisionen, im Lavieren *zwischen* Hindernissen, in der Nutzung allen Raumes, der *nicht* durch Gegebenheiten verstellt ist, denen man sich unterwerfen muß. Die Relation des „Passens" ist primär eine negative: Innerhalb des Bezugsrahmens oder -gitters, in dem Anpassung erfolgen muß, wird kein bereits durch ein Element belegter Punkt durch ein anderes Element belegt; „Übereinstimmung" liegt dagegen genau in dem Maße vor, in dem zwei Elemente innerhalb des gewählten Bezugsrahmens Punkte miteinander teilen.

Die Einführung des Begriffs des Passens (und seines dynamischen Korrelats der „Viabilität") für den traditionellen Begriff der „Wahrheit" im Sinne einer genau übereinstimmenden, isomorphen oder ikonischen Abbildung „der Realität", ist der Kerngedanke der Erkenntnistheorie, die ich den radikalen Konstruktivismus genannt habe (vgl. von Glasersfeld 1978; 1981a; 1981b). Diese Begriffsverlagerung hat Konsequenzen für eine Theorie der Interpretation. Beginnt man diese Konsequenzen auszuloten, stellen sich zunächst die beiden Fragen: Was bedeuten „Passen" und „Viabilität" für die Interpretation? und: *Wie kann beides erreicht werden?*. Um diese Fragen zu beantworten, möchte ich zunächst ganz einfache Beispiele für Interpretationen betrachten, bei denen es weder einen Autor noch eine vorausgesetzte intendierte Bedeutung gibt.

6

Zu den ersten professionellen Interpreten gehörten die Auguren der alten Griechen und Römer. Gemäß ihren jeweiligen Spezialisierungen beobachteten sie die Sterne, den Flug der Vögel, Donner und Blitz, Fehlgeburten und Ungeheuer, die Eingeweide geopferter Tiere und allerlei andere Erscheinungen, und interpretierten sodann gewisse Befunde als Vorzeichen kommender Ereignisse. Die Vorhersage der Zukunft oblag der Berufsgruppe der *Mantiker* bzw. der Seher, hatte aber nichts mit dem zu tun, was wir heute einen „semantischen Kode" nennen würden. Die Phänomene, die der Mantiker auswählte, wurden als *Symptome* (oder: Zeichen) betrachtet, nicht als konventionelle Symbole. Es herrschte ja die Überzeugung, daß der Verlauf aller Ereignisse durch das Schicksal vorherbestimmt war, und der Seher beanspruchte lediglich, privilegierten Einblick in das Walten des Schicksals zu besitzen. Er konnte daher Verbindungen entdecken zwischen den Ereignissen oder Zuständen, die er als Vorzeichen auffaßte, und den Ereignissen oder Zuständen, die folgen sollten. Diese Verbindungen waren jedoch weder „semantische" (im modernen Sinn) noch kausale – sie waren, wie wir heute sagen würden, bloße Korrelationen. Die griechischen Mantiker entschieden sich zum Beispiel oft für die Beobachtung von Raubvögeln, denn diese konnten in großer Höhe fliegen, hatten daher einen breiteren Horizont und konnten weiter sehen.

Sie verfügten folglich über Information, die den an die Erde gebundenen Wesen noch nicht zugänglich war. Ein geschickter Seher konnte aus der Beobachtung ihres Verhaltens mehr oder minder intuitive Schlüsse ziehen und vorhersagen, was in der Zukunft lag und für den Bewohner der Erdoberfläche noch unsichtbar war (vgl. Burckhardt 1952, Bd. 1, 502). Gemäß dem unter Punkt 3 entwickelten Schema faßt der Mantiker S das Verhalten eines Vogels oder eines Vogelschwarms als das Objekt X und leitet aus ihm ein zukünftiges Ergebnis Y ab. Die Relation, gemäß welcher er X als ein auf Y hinweisendes Omen interpretiert, ist irgendwo im Kontinuum zwischen erfahrungsbezogener Induktion und mystischer Intuition einzuordnen. Ich möchte jedoch nachdrücklich betonen, daß dabei eines absolut keine Rolle spielt, wie immer der Seher diese Relation auch hergestellt hat: der Glaube bzw. die Annahme, daß die Vögel auf ihre ganz besondere Weise fliegen, weil irgendein Schöpfer dies absichtsvoll zum Ausdruck einer bestimmten „Bedeutung" so eingerichtet hat, daß ein Mantiker diese dann daraus ablesen könne. Der Vogelflug war in jener klassischen Auffassung ebenso durch das Schicksal festgelegt wie alles andere auch, und der geschickte Mantiker war lediglich ein Mensch, der Beziehungen zwischen Ereignissen zu sehen vermochte, die anderen Sterblichen verborgen blieben.

## 7

Auch wenn wir uns heute über Mantiker und Seher lustig machen, akzeptieren wir doch nach wie vor eine ganze Reihe von Vorhersagen, die auf der Deutung von Zeichen beruhen, deren Beziehung zum vorhergesagten Ereignis auch bloß korrelativ ist, – und einige dieser Zeichen sind nicht sehr verschieden vom Flug der Vögel. (Dies gilt zum Beispiel für die jüngsten Erfolge der Chinesen, Erdbeben durch die Beobachtung und Interpretation des Verhaltens wilder Tiere vorherzusagen, die mehr über diese Ereignisse zu wissen scheinen als die Seismologen.) Ein erklecklicher Teil unseres gegenwärtigen praktischen Wissens ist im Grunde immer noch von dieser Art, bloß weniger animistisch.
Piloten, Bergsteiger, Seeleute, und andere, deren Leben zuweilen von einer frühzeitigen Wetterprognose abhängt, werden sich umso sicherer fühlen, je besser sie beobachtbare atmosphärische Bedingungen interpretieren können. Auch in ihrem Falle sind die Objekte, die sie interpretieren, nur deshalb Zeichen, weil man durch Erfahrung gelernt hat, sie als mehr oder minder verläßliche Indikatoren zukünftiger Ereignisse anzusehen; es haben sich also durch Induktion bestimmte Korrelationen herausgebildet, obgleich es bis heute eine umfassende kausale Theorie atmosphärischer Prozesse und Entwicklungen nicht einmal in Ansätzen gibt. Ein Bergführer mag etwa eine bestimmte Wolkenformation als Vorboten eines herannahenden Schneesturms interpretieren und sagen „Diese Wolken bedeuten Sturm". In jedem derartigen Fall ist jedoch klar, daß diese Bedeutung dem Phänomen durch den wettererfahrenen Beobachter zugeschrieben wird, nicht durch irgendeinen anderen Urheber, der die Wolken als Ausdrucksvehikel benutzt.

## 8

Jede Vorhersage, die auf der Interpretation eines Erfahrungselements beruht, das als Zeichen für ein nicht erfahrenes Element verstanden wird, wird danach beurteilt, ob sie durch die tatsächlich nachfolgenden Erfahrungen „bestätigt" wird oder nicht. Was solche „Bestätigung" ausmacht, ist gar nicht so leicht festzustellen, hängt sehr davon ab, wie präzise das vorhergesagte Element bestimmt worden ist. Daran knüpfen sich wiederum all die dornigen Probleme der Definition. Wieviele Tropfen bestätigen z.B. die Vorhersage von Regen? In diesem Zusammenhang können wir aber alle diese Probleme beiseitelassen und nur kurz festhalten, daß eine Vorhersage dann als gut beurteilt wird, wenn eine innerhalb eines festgelegten Zeitraumes nachfolgende Erfahrung im Urteil der betroffenen Menschen zur prognostischen Aussage *paßt*. Ob solches Passen erreicht werden kann oder nicht, ist vor allem eine empirische Frage. Sowohl die Beschreibungen als auch die Erfahrungen, die überprüft werden sollen, sind den Menschen zugänglich, die beurteilen, ob sie zueinander passen, und die Frage müßte im Prinzip beantwortbar sein, auch wenn sich beträchtliche praktische Schwierigkeiten ergeben mögen.

## 9

Die Lage wird weitaus komplizierter, wenn das Element X nicht nur aufgrund der Erfahrung des Interpreten als Zeichen aufgefaßt wird, sondern eine Bedeutung „ausdrücken" soll, die ihm durch einen intentional handelnden Urheber zugeordnet worden ist. In den bisher betrachteten einfachen Beispielen lagen die Erfahrungselemente, die als Zeichen verstanden wurden, die Elemente, auf die sie verweisen sollten, *und* die Beziehung zwischen beiden, die erst die Grundlage liefert für eine Interpretation, im Bereich der Erfahrung und der kognitiven Tätigkeit des Interpreten. Nimmt man aber an, es gebe eine intentional von einem Urheber geschaffene Bedeutung, dann gehört die Beziehung zwischen dieser Bedeutung und dem Erfahrungselement, das als Zeichen auf sie verweisen soll, zum Erfahrungsfeld und zur kognitiven Tätigkeit des Urhebers und ist einem anderen Interpreten unmittelbar *nicht* zugänglich. Dennoch sind wir fest davon überzeugt, uns mit anderen „verständigen" zu können. Es scheint also einen ganz krassen Widerspruch zu geben zwischen dem Anspruch auf „Kommunikation" und der anscheinend unwiderlegbaren Subjektivität aller Bedeutung. Dieser Widerspruch kann allerdings ausgeräumt werden, wenn wir näher betrachten, wie Kommunikation tatsächlich abläuft, und wenn wir uns vor allem die Grundvoraussetzungen aller Kommunikation vor Augen führen.

Für die einfachste technische Ebene macht Shannons Kommunikationstheorie (1948) deutlich, daß „Bedeutung" nicht einfach von Kommunikator zu Kommunikator wandert. Was wandert, das ist das „Signal". Ein Signal, welche physikalische Form es auch immer haben mag, hat für seinen Urheber bzw. seine Quelle die von diesen enkodierte spezifische Bedeutung. Ein Empfänger kann ein Signal „dekodieren", wenn zwei Bedingungen erfüllt sind: Er muß es erstens als Signal erkennen und zweitens eine spezifische Bedeutung mit ihm verknüpfen. Auf der technischen Ebene wird im allgemeinen stillschweigend vorausgesetzt, daß der Kode des Empfängers mit dem des Senders identisch ist.

Im Fall der Telegraphie oder der Morsezeichen und anderer technischer Signalsysteme läßt sich die „Identität" der Kodes von Sendern und Empfängern mit einfachen Mitteln *außerhalb* des Kommunikationssystems sichern (zum Beispiel dadurch, daß man zu Anfang eine Liste der zulässigen Signale mit ihren festgelegten Bedeutungen verteilt). Bei nicht-technischen, d.h. nicht planmäßig konstruierten Kommunikationssystemen ist die Anahme einer „Identität" von Kodes und Bedeutungen allerdings fragwürdig. (Ich habe „Identität" in Anführungszeichen gesetzt, denn auch für die technische Ebene ist eine Identität von Kodes nur in den Grenzen der Kausaldeterminiertheit der Maschinen erreichbar, an den Schnittstellen mit dem menschlichen Nutzer, der den Output der Maschine interpretiert, löst sie sich auf.)

**10**

Ist das Kommunikationssystem eine natürlich Sprache, dann neigen wir meist dazu, diese Problematik zu ignorieren. Natürliche Sprachen werden in interaktiven Situationen gelernt, d.h. in Situationen, in denen Sprecher und Hörer wechselseitig Teil des Erfahrungsfeldes des Partners sind, so daß es stets ein gewisses Maß an Rückkopplung gibt, was die Interpretation der Äußerungen des Sprechers durch den Hörer bzw. die Erwartungen des Sprechers hinsichtlich der Reaktionen des Hörers, betrifft.

Jedes Kind muß, um in seiner Gesellschaft zu überleben, eine Vielzahl sprachlicher Signale durch Reaktionen interpretieren lernen, die von den erwachsenen Sprechern, unter denen es lebt, als kompatibel angesehen werden. „Schließ die Tür!" verlangt zum Beispiel als Reaktion eine Sequenz motorischer Akte, die in einer Abfolge von Erfahrungssituationen gelernt werden muß, einer Abfolge, die Gelegenheit für den Erwerb zwar einfacher, nichtsdestoweniger aber spezifischer Fertigkeiten bietet, darüber hinaus auch Gelegenheit, das zu erfahren, was vermieden werden muß. Wie oft gibt es da böse Worte, wenn eine Tür zugeschlagen wird, obwohl die Anweisung lautete, sie zu schließen. Und mit der Zeit haben wir eben alle gelernt, Türen so zu schließen, daß die Befehlsgeber zufrieden waren, – d.h. wir haben gelernt, *unsere* Interpretation *ihres* Signals an *ihre* Erwartungen anzupassen. Dieses Lernen aber geschah weder durch Intuition noch spontan und direkt – es bedurfte einer bestimmten Anzahl von Versuchen und Fehlern und somit der schrittweisen Ausbildung „viabler" Reaktionsweisen. Niemand würde doch erwarten, daß ein Kind, das in Iglus oder Zelten aufgewachsen ist, die für die Erfüllung des Befehls angemessenen Fertigkeiten oder überhaupt die Bedeutung des Ausdrucks „Schließe die Tür!" beherrschen könnte. Auch wenn dies ein äußerst simples Beispiel ist, ist das damit illustrierte Prinzip für alle sprachliche Kommunikation grundlegend: eine sprachliche Botschaft kann strikt nur im Rahmen der Erfahrung des Empfängers interpretiert werden.

**11**

Zu Beginn des 18. Jahrhunderts hat Giambattista Vico eine konstruktivistische Epistemologie formuliert, indem er sagte, daß der Mensch nur das erkennen kann, was er selbst zu erzeugen vermag. Auch dies paßt zu unserer Theorie der Interpretation. Um ein Stück Sprache zu verstehen, das ich höre oder lese, muß ich seine „Bedeutung" aus begrifflichen Elementen aufbauen, die ich bereits habe. Wenn man mir also erzählt, daß eine Meerjungfrau ein Geschöpf mit dem Kopf und dem Rumpf einer Frau und dem Schwanz eines Fisches ist, brauche ich einem solchen Geschöpf in meiner Erfahrungswirklichkeit nicht begegnet zu sein, um das Wort zu verstehen, ich muß allerdings hinlänglich mit dem vertraut sein, was „Frau" und was „Fisch" genannt wird, um eine Bedeutung für dieses neue Wort konstruieren zu können. Und wenn man mir nicht sagt, daß der Schwanz des Fisches die Beine der Frau ersetzt, könnte ich auch die Vorstellung eines Zweibeiners mit Fischwanz aufbauen, nicht die der üblicherweise gemeinten Meerjungfrau. Eine solche abweichende Vorstellung kann daher nur durch weitere Interaktion korrigiert werden, d.h. durch Situationen, in denen die Vorstellung eines Geschöpfs mit Beinen und Fischschwanz mit einem Bild oder mit dem, was Sprecher der Sprache über Meerjungfrauen sagen, in Widerspruch gerät.

Haben wir nun einmal erkannt, daß Wörter sich nicht auf Dinge beziehen können, die unabhängig von einem Erfahrungssubjekt „existieren", sondern lediglich auf die Re-Präsentation von Erfahrungen durch Sprecher und Hörer, dann wird klar, daß auch Kommunikation nur innerhalb der Grenzen dessen möglich ist, was Maturana einen „konsensuellen Bereich" genannt hat (1970), das heißt einen Bereich, in dem die Kommunikatoren ihre Konzeptualisierungen durch einen Prozeß interaktiver Erfahrungen an die Konzeptualisierungen anderer angepaßt haben. Die Vorstellungen, Begriffe, Repräsentationen oder Bedeutungen zweier Kommunikatoren können jedoch niemals miteinander verglichen werden, um so ihre „Gleichheit" festzustellen, – sie können lediglich immer wieder auf ihre Kompatibilität hin überprüft werden, und auch die Art der Kompatibilität, die hergestellt wird oder werden kann, bleibt notwendigerweise relativ, denn die Zahl der praktischen Testsituationen ist prinzipiell begrenzt, die Zahl möglicher Diskrepanzen dagegen unendlich groß.

## 12

Es ist wichtig zu sehen, daß aus der Kompatibilität zweier Elemente nicht notwendig deren Identität folgt. Ja, nicht einmal der Beweis einer Ähnlichkeit läßt sich aus einem Nachweis der Kompatibilität ableiten. Wir glauben, ein Stück Sprache „verstanden" zu haben, wenn unser Verständnis weitere sprachliche oder interaktive Erfahrungen übersteht. Erst weitere Äußerungen oder Reaktionen eines Sprechers auf unsere Rezeption können uns anzeigen, daß die von uns hergestellte Interpretation mit der vom Sprecher intendierten Bedeutung nicht kompatibel ist.

Die mehr oder minder stabilen Bedeutungen, die wir alle für Wörter und Ausdrücke im Laufe des Erwerbs einer bestimmten Sprache aufgebaut haben, sind das direkte Ergebnis unserer individuellen Interaktionsgeschichten mit Sprechern dieser Sprache. In dem Maße, in dem unsere Reaktionen auf den wiederholten Gebrauch eines Wortes durch andere Sprecher sich als kompatibel mit ihren augenscheinlichen Absichten erweisen, glauben wir „verstanden" zu haben, was sie meinten. Wir halten daher die begriffliche Struktur, die wir aus dem wiederholten Gebrauch eines Wortes abstrahiert haben, vorläufig für seine Bedeutung. Je häufiger die Situationen werden, in denen unsere Bedeutung eines Wortes zur Intention eines Sprechers zu passen scheint, desto stärker neigen wir dazu, sie für *die* konventionelle Bedeutung schlechthin zu halten, – und wir vergessen dabei unweigerlich, daß ein derartiges wie oft auch immer auftretendes Passen keinesfalls beweist, daß unser Verständnis tatsächlich mit einer vom Sprecher gemeinten Bedeutung *übereinstimmt*. Es gibt immer wieder eine neue Verwendungsweise des Wortes, die uns zeigt, daß unser Verständnis ein Mißverständnis war.

## 13

Eine Äußerung oder ein geschriebenes Stück Sprache (eine Botschaft oder einen Text) zu „interpretieren", erfordert mehr als die Konstruktion ihrer konventionellen sprachlichen Bedeutung. Tatsächlich verlangt es die Interpretation einer Äußerung, die dieser zugeordnete konventionelle Bedeutung in einen spezifischen Erfahrungskontext einzufügen. Dies ist anhand irgendeiner banalen alltäglichen Botschaft ganz leicht zu demonstrieren. Ein Subjekt S, sagen wir mit Namen Susanne, verläßt ihr Büro und findet auf dem Parkplatz ein Blatt Papier, auf dem geschrieben steht „Donnerstag, 11. November, 15 Uhr". Susanne wird keine Probleme haben, diese Wörter und Symbole zu verstehen, wahrscheinlich aber völlig außerstande sein, sie zu *interpretieren*. Sie verweisen klar auf eine bestimmte

Stunde an einem bestimmten Tag, aber da sie keinerlei Hinweis hat, warum dieser Zeitpunkt angegeben wird, kann sie die konventionelle Bedeutung der Ausdrücke nicht mit der Struktur ihrer eigenen Erfahrungswelt verknüpfen. Wäre das Blatt so an ihrem eigenen Auto befestigt gewesen, daß sie damit eine Absicht hätte verbinden müssen, würde sie sicherlich versuchen, einen möglichen Sender auszumachen und eine plausible Interpretation mit Bezug auf ein Ereignis oder eine Situation in ihrer Erfahrungswelt festzulegen, auf die sich die Botschaft *beziehen* könnte. Aber das Blatt Papier war aus heiterem Himmel aufgetaucht und blieb für Susanne außerhalb jeden pragmatischen Kontextes. Obwohl sie also weiß, was es ausdrückt, kann sie nicht sagen, was es bedeuten soll.

Im Falle eines Textes ist die Situation komplizierter. Zunächst gibt es verschiedene Arten von Texten. Hätte Susanne anstelle eines einzelnen Blattes einen Einführungstext oder ein Lehrbuch irgendeiner Disziplin gefunden, so hätte sie vielleicht einige neue begriffliche Strukturen kennengelernt, denn der Text hätte sie veranlaßt, konventionelle Bedeutungen, über die sie bereits verfügte, auf bisher nicht gekannte Art neu zu verknüpfen. In diesem Sinne könnte ein Text das gesamte begriffliche Netz modifizieren und erweitern, über das sie verfügt. Der Mechanismus einer derartigen begrifflichen Erweiterung ist im Prinzip dem Mechanismus ähnlich, der uns instandsetzt, einen Begriff wie „Meerjungfrau" aufzubauen, den wir mithilfe unserer direkten Erfahrung konstruieren müssen. Dies ist ganz klar, es ergibt sich schlicht aus der Tatsache, daß der Sprachbenutzer „konventionelle Sprachregeln" anzuwenden gelernt hat. Ebenso wie beim Erlernen der Wortbedeutungen einer bestimmten Sprache lernen ihre Sprecher aufgrund ihrer ständigen Interaktion, Regeln der Kombination von Wörtern zu befolgen und selbst zu abstrahieren. Und wiederum muß jede derartige Anpassung und Abstraktion auf die individuelle Konstruktion von Begriffsmustern und Handlungen gegründet sein, die mit Handlungen und Reaktionen anderer Sprachbenutzer kompatibel sind.

Einführungswerke, Lehrbücher und dergleichen zeigen gewöhnlich ihre didaktische Zielsetzung in ihrem Titel an, wie etwa in „Italienisch für Touristen" oder „Einführung in die Meteorologie", und sie bieten genügend Hinweise, wie die von ihnen erklärten Begriffe mit möglichen Erfahrungssituationen zu verknüpfen sind. Das bedeutet, daß sie genau das klar angeben, was der oben erwähnten Botschaft auf dem Blatt Papier abging, nämlich wie der Leser, der die darin enthaltenen Wörter und Ausdrücke versteht, das Verstandene auf seine eigene Erfahrungswelt anwenden kann. Und da diese Erfahrungswelt vielleicht irgendwann einmal eine Reise nach Italien oder einen Anlaß für die Diskussion meteorologischer Probleme einschließt, lassen sich die begrifflichen Strukturen, die Susanne aus dem gefundenen Text abgeleitet hat, zumindest im Prinzip durch die Interaktion mit anderen auf ihre Kompatibilität hin überprüfen.

## 14

Was aber nun, wenn Susanne einen Roman gefunden hätte? Literarische Texte zeigen ihre Zielsetzung im Titel gewöhnlich nicht an. Auch sie können natürlich einen bestimmten didaktischen Effekt haben, im allgemeinen aber wird ein solcher Effekt in einer Erörterung literarischen Interpretierens als nebensächlich angesehen. Wenn der von Susanne gefundene Roman an irgendeiner Stelle etwa beschreibt, wie ein Mensch in Paris umhergeht, und Susanne aus dieser Beschreibung ableitet, wie man von der Pont Saint Michel zum Place Vendome kommt, dann würde man diese Art von Information sicherlich als irrelevant für die Interpretation des Romans ansehen, schon gar für die Beurteilung des Romans als eines Stücks schöner Literatur. Es ist jedoch weitaus weniger klar, ob die Tatsache, daß ein Roman einem Leser Anregungen vermittelt, wie er mit einer schrecklich eifersüchtigen Ehefrau fertig werden kann, auch unter literarischen Gesichtspunkten für völlig irrelevant gehalten werden sollte.

Ist es nun die didaktische Intention eines Autors, die von Bedeutung ist? Es läßt sich kaum daran zweifeln, daß Ibsen seine „Gespenster" schrieb, um seinem Publikum eine Lektion zu erteilen. Und auch wenn sich die Annahme, daß Goethe die „Leiden des jungen Werthers" veröffentlichte, um junge Männer vor Liebesaffären mit verheirateten Frauen zu warnen, durch wenig oder gar nichts begründen läßt, wäre es schwierig zu behaupten, daß er durch die Abfassung des „Faust" nicht beabsichtigt hätte, eine bestimmte Art von Lebensweisheit zu vermitteln. Wenn wir nun aber derartige Annahmen akzeptieren – und das scheint ganz vernünftig zu sein –, stellt sich sofort die sehr ernste Frage: Wie in aller Welt kann ein Leser sicher sein, daß die klugen Schlußfolgerungen, die er aus dem Text ableitet, genau die Weisheitslehren darstellen, die der Autor zu vermitteln wünschte? Natürlich ist die Frage nicht nur mit Bezug auf Weisheitslehren zu stellen, sondern mit Bezug auf jegliche Art „tieferer" Bedeutung oder „tieferen" Inhalts, wie sie angeblich jenseits der konventionellen sprachlichen Bedeutungen von Wörtern und Ausdrücken liegen sollen.

## 15

Jeder geübte Sprecher der Sprache, in der ein literarischer Text abgefaßt ist, wird die im Text gegebenen Wörter und Ausdrücke verstehen (Ich schließe hier Werke wie Joyces „Finnegans Wake" ausdrücklich aus, denn kaum jemand dürfte zurecht beanspruchen, die Sprache, in der sie abgefaßt sind, wirklich zu beherrschen.). Diese Art des Verständnisses aber (die im Prinzip äquivalent ist dem, was Susanne der zufällig gefundenen Botschaft entnehmen konnte) entspricht nicht dem, was Literaturwissenschaftler vor Augen haben, wenn sie sich darüber streiten, ob eine bestimmte Interpretation eines Textes zu rechtfertigen ist, ob sie plausibel oder korrekt ist. Ich möchte behaupten, daß jeder Maßstab der Rechtfertigung, Plausibilität oder Korrektheit, den man in der Auseinandersetzung mit der literarischen Interpretation auswählt, jenseits des Bereichs sprachlicher Kompetenz liegt (der als elementare Basis schlicht vorgegeben sein muß) und mit Relationen zu tun hat, die man zwischen den vom Text evozierten begrifflichen Strukturen und dem Begriffsnetz herstellt, das die jeweils eigene Erfahrungswelt konstituiert. Diese Relationen sind *per definitionem* subjektiv in dem Sinne, daß sie ausschließlich die dem Leser eigenen begrifflichen Strukturen mit der dem Leser verfügbaren Erfahrungswelt verknüpfen.

Wiederum spielen hier drei Typen von Elementen eine Rolle: die begrifflichen Strukturen, die das sprachliche Verstehen des Textes ausmachen; das übergeordnete begriffliche Netz, das unsere sogenannte Erfahrungswelt umfaßt; und die begrifflichen Verknüpfungen, die beide verbinden. Ebenso wie wir neue begriffliche Verknüpfungen herstellen, wenn wir zum ersten Mal auf das Wort „Meerjungfrau" treffen und so dafür eine Bedeutung erzeugen, kann uns die Lektüre eines Stücks Literatur zur Modifizierung oder Erweiterung des begrifflichen Netzes unserer Welt veranlassen. Während wir jedoch unseren Begriff der Meerjungfrau auf seine Viabilität in Kontexten überprüfen können, in denen auch andere das Wort verwenden, gibt es gewöhnlich keinerlei Möglichkeit, die eigene Interpretation eines Romans oder eines Gedichts auf ihre Kompatibilität mit den Intentionen des jeweiligen Autors hin zu testen.

16

Die Tatsache, daß ein Leser in der Regel nicht die Möglichkeit hat, mit dem Autor eines literarischen Textes zu interagieren, macht es zumindest fraglich, ob überhaupt jemals eindeutig ermittelt werden kann, daß eine bestimmte Interpretation eines Textes „richtig" oder „korrekt" in dem Sinne ist, daß sie die vom Autor beabsichtigte Bedeutung darstellt. Zunächst gibt es ja gar keine Möglichkeit festzustellen, ob der Text die intendierte Bedeutung angemessen abbildet oder nicht. Auch Autoren verfügen schließlich nicht über von ihnen selbst unabhängige Kriterien, die Angemessenheit der Ausdrucksqualitäten ihrer Texte in Zweifel zu ziehen, es sei denn, sie stellen fest, daß Leser diese auf eine Weise interpretieren, die sie für inkompatibel mit ihren Absichten halten. Begegnet ein Autor tatsächlich einer derartigen Diskrepanz – in unserer Zeit könnte ihm die Rezension eines Literaturkritikers dazu verhelfen –, kann er dies immer noch der unzulänglichen Interpretationsgenauigkeit zuschreiben oder dem mangelnden Bemühen des jeweiligen Lesers und nicht seiner eigenen Kunst oder Formulierungsfähigkeit. (Es gibt, glaube ich, wenige Beispiele dafür, daß Autoren ihre literarischen Werke aufgrund von Fehlinterpretationen ihrer Leser neu geschrieben haben.)

17

Die Frage nach der angemessenen Ausdrucksqualität eines Textes wird jedoch fast irrelevant, berücksichtigt man die Hindernisse, die einer „Verifikation" der Interpretationen von Lesern entgegenstehen. Auch wenn es keine direkte Interaktion zwischen Leser und Autor gibt, kann es natürlich gewisse indirekte Interaktionen geben, so etwa, daß der Leser andere Werke, Erläuterungen oder Erklärungen des betroffenen Autors interpretiert. Alle derartige weitere Lektüre kann (aber muß nicht) zu einer Modifizierung der Interpretation des ersten Werks durch den Leser führen. Die Interpretation dieser zusätzlichen Texte ist aber in der Regel nicht weniger unsicher als die Interpretation des Originaltextes, – und zwei Ungewißheiten lassen sich nicht zu einer größeren Gewißheit addieren.

Wenn nun der Leser bei Kommentaren und Erklärungen von Kritikern oder anderen Experten Rat sucht, so kompliziert dies das Problem weiter, denn damit wird ein zusätzlicher interpretativer Schritt eingeschoben. Auch das, was die Kritiker und Experten sagen, kann sich nur auf deren eigene Interpretation des Textes und nicht auf die von seinem Autor gemeinte „tiefere" Bedeutung beziehen. Der Leser muß folglich das, was sie über ihre Interpretationen sagen, selbst wieder interpretieren. Im besten Falle kann dies zu einem gewissen Konsens darüber führen, wie der Text interpretiert werden *kann*, und zwar mit Bezug auf das begriffliche Netz, das sowohl die Erfahrungswelt des Lesers als auch der Kritiker ausmacht. Eine derartige „gemeinsame" Erfahrungswelt gibt es aber nur in dem Maße, in dem Individuen interaktiv Konsens hergestellt haben; sie kann unmöglich auf einen Autor ausgedehnt werden, der an dieser Interaktion nicht teilgenommen hat. (Hierbei darf im übrigen nicht vergessen werden, daß die für eine Interpretation relevanten Interaktionen sprachlicher *und* nicht-sprachlicher Art sein müssen.)

Theoretisch müßte man daher erwarten, daß die Individuen einer interagierenden sozialen Gruppe Konsens hinsichtlich der Interpretation eines bestimmten Textes erreichen können. Dies scheint tatsächlich an bestimmten Orten und zu bestimmten Zeiten der Fall zu sein. Da aber jeder Konsens, worin er auch immer bestehen möge, nicht mehr und nicht weniger sein kann als ein relativ reibungsloses Zueinander-Passen individueller Aktionen und Reaktionen, kann Konsens hinsichtlich einer Interpretation nicht bedeuten, daß die Interpretationen der teilhabenden Individuen identisch sein müssen. Konsens erfordert lediglich, daß die Formulierungen ihrer Interpretationen miteinander kompatibel sind und keine wahrnehmbaren Widersprüche enthalten.

**18**

Es scheint also unausweichlich, daß es nicht möglich ist festzustellen, ob eine Textinterpretation „korrekt" ist. Auch wenn wir noch so viele verwandte Texte heranziehen und noch so viele Interpretationen anderer Leser oder Kritiker bzw. Wissenschaftler interpretieren, können wir jemals die *eine*, einzig wahre Bedeutung eines Textes feststellen, und schon gar nicht jene, die mit der vom Autor intendierten Bedeutung übereinstimmt. Durch direkte Interaktion lassen sich sicherlich bestimmte Interpretationen als nicht länger haltbar eliminieren. dadurch wird aber keine der übrig bleibenden mit dem Siegel der Einzigartigkeit oder Korrektheit versehen. Die Viabilität einer Interpretation läßt sich eindeutig nur vom Standpunkt des Interpreten beurteilen.

Diese Sachlage ist analog der in den Naturwissenschaften. Wie gut auch immer eine Theorie im Sinne gewisser wissenschaftlicher Zielsetzungen funktioniert – Erklärungen, Vorhersage und Kontrolle –, es läßt sich prinzipiell nie beweisen, daß diese Theorie eine ontologisch gegebene Realität beschreibt oder mit dieser übereinstimmt, noch läßt sich beweisen, daß sie die einzig mögliche Interpretation der Erfahrungen der Naturwissenschaftler bietet. Es gibt jedoch einen wesentlichen Unterschied. Der Naturwissenschaftler hat in der Regel eine ziemlich präzise definierte Zielvorstellung. Er sucht nach „Erklärungen", um Erfahrungssituationen vorhersagen und kontrollieren zu können. In dieser Hinsicht ist der Mantiker – auch wenn er einer ganz anderen Methodologie folgt – mit dem Wissenschaftler verwandt, denn auch er interpretiert Zeichen und Vorzeichen mit Bezug auf Erfahrungssituationen. Und sowohl er als auch der Naturwissenschaftler wird danach beurteilt, wie gut bestimmte Erfahrungen, die ihren Aussagen nachfolgen, zu ihren Vorhersagen passen.

Im Gegegensatz dazu können sich literarische Interpreten nicht auf nachfolgende Erfahrungen als Prüfinstanzen für die Haltbarkeit ihrer Interpretationen berufen, auch wenn man sagen könnte, daß sie die Texte, die sie interpretieren, erklären. Während nun die Interpretationen von Erfahrungen und Experimenten durch den Naturwissenschaftler ebenso wie die Interpretationen von Vorzeichen durch den Mantiker letztenendes stets Instrumente der Organisation weiterer Erfahrung sind, scheint die Interpretation literarischer Texte sich selbst zu genügen. Die Rahmenbedingungen, innerhalb derer sie Viabilität zu erreichen sucht, werden durch den Text allein geliefert, und nicht durch externe Erfahrungsbereiche. Damit erweist sich die Suche nach *der* Interpretation eines Textes als ein vergebliches Unterfangen. Es scheint sinnvoller, Objekte der Literatur oder der Kunst überhaupt auf eine Weise aufzufassen, wie sie schon vor langer Zeit Paul Valéry umschrieben hat: „Ist ein Text einmal veröffentlicht, dann ist er wie ein Gerät, das jedermann so gebrauchen kann, wie er es will und wie er es kann; es ist gar nicht sicher, daß sein Erzeuger dies besser könnte als andere Menschen. Er weiß außerdem sehr gut, was er machen wollte, und dieses Wissen wird immer seine Wahrnehmung dessen stören, was er tatsächlich gemacht hat." (1957: 1507)

# Teil II

# Die Erkenntnistheorie des radikalen Konstruktivismus

# Piaget und die Erkenntnistheorie des radikalen Konstruktivismus

„Wir erfahren keine *Dinge; Dinge* werden von uns gemacht. Ihre Funktion besteht darin, Ähnlichkeiten zwischen den Erfahrungen, die wir hier und heute machen, und den Erfahrungen, die wir schon einmal gemacht haben, festzuhalten. Dies zu tun hat sich als höchst nützlich erwiesen."
P.W. Bridgman (1936)

David Elkind beginnt seine Einleitung zu Piagets *Six Psychological Studies* (1967) mit einer Beobachtung, die ebenso aufschlußreich wie vieldeutig ist: „Auch wenn Jean Piaget durchaus zu Recht in einem als Psychologe, Logiker, Biologe und Philosoph gelten kann, wird er vielleicht doch als genetischer Epistemologe am besten verstanden."

„Am besten verstanden" könnte bedeuten, daß Piaget als Epistemologe tatsächlich am besten verstanden worden ist, also nicht so gut als Psychologe, Logiker usw. Für das Jahr 1967 war dies sicher nicht richtig, und heute wäre es ganz falsch. Elkinds Formulierung bedeutet vielmehr eine Ermahnung: Wer Piaget verstehen will, muß sich unbedingt mit dem befassen, was er über Erkenntnistheorie zu sagen hat. – Im weiteren Text seiner Einleitung macht Elkind ganz klar, daß er genau dies gemeint hat, und seine Ermahnung ist heute nicht minder wichtig als damals. In fast allem, was seitdem für oder wider Piaget geschrieben worden ist, finden sich nämlich wenige Belege dafür, daß seine „genetische Epistemologie" wirklich verstanden worden ist.

### Schwierigkeiten der Interpretation

Es gibt mehrere Gründe für diesen Mangel an Verständnis. Piaget drückt sich oft ohne jene Klarheit und Präzision aus, wie sie nach gängiger Meinung unveräußerliche Merkmale der französischen Sprache sind. Seine Übersetzer stehen daher oft vor scheinbar unüberwindbaren Problemen. Zudem hat Piaget – und dies ist natürlich mein subjektiver Eindruck – die Reichweite und Bedeutung seiner radikaleren epistemologischen Vorstellungen viele Jahre lang eher zurückhaltend formuliert. Seine Arbeiten enthalten viele Ausdrücke, die dem Leser ein falsches Gefühl der Sicherheit geben müssen. Wörter wie „Wahrnehmung", „Realität", „Umwelt", „Objekt" und „Kognition" werden häufig ohne jeden Hinweis auf den ganz besonderen epistemologischen Status gebraucht, den Piaget ihnen durch jene Passagen verleiht, in denen er sie als Begriffe seines Konstruktivismus erläutert. Seit den 60er Jahren hat er jedoch die revolutionäre Seite seiner Ideen wesentlich expliziter dargestellt, und damit muß ohne jeden Zweifel viel von dem, was in der Vergangenheit über die genetische Epistemologie gesagt worden ist, revidiert werden.

Das Wort „Revision" dürfte aber eine zu schwache Bezeichnung sein für die meines Erachtens unumgängliche Reorganisation unserer Ideen, wollen wir die Erkenntnistheorie wirklich verstehen, die zwingend aus Piagets konstruktivistischen Formulierungen abzuleiten ist. Es handelt sich dabei nicht nur um die geringfügige Modifikation einer Definition hier oder dort, oder um die neuartige Anordnung bekannter Begriffe. Die geforderte Veränderung ist umfassender: Sie besteht in der Demolierung unseres alltäglichen Verständnisses von Wirklichkeit und somit all dessen, was explizit oder implizit auf naiven Realismus gebaut ist; sie erschüttert die Grundlagen, auf denen die Naturwissenschaft des 19. Jahrhunderts und der größte Teil der Psychologie des 20. Jahrhunderts gestellt worden waren und ist daher durchaus nicht unähnlich den Umwälzungen, die in der Physik durch Relativitätstheorie und Quantenmechanik bewirkt worden waren. Die Tatsache, daß Piaget selbst gelegentlich Formulierungen benutzt, die eine frühere „interaktionistische" Sichtweise nahelegen (Piaget 1972, 17) und die mit andernorts ausgedrückten konstruktivisitischen Ideen logisch unvereinbar sind, erschwert zwar die Feststellung dessen, was Piaget tatsächlich glaubt, es beeinträchtigt aber keinesfalls die logische Kohärenz des radikalen Konstruktivismus als eines Modells menschlicher Erfahrung.

In der ersten Untersuchung des Sammelbandes *Six Psychological Studies* lesen wir gleich zu Beginn:

„Die Phase, die sich von der Geburt bis zum Spracherwerb erstreckt, ist durch eine außergewöhnliche Entwicklung des Denkens gekennzeichnet. ... Diese frühe mentale Entwicklung bestimmt nichtsdestoweniger den gesamten Verlauf psychologischer Evolutionen. Es handelt sich dabei in der Tat um nichts Geringeres als um die Eroberung des Handlungsuniversums, das das kleine Kind umgibt, und zwar durch Wahrnehmung und Bewegung. Im Alter von achtzehn Monaten oder zwei Jahren bewirkt diese ‚sensomotorische Assimilation' der unmittelbaren Außenwelt eine kopernikanische Revolution *en miniature*. Am Anfang dieser Entwicklung zieht das Neugeborene alles an sich – oder präziser: an seinen Körper –, während es am Ende dieser Phase, d.h. wenn Sprache und Denken einsetzen, praktisch nur ein Element oder eine Größe unter anderen in einem Universum geworden ist, das es Schritt für Schritt selbst konstruiert hat, und das es schließlich mit Bezug auf sich selbst als extern erfährt". (Piaget 1956, 8–9)

Wie schnell ist man doch bereit, einen Abschnitt dieser Art als wenig aufregend abzutun. Zwar ist hier die Rede von einer „Eroberung durch Wahrnehmung und Bewegung", von einer „kopernikanischen Revolution", und von einem „Universum, das es (das Kind) Schritt für Schritt konstruiert", – aber wir sind eben schon so oft mit pathetischem Unsinn und esoterischer Metaphorik überschüttet worden, daß wir uns daran gewöhnt haben, das Wesentliche von aufgeblasenen Phrasen trennen zu müssen. In diesem besonderen Fall ist es nur allzu bequem, das herauszupicken, was unseren gängigen Denkgebräuchen entspricht, und das übrige als pompöses Geschwätz abzutun, wie es oft bei altmodischen europäischen Autoren anzutreffen ist.

Nähme man die Aussage ernst, daß das Kind sein Universum *konstruiert* und es dann so erlebt, *als ob* es außerhalb seiner selbst läge, dann wirkte dies wie ein Schock. Wir möchten doch alle gerne harte Wissenschaftler sein, ein solches „als ob" aber droht uns den Boden unter den Füßen wegzuziehen. Es riecht nach Solipsismus, – und das ist etwas, wogegen wir eine starke intellektuelle Allergie entwickelt haben; wir fühlen uns dabei höchst ungemütlich.

In dieser Bedrohung sehe ich in der Tat ein schwerwiegendes Hindernis, das wir überwinden müssen, wenn wir Piagets Erkenntnistheorie verstehen wollen. Das ist nun nicht gerade leicht, denn Piaget selbst tut einiges dazu, daß wir sie kaum wirklich zu sehen bekommen. Die Art seiner Darstellung sorgt auch in den letzten

Veröffentlichungen noch dafür, die direkte Konfrontation des Lesers mit den radikalen Aspekten seiner genetischen Epistemologie zu verhindern. Ein gutes Beispiel dafür findet sich in der gerade herangezogenen psychologischen Untersuchung, unmittelbar vor der eben zitierten Passage.

„Man kann sagen, ... daß alle Bedürfnisse zunächst darauf hinwirken, Dinge und Menschen in die Tätigkeit des Subjekts selbst einzubeziehen, d.h. die Außenwelt den Strukturen, die bereits konstruiert worden sind, zu ‚assimilieren', und zweitens darauf hin, diese Strukturen über Prozesse unmerklicher Transformationen neu anzuordnen, d.h. sie externen Objekten zu ‚akkomodieren'. In dieser Sicht assimiliert das lebendige Bewußtsein, und in der Tat alles organische Leben, Schritt für Schritt die es umgebende Umwelt." (Piaget 1967, 7–8)

Da Piaget dies eine Seite *vor* dem oben zitierten Textstück formuliert, muß der Leser unvermeidlich alles, was danach über die *Konstruktion* der Realität durch den Organismus gesagt wird, als bloße Metapher auffassen. In dieser ersten Passage begründet nichts auch nur die Spur eines Verdachts, die „Außenwelt", die „externen Objekte" und die „umgebende Umwelt" seien für Piaget nicht genau die gleichen Begriffe wie etwa für Skinner oder andere Autoren, denen epistemologische Reflexion völlig fremd ist. Es ist daher überhaupt nicht überraschend, daß der Leser Piagets Ausführungen eine Seite weiter nicht wörtlich versteht, wenn davon die Rede ist, daß das Kind sein Universum konstruiert und dieses sodann als außerhalb seiner selbst liegend erlebt. Man kann von einem Leser nicht verlangen, daß er von dieser Formulierung wieder zu der früheren Aussage zurückkehrt, die er bereits in sein realistisches Weltbild eingeordnet hat, und nun seine Ideen so umordnet, daß er eine konstruktivistische Epistemologie generiert. Auch ein erfahrener und verständnisvoller Leser wird durch eine solche Präsentation wahrscheinlich in die Irre geführt. Ich zitiere als Beispiel die Erläuterung der Begriffe „Assimilation" oder „Akkommodation" durch Harry Beilin:

„Die Konstruktion des Wissens erfolgt im besonderen in zwei globalen Prozessen unter der Kontrolle durch einen internen Mechanismus der Selbststeuerung (*Äquilibration*). Der erste Prozeß ist der Prozeß der *Assimilation*. Er umfaßt die Eingliederung von Umweltdaten (durch physische oder mentale Tätigkeit) in vorgegebene kognitive Strukturen. Die Ergebnisse neuer Erfahrung werden nur in dem Maße in das Bewußtsein eingebaut, in dem sie mit bereits existierenden Strukturen konsistent sind. ... Der andere Prozeß unter der Kontrolle des Äquilibrationsmechanismus ist die *Akkommodation*. Er besteht in der Reaktion des Subjekts auf externe Stimulierung, wodurch gegebene kognitive Strukturen für Anpassungsprozesse genutzt werden, indem sie in innere Strukturen integriert werden oder in der Anwendung auf neue Erfahrungen neue Differenzierungen bewirken. ... In den meisten Situationen, in denen der Organismus operiert, spielen sowohl assimilative als auch akkommodative Aspekte der Entwicklung eine Rolle, obwohl einer der Prozesse je nach den Anforderungen der Realität jeweils dominiert." (Beilin 1971, 88–89)

Diese Ausführungen über Assimilation und Akkommodation sind direkt aus Piagets eigenen Formulierungen abgeleitet, nicht nur hier, sondern auch an vielen anderen Textstellen. Beilin hat sie erfolgreich in vorgegebene kognitive Strukturen „assimiliert". Die durch diese Assimilation bewirkten Veränderungen sind recht unauffällig. Statt der „Dinge und Menschen" haben wir nun „Umweltdaten", statt der „Strukturen, die bereits konstruiert worden sind", haben wir „vorgegebene kognitive Strukturen" (was diese etwas weniger subjektiv und vergänglich macht), und schließlich haben wir nun natürlich „Stimulierung" und „Reaktion", –

Ausdrücke, die die Skepsis jedes konventionellen Psychologen endgültig ausräumen dürften.

Das Ergebnis ist eine Definition der beiden wichtigsten Begriffe Piagets, die zwar deren *Annahme* erleichtert, aber auch den letzten Rest von radikalem Konstruktivismus beseitigt. Assimilation bedeutet nach dieser Erklärung die Eingliederung von Umweltdaten in gegebene kognitive Strukturen, Akkommodation hat mit externer Stimulierung zu tun und führt zur Anpassung der internen Strukturen des Organismus an eine Umweltrealität. Wer würde da noch auf die Idee kommen, daß Piaget ein unorthodoxer Denker ist? Eine derartige Explikation ruht nämlich in der Tat auf den solidesten traditionellen Grundlagen. Die kognitiven Strukturen, die der Organismus auf diese Art erwirbt, werden hernach als das Weltwissen des Organismus betrachtet, und daraus folgt unweigerlich, daß dieses Weltwissen des Organismus umso besser und „wahrer" sein muß, je stärker diese kognitiven Strukturen an die „Umweltrealität" angepaßt sind.

**Das Dilemma des Realismus**

Seit 2500 Jahren versucht die philosophische Erkenntnistheorie auf die eine oder andere Weise, mit jenem mysteriösen Prozeß des Erkennens fertigzuwerden, der unser Wissen angeblich an die Dinge, wie sie in einer von uns unabhängigen „Realität" wirklich *sind*, angleichen soll, und wir haben daher eigentlich wenig Grund, vor einem Ausdruck wie „Eingliederung von Umweltdaten in kognitive Strukturen" zurückzuschrecken. Die Erziehung, der wir alle unterworfen wurden, mag zwar in vieler Hinsicht wirkungslos geblieben sein, sie hat uns aber mit Erfolg daran gewöhnt, Widersinnigkeiten stillschweigend hinzunehmen. Ausdrücke der zitierten Art lassen uns völlig ungerührt, provozieren keine Frage danach, *wie* denn Umweltdaten (die *per definitionem* außerhalb unser selbst liegen) durch das hindurchkommen, was wir die Erfahrungsschnittstelle nennen könnten, um in unsere kognitiven Strukturen eingegliedert zu werden, oder *wie* wir denn überhaupt unsere kognitiven Strukturen so akkommodieren können, daß sie den „Anforderungen der Realität" besser angepaßt werden, wenn doch die Strukturen *per definitionem* in uns sind, während die Realität angeblich jenseits der Schnittstelle liegt.

Mit wenigen Ausnahmen (z.B. George Kelly 1963) haben Psychologen es vorgezogen, diese Grundfragen zu verdrängen. Ich bin sicher, daß Piaget aus diesem Grunde nicht so gern als Psychologe angesehen werden wollte. Er hat sich ständig mit diesen Fragen herumgeplagt und hat, so meine ich, eine Antwort gefunden, aus der sich ein brauchbares Modell der Kognition ergibt, auch wenn seine Darstellung alles eher als vorbildlich ist. Der Ansatz dieses Modells ist revolutionär nicht nur deshalb, weil er zu einer neuen Theorie der Entstehung dessen führt, was wir bisher „Wissen" genannt haben, sondern weil er den Begriff solchen Wissens radikal verändert. Aus diesem Grunde muß Piaget, wie Elkind erkannt hatte, in erster Linie als Epistemologe verstanden werden.

Seit Platon ist die Tätigkeit des „Erkennens" oder der „Kognition" als eine Art von Abbildung oder Kopiervorgang aufgefaßt worden (Ceccato 1949; Piaget 1961; 1967a, b; 1968). Man meinte, daß sich das erkennende Subjekt eine Kopie oder bildähnliche Darstellung der Dinge außerhalb seiner selbst, d.h. der „realen" Objekte, aneignet bzw. in sich selbst aufbaut. Die Außenwelt wurde so zu einer Realität, die *entdeckt* werden mußte, und sie mußte ganz unausweichlich die Dinge enthalten, die das Subjekt bereits kopiert und so erkannt hatte, ebenso wie alle jene, die das Subjekt eines Tages noch erkennen könnte.

„Notwendig also muß sowohl ich, wenn ich ein Wahrnehmender werde, es von etwas werden, ... als auch jenes muß, wenn es süß oder bitter oder etwas dergleichen wird, es notwendig für einen werden.“ Das sagt Sokrates (Platon, *Theaitetos* 160b) in seinem Scheinangriff auf Protagoras. Seitdem leben wir mit dem Problem, wie wir diese so merkwürdige Verbindung bestimmen oder beschreiben können, die zwischen dem zunächst noch unbekannten, aber *existierenden* Gegenstand auf der einen Seite, und dem Subjekt, das diesen Gegenstand in seinem Kopf nachbilden muß, um ihn zu erkennen, auf der anderen Seite bestehen soll. Den Sinnesorganen wurde da ganz natürlich die Aufgabe zugewiesen, zwischen dem „realen“ Gegenstand und seiner Abbildung durch das Subjekt zu vermitteln. Damit stellte sich aber sofort die Frage, wie denn das Subjekt jemals sicher sein könnte, eine „angemessene“ oder „wahre“ Repräsentation zu besitzen, wenn das Objekt nur durch die Vermittlung der Sinnesorgane erreichbar ist. Und in der Tat gibt es keine rationale Auflösung der logischen Schwierigkeit, daß die Sinnesorgane unmöglich die Wahrhaftigkeit ihrer eigenen Produkte prüfen können. Das vorsichtige Subjekt Platons spricht daher von der „täuschenden Erscheinung“ der Dinge und greift auf „eingeborene Ideen“ zurück, um wenigstens ein gewisses Maß an Sicherheit zu gewinnen. Der selbstbewußtere Positivist beschreitet einen primitiveren Weg, ignoriert großzügig das Problem und verkündet, daß die Welt schlicht so zu sein hat, wie er sie sieht.

**Das Konstrukt des „Objekts“**

Piaget ist das Problem des Erkennens aus einem ganz anderen Blickwinkel angegangen. Statt zu versuchen, so hochkomplexe begriffliche Größen wie „Wirklichkeit“ oder „Umwelt“ zu erklären, fragte er ganz bescheiden, wie wohl ein Kind den Begriff eines „Objekts“ erwirbt, das trotz ständig wechselnder Erfahrungen von Dauer ist. Piagets Anwort ist heute Allgemeingut und läßt sich in der einen oder anderen Form in jeder neueren Einführung in die Psychologie nachlesen. „Objektpermanenz“ wird dabei stets als die subjektbedingte Koordination von Erfahrungsdaten verschiedenen Ursprungs erklärt. In der Regel werden aber die zwei epistemologisch wichtigsten Aspekte dieser subjektiven Koordination nicht deutlich genug gemacht.

Der erste Aspekt wurde annäherungsweise bereits vor der Jahrhundertwende von Ernst Mach formuliert (Mach 1886) und in einer seiner letzten Arbeiten zusammenfassend dargestellt.

„Ich kann einen Körper sehen, wenn ich ihm den Blick zuwende, ich kann ihn tasten, sobald ich nach demselben greife. Ich kann ihn sehen ohne ihn zu tasten, und umgekehrt. In der Regel ist aber die Sichtbarkeit mit der Tastbarkeit verbunden. Obgleich also das Hervortreten der Elemente des Komplexes an Bedingungen gebunden ist, so sind uns diese so geläufig, daß wir sie kaum beachten. Wir betrachten den Körper als stets vorhanden, ob er uns augenblicklich in die Sinne fällt oder nicht. Wir sind gewöhnt, den Körper als bedingungslos beständig zu betrachten, obgleich es eine *bedingungslose Beständigkeit nicht gibt.*

(...) Diese Erfahrung aber über die Grenzen der Erfahrung auszudehnen, ein ‚Ding an sich‘ anzunehmen, hat keinen verständlichen Sinn.

Wir haben uns gewöhnt, einen Körper als beständig zu betrachten.“ (Mach 1910, 16–17)

Mach hob also die aktive Mitwirkung des Subjekts an der Erzeugung „beständig existierender“ Objekte hervor und muß daher als Vorläufer des modernen

Operationalismus angesehen werden, wie er von Bridgman 1927 eingeführt wurde. Bridgman erklärt „Objektpermanenz" auf eine Weise, die mit Piagets Analyse identisch ist

„Wenn wir sagen, daß wir da draußen im Raum einen Gegenstand sehen, dann nutzen wir Korrelationen, die durch Erfahrung und Wiederholung in die Struktur und das Funktionieren unserer Gehirne eingebaut worden sind." (Bridgman 1959, 46)

Mach und Bridgman befaßten sich in erster Linie mit der „Existenz" von Gegenständen und gelangten zu dem Schluß, daß diese „Existenz" das Ergebnis unserer konstruktiven Koordination von Erfahrungsdaten ist, die wir sodann in eine „Außenwelt" projizieren. Weder Mach noch Bridgman haben sich mit dem Entwicklungsaspekt dieser Koordinationstätigkeiten des Subjekts beschäftigt. Piaget aber hat dies getan, und die Ergebnisse seiner empirischen Untersuchungen der Genese der Objektpermanenz bei Kindern sind ein hervorragendes Beispiel für die experimentelle Bestätigung einer Idee, die auf rein theoretischen Grundlagen postuliert worden war.

Piaget hat darüberhinaus den Prozeß der Koordination um vieles expliziter dargestellt. Als Mach sagte „Ich kann einen Körper sehen, wenn ich ihm den Blick zuwende, ich kann ihn tasten, sobald ich nach demselben greife", hat er nicht darauf hingewiesen, daß auch dieses „Sehen" und „Tasten" in koordinierenden Operationen auf seiten eines *aktiven* Subjekts bestehen muß. *Gestalt, Form*, oder allgemein: *Muster* müssen ebensosehr als Ergebnis der koordinierenden Tätigkeit eines Subjekts betrachtet werden wie der Begriff eines permanenten Objekts. (Das schließt natürlich nicht aus, daß gewisse Muster visueller, taktiler oder anderer sensorischer Daten genetisch festgelegt sind. „Fest verdrahtet" zu sein macht sie allerdings ontologisch keineswegs „realer", – es bedeutet lediglich, daß der Koordinationsprozeß durch die Phylogenese, also über Mutationen und Überlebensfähigkeit, bewirkt wurde, und nicht durch die Ontogenese des einzelnen wahrnehmenden Subjekts.)

Meines Wissens hat Ceccato, der Gründer des italienischen Operationalismus, als erster diese Art des „radikalen" Konstruktivismus propagiert, und zwar auf rein logisch-theoretischer Grundlage, und nicht, wie Piaget, auf entwicklungspsychologischer. Wir nennen diese Schule des Konstruktivismus „radikal", weil sie behauptet, daß die wahrnehmende (und begriffliche) Tätigkeit des erkennenden Subjekts nicht bloß in der Auswahl oder Transformation kognitiver Strukturen durch Interaktionen mit „gegebenen" Strukturen besteht, sondern vielmehr eine *konstitutive* Aktivität ist, die allein verantwortlich ist für jeden Typ oder jede Art der Struktur, die ein Organismus „erkennt". Damit kommen wir zum zweiten epistemologisch wichtigen Punkt bei der Analyse der Objektpermanenz.

### Die Bausteine der Konstruktion

Wenn Psychologen den traditionellen philosophischen Ausdruck „Sinnesdaten" verwenden, unterscheiden sie selten zwischen den zwei möglichen Bedeutungen dieses Begriffs. Sie nehmen stillschweigend die epistemologische Position einer reduktionistischen Variante des Realismus ein, die mit jeder Spielart einer radikal konstruktivistischen Erkenntnistheorie unvereinbar ist. Wenn wir unter „Sinnesdatum" ein charakteristisches Merkmal – ob primär, minimal, elementar oder was immer sonst – eines unabhängig von uns existierenden Gegenstandes verstehen, also ein Element, das dieses charakteristische Merkmal unabhängig von der Wahrnehmung des Subjekts besitzt, dann bleibt immer noch die unbeantwortbare Frage offen, ob dieses Datum, wie es vom Subjekt wahrgenommen wird, einem „realen" charakteristischen Merkmal des Gegenstandes entspricht oder nicht. Die Philosophen bemühen sich in der Regel, dem Dilemma durch einen Taschenspielertrick zu entkommen, die Psychologen aber schauen einfach weg. – Folgen wir jedoch der zweiten und prosaischeren Bedeutung des Ausdrucks „Sinnesdatum", die als elementare „Störeinwirkung" oder als „Signal" diesseits der Erfahrungsschnittstelle des erkennenden Subjekts, oder schlicht als „elementare Erfahrungspartikel" definiert werden kann, dann werden wir sowohl die Implikationen des Realismus als auch das Problem des unmöglichen Vergleichs zwischen Daten von „Innen" und von „Außen" los.

Piaget hat sich dazu nicht sehr klar geäußert. Im abschließenden Teil seiner Arbeit über die Wahrnehmung (Piaget 1961) spricht er zum Beispiel oft so über den „Gegenstand", als ob er dabei Immanuel Kants *noumenon* im Sinne hätte, also die absolut existierende Entität einer von uns unabhängigen „Wirklichkeit", ein Ding an sich, das wir zwar mit unseren Sinnesorganen nur näherungsweise wahrnehmen können, das aber nichtsdestoweniger strukturell mit dem von uns sinnlich erfahrenen Phänomen übereinstimmen muß. Das klingt alles so, als ob er trotz seiner genetischen Analyse der Konstruktion permanenter Objekte durch das Kind immer noch das Bedürfnis verspürte, die Konstrukte unserer Erfahrung, zumindest was die Struktur betrifft, als Kopien real „existierender" Objekte aufzufassen. (Und eben dies ist der Grund dafür, daß Piaget oft als „Interaktionist" beschrieben wird, und daß man als Leser manchmal den Eindruck hat, als ginge der Genfer Konstruktivismus eigentlich nicht weiter als die etwa von Cassirer 1932, Reichenbach 1938, Brunswik 1952 und anderen entwickelten relativ konservativen erkenntnistheoretischen Modelle „aktiven" Erkennens, die alle an der Idee einer *gewissen* Übereinstimmung zwischen kognitiven Strukturen und davon unabhängigen „realen" Strukturen festhalten.) Im Lichte dessen aber, was Piaget über die konstruktiven Tätigkeiten des Kindes während der sensomotorischen Periode gesagt hat („Ein Universum ... das das Kind hernach als außerhalb seiner selbst erfahren wird"), sowie vieler anderer Ausführungen über die „Externalisierung" von Konstrukten (Piaget 1968; 1970), kann man kaum daran zweifeln, daß er mit Hebbs Formulierung einverstanden wäre: „Auf einer bestimmten Ebene physiologischer Analyse gibt es nur die Realität feuernder Neuronen." (Hebb 1959, 461).

Unter dem Gesichtspunkt des radikalen Konstruktivismus ist das „Feuern" der Neurone natürlich ein metaphorischer Ausdruck für die minimalen Einheiten der Erfahrung, und die „Neurone", in denen diese angeblich entstehen, sowie das „Nervensystem", das sie angeblich verarbeitet, sind Konstrukte, die zwar in das Innere des „Körpers" des wahrnehmenden Organismus verlegt sind, nichtsdestoweniger aber eine Externalisierung bzw. Projektion *über die Erfahrungsschnittstelle des erkennenden Subjekts hinweg* darstellen, genauso wie jeder andere „Gegenstand" in den darüber hinausreichenden Bereichen der externalisierten Welt. Diese Art der Externalisierung scheint in der Tat die Voraussetzung für jegliche Art *rationaler* Konstruktion zu sein – vermutlich auch für *jegliche* Art von Ich-Bewußtsein, das einen Organismus instandsetzt, seine Erfahrung nicht nur zu machen, sondern auch zu beobachten. (A. Rapoport 1949/51, 185 meint: „Wissen besteht in einer geordneten Abfolge neuromotorischer Ereignisse." – Da Wissen ein erkennendes Subjekt erfordert, müssen „neuromotorische Ereignisse" notwendig als Externalisierung elementarer Erfahrungspartikel bzw. ihrer Kombinationen verstanden werden, nicht als Dinge, die jenseits der Erfahrungsschnittstelle des erkennenden Individuums liegen.) Der entscheidende Unterschied zwischen dem Realisten und dem Konstruktivisten liegt daher nicht darin, daß der eine seine kognitiven Strukturen über die Erfahrungsschnittstelle hinaus projiziert und der andere nicht, der Unterschied liegt darin, daß der Realist glaubt, seine Konstrukte seien eine Kopie oder Widerspiegelung unabhängig von ihm existierender Strukturen, während der Konstruktivist sich der Rolle des erfahrenden Subjekts als des Urhebers aller Strukturen bewußt bleibt. Für den Konstruktivisten gibt es daher keine Strukturen als die, die das erkennende Subjekt durch die Tätigkeit der Koordinierung von Wahrnehmungspartikeln und Operationen konstituiert.

Statt vom „Feuern der Neurone" spricht Piaget gelegentlich auch von „Nahrung" oder vom „Gegebenen". (So z. B. von „... notwendigen und ständigen internen Koordinationsprozessen, die die Integration externer kognitiver Nahrung ermöglichen ...", 1967, 34.) Auch diese Begriffe verdunkeln eher die grundlegenden epistemologischen Probleme als daß sie sie klären. Wenn wir den unbeantwortbaren Fragen ausweichen wollen, zu denen jede Version der „Kopie-Theorie" des Erkennens notwendigerweise führt (siehe oben), dann ist die Formulierung Hebbs viel brauchbarer. Die Grundeinheit der Erfahrung, das „Elementarteilchen" der Kognition, ist in der Interpretation des Konstruktivisten selbst ein Konstrukt, – und sei es nur aus dem Grunde, daß wir uns im unmittelbaren Erleben niemals irgendwelcher Teilchen bewußt sind, und schon gar nicht des „Feuerns der Neurone". So wie Bridgman das „Ding" für ein außerordentlich nützliches Konstrukt hielt (siehe Motto), halten wir nun heute nach mehreren Jahrzehnten neurologischer Begriffsbildung das Feuern bzw. das Signal eines Neurons für ein starkes analytisches Konstrukt. Der wichtige Punkt liegt darin, daß ein solches Signal bzw. Feuern als eigenständiges Datum angesehen werden kann, das *nicht* als die Auswirkung irgendeiner davon unabhängigen und greifbaren Ursache betrachtet werden muß. Der Konstruktivist, der sich der Tatsache bewußt bleibt, daß dieses „Elementarteilchen" *sein* Konstrukt ist, welches *er* dem Strom der Erfahrung aufprägt, kann es als in einem Neuron entstehendes Signal externalisieren, und hernach alle kognitiven Strukturen, gleichgültig auf welcher Ebene der Komplexität, als Resultate der aktiven Koordination solcher Signale durch das erkennende Subjekt auffassen. Er kann somit eine konsistente und widerspruchsfreie Analyse des Erkennens geben, die nicht vorgibt, in irgendeiner Weise die ontologische „Realität" einer vom erkennenden Subjekt unabhängigen Welt widerzuspiegeln. Ceccato hat in seinem frühen Modell mentaler Operationen (1961) binäre Flip-Flop-Schalter als „Differenzierer" vorgesehen, die gefeuerten Signale nannte er schlicht „Differenzierungen". In seinem späteren Modell (1966 Bd. III) leitete er nicht nur Gestalten und Objekte, sondern auch abstrakte begriffliche Kategorien aus den Regularitäten des gemeinsamen Auftretens und der hierarchischen Strukturierung von Bewußtseinspartikeln ab. (Sein Modell grundlegender mentaler Prozesse kann meiner Meinung nach als kybernetische Implementation der von G.S. Brown 1969 vorgelegten Strukturanalyse des Erkennens angesehen werden. In beiden Fällen sind Strukturen hierarchische Anordnungen binärer „Differenzierungen".)

Vom Blickpunkt des radikalen Konstruktivismus befinden sich daher sowohl das Rohmaterial (also das Feuern der Neurone bzw. die „Sinnesdaten") als auch die kognitiven Strukturen, die zur Realität des Organismus werden (also die invarianten Koordinationsmuster), von Anfang an „innerhalb" des erkennenden Systems. Daraus scheint sich unausweichlich schrankenloser Solipsismus zu ergeben, – dieser Eindruck aber entsteht, so meine ich, nur aufgrund des ontologischen Größenwahns, in den uns die traditionelle Philosophie hineingeritten hat. Die konstruktivistische Schule Piagets wie auch Ceccatos ist sich aber der Tatsache wohl bewußt, daß es keinen Organismus gibt, der jede beliebige Realität konstruieren könnte, die er konstruieren möchte, daß es vielmehr gewisse einschränkende Bedingungen für alle Konstruktion gibt. Diese Bedingungen sind jedoch nicht als ontologische Merkmale unabhängig von Subjekten existierender „realer" Strukturen faßbar, denn zu solchen haben wir keinen Zugang. Jede genauere Bestimmung oder Beschreibung dieser Beschränkungen muß daher auf die Verfügbarkeit *einzelner*, zunächst unkoordinierter Signale (d.h. Partikel der Erfahrung) und auf die Regularitäten oder Interdependenzen dieser Signale zurückgreifen, die der erkennende Organismus als Ergebnis seiner Erkenntnistätigkeit aus seinem anfänglich undifferenzierten kontinuierlichen Erfahrungsstrom ausgrenzt. (Nur wenn man diesen Aspekt des Konstruktivismus nicht begreift und außerdem an dem überkommenen Glauben festhält, die Wissenschaft müsse in der Lage sein, die Welt zu entdecken, „wie sie ist", kann man, wie etwa G.G. Simpson 1963, von Bridgmans „verzweifelter Schlußfolgerung" sprechen, daß „der Begriff der Existenz sinnlos wird". Konservativen Denkern fällt es offenbar außerordentlich schwer, den Begriff des „Wissens" von der Fiktion „absoluter Existenz" zu trennen und einzusehen, daß diese erkenntnistheoretisch notwendige Trennung keinesfalls den Untergang „der Wissenschaft" nach sich zieht.)

### Die Umwelt als schwarzer Kasten

Der Unterschied zwischen der Sicht des Konstruktivisten, daß alle Koordination – und somit alle Struktur – das Ergebnis seiner eigenen Tätigkeiten ist, und der traditionellen und alltäglichen Auffassung, daß das erkennende Subjekt auf irgendeine Weise Strukturen *entdeckt*, die zu einer unabhängig von ihm existierenden Realität gehören, – dieser Unterschied mag geringfügig erscheinen, ist jedoch in erkenntnistheoretischer Hinsicht von ganz entscheidender Bedeutung.

Die erhellendste Demonstration dieser Tatsache hat vielleicht die Pionierarbeit von Lettvin/Maturana/McCulloch/Pitts (1959) geliefert. Auf der Grundlage anatomischer Überlegungen sowie mit Mikroelektroden gewonnener Ableitungen von einzelnen Fasern des Sehnervs haben diese Forscher festgestellt, daß das visuelle System des Frosches vier Typen hochspezialisierter „Detektoren"-Netzwerke umfaßt: eines für andauernden Hell-Dunkel-Kontrast, ein zweites für kleine dunkle konvexe Formen, ein drittes für eine sich bewegende Kante, und ein viertes für plötzliche Lichtdämpfung. Die Geschwindigkeit der Signalübermittlung an das Gehirn ist für jeden „Detektor" verschieden und es gibt gewisse Bedingungen, unter denen das Feuern eines Detektors die Reaktion eines anderen aufhebt. Das System als ganzes macht den Frosch zu einem der besten Fliegenfänger, denn es ist auf kleine dunkle „Gegenstände" abgestimmt, die sich bewegen. In der natürlichen Eigenwelt des Frosches, wie wir sie als Beobachter wahrnehmen, ist also jedes Element, das die Eigenschaften aufweist, die die Froschdetektoren in der richtigen Reihenfolge aktivieren, für den Frosch eine Fliege, eine Mücke, oder irgendein anderes Stück Nahrung. Wird nun dem Frosch eine schwarze Glasperle, eine Luftgewehrkugel oder irgendein anderes kleines, dunkles, sich bewegendes Ding angeboten, so schnappt er danach, so als ob es eine Fliege wäre. Alles, was also die Detektoren auf die richtige Weise aktiviert, *ist* für den visuellen Apparat eines Frosches eine „Fliege".

Worin liegen die epistemologischen Implikationen dieser Froschgeschichte? Die simpelste Formulierung ist vielleicht die: Alles, was wir wahrnehmen, ist aus Signalen unseres Erfahrungsbereiches aufgebaut. Es steht uns natürlich frei, diese Signale als Produkte irgendwelcher außerhalb liegender Ursachen anzusehen. Da wir aber keine Möglichkeit haben, uns diesen hypothetischen Ursachen zu nähern oder sie zu „beobachten“, *es sei denn in ihren Auswirkungen*, finden wir uns in der gleichen Beziehung zu diesem „Außen“, in der sich die ersten Kybernetiker mit Bezug auf lebende Organismen fanden, d.h. wir stehen vor einem „schwarzen Kasten“ (black box). Wir können nur den „Output“ dieses schwarzen Kastens beobachten und festhalten (in diesem Falle die „Sinnesdaten“, die Signale diesseits *unserer* Schnittstelle), und wir können ebenso den „Input“ des schwarzen Kastens beobachten und aufzeichnen (in diesem Falle „propriozeptive Daten“ und „Rückkopplungssignale“, wiederum diesseits *unserer* Schnittstelle). „Input“ und „Output“ sind neuronale Signale, und sobald wir diese Differenzierung getroffen haben, können wir rekurrente Koordinationen und mehr oder minder verläßliche Abhängigkeiten zwischen beiden feststellen. Auf dieser Basis von Input-Output-Beziehungen können wir hernach eine „Außenwelt“ sowie unsere jeweiligen „Selbst“-Bilder konstruieren.

Die Geschichte der Naturwissenschaften und besonders der Technik zeigt uns, wie weit uns die Ausbeutung derartiger Input-Output-Beziehungen sowie die induktiven Schlüsse tragen, mit deren Hilfe wir zukünftige Outputs des schwarzen Kastens „Welt“ auf der Grundlage von Regularitäten und Invarianzen in der aufgezeichneten Vergangenheit vorhersagen können. Die Welt ist ein schwarzer Kasten, mit dem wir in bemerkenswert erfolgreicher Weise fertig werden. Was ihre Struktur, ihren ontologischen Charakter angeht, bleibt sie nichtsdestoweniger schwarz, und es gibt keine Hoffnung, ihre Undurchsichtigkeit in *rationaler* Weise zu überwinden. Wir können die objektive Beschaffenheit ihrer „ontologischen Realität“ ebensowenig erfassen, wie der Frosch die objektive Beschaffenheit jener Dinge erfassen kann, auf die sein visuelles System reagiert. Soweit nun der Frosch überhaupt „wissen“ könnte – wenn also sein Gehirn die komplexe Verarbeitung zuließe, die die Art von Selbststeuerung erfordert, die wir bewußtes Erkennen nennen –, *wäre* jede Bedingungskonstellation, die die Detektoren seines „Fliegenerkennungssystems“ aktiviert, ob Insekt, Gewehrkugel, oder irgendein Zufallsereignis, für ihn eine „Fliege“. Seine Repräsentation bzw. sein Begriff einer „Fliege“ ließe sich nur durch die neuronalen Signale definieren, die in seiner Erfahrung zusammenwirken, und niemals durch ihm unzugängliche, hypothetische, außerhalb seiner selbst liegende „Ursachen“ dieser Signale.

Damit sollte klar sein, daß unsere eigene Lage im Prinzip nicht von der des Frosches verschieden sein kann. Behauptet man, daß sie tatsächlich verschieden *ist*, und beansprucht man, daß wir Aspekte einer *objektiven Realität* tatsächlich entdecken *können*, weil wir in der Lage sind, zu experimentieren und unsere „Umwelt“ zu verändern, dann setzen wir lediglich die Illusion des Realismus fort. Wenn wir experimentieren – wie ausgefeilt auch immer die Apparate und die Verfahren der Konversion unterschiedlicher sensorischer Modalitäten sein mögen –, experimentieren wir letzten Endes immer mit dem Beziehungsgefüge unserer Signale, das wir als Input bzw. Output des schwarzen Kastens „Universum“ aufzufassen gelernt haben. Und was wir durch unsere Tätigkeiten verändern oder steuern, das sind stets unsere eigenen Wahrnehmungen, d.h. die Signale, die wir Sinnesdaten nennen, sowie die Arten und Weisen, auf die wir sie koordinieren, wie William Powers (1973b) dies formuliert hat. Natürlich können wir Strukturen, die sich aus derartiger Koordinationstätigkeit ergeben, in ein „Außen" projizieren, und wir tun dies auch, aber auch die aufsehenerregendsten Erfolge, die uns in der Vorhersage und Steuerung unserer Erfahrung gelingen, bieten keinerlei logische Rechtfertigung für die Annahme, daß unsere Konstrukte irgendwelchen Strukturen entsprechen oder solche widerspiegeln, die *vor* unseren koordinierenden Tätigkeiten „existieren". Auch wenn wir Ursachen für die Sinnesdaten ansetzen (d.h. für die Teilchen, in die wir unsere Erfahrung zerlegen), so folgt daraus in keiner Weise, daß diese Ursachen in den raumzeitlichen oder anderen relationalen Strukturen tatsächlich *existieren*, innerhalb derer wir sie koordiniert haben. Die Tatsache, daß wir unsere eigenen Sinnesdaten zu rekurrenten Strukturen koordinieren *können*, kann niemals beweisen, daß diese Strukturen ontologisch real sind, sie beweist lediglich, daß die einzelnen Daten so häufig in unserer Erfahrung auftreten, daß wir „invariante" Kookkurrenzen herstellen können. Vielleicht gibt es zahllose andere Arten, kohärente Strukturen zu erzeugen und zu benutzen, die in nicht weniger rekurrenter Weise aus dem Strom der Erfahrung herauslösbar sind, als die, die *wir* zu konstruieren gelernt haben. Sieht man dies aber nicht ein, und verleiht man unseren Konstrukten ontologischen Status, dann entspricht dies genau dem, was Kant einmal mit mildem Tadel „träumerischen Idealismus" (1783) genannt hat. Naturwissenschaftler, die dieser Art von Träumerei verfallen, verdienten wohl, mit einem strengeren Wort belegt zu werden.

Die integrierte hierarchische Rückkopplungstheorie von Powers überbrückt den begrifflichen Abgrund, der es bis jetzt für einen traditionellen Psychologen fast unmöglich gemacht hat, sich dem Konstruktivismus Piagets oder Ceccatos anzuschließen. Powers (1973b) beginnt zunächst mit dem Aufweis der Unzulänglichkeiten und ungerechtfertigten Annahmen im epistemologischen Modell von Brunswik (1952), einem Modell, das amerikanischen Psychologen vertrauter ist als die philosophischen Vorläufer Piagets oder Ceccatos. Powers' Nachweis, daß das Verhalten eines Systems besser verstanden werden kann, wenn man es als Modifizierung des perzeptuellen „Inputs" des Systems ansieht und nicht als dessen Ergebnis, ist sehr viel einfacher und weniger aufwendig als irgendein philosophischer Beweisgang. Die epistemologische Klärung wird so vorgenommen, ohne daß über Epistemologie geredet würde. Schließlich macht die kybernetische Terminologie Powers' Arbeit um vieles zugänglicher als die von Piaget oder Ceccato. Piaget sagt etwa:

„Das Element, das wir in unserer Analyse mentalen Erlebens ständig beobachten müssen, ist in Wahrheit ‚das Verhalten' selbst, welches wir, wie wir in unserer Einführung kurz darzulegen versucht haben, als eine Wiederherstellung oder Stärkung des Gleichgewichts auffassen." (Piaget 1967, 15)

Es ist gar nicht einfach, daraus die Grundidee abzuleiten, daß Verhalten nicht auf die Modifizierung irgendwelcher unbekannten oder unerkennbaren Dinge oder Ereignisse in einer hypothetischen Außenwelt zielt, sondern auf die Verminderung des Unterschieds zwischen der gegenwärtigen Koordination sensorischer Signale und einem vorgegebenen Konstrukt. Dennoch ist diese Vorstellung implizit in Piagets Begriff des „Gleichgewichts" enthalten, das das Ergebnis von Assimilation und Akkomodation ist, wie er immer wieder betont. Aber die Art, in der er dies immer wieder formuliert, suggeriert dem realistisch eingestellten Leser, daß die kognitiven Strukturen des Organismus sozusagen in der einen Waagschale liegen und durch Assimilation und Akkomodation an die „Anforderungen" einer realen Umwelt, die in der anderen Waagschale liegen, angeglichen werden. Genauere Lektüre allerdings zeigt, so meine ich, daß dies nicht dem entspricht, was Piaget meint.

Bereits in seinem Band über Wahrnehmung stellt Piaget ganz klar fest (1961, 441–442):

„Erkennen besteht in der Konstruktion oder Rekonstruktion des Erkenntnisobjekts auf solche Weise, daß der Mechanismus dieser Konstruktion verständlich wird. Man könnte auch sagen (wenn man lieber die Begriffe verwenden möchte, die der Positivismus zwar hartnäckig, aber ohne Erfolg geächtet hat), Wissen bedeutet, in Gedanken (das heißt im Modus des Denkens) erzeugen, und dieses Erzeugen muß so sein, daß es die Art und Weise rekonstituiert, auf die die Phänomene selbst erzeugt werden."

Die Passage erinnert natürlich stark an Giambattista Vico (1710), der als erster behauptete, daß der Mensch nur *erkennen* kann, was der Mensch selbst gemacht (produziert, konstruiert) hat, und der daher der anerkannte geistige Vater des italienischen Operationalismus ist. – In jüngeren Ausführungen zur Epistemologie wird Piagets Konstruktivismus noch deutlicher:

„Für den genetischen Epistemologen entsteht Wissen durch ständige Konstruktion, denn an jedem Akt des Verstehens ist ein gewisses Maß von Erfindung beteiligt. In der menschlichen Entwicklung ist der Übergang von einem Stadium zum nächsten immer gekennzeichnet durch die Bildung neuer Strukturen, die vorher nicht existierten, sei es in der Außenwelt, sei es im Bewußtsein des Individuums." (Piaget 1970, 77)

„... Erfahrung verbindet Eigenschaften, die durch Handeln in das Objekt hineingebracht werden (sie hat es nicht mit bereits vorgegebenen Eigenschaften zu tun). Wissen wird so vom Handeln selbst abstrahiert, nicht von den physikalischen Merkmalen eines Gegenstands." (Piaget 1972, 31)

**Wissen und Äquilibration**

Mit der Definition des „Wissens", wie sie sich aus diesen Zitaten ergibt, können wir nun fragen, wie Piaget die Begriffe der „Assimilation" und „Akkomodation" mit der ständigen Tätigkeit des erkennenden Organismus verbindet, Konstrukte zu erzeugen und zu äquilibrieren. Das folgende Zitat bietet eine der umfassendsten und verständlichsten Antworten auf diese Frage, die Piaget bis jetzt gegeben hat, auch wenn es die Begriffe „Assimilation" und „Akkomodation" gar nicht enthält.

„Rhythmen, Regelungen und Operationen sind die drei grundlegenden Verfahrensweisen der Selbstregelung und Selbsterhaltung von Strukturen. Es steht natürlich jedermann frei, darin die ‚reale' Bildung von Strukturen zu sehen. Man mag die Anordnung auch umkehren und in den operativen Mechanismen die ursprüngliche Quelle sehen, in atemporaler und quasi-platonischer Form, und sodann alles von diesen Mechanismen ableiten. In jedem Falle wird es aber notwendig sein, zumindest mit Bezug auf den Aufbau neuer Strukturen, zwei Ebenen der Regelung zu unterscheiden. Auf der einen Ebene verläuft die Regelung innerhalb der bereits gebildeten oder fast vollendeten Struktur und konstituiert somit deren Selbstregelung, führt zu einem Zustand des Gleichgewichts, wenn die Selbstregelung erreicht ist. Auf der anderen Ebene wirkt die Regelung am Aufbau neuer Strukturen mit, indem eine oder mehrere zuvor aufgebaute Strukturen eingegliedert, als Substrukturen in größere eingebaut werden." (Piaget 1968, 16)

In etwas einfacherer Formulierung bedeutet Äquilibration im kognitiven Bereich die Anpassung etwa von Perzepten an begriffliche Strukturen, die das wahrnehmende Subjekt bereits gebildet hat, und diese Anpassung des Neuen an das Alte wird „Assimilation" genannt. Kognitive Äquilibration bedeutet aber auch die

Anpassung von Begriffen an Perzepte, und diese zweite Art der Anpassung, die auch in der Erzeugung einer neuartigen Struktur oder in der Kombination mehrerer bereits gebildeter Strukturen zu einer größeren begrifflichen Einheit bestehen kann, wird „Akkomodation" genannt. (C.D. Smock hat es so formuliert: „Äquilibration ... ist die Antwort auf einen *internen* Konflikt ..., sucht das Denken in sich auszugleichen.")

Ein wichtiger Aspekt des Piagetschen Systems wird häufig übersehen. Die „Perzepte", die ich den „Begriffen" gegenübergestellt habe, um die zwei Typen kognitiver Anpassung zu erklären, entsprechen keineswegs dem Verständnis dieser Begriffe bei konventionellen Philosophen und Psychologen, denn auch sie sind natürlich das Ergebnis vorausgegangener Assimilations- und Akkomodationszyklen. Dies gilt nicht nur dann, wenn die Anpassungen perzeptuelle Strukturen betreffen (d.h. Koordinationen sensorischer Signale), sondern gilt für jeden Akt kognitiver Anpassung. Mit anderen Worten, Assimilation und Akkomodation operieren auf jeder Ebene kognitiver Tätigkeit, und was die beiden unterscheidet, ist die relative Neuartigkeit der Konstrukte, die sie hervorbringen.

Schon ganz am Anfang der kognitiven Entwicklung eines Kleinkindes unterliegen dessen Koordinationen neuronaler Reaktionen nach Piagets Auffassung den Prozessen der Assimilation und Akkomodation. Der Assimilation, weil die auftretenden sensorischen Signale fortwährend ausgewählt und koordiniert werden, um den genetisch festgelegten bzw. fest „verdrahteten" Strukturen perzeptueller und motorischer Tätigkeit angepaßt zu werden. Assimilation findet statt, wenn diese Selektion und Koordination von Fall zu Fall variiert, um die wiederholte Anwendung der fixierten Strukturen zu ermöglichen; Akkomodation jedoch, wenn die fixierten Strukturen modifiziert, kombiniert, oder ergänzt werden, um neuartigen Fällen der Selektion und Koordination zu genügen. Die Wiederholung einer Struktur führt zu deren Bekräftigung, so daß sie relativ fest wird und bei Bedarf erneut aktiviert werden kann. Geschieht dies durch Anpassung an die auftretenden Sinnessignale oder deren Koordination, handelt es sich um Assimilation, geschieht dies durch eine Anpassung einer bereits gebildeten Struktur, ist es Akkomodation.

## Schluß

Obwohl Piagets Schriften es nicht leicht machen, seine epistemologische Grundposition unzweideutig zu ermitteln, – sei es, weil seine Ideen im Laufe eines langen Arbeitslebens sich ständig weiterentwickelt haben, sei es, weil er seine Leser lieber zum Verstehen überredet, als sie dazu zwingt –, hat er immer wieder Aussagen gemacht, die über eine bloße Andeutung radikalen Konstruktivismus' hinausgehen. All diese Aussagen lassen sich *nur dann* zu einer kohärenten Erkenntnistheorie verbinden, wenn wir sie von einem radikal konstruktivistischen Gesichtspunkt her interpretieren.

Die radikal konstruktivistische Interpretation der genetischen Epistemologie Piagets lautet daher folgendermaßen: Die Vorstellung, die ein Organismus sich von der Umwelt macht, das heißt dessen Wissen von der Welt, ist in jedem Falle das Ergebnis seiner kognitiven Tätigkeit. Das Rohmaterial seiner Konstruktionen sind „Sinnesdaten", und damit meint der Konstruktivist „Partikel der Erfahrung", also Elemente, die keinerlei spezifische „Interaktionen" oder Verursachungen auf seiten einer bereits strukturierten „Realität" jenseits der Erfahrungsschnittstelle des Organismus voraussetzen. Diese „Schnittstelle" entspringt als kognitives Konstrukt der Externalisierung der Konstrukte des Organismus, einer Operation, die konkret an jedem bewußten selbst- bzw. erfahrungsbezogenen Akt beteiligt ist. Auch wenn

Externalisierung eine notwendige Bedingung für das ist, was wir „Realität" nennen, ist diese Realität dennoch gänzlich unser eigenes Konstrukt und darf in keinem Sinne als Widerspiegelung oder Abbildung der von den Philosophen sogenannten „objektiven" Realität angesehen werden, denn kein Organismus kann kognitiven Zugang zu Strukturen haben, die nicht von ihm selbst gemacht sind.

Kognitive Äquilibration muß als eine Art von Idealzustand angesehen werden, der nie erreicht wird. Der Organismus arbeitet darauf hin, indem er die Signale assimiliert, die er in einem gegebenen Moment (oder Stadium) mit den Strukturen, die er in der Vergangenheit gebildet hat, koordiniert, und indem er die bereits gebildeten Strukturen akkomodiert, wenn die Signale, mit denen er es zu tun hat, nicht erfolgreich in eine der verfügbaren Strukturen eingepaßt werden können.

Vom absoluten Solipsismus wird dieses epistemologische Modell durch den konstruktivistischen Begriff der „Anpassung" abgehoben. (Eine etwas andere Begründung für die Ablehnung des Solipsismus gibt H. von Foerster 1973.) Wiederum aber muß man sich hüten, diesen Begriff nicht in der gegenwärtig unter realistischen Biologen und Psychologen üblichen Weise zu interpretieren. Der Organismus paßt sich an bestimmte Regularitäten der Input-Output-Beziehung an, die er registriert, und zwar mit Bezug auf den schwarzen Kasten, den er als seine „Umwelt" oder „Welt" erfährt, und eben diese Art von Anpassung entscheidet letzten Endes über die pragmatische Viabilität seiner Konstrukte. Da der Konstruktivist der Überzeugung ist, daß alle Koordination und folglich jegliche Struktur ein Produkt des Organismus selbst ist, bleibt er sich ständig der Tatsache bewußt, daß er sie nicht als vorgegebene Strukturen einer ontologisch unabhängig existierenden Welt ansehen darf und kann, obwohl auch er selbst seine Konstrukte über seine Erfahrungsschnittstelle hinaus projiziert. Die Strukturen, die er „Dinge", „Ereignisse", „Zustände" und „Prozesse" nennt, sind das Ergebnis der besonderen Art, in der er selbst die „Partikel der Erfahrung" koordiniert hat, und die Tatsache, daß er auf einer bestimmten Ebene der Differenzierung eine Vielzahl „perzeptueller Ereignisse" ohne weitere Akkomodation seiner kognitiven Strukturen assimilieren kann, sagt ihm nichts über irgendeine ontologische Realität dieser „wohlangepaßten" Strukturen. Wenn er Strukturen wie „Neurone", „Impulse" oder „Zentralnervensystem" externalisiert, dann könnte er im besten Falle sagen, daß das Universum so beschaffen ist, daß es Bedingungen bereitstellt, die seine „Rezeptoren" so häufig aktivieren, daß er in der Lage ist, ihre Reaktion in rekurrenter Weise zu koordinieren und darüberhinaus die dermaßen koordinierten Strukturen auf relative Dauer zu stellen. Er mag dann diese relative Permanenz gewisser Strukturen „Realität" nennen, besonders dann, wenn er die kognitive Konstruktion so weit entwickelt hat, daß sie „andere" und „Kommunikation" einschließt.

Wie wir alle aus eigener Erfahrung wissen, wird die „Permanenz" oder „Universalität" unserer kognitiven Konstrukte auf dieser hohen Ebene der Differenzierung fragwürdig. Aber auch wenn dies nicht so wäre, wenn wir perfekte intersubjektive Übereinstimmung der Strukturen erreichen könnten, würde uns dies nicht über die Schranke des schwarzen Kastens hinweg helfen, denn alles, was wir daraus mit Gewißheit entnehmen könnten, wäre, daß wir alle zusammen eine tragfähige Konstruktion gefunden haben. (Diesen Aspekt des Konstruktivismus erörtert eingehend H.R. Maturana 1970.) Eine derartige Konstruktion wird dadurch nicht „realer" (im ontologischen Sinne), daß wir sie alle teilen, denn sie wäre nach wie vor ausschließlich auf Signale gegründet, die diesseits des von uns als „Erfahrungsschnittstelle" bezeichneten Konstrukts auftreten, und außerdem auf die besondere Art, in der wir die Signale als Input oder Output des Konstrukts „Universum" kategorisiert, verarbeitet und koordiniert haben.

# Die Konstrukte der Identität, oder: die Kunst, Unterschiede zu übergehen

Wenn wir von „Identität" sprechen, ist oft nicht unmittelbar deutlich, woran wir denken. Sogar im beschränkten Raum psychologischer Lehrbücher taucht der Begriff in Kapiteln auf, die ganz unterschiedliche Gegenstände behandeln, wie z. B. soziale Gruppen, den Begriff des Ich, die Phase der formalen Operationen oder die Objektpermanenz. In jedem dieser Kontexte hat der Begriff natürlich eine andere Bedeutung. Ich möchte mich in diesem Aufsatz mit denjenigen Arten der „Identität" beschäftigen, über die wir in alltäglicher, nicht-fachlicher Sprache sprechen, und die Beziehungen entsprechen, wie wir sie mit Sätzen etwa der folgenden Art ausdrücken: „Der Mann, den die Polizei festnahm, ist identisch mit dem, der voriges Jahr aus dem Gefängnis ausgebrochen ist" und: „Als Anna ihren Cadillac bekam, mußte Susanne unbedingt den gleichen haben".

Ganz offensichtlich kann der Begriff der Identität in diesen beiden Sätzen nicht der gleiche sein. Im ersten handelt es sich klarerweise um einen einzigen Mann und zwei Zeitpunkte oder Anlässe. Der zweite Satz dagegen kann sich auf einen Zeitpunkt beziehen, betrifft aber zwei Autos, und wir wollen anscheinend sagen, daß diese in jeder Hinsicht gleich sind. Der erste Typ der Identität wird manchmal „individuelle Identität" genannt, der zweite „Äquivalenz" (vgl. Bruner/Goodnow/Austin 1965, 2).

Auch wenn diese zwei Typen der Identität nicht immer explizit auseinandergehalten werden, herrscht weitgehend Übereinstimmung darüber, daß eine gewisse Identitätsvorstellung schon früh ausgebildet wird und zu den wichtigsten Errungenschaften des Menschen gehört. Zu Beginn dieses Jahrhunderts erkannte William James, daß der Begriff der Identität sowohl für die Konstruktion der Dauer von *Einzel*dingen wie auch für die Konstruktion von Klassen *äquivalenter* Dinge von ganz entscheidender Bedeutung ist. In seinen Ausführungen über begriffliche Werkzeuge heißt es:

„Von ihnen allen haben unsere niedrigsten Vorfahren wahrscheinlich nur — und dies in der unbestimmtesten und ungenauesten Weise — die Vorstellung ‚das gleiche nochmal' gebraucht. Aber hätten wir sie gefragt, ob das gleiche ein ‚Ding' sei, das einen unbeobachteten Zeitraum überdauert hat, dann wären sie wahrscheinlich sehr verlegen geworden, hätten gesagt, daß sie diese Frage nie gestellt oder die Dinge nie in diesem Lichte betrachtet hätten. Gattungen und Gleichheit der Gattung — was für unermeßlich nützliche *Denkmittel*, einen Weg durch die Mannigfaltigkeiten der Welt zu finden! Die Vielheit könnte durchaus absolut gewesen sein. Die Erfahrungen könnten alle aus Einzelfällen bestanden haben, von denen keiner zweimal eintrat. In einer derartigen Welt wäre die Logik ohne Nutzen, denn Gattung und Gleichheit der Gattung sind die einzigen Instrumente der Logik." (James 1907/1955, 119)

In jüngerer Zeit hat Bruner gemeint: „Ein primitiver Sinn für Identität ist entweder angeboren oder entwickelt sich schon viel früher, als das Kind eigentätig mit Gegenständen umgeht." (Bruner 1966, 186) Piaget verwirft ganz kategorisch die Idee, daß der Begriff der Identität angeboren sein könnte, ist allerdings der

Auffassung, daß die individuelle Identität sehr früh entstehen muß, da sie ohne Zweifel bei der Konstruktion „permanenter Objekte" durch das Kind eine Rolle spielt (Piaget/Voyat 1968, 2–3). In der Tat bedeutet ja das Suchen und Auffinden eines versteckten Gegenstands, daß der glückliche Finder den gefundenen Gegenstand für identisch mit dem Einzelobjekt hält, das er gesehen oder in anderer Weise erfahren hatte, *bevor* es versteckt wurde. Das vollentwickelte Konstrukt der „Objektpermanenz" verlangt notwendigerweise eine derartige Annahme individueller Identität und könnte ohne eine solche nicht aufgebaut werden. In der Entwicklung müßte daher so etwas wie ein *praktisches* Konstrukt der Identität während der sensomotorischen Phase entstehen. Ich möchte hier jedoch nicht den Zeitpunkt seiner Entstehung erörtern, sondern vielmehr die operationalen Schritte, die für die Konstrukte der Identität bedeutsam sind, aus logischer Perspektive darlegen. Auch wenn diese Analyse theoretischer Art ist und sich von Überlegungen herleitet, wie sie ein Kybernetiker im Blick auf ein funktionales Modell kognitiver Prozesse anstellen würde, bestätigt sie durchwegs Piagets Feststellung, daß die Entwicklung der „Objektpermanenz" auch für die Begriffe von Raum, Zeit und Kausalität grundlegend ist.

Im Rahmen entwicklungsbezogener Theorien der Kognition, die die *Konstruktion* von Realität durch das Kind hervorheben, also das Kind nicht als passiven Empfänger, sondern als aktiven Schöpfer von Wissen auffassen, ist „Realität" sowie das „Wissen", das diese konstituiert, unter allen Umständen das Ergebnis von Regularitäten und Invarianzen, welche der aktive Organismus aus seiner Erfahrung herausschneidet. Regularitäten und Invarianzen können jedoch – wie James so klar gesehen hat – nur dann ermittelt werden, wenn es Erfahrungen gibt, die öfter als einmal gemacht werden. Daß etwas zweimal aufgetreten ist, können wir aber nur sagen, wenn wir irgendwie aufzeichnen, was geschieht. Es kann folglich keinerlei Rekurrenz ermittelt werden, *ohne* daß wir die Aufzeichnungen vergangener Ereignisse wieder anschauen. Dafür ist es wiederum notwendig – von Gedächtnis- und Erinnerungsfähigkeiten abgesehen, die wir einfach voraussetzen –, daß die Aufmerksamkeit des erlebenden Organismus von „gegenwärtigen" Elementen zu den Aufzeichnungen „vergangener" Elemente umschalten kann. Nur mit Hilfe solchen Umschaltens von einem Element zum anderen kann ein Vergleich vorgenommen werden, aus dem sich dann, *wenn keinerlei Unterschiede offenbar sind*, ergibt, daß zwei Erfahrungselemente gleich sind, und daß es daher eine Rekurrenz gegeben hat. (Eliane Vurpillot 1968 belegt dieses Umschalten der Aufmerksamkeit von einem Element zum anderen, um Unterschiede auszumachen, in ihren Untersuchungen der Augenbewegungen von Kindern bei visuellen Vergleichsaufgaben.) Bevor wir also fragen, in welcher Weise Erfahrungselemente gleich sein können, müssen wir erklären, in welcher Weise sie verschieden sein können.

Es gibt im Prinzip zwei Möglichkeiten, Erfahrungselemente zu unterscheiden. Sobald wir einmal in der Lage sind, Erfahrungen in voneinander getrennte Elemente zu zerlegen (statt einen amorphen Strom von Empfindungen zu erleben), sind die so gewonnenen Elemente in irreduzibler Weise voneinander verschieden, und jedes davon muß seinen eigenen Platz in der aufgezeichneten Abfolge unserer Erfahrungen einnehmen. Im Computerjargon können wir sagen, daß jedes Element seine eigene „Adresse" in dem Bereich haben muß, der für die Aufzeichnung von Erfahrungen reserviert ist. Ich will diese Art der Differenz als *a*-Differenz bezeichnen. Sobald wir mehrere Speicher für solche Elemente haben, können wir in *dem, was* wir gespeichert haben, durch Vergleiche Differenzen ermitteln. Ich werde diese

Art der Differenz eine *c*-Differenz nennen, denn es handelt sich um eine *inhaltliche* Differenz, nicht bloß um die unterschiedliche Plazierung eines Elements.

Diese Abgrenzung der beiden Möglichkeiten, Erfahrungsaufzeichnungen zu differenzieren, hilft uns weiter, die zwei Identitätsbegriffe, mit denen wir uns beschäftigen, voneinander zu scheiden. Im Falle des festgenommenen Mannes gibt es praktisch keine *c*-Differenz, die wir nicht übergehen oder wegerklären könnten, um seine Identität mit dem vor einem Jahr aus dem Gefängnis entflohenen Mann aufrechtzuerhalten. Sein Haar kann weiß geworden sein, er kann Arm und Bein verloren haben, er kann viele oder alle seine Überzeugungen verändert haben, – nichts davon würde seine Identität definitiv widerlegen. In der Tat hängt seine *Identität als Individuum* nicht von seinem Aussehen, von seinem Eigentum oder Status ab, sondern vielmehr von der Kontinuität seines Seins, seiner Existenz, einer Kontinuität, die wir unter gewissen Umständen ohne weiteres akzeptieren, auch wenn wir völlig außerstande sind, sie „logisch" zu beweisen. (Es gibt ja bekanntlich Umstände, die die Identität eines Individuums besonders *wahrscheinlich* machen: Ein Mensch, der ein Bein verloren hat, kann nicht einfach nach einem Jahr mit beiden Beinen wieder auftauchen, und das gleiche gilt – wie die Kriminologen sehr gut wissen – für verlorene Zähne bzw. all das, was Zahnärzte und Chirurgen an Organersatz in den Körper einbauen.) Der Fall aber, daß wir entscheiden wollen, ob zwei Cadillacs im Sinne von *Äquivalenz* identisch sind oder nicht, ist insofern radikal anders, als die von uns gesuchte Äquivalenz auf der Grundlage des *Inhalts* zweier Aufzeichnungen hergestellt werden muß, das heißt aufgrund des Fehlens oder Gegebenseins *gewisser c*-Differenzen. Ich sage ausdrücklich *gewisser c*-Differenzen, denn auch dann, wenn eine Äquivalenzidentität Gleichheit in jeder Hinsicht und in allen Eigenschaftsdimensionen zu fordern scheint, ist sie in Wirklichkeit weitaus nicht so streng. Es gibt tatsächlich gewisse charakteristische Merkmale, die wir nicht zu beachten brauchen oder nicht beachten dürfen. Vurpillot hat einen wesentlichen Punkt hervorgehoben, der oft übersehen wird:

„Es gibt einen Unterschied, der traditionell immer aus der Liste der Eigenschaften (die verglichen werden sollen) gestrichen wird, und zwar der Ort des Objekts mit Bezug auf das Subjekt. Da sie (die Objekte) niemals zur gleichen Zeit am gleichen Ort auftreten können, sind sie unter diesem Gesichtspunkt stets verschieden." (Vurpillot 1972, 311)

Mit anderen Worten, wenn zwei Elemente im Sinne einer „Äquivalenz in jeder Hinsicht" als „identisch" gelten, dann verstehen wir den Ausdruck „in jeder Hinsicht" so, daß er die räumliche Lage nicht einschließt. Wenn wir also verifizieren möchten, daß der von Susanne gekaufte Cadillac in der Tat mit dem von Anna identisch ist, dann bestünde das einfachste Verfahren darin, die beiden Damen zu bitten, ihre Autos nebeneinander aufzustellen und diese sodann zu vergleichen. Ohne daß also die Äquivalenzbehauptung in irgendeiner Weise beeinträchtigt würde, dient die Tatsache, daß die Position der beiden Autos im Raum *nicht* dieselbe ist, als unwiderleglicher Beweis dafür, daß wir es mit zwei Autos zu tun haben, folglich nicht mit einem Fall von *individueller* Identität.

Diese letzte Beobachtung führt zu der Frage, wie man denn entscheiden könnte, ob die Relation zwischen den Autos von Anna und Susanne eine der Äquivalenz oder der individuellen Identität ist, wenn es aus irgendeinem Grunde keine Gelegenheit gäbe, die Autos gemeinsam zu untersuchen. Auf den ersten Blick scheint das kein ernstes Hindernis zu sein. Wenn wir die Ergebnisse unserer gestrigen Inspektion von Annas Cadillac aufgezeichnet haben, können wir sie natürlich mit dem vergleichen, was wir heute bei der Prüfung von Susannes Auto feststellen, und wenn wir weitgehende Übereinstimmung ermitteln, können wir durchaus zu einem Äquivalenzurteil gelangen. Aber können wir tatsächlich sicher sein, daß es wirklich zwei Autos gibt? In der Praxis hätten wir wiederum kaum Probleme, diese Frage zu beantworten. Wir würden nach Kratzern und Dellen suchen und wenn wir solche auf dem einen Auto fänden und auf dem anderen nicht, uns völlig sicher fühlen, *individuelle* Identität auszuschließen. Mit anderen Worten, um sicher zu gehen, daß wir es in der Tat mit zwei Gegenständen und daher mit einer *Äquivalenz* zu tun haben, suchen wir nach individuellen Merkmalen, um die beiden Gegenstände voneinander zu unterscheiden, und vergessen sie, sobald wir sie gefunden haben. Es lohnt sich auch festzuhalten, daß jede solche Suche nach individuellen Merkmalen zum Zwecke der Unterscheidung zweier Gegenstände ein Muster von Aufzeichnungen voraussetzt, in dem die beiden Gegenstände alternieren, und zwar so, daß die individuelle Identität des einen Gegenstands über eine Aufzeichnung des anderen ermittelt werden muß. Wenn wir gestern einen Kratzer auf der Motorhaube von Annas Auto bemerkt haben und heute Susanne in einem Auto sehen, das einen solchen Kratzer nicht zeigt, dann könnte sie den Wagen natürlich gerade aus der Karosseriewerkstatt abgeholt haben. Wenn wir aber danach Anna wieder sehen und ihr Auto immer noch einen Kratzer hat, würden wir dies doch als Hinweis darauf akzeptieren, daß es zwei Autos gibt. Ein derartiges Muster alternierender Aufzeichnungen setzt natürlich den Begriff *individueller* Identität ebenso voraus wie den der Objektpermanenz, denn das eine Element muß als „existent" konstruiert werden, während das andere geprüft wird. Dies ist der Grund, warum sich Äquivalenz so viel leichter beweisen läßt, wenn die beiden Gegenstände Seite an Seite vorgestellt werden können. In diesem Fall wird das Problem der individuellen Identität auf die Wahrnehmung verwiesen. Indem man das eine prüft, ohne das andere aus dem Auge zu verlieren, wird die Fortdauer beider Gegenstände bekräftigt, somit auch die „Tatsache", daß es zwei gibt.

Wir halten es schlicht für selbstverständlich, daß perzeptuelle Kontinuität die Einheit von Gegenständen konstitutiert. Vom operationalen Gesichtspunkt scheint dies eine Grundvoraussetzung kognitiver Ökonomie zu sein. Wird keine Veränderung beobachtet, d.h. zeigen aufeinanderfolgende Erfahrungen keinerlei Veränderungen des Inhalts, keine *c*-Differenz, dann gehen sie ineinander über, denn es gibt schlicht keinen Grund, sie mit Hilfe einer *a*-Differenz getrennt zu halten. In der visuellen und taktilen Wahrnehmung ist dies eine Trivialität. Wir betrachten etwas als Einheit solange, bis wir eine Veränderung beobachten, die wir als einen Bruch, d.h. als den Anfang von etwas anderem kategorisieren können. Solange es also perzeptuelle Kontinuität gibt, haben wir keinerlei Probleme mit der individuellen Identität. Dieses Problem entsteht erst, wenn wir individuelle Identität über ein Intervall hinweg konstruieren müssen, das die perzeptuelle oder in der Tat die Erfahrungs-Kontinuität einer Einheit bricht.

Sowohl die Beobachtungen Piagets als auch Bowers experimentelle Arbeiten (1966; 1974) mit Kindern zeigen, daß homogene und kontinuierliche Bewegung die gleiche verknüpfende Funktion ausüben kann wie einfache Nachbarschaft. Bower zeigte, daß schon ganz kleine Kinder einen visuellen Stimulus mit ihrem Blick „verfolgen", auch wenn der Stimulus zeitweise verschwindet. Das wichtige Merkmal dieser Situation liegt darin, daß die propriozeptive Rückkopplung der eigenen Blickbewegung die Kontinuität über das Intervall hinweg aufrechterhält, in dem es kein wahrzunehmendes Stimulusobjekt gibt (Piaget 1971, 19). Das heißt also, daß eine Aufzeichnung, die den gleichen Inhalt hat wie eine gegenwärtige Erfahrung, mit dieser Erfahrung auch über ein Intervall hinweg verschmelzen kann, vorausgesetzt Kontinuität wird durch eine homogene kinästhetische Wahrnehmung erzeugt.

Kontinuität kann aber auch geschaffen werden, wenn ein Teil des Inhalts trotz einer dazwischengeschobenen Aufzeichnung unverändert bleibt. Dies geschieht in Situationen, wie ich sie oben beschrieben habe, wenn wir unsere Aufmerksamkeit von einem Gegenstand abwenden, ihn aber nicht aus den Augen verlieren. Dies geschieht in noch dramatischerer Weise, wenn es sich um Bewegungsvorgänge etwa in folgenden Situationen handelt: Wir beobachten einen roten Lastwagen (1), der die Straße entlang fährt, (2) halb hinter einer Baumgruppe verschwindet, so daß wir gerade noch den obersten Rand des Führerhauses oder ab und zu etwas Rot durch die Blätter erkennen können, und der sich danach (3) wieder zur Gänze sichtbar weiterbewegt. Obwohl wir also während des Zeitraums (2) tatsächlich nur einen ganz kleinen Teil des Lastwagens sehen, zweifeln wir keinen Augenblick lang an seiner Kontinuität. Situationen wie diese müssen unzählige Male in der frühen Erfahrung von Kindern auftreten, wenn deren visuelle Welt noch voller Hindernisse ist, um die sie nicht herumschauen können, da sie selbst noch relativ unbeweglich sind. Das operationale Muster ist in diesen Fällen immer das gleiche. Zwei Erfahrungen (1) und (3), deren Inhalt sehr gut miteinander übereinstimmt, sind unverbunden (und können daher nicht zu einer Einheit zusammenfallen); die Aufzeichnung (2) aber, die sie von einander trennt, enthält eine teilweise Übereinstimmung mit (1) und (3) und diese teilweise Übereinstimmung (der oberste Teil des Führerhauses oder die leuchtend rote Farbe) reicht aus, Kontinuität von (1) bis (3) zu konstruieren, so als ob beide Aufzeichnungen miteinander verbunden wären. Diese Herstellung ungebrochener Einheit über ein Zeitintervall hinweg konstituiert klar die Grundlage für das Konstrukt *individueller* Identität.

In Fällen nun, wo das Intervall (2) solcher Art ist, daß es keinerlei Elemente enthält, die als Überbrückung zwischen (1) und (3) konstruiert werden könnten, wo es also weder die Kontinuität eines perzeptuellen Elements noch die Kontinuität einer homogenen kinästhetischen Rückkopplung gibt, müßte es weitaus schwieriger sein, (1) und (3) über das Zeitintervall zur Bildung eines einzigen Individuums zusammenzuführen. Dies wird durch Piagets Beobachtung bestätigt, daß viele Kinder von vier bis sechs Jahren „die Entdeckung der Einzigartigkeit der Sonne oder der Einheit des Mondes während seiner verschiedenen Phasen" (Piaget 1971, 78) noch nicht gemacht haben. In diesen Fällen liegt die Schwierigkeit der Konstruktion eines fortbestehenden Individuums darin, daß es zwischen der Sonne gestern und der Sonne heute Erfahrungsaufzeichnungen gegeben hat, die als solche Aufmerksamkeit beansprucht haben und die die verschiedenen Sonnenerfahrungen völlig voneinander trennen, so daß sie tatsächlich ganz separate Erfahrungen bleiben, die durch ihre *a*-Differenz auseinandergehalten werden.

Solange die lineare Sequenz von Erfahrungsaufzeichnungen die einzige Dimension ist, in der wir operieren, ist es völlig unmöglich, zwei Aufzeichnungen als ein und dasselbe Individuum zu erfassen, *es sei denn* diese beiden Aufzeichnungen sind kontinuierlich oder hängen zumindest so zusammen, daß ein beiden gemeinsamer Teil sie durch das dazwischengeschaltete Intervall präsent hält. Um trotz eines Intervalls Einheit zu erreichen, muß eine Verbindung *um* dieses Intervall *herum* geschaffen werden, d.h. *außerhalb der Erfahrungssequenz*. Eine derartige Verbindung verlangt daher die Erzeugung einer neuen Dimension, einer Art von Bereich, in dem Elemente fortbestehen können, *ohne* direkt erfahren zu werden, der parallel zu dem liegt, was gerade erfahren *wird* und so der Erfahrung zumindest hypothetisch ständig zugänglich bleibt. Diese Annahme des Fortbestands eines

Erfahrungselements auch dann, wenn nichts im tatsächlich ablaufenden, dazwischenliegenden Erfahrungsprozeß ein derartiges Fortbestehen nahelegt, wird durch Piagets Begriff der „Externalisierung“ erfaßt. Der geheimnisvolle Außenweltbereich, in dem die Kontinuität von in der Erfahrung nicht kontinuierlichen Elementen verankert wird, ist natürlich der Bereich der ontologischen Realität. Es ist die Welt des „Seins“, in der angeblich alle Elemente, die wir erfahren haben, ebenso wie die, die wir noch erfahren werden, dahinschlummern, solange wir sie nicht erfahren. Aufgrund der Annahme einer den Elementen selbst innewohnenden Kontinuität, einer den Gegenständen eigenen Permanenz, beginnen wir mit der Konstruktion einer Welt, die schlechthin „existiert“, einer Welt, die „da ist“, ob wir sie wahrnehmen oder nicht, einer Welt, die letztlich völlig vom erfahrenden Subjekt abgelöst sein soll. (Und ist diese Ablösung einmal vollzogen, gelangt das Subjekt unweigerlich zu der merkwürdigen Frage, wie es denn überhaupt möglich sei, diese unabhängig von ihm vorgefertigte „wirkliche“ Welt zu *erkennen*.)

Um die Externalisierung zu vervollständigen, muß der erfahrende Mensch noch einen weiteren Schritt tun. Die ersten Verknüpfungen außerhalb der Erfahrungssequenz werden im Rückblick hergestellt. Sie gehen aus von einem Gleichheitsurteil, das sich aus dem Vergleich eines „gegenwärtigen“, d.h. gerade erst aufgezeichneten Gegenstand mit einer Aufzeichnung ergibt, die einem bestimmten Intervall vorausgeht. Diese Verbindung macht selbst schon eine Einheit aus den zwei voneinander getrennten Aufzeichnungen; diese Einheit aber reicht nicht über die zwei Aufzeichnungen hinaus. Die angenommene Kontinuität überbrückt zwar die Kluft der *a*-Differenz zwischen den beiden Erfahrungen, doch das ergibt noch nicht wirkliche „Permanenz“ oder gänzlich unabhängige „Existenz“. Es scheint vielmehr so zu sein, daß nach der Herstellung einer Verknüpfung zwischen zwei Aufzeichnungen leicht eine dritte Aufzeichnung hinzugefügt werden kann, sobald sie auftritt, danach eine vierte, und so weiter, bis die Wiederholung zur Routine geworden ist, die sowohl „vorwärts“, also in Richtung des noch nicht Erfahrenen, als auch „rückwärts“ in Richtung des noch nicht Aufgezeichneten aktiviert werden kann. Sobald die Kontinuität eines Gegenstands als ein allgemeines Prinzip akzeptiert worden ist und „Objektpermanenz“ so zum Merkmal der Welt und nicht bloß zu einem Merkmal der Verarbeitung von Erfahrung durch das erfahrende Subjekt gemacht hat, läßt sich jedes weitere Erfahrungselement mit einer gegebenen Ereignisabfolge verknüpfen, wenn es hinreichend damit übereinzustimmen scheint. (Die Annahme, daß „Permanenz“ ein Merkmal der Dinge an sich sei, so wie sie in einer unabhängigen Welt „sind“, ist vergleichbar der Annahme Galileis, daß die Grundform aller Bewegung geradlinig und unendlich sei. Beide Annahmen werden gemacht und beibehalten, weil sie die geordnete Verbindung der Stücke zu erleichtern scheinen, in die wir unsere Erfahrung aufgebrochen haben.) Wir gelangen also zu einer Aufzeichnung des Elements, die nicht mehr die Aufzeichnung einer einzigen spezifischen Erfahrung mit einer spezifischen Adresse in der Sequenz von Erfahrungsaufzeichnungen ist, sondern die kombinierte Aufzeichnung eines immer wieder erfahrenen Gegenstands. Und da dieser Gegenstand „individuelle Identität“ verliehen bekommen hat, d.h. Kontinuität, auch wenn er nicht erfahren wird, erlangt auch seine Aufzeichnung eine Art von Kontinuität dermaßen, daß sie als „Begriff“ oder einfach als die Vorstellung des Gegenstands selbständig handhabbar ist.

Dieses hypothetische Modell einiger der *logischen* Schritte, die in der Entwicklung der Objektpermanenz enthalten sind, hilft uns, die scheinbare Dualität des Identitätsbegriffs zu erklären. Wenn nämlich das erfahrende Subjekt die existentielle Kontinuität eines Gegenstandes Hand in Hand mit seinem Begriff oder seiner Repräsentation dieses Gegenstandes erzeugt, ergeben sich in der Tat zwei ziemlich verschiedene Arten von Permanenz. Auf der einen Seite ist da die Permanenz, die dem Objekt zugeschrieben wird, ihm ein Eigenleben verleiht, es instandsetzt, auch dann zu „existieren", wenn es nicht erfahren wird. Auf der anderen Seite gibt es die Permanenz des Begriffs, die von wiederholten Erfahrungen abgeleitet, nun aber davon abgetrennt gegeben ist, eine Permanenz, die das erfahrende Subjekt instandsetzt, das Objekt als Repräsentation aufzurufen, und zwar unabhängig vom jeweils gegenwärtigen Erfahrungskontext.

Die erste, nämlich die ontologische Permanenz, ist die Grundlage für unseren Begriff *individueller* Identität. In dem eingangs gegebenen Beispiel folgt aus der Aussage „Der Mann, den sie festgenommen haben, ist mit dem identisch, der letztes Jahr aus dem Gefängnis ausbrach" notwendig, daß es eine kontinuierliche existentielle Verbindung zwischen dem Mann im letzten Jahr und dem gegenwärtigen Mann gibt, und daß diese Verbindung *ein und dieselbe* gewesen ist, ist, und sein wird. – Man könnte sagen, daß das keinesfalls etwas Außergewöhnliches ist, da der Mann selbst aus seiner eigenen Erinnerung ganz massive Beweise für den Fortbestand seiner Existenz beibringen kann. Bemerkenswert ist aber, daß wir alle den Glauben an die Permanenz von Objekten schon viel früher entwickelt haben, als wir in der Lage waren, die verbalen Berichte anderer Menschen zu verstehen und zu nutzen – als die Objekte, an deren Permanenz wir zu glauben begannen, uns noch nicht *sagen* konnten, daß sie existieren.

Der zweite Typ der Permanenz, die Fortsetzung einer kombinierten Aufzeichnung in Form eines Begriffs, ist die Basis für die *Äquivalenz*identität. Jede Aufzeichnung kann jederzeit als Modell für Vergleiche herangezogen werden, um festzustellen, ob der Inhalt irgendeiner anderen Aufzeichnung der gleiche ist oder nicht. Es ist von größter Wichtigkeit, sich klar zu machen, daß „gleich" in solchen Vergleichen bedeutet, daß kein Unterschied *hinsichtlich der Dimensionen* festzustellen war, *die geprüft wurden*. Wie wir bereits gesehen haben, wird die Dimension der räumlichen Position selten oder überhaupt nicht in Rechnung gestellt, und ebenso gibt es für bestimmte andere Elemente Merkmale, die wir in unseren Vergleichen allzu leicht vernachlässigen. Es gibt in der Tat keine festen Regeln, was die Anzahl von Dimensionen oder Eigenschaften angeht, nach denen zwei Elemente beurteilt werden müssen, um als gleich oder „identisch" im Sinne einer Äquivalenz aufgefaßt werden zu können. Stattdessen werden all die Aufzeichnungen, die häufig als Modelle eingesetzt werden, zu einer Abbildung rekurrenter Erfahrung kombiniert, die das enthält, was allen Einzelfällen gemeinsam ist, die somit die individuellen Charakteristika der einzelnen Ereignisse ausschließt. Mit anderen Worten, auch sie werden von den Aufzeichnungen der einzelnen Erfahrungen abstrahiert und dienen sodann dem erfahrenden Subjekt permanent als Prototypen oder Modelle für alle Arten von Klassifikation. Ein derartiger Prototyp bzw. ein derartiges Modell enthält die jeweiligen distinktiven Merkmale in einer spezifischen begrenzten Anzahl von Dimensionen, und jedes beliebige Erfahrungselement, das in solchen distinktiven Merkmalen übereinstimmt, wird als *äquivalent* aufgefaßt. Die Tatsache, daß Äquivalenz auf der Grundlage eines solchen Modells erzeugt wird, erklärt, warum im Falle der beiden Cadillacs die Kratzer und Eindellungen irrelevant sind, wenn es festzustellen gilt, ob die beiden Autos im Sinne einer Äquivalenz identisch sind oder nicht. Das begriffliche Modell würde in diesem Falle die Spezifizierung von Eigenschaften wie Farbe, Modell und

Baujahr enthalten, während Kratzer, Dellen, abgefahrene Reifen oder verrostete Stoßstangen überhaupt nicht berücksichtigt würden.

Der operationale Unterschied in der Konstruktion der beiden Typen der Identität erklärt auch die Differenz zwischen den sprachlichen Größen, die wir „Eigennamen" und „Gattungsnamen" nennen, eine Differenz, die Linguisten und Sprachphilosophen immer Definitionsschwierigkeiten bereitet hat (vgl. z.B. Searle 1971). Wir können nunmehr feststellen, daß ein Eigenname eine begriffliche Größe benennt, die mit *individueller* Identität ausgestattet worden ist, das heißt ein Element, das notwendigerweise immer „ein und dasselbe bleibt". Ein Gattungsname dagegen bezeichnet einen begrifflichen Prototyp, der als Modell der Klassifikation anderer Erfahrungselemente relative Permanenz erlangt hat. Aus diesem Grunde kann der zweite Typ durch Eigenschaften definiert werden, der erste aber nicht.

Und noch ein weiterer Unterschied ist zwischen den beiden Typen der Identität festzustellen. Wenn wir im Falle einer *Äquivalenz* ein Identitätsurteil bezweifeln, können wir diesen Zweifel durch einen erneuten Vergleich der Fälle mit dem Modell auszuräumen versuchen. Wenn wir Zweifel an einem Urteil *individueller* Identität haben, dann können wir unser Problem nicht durch einen Vergleich der früheren Aufzeichnung mit der gegenwärtigen lösen, wir müssen vielmehr die Kontinuität des individuellen Gegenstands über die Aufzeichnungen hinweg feststellen, d.h. wir müssen die Fortdauer seiner „Existenz" bestätigen. Die Konstruktion der existentiellen Kontinuität der von uns erfahrenen Gegenstände erfordert einige unserer wichtigsten begrifflichen Werkzeuge. An erster Stelle steht dabei der Begriff des *Wandels*, der uns instandsetzt, zwei (oder mehrere) Erfahrungselemente als ein und dasselbe Individuum aufzufassen, während wir unsere Aufmerksamkeit auf einen Unterschied zwischen ihnen richten. (Die Untersuchung in Piaget/Sinclair/Vinh Bang 1968 beschäftigt sich ausschließlich mit den Schwierigkeiten von Kindern im Alter von drei Jahren und darüber, individuelle Identität angesichts verschiedener Veränderungen und Transformationen zu konstruieren.) Der scheinbare Widerspruch zwischen den Erfahrungsunterschieden und der durch den Begriff der Identität verlangten Übereinstimmung wird dadurch erfolgreich neutralisiert, daß man den Begriff der *Verursachung* einführt, der uns erlaubt, den Unterschied als die „Wirkung" einer bestimmten, immer wieder auftretenden zusätzlichen Größe oder Bedingung, also einer „Ursache" zu kategorisieren (vgl. von Glasersfeld 1974). Auf einer noch allgemeineren Ebene wird individuelle Identität zu einem ganz wesentlichen Baustein für die nachfolgende Entwicklung des Begriffs der *Zeit*, da sie auf dem Konstrukt existentieller Kontinuität beruht. Ohne die Juxtaposition der Erfahrungskontinuität des Subjekts und der gesetzten existentiellen Kontinuität irgendeines anderen Prozesses (z.B. der Bewegung einer Uhr) könnten weder der Begriff der Dauer noch der der Zeit als eine Dimension entstehen, die von der einfachen Abfolge von Erfahrungselementen geschieden ist. In ähnlicher Weise führt die Äquivalenzidentität zu einem Begriff des *Raums*, der sich aus der Pluralität äquivalenter Elemente ergibt, deren Exitenz kontinuierlich ist. Damit zwei Cadillacs nebeneinander existieren können, müssen wir eine Art von Raum erzeugt haben.

Abschließend möchte ich noch etwas hervorheben, auf das ich anfänglich nur nebenher eingegangen bin. Entwicklungstheorien der Kognition neigen heute dazu, sich als „konstruktivistisch" zu verstehen. Das heißt, sie betrachten die Aktivitäten des erkennenden Individuums als die Determinante eines Großteils seines Wissens. Meine sehr kurze und in vieler Hinsicht nur versuchsweise Analyse der Begriffe der Identität kann diese konstruktivistische Einstellung bestätigen. Vor langer Zeit schon sprach William James von „subtilen Tricks des menschlichen Denkens, unseren Mitteln, inmitten des unaufhaltsamen Stroms unserer Sinnesempfindungen der Verwirrung zu entgehen" (James 1955, 123). Solange wir gänzlich in diesen unaufhaltsamen Strom von Sinnesempfindungen eingetaucht bleiben, gibt es kein Gestern und kein Morgen, kein Dann, kein Jetzt, keine Kontinuität von irgendetwas, ausgenommen eben diesen Strom der Erfahrung, noch auch gibt es voneinander getrennte, im einzelnen spezifizierbare Bewußtseinszustände. Um irgendetwas davon zu erlangen, müssen wir differenzieren, müssen wir diesen Strom zerteilen und Unterschiede zwischen den Teilen feststellen, müssen wir Unterscheidungen treffen (Brown 1969). Beginnen wir aber einmal, diesen Strom zu zerteilen, dann finden wir, daß die „Bewußtseinszustände von gestern und heute keine wesentliche Identität aufweisen, denn wenn der eine da ist, ist der andere unwiderruflich verloren" (James 1962, 214). Das Zerteilen des Erfahrungsstroms durch Unterscheidungen zwingt uns also dazu, das von uns Getrennte miteinander zu verknüpfen und eine Welt von Dingen und Tatsachen, von Regularitäten und Invarianzen, von Individuen und Klassen zusammenzubauen. Zu den allerersten relationalen Begriffen, die wir hierfür verwenden, gehört die Relation der Gleichheit mit ihren beiden Möglichkeiten, Identität zu konstruieren, mächtigen Werkzeugen, mit denen wir die von uns vorgenommenen Einschnitte überbrücken und die relativ stabilen Strukturen bauen können, die wir unsere Welt nennen.

# Bemerkungen zur epistemologischen Revolution

„... und da *war*, greifbar für meine Hände, meine Gestalt berührend, das Land der Drei Dimensionen, doch ich, blinde und geistlose Mißgeburt, hatte keinerlei Macht, es zu fassen, noch ein Auge in meinem Inneren, es wahrzunehmen..."
Edwin Abbott (1884)

Mit außerordentlicher Beharrlichkeit sind in der Geschichte der westlichen Philosophie die Fragen gestellt worden, wie wir „Wissen" überhaupt erlangen können und wie sicher oder „wahr" solches Wissen sein könnte. Unermüdlich haben Denker über Jahrhunderte diese Fragen ausgewalzt und sich ihre Köpfe darüber zerbrochen, haben hier und dort zwar einen Faden aufgedröselt, an ihrer bedrückenden Rätselhaftigkeit bis heute aber nichts ändern können.

In anderen Sparten ist es gelegentlich gelungen, Probleme, die sich jeder Lösung zu widersetzen schienen, als Scheinprobleme zu entlarven, die auf grundlegende Fehlauffassungen in den Annahmen zurückzuführen waren, aufgrund derer sie ursprünglich formuliert worden waren. Könnte dies auch für die Erkenntnistheorie gelten? Könnte es sein, daß die traditionelle Erkenntnistheorie das Opfer eines seit jeher andauernden Mißverständnisses geblieben ist, und daß das Problem der „Wahrheit" oder „Objektivität" unseres Wissens ein Scheinproblem ist? – Wir möchten zu gerne glauben, daß das unwahrscheinlich ist. Es ist doch wohl nicht recht plausibel, daß denkende Menschen über gut achtzig Generationen nur in die falsche Richtung marschiert sind. Andererseits ist es nicht weniger seltsam, daß denkende Menschen in dieser ganzen Zeit überhaupt keinen Fortschritt erzielt haben. Und doch scheint dies der Schluß zu sein, den wir heute ziehen müssen. Wie Thomas Kuhn festgestellt hat, zeigt die historische Entwicklung der Naturwissenschaften zwar, daß das klassische Paradigma der Epistemologie unzulänglich ist, daß aber bis heute keine „brauchbare Alternative zu diesem traditionellen epistemologischen Paradigma entwickelt worden ist" (Kuhn 1970, 121).

Ein Vergleich der Geschichte der Naturwissenschaften mit der Geschichte der Erkenntnistheorie macht noch etwas anderes deutlich: Naturwissenschaftler haben zumindest seit der Zeit Keplers und Galileis niemals gezögert, die Begriffe, mit denen sie arbeiteten, neu zu definieren oder radikal zu verändern, wenn ihnen das erlaubte, eine umfassendere oder homogenere Theorie zu konstruieren. Dies gilt nicht für die Erkenntnistheoretiker. Heute noch jonglieren sie mit genau denselben Begriffen und Formulierungen, mit denen schon Sokrates das Problem des Wissens angegangen war. Es scheint in der Tat wie ein ehernes Gesetz, daß jeder, der sich mit dem Problem des Wissens befaßt, dort anfangen muß, wo Sokrates anfängt, – trotz der Tatsache, daß alle die Wege, die Epistemologen seitdem gegangen sind, in Sackgassen geführt haben.

Dieser bemerkenswerte Mangel an Erfolg läßt in der Tat vermuten, daß von Anfang an etwas falsch gewesen sein muß, und daß es sich lohnt, genauer zu fragen und zu prüfen, wie es mit der Erkenntnistheorie begonnen hat und wie die Fragen nach unserem Wissen und seiner Wahrheit entstanden sind.

Wenn wir die Namen ändern, die Ausdrucksweise dem heutigen Sprachgebrauch anpassen und die Höflichkeit weglassen, dann könnte ein Großteil des Platonischen Dialogs *Theaitetos* als Tonbandaufnahme einer modernen Seminardiskussion dienen. Damals wie heute führt die Diskussion dessen, was „Wissen" ist, sofort in Probleme der Wahrnehmung und stellt rasch fest, daß Dinge oft nicht das sind, was sie uns zu sein scheinen. Nichts ist leichter zu zeigen, als daß unsere Sinnesorgane unzuverlässig sind, und daß das, was wir wahrnehmen, subjektiv ist. Auch wenn die Literatur über Sinnestäuschungen, Feldabhängigkeit und perzeptuelle Integration zu seiner Zeit noch ziemlich beschränkt war, hatte doch auch Sokrates kaum größere Schwierigkeiten, die subjektive Relativität der Sinneswahrnehmung zu demonstrieren, als irgendein Spezialist dieses Gebiets in unserer Zeit. Und in der Tat hört Sokrates nicht auf, die Wahrnehmung als Fundament allen Wissens zu demontieren, — fast als ob er glaubte, er dürfte keinen Stein auf dem anderen lassen, sonst könnte früher oder später doch wieder jemand kommen und eine Theorie der Verifikation auf der Grundlage der Sinneswahrnehmung errichten. Was Sokrates aber über die Wahrnehmung sagt, macht noch einen anderen und weitaus elementareren Sachverhalt deutlich:

„Notwendig also muß sowohl ich, wenn ich ein Wahrnehmender werde, es von etwas werden, denn ein Wahrnehmender zwar, aber ein nichts Wahrnehmender zu werden, das ist unmöglich; als auch jenes muß, wenn es süß oder bitter oder etwas dergleichen wird, es notwendig für einen werden. Denn süß, aber niemanden süß zu sein, ist unmöglich." (*Theaitetos* 160b)[1]

„Allerdings muß es so sein." antwortet der Jüngling Theaitetos, und die Diskussion geht weiter. — Wer auch würde dem widersprechen? Weder damals noch heute würde irgendjemand bei klarem Verstand etwas als süß betrachten, das für niemanden süß ist. Die elementare Tatsache wird jedoch im vorausgehenden Satz festgestellt: „Notwendig also muß ... ich, wenn ich ein Wahrnehmender werde, es von etwas werden, denn ein Wahrnehmender zwar, aber ein nichts Wahrnehmender zu werden, das ist unmöglich..." Auch dies scheint unmittelbar einleuchtend, geradezu ein Gemeinplatz. In unserer Sicht funktionieren „Sinnesorgane" und „Wahrnehmung" schlicht so, daß eine bestimmte Anordnung von Elementen *gegeben sein muß*, und ebensowenig wie Sokrates und seine Zuhörer sind wir heute geneigt, diese Anordnung in Frage zu stellen. Sie umfaßt ein wahrnehmendes Subjekt und etwas, das wahrgenommen werden kann. Das bedeutet, daß der Wahrnehmende durch seine Sinnesorgane, die eine „vermittelnde" Funktion ausüben, ein „Perzept" erwirbt, das in gewisser Weise durch ein „außerhalb" befindliches Objekt „verursacht" wird. Sobald wir diese elementare Anordnung akzeptiert haben (und seit Sokrates haben nur ganz wenige dies nicht getan)[2], haben wir uns ein Problem aufgehalst, das in der Tat unlösbar ist: Da wir zu diesem Objekt „draußen" keinen Zugang haben *außer* durch den Prozeß der Wahrnehmung, werden wir nie imstande sein festzustellen, ob unsere Perzepte genaue oder wahrhaftige Abbildungen jenes Objekts sind oder nicht. Wir müssen daher mit Zweifeln an der

---

[1] Die Trennung des Beobachters vom Beobachtungsgegenstand findet sich bereits in einigen Fragmenten der Vorsokratiker (z.B. bei Demokrit). Platon allerdings verdanken wir die erste ausführliche Erörterung.

[2] Die zwei schärfsten Dissidenten haben ihre Auffassung im Jahre 1710 ohne Kenntnis voneinander veröffentlicht: George Berkeley in Dublin, und Giambattista Vico in Neapel. Ein zeitgenössischer und immer noch weitgehend vernachlässigter Dissident ist Silvio Ceccato; er hat nicht nur die traditionelle erkenntnistheoretische Dogmatik demontiert, sondern auch die Alternative des operationalen Konstruktivismus entwickelt, dem meine eigenen Überlegungen zutiefst verpflichtet sind.

Wahrhaftigkeit unserer Sinnesorgane leben, bleiben für immer von den „Dingen an sich" abgeschnitten, haben es mit bloßen „Erscheinungen" zu tun und müssen uns letztlich an fromme Hoffnungen etwa der Art klammern, daß der liebe Gott doch nicht so bösartig gewesen sein kann, uns dermaßen *un*zuverlässige Sinnesorgane zu verleihen. Zweifellos ist das keine sehr befriedigende Lage. Wenn irgendetwas nämlich absolut genannt werden kann, dann ist es die Unmöglichkeit, den Grad der Übereinstimmung zwischen dem Perzept und jenem phantomartigen Objekt der Außenwelt zu ermitteln, das es angeblich verursacht hat. Es gibt schlicht keine Möglichkeit, die beiden miteinander zu vergleichen, da das eine *per definitionem* immer zum anderen wird, wenn wir es fassen wollen. (Kenneth Boulding 1956, 165 formuliert es so: „... Vorstellungen können nur mit Vorstellungen verglichen werden, nie mit einer externen Realität.") Es ist daher auch kein Wunder, daß einige recht merkwürdige Auswege vorgeschlagen worden sind, die jedoch alle an Glaubenssätze, Magie oder Gottes hilfreiche Hand appellieren müssen.

Das Dilemma wirkt deshalb so ehrfurchteinflößend, weil es völlig unausweichlich scheint. Haben wir einmal die Sinnesorgane als Überträger von „Information" eingesetzt – wie immer wir diesen Begriff auch definieren –, von Information also, die außerhalb des wahrnehmenden Organismus entsteht und *in* diesen aufgenommen wird, dann können wir nicht die Frage vermeiden, wie gut, wie genau, wie verläßlich oder wie „wahr" diese Information wirklich ist. Dennoch scheint die Überträgerfunktion der Sinnesorgane ein unwiderlegliches Faktum unserer Erfahrung zu sein, eine Tatsache, die wir auch jedesmal erneut bekräftigt finden, wenn wir einen wahrnehmenden Organismus beobachten, sei er ein Frosch oder ein Mensch. Es ist daher nicht nur leicht, jene grundlegende Anordnung von „Gegenständen", „vermittelnden Sinnesorganen" und „Perzepten" anzunehmen, sie scheint vielmehr unvermeidbar und unbezweifelbar. Der einzig verbleibende Ausweg scheint zu sein, dorthin zurückzukehren, wo wir in der Organisation unserer Erfahrung zum erstenmal einen „wahrnehmenden Organismus" bestimmt haben.

Wir wollen uns einen Augenblick lang vollkommen naiv stellen – naiv im Sinne von *unerfahren*, nicht einfältig – und die Frage stellen: Wie kommen wir zu Elementen wie etwa Fröschen oder Menschen, von denen wir behaupten, daß sie andere Dinge wahrnehmen? Damit ein Frosch andere Dinge wahrnehmen kann, muß es also, so scheint es, eben einen Frosch und diese anderen Dinge geben. Wir nehmen also stillschweigend an, daß dieser Frosch sich in einer Umwelt befindet. Da wir uns aber naiv stellen wollen, sollten wir überhaupt nichts voraussetzen und daher nicht nur fragen, wie wir zu einem Frosch kommen, sondern auch, wie wir dazu kommen, daß dieser Frosch sich in einer Umwelt befindet. Fügen wir diese zweite Frage hinzu, dann wird es für uns nicht schwerer, sondern eher leichter, die erste Frage zu beantworten. Wenn wir uns nur auf den Frosch konzentrieren und darüber nachdenken, wie es wohl kam, daß er als eigenständiges Wesen da ist, dann müßten wir ihm wohl eine Art selbständiger Existenz zubilligen, und sobald wir das täten, würden wir uns erneut in eben der problematischen Lage finden, die Sokrates beschrieben hat. Wir hätten nämlich angenommen, daß der Frosch, wie wir ihn erfahren, schon existiert, *bevor* wir ihn kennenlernen. Im Jargon der Philosophen hätten wir dem Frosch ontologische Realität verliehen. Das aber ist genau die Falle, die wir vermeiden wollen, und wir *können* sie nur dann vermeiden, wenn wir von Anfang an *sowohl* den Frosch *als auch* seine Umwelt gleichermaßen berücksichtigen.

Es gibt keinen triftigen Grund anzunehmen, daß unsere Erfahrung mit vorgefertigten Gegenständen, Lebewesen und Menschen beginnt. Piaget etwa behauptet

(1937), daß das Kind fast zwei Jahre braucht, um solche Elemente durch Koordinierung noch kleinerer Elemente seiner perzeptuellen und begrifflichen Erfahrung erst zusammenzubauen. In jedem Fall müssen alle diese Elemente, die wir als mehr oder minder beständig auffassen, irgendwann einmal im Feld unserer Erfahrung isoliert und „individuiert" worden sein. Diese Isolation und Individuierung mußte notwendigerweise von *uns* geleistet werden, denn *wir* sind es ja, die behaupten, daß wir sie bewußt wahrnehmen.[3]) Wir selbst müssen sie also innerhalb unseres Erfahrungsfeldes unterschieden und aus ihm herausgeschnitten haben, – und durch eben diesen Akt des Herausschneidens wurde der Rest unseres Erfahrungsfeldes zu ihrer Umwelt. Was die tatsächlichen Handlungen angeht, die das erfahrende Subjekt ausführt, so mag dieser Akt des Herausschneidens sich sehr wohl von der Zeichnung des Umrisses eines Frosches auf einem Blatt Papier durch einen Künstler unterscheiden, die beiden Akte sind jedoch insofern gleich, als sie gleichzeitig eine Figur und deren Hintergrund erzeugen. Auf welchen besonderen Gegenstand wir auch immer unsere Aufmerksamkeit richten (oder welchen immer wir beschreiben), er wird stets im Rahmen eines perzeptuellen (oder begrifflichen) Feldes erfahren, welches explizit oder implizit seine Umwelt bildet. Die Dichotomie von Figur und Hintergrund, von Frosch und Umwelt, entspringt ein und derselben Menge von Operationen (d.h. Konzentration der Aufmerksamkeit auf einen bestimmten Teil unseres Wahrnehmungsfeldes und Ausgrenzung desselben als immer wieder auftretende Einheit); die beiden Seiten sind begrifflich sozusagen *zusammengewachsen*, und das heißt, daß wir die eine nicht ohne die andere haben können.[4])

Wir können uns nun der folgenden Frage zuwenden: Wie kommen wir dazu zu sagen, daß ein Element wie etwa der Frosch Dinge *wahrnimmt*? Wie wir gesehen haben, sind der Frosch und die Dinge der Umwelt, die er wahrnehmen kann, Teile *unserer* Erfahrung als Beobachter. Als Beobachter in der Tradition der rationalen wissenschaftlichen Kultur des Abendlandes versuchen wir fortwährend, mehr oder minder permanente (oder zumindest rekurrente) Beziehungen zwischen den mehr oder minder permanenten Erfahrungselementen herzustellen, die wir ausgegrenzt haben. Die Frage, warum wir dies tun, möchte ich zunächst zurückstellen. Wir wollen lediglich annehmen, daß die Herstellung von Beziehungen zu den Dingen gehört, die wir für eine gewisse vorhersagende oder erklärende Kontrolle unserer Erfahrung benötigen. Zu diesen mit gewissem Erfolg hergestellten Relationen gehören die, die wir „mechanisch" nennen. Sie erklären sehr viele „Interaktionen" zwischen sehr vielen Einzelelementen unserer Erfahrung, sie erklären jedoch nicht alle Interaktionen zwischen allen Elementen. Es gibt im besonderen eine ziemlich vielfältige Menge relativ permanenter Dinge, die uns über die mechanischen Beziehungen hinaus Interaktionen von einer anderen Art anzunehmen zwingt. So wird sich etwa im Herbst ein welkes Blatt, das auf einem glatten Untergrund gelandet ist, wieder in die Luft erheben, wenn ein Windstoß stark genug ist,

---

[3]) Es ist wichtig hervorzuheben, daß sogar in der Sicht der Realisten die Abbildung der „existierenden" Welt durch das erkennende Subjekt notwendig aus Sinnesdaten oder Sinneseindrücken zusammengesetzt wird, also eine (Re-)*Konstruktion* durch den erkennenden Menschen darstellt.

[4]) Natürlich muß sich in unserem Wahrnehmungsfeld nciht unbedingt ein Frosch oder irgendein anderer Organismus aufhalten; es wäre in diesem Fall unsinnig, das Wahrnehmungsfeld als „(Hinter-)Grund" oder „Umwelt" zu bezeichnen, denn diese Begriffe sind nur dann angemessen, wenn wir das Feld zerlegen, und zwar einmal in etwas, das wir als „Frosch" ausgrenzen, und zum anderen in etwas, das wir als die „Umwelt" des Frosches bestimmen.

es zu bewegen. Ein Frosch, der auf der gleichen Stelle sitzt, kann dem Windstoß widerstehen, wird aber einen Riesensprung machen, wenn plötzlich ein Schatten auf seine unmittelbare Umgebung fällt. Der Frosch kann also in gewissen Grenzen dem mechanischen Einfluß des Windes Widerstand leisten, er reagiert aber heftig auf einen Schatten in seiner Umwelt, auf eine Veränderung, die gemäß den regelgerechten mechanischen Relationen, die wir festgestellt haben, praktisch überhaupt keine mechanische Einwirkung auf den Frosch ausüben sollte. Die Interaktion zwischen dem Schatten und dem Frosch paßt nicht in unser mechanistisches Modell und wir müssen daher nach anderen Arten von Beziehungen schauen, deren Rekurrenz wir ebenso feststellen können, und die wir „perzeptuelle Interaktion" oder „sensorische Informationsverarbeitung" nennen können.

Wir haben also außer mechanischen Interaktionen auch perzeptuelle oder informationelle, und die Elemente, die in diesen letzteren aktiv mitwirken, können als eine Teilmenge aller „lebenden Organismen" betrachtet werden. Sowohl in mechanischen als auch in perzeptuellen Interaktionen aber sind *wir* es, die das Ereignis beobachten. Das Blatt, der Wind, der Frosch und der Schatten sind alle Teile *unserer* Erfahrung und die Ereignisse, die wir beschreiben, ebenso wie die Unterschiede zwischen ihnen, sind Ergebnis der Beziehung, die *wir* zwischen diesen Teilen unserer Erfahrung hergestellt haben.

Hand in Hand mit der Entwicklung solcher Relationen geht das Bemühen, beobachtete Interaktionen durch bestimmte Kausalbeziehungen, mithilfe regelgeleiteter Prozesse und Funktionen, und schließlich in manchen Fällen durch bestimmte Organe zu erklären, die diese Prozesse und Funktionen ausführen. Im Falle der perzeptuellen Interaktionen der beobachteten Organismen in ihren Umwelten ist dieses Bemühen überaus erfolgreich gewesen. Bei der visuellen Wahrnehmung des Frosches kann ein wissenschaftlicher Beobachter etwa (am jeweils beobachteten Frosch) Augen feststellen, die eine Retina mit lichtempfindlichen Rezeptoren enthalten, welche elektrochemische Impulse in ein neuronales Netzwerk aussenden, das wiederum diese Impulse auf solche Art addiert, subtrahiert oder anderswie verarbeitet, daß sie unter gewissen Voraussetzungen Muskelaktivität auslösen, die ihrerseits den Frosch in eine gewisse Richtung orientiert bzw. bewegt (Lettvin u.a. 1959).

Auf der Grundlage weiterer Beobachtungen mag der Beobachter sodann feststellen, daß einige der Bindeglieder in der von ihm hergestellten Kausalkette immer noch zu locker sind, und er mag versuchen, zusätzliche Schritte einzubauen, oder er mag in der Tat auch entscheiden, daß Teile seiner Analyse aus dem einen oder anderen Grund inadäquat sind. Es kann lange dauern, bis er zu einer zumindest temporär befriedigenden „Erklärung" der perzeptuellen und verhaltensmäßigen Interaktionen des Frosches mit Elementen seiner Umwelt gelangt, aber in jedem Fall ist an dem, was der Beobachter tut, überhaupt nichts Geheimnisvolles: er stellt lediglich Relationen zwischen Teilen seiner eigenen Erfahrung her, — nicht mehr und nicht weniger. Wir können als Beobachter daher feststellen, daß ein von uns beobachteter Organismus wahrnimmt, es ist aber etwas ganz anderes, wenn wir sagen, daß wir selbst wahrnehmen. Je mehr sich jedoch ein Beobachter in die Herstellung von Kausalketten für die perzeptuellen Interaktionen zwischen Organismen und Dingen in deren Umwelt vertieft, umso leichter wird er anfangen, seine eigenen Erfahrungen als das Ergebnis ähnlicher oder zumindest analoger Interaktionen mit einer Umwelt anzusehen. Dies scheint umso plausibler, als er Augen, Retinas und neuronale Netzwerke nicht nur bei Fröschen, sondern auch bei Erfahrungselementen feststellt, die er als Organismen seiner eigenen Art, d.h.

als ihm selbst funktional ähnlich kategorisiert. Und in der Tat kann er sogar in jenem besonderen Erfahrungselement Augen isolieren und individuieren, das er als sich selbst und als seinen eigenen Körper „kennen" gelernt hat. Er braucht sich nur vor einen Spiegel zu stellen und sieht darin ebenso klar wie irgendein anderes Bild jenen Teil seines Erfahrungsfeldes, den er als sich selbst bezeichnet, und den anderen Teil, den er als seine Umwelt benennt. Und da er sich auf eine so plausible Weise *unmittelbar* zu sehen meint, wird es ihm fast unmöglich zu erkennen, daß das, was er nunmehr als seine eigene Umwelt kategorisiert, in einer Beziehung zu ihm existiert, zu ihm, dem Beobachter, die völlig anders ist als die Beziehung des von ihm beobachteten Frosches zu dessen Umwelt. Was der Beobachter nun als seine eigene Umwelt auffaßt, ist immer noch Teil seiner Erfahrung und liegt keinesfalls jenseits der Schnittstelle, die angeblich den Erkennenden von der Welt trennt, die er erkennt. Daß dies so sein *muß*, wird klar, wenn wir erkennen, daß das Spiegelbild, das ebenso wie der Frosch von einer Umwelt umgeben ist, genau das ist, was der Beobachter von sich selbst erfährt, und daß es genau deshalb unmöglich er selbst *als das sich selbst erfahrende Subjekt* sein kann.

Wenn wir also einen Frosch beobachten, dann können wir tatsächlich etwa fragen, wie seine retinalen Rezeptoren und neuronalen Netzwerke auf einen Schatten in seiner Umwelt „reagieren". Eine solche Frage ist vom Standpunkt des Beobachters her sinnvoll, denn als Beobachter des Frosches hat er einen eigenen Zugang zu dem Erfahrungselement, das er als „Schatten" bezeichnet, und er kann daher völlig zu Recht dem Schatten die Fähigkeit zuschreiben, ein Wahrnehmungsereignis in einem anderen Erfahrungselement zu *verursachen*, das er „das visuelle System des Frosches" nennt. Wenn er jedoch sich selbst beobachtet, ist er nicht mehr in dieser privilegierten Position. Was wir selbst wahrnehmen, ob wir es nun Frosch, Landschaft oder ein Spiegelbild unser selbst nennen, ist schlicht nur das, was *wir* wahrnehmen, und da wir keine Möglichkeit haben, uns selbst und unsere Umwelt von einem Standpunkt außerhalb unserer eigenen Erfahrung zu betrachten, haben wir keinerlei unabhängigen Zugang zu irgendetwas, das wir in Analogie zum Frosch *als Ursache* für unsere Wahrnehmungen verantwortlich machen möchten.

In dem Bemühen, unsere Erfahrung zu organisieren und zu systematisieren, ist es natürlich immer ganz einleuchtend erschienen, dem aktiv erfahrenden Subjekt einen Ort *innerhalb* desjenigen Teils unserer Erfahrung zuzuweisen, den wir als unseren Körper kategorisieren, und sodann dem Körper einen Ort innerhalb jenes anderen Teils unserer Erfahrung zuzuweisen, den wir als unsere Umwelt kategorisieren. Diese Kategorisierungen scheinen deshalb so natürlich, weil wir sie in Analogie zu jenen vornehmen, die sich bei der Isolierung und Individuierung von Dingen und Organismen in unserem Erfahrungsfeld als so erfolgreich erwiesen haben (denn dort haben wir Zugang zu Dingen, die sich außerhalb der Organismen befinden). Auch wenn diese Analogie logisch ganz unzulässig ist, da sie den erfahrenden Menschen mit dem zusammenwirft, was er als sich selbst erfährt, hat sich das Weltbild, zu dem sie unweigerlich führt, als unwiderstehlich und unüberwindbar erwiesen. Nach diesem Bild wird einer vorgegebenen Welt die Verantwortung und die Menge der *Ursachen* für unsere Wahrnehmungserfahrung zugeschrieben. Sokrates formulierte es: „Wenn ich wahrnehme, muß ich etwas wahrnehmen".

Die westliche Welt hat diese Vorstellung fast gänzlich unbefragt hingenommen. Fast alle Denker, die Probleme der Erkenntnistheorie behandelt haben, haben explizit oder implizit die Auffassung akzeptiert, daß die Tätigkeit des „Erkennens" mit einem Schnitt zwischen dem erkennenden Subjekt und dem zu erkennenden Objekt beginnt. Sie *setzen* daher eine existierende Welt, eine ontologische Realität, und sobald dieser Akt vorgenommen ist, folgt notwendig, daß der Erkennende diese Welt als seine Umwelt besitzt und daß seine Aufgabe darin besteht, sie so gut wie möglich zu erkennen. Erkennen wird so zu einem Akt der Duplizierung oder Replizierung dessen, was angeblich bereits *da ist*, und zwar außerhalb des erkennenden Subjekts. Die Sinnesorgane werden so zu unentbehrlichen Vermittlern, die „Information" liefern, auf deren Basis der Erkennende für sich selbst eine Abbildung dessen anfertigen kann, was „existiert", während buchstäblich aber nur ein Gott wissen könnte, ob des Menschen Abbildung tatsächlich eine Abbildung oder lediglich eine Fiktion ist.

Wenn all das, was ich bisher gesagt habe, konsistent ist, dann müßte nunmehr klar sein, daß der erste Schnitt, die elementarste Unterscheidung (Brown 1969), die ein erfahrendes Subjekt machen kann, der intuitiv befriedigende Schnitt zwischen sich selbst als erfahrendem Subjekt auf der einen und seiner Erfahrung auf der anderen Seite sein dürfte. Dieser Schnitt kann aber unter keinen Umständen ein Schnitt zwischen sich selbst und einer *unabhängig* davon existierenden Welt objektiver Gegenstände sein. Unser „Wissen", welche rationale Bedeutung wir diesem Begriff auch immer zumessen, muß mit der Erfahrung einsetzen, und welche Schnitte wir als rational erkennende Subjekte auch immer vornehmen, es müssen stets Schnitte *innerhalb* unserer Erfahrung sein, wie etwa der Schnitt zwischen dem Teil unserer Erfahrung, den wir „Ich" nennen, und dem Rest unserer Erfahrung, den wir hernach als (unsere) „Welt" bezeichnen. Diese unsere Welt, wie immer wir sie strukturieren, und wie immer schlecht und recht es uns gelingt, sie mit beständigen Objekten und rekurrenten Interaktionen zu stabilisieren, ist *per definitionem* die „subjektive" Welt unserer Erfahrung und *nicht* die ontologische Realität, von der die Philosophen geträumt haben.

Es ist keinesfalls leicht, diese „radikal konstruktivistische" Denkweise anzunehmen. 2500 Jahre erkenntnistheoretischer Bemühungen mit dem Ziel, eine Übereinstimmung zwischen „Wissen" und ontologischer Realität nachzuweisen, haben sich tief in unseren Sprachen verfestigt und sind uns von Geburt an anerzogen worden. Von den theologischen Denkern des Mittelalters bis zu den bilderstürmerischen Kindern unserer Zeit ist der Anspruch erhoben worden, „alles so zu sagen, wie es wirklich ist", nicht zu erklären, warum wir etwas so sehen, wie wir es sehen. Diese Tradition ist äußerst mächtig, nicht selten tyrannisch. Auch im eigenen Denken, wie immer entschlossen man sein mag, sich loszureißen und von neuem anzufangen, gerät man unwillkürlich immer wieder in das konventionelle Fahrwasser und sieht Probleme, wo es keine Probleme gibt (Ceccato 1966, 22). In fast jedem Falle ergeben sich diese Probleme aus einer Konfusion: Traditionellerweise sollen wir die Rolle von Entdeckern spielen, die aufgrund ihrer kognitiven Bemühungen die Struktur der „wirklichen" Welt zu begreifen lernen. Wir laufen daher immer Gefahr, zu irgendeiner Art des Realismus zurückkehren und zu vergessen, daß das, worüber wir nachdenken oder sprechen, unter allen Umständen *unsere* Erfahrung ist, und daß das „Wissen", das wir erwerben, Wissen von Invarianten und Regularitäten ist, das wir aus unserer eigenen Erfahrung ableiten und das daher zu dieser unserer Erfahrung gehört.

Ein Beispiel dafür ist das Problem des sogenannten „Fremdpsychischen". Wenn ich als Konstruktivist behaupte, daß das, was ich meine Welt nenne, nicht mehr und nicht weniger ist als das Ergebnis meiner besonderen Art, meine Erfahrung zu organisieren, dann scheint es ganz natürlich zu sein zu fragen, wie es kommt, daß diese meine Welt mit anderen Organismen bevölkert ist, die ihre eigenen Welten konstruieren, und daß diese ihre Welten von *meiner* Konstruktion unabhängig zu sein scheinen. Dies wird nun in der Tat zu einem Problem, wenn man sich dem Druck der konventionellen Annahmen unterwirft und sich dazu verführen läßt, jenen Konstrukten ontologische Realität zu verleihen, die als „andere Menschen" kategorisiert werden. Auch wenn dies eine intuitiv erwünschte Zuschreibung sein mag, gibt es dafür doch keinerlei logische Rechtfertigung. Jene Teile meiner Erfahrung, die ich als „andere Menschen" kategorisierte, bleiben Teile *meiner* Erfahrung, und ihr Status kann nicht verschieden sein von dem irgendeines anderen Erfahrungselements. Meine Mitmenschen isoliere und individuiere ich auf der gleichen Basis von Invarianzen und Regularitäten, die ich auf dieselbe Weise herstelle, wie ich alle die anderen mehr oder weniger beständigen Elemente meines Erfahrungsfeldes isoliert und individuiert habe. Aufgrund bestimmter Regularitäten der Interaktion (d.h. Relationen, die ich hergestellt habe) zwischen Fröschen und Schatten habe ich so zum Beispiel jenen Elementen, die ich Frösche nenne, „perzeptuelle" Fähigkeiten zugeschrieben. Aufgrund anderer Regularitäten der Interaktion schreibe ich bestimmte zielgerichtete Aktivitäten jenen Elementen zu, die ich Organismen nenne. Schließlich führt mich mein ständiges Bemühen, in meiner Erfahrung Invarianzen aufzubauen, zur Attribuierung kognitiver Fähigkeiten, d.h. Fähigkeiten, eine Welt zu konstruieren, an jene Organismen, die ich als „Mitmenschen" bezeichne.

In diesem letzten Schritt der Delegierung eines autonomen konstruktiven Potentials an Elemente innerhalb der eigenen Erfahrung kann es leicht dazu kommen, ein ontologisches Element einzuführen, ohne dies zu bemerken. Bevor wir daher anderen konstruktive Fähigkeiten zuweisen, sollten wir klar machen, wie wir uns dies selbst zuschreiben können. Zunächst scheint es so zu sein, daß diese Fähigkeit jeglicher Konstruktion einer Erfahrungswelt vorausgeht. Kognitive Konstruktion setzt ein erfahrendes Subjekt voraus, da wir diese Konstruktion als eine Tätigkeit ansehen, die von einem Subjekt ausgeführt wird. Die elementarste Unterscheidung, die ein erfahrendes Subjekt machen kann, dürfte, wie ich vorhin sagte, der Schnitt zwischen sich selbst als erfahrendem Subjekt auf der einen, und seiner Erfahrung auf der anderen Seite sein. Sieht man hierin eine ontologische Aussage, d.h. die Feststellung einer „Tatsache", dann ist sie ganz augenscheinlich unsinnig. Daraus folgt nämlich, daß es Erfahrung schon vor der Existenz desjenigen Elementes gibt, welches diese Erfahrung macht, und daß dieses Element, nämlich das erfahrende Subjekt, sich selbst durch Ausführung des elementaren Schnitts erschafft. Wir haben jedoch zu Anfang beschlossen, ontologische Aussagen zu vermeiden. Auch wenn also unsere traditionellen Denkgewohnheiten dies sehr schwer machen, müssen wir diese Aussage als eine Aussage über unsere kognitive Konstruktion verstehen, – auch wenn wir, um die Wendung zu gebrauchen, die Abbott (1884) dem Flachländer in den Mund gelegt hat, in unserem Inneren kein Auge besitzen, um sie zu erkennen.

Humberto Maturana (1970) hat darauf hingewiesen, daß „alles, was gesagt wird, von einem Beobachter gesagt wird". Ich möchte diesen Hinweis im gegenwärtigen Zusammenhang noch erweitern: Alles, was *erkannt* wird, wird von einem erfahrenden Subjekt erkannt. Wenn „Erkennen" heißt, in der Erfahrung Unterscheidungen vorzunehmen und sodann zwischen den Teilen der Erfahrung, die unterschieden worden sind, Beziehungen herzustellen, dann folgt unweigerlich erstens, daß wir uns selbst nur in dem Maße erkennen können, in dem wir uns selbst erfahren, und zweitens, daß das Ich, das wir erfahren, und das wir in unsere kognitiven Strukturen einbauen, durch eben diese Akte der Konstruktion notwendig aufhört, dasjenige Ich zu sein, das diese Erfahrungen macht.

Diese Konstruktion – unmöglich vom Gesichtspunkt der traditionellen Logik – ist in jüngerer Zeit durch die Entwicklung einer selbstreferentiellen Logik auch formal darstellbar geworden (Brown 1969; von Foerster 1973; 1976; Varela 1975; 1976). Aufgrund dieser Entwicklung sind unsere kognitiven Modelle „erkennender" Systeme buchstäblich mündig geworden. Wir können nunmehr beginnen, auf rationale (wenngleich noch nicht visuell darstellbare) Weise abzubilden, was bisher noch im verschwommenen Bereich der poetischen Intuition des Mystikers verblieben war. Im Rückblick sind wir jetzt auch in der Lage zu sehen, daß die uralte Dichotomie von erkennendem Subjekt und zu erkennender ontologischer Realität ein ziemlich gefährlicher Irrweg war, der sowohl die Philosophie als auch die Wissenschaft zu einer Einstellung verführt hat, die den Menschen, das heißt den Konstrukteur von Philosophien und Wissenschaften, mit großer Hartnäckigkeit immer wieder aus seinen Konstruktionen ausgeschlossen hat (von Foerster). Wir können nur hoffen, daß es noch nicht zu spät ist, dies alles von Grund auf neu zu überdenken – sonst könnte in der Tat das traditionelle Ziel einer objektiven Realität verwirklicht werden, indem eine Welt erschaffen wird, in der es keine erkennenden Subjekte mehr gibt.

# Wissen in der Sicht des radikalen Konstruktivismus

Was ich in dieser Arbeit erörtern möchte, leitet sich von einer Beobachtung her, die, wie ich meine, nicht bloß subjektiver Natur ist: Auch wenn schon seit längerer Zeit von einer „Krise der Erziehung" geredet wird, scheint doch erst seit kurzem die Bereitwilligkeit zuzunehmen, die Grundannahmen zu überprüfen, auf deren Basis Erzieher gearbeitet haben. Ich möchte drei solcher Annahmen herausstellen, die mit jenen Theorien der Kognition bzw. der kognitiven Entwicklung (etwa nach Piaget) völlig unvereinbar sind, die den erkennenden Menschen als aktives Subjekt und nicht als bloß passiven Empfänger auffassen. Zuerst ist da die Annahme – heute nicht mehr ganz so gängig wie unter dem Regime des Behaviorismus, aber immer noch recht stark vertreten –, daß Lernen immer der gleiche simple und angeblich wohlverstandene Prozeß ist, den man ganz leicht durch den geschickten Einsatz von Verstärkung in Gang bringen kann. Sodann als zweite die Annahme, daß Wissen, oder wie es manchmal heißt, „Information", von einem Menschen zum anderen übertragen werden kann. Und drittens die Annahme, daß Wissen so etwas wie eine Abbildung von Sachverhalten ist, die als solche und unabhängig vom erkennenden Menschen „existieren".

**Probleme des Lernens**

Das Wort „Lernen" ist zweideutig. Dies ist zwar wohlbekannt, wird aber selten bemerkt. Hat jemand sich etwa die Fertigkeit angeeignet, ohne zu stocken und ohne jeden Fehler die zwölf Monatsnamen, die amerikanische Unabhängigkeitserklärung, oder die Namen der US-Präsidenten seit Washington aufzusagen, dann meinen wir, daß er dies alles „weiß" und betrachten dieses Wissen als ein Ergebnis seines Lernens. Hat nun jemand andererseits die Fähigkeit erworben, ein Radio zu reparieren, aus Nachrichten über Watergate Schlüsse über die Ehrlichkeit eines Präsidenten zu ziehen, oder Probleme zu lösen, die er nie zuvor angetroffen hatte, dann mögen wir das zwar nicht immer als „Wissen" bezeichnen, würden ihm aber in jedem Falle eine gewisse Art von „Lernen" zubilligen.

Der Unterschied, auf den ich hinaus will, ist natürlich überhaupt nicht neu. Traditionellerweise hat man zwischen „Auswendiglernen" und anderen, intelligenteren Lernarten unterschieden. Er läßt sich aber auch so verdeutlichen, daß man den Computer, der eine Folge von Programmen abarbeitet, mit dem Programmierer vergleicht, der diese schreibt. Im ersten Fall handelt es sich um die Wiederholung („Iterierung") eines festgelegten Weges, im zweiten um die Konstruktion eines solchen Weges. Eine derartige Konstruktion kann Wiederholungen erfordern und tut dies oft, es handelt sich dann aber um eine Wiederholung von Regeln, Kriterien und Strategien, d.h. von Relationen *zwischen* den Schritten, und nicht um die einfache Wiederholung einer fixierten Abfolge von Schritten.

Auch wenn es schwierig erscheinen mag zu verstehen, wie diese beiden Lernarten je miteinander vermengt werden konnten, ist eben diese Vermengung von den unnachgiebigeren Vertretern des Behaviorismus weit verbreitet worden. Entsprechend ihrer Basisdoktrin gibt es ja nur eine Art des Lernens, nämlich die, die sich aus der Wiederholung ergibt und sich selbst in Wiederholung manifestiert. Alles was auf Regeln, auf begriffliches Wissen, oder auf das Treffen von Entscheidungen hindeutet, wird ausgeschlossen, und entsprechend werden geistige Entwicklung und Erziehung mit „Training" gleichgesetzt, d. h. mit Training im Sinne der Wiederholung bestimmter Verhaltensweisen. Wir haben uns daher sehr daran gewöhnt, von „verbalem Verhalten" zu hören, nicht von gegenseitiger *Verständigung*, oder vom „Leseverhalten", und nicht vom *Verstehen* eines Textes.

Trotz vieler absurder simplifizierender Übertreibungen enthalten jedoch die Grundprämissen der behavioristischen Lerntheorie eine fundamentale Erkenntnis, die andere Theoretiker oft übersehen. Ich meine die einfache logische Tatsache, daß Verhalten zuerst einmal *auftreten* muß, bevor es verstärkt werden kann. Da das behavioristische Dogma jegliche Ziel- oder Zweckorientiertheit auf seiten beobachteter Organismen kategorisch ausschließt, wird das erste unentbehrliche Auftreten eines erfolgreichen Verhaltens oft zu einem „zufälligen" Ereignis trivialisiert. Das ist eine schlimme Verzerrung, denn sie verdeckt für immer die allgemeinste Lernstrategie eines lebendigen Organismus, die Strategie von Versuch und Irrtum. Wie die Kybernetiker (z. B. Ashby 1963; DuBrul 1960; McCulloch 1952) schon früh entdeckt haben, ist „Versuch und Irrtum" in der Tat eine Methode, oft sogar die einzige Methode, um Verhaltensmuster aufzubauen und, so würde ich hinzufügen, kognitive Strukturen zu entwickeln.

Dies ist natürlich nur dann sinnvoll, wenn wir Lernen als einen Akt der Konstruktion, als ein Zusammenfügen von Bestandteilen zur Herstellung eines größeren Gebildes, eines komplexeren Konstrukts auffassen, das erhalten und immer wieder benutzt werden kann. Eine solchermaßen erzielte Struktur, die durch eine ganze Abfolge von Situationen hindurch (keine zwei Situationen sind jemals absolut identisch) invariant gehalten werden kann, entspricht, so meine ich, Piagets Definition von „Wissen" (Smock 1974; von Glasersfeld 1974; 1978). In dieser Hinsicht ist der Unterschied zwischen den beiden vorhin erwähnten Typen des Lernens sehr klar. Sind etwa die einzelnen Teile des Textes der Unabhängigkeitserklärung einmal zusammengebaut und in der richtigen Reihenfolge aufgezeichnet worden, dann muß diese Reihenfolge erhalten bleiben, unabhängig von der Situation, in der sie vielleicht aufgerufen wird und wiederholt werden muß. Dagegen müssen die Arbeitsgänge bei der Reparatur von Radios je nach Situation unterschiedlich sein, wenn sie zu einem invarianten Ergebnis führen sollen. Auf die einfachste Weise läßt sich das so formulieren: Im ersten Falle gibt es einen Weg, der eine Anzahl von Elementen verbindet, und erlernt werden muß lediglich die Fertigkeit, sich entlang dieses Weges zu bewegen; im zweiten Falle gibt es einzelne Wegstücke sowie ein Ziel, und erlernt werden muß die Fähigkeit, Stücke so auszuwählen und aneinanderzufügen, daß ein *Weg zum Ziel* herauskommt. Diese zweite Art des Lernens ist daher eine echte konstruktive Tätigkeit.

## Probleme des Lehrens

Wohl den meisten von uns ist in den Kinder- und Jugendjahren der Eindruck vermittelt worden, daß Wissen ein Gut ist, das vom einen zum anderen übertragen werden kann, so wie eine Mutter ihrem Kind einen Löffel voller Brei in den Mund führt. Wir wußten natürlich, daß es da gewisse Unterschiede gab, die Analogie des Essens wurde aber so oft gebraucht, daß wir sie fast als Beschreibung akzeptiert haben: Väter stopfen Wissen in ihre Söhne, Bücher vermitteln es ihren Lesern, und noch viel wichtiger, Lehrer trichtern es ihren Schülern ein. Zweifellos gibt es in all diesen Fällen einen Prozeß der Kommunikation. Ein Gemeinplatz, meint man, und in der Tat ist es so. Aber gerade darin liegt das Problem. Sobald wir „Kommunikation" sagen, steigt in uns das Bild der „Information" auf, die sich von einem Menschen zum anderen bewegt, in Sprachlauten, Radiowellen oder Buchstaben. Daß dieses Bild von Grund auf irreführend ist, wurde schon vor dreißig Jahren gezeigt, als die Technologie der Nachrichtenübertragung und die Grundbegriffe der Kybernetik entwickelt wurden (MacKay 1950; Shannon 1948; Wiener 1948). Das Bild ist irreführend, denn in einem Kommunikationsprozeß bewegt sich *nicht* Information oder Bedeutung oder Wissen, sondern ein Signal, das dem Empfänger, wenn alles gut geht, mitteilt, woraus und wie er die Bedeutung oder das Wissen, das der Sender ihm zugedacht hat, zusammenbauen oder *rekonstruieren* kann. Kommunikative Signale sind oft als „Wahlanweisungen" bezeichnet worden, und auch wenn dies eine recht fachwissenschaftliche Definition ist, ist sie doch gewiß von Bedeutung für jede Erörterung der Kommunizierbarkeit von Wissen und daher auch des Lehrens.

In diesem Zusammenhang möchte ich nur einen Aspekt des Kommunikationsproblems herausstellen: Wissen kann nie als solches von einer Person zur anderen übermittelt werden. Wenn wir den Gedanken annehmen, daß das, was wir „Wissen" nennen, stets eine relativ invariante Verhaltens- oder Begriffsstruktur ist, und daß ein Organismus dieses Wissen dann besitzt, wenn ein Beobachter den Schluß zieht, daß der Organismus diese Struktur tatsächlich gebrauchen und verwirklichen kann, dann folgt (aus dem, was über Kommunikation gesagt wurde), daß die einzige Art und Weise, in der ein Organismus Wissen erwerben kann, darin besteht, es selbst aufzubauen oder für sich selbst zu konstruieren. Auch auf die Gefahr einer allzu breiten Verallgemeinerung hin können wir vorläufig festhalten, daß die Tätigkeit des Lehrens als ein Versuch angesehen werden sollte, die Umwelt eines Schülers so zu verändern, daß dieser möglichst jene kognitiven Strukturen aufbaut, die der Lehrer ihm vermitteln möchte. Wie wir noch sehen werden, stimmt diese Folgerung mit den Ergebnissen der epistemologischen Überlegungen überein, die ich nun gleich skizzieren will.

## Probleme des Wissens

Wir fühlen uns nicht so recht wohl bei Fragen, was „Wissen" ist, wie „wahr" es sein könnte, und wie wir dazu kommen. In unserem Alltag kommen wir ganz gut zurecht, ohne daß wir solche Fragen beantworten müssen. Sind aber Kinder im Haus, dann ergeben sich von Zeit zu Zeit verzwickte Situationen, denn Kinder stellen natürlich ganz ungehemmt Fragen, die die Erwachsenen lange zu unterdrücken gelernt haben. Das einzige Glück ist, daß Kinder selten direkt nach Wissen oder Wirklichkeit fragen, so daß wir uns mit ein bißchen Brimborium herausmogeln können. Woher aber diese rätselhafte Unsicherheit? Warum beschleicht uns Unbehagen, wenn Fragen auftauchen, die seit fast 3000 Jahren gestellt worden sind? – Ich meine, daß hierin ein Kennzeichen der traditionellen Erkenntnistheorie erscheint, das uns mißtrauisch machen sollte. In der Physik, in der Astronomie und auch in anderen Forschungsbereichen hat es immer unbeantwortete und sogar unbeantwortbare Fragen gegeben, doch weder die Fragen selbst noch die Art, sie zu stellen, sind jeweils sehr lange gleich geblieben.

Dies ist weder die Zeit noch der Ort, die Geschichte der westlichen Erkenntnistheorie zu resümieren. Ich kann nur eine kleine Skizze dessen geben, was ich für den Ursprung unseres epistemologischen Dilemmas halte. Mindestens fünf

Jahrhunderte vor Christi Geburt, wahrscheinlich aber noch viel früher, wurden die ersten Fragen nach der Zuverlässigkeit unseres Wissens von der Welt gestellt und einleuchtenderweise sofort mit Bezug auf die menschliche Wahrnehmung formuliert: Wenn ich ein Pferd anschaue, wie kann ich sicher sein, daß das, was ich sehe, dem *wirklichen* Pferd gleicht, das meine Wahrnehmung verursacht? Sobald man diese Frage in dieser Begrifflichkeit stellt, gibt es keinen Ausweg mehr. Um diese Frage zu beantworten, müßte ich meine Wahrnehmung des Pferdes mit dem „wirklichen" Pferd vergleichen können. Das aber ist einleuchtenderweise ganz unmöglich, denn der einzige Weg zum „wirklichen" Pferd führt über meine Sinne. Und es hilft nichts, wenn man sagt, daß es andere Arten der Erfahrung eines Pferdes gibt, solche jenseits der Wahrnehmung, denn wenn ich einmal den Verdacht habe, daß die Wahrnehmung die Wirklichkeit verzerrt, dann muß ich logischerweise den gleichen Vorbehalt allen anderen Formen der Erfahrung gegenüber anbringen. Wir sind in einer ausweglosen Falle, in einer Situation, in der alle unsere Anstrengungen nie ein Ende finden können.

Diese Falle ergibt sich aus zwei Vorannahmen, die in der Formulierung der Frage implizit vorweggenommen sind. Die eine: Was wir als eine strukturierte Welt wahrnehmen oder erfahren, ist in einem bestimmten Sinne ein Abbild einer unabhängig davon existierenden Welt, die eine irgendwie ähnliche Struktur aufweist. Und die zweite: Es gibt eine Kausalbeziehung zwischen jener unabhängigen ontologischen Realität und unserer Erfahrung. An anderer Stelle habe ich zu zeigen versucht, daß diese beiden Präsuppositionen in zwar einleuchtender, aber nichtsdestoweniger unlogischer Weise aus dem Verfahren abgeleitet werden, mit dem wir das Feld unserer subjektiven Erfahrung aufteilen und organisieren (von Glasersfeld 1977; 1978). Für unsere Diskussion wird es ganz wesentlich sein zu fragen, wie es geschieht, daß Kinder eine strukturierte Repräsentation der Erfahrung aufbauen, die als Welt bezeichnet werden kann. Genau das ist die Frage, der sich Piaget vor etwa fünzig Jahren zuwandte, mit der er sich seitdem auf die eine oder andere Weise intensiv beschäftigt hat. Wie er selbst vor kurzem meinte, ist noch vieles aufzuklären, zu überprüfen und zu revidieren. Ich habe aber nicht mehr den geringsten Zweifel, daß die Grundbegriffe seiner genetischen Erkenntnistheorie das Gerüst einer Erkenntnistheorie neuer Art darstellen, die sich als ebenso nützlich wie wirkungsvoll erweisen wird wie die Evolutionstheorie Darwins.

Eines der hervorstechenden Merkmale der genetischen Epistemologie liegt, wie ich schon eingangs sagte, darin, daß der kognitive Organismus nicht als passiver Empfänger angesehen wird, dessen Wahrnehmungen und kognitive Strukturen ihm kausal von der Außenwelt aufgezwungen werden, sondern daß er als ein *schöpferisch* tätiges Subjekt angesehen wird, das die Muster, die es wahrnimmt, ebenso wie die Invarianzen, Regularitäten, Schemata, Regeln und letztlich die Theorien und Modelle, die wir „Wissen" nennen, konstruiert. All die entscheidenden begrifflichen Entwicklungsschritte, die die Globalstruktur unserer Erfahrungswelt festlegen, werden in den ersten zwei Lebensjahren angelegt, wenn nicht schon ausgebildet. Obwohl jede neuere Einführung in die Psychologie den einen oder anderen Textteil über die Konstruktion der „Objektpermanenz" beim Kind enthält, habe ich noch keine gesehen, die dem Studenten auch nur eine Vorahnung von der gewaltigen Bedeutung dieses Konstruktionsprozesses vermittelt. Um nämlich einem Wahrnehmungsgegenstand die beständige individuelle Identität zu verleihen, die diesen Gegenstand „permanent" werden läßt, muß das Kind einen Raum konstruieren, in dem dieser Gegenstand fortdauern kann, auch wenn er *nicht* wahrgenommen wird. Und das ist noch nicht alles. Genau dieses Konstrukt der „Fortdauer ohne direkte Wahrnehmung" bedingt die Vorstellung einer Kontinuität *außerhalb* des Stroms der Erfahrung. Mit dieser Erzeugung zweier paralleler Kontinuitäten hat das Kind die Fundamente nicht nur für den Begriff der Zeit, sondern auch für eine ontologische „Wirklichkeit" gelegt, in der Gegenstände sozusagen auf Eis gelegt „existieren" können, wenn sie nicht gerade erfahren werden. Von da ist es nur noch ein kleiner Schritt zu der Idee einer unabhängig von uns existierenden Welt, die der erkennende Mensch als Entdecker, und nicht als Konstrukteur betritt.

Es gibt noch eine Reihe anderer weltbildender Begriffe wie etwa Veränderung, Bewegung, und Kausalität, deren Ursprung mit der Konstruktion der Objektpermanenz zusammenhängt (vgl. Piaget 1971). Alle diese Begriffe legen zusammen zwar nicht die Feinheiten, sicher aber die groben Umrisse des kognitiven Rahmenwerks fest, in dem der sich entwickelnde Organismus seine Erfahrung ordnet und systematisiert. Es sollte daher nicht überraschen, daß die Erfahrungswelt bald den Charakter jener unausweichlichen Notwendigkeit annimmt, den wir Erwachsene ihr normalerweise zuschreiben. Wir können sie in der Tat nicht mehr verändern, denn jegliche Veränderung würde uns zwingen, einige der grundlegenden begrifflichen Bausteine zu zerlegen und neu zusammenzufügen, die wir ganz am Anfang unserer kognitiven Karriere geformt haben.

Piaget stellt diese entscheidenden frühen Begriffskonstrukte im großen und ganzen als unvermeidbar dar. Angesichts seiner starken biologischen Orientierung sieht er diese Unvermeidbarkeit als ein Ergebnis der Anpassung an. Es gibt keinen Grund, diese Vorstellung zu verwerfen, vorausgesetzt, wir berücksichtigen die Tatsache, daß die Umwelt, an die sich das Menschenkind *ontogenetisch* anpaßt, in großem Maße eine von den Menschen erzeugte Umwelt ist, die deren besondere Begriffsbildung reflektiert. Auch zwei andere Denker, die ursprünglich von Überlegungen ausgingen, die von denen Piagets völlig verschieden waren, kamen zu der gleichen Schlußfolgerung. Der Wissenschaftstheoretiker Paul Feyerabend sagt:

> „Schon von frühester Kindheit an werden wir einer Erziehung unterworfen, die unserer Weise, die Dinge zu sehen und in der Welt zu handeln, eine klare Richtung gibt, und die alle anderen Möglichkeiten unterdrückt oder in das Reich der Phantasie verweist. So entsteht unsere Vorstellung von Wirklichkeit ..." (Feyerabend 1967, 304).

Und Carlos Castañeda berichtet, daß Don Juan, der weise Yaqui, der ihn lehrt, andere Wirklichkeiten zu konstruieren, meint:

> „Gestern ist in dir alles das gestorben, was die Leute dir über die Beschaffenheit der Welt erzählt haben. Von der Zeit unserer Geburt an, verstehst du, erzählen uns die Leute, daß die Welt so und so beschaffen ist oder wieder so und so, und wir haben natürlich keine Wahl, als die Welt auf die Weise anzusehen, wie sie uns die Leute darstellen." (Castañeda 1972, 299)

Diese Vorstellung von der ontogenetischen Anpassung des Kindes ist ein Erklärungsmodell wie jede andere wissenschaftliche Hypothese, und nicht in erster Linie auf die epistemologischen Grundfragen bezogen. Sie sucht die Frage zu beantworten, wie wir zu unserem besonderen Weltbild kommen, und nicht, wie wir überhaupt zu einem Weltbild kommen. Das, worauf es mir hier ankommt, betrifft eine sehr feine Unterscheidung und ist schwierig zu vermitteln. In einer Erkenntnistheorie, die den erkennenden Menschen als aktiven Konstrukteur seiner

Erfahrungswelt setzt, ist es sinnlos, die Struktur dieser seiner Welt als von einer ontologischen Realität *determiniert* anzusehen. Und dennoch können wir sagen, daß sie „angepaßt" ist, vorausgesetzt, wir verstehen diesen Begriff so wie die Kybernetiker (z.B. Bateson 1967; Boulding 1956). Der Schlüssel zu dieser Auffassung ist der Begriff der „einschränkenden Bedingung" (*constraint*), und Darwins Evolutionstheorie war seine erste und bis heute spektakulärste Anwendung. Wenn wir sagen, daß ein Organismus an eine Umwelt angepaßt ist, dann sagen wir nicht weniger und nicht mehr, als daß der Organismus überlebt hat und daher ein „überlebensfähiger", ein „viabler" Organismus ist. Mit anderen Worten, der Organismus ist so ausgestattet, daß er von den einschränkenden Bedingungen der Umwelt *noch nicht* umgebracht werden konnte. Die Viabilität eines Organismus rechtfertigt jedoch keinerlei positive Schlüsse auf den Charakter oder gar die Struktur der Umwelt, denn eine unendliche Anzahl verschiedener Organismen kann in der gleichen Umwelt viabel sein.

Diese einfache, aber selten klar verstandene Beziehung zwischen einschränkenden Umweltbedingungen und Viabilität ist, so meine ich, die Beziehung, die unsere kognitiven Konstrukte mit der ontologischen Realität der Welt verknüpft. Der radikale Konstruktivismus, den ich vorgestellt habe, gründet in der Idee, daß unsere gedanklichen Bemühungen auf die Konstruktion *viabler* Welt-Begriffe zielen. Und „viabel", nochmals, bedeutet, daß sie von der Erfahrung nicht kaputtgemacht werden. Ihr Überdauern aber rechtfertigt ebenso wie im Falle von überlebenden Organismen in keiner Weise Schlußfolgerungen über die Struktur einer ontologischen Realität.

### Schlußbemerkungen

Es scheint kaum möglich, diese sehr skizzenhafte Arbeit mit griffigen Schlußfolgerungen abzurunden. Ich habe drei ziemlich weit verbreitete Annahmen kritisiert, da ich der Auffassung bin, daß sie einer insgesamt unmöglichen Epistemologie entspringen. Ich habe behauptet, daß die Grundsituationen des Lehrens und Lernens sowie der Kommunikation eine konstruktivistische Auffassung des Wissens verlangen, und ich habe zu zeigen versucht, daß eine derartige Auffassung des Wissens zu einer konsistenten und widerspruchsfreien Epistemologie ausgebaut werden kann, die in den Arbeiten von Piaget jedenfalls implizit enthalten ist, auch wenn sie im Detail nicht explizit ausgearbeitet vorliegt. Schließlich möchte ich festhalten, daß wir hoffen dürfen. Wenn wir Psychologen und Erzieher dazu bringen können einzusehen, daß das, was wir Wissen nennen, nie das Bild der wirklichen Welt ist, sondern eine spezifisch menschliche Konstruktion, die unter den einschränkenden Bedingungen einer unerkennbaren Welt überleben kann, dann können wir eines Tages doch noch ein menschenwürdiges Erziehungswesen erreichen.

# Die Begriffe der Anpassung und Viabilität in einer radikal konstruktivistischen Erkenntnistheorie

Theodore Mischel, dessen Andenken dieses Kapitel über Konstruktivismus gewidmet ist, war sowohl an Erkenntnistheorie als auch an Psychologie interessiert. In allem, was er tat und schrieb, wurde er niemals müde, die Psychologen daran zu erinnern, daß ihre Arbeit philosophisch wohl begründet sein müsse, wenn sie praktische Auswirkung haben soll. Es ist ein unzweifelhaftes Maß seines Erfolges, daß eine Diskussionsrunde über „Konstruktivismus" heute ein so großes und namhaftes Publikum anzieht. Als persönliche Bemerkung möchte ich anfügen, daß es wesentlich Mischels Arbeiten zu verdanken ist, daß jemand wie ich, dessen Qualifikationen als Psychologe recht unkonventionell sind, Ideen zur Erkenntnistheorie der Kognitionsforschung auszusprechen wagt, die sicherlich manchen Auffassungen, die lange Zeit den Wissenschaftszweig der sogenannten Verhaltensforschung dominiert haben, fern liegen oder sogar mit ihnen unvereinbar sind.

Was ich darlegen will, ist vielfach mit der Arbeit anderer Leute verbunden. An allererster und wichtigster Stelle ist da Silvio Ceccato zu nennen, der vor dreißig Jahren den konstruktivistischen Ansatz der Kognitionsforschung in Italien begründet hat, sodann Warren McCulloch, der große Poet der Kybernetik. In neuerer Zeit habe ich viel aus den Arbeiten von Humberto Maturana und Heinz von Foerster gelernt. Schließlich wird im Verlauf meiner Ausführungen sicherlich deutlich werden, daß ein Großteil der begrifflichen Basis, auf die ich baue, seit langem von Piaget entwickelt worden ist. Die nun präsentierten Ideen über Anpassung und Viabilität sind jedoch mein Eigenbau und niemand anders sollte dafür verantwortlich gemacht werden.

Ich möchte in diesem Kapitel eine radikale Überprüfung der Bedeutung des Begriffs „Anpassung" vorlegen. Ich behaupte, daß dieser Begriff irrtümlich eine Art adaptiver Tätigkeit auf seiten des Organismus suggeriert, und daß der besondere Aspekt der Evolution, den wir verdeutlichen wollen, besser durch „Viabilität" ausgedrückt wird. Nachdem ich diese irreführende Konnotation ausgeräumt habe, möchte ich zeigen, daß der Begriff der Viabilität als ein Eckstein einer konsistenten konstruktivistischen Erkenntnistheorie dienen kann, die einige und vielleicht sogar alle ihrer uralten Probleme überwindet.

Da die von mir vertretene Erkenntnistheorie nicht lediglich eine konstruktivistische, sondern eine *radikal* konstruktivistische ist (von Glasersfeld 1977b), ist sicherlich eine kurze einführende Begründung des Konstruktivismus nützlich, um den Blick für die weitere Entwicklung freizumachen. In der Diskussion um Piaget, im besonderen seine Ideen über die „Konstruktion der Realität", wird häufig die Frage gestellt, warum überhaupt jemand ein Konstruktivist sein will, also glauben will, daß das erkennende Subjekt sein Wissen *konstruiert,* es also nicht schlicht durch das Anschauen der wirklichen Welt gewinnt. Im Sinne des traditionellen gesunden Menschenverstands klingt diese Frage außerordentlich vernünftig. Warum sollte in der Tat irgendjemand sich all dieser Mühe unterziehen? Die Wirklichkeit scheint so augenscheinlich, so nah, so greifbar, ja sogar so unausweichlich zu sein, daß es ganz absurd erscheint, annehmen zu wollen, daß das Subjekt sie erst für sich konstruieren müßte. Ich mache mir gar keine Illusionen, daß eine derartig allgemeine und ehrwürdige, auf gesunden Menschenverstand gegründete Überzeugung wie diese durch ein einziges einfaches Argument abgebaut werden könnte, – aber mehr kann ich hier nicht tun. (Umfassendere Darlegungen der Grundlagen des Konstruktivismus bieten etwa Ceccato 1949; 1964/1966; Maturana 1970; Piaget 1937; von Foerster 1972; 1976; von Glasersfeld 1974; 1976; 1977a; 1977b; und Smock/von Glasersfeld 1974.)

Auch der naivste der naiven Realisten wird sich irgendwann einmal fragen, wie denn all die „Information", die man angeblich aus der wirklichen Welt einholt, tatsächlich von dieser Außenwelt in das System eines Individuums hineinkommt, so daß dieses Individuum schließlich eine kognitive Abbildung (Wiedergabe, Repräsentation) davon besitzt. Mit anderen Worten, man beginnt zu fragen: Wie erkenne ich? Gehört das Individuum zu unserer Kultur und hat es wissenschaftliche Neigungen, wird es sich nicht mit Introspektion zufrieden geben, sondern andere Organismen zu beobachten beginnen, um festzustellen, wie denn diese Organismen *ihre* Umwelt erkennen, die sie ebenso stillschweigend, aber irrtümlich mit *der* Welt schlechthin gleichsetzen (von Glasersfeld 1976). Da man nicht wirklich in einen Organismus, den man beobachtet, hineinkriechen kann, formuliert oder baut man ein Modell dieses Prozesses des „Erkennens". Und genau darum bemühen sich seit jeher Wahrnehmungsforschung und Neuro-Wissenschaften. Nach den mehr oder weniger akzeptierten zeitgenössischen Modellen gibt es Dinge wie „Rezeptoren", „Aktionspotentiale", „neuronale Netzwerke", „rezeptive Felder", die aus den Nervenaktivitäten eine „Abbildung" errechnen. In diesem Zusammenhang möchte ich nur sagen, daß es irrelevant ist, ob der Forscher letztlich beansprucht, daß die Abbildung des Organismus der „wirklichen Welt" funktional äquivalent oder isomorph ist, oder schlicht nur ein Bild davon darstellt, – was immer ein Beobachter darüber sagt, es kann kein Zweifel an der Tatsache bestehen, daß der Organismus nur aus den ihm verfügbaren Daten eine Abbildung ***konstruieren*** kann. Im Falle eines neuronalen Modells bestehen diese proximalen Daten aus kleinen Elementarereignissen, die als das „Feuern von Neuronen" bezeichnet werden. Hebb schrieb (1958, 461): „Auf einer bestimmten Ebene physiologischer Analyse gibt es keine Realität außer dem Feuern einzelner Neurone."

An der Annahme, daß Organismen Abbildungen ihrer Welt, ihrer Umgebung, oder wie immer man das, was außerhalb liegt, nennen will, konstruieren, scheint also einfach kein Weg vorbeizuführen. Mit anderen Worten, man ***muß*** die Aktivität der Konstruktion annehmen, ob man nun ein Konstruktivist sein will oder nicht.

An diesem Punkt können Naturwissenschaftler nicht stehen bleiben. Wie immer mißtrauisch oder argwöhnisch sie Fragen mit philosophischem Beigeschmack gegenüberstehen mögen, früher oder später werden sie sich gezwungen sehen zu fragen, wie adäquat, korrekt, oder „wahr" denn nun die Repräsentation einer Außenwelt ist, wie sie die Organismen in ihrem Inneren konstruieren können. Sobald sie diese Frage stellen, sind sie zum Kern der traditionellen Erkenntnistheorie vorgestoßen. Das heißt, sie haben eine Bühne betreten, die von den Vorsokratikern und schließlich formell und endgültig von Platon aufgebaut worden ist. Auf der einen Seite gibt es eine existierende und durchstrukturierte Welt, auf der anderen einen Erkennenden, dessen ewige Aufgabe es ist, diese Welt *zu erkennen*. Dieses Szenario ist mit unserem Begriff des Wissens so eng verbunden, daß es keinen Weg zu geben scheint, die beiden voneinander zu trennen. In der Tradition der westlichen Philosophie ist dieses „Erkennen" entweder als die Aktivierung eingeborener Ideen aufgefaßt worden, die automatisch mit der Struktur der wirklichen Welt übereinstimmen (denn Gott, oder in jüngerer Zeit die Evolution, hat diese Übereinstimmung so festgelegt), oder sie wird als das Ergebnis der Aktivitäten unserer Sinnesorgane gesehen. Die zweite, d. h. die empiristische Alternative, hat seit geraumer Zeit die Naturwissenschaften dominiert und unsere Sinnesorgane in recht mysteriöse Instrumentarien verwandelt, die unabhängig von ihrem physiologischen Funktionieren die Fähigkeit besitzen, *Information* aus der Außenwelt in das Innere des Organismus zu transportieren. Natürlich gibt es bis heute viele Zwittervorstellungen, die die beiden Alternativen in jeweils unterschiedlichen Proportionen zu vereinigen suchen. Sie stimmen jedoch alle in dem einen Punkt überein, daß sie außerstande sind, aufgrund der ihnen gemeinsamen Voraussetzung präexistenter „objektiver" Strukturen die Frage zu beantworten, wie wir denn jemals wissen können, daß die Abbildung innerhalb des Organismus wirklich mit der präexistierenden Welt *übereinstimmt*, die sie abbilden soll. Sokrates hat diese Frage gestellt, und sie ist bis heute unbeantwortet geblieben.

Als ich in den dreißiger Jahren Mathematik studierte, dachte ich, wie viele Angehörige meiner Generation, in Wittgensteins *Tractatus* meine Bibel gefunden zu haben. Immer wieder habe ich dieses Buch gelesen, bis ich eines schönen Tages beim Paragraphen 2.223 stockte, – und das ganze wunderschöne Ideengebäude auf einmal zusammenbrach. Was ich nämlich zum erstenmal *verstand*, war: „Um zu erkennen, ob das Bild wahr oder falsch ist, müssen wir es mit der Wirklichkeit vergleichen." (Wittgenstein 1922, 43) Wie aber in Himmels Namen konnte man denn diesen Vergleich durchführen? Mit dieser Frage nun, auch wenn ich es damals nicht wußte, befand ich mich in der Gesellschaft von Sextus Empiricus, Montaigne, Berkeley und Vico, – der Gesellschaft jener mutigen Skeptiker, die seit Bestehen der abendländischen Zivilisation immer wieder behauptet hatten, daß es unmöglich ist, unser Bild der Wirklichkeit mit einer Wirklichkeit „draußen" zu vergleichen. Es ist unmöglich deshalb, weil die Prüfung, ob unsere Repräsentation ein „wahres" Bild der Realität ist, voraussetzt, daß wir nicht nur zu unserer Repräsentation, sondern auch zu jener Realität draußen Zugang haben müssen, *bevor* wir diese erkennen. Und da der einzige Weg, auf dem wir eben dieser Realität begegnen können, genau der Weg ist, den wir ja erst prüfen und verifizieren möchten, gibt es keinen möglichen Ausweg aus diesem Dilemma.

Heute, 40 Jahre später, sind mir die Probleme des traditionellen Ansatzes der Erkenntnistheorie klarer. Um meine Vorstellung verständlicher zu machen, möchte ich kurz abschweifen und über den Begriff der Anpassung sprechen.

In der biologischen Evolutionstheorie sprechen wir von Variation und Selektion, von einschränkenden Umweltbedingungen und vom Überleben. Wenn ein Organismus überlebt – als Individuum oder als Art –, dann bedeutet das, zumindest bis heute, daß er in der Umwelt, in der er lebt, sich als *viabel* erwiesen hat. Überleben bedeutet jedoch *nicht*, daß der Organismus in irgendeinem Sinne die Eigenart oder die besonderen Eigenschaften seiner Umwelt widerspiegeln muß. Gregory Bateson (1967) hat als erster bemerkt, daß diese Evolutionstheorie, die Theorie Darwins, eigentlich eine kybernetische Theorie ist, denn sie gründet im Begriff der einschränkenden Bedingung und nicht im Begriff der Verursachung. Irgendwie neigen wir immer dazu anzunehmen, daß die besondere Eigenart überlebender Organismen durch deren Umwelt determiniert ist. Wir sprechen von „Anpassung", und die Idee der Verursachung scheint sich so mit diesem

Begriff zu verbinden, daß wir schließlich glauben, daß Umweltbedingungen gewisse biologische Strukturen oder bestimmte Verhaltensweisen von Organismen *verursachen* können. Dies ist ein ernster begrifflicher Irrtum. Um zu überleben, muß der Organismus lediglich mit den einschränkenden Bedingungen seiner Umwelt „fertigwerden". Um es metaphorisch zu sagen: er muß sich sozusagen durch das Gitter dieser Bedingungen hindurchzwängen. Die Umwelt legt nicht fest, *wie* dies im einzelnen geschehen kann. Sie ist jedenfalls nicht die Ursache dafür, daß bestimmte Organismen gewisse Merkmale oder Fähigkeiten aufweisen oder sich auf gewisse Weise verhalten. Die Umwelt eliminiert lediglich jene Organismen, die sich ihren einschränkenden Bedingungen nicht fügen. Jedes Lebewesen, das *mit irgendwelchen Mitteln* diesen Bedingungen gerecht wird, überlebt. Wir brauchen nur rund um uns zu blicken, um dies zu erkennen. Schaut man sich also in Athens/Georgia um, dann sieht man Spechte und Meisen, Küchenschaben, Kolibris, Fledermäuse, Eichhörnchen, Schlangen, Weberknechte, Oppossums, Frösche und Katzenfische, und auch eine anscheinend unendliche Vielfalt von Pilzen, Schimmelpilzen, Schmetterlingen und Würmern. Alle diese Lebewesen überleben in dieser Umwelt von Athens/Georgia, und sie haben völlig unterschiedliche Lösungen für ihre Lebensprobleme gefunden. Soweit wir wissen, gibt es eine unendliche Mannigfaltigkeit von Überlebensprogrammen, eine unendliche Anzahl von Arten und Weisen, sich viabel zu halten. Sollte sich die Umwelt heute verändern, werden einige unserer gegenwärtig existierenden Organismen nicht mehr viabel sein, andere dagegen gerade trotz dieser Veränderung. In alltäglicher Ausdrucksweise würden wir sagen, daß die Organismen, die diese Veränderung überleben, sich an die neue Umwelt *angepaßt* haben bzw. der neuen Umwelt *angepaßt* sind. Diese Ausdrucksweise führt erneut zu dem schon vorhin angesprochenen begrifflichen Irrtum, da sie nahelegt, daß die Umweltveränderung spezifische ihr *entsprechende* Veränderungen innerhalb der Organismen verursacht hat. Das ist jedoch nicht der Fall. Organismen können sich in der Tat verändern, die Veränderungen aber, die sie zeigen, sind auf die in ihnen angelegte Variabilität, auch Mutationen, genetische Verschiebungen, oder was immer sie wollen, zurückzuführen. Die Umwelt trägt mit ihren einschränkenden Bedingungen lediglich dazu bei, daß manche der veränderten Organismen vernichtet werden, während andere weiter am Leben bleiben. Wir können also festhalten, daß der einzige Hinweis, den wir auf die „wirkliche" Struktur der Umwelt bekommen, von den Organismen und den Arten kommt, die ausgelöscht worden sind, denn die Viablen bilden lediglich eine Selektion von Lösungen aus einer unendlichen Anzahl potentieller Lösungen, die alle gleichermaßen viabel sein könnten.

Ich möchte nun behaupten, daß die Beziehung zwischen dem, was wir wissen, also zwischen unserem „Wissen", und der sogenannten „Realität" ähnlich ist der Beziehung zwischen den Organismen und ihrer Umwelt. Mit anderen Worten, wir konstruieren Ideen, Hypothesen, Theorien und Modelle, und solange diese überleben, das heißt solange unsere Erfahrung erfolgreich in sie eingepaßt werden kann, sind sie *viabel*. – Mit Begriffen Piagets könnten wir sagen, daß unsere Konstrukte solange viabel bleiben, wie unsere Erfahrung ihnen assimiliert werden kann. (Die Idee, im übrigen, daß Wissenschaft bzw. der Wissensfortschritt irgendwie den „Gesetzen der Evolution" folgen, ist sicherlich nicht neu. Wo immer ich aber darauf gestoßen bin, stets war sie verzerrt durch die Vorstellung, daß Anpassung zu einer immer *besseren* Übereinstimmung von Umwelt und Realität führen würde.)

Nun stellt sich natürlich sofort die Frage, was denn „Überleben" und „Viabilität" im kognitiven Bereich bedeuten sollen. Kurz und knapp: Begriffe, Theorien und kognitive Strukturen im allgemeinen sind viabel bzw. überleben, solange sie die Zwecke erfüllen, denen sie dienen, solange sie uns mehr oder weniger zuverlässig zu dem verhelfen, was wir wollen. „Uns zu dem verhelfen, was wir wollen" bedeutet nun verschiedene Dinge in verschiedenen Erfahrungsbereichen. Im Bereich der Alltagserfahrung etwa erfüllt die Physik Newtons unsere Zwecke gut und ist daher vollkommen viabel. Die meisten Menschen geraten nie in Erfahrungsbereiche, in denen die auf Newtons Begriffe gegründeten Methoden und Prognoseverfahren versagen. Dies gilt nicht für den idealen Naturwissenschaftler (wie ihn zum Beispiel Popper 1934/1965 und 1962/1968 porträtiert hat), der fortwährend nach Begriffen und Theorien sucht, die mit den einschränkenden Bedingungen *aller* Erfahrungsbereiche „fertigwerden", und der sich daher in erster Linie mit der möglichen „Falsifizierung" seiner Begriffe und Hypothesen beschäftigt und nicht so sehr mit ihrer praktischen Bewährung als Mittel zur Erreichung gewisser begrenzter Ziele. Dies führt zu der merkwürdigen Situation, daß Newtons Ideen für den Mann auf der Straße, den Mechaniker und den Ingenieur, durchaus „wahr" sind, während sie für eine relativ kleine Gruppe spezialisierter Naturwissenschaftler „falsch" sind. Man muß aber betonen, daß dies alles den epistemologischen Status der Ideen, Begriffe, Theorien oder Modelle, die nach unserer Auffassung unser „Wissen" bilden, in keiner Weise ändert.

Wenn wir diesen Begriff der Viabilität akzeptieren, wird klar, daß es absurd wäre zu behaupten, daß unser Wissen in irgendeinem Sinne ein Abbild oder eine Widerspiegelung der Realität sei. Dies muß auch gar nicht so sein, noch allerdings kann es jemals so sein. Auf der Ebene des alltäglichen Handelns muß unser Wissen für uns nützlich sein, muß uns auf verläßliche Weise unsere Ziele erreichen helfen. Auf der Ebene der Wissenschaft jedoch scheint Nützlichkeit von keinem besonderen Wert. Der Wissenschaftler sucht nach Konsistenz, nach kompatiblen Theorien und Modellen, und letztendlich nach einer einheitlichen und homogenen Erklärung der Erfahrung aller Ebenen. Empiristen und Statistiker haben seit langem nachgewiesen, daß wir eine Theorie niemals „beweisen", daß wir sie lediglich widerlegen können. Dies bedeutet in meinem Verständnis, daß wir zwar *wissen* können, ob eine Theorie oder ein Modell die einschränkenden Bedingungen unserer Erfahrungswelt verletzt, die Tatsache aber, daß sie sie *nicht* verletzt, sondern mit ihnen irgendwie „fertig wird" und somit viabel bleibt, rechtfertigt in keiner Weise die Überzeugung, daß die Theorie oder das Modell eine „wirkliche" Welt abbilden.

Es ist in diesem Zusammenhang wichtig zu erkennen, daß der Ausdruck „einschränkende Bedingung unserer Erfahrung" sich nicht notwendig auf Bedingungen bezieht, die man als Eigenschaften einer ontologischen Realität ansieht. Piaget war es, der endgültig klargemacht hat, daß viele und vielleicht alle der Bedingungen, die unsere tatsächlichen und unsere möglichen Erfahrungen steuern, unsere eigenen Konstruktionen sind. Jegliche Konstruktion aber, sei diese eine materielle oder eine geistige, ist bestimmten Einschränkungen unterworfen, die sich aus dem Material ergeben, das der Konstrukteur verwendet. Man kann ohne weiteres verstehen, daß ein Maurer in gewissem Maße durch bestimmte elementare Merkmale der Ziegel, die er verwendet, in seiner Bautätigkeit eingeschränkt bzw. gesteuert wird. In durchaus ähnlicher Weise, so meine ich, ist die Abbildung, die wir von unserer Erwachsenen-Erfahrungswelt erzeugen, durch bestimmte elementare Merkmale der von uns verwendeten Bausteine bedingt, also eben jener Bausteine, die wir in unserer sensomotorischen Phase selbst erzeugt haben. Wir nennen diese Bausteine „Raum", „Zeit", „Identität" und „Veränderung", und bestimmte ihrer sehr frühen Kombinationen liefern uns unter anderem „Gegenstände", „Bewegung" und „Kausalität". Sie alle sind ganz wesentliche Elemente unseres späteren Weltbildes und legen die Arten von Welt fest, die wir uns bilden können. Mischel hat es so formuliert (1971, 324): „Worauf das Subjekt reagiert, das sind seine eigenen Auslegungen der von außen kommenden Störungen, und es ist dann wieder das Subjekt, das die Ergebnisse seiner Ausgleichshandlungen interpretiert."

Schließlich können wir den Begriff der Viabilität auch auf andere und vielleicht allgemeinere Weise anwenden. Es lassen sich recht überzeugende Argumente für die Vorstellung beibringen, daß alles praktische Lernen als Ergebnis eines Induktionsprozesses angesehen werden kann. Die einfachste Explikation des induktiven Schließens ist, so meine ich, die folgende: Hat ein Organismus eine Erfahrung und ist diese Erfahrung in einem bestimmten Sinne erfolgreich oder befriedigend, dann neigt der Organismus dazu, diese Erfahrung zu wiederholen. Setzt sich die Erfahrung fort, dann wird der Organismus Regularitäten aus diesem seinem Korpus an Erfahrung abstrahieren oder errechnen. Schon David Hume hat festgestellt, daß wir das, was in der Vergangenheit erfolgreich war, wiederholen, und zwar aufgrund der Annahme, daß es so etwas wie Regularitäten gibt, daß also die Erfahrung, die wir noch nicht gemacht haben, nicht völlig verschieden sein wird von den Erfahrungen, die wir schon gemacht haben. Die Einführung dieses Prinzips in unsere Modelle lebender Organismen erfordert keinesfalls die Präsupposition von „Bewußtheit" auf seiten des Organismus. Auch wenn manche Behavioristen schockiert sein werden, möchte ich doch behaupten, daß diese elementare Form des induktiven Schließens dem Wirkungsgesetz Thorndikes äquivalent ist. In jedem Falle führen sowohl Thorndikes Prinzip wie auch das der Induktion zum Aufbau mehr oder weniger verläßlicher Regularitäten. Diese nun, mögen wir sie als Vorhersagen, Erklärungen, zweckorientierte Mittel oder lediglich als gelernte Verhaltensmuster betrachten, sind Regularitäten, die in vergangener Erfahrung gewonnen wurden und die „überleben", solange sie in der nachfolgenden Erfahrung des Organismus wiederholt werden. Wiederholung erzeugt und erhält somit die „Viabilität" gesetzter Regularitäten. Wir sprechen von „Bestätigung" oder „Bekräftigung" (Popper 1962/1968), erneut müssen wir uns aber hüten, andauernde Viabilität als Übereinstimmung mit einer „wirklichen" Welt oder als „Wahrheit" im herkömmlichen Sinne zu verstehen.

Können wir nun diese Auffassung des induktiven Schließens als Herstellung von Regularitäten, die solange überleben und viabel bleiben, wie unsere Erfahrung sie nicht falsifiziert, akzeptieren, und können wir daraus schließen, daß wir im großen und ganzen über keine bessere Möglichkeit verfügen, unsere Erfahrung zu erklären, vorherzusagen und zu steuern, dann können wir einen Schritt weiter gehen, der für das Problem wichtig ist, auf das sich Piaget (1975) mit dem Ausdruck „équilibration majorante" bezieht. Er meint damit die stückweise zunehmende Äquilibration, die sich in Spiralen vollzieht und immer mehr Momente und Ereignisse in die Erfahrung des sich entwickelnden Organismus eingliedert. Das ist problematisch, und zwar aufgrund der stillschweigenden Annahme, daß jede derartige Anstrengung mit dem Ziel einer Erfahrungsvermehrung nur durch eine ganz spezifische Form der Motivation erklärt werden kann. Ich möchte nun behaupten, daß ein Grund für diese Tendenz, den Erfahrungsbereich zu vergrößern, innerhalb dessen der Organismus Äquilibration herzustellen sucht, einfach darin liegen kann, daß der Organismus einen induktiven Schluß über das Prinzip der Induktion selbst zieht. Mit anderen Worten, wenn wir annehmen, daß die Erschließung von Regularitäten in der vergangenen Erfahrung des Organismus sich als erfolgreich erwiesen hat, dann dürfte die Erschließung von Regularitäten ein Ziel für sich werden, und der Organismus wird beginnen, seinen Erfahrungsbereich zu vergrößern, er wird neue Erfahrung entwickeln oder schaffen, um Regularitäten herzustellen. Sobald einmal eine derartige Tendenz ausgebildet ist – und wenn lebende Organismen tatsächlich als „induktive Systeme" beschrieben werden können (Maturana 1970), dann ist sie in der Tat völlig unvermeidbar –, würde sie den reifen Organismus dazu führen, in Aktivitäten einzutreten, die utilitaristischen oder ähnlich simplen Erklärungen zuwiderzulaufen scheinen. Beschäftigungen wie etwa das Lösen von Rätseln nur um des Lösens willen, oder, um es in etwas traditionelleren, romantischeren Begriffen zu sagen, um Wahrheit um ihrer selbst willen zu suchen, fallen unter diese Kategorie. Natürlich ist dies nicht mehr als eine Vermutung, und alles was ich sagen kann, um sie etwas plausibel zu machen, ist, daß es eine logische Konsequenz der hier präsentierten Idee der Viabilität sein *könnte*.

Ich fasse zusammen: Ensprechend der radikal konstruktivistischen Sicht dürfen wir niemals sagen, daß unser Wissen in dem Sinne „wahr" ist, daß es eine ontologisch reale Welt widerspiegelt. Wissen sollte und könnte nie eine derartige Funktion haben. Die Tatsache, daß irgendein Konstrukt für eine gewisse Zeit lang Erfahrungen bzw. entsprechende Experimente überstanden hat, bedeutet, daß es bis dahin insofern viabel war, als es einschränkende Bedingungen überwunden hat, die dem Erfahrungsbereich, in dem wir operiert hatten, zugehörten. Viabilität bedeutet aber keineswegs Einzigartigkeit, denn es kann unzählige andere Konstrukte geben, die ebenso viabel gewesen wären wie dasjenige, das wir erzeugt haben. Dieses Prinzip gilt ebensosehr für das hier vorgeschlagene erkenntnistheoretische Modell wie für jedes andere konstruierte Modell. Ich sollte daher ausdrücklich unterstreichen, daß ich für das von mir vorgeschlagene Modell keinerlei ontologischen Status beanspruche. Allerdings würde uns das von mir entwickelte Modell gestatten, Wissen und die Tätigkeit des Erkennens ohne die elementaren Widersprüche zu betrachten, die der traditionellen Erkenntnistheorie innewohnen.

Zum Abschluß möchte ich noch eine weitere Idee Piagets in die Diskussion bringen: den Begriff der Dezentrierung. Piaget hat beobachtet, daß nicht nur das Kind in seiner Ontogenese sich von egozentrischen Haltungen zu einer zunehmend dezentralen Einstellung bewegt, sondern unsere ganze Spezies. Blicken wir auf unsere Geistesgeschichte und die Ausbildung kognitiver Konstrukte und Erklärungsmodelle zurück, dann können wir mit Piaget Kopernikus herausgreifen, der mit Erfolg die egozentrische Vorstellung ausgeräumt hat, daß der kleine Planet, auf dem wir leben, der Mittelpunkt des Universums sein müsse. Wir wissen, daß dies ein äußerst schwieriger Schritt war, und daß der Widerstand dagegen länger als ein Jahrhundert gedauert hat. Heute nun scheint es, daß wir einen weiteren noch schwierigeren Schritt in diese Richtung der Dezentrierung machen müssen. Wir müssen die Vorstellung verwerfen, daß die Abbildung, die wir aufgrund unserer Erfahrung konstruieren, in irgendeinem Sinne eine Welt widerspiegelt, die unabhängig von uns existiert.

# Kybernetik, Erfahrung und der Begriff des Ich

„Die Intelligenz organisiert die Welt, indem sie sich selbst organisiert."
Jean Piaget

Die meisten Menschen denken, wenn sie das Wort „Kybernetik" hören, an Roboter, Computer und Elektronik. Das ist nicht überraschend, denn um diese technischen Geräte und vor allem auch die mit ihnen verbundenen Hoffnungen und Ängste ist genügend Lärm gemacht worden. Es gibt jedoch einen anderen Aspekt der Kybernetik, der sich letztenendes als wichtiger erweisen dürfte. Als Norbert Wiener den Begriff vor etwa dreißig Jahren eingeführt hat, definierte er ihn als „die Erforschung von Regelung und Nachrichtenübertragung im Lebewesen und in der Maschine" (Wiener 1948). Diese kybernetische Forschung hat seitdem zu revolutionären Auffassungen von Wahrnehmung, Verhalten und Kognition geführt, allerdings nicht so sehr aufgrund der behandelten Probleme, sondern vielmehr durch ihre radikal veränderte Sehweise.

Ich werde hier nicht viel über die Kybernetik als Fach sagen, werde aber einen kybernetischen Standpunkt einnehmen und einige Vorstellungen darüber entwikkeln, wie ein Kind gewisse Grundbegriffe bildet. Dazu gehört der Begriff des Ich. Im Rückgriff auf Piagets Analyse der kognitiven Entwicklung während der sensomotorischen Periode möchte ich zu zeigen versuchen, daß seine Theorie durchaus mit der kybernetischen Denkweise vereinbar ist, und daß diese kybernetische Denkweise andererseits einige der dunkleren Seiten dieser Theorie aufhellen kann.

Es gibt drei Bereiche des kybernetischen Denkens, die besonders eng mit der Untersuchung kognitiver Entwicklung verbunden sind: Selbststeuerung, induktives Lernen, und die konstruktivistische Auffassung der Erfahrung und ihrer Organisation. Im folgenden Abschnitt werden die Begriffe und Konzeptionen dargelegt, auf denen der größte Teil der nachfolgenden Erörterung beruht.

Der zweite Abschnitt, „Piaget in kybernetischer Sicht", konzentriert sich auf einige der elementarsten begrifflichen Operationen, die, logisch-theoretisch betrachtet, für Begriffe wie *Gleichheit, Identität, Kontinuität, Raum, Veränderung, Bewegung, Ursache* und *Zeit* unentbehrlich zu sein scheinen. Der Abschnitt „Einige Basiskonstrukte" skizziert sodann einen ersten Ansatz für die Erklärung des Konstrukts des *Erfahrungs-Ich* und sucht zu zeigen, warum der Ort aktiver Erfahrung, nämlich die Entität, die das erfahrende Subjekt verkörpert, notwendig außerhalb unseres Bildes bleiben muß.

Der größte Teil des im zweiten und dritten Abschnitt Gesagten wird für den Leser nur sinnvoll sein, wenn er die in den letzten beiden Absätzen des folgenden Abschnitts dargelegten Punkte in Erinnerung behält. Die traditionelle Auffassung sowohl der Psychologie als auch der Erkenntnistheorie vernachlässigt die unvermeidbare Dichotomie zwischen dem, was über beobachtete Organismen gesagt werden kann und dem, was ein Organismus in der Lage ist, über seine eigene Erfahrung zu sagen. Wenn der Kybernetiker also (technische oder begriffliche) Modelle baut, die sich selbst regeln oder steuern sollen, muß er sich dieser Dichotomie bewußt bleiben.

## Kybernetik und Lernen

### *Rückkoppelung und Selbststeuerung*

Selbststeuerung bedeutet in der Kybernetik gewöhnlich das Prinzip der „negativen Rückkoppelung". Einige praktische Anwendungen dieses Prinzips hat es bereits vor mehr als zweitausend Jahren gegeben, lange bevor seine theoretische Bedeutung als Erklärungsinstrument der Biologie und Psychologie entdeckt wurde. In der einfachsten Form besteht Regelung durch „negative Rückkoppelung" aus einer Anordnung, die ein System (zum Beispiel ein Lebewesen oder eine Maschine) instandsetzt, eine Aktivität gemäß ihrer Wirkung einzurichten. Philon von Byzanz hat im dritten Jahrhundert vor Christus eines der frühesten vollständig beschriebenen Beispiele dafür gebaut: eine Öllampe, bei der der Ölstand des Brenners die Ölmenge kontrolliert, die dem Brenner von einem Reservoir zugeführt wird (Mayr 1970).

Eines der bekanntesten Beispiele unserer Zeit ist zwar in seinem Aufbau wesentlich komplizierter, verkörpert aber das gleiche Prinzip: der Thermostat. Hier gibt es ein Thermometer, das die Temperatur in dem zu regelnden Bereich fühlt. Steigt diese Temperatur über einen vorher eingestellten Wert, wird ein unterbrochener Kontakt geschlossen und ein Kühlmechanismus eingeschaltet. Sinkt die Temperatur unter den vorgegebenen Wert, geht die Heizung an.

Um dieses Rückkoppelungsprinzip völlig klar zu machen, müssen wir seine wesentlichen Bestandteile isolieren. Da ist zuallererst ein Wahrnehmungsorgan, das die gegebene Temperatur anzeigen kann. Dann ist da die gewünschte Temperatur bzw. der *Referenzwert*, der von jemandem eingestellt worden ist, und ein Vergleichsinstrument (Komparator), in dem die wahrgenommene mit der gewünschten Temperatur verglichen werden kann. Solange der Referenzwert und die wahrgenommene Temperatur gleich sind, tut der Thermostat nichts. Gibt es jedoch eine Abweichung in der einen oder anderen Richtung, ist also die wahrgenommene Temperatur im Regelungsbereich *gestört* oder der Referenzwert geändert worden, dann sendet der Thermostat ein *Störsignal*, um die Kühl- bzw. die Heizanlage zu betätigen. Funktioniert alles den Erwartungen gemäß, dann wird sich die Temperatur im Regelungsbereich in der angemessenen Weise verändern, der von den Fühlern angezeigte Wert wird sich dem Referenzwert angleichen, und das Störsignal wird aufhören.

Die theoretische Bedeutung solcher Geräte ergibt sich aus der Tatsache, daß sie eine unwiderlegbare Demonstration zweckorientierten, zielgerichteten Verhaltens bieten. Damit wird vor allem der Begriff des Zwecks aus dem Kontext der aristotelischen Teleologie herausgenommen, die ihn dem Zugriff der modernen Naturwissenschaft entzogen hatte. Er ist nunmehr Teil der Konstruktion funktionierender Maschinen und ist somit als ein legitimer, präziser und außerordentlich nützlicher Erklärungsbegriff wiedergewonnen.

Aufgrund dieser seiner technischen Verwirklichung können wir nun zwei Typen von Zwecken unterscheiden, die zuvor auf unentwirrbare Weise vermengt schienen. Wir sehen ganz klar, daß der Thermostat den Zweck *hat*, die Temperatur im Regelungsbereich nahe dem Referenzwert zu halten, während sich der Akteur, der den Referenzwert als Zweck *für* den Thermostaten festlegt, außerhalb befindet (Pask 1969, 22–24). Diese Unterscheidung ist von besonderer Bedeutung, wenn wir das Rückkoppelungsprinzip für die Erklärung lebendiger Organismen einsetzen wollen. Eine simple Anordnung wie der Thermostat reicht als Modell völlig aus für die homöostatischen Funktionen, die die einzelnen physiologischen Zustände des

Körpers steuern, etwa die Körpertemperatur, den Blutzuckergehalt oder den Blutdruck (vgl. Cannon 1932), sie ist aber augenscheinlich unzureichend für eine Erklärung gerichteten Verhaltens, dessen Ziele sich von Situation zu Situation und von Kontext zu Kontext verändern.

Ein komplizierteres System hat eine hierarchische Anordnung, in der die Referenzwerte auf einer Ebene durch ein Regelungssystem auf einer anderen eingestellt werden (vgl. z. B. Powers 1973a). In Gebilden dieser Art ist es das Ziel einer Ebene, das Ziel *für* eine andere festzulegen.

Noch wichtiger ist aber die Tatsache, daß das Rückkoppelungsmodell, wie ich es bis jetzt beschrieben habe, Lernen nicht erklären kann. Es gibt verschiedene Arten des Lernens, die durch kybernetische Modelle verwirklicht werden können (Powers 1973a; McFarland 1971), eine davon ist, zumindest im Prinzip, die technische Verwirklichung des uralten Prozesses des induktiven Schließens. Sie wurde zum ersten Mal von Kenneth Craik in den frühen vierziger Jahren vorgeschlagen, dann praktisch umgesetzt von Ross Ashby (1970).

*Lernen als induktiver Prozeß*

Die sich selbst auffüllende Öllampe, der Thermostat, sowie alle ähnlichen Geräte, die dem eingebauten Zweck dienen, einen bestimmten Zustand nahe einem vorgegebenen Referenzwert zu halten, sind ganz augenscheinlich das Ergebnis absichtsvoller Konstruktion. Da war ein Konstrukteur, der nicht nur wußte, warum er einen bestimmten Zustand oder eine bestimmte Menge konstant halten wollte, sondern auch, wie dies zu bewerkstelligen war. Der Thermostat, der die Temperatur in einem Gebäude regelt, braucht nicht zu *lernen,* daß die Klimaanlage eingeschaltet werden muß, wenn das Fühlersignal eine Temperatur über dem Referenzwert anzeigt, und daß im gegenteiligen Fall die Heizanlage eingeschaltet werden muß. Da diese Verknüpfungen vom Konstrukteur eingebaut worden sind, bewegen sich die Störsignale vom Komparator, die „zu heiß" oder „zu kalt" anzeigen, über feste Leitungen zur jeweils richtigen Maschine. Die Eignung der beiden Maschinentypen, Kühlung und Heizung, ist vom Konstrukteur auf der Basis *seiner* früheren Erfahrungen und seiner Ausbildung vorweg bestimmt worden.

Soll das Rückkoppelungsmodell nun in irgendeiner Weise für die Untersuchungen komplexerer Verhaltensformen, wie wir sie an Tieren und an Menschen beobachten, genutzt werden können, müssen wir ihm ein gewisses Maß an Lernfähigkeit geben. In Craiks Worten (1966, 59):

> „Wir müssen uns nun eine Maschine vorstellen, die in der Lage ist, ihre eigenen Mechanismen zu modifizieren, um so jenen Mechanismus auszubilden, der bei der Lösung eines gegebenen Problems erfolgreich war, und gleichzeitig andere verfügbare Mechanismen auszuschalten. Auch wenn dies als eine hohe Anforderung erscheinen mag, können wir uns mit dem Gedanken trösten, daß Tiere und Menschen ihre Aktivität nur innerhalb der Grenzen modifizieren können, die ihnen ihre Anatomie bzw. die ihnen gegebenen Materialien und Maschinen ziehen; auch wenn das eine hohe Anforderung ist, ist sie nicht unerreichbar hoch."

In gewissem Sinne liegt die Lösung bereits in dieser sehr frühen Formulierung des Problems. Sie besteht darin, für jede Art von Störsignal (Problem) denjenigen „Mechanismus" zu erfassen und zu speichern, „der das Problem erfolgreich gelöst hat". Mit anderen Worten, gibt es mehrere Arten von *Störung,* und folglich mehrere Arten von Störanzeigen, dann muß das System herausfinden, welche der Aktivitäten innerhalb seines Verhaltensrepertoires am wahrscheinlichsten geeignet ist, ein bestimmtes Störsignal zu korrigieren. Auf der elementarsten Ebene läßt sich dies nur durch induktives Schließen erreichen.

„Ein lebendes System ist aufgrund seiner zirkulären Organisation ein induktives System und funktioniert stets auf vorhersagende Weise: was einmal auftrat, wird wieder auftreten. Seine (genetische und andere) Organisation ist konservativ und wiederholt nur das, was funktioniert." (Maturana 1970b, 15–16)

Das einfachste lernende System verfügt daher über ein Repertoire mehrerer unterschiedlicher Tätigkeiten, über mindestens ein Wahrnehmungsorgan, sowie einen Komparator, der eine Störungsmeldung immer dann generiert, wenn die wahrgenommenen Signale nicht mit dem Referenzwert übereinstimmen. Es muß *lernen* (d.h. selbst aufbauen, weil es nicht durch feste Verdrahtung vorgegeben ist), dafür zu sorgen, daß das jeweilige Störungssignal jene Aktivität auslöst, die geeignet ist, es zu reduzieren.

Es bedarf nun einiger weiterer Annahmen, wenn ein derartiges System funktionieren soll. Zunächst muß es zumindest eine Tätigkeit im Repertoire des Systems geben, die tatsächlich die von den sensorischen Signalen gemeldete Lage beeinflussen kann (z.B. die Heiz- bzw. Kühlmechanismen in Verbindung mit einem Thermostaten). Zweitens muß das System eine Art von „Handlungsbereitschaft" einnehmen können, wenn eine Störungsmeldung auftritt. Drittens muß das System, um zu lernen, irgendwie in der Lage sein, in Erinnerung zu behalten, ob eine bestimmte Tätigkeit ein bestimmtes Störsignal reduziert oder nicht, mit anderen Worten, es muß eine Art von Gedächtnis besitzen.

Die erste dieser drei Annahmen ist unmittelbar einleuchtend und bedarf keiner Erklärung. Die zweite mag fragwürdig erscheinen. Wenn wir aber der Evolutionstheorie folgen, dürfte es nicht schwierig sein zuzugeben, daß die Organismen, die angesichts bedrohlicher Störeinwirkungen *etwas* tun, eine bessere Chance haben zu überleben, als Organismen, die überhaupt nicht handeln. Die dritte Annahme ist die problematischste, und sei es auch nur, weil wir immer noch keine angemessene Vorstellung dessen haben, was Gedächtnis ist und wie es funktioniert. Zum anderen sind wir aber nicht nur überzeugt, daß wir Menschen uns an vergangene Ereignisse erinnern, sondern daß es Erfahrungen gibt, die auch bei anderen Lebewesen gewisse Spuren hinterlassen.

Bevor ich nun die allgemeinen Konsequenzen dieses lernenden Rückkoppelungssystems erörtere, möchte ich noch auf einen praktischen Punkt besonders eingehen, dessen Bedeutung selten voll gewürdigt wird, auch wenn er in jeder Beschreibung des Systems implizit enthalten ist. Der Lernprozeß beginnt notwendigerweise mit der zufälligen Auswahl einer Tätigkeit als Reaktion auf ein Störungssignal. Reduziert diese Aktivität die Fehlermeldung nicht, dann wird eine andere versuchsweise eingesetzt, und so weiter, bis eine gefunden ist, die tatsächlich zur Reduktion der „Störung" führt. Dieses Vorgehen nach Versuch und Irrtum endet, wenn ein Versuch Erfolg bringt. Die Verbindung zwischen erfolgreicher Tätigkeit und Störungssignal wird sodann aufgezeichnet, und die Fehlermeldung wird von da an „automatisch" die Aktivität auslösen, die erfolgreich war. Hätte es jedoch keine Störeinwirkungen gegeben und folglich auch keine Störungsmeldung, dann hätte auch kein Lernen stattgefunden.

Es scheint nun durchaus möglich, ja sogar wahrscheinlich, daß ein Organismus mit einem großen Repertoire an Tätigkeiten über mehrere Aktivitäten verfügt, um die gleiche Störeinwirkung auszuschalten. Im Sinne der ursprünglichen, zufallsbedingten Verfahrensweise ist es jedoch denkbar, daß der Organismus dies nicht entdeckt. Da er sich gemerkt hat, daß die Tätigkeit x zur erfolgreichen Eliminierung einer bestimmten Störung geführt hat, wird er diese Tätigkeit als Reaktion auf die entsprechende Fehlermeldung so lange einsetzen, wie sie erfolgreich bleibt, und er wird keinen Anreiz verspüren, anderes zu versuchen. Man kann also sagen, daß ein derartiger Organismus nur *aufgrund von Störeinwirkungen lernt,* und daß er etwas Gelerntes nur dann aufgibt oder modifiziert, wenn dieses selbst wiederum zu Störeinwirkungen führt. Diese Funktionsweise paßt sehr gut zu der Piagetschen Vorstellung von den komplementären Prozessen der *Assimilation* und *Akkomodation.*

*Die Konstruktion des Wissens durch das Subjekt*

Das bisher Gesagte umfaßt nur einen kleinen Teil der Forschungsarbeiten zur Analyse von Steuerungsfunktionen in Organismen, die im Rahmen des kybernetischen Paradigmas durchgeführt worden sind. Eine hervorragende wissenschaftliche Übersicht hat McFarland (1971) geliefert, eine integrierte Verhaltenstheorie hat Powers (1973b) entwickelt. Die erkenntnistheoretischen Aspekte des kybernetischen Ansatzes haben besonders interessante Folgen für die Erforschung kognitiver Prozesse und kognitiver Entwicklung.

Die Tatsache, daß wir Rückkoppelungssysteme bauen können, die innerhalb gewisser Parameter zur Selbststeuerung fähig sind, ermöglicht uns, die elementarsten Merkmale der Beziehung eines Organismus zu seiner Umwelt zu veranschaulichen und durch Beispiele zu belegen. Zum ersten Mal können wir in einer von Grund auf operationalen Weise Fragen wie die folgenden nicht nur stellen, sondern beantworten: „Worin bestehen die Erfahrungsdaten eines Organismus?“, „Was kann ein lernender Organismus assoziieren bzw. was assoziiert er?“, „Was bildet in einem Organismus Wissen und wie bezieht es sich auf die Außenwelt?“

Ein lernender Homöostat (Ashby 1970) ist natürlich schon im Vergleich mit einer Amöbe ein erbärmlich primitiver Organismus. Er kennt nur eine Funktion, die Amöbe dagegen einige Dutzend, und er kann sich sicherlich weder vermehren noch irgendwelche anderen Kennzeichen des Lebens zeigen. Nichtsdestoweniger ist er hinsichtlich seiner Selbststeuerung eine Analogie der Selbststeuerungsfunktionen der Amöbe. Auch wenn diese seine Funktion durch völlig andere Elemente erfüllt wird als bei der Amöbe, sind die dabei im Spiel befindlichen logischen Schritte äquivalent.

Ist das Lernen eines Organismus induktiv, dann operiert es auf der Basis der Annahme (oder des Glaubens), daß es innerhalb seiner Erfahrung bestimmte Regularitäten gibt: „Was einmal auftrat, wird wieder auftreten.“ In der Tat kann es ohne diese Annahme kein Lernen geben. Hume hat es so gesagt: „Sollte es irgendwelchen Verdacht geben, daß der Lauf der Natur sich verändern und die Vergangenheit nicht als Regel für die Zukunft dienen könnte, dann wäre jegliche Erfahrung nutzlos und würde keinerlei Schlußfolgerungen oder Ableitungen zulassen.“ (Hume 1748/1963, 47).

Hume weist diese Regularität dem „Lauf der Natur“ zu und sagt damit um einiges zu viel. Der Organismus kann es sich dagegen leisten, bescheiden zu sein und lediglich eine gewisse Regelmäßigkeit innerhalb seiner *Erfahrung* anzunehmen, also in den „Daten“ und „Signalen“, mit denen er operiert, die notwendigerweise das einzige sind, zu dem er Zugang hat. In der Sprache der Psychologen sind das die *proximalen* Daten.

In unserem Modell umfassen die proximalen Daten die Signale der Sinnesorgane, den Referenzwert, die Störungsmeldung, sowie bestimmte Arten von Etiketten oder Signalen, die jede einzelne Aktivität innerhalb des Repertoires des Organismus repräsentieren. Was diese letzteren angeht, so gibt es dazu unter den Kybernetikern verschiedene Ansichten. Es ist sicherlich notwendig, nach dem Kontext der einzelnen Tätigkeiten zu differenzieren: Man könnte etwa in einer Reihe von Situationen von verschiedenen *Befehlen* sprechen, die die Tätigkeiten steuern, in einer anderen vielleicht die *propriozeptiven* Signale von denjenigen Teilen des Organismus verwenden, die mit der Ausführung der Tätigkeiten zu tun haben.

Powers (1973b) hat behauptet, daß ein Organismus „handelt, um seine Wahrnehmung zu steuern". In expliziterer Ausdrucksweise bedeutet dies, daß ein Organismus handelt, um ein sensorisches Signal so zu modifizieren, daß es mit dem Referenzsignal übereinstimmt, so daß es schließlich kein Störungssignal mehr gibt, das diese Tätigkeit auslösen würde. Auf der elementarsten Ebene können wir sogar sagen, daß ein Organismus handelt, um Störungssignale zu eliminieren. Sein Lernen besteht darin, eine Aktivität zu finden (und für zukünftige Nutzung zu speichern), die genau dies tut. Die Versuche mit verschiedenartigen Tätigkeiten hören auf, sobald die Fehlermeldung aufhört, und die erfolgreiche Verknüpfung, die die Reduktion des Störungssignals „verursacht" hat, ist das neue „Wissen". Wenn das gleiche Störungssignal das nächste Mal aus dem Komparator kommt, „weiß" der Organismus, welche Tätigkeit er auszuwählen hat.

Entscheidend ist, daß der Organismus das weder braucht noch benutzt, was ein *externer Beobachter* seine Umwelt nennt. Vorausgesetzt, es gibt ein bestimmtes Maß an Rekursivität in der sequentiellen Verknüpfung bestimmter Tätigkeiten und gewisser Modifikationen sensorischer Signale, dann kann der Organismus lernen, Störsignale zu eliminieren. Er braucht keinerlei Wissen von distalen Daten, von einer *Umwelt,* oder gar von einer jenseits dieser liegenden Realität, und es scheint auch keinerlei vernünftigen Weg zu geben, auf dem der Organismus derartiges Wissen erwerben könnte.

Natürlich kann es für einen Beobachter plausibel erscheinen, verschiedene Arten von Relationen zwischen dem „Output" des Organismus, also der Einwirkung seiner Aktivitäten auf die Umwelt, und seinem „Input", den Umwelt-„Stimuli", die die sensorischen Signale des Organismus „verursachen", herzustellen. Diese Elemente sind aber durchaus nicht so eindeutig, wie sie erscheinen. An anderer Stelle habe ich Argumente für eine radikale konstruktivistische Auffassung der Erkenntnis vorgetragen (von Glasersfeld 1975, 1976; 1977a; Richards/von Glasersfeld 1979), und zwar auf allen Ebenen der Organisation. An dieser Stelle möchte ich mich darauf beschränken festzuhalten, daß die Art von Wissen, die unser simpler Organismus durch die Herstellung von Verbindungen zwischen Störungssignalen und Aktivitäten erwirbt, in der Tat eine Art von *Konstruktion* ist, und da dieses Wissen ausschließlich mit den proximalen Daten der dem Organismus eigenen subjektiven Erfahrungen zu tun hat, könnte man es durchaus zu Recht gänzlich *subjektiv* nennen. Von da ist es nicht so weit, wie es scheint, zu Piagets Feststellung, daß „Intelligenz die Welt organisiert, indem sie sich selbst organisiert" (Piaget 1954).

*Regularitäten, Regeln und Erklärungen*

Würde die Behauptung, daß intelligente Organismen ihre Erfahrungswelt aktiv organisieren, nur von Piaget aufgestellt, dann könnte man sie vielleicht beiseite wischen. Psychologen haben schon immer Ideen eingeführt, die sich später als ebenso absurd erwiesen haben wie sie klangen. Während nun aber unser Alltagsdenken und gewisse Zweige der Wissenschaften nach wie vor in den realistischen Glaubensüberzeugungen des 19. Jahrhunderts befangen bleiben, hat sich die Physik, jene Naturwissenschaft, die wir als die „härteste", als die am wenigsten spekulative und auch als die verläßlichste betrachten, wenn es auf empirische Prüfungen ankommt, von dem Glauben entfernt, daß das Wissen, das wir aus der Erfahrung gewinnen, eine objektive Realität abbilden kann oder auch sollte. Um die Idee auszudrücken, die hinter dem an den Anfang dieses Aufsatzes gestellten Motto steht, könnte ich auch sehr gut Einsteins Formulierung heranziehen:

„Es ist die Theorie, die entscheidet, was wir beobachten können" (zit. von Heisenberg 1971, 63), oder eine etwas direktere und faktennähere von Heisenberg: „Die mathematischen Formeln (der Physik) bilden ... nicht mehr die Natur, sondern unsere Kenntnis von der Natur ab." (Heisenberg 1955, 19)

Wenn wir nun nicht länger sagen können, daß die Naturwissenschaften eine existierende „wirkliche" Welt beobachten, erforschen, und schließlich erklären, die so *ist,* wie sie ist, unabhängig davon, ob wir sie erfahren oder nicht, was machen dann diese Naturwissenschaften überhaupt? „Das, womit die Naturwissenschaft sich beschäftigt, ist eine *erdachte* Welt", sie ist „ein Konstrukt, und einige der Eigentümlichkeiten des wissenschaftlichen Denkens werden viel verständlicher, wenn diese Tatsache erkannt wird" (Hebb 1975, 4, 9). Naturwissenschaftler suchen nach wiederholbaren Verknüpfungen zwischen Erfahrungs- (oder experimentellen) Daten, und zwar in der Hoffnung, relativ verläßliche Korrelationen, oder noch besser, Kausalverknüpfungen herstellen zu können. Sie suchen nach Regularitäten in ihrer Erfahrung, die die Formulierung von Regeln zulassen, die sodann auf die gleiche ehrwürdige induktive Weise angewendet werden könnten, um vergangene Erfahrungen zu erklären und zukünftige vorherzusagen.

Kurz, Naturwissenschaftler scheinen in einem Lernprozeß begriffen zu sein, der als Prozeß dem Lernen unseres ultra-simplen Modellorganismus durchaus nicht unähnlich ist. Statt Erfahrungsregularitäten herzustellen, aus denen Handlungsregeln für die Eliminierung von Störungen abgeleitet werden sollen, suchen sie nach Erfahrungsregularitäten, um aus ihnen Regeln abzuleiten, mit denen sie eine homogene und intern konsistente Ordnung der Erfahrung begrifflich bewältigen können. Indem sie dies tun, treffen sie auf eine Fülle von Störeinwirkungen, die ebenso wie in dem simplen Rückkoppelungsmodell eliminiert werden müssen. Diese Störeinwirkungen werden nun aber durch die Nichtübereinstimmung und Unvereinbarkeit von Regeln und Begriffsbildung erzeugt. Und eine genauere Betrachtung der Naturwissenschaftsgeschichte könnte jedermann überzeugen, daß Naturwissenschaftler in ihrem Streben nach Konsistenz und Kompatibilität bereit sind, nicht nur die begrifflichen Beziehungen zu modifizieren, mit denen sie Erfahrungselemente ordnen, sondern auch ganz radikal jene Elemente neu zu strukturieren, die sie als grundlegend auffassen (vgl. Hanson 1958; Kuhn 1970; Feyerabend 1975).

*Die Nützlichkeit „schwarzer Kästen"*

Einer der frühesten Beiträge der Kybernetik zur Theorie der wissenschaftlichen Analyse und Forschung war der Begriff des „schwarzen Kastens" (*"black box"*). Dabei handelt es sich offensichtlich und ausschließlich um einen Beobachterbegriff, der auf Gegenstände angewandt wird, die, wie man vermutet, eine bestimmte Funktion erfüllen, die man jedoch aus dem einen oder anderen Grund nicht zerlegen kann, um festzustellen, was in ihrem Inneren passiert. Man könnte also sagen, daß „schwarze Kästen" eigentlich nicht existieren, daß es aber viele Kästen geben kann, die für jemanden schwarz sind. Lebendige Organismen sind ein einschlägiges Beispiel, besonders die Funktionen, die, wie man vermutet, ihre Intelligenz konstituieren. Schneidet man den Organismus auf, bleiben viele seiner interessantesten Funktionen unsichtbar oder hören auf.

**Abb. 1** Der Beobachter steht vor einem „schwarzen Kasten", wenn er aus dem einen oder anderen Grund nicht untersuchen kann, was im Inneren eines Objekts passiert. Er kann lediglich Inputs ($i_1$, $i_2$, $i_3$, ...) und Outputs ($o_1$, $o_2$, ...) wahrnehmen. Sowohl der Behaviorist als auch der Kybernetiker versuchen, auf der Grundlage ständiger Beobachtungen Regularitäten in der Input-Output-Sequenz festzustellen. Gelingt dies, dann ist der Behaviorist zufrieden, denn er kann anhand der beobachteten Regularitäten gewisse probabilistische Vorhersagen über das Verhalten des Objekts machen. Der Kybernetiker stellt die weiterführende Frage, welche Art von Mechanismus *innerhalb* des Kastens die beobachteten Regularitäten erklären könnte. Er versucht daher, ein „Modell" zu bauen, das die gleiche Input-Output-Sequenz erzeugt wie der schwarze Kasten.

Die Kybernetiker sind, im Gegensatz zu den strengen Behavioristen, die keinerlei Interesse an der internen Maschinerie eines „schwarzen Kastens" zeigen, gewöhnlich durchaus bereit, Vermutungen zu formulieren und deren Plausibilität zu prüfen, ebenso wie Wissenschaftler in anderen Gebieten über nicht direkt beobachtbare Dinge Hypothesen formulieren und überprüfen. Es gibt jedoch einen wichtigen Unterschied. Die anderen Wissenschaftler glauben, daß sie früher oder später in der Lage sein werden, ihre Hypothesen an der Wirklichkeit zu messen und festzustellen, ob sie richtig oder falsch sind. Ein echter Kybernetiker dagegen weiß, daß die „intelligenten" Funktionen, die er untersucht, niemals beobachtbar sind. Was er möglicherweise prüfen kann, das ist das Material, mit dem sie beginnen, und die Ergebnisse, die sie produzieren: also ihren *Input* und ihren *Output*. Er versucht daher, ein Modell zu entwickeln, das aus dem gleichen Input stets den gleichen Output wie der schwarze Kasten produziert. Auch wenn es recht befriedigend sein mag, ein technisches Modell zu konstruieren, das tatsächlich funktioniert, müssen sich die Kybernetiker weitaus öfter (aus praktischen Gründen, oder aus Zeit- und Geldmangel) mit theoretischen Modellen zufrieden geben, die zumindest demonstrieren, daß es einen logisch begehbaren Weg zur Erfüllung der Funktion gibt.

Die Untersuchung kognitiver Entwicklung hat zwei Aspekte, die die Nutzung des Begriffs des schwarzen Kastens rechtfertigen. Der erste dürfte zunächst fast trivial erscheinen, gäbe es nicht die weitverbreiteten Mißverständnisse, die gewisse Modelle der kognitiven Entwicklung erzeugt haben. Für den beobachtenden Psychologen ist das sich entwickelnde Kind in vieler Hinsicht ein besonders schwarzer Kasten. Der Beobachter, der seine Hypothesen über die intelligenten oder kognitiven Prozesse des Kindes entwickelt, muß jedoch versuchen, eine Perspektive *vom Inneren des schwarzen Kastens her* einzunehmen. Nur zu sagen, daß er die Dinge aus der Sicht des Kindes sehen muß, wäre viel zu wenig. Das Problem liegt *nicht* darin, sich bloß zu bemühen, die gleichen Dinge zu sehen wie der Beobachter, nur aus einem anderen Blickwinkel. Stattdessen liegt das Problem in der Ausbildung von Hypothesen darüber, wie ein derartiger schwarzer Kasten, dessen kognitive Verarbeitungseinheit zu nichts außer proximalen Daten oder internen Ereignissen Zugang hat, überhaupt sein Erfahrungsfeld so gliedern und strukturieren kann, daß er schließlich zu einer viablen Abbildung einer „Außen"-Welt gelangt.

Die naive realistische Sicht, daß das, was wir erleben, eine mehr oder minder direkte Spiegelung einer unabhängig von uns existierenden Realität sein muß, in der alles vollständig strukturiert und festgelegt ist, hat unsere Einsicht in kognitive Entwicklung unmöglich gemacht. Auf dieser Basis scheint jede Entwicklung eine obligatorische Einbahnstraße der Reifung und des Lernens zu sein – ein „Herausfinden" oder „Entdecken", wie die Dinge wirklich sind und wie sie funktionieren. Das einzige theoretische Rätsel dabei wäre nur, daß die Entwicklung so selten zu adäquatem Verstehen oder zu Weisheit führt.

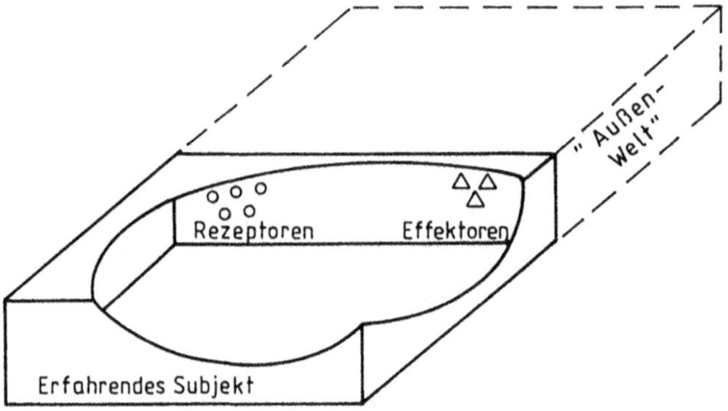


**Abb. 2** In der Sicht des erfahrenden Subjekts besteht „Erfahrung" aus Signalen, die es in „rezeptorische" und „effektorische" bzw. „sensorische" und „motorische" aufteilen kann. Seine Repräsentation einer „Außen-Welt" ist notwendig auf die Regularitäten gegründet, die es in der erlebten Signalsequenz feststellen kann. Es gibt keine Möglichkeit, das „Außen" anders zu untersuchen als so, daß beobachtet wird, welche sensorischen Signale auf bestimmte Effektorsignale, die als „Handlungen" kategorisiert wurden, folgen. Die Repräsentation der Außenwelt kann daher nur ein Modell eines unzugänglichen schwarzen Kastens sein, dessen Input – die eigenen Effektorsignale – systematisch mit seinem Output – den eigenen Rezeptorsignalen – vernüpft wird.

Dies bringt mich zu einer zweiten Verwendungsweise, die ich für den Begriff des schwarzen Kastens einführen möchte. Wenn es die Intelligenz oder die kognitive Aktivität des erfahrenden Menschen ist, die dadurch, daß sie sich selbst organisiert, seine Erfahrung zu einer viablen Abbildung einer Welt organisiert, dann kann man diese Abbildung als ein Modell betrachten und die „Außenwelt", die es angeblich abbildet, als einen schwarzen Kasten. Sobald wir nämlich dem lernenden Homöostaten (um auf unser ursprüngliches Beispiel zurückzugreifen) die Fähigkeiten der Abbildung und der Hypothesenbildung verleihen, kann er anfangen, darüber nachzudenken, wie es geschieht, daß eine gewisse Aktivität regelmäßig zur Modifikation eines bestimmten sensorischen Signals führt. Er kann anfangen, die Abbildung einer ordnungsvollen Außenwelt zu konstruieren, mit der er zwei vorstellbare Berührungspunkte hat: "Input" im Sinne seiner Einwirkung auf die Außenwelt, und "Output" im Sinne der Außenweltereignisse, die seine sensorischen Signale erzeugen. Die Abbildung muß daher nicht mehr und nicht weniger sein als ein hypothetisches Modell von Funktionen, Entitäten und Ereignissen, die die Regularitäten der Erfahrung des Organismus „erklären" können. Den Kybernetiker dürfte es nicht überraschen, daß es da keine Möglichkeit gibt, das Modell mit den „realen" Strukturen des schwarzen Kastens zu vergleichen.

*Beobachter und Beobachtetes*

Beobachten heißt, seine Aufmerksamkeit mit besonderer Sorgfalt zu konzentrieren. Gebrauchen wir das Verbum *beobachten* transitiv (wie gewöhnlich), dann heißt das, daß ein bestimmter Bereich unseres Erfahrungsfeldes von diesem abgegrenzt werden kann. Im logischen Sinne ist eben dieser Teil unserer Erfahrung das Objekt, das wir beobachten. Die Psychologen sprechen jedoch ständig davon, daß sie *Subjekte* beobachten. Es gibt dafür zwei Gründe. Einmal wollen die Psychologen vermutlich damit sagen, daß das, was sie beobachten, kein totes Objekt ist, sondern ein aktives Element, das die Rolle des Subjektes in einer Mehrzahl von Tätigkeiten spielen kann. Für den sturen Behavioristen ist dies natürlich nur eine konventionelle und sogar recht irreführende Redeweise, denn in seiner Sicht sind die Ratten, die er in seinen Experimenten benützt, ebenso passiv und durch Außenweltereignisse determiniert wie Billardbälle oder irgendwelche anderen bewußtseinslosen Gegenstände. Der kognitive Psychologe ist andererseits durchaus bereit, den Gegenständen, auf die er seine Aufmerksamkeit richtet, die Eigenschaften von Subjekten, ja sogar Subjektivität zuzugestehen. Mit anderen Worten, er sucht mit voller Absicht nach kognitiver Organisation und nach kognitiven Funktionen.

Der zweite Grund dafür, daß Psychologen behaupten, sie beobachten Subjekte, ist, daß sie nicht zugeben möchten, daß ihre Tätigkeit die Tätigkeit von Beobachtern ist. Indem sie das beobachtete Element ‚Subjekt" nennen, verdecken sie die Tatsache, daß es ihre eigene Beobachtertätigkeit ist, die die Elemente festlegt, die sie beobachten.

Im allgemeinen umfaßt *Beobachten* jedoch etwas mehr als nur die Konzentration der Aufmerksamkeit auf abgrenzbare Gegenstände. Dazu gehört auch der Versuch, die Formen der Interaktion herauszupräparieren, die zwischen dem Teil seiner Erfahrung, den der Beobachter als Organismus ansieht, und dem Rest seines Erfahrungsfeldes abläuft, den er nun als die Umwelt jenes Organismus auffaßt.

Im Prinzip ist diese Trennung von Organismus und Umwelt durchaus ähnlich der Unterscheidung zwischen Figur und Hintergrund durch einen Künstler, der den Umriß eines Objektes auf ein Blatt Papier wirft. Der wesentliche Punkt ist dieser: Ebenso wie Figur und Hintergrund für den Künstler Teil des Blattes Papier sind, so sind Organismus und Umwelt Teil des Erfahrungsfeldes des Beobachters. Es kann keinen Zweifel daran geben, daß die Unterscheidung zwischen einem beobachteten Organismus und seiner Umwelt sowohl legitim als auch äußerst nützlich ist, vorausgesetzt uns bleibt klar, wer diese Unterscheidung trifft und wo sie getroffen wird (von Foerster 1970). Nur diese klare Sicht kann uns zwei Fallen vermeiden helfen, die in der Vergangenheit ganz enorme Verwirrung gestiftet haben.

> „Zunächst ist da die sehr verführerische, aber logisch falsche Vorstellung, daß das, was wir zu Recht als die auf einen Organismus bezogene ‚Umwelt' bezeichnen, wenn der Organismus *und* seine Umwelt von uns beobachtet werden, auch unsere Umwelt sein muß, und daher kausal für das verantwortlich gemacht werden kann, was wir selbst erfahren. Zweitens ist da der irrtümliche Glaube, daß jene ‚Umwelt', die Teil unseres Erfahrungsfeldes ist, mit dem Erfahrungsfeld des beobachteten Organismus identisch sein muß." (von Glasersfeld 1976)

Die Vorstellung, daß der Erfahrungen machende Mensch angesichts des schwarzen Kastens seiner Wirklichkeit das Modell einer Welt aus den Regularitäten konstruiert, die er im Zuge seiner Erfahrung ermitteln kann, eröffnet uns eine neue Perspektive für einige der uralten Probleme der traditionellen Erkenntnistheorie. In ähnlicher Weise tut dies die Vorstellung, daß der Beobachter Organismen beobachtet, die für ihn schwarze Kästen sind und ihre eigenen, ihm unzugänglichen Erfahrungsfelder haben, für die Untersuchung kognitiver Entwicklung, was bis jetzt nur ganz wenige Psychologen und Erzieher zu schätzen gelernt haben. Zu diesen wenigen gehört als hervorragender Vertreter Jean Piaget. Der nächste Abschnitt wird seine Analyse einiger der grundlegendsten kognitiven Konstrukte behandeln.

## Piaget in kybernetischer Sicht

### *Die Konstruktion permanenter Objekte*

Eines der revolutionären Ergebnisse der Erforschung kognitiver Entwicklung durch Piaget ist, daß das Kind fast die ersten zwei Lebensjahre lang braucht, um die Idee aufzubauen, daß Gegenstände eine eigene „Existenz" haben, und daß sie normalerweise so bleiben, wie sie sind, auch wenn man sie nicht durchwegs wahrnehmen kann. Diese Entdeckung war revolutionär, denn in unserer Erwachsenenwelt der Alltagsvernunft gibt es wahrscheinlich keinen einzigen simplen Gedanken und keine einzige alltägliche Tätigkeit, die nicht in irgendeiner wesentlichen Hinsicht auf dieser Vorstellung der Objektpermanenz beruht. Außer der Überzeugung, daß wir selbst existieren, dürfte dies die am tiefsten eingewurzelte Vorstellung sein. Wer von uns würde nach langem und peinlichem Suchen eines verlegten Gegenstandes nicht sogar an der Ehrlichkeit der eigenen Frau bzw. des eigenen Ehemannes oder des besten Freundes zweifeln, statt den Glauben aufzugeben, daß der Gegenstand *irgendwo* sein *muß*. Es ist daher ein recht starker Schock, wenn man gesagt bekommt, daß wir als Kinder unser Leben nicht mit diesem Begriff begonnen haben, sondern ihn erst schrittweise und mühsam aufbauen mußten.

Piagets Analyse dieses Aufbauprozesses, die sechs Stadien, in die er ihn gegliedert hat, und die Beobachtungs- wie Experimentaldaten, die er und andere über fünfzig Forschungsjahre lang zusammengetragen haben, sind gut bekannt. Ich setze daher voraus, daß Kinder eine Vorstellung von Objektpermanenz erst ententwickeln müssen. Hier will ich daher nur kurz einige der Schritte erläutern, die für das hypothetische Modell eines Organismus unentbehrlich scheinen, wenn er einen vergleichbaren Begriff konstruieren können soll.

Es gibt heute kaum ein einführendes Lehrbuch der Psychologie, das die kindliche Entwicklung des Begriffs der Objektpermanenz nicht behandelt. Sieht man sich aber nur einige davon an, dann gewinnt man den Eindruck, daß die Autoren nie mehr als die ersten hundert Seiten der Piagetschen Arbeit „Der Aufbau der Wirklichkeit beim Kinde“ (1937) gelesen haben. In diesem ersten Abschnitt des Buches legt er natürlich seine Theorie der Genese des Objektbegriffs dar, während die darauf folgenden Abschnitte mit den Begriffen des Raumes, der Kausalität, der Zeit und schließlich des Universums zu tun haben. Auch wenn er die Konstruktion dieser Begriffe hintereinander abhandelt, macht er sehr klar, daß sie seiner Auffassung nach beim Kind nicht hintereinander entstehen. In seiner Sicht ist *eine* Begriffskonstruktion der Ursprung für alle anderen. Mit anderen Worten, Erfahrungsgegenstände, Raum, Kausalität, Zeit – und ich würde die Begriffe der Veränderung, der Bewegung, der Substanz, der Identität und des Ich hinzufügen – stammen alle von *einer* Anfangskonstruktion, sind daher miteinander *verwandt* und unentwirrbar aufeinander bezogen. Die Rede von „Schritten“ in den noch folgenden Abschnitten bedeutet also keine chronologische, sondern eine logische Abfolge. Es gibt gewisse Schritte, die logisch unentbehrliche Voraussetzungen für andere bilden, diese Logik ist aber unsere Logik, die Logik eines *Beobachters,* und gilt für ein Modell, das dieser Beobachter entwickelt.

### *Die Herstellung von „Gleichheit“*

Bevor überhaupt so etwas wie der Begriff der Permanenz entstehen kann, muß es die Möglichkeit geben, Elemente innerhalb des Erfahrungsstroms voneinander zu trennen und hernach als gleich anzusehen. Irgendeine derartige Fähigkeit wäre natürlich eine Voraussetzung für jeden Organismus, der induktiv operiert, – der also Rekurrenzen in seiner Erfahrung aufbaut, sie als Regelmäßigkeiten betrachtet und aus ihnen Schlüsse ableitet. Es könnte in der Tat überhaupt kein Lernen geben, gäbe es nicht irgendeine Art von Gleichheitsbegriff. Für den Behavioristen ist es natürlich eine simple Grundtatsache, daß Organismen zur „Stimulusgeneralisierung“ fähig sind. Setzt man nun aber diese Fähigkeit stillschweigend voraus, dann vermeidet man zwar theoretische Probleme, kommt aber mit der Konstruktion eines viablen Modells von Organismen und ihres Verhaltens nicht weiter. In unseren Untersuchungen, für die Begriffe der Rekurrenz, Regularität und Permanenz unentbehrlich sind, kommen wir nicht darum herum zu fragen, wie ein Organismus dazu kommt, so zu handeln, als ob zwei Erfahrungen *gleich* wären.

Auch wenn wir gerne glauben möchten, daß Wahrnehmung nichts anderes ist als die im Inneren eines Organismus erfolgende Abbildung einer fertig vorgegebenen Außenwelt, in der die Gegenstände *gegeben* sind, müssen wir erklären, wie denn eine derartige innere Abbildung vorgenommen wird. Gleichgültig ob diese Frage von einem Realisten oder Konstruktivisten gestellt wird, sie führt in die gleichen Schwierigkeiten. Beide können an der simplen Tatsache nicht vorbei, daß ein

„Objekt" vom Gesichtspunkt des erlebenden Organismus (d. h. mit Bezug auf die Sinneserfahrungen dieses Organismus) in unterschiedlichen Situationen nie ganz gleich ist.

So ist zum Beispiel die visuelle Wahrnehmung eines ganz bestimmten Gegenstandes jedes Mal verschieden. Die Gestalt des Gegenstandes ändert sich mit dem Blickwinkel, seine Größe mit der Entfernung, aus der er gesehen wird, seine Farbe ändert sich mit der Beleuchtung, und andere Parameter variieren nicht minder, wenn sich der Kontext ändert. Was also konstituiert das invariante Objekt, das der Organismus erkennt? Es scheint kein Weg an der Annahme vorbei zu führen, daß ein „Objekt", jedenfalls mit Bezug auf den Organismus, ein Konstrukt sein muß, das aktiv aus einer Reihe von Erfahrungen abstrahiert wird, indem eine begrenzt flexible Konstellation charakteristischer Merkmale festgehalten wird, die innerhalb gewisser Grenzen noch variieren können.

Ein eng damit verbundenes Problem ist der Erwerb von Namen durch ein Kind. Die meisten Psycholinguisten sind der Auffassung, daß das Kind zunächst eine Art von Begriff bilden muß, bevor es lernen kann, damit einen Namen zu verknüpfen. Es gibt jedoch unterschiedliche Vorstellungen darüber, wie sich ein derartiger Begriff entwickelt. Roger Brown (1958) hat die beiden extremen Standpunkte zusammenfassend dargestellt und selbst eine überzeugende Synthese entwickelt.

> „Nehmen wir an, ein ganz kleines Kind wendet das Wort *Hund* auf jede vierbeinige Kreatur an, die es sieht. Es kann eine begrenzte Menge von Attributen abstrahiert und eine umfassende Kategorie gebildet haben, seine Abstraktion wird sich jedoch in seinem Wortschatz nicht zeigen. Die Eltern werden ihm keinen geläufigen Namen für seine Kategorie geben, etwa *Vierbeiner,* sondern es stattdessen anhalten, die Verwendung des Wortes *Hund* auf den angemessenen Bereich zu beschränken...
>
> Das Kind, das spontan die Kategorie vierbeiniger Tiere entwickelt, muß sie zugunsten von Hunden, Katzen, Pferden, Kühen und ähnlichem aufgeben ... Der Schüler, der das Wort *Vierbeiner* lernt, hat von differenzierten und einzeln benannten Elementen dieser Kategorie abstrahiert. Das Kind, das er einmal war, abstrahierte, weil es nicht fähig war, zu differenzieren. Abstraktion *nach* der Differenzierung könnte der reife Prozeß sein, Abstraktion aufgrund der Unfähigkeit zu differenzieren der primitive."

Die Kategorisierung von Erfahrungsobjekten auf die besondere Weise, wie sie von der Sprache vorgeschrieben ist, die das Kind erlernen muß, ist natürlich nicht ganz das gleiche wie die Ableitung eines Gegenstandsbegriffs aus zwei oder mehr Einzelerfahrungen (vgl. den Abschnitt über „Äquivalenz und Kontinuität"). In beiden Fällen aber scheinen Differenzierung und Abstraktion weitgehend die gleiche Rolle zu spielen. Bei der Benennung von Objekten zwingt die konventionelle Natur sprachlicher Ausdrücke das Kind, seine Begriffe auf bestimmte Weise zu strukturieren. Bei der Konstruktion rekursiv verwendbarer Gegenstandsbegriffe zwingt die aktive Suche des Organismus nach Rekurrenz und Regularität zur Herstellung von „Gleichheit" durch die Konzentration auf Ähnlichkeiten und die Vernachlässigung von Unterschieden. Nach Piaget bildet dieses aktive Durchsetzen der Invarianz von Einzelerfahrungen, die ja stets in gewisser Hinsicht verschieden sind, den allgegenwärtigen Prozeß der *Assimilation.*

*Assimilation und Akkomodation*

Im letzten Absatz habe ich zu zeigen versucht, daß ein Objektbegriff nur das Ergebnis der aktiven Konstruktion des Erfahrung gewinnenden Organismus sein kann. Auch wenn ein Beobachter mit realistischen Überzeugungen glaubt, daß ein Gegenstand ein fertig vorgegebenes „Ding an sich" draußen in der Realität sei, das nur darauf wartet, durch einen Organismus erfahren zu werden, auch dann wäre jede einzelne Erfahrung dieses Objekts nichtsdestoweniger minimal anders. Es gibt also keinen unmittelbaren Weg, die Annahme zu rechtfertigen, daß der Begriff eines derartigen Objekts eine direkt abgeleitete Abbildung oder Repräsentation des „realen" Gegenstandes sein könnte.

Auch wenn wir nun diese realistische Erkenntnistheorie aufgeben, sind noch nicht alle Probleme gelöst. Es verbleibt vor allem die praktische Frage, wie denn ein Organismus eine Erfahrung als die Wiederholung einer bereits gehabten Erfahrung wiedererkennt, wenn doch beide Erfahrungen in ihren sensorischen oder anderen Erfahrungselementen, aus denen sie bestehen, nicht kongruent sind.

Piaget hat diese Schwierigkeit durch die Einführung des Begriffs der *Assimilation* aufgelöst. „Assimilieren" bedeutet wörtlich, etwas *gleich* machen, und Piaget gebraucht den Begriff eben in diesem Verständnis.

> „Am Anfang der assimilatorischen Tätigkeit ist jedes von der Außenwelt der Tätigkeit des Subjekts angebotene Objekt etwas zum Saugen, zum Anschauen oder zum Anfassen.
> In ihren Anfängen ist Assimilation im wesentlichen die Nutzung der Außenwelt durch das Subjekt, um die ihm angeborenen oder erworbenen Schemata zu stärken." (Piaget 1937/1971, XI, 396).

Als Beobachter können wir mit voller Berechtigung vom Organismus und seiner „Außenwelt" sprechen, der Organismus aber kann diese Unterscheidung mit Bezug auf sich selbst nicht treffen, er hat lediglich seine eigene Erfahrung. Aus der Sicht des Organismus bedeutet Assimilieren also, eine gegenwärtige Erfahrung so zu modifizieren, daß sie in ein ererbtes oder erworbenes Schema, d.h. ein perzeptuelles oder motorisches Muster paßt, welches bereits in gewissem Sinne den Charakter einer Invariante besitzt. Mit anderen Worten, Invarianten erzeugen Wiederholung ebenso sehr wie Wiederholung Invarianten erzeugt. Das ist überhaupt nicht so paradox, wie es klingt. Das linguistische Beispiel der Namen kann vielleicht erneut diese Tatsache beleuchten. Hat das Kind einmal Vierbeinigkeit als das invariante, entscheidende Merkmal einer komplexen Erfahrung entwickelt, wie sie mit dem Wort *Hund* verknüpft ist, dann konzentriert es sich auf die Vierbeinigkeit und gebraucht das Wort *Hund* nur dann, wenn dieses entscheidende Merkmal in seinem Erfahrungsmaterial auftaucht. Das bedeutet, daß das Kind Gegenstände verschiedenster Art *assimiliert* — von denen es viele später mit *Katze, Pferd, Schaf* oder *Kuh* bezeichnen wird —, und daß es dabei alle jene Erfahrungselemente vernachlässigt, die diese von der Ursprungserfahrung, die mit dem Wort *Hund* verbunden ist, unterscheiden.

Es bedarf keiner Betonung, daß das eine extreme Vereinfachung ist. Meines Wissens hat kein Kind jemals einen Stuhl, ein Sofa oder einen Küchentisch mit dem Begriff assimiliert, den es *Hund* nannte. Das sollte uns auf die Tatsache aufmerksam machen, daß der kindliche Begriff des Hundes zu der Zeit, wenn es beginnt, Dinge zu benennen, mehr an abgrenzenden Merkmalen enthalten muß als nur Vierbeinigkeit. Das Prinzip ist jedoch nützlich und hilft uns zu veranschaulichen, wie es nicht nur zur Überdehnung eines Wortes oder Begriffes kommen kann, sondern auch, wie das Kind diese schließlich wieder rückgängig macht. Wie Brown dargelegt hat, verlangen Eltern vom Kind, den Gebrauch des Wortes *Hund* auf den angemessenen Bereich zu beschränken. Das heißt, die falschen Verwendungen des Wortes *Hund* durch das Kind erzeugen Störungen in seiner Erfahrung, so daß es unerwartete Folgen gibt, wenn das Kind dieses Wort gebraucht. Derartige negative Rückkopplung läßt sich nur durch eine Modifizierung des Wortgebrauches, also durch seine Einschränkung eliminieren.

Nach Piaget ist diese Reduktion einer Überdehnung ein Fall der Akkomodation. Assimilation ist, wie wir gesagt haben, die Anwendung eines ausgebildeten invarianten Musters oder Schemas auf eine gegenwärtige Erfahrung ohne Rücksicht auf Abweichungen. In der Akkomodation dagegen führt eine Abweichung zur Bildung eines neuen Musters (entweder zur Modifikation eines alten oder zum Aufbau eines neuen), das hernach eine neue Invariante werden kann. Die Frage, die sich nun sofort stellt, ist die: Warum sollte eine Diskrepanz in der Erfahrung einmal zur Akkomodation und somit zur Erzeugung eines neuen Schemas, und ein andermal zur Assimilation führen, also vernachlässigt werden? Die Antwort ist nicht übermäßig schwierig, vorausgesetzt wir sehen den Organismus als ein von Grund auf zielorientieres System an.

Piaget drückt dies häufig so aus, daß er sagt, der Organismus müsse als ein aktives erfahrungsgewinnendes System und nicht als passiver Empfänger von Stimuli angesehen werden. In den oben zitierten Auszügen ist er noch um einiges genauer: Der Organismus assimiliert Elemente, *um* zu saugen, *um* anzuschauen, *um* anzufassen. Diese Tätigkeiten haben wie all die anderen, die der Organismus ausführt oder auszuführen lernt, ein bestimmtes sequentielles Muster und führen im allgemeinen zu bestimmten Erfahrungsergebnissen. Sie sind Wege zu bestimmten erfahrungsbegründeten Zielen. Damit diese aber erreicht werden können, bedarf es der Unterstützung (d. h. des Vorhandenseins) mehr oder weniger spezifischer Erfahrungselemente. Und es mag Situationen geben, in denen die gegebenen Elemente nicht assimiliert werden können, weil sie nicht mit den erwarteten Ergebnissen der Tätigkeit übereinstimmen.

Wenn ein Säugling etwa irgendein visuelles Element in das invariante Muster einer Rassel assimiliert und ein gerade erreichbares Holzstück ergreift und schüttelt, dann wird das Fehlen des auditorischen Elementes, das als Ergebnis des Schüttelns erwartet wird, eine Abweichung erzeugen, die durch Assimilation nicht ausgeräumt werden kann. In diesem Falle wird sich die Aufmerksamkeit wahrscheinlich auf gewisse der zuvor vernachlässigten visuellen oder taktilen Elemente richten, durch die das Holzstück von der Rassel unterschieden werden kann. Ist diese Unterscheidung einmal getroffen, dann lassen sich die neuen Elemente, vielleicht auch zusammen mit einigen alten, in einem Akt der *Akkomodation* verknüpfen, um ein neuartiges Schema zu bilden. Dieses neuartige Schema wird von da an als eine relativ eigenständige Invariante der Assimilation künftiger Erfahrungen dienen.

Ich hoffe, daß diese kurze Darstellung der komplexen Interaktion assimilierender und akkommodierender Prozesse gezeigt hat, daß dieser Teil der Theorie Piagets mit dem kybernetischen Ansatz vereinbar ist. Ziehen wir noch einmal das Rückkoppelungsmodell heran, dann können wir sagen, daß Assimilation, insofern sie sensorische Signale gleichrichtet, die Erzeugung von Störungsmeldungen reduziert. Die Akkomodation andererseits tritt nur dann auf, wenn es eine Diskrepanz oder eine Störung gibt, für die der Organismus noch kein bewährtes Verfahren der Abhilfe besitzt.

*Schemata und begriffliche Strukturen*

Bei der Erörterung der Rolle der Assimilation in der Erzeugung von „Gleichheit" und der Rolle der Akkomodation in der Erzeugung von Invarianten habe ich „Erfahrungselemente" eingeführt, so als ob diese Elemente immer perzeptuelle Daten darstellten. Das war eine extreme Vereinfachung.

„Ein Gegenstand wird zunächst nur durch die Handlungen des Subjekts erkannt und muß daher als solcher konstruiert werden." (Piaget 1972, 82) Die früh auftretenden „Objekte" sind für Piaget stets Teile eines Handlungsschemas. Sie sind jene sensorischen Schemata, die in Verbindung mit einem motorischen Schema eine sensomotorische Tätigkeit bilden. Als solche sind sie also stets eine Verknüpfung von perzeptuellen und propriozeptiven Daten. Das heißt, sie bilden ein Schema, das nicht nur aus mehreren sensorischen Signalen, sondern aus Signalen mehrer sensorischer Modalitäten zusammengesetzt ist. Das bedeutet gewöhnlich, daß sie visuelle und taktile Signale sowie propriozeptive Signale aus der motorischen Aktivität des Wahrnehmenden enthalten.

Durch zahlreiche Akte der Akkomodation, die bestimmte Erfahrungselemente hinzugefügt oder entfernt haben, wird ein Objektschema relativ invariant und kann daher für die Assimilation neuer Erfahrungen genutzt werden. All dies aber findet immer noch auf der Ebene sensomotorischer Tätigkeit statt und bedeutet noch nicht die Bildung von Begriffen, auch wenn es als Teilmodell späterer Entwicklungen dienen kann. Diese Verwendung eines invarianten Schemas ist daher keinesfalls eine Manifestation des Begriffs der Objektpermanenz, denn seine Invarianz ergibt sich aus der Wiederholung einer Aktivität bzw. besteht in dieser selbst und hat noch nichts mit der Invarianz eines eigenständigen Gegenstandes zu tun.

> „Das Wachstum des menschlichen Bewußtseins besteht zum Teil in der sukzessiven Erlangung oder Bildung kognitiver *Invarianten.* Wie der Name schon sagt, ist eine Invariante etwas, das gleich bleibt, während andere Dinge in der gleichen Situation sich verändern oder verschiedenen Umwandlungen unterworfen werden. Die Identifizierung konstanter Merkmale oder Invarianten inmitten ständiger Bewegung und Veränderung ist eine absolut unentbehrliche kognitive Tätigkeit für einen adaptiven Organismus; sie ist besonders charakteristisch für menschliche Rationalität." (Flavell 1977, 48)

Kognitive Invarianten können oft den gleichen Inhalt haben wie invariante sensorische oder motorische Schemata, wir verbinden mit ihnen aber ein zusätzliches Merkmal, das sie aus der Welt sensomotorischer Erfahrung herausnimmt: Wir nehmen an, daß sie dem Organismus unabhängig von den augenblicklichen sensorischen Signalen verfügbar sind. Sie bilden einen Teil des Materials einer zweiten Erfahrungsebene, die durch Gedächtnis ermöglicht wird, einer Erfahrungsebene, die wir als *Repräsentation* bezeichnen, um sie von der Ebene der Wahrnehmung und Propriozeption abzuheben.

Wir „wissen" introspektiv, daß wir auf einer Ebene der Repräsentation operieren können. Wir wissen empirisch, daß Menschen sehr komplizierte Probleme im Kopf lösen können (d.h. ohne die Krücken direkter Wahrnehmung, z.B. Bleistift und Papier), und daß einige von ihnen sogar mehrere Schachspiele gleichzeitig ohne jegliche Art visueller Unterstützung spielen können. Dennoch möchte ich nicht sagen, daß es sich von selbst versteht, daß Erwachsene oder Kinder mit Repräsentationen operieren. Ich möchte lediglich behaupten, daß die Art von

Modell, die ein Kognitivist für die „Erklärung“ des Funktionierens solcher Organismen konstruiert, diese Fähigkeit besitzen muß.

Sobald ein System mit dieser Fähigkeit ausgestattet ist, Erfahrungskomplexe invariant zu halten und sie unabhängig von gerade gegebener sensorischer Erfahrung zu nutzen, werden verschiedenste interessante Dinge möglich. Ich will hier nur zwei davon erwähnen. Zunächst einmal gewinnt der Begriff *Invariante* eine neue Dimension. Im Kontext sensomotorischer Assimilation war es stets eine perzeptuelle oder motorische Aktivität, die als Invariante bezeichnet wurde, denn sie veränderte sich trotz unterschiedlichen sensorischen Materials nicht. Wenn nun eine Invariante auf der Ebene der Repräsentation, unabhängig von jeglicher Aktivität, verwendet werden kann, wird sie zu einer Art von Programm oder Subroutine, die insofern invariant ist, als sie irgendwo in einem Gedächtnis gespeichert ist, aus dem sie wieder abgerufen werden kann. Und es ist diese Veränderung des Status, die die Begriffe der Permanenz und der *Identität* entstehen läßt, – ein weiterer Schritt in der Konstruktion permanenter Gegenstände.

Die zweite Entwicklung, die mit der Einführung von Repräsentations-Invarianten möglich wird, liegt darin, daß diese als Bausteine für begriffliche Konstruktionen benutzt werden können, die sich immer weiter vom Rohmaterial sensorischer oder motorischer Signale entfernen. Diese Verschiebung bedeutet eines der hervorstechendsten Merkmale aller „höheren“ und komplexeren mentalen Operationen. Daraus ergeben sich gewichtige erkenntnistheoretische Konsequenzen, die allerdings weit über den Rahmen dieser Arbeit hinausführen. Das Prinzip jedoch, daß erstens gelernt wird, einen Komplex auf eine bestimmte Weise und mithilfe bestimmter Elemente zu konstruieren, daß zweitens das Programm oder Rezept solcher Konstruktion gespeichert wird, und daß drittens dieses als eine Einheit wieder abgerufen werden kann, um mit anderen ähnlichen Ursprungs kombiniert zu werden und eine Struktur „höherer Ebene“ zu bilden, *ohne* auf die „niedrigere“ Ebene zurückgeführt werden zu müssen, dieses Prinzip hat sich als für die Konstruktion des Wissens überaus mächtig erwiesen. Es gestattet uns, so wie ein Maurer vorzugehen, der all seine Energie und Aufmerksamkeit auf den Bau einer Mauer oder eines Torbogens konzentrieren kann, ohne sich je mit den Fragen aufhalten zu müssen, woher die Ziegel, die er verwendet, kamen und wie sie hergestellt wurden. Und ebenso wie die spezifischen Merkmale der Ziegel (zum Beispiel Form und Größe) es dem Maurer unmöglich machen, bestimmte Dinge zu bauen, so wirken die vorgefertigten begrifflichen Bausteine als Einschränkungen für künftige Konstruktionen.

### *Die Mehrdeutigkeit des Begriffs der „Gleichheit“*

Wenn wir in alltäglichen Situationen sagen, daß ein Gegenstand *der gleiche* ist, dann wissen wir, was wir meinen, und es gibt kaum je ein Mißverständnis. Es entstehen kaum Probleme, wenn es um zwei oder drei konkret gegebene Gegenstände geht. Wir sagen, daß wir in einer bestimmten Hinsicht, die gewöhnlich durch den Kontext bestimmt ist, keinerlei Verschiedenheit zwischen diesen Gegenständen feststellen können und sie daher als *äquivalent* betrachten. Gibt es jedoch nur ein einziges Objekt innerhalb unseres gegenwärtigen Erfahrungsfeldes, dann ist dieser Ausdruck mehrdeutig. Er läßt sich wieder als die Behauptung einer Äquivalenz interpretieren, ebenso aber als Behauptung, daß das vorliegende Objekt *genau dasselbe* Einzelobjekt ist, das wir bereits bei anderer Gelegenheit angetroffen hatten.

Die gleiche Mehrdeutigkeit gilt für den Alltagsgebrauch des Wortes *identisch*. Obwohl die englische Sprache eine logisch einwandfreie Unterscheidung der beiden Bedeutungen mithilfe des bestimmten bzw. unbestimmten Artikels anbietet (*ein identisches* Objekt bedeutet Äquivalenz, *das identische* Objekt bedeutet Identität), werden doch häufig im alltäglichen Sprachgebrauch beide Bedeutungen austauschbar verwendet. Solange wir uns auf recht vertraute Gegenstände beziehen, führt dies auch kaum zu Verwirrung.

In einer Erörterung begrifflicher Invarianten wird die Mehrdeutigkeit der Begriffe „Gleichheit" und „Identität" allerdings zu einem gravierenden Hindernis der Erkenntnis. Wenn wir den Begriff der Gegenstandspermanenz wirklich erfassen wollen, ist es unumgänglich, daß wir diese Mehrdeutigkeit vollständig beseitigen.

Wir haben uns vorhin die Frage gestellt „Wie wird das invariante Objekt konstituiert, das der Organismus *erkennt*?" Stellen wir diese Frage außerhalb jeden Kontextes, dann könnte der Ausdruck „Invariante" klarerweise auf zwei radikal verschiedene Arten interpretiert werden. Auf der einen Seite könnte es sich um einen Prototyp oder um eine Schablone handeln, mithilfe der ein Organismus gewisse Erfahrungen als Beispielfälle der durch die Invariante repräsentierten Klasse kategorisiert. Diese Bedeutung entspricht dem *Objektbegriff* und wurde vorhin durch das Beispiel aus der Psycholinguistik illustriert. Andererseits könnte der Begriff „Invariante" auch als ein eigenständiges Objekt verstanden werden, das unverändert bleibt, da es immer als *ein und dasselbe* Einzelobjekt „existiert" und erkannt wird, wenn es im Erfahrungsfeld des Organismus auftaucht. Und eben dies ist die Bedeutung von „Invariante", die dem Begriff der *Objektpermanenz* entspricht. Sowohl der Begriff des Objekts im Sinne eines Prototyps, mit Bezug worauf Erfahrungen als äquivalent betrachtet werden können, als auch der Begriff der Objektpermanenz, aufgrund dessen zwei oder mehr Erfahrungen als von einem identischen Individuum abgeleitet aufgefaßt werden können, beruhen auf einer Form der Invarianz. Diese Invarianz ist aber in beiden Fällen gewiß nicht dieselbe. William James, der ein außerordentlich scharfes Auge für begriffliche Unterscheidungen hatte, sagte schon vor siebzig Jahren:

> „Nochmals zu 'permanenten' Dingen; zum 'gleichen' Ding und seinen verschiedenen 'Erscheinungen' und 'Veränderungen'; zu den verschiedenen 'Arten' von Dingen ... nur der geringste Teil des Erfahrungsstroms wird vom Menschen mithilfe dieser begrifflichen Instrumente geordnet. Unsere auf niedrigster Stufe stehenden Vorfahren haben davon wahrscheinlich nur den Begriff 'das gleiche nochmal' verwendet, und diesen nur in ganz vager und ungenauer Weise. Und hätte man sie gefragt, ob das gleiche ein 'Ding' sei, das einen gewissen Zeitraum überdauert hat, während dem man es nicht sehen konnte, dann wären sie wahrscheinlich völlig hilflos dagestanden und hätten gesagt, daß sie diese Frage nie gestellt oder die Sache nie in diesem Licht betrachtet hätten." (James 1907/1955, 119)

In dieser sehr begrenzten, speziellen, aber dennoch wichtigen Hinsicht scheint ein großer Teil der Literatur über Gegenstände, Identität und den Begriff des Ich immer noch dieser Frage aus dem Wege zu gehen, ja davor zurückzuschrecken, „die Dinge in diesem Lichte zu betrachten".

*Äquivalenz und Kontinuität*

Der vorhin erörterte Prozeß der Assimilation führt zu praktischen, handlungsgebundenen Verwirklichungen des Begriffs „das gleiche nochmal“, indem nämlich eine stattfindende Erfahrung aktiv so geformt wird, daß sie in ein verfügbares sensomotorisches Schema hineinpaßt. Auf dieser Ebene könnte man von Objekt*schemata* sprechen. Der Ausdruck Objekt*begriff* jedoch sollte für Konstrukte der Repräsentationsebene reserviert werden, d. h. für Konstrukte, die unabhängig von den sensorischen Elementen, die gerade verfügbar oder nicht verfügbar sind, aufgerufen werden können. Wenn wir diese Unterscheidung akzeptieren (und wenn wir einem Organismus kognitive Prozesse und Operationen zugestehen, müssen wir sie akzeptieren), dann müssen auch die *Begriffe* der Rekurrenz, Gleichheit, Identität und Permanenz auf der Ebene der Repräsentation konstruiert werden. Allerdings sind wir im gegenwärtigen Zeitpunkt nicht einmal ansatzweise in der Lage, diese Konstruktion im einzelnen nachzuzeichnen. Ich glaube aber, daß wir zumindest eine Skizze der wichtigsten Schritte geben können.

Rekurrenz kann überhaupt nicht hergestellt werden, wenn es keine Aufzeichnungen vergangener Erfahrungen sowie die Möglichkeit gibt, diese in irgendeiner Weise zu betrachten. Dies erfordert nicht nur ein Gedächtnis und Vorrichtungen, seinen Inhalt wieder abzurufen (was ich alles hier voraussetzen will), sondern auch, daß der erfahrende Organismus seine Aufmerksamkeit von „gegenwärtigen“ Elementen auf die Aufzeichnungen „vergangener“ Elemente richten kann. Nur durch dieses Umschalten von einem Element zu einem anderen kann das Fehlen eines Unterschiedes ermittelt werden, so daß die beiden Erfahrungselemente als gleich gelten können. Eliane Vurpillot (1972) hat sehr schön gezeigt, wie die Augen von Kindern sich in visuellen Vergleichstests hin und her bewegen. Augenbewegungen zeigen Verschiebungen der Aufmerksamkeit innerhalb des visuellen Feldes an. Aufmerksamkeitsverlagerungen sind jedoch auch beobachtet worden, wenn die Augenbewegungen durch Stabilisierung des visuellen Bildes ausgeschaltet wurden (Pritchard/Heron/Hebb 1960; Zinchenko/Vergiles 1972). Wir können also mit Sicherheit behaupten, daß die Aufmerksamkeit auch dann zwischen Elementen wechselt, wenn einige oder alle davon Repräsentationen sind.

Auch eine Analyse des tatsächlichen Vergleichsverfahrens hat begriffliche Konsequenzen. Verläuft die *Richtung* des Vergleichs von Element A zu Element B, und zwar in dem Sinne, daß die charakteristischen Merkmale von A an B überprüft werden, dann kann Element B als das gleiche (im Sinne von Ähnlichkeit) aufgefaßt werden, wenn in den überprüften Merkmalen keinerlei Unterschied verzeichnet wird. In diesem Fall kann B Charakteristika besitzen oder auch nicht, die bei A überhaupt nicht auftauchen. B sollte daher nicht „äquivalent“ genannt werden, und schon gar nicht „identisch“. Um nämlich *Äquivalenz* herzustellen, müßte der Vergleich in beiden Richtungen durchgeführt werden. Diese Unterscheidung ist von großer praktischer Bedeutung, denn die Tatsache ist nur allzuleicht zu übersehen, daß bei klassifizierenden oder kategorisierenden Prozessen in der Regel ein Vergleich nur in einer Richtung angestellt wird.

Die Richtung des Vergleichs bei Klassifikationen verläuft ganz klar vom Prototyp einer Repräsentation oder eines Begriffs zu einem Erfahrungselement. Die Eigenart der Klasse hängt genau von jenen charakteristischen Merkmalen ab, die zur Bildung eines Begriffs abstrahiert und kombiniert worden sind. (Dies könnte erneut durch das Beispiel des Kindes illustriert werden, das etwa Vierbeinigkeit und spontane Bewegung zur Bildung eines Begriffs verknüpft und dann

– in der Sicht der Erwachsenen: irrtümlich – das Wort *Hund* mit diesem Begriff verbindet.)

Unsere prozedurale Analyse beleuchtet auch die nach wie vor mysteriöse Mehrdeutigkeit des Begriffs der „Gleichheit". Um nämlich festzustellen, daß zwei Erfahrungselemente äquivalent sind, ist es am einfachsten und am verläßlichsten, sie in unserem visuellen Feld nebeneinander anzuordnen. (Ich beschränke mich hier zwar auf die visuelle Wahrnehmung, was ich sage gilt aber klarerweise ebenso für alle anderen sensorischen Modalitäten, einzeln oder kombiniert.) Wir können dann unsere Aufmerksamkeit vom einen zum anderen bewegen und all die spezifischen Merkmale überprüfen, die wir für relevant halten. Genau dies hat Vurpillot in ihrer Untersuchung demonstriert und dabei auch eine besondere Eigentümlichkeit dieses Verfahrens festgehalten. „Durch Übereinkunft wird *ein* Unterschied stets aus der Liste der kennzeichnenden Eigenschaften (die verglichen werden sollen) ausgeschlossen, nämlich die Lage des Gegenstandes mit Bezug auf das Subjekt. Da sie (die Gegenstände) niemals am gleichen Ort zur gleichen Zeit auftreten können, sind sie in *dieser* Hinsicht immer verschieden." (Vurpillot 1972, 311). Mit anderen Worten, wenn wir sagen, daß zwei Gegenstände „in jeder Hinsicht äquivalent" sind, verstehen wir den Ausdruck „in jeder Hinsicht" so, daß er die räumliche Lokalisierung nicht enthält. Es ist außerdem klar, daß wir die Tatsache, daß die beiden Elemente *nicht* „am gleichen Ort zur gleichen Zeit auftreten", als Beweis dafür nehmen, daß sie nicht ein und derselbe Einzelgegenstand sind, auch wenn wir keinerlei weiteren Unterschiede zwischen ihnen feststellen können. Dadurch wird, so meine ich, der Unterschied zwischen den beiden Bedeutungen von „Gleichheit" sehr klar. Das Konstrukt der Äquivalenz bezieht sich auf zwei Erfahrungselemente im Vergleich nach einer Menge von Eigenschaften, der keinerlei Unterschiede ergibt. Unter idealen Umständen befinden sich beide Gegenstände in unserem Erfahrungsfeld, getrennt voneinander, aber dennoch so, daß wir unsere Aufmerksamkeit in *beiden* Richtungen von einem zum anderen bewegen können. (Im Phi-Phänomen dagegen, wenn zwei Lichter rasch abwechselnd aufleuchten, kann sich die Aufmerksamkeit des Betrachters zwar in beiden Richtungen bewegen, allerdings schneller als gewohnt, weil sie mit dem rascheren Lichtwechsel Schritt halten muß. Dadurch wird die „Zweiheit" des Lichts zerstört und nur *ein sich bewegendes* Licht wahrgenommen.) Kann diese ideale Situation aber nicht hergestellt werden, weil es aus irgendeinem Grunde unmöglich ist, beide Gegenstände gemeinsam in unserem Erfahrungsfeld zu haben, dann vermuten wir, daß wir es nur mit einem einzigen Objekt zu tun haben. In der Tat gibt es kein absolut wasserdichtes Verfahren festzustellen, daß dies nicht der Fall ist. Damit stellt sich die Frage, wie wir denn dazu kommen, zwei Erfahrungselemente als eines aufzufassen, auch wenn sie durch andere Erfahrungen voneinander getrennt sind.

Zum Kern dieses Problems individueller Identität gehört die Vorstellung der Kontinuität. Solange ein Gegenstand in unserem Gesichtsbereich und zumindest peripher sichtbar bleibt, gibt es kein Problem. Kontinuität ist die ununterbrochene Abfolge von Signalen einer Quelle. Ist der Gegenstand aus Signalen von verschiedenen Quellen zusammengesetzt, dann ist jedes dieser Signale ständig bewußter Aufmerksamkeit zugänglich (was eben nicht der Fall ist bei wechselweise blinkenden Lichtern und daher das eben erwähnte Phi-Phänomen entstehen läßt).

Nehmen wir aber einen Fall, in dem es keinerlei kontinuierliche Abfolge gibt, wir aber nichtsdestoweniger in der Lage sind, individuelle Identität zu konstruieren.

Ein einst beleibter Bruder, den seit zwanzig Jahren niemand mehr gesehen hat, mag glatzköpfig und mager wieder auftauchen, mit neuem Tonfall sprechen, seine Vorlieben und Abneigungen verändert haben, Auffassungen über Politik, Kunst und Frauen äußern, die sich als unvereinbar mit denen erweisen, an die man sich erinnert. Dennoch würde man ihn als dasselbe Individuum akzeptieren. Wie konstruieren wir Kontinuität über derart enorme Erfahrungslücken? Ich glaube, daß wir diese Fähigkeit in kleinen Schritten aufbauen.

Der erste Schritt besteht darin, Kontinuität für ein zusammengesetztes Ganzes auf der Basis eines seiner erfahrungsmäßig kontinuierlichen Teile anzunehmen. Wir machen dies immer dann, wenn wir einen Gegenstand beobachten, der sich bewegt und der einen Augenblick lang verschwindet, dann aber wieder vollständig sichtbar wird. Im frühen Leben des Kindes ist diese Erfahrung sehr häufig, da es immer irgendwelche visuellen Hindernisse in der unmittelbaren Umgebung gibt, hinter denen Menschen zum Teil verschwinden. Schon der Säugling verfolgt Gegenstände mit seinen Augen, schaut einem Gegenstand auch dann noch nach, wenn er einen Augenblick lang völlig verschwindet (Bower 1974). In einem solchen Fall ist es nicht nur der visuelle Teil des Erfahrungselements, sondern es sind die propriozeptiven Signale, die durch die Augenbewegung erzeugt werden, welche die Kontinuität begründen. Das wesentliche Merkmal dabei ist jedoch die Kontinuität der Erfahrung *einiger* Signalsequenzen, die das Perzept, das verschwindet, mit dem Perzept verknüpft, das wieder auftaucht, und die die Aufmerksamkeit des Kindes so fesselt, daß kein anderer Gegenstand sie beanspruchen kann. Gibt es keine derartige Sequenz und folglich eine Verschiebung der Aufmerksamkeit in der Zwischenzeit, dann werden die beiden Erfahrungselemente nicht als ein einziges Individuum konstruiert, gleichgültig wie ähnlich sie auch als Perzepte sein mögen. Für viele Fünfjähige ist zum Beispiel die Sonne heute und die Sonne gestern noch immer nicht ein und dasselbe Objekt (Piaget 1971, 87).

Solange die lineare Sequenz der Aufmerksamkeitskonzentration auf sensorische Signale die einzige Dimension der Erfahrung des Kindes ist, ist es logisch unmöglich, zwei Erfahrungselemente über ein Intervall hinweg zu verknüpfen, währenddessen *keines* der Signale, die diese Elemente konstituieren, kontinuierlich bleibt. Eine derartige Verknüpfung muß *außerhalb* der ablaufenden Erfahrungssequenz geschaffen werden, so daß sie sozusagen parallel dazu andauern kann und nicht durch die tatsächlichen sensorischen Erfahrungen unterbrochen wird, die in der Zwischenzeit stattfinden. Diese zweite Dimension ist die der Repräsentation, und Hand in Hand mit ihrer Ausbildung läuft der Prozeß, den Piaget als *Externalisierung* bezeichnet hat. Er spricht von einer „kopernikanischen Revolution im kleinen" am Ende der sensomotorischen Periode, als deren Ergebnis das Kind sich selbst als ein permanentes Objekt unter anderen permanenten Objekten sieht, und zwar „in einem Universum, das es schrittweise selbst erzeugt hat, und das es hernach als außerhalb seiner selbst erfahren wird" (Piaget 1967, 9).

Es ist leicht einzusehen, daß diese Externalisierung von Elementen eine gewaltige Bedeutung hat für die Art, in der wir von da an über Erfahrung und Wissen denken und sprechen. Sie bewirkt eine begriffliche Revolution, die kaum rückgängig gemacht werden kann. Vielleicht ist der bemerkenswerteste Aspekt der, daß die logische Analyse, die in unerbittlicher Weise Regularitäten und Kontinuität unserer Erfahrung auf unsere eigene konstruktive Aktivität reduziert, im Falle des heimkehrenden Bruders zum Stillstand kommt. Wenn wir ihn nämlich als das identische Individuum akzeptieren, das vor zwanzig Jahren weggegangen ist, dann geschieht dies nicht auf der Grundlage von Äquivalenzen, die wir auf der Ebene unmittelbarer Sinneserfahrung herstellen, sondern nur weil er in der Lage ist, ganz bestimmte Erfahrungselemente zu erinnern und mitzuteilen, etwa Gegenstände, Situationen und Ereignisse, die er als Person vor zwanzig Jahren aufbauen konnte. Seine individuelle Identität hängt letztenendes nicht von der Permanenz dessen ab, was wir gewöhnlich als körperliche Merkmale bezeichnen, sondern von der Permanenz seiner Erinnerungen oder, wenn man so will, seines Bewußtseins.

*Das Problem der Realität*

Der außerhalb unser selbst liegende Bereich, in den wir Elemente verweisen, *wie wir sie für uns vorstellen,* wenn wir sie *nicht* direkt erfahren – eine Art von Zwischenwelt, in der vorgefertigte Gegenstände für ihren Eintritt in den Prozeß unserer assimilativen Erfahrung bereit liegen – entwickelt sich unvermeidbar zu dem, was Philosophen als „ontologische Realität" bezeichnen. Sobald wir nämlich Kontinuität als ein den Dingen zugehöriges Merkmal auffassen, haben wir die Grundlage für eine Welt gelegt, die „existiert", eine Welt, die „da" ist, ob wir sie nun wahrnehmen oder nicht, eine Welt, die letztenendes völlig vom erfahrenden Subjekt getrennt erscheint.

Statt uns nun *unser selbst* bewußt zu werden als der Schöpfer von Kontinuität und somit von Rekurrenz und Regularität im Fluß unserer proximalen Signale, fangen wir an, *unseren Konstrukten* Kontinuität und Permanenz zuzuweisen. Sie werden zu einer von uns unabhängigen distalen „Realität", und unsere Erfahrungsakte nehmen den Charakter der Erkundung und Entdeckung von Dingen an, die bereits da und von uns geschieden sind. Das Ergebnis dieses unseres Rückzuges ist, daß wir auf einmal vor jener höchst merkwürdigen und unbeantwortbaren Frage der traditionellen Erkenntnistheorie stehen, – wie wir denn, die wir unwiderruflich an unsere Wege und Mittel der Erfahrung gebunden sind, überhaupt jemals diese Begrenzung überschreiten und „wahres Wissen von der wirklichen Welt" gewinnen können.

*Einige grundlegende Konstrukte*

Die bisherigen Ausführungen haben bestimmte Konsequenzen der Theorie Piagets für die frühe kognitive Entwicklung dargestellt, die deshalb nur selten in den Vordergrund gerückt werden, weil sie eine ziemlich drastische Modifizierung unserer Alltagsvorstellungen bedeuten. Zum Abschluß dieses Teils möchte ich kurz zu zeigen versuchen, wie einige der für unsere Wirklichkeitskonstruktion unentbehrlichen Begriffe aus diesen Grundannahmen der frühen Kindheitsentwicklung abgeleitet werden können.

*Raum.* Die frühe Kontinuität, die das Kind konstruiert, etwa auf der Basis seiner eigenen Wahrnehmungsbewegungen, ist die Kontinuität eines Schemas, sie hat nichts mit einer Vorstellung davon zu tun, daß ein zeitweilig verschwindendes Objekt seinen Weg hinter dem sichtbaren Hindernis fortsetzt. Sobald aber diese Vorstellung dadurch aufgebaut worden ist, daß eine Repräsentation externalisiert wurde, erfordert das außerhalb liegende permanente Objekt einen Ort, der irgendwo *jenseits* des Erfahrungsfeldes liegt, wo es „existieren" kann, wenn es nicht wahrgenommen wird. Ein derartiger Ort bildet den Grundbegriff des *Raumes,* noch bevor dieser durch räumliche Beziehungen zu anderen Elementen oder zum erfahrenden Subjekt in einzelne Teile aufgespalten wird. Das einzige und ausschließliche Merkmal dieses Begriffs ist, daß er eine Anordnung von perzeptuellen Elementen ermöglicht, so daß sich unsere *Aufmerksamkeit von einem Element zum anderen bewegen kann, und zwar in beiden Richtungen und nach dem Belieben des wahrnehmenden Menschen.* Wann immer diese Bewegung der Aufmerksamkeit im Wahrnehmungsprozeß stattfindet, wird sie auch durch propriozeptive Signale von den Augen, den Händen oder anderen Teilen des Körpers begleitet (die anzeigen, was ein Beobachter als „Bewegung" bezeichnen würde), und diese Summierung von Signalen führt zum Begriff der *Ausdehnung.*

*Veränderung.* Sobald die Kontinuität eines Gegenstands hergestellt ist, sei es anhand eines kontinuierlichen Erfahrungsteils, sei es über die Kontinuität darauf bezogener propriozeptiver Signale, kann ein Vergleich der charakteristischen Merkmale des gegebenen Gegenstands mit jenen seiner Aufzeichnung vor dem inzwischen verstrichenen Zeitintervall Unterschiede hervortreten lassen. Wollen wir dann den Gegenstand nach wie vor als kontinuierlich erhalten, müssen wir ihn als *verändert* ansehen, er bleibt aber nichtsdestoweniger derselbe Gegenstand. Je mehr kennzeichnende Merkmale sich verändert haben, desto schwieriger ist es, die Kontinuität des Individuums aufrechtzuerhalten, und wir sehen uns gezwungen, seine Kontinuität in immer abstrakteren (d. h. weniger sinnlichen) Merkmalen zu verankern. Ein geschmolzener Eiswürfel, ein Holzklotz, der im Feuer zu Asche geworden ist, stellen unsere Auffassung von Kontinuität auf eine harte Probe. In Fällen, wo man sich an noch weniger halten kann, versuchen wir, wie Aristoteles, mit dem paradoxen Konstrukt der „Substanz" zurechtzukommen, das Individualität begründet, ohne selbst irgendwelche kennzeichnenden Merkmale aufzuweisen. Die Suche nach dieser mysteriösen Substanz muß scheitern, dann da sie keine kennzeichnenden Merkmale hat, kann sie auf der Ebene sensorischer Signale nicht gefunden werden.

*Bewegung.* Eine besondere Art von Veränderung ist die, die nicht mit einem charakteristischen Merkmal des permanenten Objekts selbst zu tun hat, sondern mit einer Beziehung zu einem anderen Objekt innerhalb des Erfahrungsfeldes. Je nachdem, ob solche Beziehungen (zum Beispiel Inklusion, Nachbarschaft, Nähe) beendet, aufrechterhalten oder neu geschaffen werden, ergibt sich ein *Lagewechsel* oder eine *Veränderung der Ausdehnung* des Objekts. Jede fortschreitende Veränderung, die zur Bildung oder Auflösung von Beziehungen mit einer Reihe verschiedener Gegenstände führt, wird als eine Art von *Bewegung* betrachtet.

Da der Ursprung dieser Begriffe in jedem Fall im Wandel von Beziehungen liegt, erfordert die Zuschreibung von Bewegung zu einem bestimmten Element stets einen weiteren Referenzpunkt oder zusätzliche sensorische Signale.

*Ursache.* Tritt eine Veränderung ein, und registrieren wir explizit einen Unterschied zwischen den beiden Erfahrungen, dann ist es augenscheinlich schwieriger, an der individuellen Identität des Gegenstandes festzuhalten, als wenn es keine Veränderung gibt. In der Tat konstruieren wir also die beiden Erfahrungen einmal als *ein* Individuum, und zum anderen als verschieden. Ich glaube, daß es dieser scheinbare Widerspruch ist, der uns später immer wieder antreibt, so beharrlich nach Kausalerklärungen zu suchen.

Die Praxis der Verursachung entsteht in den „zirkulären Reaktionen" des Kleinkindes (Piaget 1971, 351), in der *instrumentellen* Wiederholung gewisser

Handlungen, weil sie in der Vergangenheit zu befriedigenden Ergebnissen geführt haben. Das Kind schüttelt die Hand, welche die Rassel hält, denn daraus haben sich einmal angenehme sensorische Signale ergeben. In ähnlicher Weise lernt das Kind, an einer Decke zu ziehen, um einen Gegenstand, der darauf liegt, in Reichweite zu bringen. Sobald einige der sensorischen Komplexe, die in diesen Situationen enthalten sind, als permanente Objekte externalisiert worden sind, lassen sich diese angenehmen Ereignisse als *Veränderungen,* und die Aktivität, die regelmäßig derartiger Veränderung vorausgeht, als Ursache solcher Veränderung auffassen. Ist also auf der begrifflichen Ebene eine Ursache gefunden, kann der Konflikt zwischen der aufrechterhaltenen Identität und der registrierten Veränderung neutralisiert werden, denn die in der zweiten Erfahrung festgestellte Veränderung wird durch die Ursache aufgewogen, die der ersten Erfahrung beigefügt wird. Von da ist es nicht mehr weit zu der allgemeinen Vorstellung, daß jede Veränderung auf *irgendeine* Ursache zurückgeführt werden kann, und daß diese Ursache nicht unbedingt eine Tätigkeit des erfahrenden Subjekts sein muß.

*Zeit.* Die frühere Aussage, daß Kontinuität sich von einer Abfolge sensorischer Signale aus einer Quelle herleitet, war eine Simplifikation, weil ein schwieriger, aber wichtiger Aspekt weggelassen wurde: Eine Abfolge ähnlicher Signale kann nur dann als Sequenz wahrgenommen werden, wenn die Aufmerksamkeit des erfahrenden Subjekts *zwischen* diesen Signalen noch etwas anderes wahrnimmt. Gibt es keine solche Aufspaltung, können die Signale keine Vielfalt darstellen, sie werden als *ein* Gegenstand erfaßt, da sie alle gleich sind. Wird die Aufmerksamkeit andererseits durch die totale Zuwendung zu etwas anderem unterbrochen, dann wird das Signal davor anders als das danach wahrgenommen, und es gibt keine *sensorische* Basis für die Vorstellung der Kontinuität mehr. Die Lösung dieses Problems liegt in der Möglichkeit marginaler (oder vielleicht: geteilter) Aufmerksamkeit. Wir kennen dies im visuellen Bereich, wo die Aufmerksamkeit *ohne* Bewegung an die Peripherie schweifen kann (d.h. ohne zusätzliche propriozeptive Signale), und wir erleben das auch taktil, wenn wir (etwa in einem dunklen Zimmer) mit der einen Hand den Rand des Tisches entlang fahren, während wir mit der anderen die Tischoberfläche abtasten. D.h., wir können über zwei Kanäle operieren. („Parallele Verarbeitung" im auditorischen Kanal zeigen die Musiker, die etwa beim Spielen einer Fuge zwei rhythmisch verschiedene Sequenzen ohne Schwierigkeit gleichzeitig vollkommen verwirklichen. – Auch Hilgards (1974) neuere Arbeiten über Ebenen der Bewußtheit sind hier von großem Interesse.) *Kontinuität* und Abfolge entspringen daher beide der Nebeneinanderstellung zweier Signalfolgen, die im Erfahrungsfeld zwar getrennt, im Bewußtsein jedoch miteinander verknüpft sind; die eine ist mit Bezug auf die andere kontinuierlich, die zweite ist mit Bezug auf die erste sequentiell.

Der Begriff der *Zeit* entsteht, wenn die sequentiellen Elemente auf die kontinuierlichen abgebildet oder projiziert werden. Um die temporale Dimension zu konstruieren, benötigen wir in der Tat stets zwei Prozesse, – das Ticken der Uhr als den einen, das Rauschen des Verkehrs, den Schein eines Lichtes, oder irgendetwas anderes, das wir als kontinuierlich wahrnehmen, als den andern. Durch die Abstraktion unseres *Ich* als des erfahrenden Subjekts vom Erfahrungsstrom schaffen wir das kontinuierlichste aller kontinuierlichen Elemente, auf das wir jede Abfolge von Erfahrungselementen in Form einer temporalen Sequenz projizieren können. Wie wir aber im nächsten Abschnitt sehen werden, bleibt dieses kontinuierliche Ich ein rein begriffliches Konstrukt, das wir auf der sinnlichen Ebene nicht antreffen können.

## Die Konstruktion des Ich

### *Das sich selbst beobachtende Ich*

Der Begriff des „Ich" scheint einfach genug zu sein, wenn wir uns in einem vertrauten Kontext und alltäglicher Sprache darauf beziehen. In der Regel haben Menschen nichts dagegen, wenn man Aussagen wie die folgenden macht: „Das ist ganz typisch Ernst", oder „Himmel, ich kann nichts dafür, ich *bin* eben so". Auch die recht eigenartigen Ausdrücke „Du bist eben du" und „Ich bin eben ich" scheinen nicht so sonderbar wie Gertrude Steins "A rose is a rose is a rose is a rose". Wenn wir solche Feststellungen machen, denken wir offenbar an die individuelle Identität oder Kontinuität einer Person. Sobald wir aber versuchen, zu analysieren, was denn genau die Kontinuität unserer Persönlichkeiten ausmacht, geraten wir in Schwierigkeiten und sehen zunehmend Mehrdeutigkeiten. Das „Ich" scheint verschiedene Aspekte zu haben.

Zuerst ist da ein Ich, das Teil der eigenen Wahrnehmungserfahrung ist. In meinem visuellen Feld kann ich z. B. leicht meine Hand vom Schreibblock, vom Tisch und von dem Bleistift, den sie hält, unterscheiden. Ich zweifle überhaupt nicht daran, daß die Hand ein Teil von *mir* ist, und daß der Block, der Tisch und der Bleistift dies nicht sind.

Wenn ich meine Augen bewege, meinen Kopf neige oder zum Fenster gehe, dann kann ich mein „Ich" als den Ort der perzeptuellen (und anderen) Erfahrungen, die ich gerade mache, isolieren. Dieses Ich scheint mir als „erfahrendes Subjekt" aktiv tätig zu sein und kein passiver Gegenstand. Es *kann* in der Tat meine Augen bewegen, meinen Kopf neigen, seinen Platz verlassen, – und es kann sich auch einem Teil des visuellen oder übrigen Erfahrungsfeldes stärker zuwenden als einem anderen. Dieses aktive Ich kann sich entscheiden zu schauen oder nicht zu schauen, sich zu bewegen oder sich nicht zu bewegen, den Stift zu nehmen oder ihn nicht zu nehmen, und – innerhalb gewisser Grenzen – etwas wahrzunehmen oder nicht. (Die Philosophie des Orients hat stets die Autonomie des erfahrenden Subjekts kultiviert, der Westen dagegen verteidigt bis heute seinen traditionellen Glauben an eine objektive Realität und betrachtet daher Erfahrung als obligat, unvermeidbar und eher passiv.)

Außer diesen gibt es noch andere Aspekte des Begriffs „Ich". Da ist z. B. das *soziale* Ich: Als erfahrende Subjekte treten wir in ganz bestimmte Relationen zu anderen erfahrenden Menschen ein, und als Akteure folgen wir spezifischen Mustern oder Rollen, die letztenendes als charakteristische Teile dessen betrachtet werden, was wir unsere „Iche" nennen. In dieser Arbeit will ich mich vor allem mit der frühen Entwicklung von Begriffen befassen, und ich werde daher die sozialen Aspekte der Persönlichkeit vernachlässigen, denn obwohl auch sie einige Wurzeln in der sensomotorischen Periode haben, scheint sich ihre Ausprägung doch größtenteils in der späteren Jugendzeit zu vollziehen.

In den folgenden Abschnitten werde ich mich daher ausschließlich mit dem Ich als perzeptueller Entität und als erfahrendem Subjekt beschäftigen.

### *Das Ich als visuelles Perzept*

Das vielleicht größte Hindernis für eine plausible Analyse des „Ich"-Begriffs durch die traditionelle Psychologie ist die Annahme, daß die Dichotomie zwischen Organismus und Umwelt im Grunde die gleiche ist wie die zwischen einem erfahrenden Subjekt und dem, was es erfährt. Wie bereits im Abschnitt über „Beobachter und Beobachtetes" dargelegt, kann diese Unterschiedung zwischen einem Organismus und seiner Umwelt nur von einem Beobachter des Organismus getroffen werden. Der Organismus selbst hat keinen Zugang zu distalen Daten, zu Gegenständen außerhalb seiner selbst. Mit der Konstruktion permanenter Objekte aber *externalisiert* der Organismus einige der Invarlanten, die er aus seiner Erfahrung abstrahiert und behandelt sie von da an als von ihm unabhängige externe Gegenstände. (Vgl. den Abschnitt über „Äquivalenz und Kontinuität".) Diese Externalisierung aber geht, wie wir gesehen haben, Hand in Hand mit dem Aufbau interner *Repräsentationen* bzw. Begriffen, und diese duale Entwicklung von Objekten, die „perzeptuell" sind, und von Begriffen, die „Repräsentationen" sind, führt zu einer scharfen Spaltung der Erfahrung in zwei Bereiche, einen „externen" und einen „internen". (Es gibt natürlich Illusionen, Träume und Halluzinationen, die diese Trennung in der Sicht des Subjekts verwischen.) Sowohl die interne als auch die externe Erfahrung bleibt jedoch eindeutig *Erfahrung,* und ihre Aufspaltung führt daher zu zwei Typen der Erfahrung, und nicht zur Trennung eines erfahrenden Subjekts von den Gegenständen, die es erfährt.

Wapner/Werner (1965, 10) sehen dieses Problem und sprechen von zwei „komplementären Vorstellungen", einer holistischen und einer polaren.

„Unser theoretisch-experimenteller Zugang hat sich auf zwei kennzeichnende Merkmale dieses Verhältnisses zwischen dem eigenen Körper und den Gegenständen der Umwelt bezogen.

Wir nehmen als erstes an, daß es ohne einen Körper keine Wahrnehmung von Gegenständen da draußen geben kann und wir nehmen umgekehrt an, daß es keine Wahrnehmung des Körpers-als-Objekt geben kann ohne einen Umweltbezug. Daher liegt ein Grundmerkmal dieses Verhältnisses Körper-Gegenstand in der Interaktion, die ständig zwischen beiden abläuft. Die wesentliche Vorstellung hierbei ist, daß die angemessene Einheit, mit der wir uns beschäftigen müssen, nicht der Organismus an sich ist, sondern vielmehr der Organismus in seinem Umweltzusammenhang. Unsere Vorstellung ist folglich, daß die Variabilität oder Stabilität der biologischen Einheit Körper-Umwelt sich ebenso in der Körperwahrnehmung abbildet wie in der Gegenstandswahrnehmung.

Komplementär dieser holistischen Vorstellung einer biologischen Einheit aus Körper und Umwelt ist ein Merkmal, das ihr scheinbar widerspricht, nämlich das Merkmal der Entgegengesetztheit, Getrenntheit, oder Polarität dieser beiden Elemente. Diese Gegensätzlichkeit ist kennzeichnend für den normalen Erwachsenen, der die Welt und sich selbst als zwei getrennte Pole erlebt."

Ich habe diese beiden Autoren ausführlich zu Wort kommen lassen, denn ihnen scheint stärker als allen anderen bewußt zu sein, daß das „Körperperzept" seinen Ursprung in der Erfahrung hat, gleichwohl formulieren auch sie noch die allgemein herrschende Sicht, in der die Wahrnehmung des eigenen Körpers durch den Organismus mit der Vorstellung des „Ich" als dem Ort der Erfahrung vermengt wird.

Der erste Schritt, der zu dieser Konfusion führt, ist die Unfähigkeit, das, was *nur ein Beobachter* von Organismen über Organismen und ihre Umwelten sagen kann, von dem zu trennen, was ein Organismus selbst über seine Erfahrung sagen kann. (Vgl. den Abschnitt über „Beobachter und Beobachtetes".) Wenn ich visuell eine Hand von dem Schreibblock und dem Tisch, auf dem dieser liegt, unterscheide, dann führe ich genau die gleichen Arten von Operationen aus, wie wenn ich die Kaffeetasse von dem Tisch, auf dem sie steht, unterscheide, oder das Bild von der Wand, an der es hängt, oder den Dompfaffen vor meinem Fenster von dem Zweig, auf dem er gerade sitzt bzw. von der ganzen übrigen Landschaft. In all diesen Fällen erkenne ich gewisse Gegenstände, denen ich relative Konsistenz (Geschlossenheit) und Permanenz zugestanden habe. Da ich permanente Objekte erfolgreich externalisiert habe, erfahre ich sie nun als Teile einer „distalen Realität". In rein visueller Hinsicht sind die Operationen, mit deren Hilfe ich Gegenstände vom übrigen visuellen Feld oder „Hintergrund" abtrenne, stets von der gleichen Art. Und die Unterscheidung eines Beobachters zwischen einem Organismus und seiner Umwelt wird *normalerweise* im visuellen Feld gemacht (was nicht heißt, daß eine derartige Unterscheidung nicht auch im taktilen Bereich gemacht werden *könnte.*). Obwohl wir also visuell Vögel, Kaffeetassen, Tische und Hände vom übrigen visuellen Feld und voneinander unterscheiden können, scheint klar, daß ein naiver Organismus (d. h. ein Organismus wie etwa ein Kleinkind, der noch nicht über eine Vielzahl intermodal koordinierter Erfahrungen verfügt) *visuell* nicht zwischen *einer* Hand und *seiner eigenen* Hand unterscheiden kann. Trevarthen u. a. (1975) haben gezeigt, daß Neugeborene entgegen bisherigen Annahmen in den frühesten Phasen des Streckens und Greifens *keinen* Gebrauch von visuellen Rückmeldungen der Position ihrer Hand machen. Das scheint mir wahrscheinlich, denn das Kleinkind braucht gewisse Zeit, um das visuelle Bild der Hand mit dem „Ich" zu verbinden, das die motorische Befehlsgewalt darüber hat.

Stimmt man der Schlußfolgerung zu, daß es keinerlei apriorische *visuelle* Merkmale gibt, die die visuelle Erfahrung des eigenen Körpers von der visuellen Erfahrung anderer Gegenstände unterscheiden, dann muß man sofort die Frage stellen, wie diese Unterscheidung denn getroffen werden könnte. Wie wir sehen werden, gibt es mehrere Ebenen, auf denen die Koordinierung sensorischer Signale Invarianten ergibt, die zur Konstitution einer „permanenten" Entität beitragen, die dem entspricht, was wir unser „Körperperzept" nennen können. Bevor ich einen Überblick über diese Ebenen gebe, möchte ich jedoch noch einmal hervorheben, daß unsere Analyse des Körperperzepts, wie erfolgreich sie auch immer sein mag, uns keinesfalls etwas über die „Polarität Ich-Welt" sagen kann, die Wapner/Werner (s. o.) dargestellt haben, denn da die Wahrnehmung des eigenen Ich das Ergebnis perzeptueller Erfahrung ist, gehört sie zu der Welt, die erfahren wird, und nicht zum erfahrenden Subjekt.

### *Ebenen der Ich-Wahrnehmung*

Wenn Piagets Zugang zur Vorstellung der Objektpermanenz viabel ist, dann sollte uns nicht überraschen, daß die Vorstellung des Ich als einer beständigen perzeptuellen Entität nicht von der Sehwahrnehmung allein abgeleitet werden kann. Gemäß Piagets Theorie sind permanente Objekte das Ergebnis der Koordination von Signalen aus mehr als einer sensorischen Quelle. (Akzeptiert man diese Auffassung, muß man sich allerdings klarmachen, daß es gewisse Übergangsphänomene gibt zwischen der simplen Assoziation etwa visueller Signale aufgrund ihrer räumlichen Nachbarschaft und dem voll ausgereiften Schema eines permanenten Objekts, das aus multimodalen Signalen aufgebaut ist. Permanente zweidimensionale Figuren sind z. B. das Ergebnis programmähnlicher Muster, nach denen visuelle Signale entlang einer kontinuierlichen Bahn propriozeptiver Daten oder Aufmerksamkeitsmomente verknüpft werden. Vgl. Ceccato 1960; Shumaker 1977; von Uexküll 1933/1970).

Da das Körperperzept offensichtlich *doch* den Status eines permanenten Objekts erreicht, muß es multimodal sein, so daß sich die Frage stellt: Welche Arten von Signalen und Signalkoordinationen ermöglichen einem Organismus, ein permanentes Objekt – seinen eigenen Körper – von all den anderen permanenten Objekten zu unterscheiden, die er konstruiert und externalisiert hat?

Die Antwort ist außerordentlich komplex, denn es gibt viele Faktoren, die zur Differenzierung und Isolierung des Körperperzepts beitragen. In der folgenden überblicksweisen Darlegung möchte ich nur einige der ganz entscheidenden Punkte behandeln. Eine derartige Analyse wird notwendig von einem Beobachter angefertigt, der nur Hypothesen über das bilden kann, was in dem "schwarzen Kasten" vor sich geht, den wir den beobachteten Organismus nennen. (Vgl. den Abschnitt über die „Nützlichkeit ‚schwarzer Kästen'".) Die unüberschreitbare Begrenzung dieser Hypothesenbildung liegt darin, daß der Organismus nur mit seinen eigenen proximalen Daten operieren kann, d. h. mit Signalen, die innerhalb seiner selbst entstehen, und nicht mit „Information", die nur in der Sicht des Beobachters aus der Umwelt des Organismus stammt. Ich möchte außerdem besonders unterstreichen, daß diese Analyse provisorisch ist und keinen Anspruch darauf erhebt, definitiv oder gar erschöpfend zu sein.

Einer der primären Faktoren scheint die Erfahrung zu sein, daß bestimmte visuelle Gegenstände motorisch kontrolliert werden können. Wenn ein abgrenzbares Element sich teilweise durch das visuelle Feld eines Organismus bewegt und der Organismus ihm mit seinem Blick folgt, dann kann der Organismus bestimmte visuelle Signale mit den propriozeptiven Signalen seiner eigenen Folgebewegung korrelieren (Augen- und Kopfbewegungen). Ist der visuelle Gegenstand etwa die Hand des Organismus, dann kann noch eine weitere Art von Signal mit den visuellen bzw. den Bewegungssignalen korreliert werden, nämlich die durch die aktive Bewegung der Hand erzeugten propriozeptiven Signale. Diese zusätzliche Korrelierung kann helfen, bewegte Gegenstände, die Teile des dem Organismus eigenen Körpers sind, von solchen Gegenständen zu unterscheiden, die es nicht sind.

Diese sehr elementare Unterscheidung wird natürlich nachdrücklich bekräftigt durch die Tatsache, daß der Organismus die Bewegung seiner eigenen Glieder hervorrufen und steuern (d. h. richten, beschleunigen, anhalten usw.) kann. Diese besondere Koordination der motorischen Kontrolle auf der Basis visueller Rückkopplung, etwa in den Handbewegungen menschlicher Kleinkinder, ist eine schwierige Aufgabe und wird in der Regel nicht vor dem Alter von sechs oder sieben Monaten bewältigt (Bower 1977).

Es gibt verschiedene Erfahrungsphänomene, die diese basalen Koordinationen verschmelzen. Hält die sich bewegende Hand einen Gegenstand, dann muß dieser von der Hand mithilfe *anderer* Faktoren, etwa taktiler Signale der Finger, unterschieden werden, denn das gehaltene Objekt ist hinsichtlich der Koordinierung visueller und propriozeptiver Signale anfänglich von der Hand ununterscheidbar. Hat der Organismus einmal einen gewissen Erfahrungsschatz, dann wird er in der Lage sein, seine Hand von anderen Gegenständen allein auf der Basis visueller Signale zu unterscheiden. Diese Fähigkeit besteht jedoch darin, die Hand mithilfe nicht-visueller Mittel als die *eigene* zu kategorisieren.

Das Zusammenspiel mit taktilen Signalen ist vermutlich für die Evolution eines primitiven visuellen und propriozeptiven Schemas des Körperperzepts von wesentlicher Bedeutung. Jeder Kontakt mit anderen Gegenständen, der taktile

Signale entstehen läßt, ist ein Hinweis auf die Grenzen des Körpers. Die fortschreitende Koordinierung dieser Kontaktsignale mit den begleitenden visuellen Signalen ist in der Tat das wesentliche Element in der Beherrschung räumlicher Bewegung und anderer motorischer Fähigkeiten durch den Organismus (Held 1965/1972).

Taktile Signale spielen auch bei einem anderen Aspekt der Ontogenese des Körperperzepts eine Rolle. Wenn ein Organismus einen Teil seines Körpers mit der Hand berührt, werden taktile Signale auf beiden Seiten des Berührungspunktes erzeugt. Dies gestattet dem Organismus, mit großer Zuverlässigkeit zwischen der Berührung anderer Dinge und der Berührung seiner selbst zu unterscheiden. Ist die Berührung kraftvoll, kann sie sogar Schmerz erzeugen. Kleine Katzen jagen, fangen und beißen gelegentlich nicht nur die Schwänze ihrer Mutter und der anderen Geschwister, sondern auch ihren eigenen Schwanz. Ohne Frage lernen sie rasch, zumindest was Beißen anbelangt, ihren eigenen Schwanz von den anderen zu unterscheiden; auch sie haben daher eine gewisse Vorstellung von „Ich".

In ähnlicher Weise verfügt auch schon das Baby, das an seinem Daumen, an der Brustwarze der Mutter oder an der Flasche lutscht, über sensorisches Material für Unterscheidungen, das zu einer primären Quelle für die Konstruktion sowohl des Körperperzepts als auch des Ich-Begriffs werden wird. Das gleiche ließe sich sagen von den Verhaltensweisen der Körperpflege ("grooming"), die nichtmenschlichen Primaten ihren Artgenossen und sich selbst angedeihen lassen.

Eine weitere Situation, in der taktile Signale eine Rolle spielen, dürfte den operationalen Prototyp für die Konstruktion der Begriffe der Bewegung und der Zeit sowie das sensorische Modell für das beständig erfahrende Ich bieten. In dem Abschnitt über Basisbegriffe habe ich gesagt, daß jede repetitive Veränderung, die mit der Bildung und Beendigung von Beziehungen zu einer Reihe verschiedener Gegenstände zu tun hat, als eine Art der *Bewegung* aufgefaßt wird. Unter der Überschrift *Zeit* sagte ich, daß sowohl Kontinuität als auch Abfolge aus der Nebeneinanderstellung von zwei Signalfolgen entspringen, die im Erfahrungsfeld getrennt, durch Aufmerksamkeit jedoch verknüpft sind. Die eine ist mit Bezug auf die andere kontinuierlich, die zweite ist mit Bezug auf die erste sequentiell. Nehmen Sie einen Finger Ihrer rechten Hand und führen Sie ihn Ihren linken Unterarm entlang. Die taktilen Signale, die im Finger entstehen, sind eine homogene „kontinuierliche" Folge, denn die Rezeptoren, von denen sie kommen, bleiben die gleichen; die taktilen Signale, die in Ihrem Unterarm entstehen, werden stattdessen eine Abfolge verschiedener Signale sein, denn sie kommen von unterschiedlichen Rezeptoren. Wenn Sie diese zweite Menge von Signalen als eine Abfolge unterschiedlicher Orte betrachten, mit denen Ihr Finger jeweils Kontakt herstellt bzw. beendet, dann werden Sie sich Ihren Finger *in Bewegung* vorstellen. Betrachten Sie sie aber als äquivalente Einheiten, die durch die kontinuierlichen Signale vom Finger zu einer Abfolge verknüpft werden, dann werden Sie sie als Punkte oder „Momente" in der *Zeit* auffassen. In diesem zweiten Falle liefert der Finger Ihrer rechten Hand das, was vielleicht die naheliegendste sensomotorische Analogie ist für die Kontinuität des erfahrenden Subjekts, das wir unser „Ich" nennen.

*Das Bild im Spiegel*

Auf einer späteren und stärker differenzierten Ebene, wenn taktile und propriozeptive Elemente schon zu einem Protobegriff des eigenen Körpers beigetragen haben, ist das Kind zur visuellen Erkenntnis der eigenen Hand und der eigenen Glieder fähig. Damit ist die Voraussetzung für weitaus komplexere Erfahrungen des körperlichen Selbst durch das Kind gegeben: Die Wahrnehmung seines Schattens, seines Bildes auf einer reflektierenden Oberfläche, seines Spiegelbildes.

Gallup (1977) kommt nach einem Forschungsbericht zur Selbstwahrnehmung bei Primaten zu dem Schluß, daß nur die großen Affen die Fähigkeit haben, ihre Spiegelbilder als Bilder ihrer selbst zu erkennen. Die kleineren Affen, auch Katzen und Hunde, wie oft in unseren Häusern zu beobachten, lernen zwar rasch, ihre Schatten, Spiegelungen und Spiegelbilder von anderen sich bewegenden Gegenständen zu unterscheiden, scheinen sie aber nicht in irgendeiner Weise auf sich selbst zu beziehen. (Das muß übrigens auch für alle wild lebenden Tiere gelten, denn sie ergreifen nicht die Flucht, wenn sie den Kopf senken, um aus einem Wasserloch zu trinken.) Die simple Gleichzeitigkeit der Bewegung, etwa zwischen einer Pfote und deren Schatten oder Spiegelbild, scheint nicht auszureichen, diese Verbindung herzustellen. Vielleicht liegt es daran, daß eine Kausalverknüpfung nur durch eine absichtsvolle Bewegung zum gespiegelten Bild hin erzeugt werden kann, und daß es diese Verknüpfung ist, die die Bewegung des Spiegelbildes von der Bewegung eines anderen Gegenstandes oder Organismus abgrenzt.

Das Kind vor dem Spiegel streckt seine Zunge heraus und schneidet mit seinem Gesicht alle möglichen Grimassen, es erhält dadurch ständig die Bekräftigung dieser kausalen Verknüpfung. Das Spiegelbild ist ebenso gehorsam wie seine eigenen Gliedmaßen und kann daher in das Körperperzept integriert werden, ja erweitert dieses durch die Eröffnung eines visuellen Zugangs zu ansonsten unsichtbaren Aspekten. Und es ist ebenso wie das Körperbild ein visuelles Perzept, ein Gegenstand, der erfahren wird, nicht aber der Gegenstand, der die Erfahrung durchführt. Diese zentrale Größe, das erfahrende Subjekt selbst, bleibt geheimnisvoll. Ohne es jemals wahrnehmen zu können, wissen wir, daß es das Herzstück all dessen ist, was wir als kontinuierlich oder invariant in unserer Wahrnehmungswelt konstruieren. Als Halbwüchsiger stand wohl so manche(r) das eine oder andere Mal vor dem Spiegel und fragte sich: Wo bin *ich*? Und das ist die Frage, die wir auch als Erwachsene noch immer nicht beantworten können.

## Die kybernetische Metapher

Ich hoffe, daß die vorausgegangenen Abschnitte, auch wenn sie nur skizzenhaft und unvollständig sind, doch gezeigt haben, daß es mehrere relativ unabhängige Quellen gibt, aus denen sich Facetten unseres Ich-Perzepts entwickeln. Viel muß noch im einzelnen ausgearbeitet werden, vor allem eine detaillierte Analyse des Prozesses, durch den diese Facetten zu dem integriert werden, was wir so stark als eine einheitliche Ich-Vorstellung empfinden. Obwohl wir ein plausibles Modell des Ich als einer Entität unserer sensomotorischen Erfahrungswelt ausbilden können, kann dieses Modell dennoch kein Licht auf das werfen, was wir als unser Ich im Sinne einer *etwas erfahrenden Entität* empfinden. Der Grund dafür liegt in der eigentümlichen Struktur unseres Wissensbegriffs. In der westlichen Tradition der Wissenschaft und der rationalen Erklärung erfordert Wissen die strenge Trennung zwischen dem erkennenden Menschen und den Dingen, die er erkennt. Wir können, mit anderen Worten, nur das erkennen, was wir in gewissem Sinne als getrennt von dem ansehen, was unser erkennendes Ich ausmacht. Wenn wir etwas in Frage stellen, dann ist es schon dieser Akt des Fragens, was dieses Etwas denn *sei*, der uns selbst, nämlich den Fragesteller, davon abtrennt.

In der realistischen Sicht wird das Ich, das wir wahrnehmen, dadurch daß wir es wahrnehmen, zu einem Objekt des wahrnehmenden Subjekts. In der konstruktivistischen Sicht ist das Ich, das wir ausbilden, notwendig das Produkt eines aktiven Subjekts, das außerhalb der Konstruktion verbleibt. Es mag ein viables Konstrukt insofern sein, als es mit dem, *was* wir erfahren, kompatibel erscheint, es umfaßt jedoch nicht jenen primären Akt der Selbstkonstruktion, und kann dies nie tun. Berger/Luckmann (1967, 50) formulieren dies sehr prägnant:

> „Der Mensch *ist* einerseits ein Körper auf eben dieselbe Weise, wie dies für jeden anderen lebendigen Organismus gilt. Auf der anderen Seite *hat* der Mensch einen Körper, d. h. der Mensch erfährt sich selbst als eine Entität, die nicht identisch mit seinem Körper ist, die aber im Gegensatz dazu einen Körper zur Verfügung hat. Mit andern Worten, die Selbsterfahrung des Menschen bleibt stets in schwebendem Gleichgewicht zwischen Körper-Sein und Körper-Haben, in einer Balance, die immer wieder hergestellt werden muß."

Die beiden Aspekte scheinen gänzlich unvereinbar. Das Paradox des Ich, das sich selbst erfährt, ist in der Sicht des Logikers analog dem Paradox der Selbstreferenz. Das logische Paradox ist vor kurzem mithilfe des Begriffs der Rekursion mit großem Erfolg neu interpretiert worden (Varela 1976), und es ist sicherlich auch kein Zufall, daß eben derselbe Begriff der Rekursion einen gleichermaßen neuartigen Zugang zur logischen Interpretation der „Objektpermanenz' eröffnet hat (von Foerster 1976). Die Darlegung der formalen Subtilität dieser Vorstöße liegt jenseits der Grenzen sowohl dieses Aufsatzes als auch meiner Kompetenz. Ein allgemeiner Punkt führt meine Erörterung jedoch an ihren Ausgangspunkt zurück.

Auch ein sehr einfaches System, das sich selbst durch negative Rückkoppelung steuert (wie etwa Philons Öllampe vor 2400 Jahren), kann nicht durch die Beschreibung seiner Teilstücke, sondern nur durch eine Beschreibung ihrer zirkulären Interaktion erklärt werden. Der wesentliche Aspekt des Systems, d. h. die es erhaltende individuelle Identität, kann nicht irgendeinem bestimmten Teil oder einer gewissen Eigenschaft zugeschrieben noch an einer bestimmten Stelle lokalisiert werden. Die Identität eines derartigen Systems liegt ausschließlich in der Invariante, die aus wechselseitig austarierten Veränderungen entsteht. Das kennzeichnende Merkmal der Öllampe des Philon liegt nicht darin, daß ihr Brenner stets voll ist, sondern vielmehr in dem Paradox, daß eine Verringerung des Ölstandes dazu führt, daß der Ölstand sich erhöht.

Als Metapher – und ich betone, daß es sich hier um eine Metapher handelt – hilft uns dieser Begriff einer Invariante, der sich aus wechselseitig oder zyklisch austarierten Veränderungen ergibt, vielleicht bei einer Erklärung des Ich-Begriffs. In der Kybernetik ist diese Metapher durch die „geschlossene Schleife" verwirklicht, eine zirkuläre Anordnung von Rückkoppelungsmechanismen, die einen gegebenen Wert innerhalb gewisser Grenzen halten. Diese Mechanismen erhalten eine Invariante, aber nicht durch ständigen Widerstand, wie wenn ein Felsen im Sturm unbewegt bleibt, sondern durch Kompensation über die Zeit. Immer wenn wir uns eine Rückkoppelungsschleife näher ansehen, stellen wir fest, daß der gerade ablaufende Akt gegen die unmittelbare Vergangenheit arbeitet, gleichzeitig aber schon durch die unmittelbar folgende Zukunft selbst kompensiert wird. Die Invariante, die das System ausbildet, läßt sich daher nie in einem einzelnen Element finden oder in einem solchen gleichsam einfrieren, denn sie besteht in einer oder in mehreren Beziehungen, – und Beziehungen liegen nicht *in* den Dingen, sondern zwischen diesen.

Wenn das Ich, wie ich meine, eine relationale Größe ist, dann kann es keinen Ort in der Welt der Erfahrungsgegenstände haben. Es wohnt nicht im Herzen, wie Aristoteles meinte, noch im Gehirn, wie wir heute gerne glauben möchten. Es wohnt überhaupt an keinem Ort, sondern zeigt sich bloß in der Kontinuität unserer Akte der Differenzierung und des Beziehungsaufbaus sowie in der intuitiven Gewißheit, daß unsere Erfahrung wirklich ausschließlich die unsrige ist.

# Eine Epistemologie für kognitive Systeme

„Autopoietische Systeme sind informational geschlossene Systeme. Sie nehmen weder Information aus der Umwelt auf, noch geben sie solche ab."
(G. Roth et al. 1979)

In einem gut Teil der Literatur über Wahrnehmung, Problemlösen und andere Bereiche kognitiver Prozesse wird ausdrücklich behauptet oder zumindest stillschweigend angedeutet, daß Wissen und Information dasselbe sind. Nun ist aber der Begriff „Information" nicht vom Begriff der Kommunikation zu trennen, und man wird daher fast zu der merkwürdigen Auffassung gezwungen, daß alles Wissen, das wir haben, das Ergebnis kommunikativer und nicht induktiver Prozesse sein muß. Die Sache wird noch schlimmer dadurch, daß diese Auffassung durchaus vereinbar scheint mit einer traditionellen Sicht, in der alles „Wissen von der Welt" *durch* die Sinnesorgane erworben wird, so als ob die Sinnesorgane Kommunikationskanäle wären, über welche „die Realität" Botschaften über sich selbst an den Wahrnehmenden oder Erkennenden schickt. Ich lehne diese Auffassung ab, und schriebe ich für Philosophen, würde ich eine lange Liste ehrwürdiger Namen aus einer bis ins Altertum zurückreichenden Tradition anführen, die alle mit Erfolg gegen diese Vorstellung aufgetreten sind. Denn seit über zweitausend Jahren haben Skeptiker betont und gezeigt, daß alle Botschaften, die wir durch unsere Sinnesorgane empfangen, allein deshalb unzuverlässig sein müssen, weil wir keine Möglichkeit haben, ihre Wahrheit zu prüfen, es sei denn durch weitere sensorische Botschaften. Der Standpunkt der Skeptiker ist überzeugend und endgültig von Kant dargelegt, dokumentiert und illustriert worden und bedarf hier keiner weiteren Erläuterung.

Auch wenn Naturwissenschaftler – mit Ausnahme einiger weniger Revolutionäre in der Physik – kaum je anerkannt haben, daß sie es mit einer Erscheinungswelt und nicht mit einer Welt ontischer Wesenheiten zu tun haben, möchte ich diesen Teil der Kantischen Lehre hier einfach voraussetzen und mich dem Problem zuwenden, wie ein erkennender Organismus überhaupt relativ stabiles Wissen erwerben kann, obwohl es keinen rationalen Zugang zu einer „objektiven" absoluten Realität gibt. Dieses Problem ist offensichtlich sehr komplex, und statt es frontal anzugehen, wie die Philosophen es zu tun geneigt sind, möchte ich versuchen, es einzukreisen, vorsichtig und „naiv", genau wie ein ganz gewöhnlicher erkennender Organismus.

Alle Menschen erwerben Wissen der einen oder anderen Art, doch verhältnismäßig wenige stellen Fragen über Wirklichkeit, Wahrheit oder Erkenntnistheorie. Gleichwohl wird jedermanns Denken und Leben durch bestimmte Antworten auf solche Fragen beeinflußt, die andere gefunden und akzeptiert haben. Diejenigen, die diese Fragen stellen und so Philosophie zu treiben beginnen, tun dies in der Regel dann, wenn sie erwachsen werden oder bereits erwachsen sind. Das heißt, sie haben ihre Kindheit hinter sich und sind keine Anfänger mehr, was die Erfahrungen des Lebens betrifft. Philosophieren ist im Gegensatz zu vielen anderen raffinierten Tätigkeiten fast ausschließlich das Unternehmen von Erwachsenen.

Kinder sind meist vollauf damit beschäftigt, Mittel und Wege meistern zu lernen, um mehr oder minder praktische Ziele mehr oder minder gut zu erreichen. Die Ziele sind gewöhnlich, wie wir alle sehr gut wissen, nicht solche ihrer eigenen Wahl, den Kinder müssen sich, ob sie es nun mögen oder nicht, an die Welt anpassen, in die sie sich hineingeboren finden. Obwohl diese Welt strenggenommen nur die Welt ihrer eigenen Erfahrung ist, ist es keine Welt, in der sie völlig frei all das erleben können und dürfen, was sie erleben wollen. Es ist eine Welt aus physischen Hindernissen, aus sozialen Regeln, eine Welt der Einschränkungen, durch die Kinder sich hindurchzumanövrieren lernen müssen. Erst wenn sie eine große Vielfalt von Dingen und Situationen zu beherrschen gelernt haben, mögen sie zu Fragen gelangen, was diese Dinge und Situationen „in Wirklichkeit" sind. Dies ist, so meine ich, ein Grund, warum Philosophen ihre Untersuchungen so oft mit der stillschweigenden Annahme begonnen haben, daß die Tätigkeit des „Erkennens" eine Art von Entdecken, ein Herausfinden dessen ist, was die Welt wirklich ausmacht – eine Annahme, die automatisch impliziert, daß die Welt eine vorgegebene, von uns unabhängige, und zumindest in gewissem Maße „erkennbare" Struktur hat.

Die Idee also, daß der Erkennende sozusagen als Forscher in die Welt eintritt, und daß es seine Aufgabe ist, eine landkartenähnliche Beschreibung oder Abbildung des von ihm erforschten Territoriums auszuarbeiten, ist eine Idee, die eindeutig auf die eigene Erfahrung gegründet zu sein scheint. Ich möchte jedoch zeigen, daß es sich dabei um eine konventionelle Illusion handelt, deren beharrliche Überlieferung es fast unmöglich gemacht hat, ein befriedigendes Modell des Erkennens zu entwickeln. Die verführerische Plausibilität dieser Illusion ergibt sich aus der Tatsache, daß wir, sobald wir den Punkt erreicht haben, an dem wir anfangen, erkenntnistheoretische Fragen zu stellen, diese Illusion als festen Ausgangspunkt betrachten, den Weg aber völlig vergessen, der uns dahin geführt hat. Spencer Brown (alias James Keys) formuliert dies so: „Es bedarf schon eines sehr hoch entwickelten Denkvermögens, zu vergessen, was wir alles getan haben, um das herzustellen, was wir am Ende vorfinden." (Keys 1972, 31).

Sind wir nun alt genug geworden, die Wirklichkeit auf philosophische Weise in Frage zu stellen, dann hat sich die Welt des gesunden Menschenverstandes längst zu einer „Umwelt" verfestigt, die nicht nur völlig unentbehrlich, sondern in ihrer ganzen Einzigartigkeit festgelegt, also notwendig so zu sein scheint, wie wir sie sehen. Wir haben sie selbst so solide gebaut und so lange in ihr gelebt, daß wir überzeugt sind, sie müsse immer schon so dagewesen sein, bevor wir sie betreten haben. Ich selbst nehme den entgegengesetzten Standpunkt ein: Die Welt, die wir „kennen", kann erst dann da sein, wenn wir sie geschaffen haben.

Piaget skizziert in seinem Buch *Die Konstruktion der Wirklichkeit beim Kinde* (1937/1971) die Ausbildung der Schlüsselbegriffe „Gegenstand", „Raum", „Zeit" und „Verursachung". Auch die Begriffe der „Identität", der „Äquivalenz", des „Zustands" und der „Veränderung", mit denen er sich nicht im einzelnen beschäftigt, haben wesentlichen Teil an dem beeindruckenden Entwicklungsprozeß, der während der ersten zwei Jahre des Lebens eines normalen Kindes stattfindet. Als Erwachsener ist uns in der Regel nicht mehr bewußt, wie diese Begriffe im Reifungsprozeß konstruiert werden, wir halten sie folglich für inhärente Merkmale einer vorgefertigten Welt – und „vergessen, was wir alles getan haben, um das herzustellen, was wir am Ende vorfinden".

Ob nun Piagets Analyse der frühen Begriffsentwicklung die beste oder nützlichste ist, die wir im gegenwärtigen Stand des Wissens haben können, ändert nichts daran, daß das Grundprinzip, das er mit dem Satz „Intelligenz organisiert die Welt, indem sie sich selbst organisiert" (a.a.O., 400) formuliert hat, eine Revolution der Erkenntnistheorie ausgelöst und vorangetrieben hat, die inzwischen zunehmend Einfluß gewinnt. Dieses Grundprinzip ist zwar selten explizit formuliert worden, hat aber zu einem Bruch im Bereich der Systemtheorie und der Kybernetik geführt, – und das ist ein Hinweis darauf, daß es gute Gründe gibt, sich mit erkenntnistheoretischen Fragen zu beschäftigen, wenn es um selbstorganisierende Systeme geht.

In einer Erörterung der Stabilität lebender Systeme sind unter anderen folgende epistemologisch relevante Fragen zu stellen: Angenommen, es gibt intelligente Organismen, deren Intelligenz die Welt organisiert, indem sie sich selbst organisiert, was bedeutet es dann für solche Organismen, „Wissen" zu erwerben, und welche Beziehung besteht dann zwischen diesem Wissen und der Umwelt dieser Organismen? Jeder Versuch, diese Frage zu beantworten, stößt unmittelbar auf zwei Schwierigkeiten, die bereinigt werden müssen.

Die erste ist schlicht diese: Sobald wir von „Organismen" sprechen, führen wir stillschweigend eine Umwelt ein, *in* der diese leben. Die Skeptiker aber sagen uns, daß die Umwelt etwas ist, das wir nicht wirklich erkennen können. Der Bruch in der Systemtheorie und der Kybernetik ergibt sich genau aus dieser Diskrepanz. Es gibt nämlich Leute, die von Systemen oder lebenden Organismen als Größen sprechen, die in einer umfassenden und durch und durch realen Welt existieren. Sie mögen sehr wohl die Einstellung des Skeptikers annehmen, was die von ihnen beobachtete Wahrnehmung oder Erkenntnis der Welt auf seiten dieser Organismen angeht, wenn es aber um sie selbst als wissenschaftliche Beobachter geht, dann haben sie keinerlei Zweifel daran, daß ihre Wissenschaft in Verbindung mit der wirklichen Welt steht. Es gibt aber auch andere, die sich bemühen, hinsichtlich des Postulats „informational geschlossener Systeme" konsistent zu sein, und die erkennen, daß man, sobald man den Standpunkt des Organismus einnimmt, die „Umwelt" zu einer *black box*, also zu einem schwarzen Kasten macht. Ganz augenscheinlich zähle ich mich selbst zu dieser zweiten Gruppe, ich muß mir daher ständig ganz klar machen, ob das, was ich sage, sich auf beobachtete Organismen bezieht oder auf die einem Organismus eigene primäre Erfahrung.

Dies führt unmittelbar zur zweiten Schwierigkeit. Wenn wir die Idee ernst nehmen, daß Organismen ihre Welt organisieren, dürfen wir nie vergessen, daß ihre Welt nur die Welt *ihrer eigenen* Erfahrung und nicht die unserer Erfahrung sein kann. Im Prinzip hat Jakob von Uexküll das schon vor langer Zeit erkannt, wenn er darlegte, daß jeder lebende Organismus ein Subjekt ist, und daß jedes Subjekt eine Welt hat, die es wahrnehmen kann (die *Merkwelt*), und eine Welt, in der es handeln kann (die *Wirkwelt*), die beide zusammen seine subjektive *Umwelt* bilden. Das bedeutet auch, daß die Erfahrung eines Subjekts ausschließlich diesem Subjekt zugehört und mit einem anderen nicht geteilt werden kann. Diese Tatsache wird uns sehr bewußt, wenn wir es mit unserer eigenen Erfahrung zu tun haben; wir ignorieren und verdrängen sie aber allzugerne, wenn wir andere Organismen beobachten, ob diese nun Frösche, Katzen, Affen oder Kinder sind. Bis vor kurzem haben sich Verhaltensforscher sehr bemüht, den Eindruck zu erwecken, daß die Subjektivität der Erfahrung aus ihrem Interessengebiet herausgehalten werden könne, da sich die Wissenschaft schließlich nur mit „empirischen Fakten" beschäftige. Mir scheint, daß sich die Leute nur deshalb so hartnäckig an das Dogma der „wissenschaftlichen Tatsache" klammern, weil sie von der zwar verständlichen, aber völlig unbegründeten Angst geplagt werden, es bedeute das Ende der Wissenschaft, wenn man den Glauben an beobachterunabhängige „objektive" Fakten aufgäbe. Diese Angst ist unbegründet schon allein deshalb, weil die von der Wissenschaft gelieferten „Tatsachen" gewöhnlich weit von der unmittelbaren Alltagserfahrung entfernt liegen – wir *erleben* ja zum Beispiel die „Tatsache" nicht, daß die Erde sich um die Sonne dreht –. Ich werde auf diese sehr allgemeine Problematik zum Schluß noch einmal zurückkommen. Zunächst möchte ich mich aber mit dem Problem des Wissens beschäftigen, wie es mit der oben erwähnten Frage gestellt wurde, mit der Frage also, was es für einen Organismus bedeuten könnte, „Wissen" zu erwerben.

An anderer Stelle habe ich eine von Maturanas Grundaussagen im Sinne meiner erkenntnistheoretischen Thematik verändert, so daß sie lautet: „Alles, was erkannt wird, wird von einem erfahrenden Subjekt erkannt" (von Glasersfeld 1977), und ich habe außerdem versucht zu zeigen, daß dieses erfahrende Subjekt sich nie selbst erfahren kann (von Glasersfeld 1979). Ich möchte diese Behauptung noch etwas weiter erklären. Es gibt Gelegenheiten, bei denen wir sagen würden, daß ein Organismus sich tatsächlich selbst erfährt, – zumindest in Teilen. So lernt etwa ein Neugeborenes ziemlich rasch, zwischen seiner eigenen Hand und der Hand seiner Mutter zu unterscheiden. Beide Hände sind zunächst einfach Elemente, die mehr oder minder oft im visuellen Bereich des Babys auftauchen, bald aber werden die Bewegungen der einen Hand regelmäßig mit taktilen und propriozeptiven Signalen korreliert, was für die Bewegungen der anderen nicht möglich ist. Die Hände des Kleinkindes erlangen folglich bald einen besonderen Status, ebenso seine Füße, seine Beine und alle anderen Körperteile, die es sowohl sehen als auch fühlen kann. Ähnlich werden taktile Signale der Lippen mit solchen des Daumens korreliert, wenn das Baby am Daumen lutscht, es läßt sich aber keinerlei äquivalente Korrelation für den Fall einer Flasche oder der Mutterbrust herstellen. Dieser Prozeß der Unterscheidung ist bei jungen Katzen nicht sehr anders, die auch sehr rasch lernen, daß es nicht das gleiche ist, in den Schwanz eines zum gleichen Wurf gehörigen Artgenossen und in den eigenen Schwanz zu beißen. All dies führt zu dem, was wir eine Ich-Vorstellung oder besser ein Ich-Bild nennen können. Es ist jedoch klar, daß das, was in all diesen Fällen als „Ich" erfahren wird, niemals gleich der Ganzheit sein kann, die dieses Erfahren tatsächlich *durchführt*. Mit anderen Worten, das erfahrende Subjekt, gleichgültig was es tut, bleibt unvermeidlich außerhalb seines Erfahrungsfeldes.

Die Dichotomie zwischen dem Subjekt und dem Objekt der Erfahrung ist in ihrer Eigenart und hinsichtlich ihrer Auswirkungen verschieden von der Dichotomie, die wir einführen, wenn wir von einem Organismus und seiner Umwelt sprechen. Im zweiten Falle liegen Organismus *und* Umwelt *innerhalb* unseres Erfahrungsfeldes. Im ersten Falle dagegen liegen die von uns so genannten Gegenstände unserer Erfahrung definitionsgemäß innerhalb unseres Erfahrungsfeldes, das Ich jedoch, das sie erfährt, nicht. Wir wissen in der Tat nicht, wo sich dieses befindet. Wir wissen nur, daß es so lange, als es die Rolle des erfahrenden Subjekts, die wir ihm zugeteilt haben, spielen soll, nicht selbst erfahren werden kann und darf. Diese Merkwürdigkeit gilt nicht nur für die Beziehung zwischen erfahrendem Subjekt und erfahrendem Gegenstand, sondern auch für die Art, in der wir gewisse Relationen konstruieren. Viele relationale Begriffe sind so aufgebaut, daß sie nicht reflexiv gebraucht werden können. Ein Räuber kann sich zum Beispiel nicht selbst berauben – es sei denn in einem stark metaphorischen Sinn – und kein Element kann *in* sich selbst sein. Die strukturelle oder „operationale" Analyse relationaler Begriffe ist ein faszinierendes Forschungsgebiet, jedoch hier nicht mein Thema. Über das erfahrende Subjekt möchte ich hier also nur sagen, daß es nicht dem Erfahrungsfeld angehört und daher außerhalb des Bereichs wissenschaftlicher Forschung liegt, denn die Wissenschaft, wie theoretisch und abstrakt ihre Konstrukte auch immer seien, muß stets mit dem Erfahrungsfeld irgendeines Menschen *anfangen*.

Hand in Hand mit dieser Abgrenzung von „Wissenschaft" geht die Abgrenzung von „Wissen" als etwas, das von einem erkennenden Subjekt erkannt wird und mit der Erfahrung dieses Subjekts zu tun hat. (Ich bestehe auf dieser Einschränkung, um klar zu machen, daß ich über „rationales" Wissen rede und nicht über irgendwelche Intuitionen oder Weisheiten, die ein Mystiker erwerben mag, wenn er erfolgreich ist – was er ja behauptet –, wenn es ihm also gelingt, die Grenze zwischen dem erkennenden Subjekt und dem Erkannten mit Hilfe eines Prozesses direkter Partizipation zu beseitigen, wofür ich mir keinerlei rationales Modell vorstellen kann.)

Wir müssen also die Frage beantworten, wie es kommt, daß wir in unserer Erfahrung Elemente antreffen, die wir als Organismen kategorisieren, welche Wissen erwerben können. Wir können hierfür einmal zu dem Punkt in der Organisation unserer eigenen Erfahrung zurückgehen, an dem wir zum erstenmal wahrnehmen, daß ein Element ein anderes „wahrnimmt". Im Rückblick auf Maturanas frühere Arbeiten will ich einmal einen Frosch als Beispiel für ein solches wahrnehmendes Element nehmen. Um nun also eine Erfahrungssituation herzustellen, von der wir sagen würden, daß ein Frosch andere Dinge wahrnimmt, brauchen wir zunächst einen Frosch und dann diese anderen Dinge. Ein Frosch allein wäre nicht genug. Damit der Frosch irgendetwas wahrnehmen kann, muß er sich in irgendeiner Art von Umwelt befinden. Das mag mehr als einleuchtend und kaum der Rede wert scheinen. Wir dürfen aber nicht vergessen, daß ein Grund für die schwierige Situation, in die sich die westliche Philosophie manövriert hat, gerade die Annahme ist, daß Dinge als solche an und für sich in einer ontologischen Realität „existieren". Man tut daher gut daran, darauf hinzuweisen, daß immer dann, wenn *wir* einen Frosch wahrnehmen (oder irgendein anderes mehr oder minder dauerhaftes Erfahrungselement), wir ihn nur in der Umwelt wahrnehmen können, die den Rest unseres Erfahrungsfeldes ausmacht. Jedes Element, daß wir als mehr oder weniger permanent ansehen, muß *von uns selbst* aus dem Gesamt unseres Erfahrungsfeldes ausgegrenzt oder isoliert werden, – und eben durch diesen Akt des Isolierens konstituieren wir gleichzeitig die Umwelt dieses Elements, nämlich das Feld, aus dem wir es herausgeschnitten haben. Was die tatsächlichen Operationen angeht, die wir als Wahrnehmende ausführen, mag sich dieser Akt des Herausschneidens von der Zeichnung des Umrisses eines Frosches auf ein Blatt Papier durch einen Künstler unterscheiden, die beiden Akte sind aber insofern äquivalent, als sie beide gleichzeitig eine Figur und ihren Hintergrund erzeugen. Figur und Hintergrund, Frosch und Umwelt, sind begrifflich verwandt, denn die beiden Bestandteile dieser Paare ergeben sich aus ein und derselben Reihe von Operationen. Das heißt: Wir können niemals den einen Teil ohne den anderen machen.

Nun können wir uns fragen, wie wir dazu kommen, sagen zu können, daß der Frosch Dinge „wahrnimmt", und wir dürfen dabei nicht vergessen, daß sowohl der Frosch als auch seine Umwelt Teile *unserer*, d.h. des Beobachters, Erfahrung sind. Als Beobachter von rational-wissenschaftlicher Geisteshaltung im Sinne der westlichen Kulturtradition versuchen wir ständig, mehr oder minder permanente oder wiederholbare Beziehungen zwischen den mehr oder minder permanenten Erfahrungselementen herzustellen, die wir isolieren konnten. (Warum wir dies tun, ist eine andere Frage. Wir wollen einmal annehmen, daß die Herstellung solcher Beziehungen zu den Dingen gehört, die uns eine gewisse prognostische oder erklärende Kontrolle über unsere Erfahrung ermöglichen.) Zu den Relationen, die wir gewöhnlich mit gewissem Erfolg herstellen, gehören die, die wir „mechanische" Relationen nennen. Sie erklären zahlreiche „Interaktionen" zwischen zahlreichen Elementen, die wir ausgesondert haben, sie erklären aber nicht alle Interaktionen zwischen allen Elementen. Im besonderen gibt es eine recht verschiedenartige Menge relativ permanenter Elemente, die uns zwingt, nicht nur Interaktionen anzusetzen, die durch mechanische Relationen erklärt werden können, sondern darüber hinaus Interaktionen anderer Art. Ich möchte dafür ein einfaches Beispiel geben. Wenn im Herbst ein Blatt auf eine ebene Bodenfläche fällt, steigt es sofort wieder in die Luft, wenn ein Windstoß kommt, der stark genug ist, es hochzutragen. Ein Frosch, der auf dem gleichen Bodenstück sitzt, kann einem solchen Windstoß widerstehen, indem er sein Körpergewicht verschiebt und seine Zehen in den Boden gräbt; er wird jedoch einen Riesensprung machen, wenn plötzlich vor ihm ein Schatten auf den Boden fällt. Der Frosch widersteht also (innerhalb gewisser Grenzen) der mechanischen Gewalt des Windes, reagiert aber heftig auf einen Schatten in seiner Umwelt, auf ein Ereignis, das gemäß den von uns hergestellten mechanischen Relationen praktisch keinerlei *mechanische* Wirkung auf den Frosch ausüben sollte. Die Interaktion zwischen dem Schatten und dem Frosch tritt oft genug auf, um als regelmäßig wahrgenommen zu werden, sie paßt jedoch nicht in unser mechanistisches Modell. Wir müssen daher nach anderen Arten von Relationen suchen, um es uns zu ermöglichen, mehr oder minder verläßliche Vorhersagen über derartige nicht-mechanische Interaktionen zu machen. Und wenn wir derartige Relationen feststellen (auch wenn sie nicht so zuverlässig sind wie die mechanischen), nennen wir sie „Wahrnehmung" oder „sensorische Informationsverarbeitung".

An diesem Punkt ist man versucht, einer logisch unhaltbaren Schlußfolgerung zu verfallen: Wenn die Interaktion zwischen dem Schatten und dem Frosch durch einen Begriff wie „Wahrnehmung" erklärbar wird, – d.h. durch eine spezifische Beziehung zwischen einem Etwas in der Umwelt des Frosches und dem Nervensystem des Frosches, seiner Sinneswahrnehmung, seinem Verhalten –, dann sind wir geneigt anzunehmen, daß unsere eigene sensorische Erfahrung in ähnlicher Weise mit *unserer* Umwelt verbunden ist. Das Problem bei dieser und jeder ähnlich gearteten Annahme, die mit der Umwelt eines *erfahrenden Subjekts* operiert, liegt darin, daß sie auf einer Analogie basiert, die gänzlich fiktiv ist. Die „Umwelt" des erfahrenden Subjekts, d.h. also alle die Elemente, die angeblich durch eine „Wahrnehmungs"-Beziehung mit unseren Sinneswahrnehmungen verknüpft sind, können unmöglich mit diesen verknüpft sein, denn sie müssen laut Definition *außerhalb* jenes Feldes liegen, das unsere sensorischen Erfahrungen enthält.

Das Blatt, der Wind, der Schatten und der Frosch sind alle Teile unserer Erfahrung, die wir als Beobachter immer wieder isoliert haben. Wir waren nur deshalb in der Lage, mechanische, perzeptuelle oder andere Arten von Relationen zwischen ihnen herzustellen, weil wir beide Elemente der Relation in einer bestimmten Form der Verknüpfung immer wieder erfahren haben. Der entscheidende Punkt ist dieser: Wenn wir uns als Beobachter Elementen innerhalb unseres Erfahrungsfeldes zuwenden, dann ist es völlig legitim, daß wir Relationen zwischen diesen Elementen herstellen, daß wir rekurrente Relationen zu Regeln oder Erklärungen machen und dafür benutzen, weitere Erfahrungen vorherzusagen und zu kontrollieren. Wie groß aber unser Erfolg dabei auch sein mag, er kann nie die Annahme rechtfertigen, daß unsere Erfahrung oder irgendein Teil davon durch derartige erfahrungsbedingte Beziehungen oder Regeln mit Elementen in einer Welt verknüpft sein könnte, die außerhalb unserer Erfahrung liegt.

Was wir also „wissen", sind Elemente, Beziehungen, und deren Kombinationen. Wenn wir uns fragen, wie wir dazu kommen, diese zu „kennen", dann scheint es nur eine Antwort zu geben. Die rekurrenten „Dinge" und die verschiedenen Arten, auf die wir sie verknüpfen und sie voneinander abhängig machen, müssen als unsere *Konstruktionen* angesehen werden, unabhängig von der jeweils von uns favorisierten erkenntnistheoretischen Doktrin. Auch wenn wir wie die naiven Realisten gerne glauben möchten, daß die Wahrnehmung innerhalb des wahrnehmenden Organismus nur eine Kopie oder ein Abbild eines vorgegebenen Dings in der Außenwelt erzeugt, müßten wir ja immer noch erklären, *wie* eine derartige interne Abbildung eines „realen" Objekts tatsächlich angefertigt werden kann. So ist etwa die visuelle Erfahrung fast jedes Objekts immer etwas anders. Die Form des Gegenstands verändert sich, wenn man ihn aus unterschiedlichen Richtungen betrachtet, seine Größe ändert sich je nach der Entfernung, seine Farbe variiert mit zunehmender oder abnehmender Helligkeit, und auch andere Parameter werden durch den Erfahrungszusammenhang verschiedentlich verändert. Was macht also das „permanente Objekt ' aus, das der Organismus erkennt? Es scheint keine plausible Erklärung zu geben außer derjenigen, die Piaget formuliert und entwickelt hat. Ein „Gegenstand" muß für einen wahrnehmenden Organismus stets ein Konstrukt sein, das *aktiv* aus elementaren sensomotorischen Signalen komponiert und hernach in der weiteren Erfahrung immer wieder *aktiv* durch „Assimilation" erzeugt wird, indem nämlich jene Merkmale der neuen Erfahrung vernachlässigt werden, die nicht in die vorgegebene Komposition passen.

Ist aber die konstruktive Aktivität des Subjekts die Quelle von Erfahrungsgegenständen, dann ist klar, daß auch Relationen oder Interaktionen nicht als vorgegeben betrachtet werden dürfen. Auch eine oberflächliche Begriffsanalyse führt rasch zu der Erkenntnis, daß die Konstruktion von Relationen und die Konstruktion von Gegenständen häufig miteinander zusammenhängen, daß in der Tat viele Gegenstandsbegriffe durch instrumentelle, kausale, finale und ähnliche Beziehungen zu anderen Elementen *definiert* werden. Auch aus dieser Perspektive können wir daher schließen, daß das, was wir „wissen", stets das ist, was wir selbst gemacht haben. (Diese Idee, daß der Mensch nur das erkennen kann, was er selbst gemacht hat, ist erstmals von dem Philosophen Giambattista Vico formuliert worden. Seine Abhandlung *De Antiquissima Italorum Sapientia*, Neapel 1710, ist eine brilliante erste Darlegung des konstruktivistischen Standpunktes.)

Damit stehen wir vor der zweiten Frage: Welche Beziehung kann es geben zwischen den kognitiven Konstrukten eines Organismus und seiner Umwelt? Nachdem wir die Vorstellung abgebaut haben, daß Erkenntnis irgendeine Art von Kopie oder Bild einer „Realität" sein soll, verbleibt die Tatsache, daß bestimmte kognitive Konstrukte sich als gut, nützlich oder „haltbar" erweisen, während dies für andere nicht gilt. Wie sehr wir auch unser Wissen für eine subjektive Konstruktion halten mögen, es gibt stets die Realität gegenwärtiger und zukünftiger Erfahrung, in der die Konstrukte, Ideen und Theorien, die wir erzeugen, überleben müssen.

Mit dem Wort „überleben" habe ich bereits den zentralen Begriff meiner radikal-konstruktivistischen Erkenntnistheorie eingeführt. Der Begriff erinnert augenscheinlich und mit Absicht an die biologische Evolutionstheorie. Wenn man davon spricht, daß etwas überlebt, so soll das bedeuten, daß es in einer Umwelt lebt, in der sich auch feindliche Akteure und todbringende Gegenstände befinden.

Die Evolutionstheorie spricht von „natürlicher Auslese", und das ist ein Ausdruck, der häufig falsch verwendet worden ist. Man liest nicht selten, daß dieses oder jenes Merkmal eines Organismus durch eine bestimmte Umwelt „selektiert" wurde oder wird, oder daß der „Druck der Umwelt" zur evolutionären Entwicklung dieses oder jenes Merkmals geführt hat. Solche Aussagen sind barer Unsinn. Die Selektion, die die Natur oder die Umwelt bewirkt, ist ohne Ausnahme eine *negative*, das heißt, sie besteht stets in der Eliminierung von Einzelorganismen oder ganzen Arten, die mit den Lebensbedingungen nicht fertig werden, die Natur oder Umwelt bieten. Der Selektionsprozeß *verursacht* oder *erzeugt niemals* die Merkmale, die es einem Organismus oder einer Art erlauben zu überleben, er schaltet lediglich jene Individuen aus, die diese Merkmale nicht besitzen. Der Evolutionsprozeß findet auch nur insofern statt, als sich Organismen in jenen Merkmalen unterscheiden, die für das Überleben oder ihre Fortpflanzungsrate von entscheidender Bedeutung sind. Diese Differenzen müssen schon existieren, *bevor* Selektion stattfinden kann, und in der modernen Evolutionstheorie werden diese Differenzen als Ergebnis zufälliger Mutationen oder anderer Zufallsvariationen angesehen.

Eng verknüpft mit der Fehlinterpretation der „natürlichen Auslese" ist die des Begriffs der „Anpassung". Auch hier wird oft gemeint oder sogar behauptet, das die Angepaßtheit eines Organismus oder einer Art in irgendeinem Sinne das Ergebnis einer Tätigkeit dieses Organismus ist. Das mag sinnvoll sein für das Lernen in der Ontogenese, es ist aber völlig ohne Sinn in der Perspektive der Evolution. Wenn man von Organismen sagt, daß sie sich an ihre Umwelt „angepaßt" haben, dann heißt das nichts weiter, als daß sie in dieser Umwelt haben überleben können. Da Selektion stets „gegen" etwas gerichtet, also negativ ist, sind die Organismen, die überlebt haben, schlicht jene, die niemals in tödliche Konflikte mit irgendwelchen Hindernissen, Fallen oder anderen einschränkenden Bedingungen gekommen sind, die ihnen ihre Umwelt in den Weg gelegt hat. Aus diesen Gründen halte ich die Begriffe „viabel" und „Viabilität" für weitaus geeigneter als „angepaßt" und „Anpassung".

Diese kurzen Ausführungen zur Evolutionstheorie waren notwendig, weil sie die Basis des Modells ist, das ich für die Erkenntnistheorie vorschlage. Natürlich hat es evolutionäre Ansätze in der Erkenntnistheorie schon seit Darwins Zeit gegeben. Donald Campbell (1974) hat eine hervorragende historische Darstellung dieser Idee gegeben, und er gehört zusammen mit Karl Popper (1962) und Stephen Toulmin (1967) vielleicht zu den prominentesten zeitgenössischen Vertretern dieser Ideen. Zu den Arbeiten Poppers meint Campbell: „Der problematische Aspekt liegt in der begrifflichen Einbeziehung der realen Welt, in der Definition des Erkenntnisproblems als einer Übereinstimmung von Daten und Theorien mit der realen Welt." (a.a.O. 449) Hier genau liegt das entscheidende Problem für alle evolutionären Erkenntnistheoretiker, die ich kenne, und genau da trenne ich mich auch von ihren Auffassungen. Auf die eine oder andere Weise sagen sie alle, daß Wissen zwar zugegebenermaßen heute weit davon entfernt ist, vollkommen zu sein, daß seine Evolution aufgrund der selektiven Macht von Erfahrung und Experiment es jedoch ständig in *bessere* Übereinstimmung mit der wirklichen Welt bringt. In der Evolution gibt es aber keinerlei bessere oder schlechtere Übereinstimmung, nur ein externer Beobachter, der die Zukunft kennt, würde in der Lage sein, eine derartige Bewertung vorzunehmen. Innerhalb eines evolutionären Systems ist alles eine streng binäre Angelegenheit: da ist entweder Passen (d.h. Durchkommen) und Überleben oder als einzige Alternative Hängenbleiben und Aussterben. Organismen sind entweder viabel oder nicht, und zu jedem beliebigen Zeitpunkt sind alle die, die überlebt haben, viabel (auch wenn sie nur um Haaresbreite überlebt haben; zudem können Eigenschaften, die den Organismus gestern in Gefahr gebracht haben, sich morgen als vorteilhaft erweisen).

Nach meiner Auffassung kann die erkenntnistheoretische Frage nach der Beziehung zwischen den Ideen, Hypothesen, Theorien bzw. dem Wissen eines Organismus und dessen Umwelt, oder allgemein die Beziehung zwischen Wissen und Welt, analog beantwortet werden. Solange ein Wissenselement das leistet, worauf es angelegt wurde und durch Erfahrung nicht widerlegt wird, muß es als *viables* Wissen betrachtet werden. Und ich füge sofort hinzu, daß die erfolgreiche *instrumentelle* Funktion zwar das Hauptkriterium, aber keinesfalls das einzige Kriterium ist. *Ökonomie* des Funktionierens ist ein weiteres, ebenso *Kompatibilität* mit anderen viablen kognitiven Strukturen. Diese aber sind sekundäre Kriterien.

Was ich hier skizziert habe, ist in der Tat eine Erkenntnistheorie für „informational geschlossene Systeme“. Sie nimmt die zwei Punkte auf, die sich in der langen Geschichte der westlichen Erkenntnistheorie als solide und scheinbar unveränderbare Bedingungen jeglichen Wissenserwerbs herausgebildet haben.

Der erste Punkt ist von Skeptikern aller Zeiten formuliert worden. In allgemeinster Formulierung lautet er: Die Art, in der ein erkennender Mensch Wissen über eine unabhängig von ihm existierende (ontologische) Welt erlangt, determiniert dieses sein Wissen, und er kann niemals feststellen, in welchem Maße es diese Wirklichkeit verzerrt. – Ich stimme hiermit völlig überein und füge eine Beobachtung hinzu, die man als „biologisch“ bezeichnen kann, weil sie mit der Art von Modell zu tun hat, die die moderne Naturwissenschaft für das Funktionieren lebender Organismen entwickelt hat: Ob man nun Wissen für eine Abbildung der Realität hält oder nicht, solche Abbildungen können nicht als vorgefertigte Ganzheiten in einen Organismus gelangen. Sie müssen von dem Organismus aus proximalen Daten aufgebaut werden, also aus Material, das innerhalb der Grenzen des Organismus zugänglich ist. Wissen muß daher *konstruiert* werden.

Der zweite Punkt betrifft die Kardinalregel aller wissenschaftlichen Forschung (obwohl ich sie in der oben gegebenen Skizze mit anderen Worten formuliert habe): Keine der Hypothesen, die wir formulieren, kann jemals *bewiesen* werden. Sie mag nicht mehr länger haltbar sein, wenn Erfahrung oder Experimente sie widerlegen, aber keine Menge empirischer oder experimenteller Bestätigung kann unzweifelhaft ihre „Wahrheit“ ermitteln. Warren McCulloch (1948) hat dies so gesagt: „Es ist in der Tat der Gipfel des Wissens, eine Hypothese als falsch erwiesen zu haben.“ Und Popper hat bekanntlich die „Falsifikation“ einer Hypothese dem Vertrauen der Positivisten in die Verifikation entgegengesetzt, denn letztere erweist sich stets als illusorisch. – Die Einführung des Begriffs der Viabilität in das Evolutionsmodell stellt die Tatsache heraus, daß Veränderung in der Evolution und Wandel in der Geschichte des Wissens dem gleichen Prinzip unterworfen sind: In beiden Fällen ist Überleben nichts weiter als das Ergebnis einer Überwindung einschränkender Bedingungen, einmal der Umwelt, zum anderen der Erfahrung oder von Experimenten. (Die einschränkenden Bedingungen, die in der Erfahrung entstehen, ergeben sich größtenteils aus den Kategorisierungen und Strukturierungen, die wir vornehmen, *wenn* wir Erfahrungen machen und diese kognitiv verarbeiten. Dies zeigt sich besonders deutlich im wissenschaftlichen Experimentieren, sobald wir einmal darüber nachzudenken beginnen, wie weit die Ergebnisse durch die „Anlage“ und „Kontrolle“ eines Experiments bereits festgelegt werden.)

Abschließend möchte ich zum Anfang zurückkehren, zur Idee informational geschlossener Systeme. In dem Modell, das ich für kognitive Prozesse vorgeschlagen habe, spielt es keine Rolle, ob man „Information" im Sinne der Kommunikationstechnologie (Shannon 1948) oder im Alltagsverständnis unserer Sprache auffaßt. Das kognitive System erweist sich in beiden Fällen als geschlossen. Signale sind in Shannons (oder Wieners) mathematischer Theorie lediglich aufgrund eines vorgegebenen Kodes Signale, und der Begriff „Information" bezeichnet die Wahrscheinlichkeit des Auftretens dieser Signale in Botschaften und hat mit ihrer Bedeutung *nichts* zu tun. Nennen wir die Impulse, die von den sensorischen Rezeptoren eines Organismus ausgehen, „Signale", dann ist das insofern zulässig, als wir annehmen, daß der Organismus ein begrenztes vorgegebenes Repertoire von Rezeptoren hat. Weisen wir den Signalen Informationswerte zu, dann lassen sich diese Werte nur durch die Wahrscheinlichkeit bestimmter Signale mit Bezug auf andere Signale innerhalb des Systems möglicher Signale definieren. Mit anderen Worten, diese technische Art der „Information" könnte nie als Information *über* eine Welt außerhalb des Systems interpretiert werden.

Nehmen wir nun die andere Alternative und interpretieren das Wort „Information" im nicht-technischen, alltagssprachlichen Sinn, und sagen wir dann von einem System, daß es „Information empfängt", dann würde dies bedeuten, daß dieses System etwas *über* seine Umwelt lernt. Die radikal-konstruktivistische Erkenntnistheorie, die ich eben skizziert habe, zeigt jedoch (mit Erfolg, wie ich meine), daß dies nicht möglich ist. Einerseits ist die Struktur der Umwelt, die der Organismus kennenlernt, unter allen Umständen das Ergebnis der Wahrnehmungs- und Erkenntnisprozesse dieses Organismus selbst. Zum anderen zeigt das Prinzip der Viabilität in seiner Anwendung auf die kognitiven Strukturen und die Theorien und Modelle der Umwelt des Organismus, daß diese Theorien und Modelle im besten Fall eben nur das sind: Theorien und Modelle. Sie können in jedem Zeitpunkt durch Erfahrung widerlegt werden. Aber auch wenn sie nicht widerlegt und als „falsch" erwiesen werden, auch wenn sie Erfahrung überleben, darf hier Überleben nie als Beweis dafür angesehen werden, daß sie in dem Sinne „richtig" sind, daß sie die „wirkliche" Welt abbilden, denn die Tatsache, daß sie überlebt haben und *viabel* sind, kann niemals die Tatsache erhärten, daß ihr Überleben die einzig mögliche Art des Überlebens ist. Mit anderen Worten, vom Gesichtspunkt des Konstruktivismus operieren kognitive Organismen in einer Welt einschränkender Bedingungen. Sie können lernen, was sie *nicht* tun dürfen. Aber all das Wissen, das sie konstruieren, kann kein Bild der Welt sein, wie diese „wirklich ist".

Kein Wissenschaftler unserer Zeit sollte durch diese erkenntnistheoretische Schlußfolgerung schockiert werden. Seit der Revolution in der Physik am Beginn dieses Jahrhunderts haben Wissenschaftler zunehmend daran gezweifelt, daß die Wahrheit in einem absoluten Sinne mit Hilfe wissenschaftlicher Verfahren erreichbar ist. Ein Blick auf ihre eigene Geschichte zeigt, daß die Erkenntnis, die in der Vergangenheit produziert wurde, in ihrem historischen Kontext ein überaus wertvoller Beitrag war. Die im Rückblick gewonnene Erkenntnis, daß der Wert einer wissenschaftlichen Idee und die Idee selbst immer kontextabhängig in dem Sinne sind, daß eine Lösung nur ein Weg ist, angesichts einer bestimmten Menge von einschränkenden Bedingungen zu überleben, sollte niemanden davon abhalten, wissenschaftliche Forschung zu betreiben. Vielleicht gibt es aber eine gewisse Hoffnung, daß diese erkenntnistheoretischen Folgerungen angesichts der Welt, wie wir sie heute kennen, Wissenschaftler dazu führen könnten, ein wenig über die Frage nachzudenken, welche von den beängstigenden einschränkenden Bedingungen unserer Zeit zuallererst überwunden werden sollten.

# Der Begriff der Äquilibration in einer konstruktivistischen Erkenntnistheorie

Die Erörterung des Problems der „Ziele" ist bis heute ohne Ergebnisse, das Problem offen geblieben. Es ist aber wichtig, besonders für jede Theorie der Äquilibration. Ich möchte mich daher mit einigen Beziehungen zwischen den Begriffen der Störeinwirkung, der Äquilibration und der Zielorientierung beschäftigen.

## I

Ein auf dem Meeresgrund liegender Felsbrocken ist in stabilem Gleichgewicht. Das gleiche erhoffen wir von den Häusern, in denen wir leben, obwohl wir wissen, daß Tornados oder Erdbeben diese unsere Hoffnung zerstören und die Gebäude in sich zusammenfallen lassen können. In diesen Fällen erhalten externe Kräfte dieses Gleichgewicht oder zerstören es, und weder der Felsbrocken noch das Haus können in die eine oder andere Richtung Druck ausüben. Bringt sie aber etwas aus dem Gleichgewicht, dann könnten wir nichts beobachten, was uns sagen ließe, der Felsbrocken oder das Haus hätten *aktiv* eine Äquilibration vorgenommen; wir würden sie vielmehr als passive Opfer von Kräften ansehen, die auf sie einwirken.

Wenn wir zu Fuß gehen oder mit einem Fahrrad fahren, oder wenn ein Vogel an einem windigen Tag auf einem Leitungsdraht sitzt, ist die Situation anders: Ein labiles Gleichgewicht wird gegen feindliche Kräfte oder Störungen aufrechterhalten. Das Element unter Störeinwirkung ist selbständig aktiv, und Gleichgewicht wird nur solange aufrechterhalten, als die Störeinflüsse durch Gegenmaßnahmen kompensiert werden.

Die Fähigkeit, Störeinflüssen entgegenzuwirken, ist ein typisches Merkmal lebender Organismen, – und künstlicher Homöostaten. Und in der Tat: Jede kybernetische System- oder Organismustheorie hat explizit oder implizit mit derartigen Fähigkeiten zu tun. Eben deshalb hat Norbert Wiener das Wort „Regelung" in den Titel des Buches aufgenommen, mit dem die Kybernetik offiziell gestartet wurde (1948). Der Begriff „Regelung" war bei Wiener noch recht vage, ebenso der Begriff des „Störeinflusses". Beide Begriffe sind durch die Arbeiten von William Powers präzisiert worden (1973a, b). Regelung umfaßt *zumindest* drei Dinge: (a) einen Zustand des Gleichgewichts, definiert als eine konstante Beziehung zwischen einer Inputvariablen und einer Referenzvariablen; (b) Störeinflüsse, die die Beziehung zwischen dem Input und den Referenzwerten verändern; (c) eine Tätigkeit, durch die das System zumindest potentiell das ursprüngliche Gleichgewicht wiederherstellen kann.

Wie Powers seit langem dargelegt und vor kurzem auch in einer Reihe von Experimenten demonstriert hat (Powers 1978), folgt aus dem Modell eines Regelungssystems, daß wir auf die traditionelle Vorstellung verzichten können, nach der lebende Organismen stets auf externe Stimuli reagieren, die ein Beobachter beobachten kann. Das Modell gestattet uns zu sagen, daß Organismen aufgrund von Störeinwirkungen handeln, – und Störeinwirkungen sind nicht einfach Inputs, sondern nur solche Inputs, die den Organismus aus seinem Gleichgewicht bringen. In einem Regelungssystem generiert die Störung des Gleichgewichts ein Störsignal, welches Aktivität bestimmter Art auslöst.[1] Ist diese Aktivität „in der Lage", die Inputvariable in Richtung des Wertes zu verändern, der mit Bezug auf den Referenzwert das Gleichgewicht darstellt, dann und nur dann ist das System viabel und kann als der Regelung und Äquilibration fähig bezeichnet werden. Ich habe den Ausdruck „in der Lage" zwischen Anführungszeichen gesetzt, um anzudeuten, daß es sich hier nicht um irgendeinen absoluten Kausalbegriff, sondern um eine induktive Verknüpfung handelt, daß daher strenggenommen auch angegeben werden muß, *wer* diese Schlußfolgerung gezogen hat. In meiner Sicht ist dies eine außerordentlich bedeutsame Überlegung und völlig vereinbar mit Maturanas fundamentaler Behauptung, daß „alles, was gesagt wird, von einem Beobachter gesagt wird". Kausalverknüpfungen werden immer von einem erfahrenden Subjekt vorgenommen und verbinden Elemente, die dieses Subjekt in *seiner* Erfahrung isoliert hat. Diese Verknüpfungen entstehen, wie Hume gesagt hat, durch Assoziation, und Assoziation ist das Ergebnis irgendeiner Form rekurrenter Nachbarschaft im Bereich der Erfahrung.[2]

Bei den bisher gebauten homöostatischen Geräten ist die kausative Verknüpfung stets durch den Konstrukteur vorweg ermittelt und für Planung und Bau des Gerätes genutzt worden. In einem Thermostaten etwa kann die Inputvariable die Ausdehnung der Quecksilbersäule in einem Thermometer sein (wenn ein Quecksilberthermometer benutzt wird), denn der Konstrukteur hat zuvor eine kausale Verbindung zwischen der Temperatur der umgebenden Luft und der Höhe des Quecksilbers im Thermometer festgestellt. Es gibt daher im Thermostaten festgelegte Verknüpfungen: steigt das Quecksilber über eine bestimmte Höhe, wird eine Kühlmaschine eingeschaltet, sinkt es unter eine bestimmte Marke, ein Heizgerät. Der Thermostat braucht diese Verknüpfungen natürlich nicht zu *lernen*, sie sind ihm von seinem Hersteller vorgegeben und daher ähnlich *angeborenen* Reflexverknüpfungen in einem lebenden Organismus. Der simple Thermostat ist aus eben diesem Grunde nicht das interessanteste Modell für lebende Organismen: er kann nur als Modell für reflexähnliche Äquilibrationen oder für diejenigen homöostatischen Phänomene dienen, wie sie Walter Cannon beschrieben hat (1932).

Weitaus interessanter wäre ein lernender Homöostat, der seine eigenen Kausalverknüpfungen herstellt und sie zur Selbststeuerung nutzt, also seine eigenen Methoden der Äquilibration entwickelt. Diese Vorstellung wurde erstmals (und mit Begriffen, die wir heute kybernetisch nennen würden) von Kenneth Craik während des zweiten Weltkrieges formuliert (Craik 1966). Das Prinzip, auf dem sie beruht, hat Hume als *induktives Schließen* bezeichnet. Hume formulierte zwei Aussagen:

1. „Ich habe festgestellt, daß einem derartigen Gegenstand stets eine solche Wirkung folgte" und

---

1) Powers' Modell zeigt auch, daß Aktivität *ohne* einen Störinput ausgelöst werden kann, dann nämlich, wenn eine Veränderung des Referenzwerts eine Störmeldung erzeugt. Ist dies der Fall, spricht der Beobachter gewöhnlich von „spontaner Aktion".

2) Ich habe ein vorläufiges Modell entworfen, das einige der Erfahrungsgrundlagen solcher „Nachbarschaft" sowie die operationalen Schritte angibt, die zu den Begriffen der Verursachung führen (von Glasersfeld 1974b). Das Modell vernachlässigt allerdings die Rolle der Analogie, die, wie ich inzwischen gelernt habe, eine große Bedeutung für die Konstruktion kausaler Verknüpfungen hat.

2. „Ich sehe voraus, daß andere Gegenstände, die ihrem Aussehen nach ihm ähnlich sind, ähnliche Wirkungen zur Folge haben werden." (1748, 44)

Auch wenn Humes Skeptizismus seiner Erkenntnis entsprang, daß es, wie er sagte, keine Argumentationskette gibt, die die Ableitung des zweiten Satzes aus dem ersten rechtfertigen würde, beobachtete er, daß wir trotz dieser logischen Kluft ständig diese Art von Schluß ziehen. Dieser Schluß ist auf die simple Annahme gegründet, daß wir das, was wir mit gewisser Regelmäßigkeit in der Vergangenheit erlebt haben, mit eben der gleichen Regelmäßigkeit in der Zukunft erleben werden, – und zwar aus keinem anderen Grunde als dem, daß wir bis heute mit dieser Annahme gut gefahren sind und viele nützliche Regelmäßigkeiten immer wieder erleben. Ein homöostatisches System braucht natürlich von alledem überhaupt nichts zu *wissen*. Es wird schlicht gebaut oder hat sich so entwickelt, daß „seine Organisation (sowohl die genetische als auch die andere) konservativ ist und nur das wiederholt, was funktioniert" (Maturana 1970a, 15–16).

Nun klingt es zwar recht einfach, „nur das zu wiederholen, was funktioniert", doch bedarf es einer Menge von Dingen, wenn das Wissen um das, was funktioniert, nicht bereits eingebaut ist. In der Phylogenese gibt es hier kein Problem: Jeder Organismus, der nicht funktioniert (d.h. als Individuum überlebt oder sich so vermehrt, daß die Art erhalten bleibt), wird eliminiert. In der Tat ist dies sogar eine Tautologie, denn im Kontext der Evolution kann „funktionieren" nichts anderes bedeuten als eben: *nicht eliminiert zu werden* (vgl. von Glasersfeld 1981d). Alle die Organismen, die wir als lebendig wahrnehmen, wenn wir unsere Welt überblicken, sind Organismen, die bis jetzt funktioniert haben, oder die, wie ich es vorziehe zu sagen, *viabel* sind. Wiederholung kann in diesem Zusammenhang nichts anderes sein als Vermehrung und Überleben.

In der Ontogenese jedoch ist es ganz anders: Reaktionen, Verhaltensweisen, Aktivitäten (oder wie immer wir es nennen wollen, wenn wir einen Organismus als ein handelndes *Subjekt* auffassen), die nicht funktionieren, sind nicht notwendigerweise tödlich. Mit anderen Worten, es gibt hier nicht die binäre Situation von entweder Überleben oder Elimination, sondern, wie Maturana (1978, 40) es formuliert: „Es ist die differentielle Wirksamkeit des tatsächlichen Operierens..., die den Prozeß der Selektion in lebenden Systemen konstituiert." Auch hier besteht eine Parallele zur Evolution insofern, als „wirksame" Operationen den selektiven Prozeß überleben und somit *viabel* sind, die Parallele versagt aber auf der negativen Seite, denn „unwirksame" Operationen töten den Organismus nicht immer (Gott sei Dank), noch werden sie auch notwendigerweise als potentielle Operationsweisen eliminiert, – sie mögen lediglich in dem besonderen Kontext, in dem sie sich als nicht wirksam erwiesen haben, aufgegeben werden.[3]

Damit stellt sich sofort die Frage: Wann ist eine Operation *wirksam*, wenn eine wirkungslose den Organismus nicht gleich umbringt? Für ein Regelungssystem ist die Antwort sehr einfach: Eine Operation ist dann wirksam, wenn sie einen Störeinfluß neutralisiert, somit ein Störsignal eliminiert und das Gleichge-

---

[3]) Das ist uns allen wohlbekannt. Oft greifen wir (auch regressiv), wenn eine Problemlösungsmethode versagt, auf Methoden zurück, die in anderen Situationen längst verworfen worden waren. Den schlagendsten Nachweis dafür liefern die Arbeiten zur „gelernten Hilflosigkeit" (Seligmann 1975), also zu dem Phänomen, daß ein Lebewesen ganz aufhört zu handeln, wenn sich alle seine Reaktionen als unwirksam erweisen. In einer günstigeren Umwelt muß das depressive Lebewesen dann erst wieder entdecken, daß sein Handeln tatsächlich etwas bewirkt, ohne daß es die jeweiligen Handlungsfertigkeiten erneut lernen muß.

wicht wiederherzustellen hilft. Für den vorhin erwähnten Thermostaten ist das kein Problem, denn er kann seine Handlungsweisen nicht auswählen. Der Thermostat muß nicht – und könnte auch gar nicht – feststellen, daß das Einschalten des Heizgeräts eine wirksame Operation ist, wenn das Quecksilber unter den Referenzpunkt sinkt, und daß das eine unwirksame Operation ist, wenn das Quecksilber über der Marke steht. Die Operationen, die jeweils bei der Neutralisierung dieser beiden Arten von Störeinflüssen in Thermostaten wirksam sind, sind *a priori* vom Konstrukteur bestimmt *worden*. Es wäre daher eine sinnlose Feststellung, den Thermostaten als „konservativ" zu bezeichnen, als ein Gerät, daß „nur das wiederholt, was funktioniert". Die Frage nach dem, was funktioniert und was nicht, stellt sich hier nie, denn die Selektion effektiver Operationen war bereits erfolgt, bevor der Thermostat überhaupt zu existieren begann, und seine Verknüpfungen waren vorweg ermittelt und festgelegt worden. Man könnte sagen, der Thermostat habe keine Ontogenese.

Wir können uns jedoch einen Thermostaten vorstellen, der keine festgelegten Verbindungen zwischen Störsignal und kompensatorischer Aktivität hat, sondern diese Verbindungen auf der Grundlage seiner eigenen Erfahrung erst selbst herstellen muß. Wie Kenneth Craik (und andere nach ihm) erkannte, muß ein derartiges System weitaus komplexer und komplizierter sein. Das Hauptproblem, das es lösen muß, besteht genau in der Unterscheidung, welche der verfügbaren Operationen für jedes der auftretenden Störsignale effektiv ist und welche nicht. Da das System kein vorgegebenes „Wissen" hat außer der eingebauten konservativen oder induktiven Einstellung, daß das, was funktioniert hat, auch in Zukunft funktionieren wird, muß es die Gelegenheit bekommen festzustellen, was funktioniert. Es muß also die Chance bekommen zu experimentieren, und es muß in einer Umwelt operieren können, die es nicht schon beim ersten falschen Versuch umbringt. Es muß außerdem bereit sein zu *probieren*, was in diesem Kontext bedeutet, daß es gegen einen Störeinfluß tätig werden muß. Aber auch das ist noch nicht genug. Um konservativ sein zu können, also um wiederholen zu können, was einmal schon funktioniert hat, muß das System irgendwelche Aufzeichnungen oder Spuren davon haben, welche Operationen bei welchen früher aufgetretenen Störeinflüssen wirksam gewesen waren. Ist das System so angelegt, und bleibt die Welt, in der es existiert, in dem Maße stabil, daß das Heizgerät des Systems die Quecksilbersäule mit Erfolg nach oben bewegt und das Kühlsystem sie mit Erfolg wieder herunterbringt, dann wird es nicht lange dauern, bis das System so funktioniert, als ob es über festgelegte Regeln für die Neutralisierung von Temperaturschwankungen verfügte (d.h. über Regeln von der folgenden Art. *Wenn* das Quecksilber unten ist, *dann* schalte die Heizung ein!). Solche Regeln aber, wie immer sie auch konkret umgesetzt werden mögen, sind *zweckgerichtete* Regeln. Sie werden induktiv ermittelt, durch Versuch und Irrtum, denn sie waren als Mittel der Neutralisierung von Störeinflüssen und somit der Herstellung des Gleichgewichts wirksam, und sie bleiben daher solange gültig, wie sie funktionieren.

Ich sehe keinen Grund, warum man in diesem Zusammenhang Äquilibration nicht als ein „Ziel" bezeichnen sollte, auf welches hin das System handelt. Wird Äquilibration als eine Relation zwischen Input und Referenzwerten und ein Störeinfluß als die Veränderung dieser Relation definiert, dann kann man sagen, daß jede Aktivität, die ein solches System ausführt, von einem Störeinfluß ausgelöst wird, und daß sie aufgrund des Erfolges, den sie bei seiner Bekämpfung erzielt, als „wirksam" selektiert wird. Das bedeutet, daß Operationen oder Aktivitäten aufgrund der Ergebnisse, die mit ihnen in der früheren Erfahrung des Systems erzielt worden sind, in Gebrauch kommen und bleiben. Da diese Ergebnisse in der Vergangenheit liegen, kann der gegenwärtige Gebrauch der Aktivitäten, die jene Ergebnisse herbeigeführt hatten, nicht im traditionellen Sinn als „teleologisch" betrachtet werden: Die Zukunft spielt hier keine Rolle. Deshalb aber sind diese Aktivitäten um nichts weniger „zielorientiert". Immer dann, wenn sie ausgeführt werden, werden sie ausgeführt, *um* eine Störeinwirkung zu eliminieren, und diese Art der Zielorientierung ergibt sich ausschließlich aus der Erfahrungs„tatsache", daß sie bislang eben genau dies geleistet haben und eben deshalb auch „selektiert" worden sind.

Zum Abschluß dieser Bemerkungen über „Ziele" möchte ich darauf hinweisen, daß ein Großteil der Verwirrung, die Prozesse der Selektion umgibt, daher stammt, daß mit dem Wort „Selektion" zwei begrifflich verschiedene Bedeutungen verbunden werden. In der Evolution müssen wir Selektion *negativ* auffassen, denn die Natur oder die Umwelt eliminiert alles, was *nicht* funktioniert. Das, was wie eine „Selektion" von Organismen aussieht, die viabel sind und *funktionieren*, hat tatsächlich nichts mit ihrer Tüchtigkeit zu tun, sondern nur mit der Untüchtigkeit jener, die ausgeschaltet worden sind. Andererseits fassen wir immer dann, wenn wir von Prozessen sprechen, die dem Muster induktiven Schließens folgen, Selektion *positiv* auf, weil die Operation, die Strategie, oder das Konstrukt, das für wiederholten Gebrauch selektiert wird, stets eines ist, das sich in der vergangenen Erfahrung als erfolgreich erwiesen hat.

## II

Die Begriffe der „Störeinwirkung" und der „Äquilibration" sind auch in Piagets Kognitionstheorie von großer Bedeutung, einer Theorie, die aus der Beobachtung von Kindern und nicht aus der Konstruktion homöostatischer Apparate entwickelt worden ist, aber doch zu bemerkenswert ähnlichen erkenntnistheoretischen Schlußfolgerungen geführt hat. Diese Schlußfolgerungen sind völlig unvereinbar mit der traditionellen Erkenntnistheorie und stehen außerdem in krassem Gegensatz zu den in unserer Alltagssprache enthaltenen Vorstellungen von „Wissen" und „Erkennen", – eine Tatsache, die ihr Verständnis sehr erschwert. Unsere Sprachen bilden nämlich, ob uns dies nun recht ist oder nicht, die Weltsicht des gesunden Menschenverstandes ab, nach der der erkennende Mensch in eine vorgefertigte „Realität" eintritt, die er hernach (mehr oder minder) so erfaßt, daß er irgendwie ein Bild davon erwirbt. Piaget nennt sich selbst einen „Konstruktivisten" und widerlegt durch seine Arbeit diese ikonische Erkenntnistheorie. Ein kognitiver Organismus, behauptet er, erwirbt Wissen durch Handeln, und die optimale Beziehung zwischen dem Wissen und der wirklichen Welt ist nicht eine der „Wahrheit", sondern eine der „Anpassung".

An anderer Stelle habe ich gezeigt, daß der Begriff „Anpassung" irreführend ist (von Glasersfeld 1981d; 1981e), denn er wird oft im Sinne einer *Übereinstimmung* zwischen dem angepaßten Element und der Welt, der es angepaßt ist oder sich angepaßt hat, interpretiert. Ich ziehe daher den Begriff „Viabilität" vor, der lediglich anzeigt, daß alles, was das Element ist oder tut, nur dazu dient, es am Leben zu erhalten.

Piagets Position ist in dieser Hinsicht allerdings mehrdeutig. In jüngeren Ausführungen stellt er fest, daß es sich in der Tat um einen Projektionsakt handelt, wenn der Physiker oder das Kind seine (sensomotorischen oder logisch-mathematischen) Operationen physikalischen Objekten zuordnet, um so zu versuchen, diese zu verstehen. Wenn das erkennende Subjekt diese Operationen nicht hätte, könnte es die Gegenstände nicht verstehen. „*D'autre part l'objet se laisse faire.*" Der Gegenstand, heißt das, *erlaubt* seinerseits die Anwendung der Operation oder unterwirft sich dieser (Inhelder u.a. 1977, 64). Ich verstehe dies als gleichbedeutend mit dem Begriff der Viabilität, wie ich ihn entwickelt habe, – in dem Sinne nämlich, daß jede Operation, die der Physiker oder das Kind als konstitutiv für einen Gegenstand aufzufassen gelernt hat, aufgrund seiner Erfahrung rekurrent ohne Widerspruch benutzt werden *kann*. Piaget erweitert dann aber diese Vorstellung und sagt:

> „Wenn man aber schließlich eines Tages wahre Theorien hat, dann nur deshalb, weil der Gegenstand die Operationen für ihre Herstellung zugelassen hat; dies ist gleichbedeutend damit, daß er etwas enthalten hat, das meinen Operationen analog ist. Dies wiederum bedeutet keinesfalls, daß meine Operationen von dem Gegenstand ausgehen: Ich kann nicht mehr tun als diesen Gegenstand zu rekonstruieren, und ich kann nicht aus mir heraustreten, um in ihn hineinzugelangen..."
> (a.a.O., 64)

Diese Einführung des Begriffs der Analogie ist in meiner Sicht ebenso grundlos wie irreführend. Wenn Gegenstände oder die Wirklichkeit im allgemeinen es uns gestatten, auf bestimmte Art und Weise zu handeln, rechtfertigt dies nicht den Schluß, daß es eine Analogie geben muß zwischen dem, was wir tun und dem, was ist. Die Tatsache, daß ein Sieb Sand durchfallen läßt, bedeutet keine Analogie zwischen dem Sieb und dem durchfallenden Sand, – das Sieb könnte lediglich damit charakterisiert werden, daß es bestimmte Gegenstände nicht durchläßt.[4])

Obwohl diese unterschiedliche Auffassung die Sicht der Beziehung zwischen Wissen und Realität zutiefst beeinflußt, verändert sie nicht notwendigerweise das Modell des Prozesses kognitiver Entwicklung oder des Wissens*erwerbs*. Und dafür sind Piagets Ideen der Äquilibration und der beiden Aktivitäten, die diese ausmachen, überaus bedeutsam.

Der eingangs gekennzeichnete Typ des Gleichgewichts, der uns interessiert, ist niemals ein fixierter und unbeweglicher Zustand, vielmehr eine Art von Drehpunkt zwischen zwei oder mehr Kräften, die einander beständig neutralisieren. Die Aktivitäten, die diese Neutralisierung leisten, heißen *Assimilation* und *Akkomodation*.

Alle neueren Handbücher zur Entwicklungspsychologie in den USA enthalten zumindest einen Absatz über Piagets Verständnis dieser beiden Begriffe. Die angeführten Erklärungen simplifizieren aber meist seine Vorstellungen so sehr, daß sie sie verzerren. Meist heißt es da: Der erkennende Organismus hat gewisse physikalische und begriffliche Strukturen, die er seinem Input in Akten des Erkennens oder Wiedererkennens aufzwingt. Der Organismus modifiziert also den Input so, daß er zu seinen eigenen Strukturen paßt, und diese Modifizierung heißt „Assimilation". Wenn die Diskrepanz zwischen dem Input und den eigenen Strukturen zu groß ist, muß der Organismus seine Strukturen modifizieren oder neue schaffen,

---

4) Vgl. McCullochs Aussage (1948): „Es ist in der Tat der Gipfel des Wissens, eine Hypothese als falsch erwiesen zu haben."

und dies heißt „Akkomodation". – In einem sehr allgemeinen und oberflächlichen Verständnis ist diese Erklärung nicht ganz falsch.[5] Falsch ist jedoch die Vorstellung einer einfachen und direkten Interaktion zwischen Organismus und Umwelt. Die Erklärung behauptet nämlich, daß es auf der einen Seite den Organismus mit seinen Strukturen gibt, und auf der anderen Seite eine Umwelt, die den Input liefert, und daß nach und nach die Strukturen des Organismus immer mehr *wie* die Strukturen werden, die es draußen in der Umwelt gibt. Da viele Übersetzer der Schriften von Piaget wenig oder kaum mit den Problemen der Erkenntnistheorie vertraut sind, verfahren sie nach der gewohnten Weltsicht des gesunden Menschenverstandes und (sicherlich unbeabsichtigt) verleihen allen Aussagen Piagets im Englischen einen bei weitem realistischeren Anstrich, als dies im französischen Original der Fall ist.[6] Piaget wird auf diese Weise in einen mehr oder minder gradlinigen „Interaktionisten" verwandelt (was es konventionellen Psychologen leicht und bequem macht, all das, was er auszudrücken versucht, zu verdrängen, und außerdem die Methodologie seiner Experimente zu kritisieren). Die Interaktionen, von denen er spricht, sind jedoch nach meiner Interpretation von völlig anderer Art.

Piagets Konzeption von Assimilation und Akkomodation bleibt unverständlich, wenn sie nicht in den Rahmen seiner Erkenntnistheorie und im besonderen in den Kontext dessen gestellt werden, was er *schème* nennt. „Schemata" sind grundlegende Ereignisfolgen, die aus drei Teilen bestehen. Ein Anfangsteil dient als eine Art von Auslöser oder Anlasser. Im Sinne von Schemata des Handelns entspricht dies in etwa dem, was Behavioristen einen „Stimulus" nennen, d.h. einem sensomotorischen Muster. Der darauf folgende zweite Teil ist eine Handlung (eine „Reaktion") oder eine Operation (eine begriffliche oder internalisierte Aktivität). Diese beiden Teile werden im allgemeinen explizit erwähnt, wenn Schemata erörtert werden. Der dritte Teil wird meist nur implizit eingeführt, verliert dadurch aber nicht im geringsten an Bedeutung: Er besteht in dem, was ich Ergebnis oder Folgezustand der Aktivität nenne (und hier ist wiederum eine grobe und lediglich oberflächliche Übereinstimmung mit dem zu konstatieren, was die Behavioristen als „Verstärkung" bezeichnen).

In Piagets Sicht beginnt der Organismus sein Leben nicht als *tabula rasa*. Er verfügt über eine gewisse Anzahl eingebauter Schemata, wenn seine kognitive Karriere einsetzt. Es handelt sich dabei um Reflexe oder festgelegte Handlungsmuster, die genetisch als Ergebnis der Evolution vorgegeben sind. Wenn man zum Beispiel die Wange eines gesunden menschlichen Neugeborenen berührt, dann wird dieses seinen Kopf wenden und versuchen, das, was es berührt hat, in den Mund zu nehmen und daran zu saugen. Vom Standpunkt des Beobachters ist dies evolutionär sehr sinnvoll. Kleinstkinder wurden gewöhnlich so gehalten, daß ihnen das, was sie häufig an der Wange berührte, ihre Nahrung lieferte. Alle die Neugebo-

---

[5] Es sei darauf hingewiesen, daß diese Lehrbucherklärung ein unlösbares Problem erzeugt: Wäre jeder kognitive Akt tatsächlich in dieser simplen Weise assimilatorisch, dann könnte kein Organismus je Diskrepanzen zwischen dem Input und seinen eigenen Strukturen „erkennen", und es gäbe folglich keinen Grund zu akkomodieren.

[6] Ich habe noch keine deutsche Übersetzung Piagets geprüft, weiß also nicht, ob es da ähnliche Verzerrungen gibt. Unter den englischen gibt es allerdings auch Ausnahmen. So sind die Fassungen, die von philosophisch geschulten Autoren stammen, etwa von Wolfe Mays und Eleanor Duckworth, so verläßlich, wie es eine Übersetzung nur sein kann.

renen also, die nicht bereitwillig ihren Kopf dahin wendeten, verringerten ihre Überlebenschancen (die früher ohnehin oft gering genug waren). Aber es war ja nicht nur die Brustwarze der Mutter, die ihre Wange berührte. Manchmal war es auch ihr eigener Daumen, und wenn sie es nicht bereits in der Gebärmutter getan hatten, fingen sie dann sofort an, daran zu saugen. In Piagets Begriffen ist dies ein gutes Beispiel der Assimilation. Der Daumen wird als Gegenstand der Saugtätigkeit assimiliert. Der wesentliche Punkt dabei ist, daß sowohl Brustwarze als auch Daumen in der Sicht des Kindes dem sensorischen Muster entsprechen, das die Saugtätigkeit auslöst und daß sie daher auf dieser Ebene *ununterscheidbar* sind. Und gerade an diesem Punkt wird der dritte Teil des Schemas bedeutsam, denn das *Ergebnis* des Schemas ist nun nicht länger einheitlich: Manchmal neutralisiert die Saugtätigkeit jene nagende Störung (die wir Hunger nennen), manchmal nicht. Diese Diskrepanz in der Abfolge von Erfahrungsereignissen ist eine starke Störeinwirkung auf einen Organismus, dessen Funktionieren völlig von der Ausbeutung von Regularitäten und der Wiederholung dessen, was funktioniert, abhängt bzw. eben dadurch evolviert ist. Aus diesem Grunde stellt der Organismus in kurzer Zeit eine neue Erfahrungsregularität her, indem er das eine sensorische Muster, das die Ereignisfolge auslöst, die *mit* Milch endet, von dem anderen sensorischen Muster trennt, das die Ereignisfolge beginnt, die *ohne* Milch endet. Er kann dies tun, weil die visuellen, taktilen und propriozeptiven sensorischen Elemente der Brustwarze verschieden genug sind von jenen des Daumens. Sie waren zwar alle immer gleichzeitig verfügbar, bis aber das Schema durch die Irregularität seiner Ergebnisse verändert wurde, gab es keine Störeinwirkungen, – und ohne Störeinwirkungen gibt es keinen Anlaß für eine Veränderung des Systems.

Jede derartige Veränderung, die zur Spaltung eines Schemas in zwei Teile oder zur Konstitution eines neuen Schemas führt, ist ein Akt der *Akkomodation*. Neue Schemata funktionieren wie die alten, indem nämlich Erfahrungselemente in sie eingepaßt werden, bis es erneut zu einer Diskrepanz kommt, die eine Veränderung oder Unordnung auslöst.

Natürlich habe ich hier die Erfahrungssequenzen des Kleinkinds und somit die Prozesse der Assimilation und Akkomodation ganz außerordentlich simplifiziert, doch das Beispiel könnte nichtsdestoweniger als Illustration der grundlegenden erkenntnistheoretischen Aussagen dienen, die ich machen möchte. Es sind drei. Erstens gibt es in der Tat eine Interaktion zwischen Schemata, sensorischen Elementen und Ereignissen, der Organismus aber „erkennt“ die Umwelt nicht in dem Sinne, daß seine eigenen Schemata und Strukturen gewissen Strukturen ähnlich werden oder solche in irgendeiner Weise widerspiegeln, die sich vielleicht in der Außenwelt befinden. Was ich sensorische Elemente oder Erfahrungsereignisse genannt habe, sind stets und ausschließlich Elemente und Ereignisse innerhalb des Systems, das den Organismus konstituiert. Es handelt sich daher nicht um die Art von Interaktion, von der ein Beobachter sprechen würde, der sowohl den beobachteten Organismus *als auch* dessen Umwelt in seinem eigenen Erfahrungsfeld sieht. Zweitens entdeckt der Prozeß der Assimilation keine rekurrenten sensorischen Muster, sondern *zwingt* diese *auf*, indem er Unterschiede verdrängt. Solange also zum Beispiel Daumen und Brustwarze in ein und demselben Aktionsschema assimiliert werden, sind sie für das Kleinkind Rekurrenzen ein und desselben Elementes, denn es wird kein sensorisches Element, das die eine Form von der anderen unterscheiden helfen könnte, berücksichtigt. Drittens kann Akkomodation nur dann stattfinden, wenn es eine Irregularität oder eine Störung des Funktionierens eines aufgebauten Schemas gibt, sonst nicht. Gerade darin liegt für mich das Hauptkennzeichen des Modells von Piaget, daß dieses als eine konstruktivistische Kognitionstheorie begründet, in der „Wissen" nicht mehr eine wahre oder falsche Abbildung der Realität ist, sondern schlicht in den Aktionsschemata und Operationsschemata besteht, die verläßlich und wirksam funktionieren.

## III

Wird Gleichgewicht nicht bloß als ein stabiler Zustand aufgefaßt, sondern dynamisch als die Regularität rekursiver Prozesse, dann wird jede Irregularität eine Störung darstellen, und jede Handlung, die eine solche Störung ausschalten soll, ist ein Akt (oder zumindest ein Versuch) der Äquilibration. Das Modell der Äquilibration durch Assimilation bzw. Akkomodation ist besonders leicht anzuwenden auf den Spracherwerb. Nehmen wir etwa ein Kind, das zwei oder drei Jahre alt geworden ist, und zwar in einem Haus, in dem auch ein Pudel lebt. Dieses Kind hat gelernt, daß dieser Pudel „Tessa" heißt. Als Erfahrungsleistung ist dies eine gewaltige Aufgabe. Als Komplex sensomotorischer Elemente im Nervensystem des Kindes muß dieser Pudel nämlich jedesmal, wenn er auftaucht, als verändertes Muster von einem veränderten Hintergrund abgegrenzt werden. Irgendwie muß also aus einer Reihe unterschiedlicher Erfahrungssituationen ein einheitliches Muster abgeleitet werden, so daß diesem alle weiteren „Tessa"-Erlebnisse *assimiliert* werden können. Auch wenn wir kaum eine Ahnung haben, wie dies geschieht (und deshalb sind wir auch mit der Programmierung von Computern für die Mustererkennung nicht viel weiter gekommen), tun Kinder und Erwachsene das immer und überall. Später nun hat das Kind gelernt, daß Tessa gelegentlich auch anders genannt wird. Ist die Familie zum Beispiel dabei, irgendwo hin zu fahren, sagt der Vater fast immer „Müssen wir denn den Hund unbedingt mitnehmen?" Das Tessa-Muster muß daher auch mit „Hund" assoziiert werden, eine relativ geringfügige Art der *Akkomodation*, wie sie für fast jedes Wort unserer Sprache vorgenommen werden muß, und nicht nur einmal. – An diesem Punkt nun betreten die Nachbarn die Szene. Eines Tages erscheinen sie und verkünden stolz, daß nun auch sie einen Hund besitzen. Das Tier, das sie dann aber vorführen, kann in geradezu erschreckender Weise anders aussehen als Tessa: Es kann ein Dackel oder eine riesige Dogge sein. Die Akkomodation, die das Kind hier vorzunehmen hat, ist fast unvorstellbar. Nichtsdestoweniger demonstrieren Kinder jeden Tag, daß es geht. Eine Struktur sensorischer Elemente muß so zusammengefügt werden, daß sowohl Tessa als auch das neue Tier assimiliert werden kann, und gleichzeitig muß die Struktur, die mit „Tessa" assoziiert war, aufrechterhalten werden, von nun an aber *getrennt* von der neuen Struktur, die mit „Hund" assoziiert wird. Wenn sich nun die Erfahrung ausweitet und Bernhardiner, Pekinesen und Wolfshunde die Szene betreten, gibt es weitere Störeinwirkungen und darauf folgende Akkomodationen mit Bezug auf die Struktur, die „Hundheit" konstituiert, denn letztlich muß diese ja *alle* Hunderassen assimilieren können. Und in der Tat kann dieser Prozeß der „Anpassung", was gerade Hundetiere angeht, weit über die Kindheit hinaus andauern, denn sensorisch enthält die Klasse der Hunde eine ziemlich große Mannigfaltigkeit an Elementen. Erkenntnistheoretisch ist jedoch einer der interessantesten Aspekte dieser Entwicklung der folgende: der erkennende Organismus verfügt in jedem Stadium seines Lebens über sein spezifisches Wissen von Hunden bzw. Hundheit, und dieses bleibt gut und viabel in dem Sinne, daß es ihm in einem Zustand der Äquilibration so lange erfolgreich sensorische Muster assimiliert, *bis* es einen Störeinfluß gibt, also irgendeine Art von Fehlfunktion, und ein Schema, das das Hundheitsmuster enthält, ein irreguläres Ergebnis erzeugt. (In bezug auf den Begriff „Hund" habe ich seither meine Ansicht geändert: Angesichts der großen visuellen Unterschiede zwischen Hunderassen ist es plausibler, mehr als ein prototypisches „Hundheitsmuster" anzunehmen. – Anmerkung des Autors zur deutschen Ausgabe.)

Im Prinzip ist all dies analog dem, was uns immer wieder passiert, wenn wir als Erwachsene Bücher lesen. Wenn wir zum Beispiel die ersten zwanzig oder dreißig Seiten eines Romans lesen, bauen wir eine Struktur von Dingen, Orten, Menschen und Beziehungen auf. In jedem Zeitpunkt bildet diese Struktur unsere Interpretation des Textes, und wir reichern sie an, während wir weiterlesen. Gelegentlich jedoch treffen wir auf etwas, das plötzlich nicht mehr dazu paßt. Ein Wort oder ein Satz – oder vielmehr unsere Interpretation derselben – paßt nicht in die Struktur, die wir bereits haben, sondern widerspricht ihr, erschüttert die Balance und wirkt störend. Wir müssen also auf irgendeine Weise den Gleichgewichtszustand wiederherstellen, wenn wir fortfahren wollen. Sind wir ehrliche und interessierte Leser und haben ein gewisses Vertrauen zum Autor, müssen wir akkomodieren und entweder unsere Interpretation dieses letzten Wortes oder Satzes ändern oder auch Teile der von uns bereits aufgebauten Struktur umordnen. Wir „verstehen", wenn wir eine ungestörte, d.h. widerspruchslose Interpretation gefunden haben. Natürlich haben wir manchmal keine Lust und wollen schlicht aus Mangel an Interesse die notwendige Mühe nicht auf uns nehmen, oder denken, daß der Autor einen Fehler gemacht hat. Dies aber beeinträchtigt das Prinzip nicht, das ich oben hervorgehoben habe: Für uns bleibt eine Interpretation so lange viabel, *bis* wir auf etwas stoßen, was sie erschüttert.

Das von Kuhn (1962) gezeichnete Grundmuster der Wissenschaftsgeschichte scheint mir voll mit den Begriffen des Gleichgewichts, der Störeinwirkung sowie der Viabilität vereinbar, wie ich sie hier vorgelegt habe. Wissenschaftliche Hypothesen, Theorien und Gesetze, behaupte ich, sind sämtlich *Interpretationen* von Erfahrungen. Was sie voneinander unterscheidet, ist nur die Häufigkeit, mit der sie der Prüfung durch Erfahrungen unterworfen und „bestätigt" wurden, – d.h. die Häufigkeit, mit der ihnen Erfahrungssituationen erfolgreich assimiliert worden sind. Ein weiterer Aspekt, der sie differenziert, ist der Grad, in dem sie in wissenschaftliche Strukturen und Schemata anderer Erfahrungsbereiche integriert werden können. Aber auch Hypothesen, Theorien und Gesetze bleiben nur so lange viabel, als keine Erfahrung oder kein Experiment eine Diskrepanz oder eine Störung bewirkt. Geschieht das, dann gibt es (ebenso wie für den gestörten Leser eines Romans) stets zwei Arten möglicher Äquilibration: der Wissenschaftler kann die Interpretation des Experiments modifizieren, um es der Theorie assimilieren zu können, oder er kann die Theorie verändern, um sie den neuen Erfahrungssituationen zu akkomodieren.

Wie Kuhn an Beispielen der Wissenschaftsgeschichte zu zeigen versucht hat, gibt es immer einen gewissen Widerstand gegen die Modifizierung einer Theorie, die schon gewisse Zeit überlebt hat, und besonders großen Widerstand gegenüber Eliminierungen zugunsten einer neuen. Dies kann niemanden überraschen, der nach der Annahme vorgeht, daß Organismen induktiv operieren und nach Maturana „konservativ" sind, „nur das wiederholen, was funktioniert". Hat etwas lange Zeit funktioniert, dann ist es notwendig mit vielen anderen Dingen verknüpft und hat weitreichende Verästelungen. Je länger in der Tat eine Idee oder Theorie für die Aufrechterhaltung eines Gleichgewichtszustandes leistungsfähig gewesen ist, um so größer wird der Bereich dieses Gleichgewichts und ebenso die Anstrengung sein, die eine Reäquilibration erfordert, soll diese Idee oder Theorie wieder durch eine andere ersetzt werden. In Zeiten wie den unsrigen, in denen Theorien nicht länger bloße Denkweisen sind, sondern in ungeheuer kostspieligen Apparaturen und Instrumentarien für die Assimilierung von Erfahrungen objektiviert sind, zwingt schon das materielle Investitionsvolumen Wissenschaftler zu einer konservativen Haltung und läßt Theorien leicht zu Dogmen erstarren.

Ein Autor unserer Zeit, der gegen diese Verknöcherung wissenschaftlicher Dogmen kämpft, ist Paul Feyerabend. Er hat auf einen außerordentlich wichtigen Punkt hingewiesen, als er sagte, daß Wissenschaft nach dem Motto „Anything goes" verfahren sollte (1975). Wenn das Geschäft der Wissenschaft in der Lösung neuer Probleme besteht – Leistung von Äquilibration angesichts von Störeinflüssen –, dann ist es kein Vorteil, sie auf traditionelle, konventionelle, dogmatische Arten der Problemlösung festzulegen. Erklärt man die Entstehung von Problemen so, daß ein Schema nicht zu den erwarteten Ergebnissen führt, dann kann das Versagen (die Störeinwirkung) stets auf eine übermäßige Assimilierung reduziert werden. Dieser Assimilationsüberschuß mag durch die Kategorisierung des Ergebnisses begründet sein, oder durch die Tätigkeit, die es hervorgebracht hat, oder auch durch die Ausgangssituation, die das Schema ausgelöst hat. Je konventioneller eine Wissenschaft wird, desto heftiger wird sie Erfahrungssituationen in ihre „bewiesenen" Schemata assimilieren. Dies gelingt durch eine immer rigorosere Einschränkung der Beobachtungsverfahren, die die Ausgangssituationen eingrenzen (vgl. die Definition der wissenschaftlichen Methode durch Maturana). Was Feyerabend nun herausstellt, ist die elementare Tatsache, daß das, was wir als Problem auffassen, ganz anders aussehen kann und ganz unterschiedlichen Schemata zugänglich werden kann, wenn wir die Beobachtungs- und Kategorieneinschränkungen ändern und somit den Weg dafür freimachen, die gegebene Erfahrungssituation anderen Strukturen zu assimilieren.

Feyerabends Überlegungen sind wohlbegründet und kommen zur rechten Zeit, betrachtet man die heute herrschende Weltsicht. Daher stimme ich einem *Slogan* wie „Anything goes" durchaus zu, erkenntnistheoretisch ist er aber ebenso abzulehnen wie jeder andere Slogan oder jede Aussage, die beansprucht, absolut zu gelten. Letztenendes liefe dies nämlich darauf hinaus, daß jedes Stück Erfahrung als Neuheit angesehen werden sollte, somit als Ansatzpunkt für eine neue Konstruktion. In meiner Sicht ist das ein Widerspruch. Es ist eine Sache zu sagen, wie die Mystiker dies tun, daß Erfahrung als Erfahrung genommen werden sollte, genossen und erlitten, gelebt oder was immer, aber nicht in Teile zerschnitten, verglichen, kategorisiert und in Schemata gepreßt. Folgen wir dieser Richtung, dann verzichten wir auf die Schaffung jeglichen Wissens. Das mag sehr wohl der einzige Weg zu permanentem Gleichgewicht sein, – zum Gleichgewicht der totalen Distanz von Bewußtsein und aktiver Individualität. Nehmen wir diese Position ein, können wir nicht mehr von Wissenschaft sprechen. Wissenschaft nämlich beruht wie jede andere rationale Welt, die wir für uns konstruieren, auf dem Begriff der Regularität, und Regularität kann nur dadurch hergestellt werden, daß Erfahrung in Stücke auseinandergeschnitten wird, daß diese verglichen werden, und daß durch Assimilation Ähnlichkeiten erzeugt werden, d.h. daß bestimmte Unterschiede vernachlässigt werden. Wenn wir nicht zerschneiden, vergleichen, Äquivalenzen und Identitäten herstellen, gibt es keine Elemente, Relationen, Strukturen oder Schemata, können wir auch keinerlei Schlüsse ziehen. Hörten wir in der Tat auf, diese Grundoperationen auszuführen, dann würden wir darauf verzichten, *Beobachter* zu sein, und – um Maturanas Grundmaxime umzukehren – es gäbe dann nichts zu sagen.

Da ich nun eine ganze Menge gesagt habe, möchte ich wiederholen, daß ich dies als *Beobachter* gesagt habe, das heißt als aktiv Handelnder, der seine Erfahrung versuchsweise zerlegt, Relationen, Objekte und Theorien herstellt, um ein gewisses Maß an Gleichgewicht zu gewinnen, sicher aber nicht, um eine Welt zu beschreiben, so wie sie sein soll, bevor sie erfahren wird.

# Einführung in den radikalen Konstruktivismus

Über das Unsichtbare wie über das Irdische haben Gewißheit die Götter, uns aber als Menschen ist nur das Erschließen gestattet.
Alkmaion (Diels 1957, 39)

*Vorbemerkung*

Im Rahmen eines Kapitels kann eine unkonventionelle Denkweise sicher nicht ausführlich begründet werden, aber sie läßt sich vielleicht in ihren charakteristischsten Zügen darstellen und in einzelnen Punkten hier und dort verankern. Dabei läuft man Gefahr, mißverstanden zu werden. Im Falle des Konstruktivismus kommt dazu, daß er, ähnlich wie der Skeptizismus, mit dem er einiges gemein hat, oft auf den ersten Blick als allzu kühl und kritisch, oder einfach als dem „gesunden" Menschenverstand widersprechend, abgetan wird. Es ist klar, daß, wo immer eine Richtung so ohne weiteres abgelehnt wird, diese Ablehnung von dem Vertreter der Richtung anders erklärt wird, als von den Kritikern und Gegnern. So ist etwa, von meinem engagierten Gesichtspunkt aus, der Widerstand, auf den im 18. Jahrhundert der erste echte Konstruktivist, Giambattista Vico, sowie in der jüngeren Vergangenheit Silvio Ceccato und Jean Piaget stießen, nicht so sehr auf Lücken oder Ungereimtheiten in ihrer Argumentation zurückzuführen, als auf den keineswegs unberechtigten Verdacht, der Konstruktivismus wolle einen allzu großen Teil der herkömmlichen Weltanschauung untergraben.

Man braucht in der Tat gar nicht sehr tief in das konstruktivistische Denken einzudringen, um sich darüber klar zu werden, daß diese Anschauung unweigerlich dazu führt, den denkenden Menschen und ihn allein für sein Denken, Wissen, und somit auch für sein Tun, verantwortlich zu machen. Heute, da Behavioristen nach wie vor alle Verantwortung auf die Umwelt schieben und Soziobiologen einen großen Teil davon auf die Gene abwälzen möchten, ist eine Lehre ungemütlich, die andeutet, daß wir die Welt, in der wir zu leben meinen, uns selbst zu verdanken haben. Das ist, was der Konstruktivismus letzten Endes sagen will – und indem er es versucht, bringt er Aspekte der Erkenntnislehre ans Licht, die ansonsten unbeachtet bleiben.

Grundlegend ist da die These, daß wir die Welt, die wir erleben, unwillkürlich aufbauen, weil wir nicht darauf achten – und dann freilich nicht wissen –, wie wir es tun. Diese Unwissenheit ist alles andere als notwendig. Der radikale Konstruktivismus behauptet, ähnlich wie Kant in seiner *Kritik*, daß wir die Operationen, mit denen wir unsere Erlebenswelt zusammenstellen, weitgehend erschließen können, und daß uns dann die Bewußtheit des Operierens, die Ceccato auf Italienisch so schön *consapevolezza operativa* genannt hat (1964/1966), helfen kann, es anders und vielleicht besser zu machen.

Meine Einführung beschränkt sich, wie gesagt, auf einige wenige Punkte. Der erste Abschnitt behandelt das Verhältnis zwischen Wissen und jener „absoluten" Wirklichkeit, die von der Erfahrung und allem Erlebtwerden unabhängig sein soll, und zeigt, daß unser Wissen nicht als Bild interpretiert werden kann, sondern nur als Schlüssel, der uns mögliche Wege *erschließt* (siehe das Fragment von Alkmaion).

Der zweite Abschnitt skizziert die Anfänge der Skepsis, fügt Kants Einsicht hinzu, daß wir uns, eben weil wir unsere Anschauungsweise haben, eine unerlebte Welt überhaupt nicht vorstellen können, und umreißt dann das konstruktivistische Denken Vicos.

Der dritte Abschnitt versucht, einige Grundzüge der konstruktivistischen Begriffsanalyse zu erklären. Von den vielen Ideen und Gedankengängen, die ich sowohl von Piaget als auch von Ceccato übernommen habe, werden nur einige wenige angedeutet und kaum bibliographisch belegt. Piagets Werk hat mich in den siebziger Jahren gewaltig beeinflußt und ermutigt; davor hatten fünfzehn Jahre der Zusammenarbeit mit Ceccato meinem Denken Richtung und unzählige Einsichten gegeben. Doch für Konstruktivisten ist alle Verständigung, alles Lernen und Verstehen stets Bau und Interpretation des erlebenden Subjekts, und darum kann letztenendes nur ich selbst die Verantwortung übernehmen für das, was in diesem Kapitel gesagt wird.

## I

Die Geschichte der Philosophie ist ein Wirrwarr von Ismen. Idealismus, Rationalismus, Nominalismus, Realismus, Skeptizismus und Dutzende mehr haben einander in den rund 25 Jahrhunderten seit den ersten Zeugnissen abendländischen Denkens mehr oder weniger ununterbrochen und heftig angefochten. Die Schulen, Richtungen und Bewegungen sind oft schwer zu unterscheiden. In einer Hinsicht jedoch muß jeder Ismus, der ernst genommen werden will, sich von den bereits etablierten absetzen: Er muß wenigstens *eine* neue Masche in der Erkenntnislehre aufweisen. Oft ist das nicht mehr als eine Umgruppierung altbekannter Bausteine, eine Verschiebung des Ausgangspunktes oder die Spaltung eines geläufigen Begriffs. Das epistemologische Problem – wie wir Kenntnis von der Wirklichkeit erlangen und ob diese Kenntnis auch verläßlich und „wahr" ist – beschäftigt heutige Philosophen nicht weniger, als es Platon beschäftigte. Wohl hat die Art und Weise, Lösungen zu suchen, sich verzweigt und kompliziert, die Fragestellung jedoch ist, abgesehen von einigen wenigen Ausnahmen, die gleiche geblieben. Diese Fragestellung aber hat dazu geführt, daß alle Antworten, die versucht wurden, einer Lösung des eigentlichen Problems kaum näher gekommen sind.

Der amerikanische Wissenschaftsphilosoph Hilary Putnam (1981) hat das jüngst so formuliert: „Von den Vorsokratikern bis Kant gab es keinen Philosophen, der in seinen elementaren, nicht weiter reduzierbaren Grundsätzen nicht ein metaphysischer Realist gewesen wäre." Putnam erklärt diesen Satz, indem er ausführt, die Philosophen hätten während jener zwei Jahrtausende wohl darüber gestritten, was *wirklich* existiert, aber über den Begriff der Wahrheit, der für sie alle mit dem Begriff der objektiven Gültigkeit verknüpft war, wären sie sich stets einig gewesen. „Am Anfang der Erkenntnis steht die Wahrheitsfrage. Ihre Einführung macht das menschliche Erkennen zu einem Wissensproblem." (Spinner 1977, 61.) Ein metaphysischer Realist ist also jeder, der darauf besteht, daß wir etwas nur dann „Wahrheit" nennen dürfen, wenn es mit einer als absolut unabhängig konzipierten, „objektiven" Wirklichkeit übereinstimmt.

Im großen und ganzen hat sich das auch nach Kant kaum geändert. Wohl haben etliche versucht, die Kritik der reinen Vernunft ernst zu nehmen, aber der Druck der philosophischen Tradition war überwältigend. Trotz Kants These, daß der Verstand seine Gesetze nicht aus der Natur schöpft, sondern sie ihr vorschreibt (Kant 1783/1911, 294), fühlen sich die meisten Wissenschaftler auch heute noch als „Entdecker“, die Geheimnisse der Natur lüften und den menschlichen Wissensbereich langsam aber sicher erweitern; und unzählige Philosophen widmen sich der Aufgabe, diesem mühsam errungenen Wissen die unumstößliche Sicherheit zuzuschreiben, die alle Welt von der „echten“ Wahrheit erwartet. Nach wie vor herrscht da die Auffassung, daß Wissen nur dann Wissen ist, wenn es die Welt erkennt, wie sie ist.[1])

Die Geschichte der westlichen Erkenntnislehre läßt sich freilich nicht in ein paar Seiten angemessen und fair beschreiben. In diesem eng begrenzten Aufsatz muß ich mich damit begnügen, den einen Hauptpunkt herauszugreifen, in dem der Konstruktivismus, den ich vertrete, sich *radikal* von den anderen Ismen der herkömmlichen Begriffswelt absetzt. Der radikale Unterschied liegt in dem Verhältnis zwischen Wissen und Wirklichkeit. Während die traditionelle Auffassung in der Erkenntnislehre wie in der kognitiven Psychologie dieses Verhältnis stets als eine mehr oder weniger bildhafte (ikonische) Übereinstimmung oder Korrespondenz betrachtet, sieht der radikale Konstruktivismus es als Anpassung im funktionalen Sinn.

In der englischen Alltagssprache kann man diesen begrifflichen Gegensatz in gewissen Zusammenhängen ziemlich klar zum Ausdruck bringen, indem man die Wörter *match* und *fit* gegeneinander ausspielt. Wenn man diese Wörter mit „stimmen“ und „passen“ ins Deutsche übersetzt, kann man den begrifflichen Gegensatz ebenfalls in manchen Situationen aufzeigen. Sagen wir zum Beispiel von einer Abbildung, daß sie „stimmt“, so bedeutet das, daß sie das Abgebildete *wiedergibt* und mit ihm in irgendeiner Weise *gleichförmig* ist. In welchen Eigenschaften Gleichförmigkeit verlangt wird, mag von Fall zu Fall wechseln. Oft spielt da die Größe keine Rolle, oder das Gewicht, die Farbe oder die Lage in Raum und Zeit; doch in diesen Fällen besteht man dann auf der getreuen Wiedergabe von Proportionen, Ordnung, oder charakteristischer Struktur. Im technischen Jargon heißt das „Homomorphie“, und in der herkömmlichen Erkenntnislehre finden wir stets die ausdrückliche oder stillschweigende Voraussetzung, daß das Resultat der Erkenntnis, nämlich unser Wissen, ein Wissen *von* der wirklichen Welt ist und, soweit es wahr ist, diese prinzipiell unabhängige, selbständige Welt zumindest in einer Weise homomorph wiedergibt.

Sagen wir andererseits von etwas, daß es „paßt“, so bedeutet das nicht mehr und nicht weniger, als daß es den Dienst leistet, den wir uns von ihm erhofften. Ein Schlüssel „paßt“, wenn er das Schloß aufsperrt. Das Passen beschreibt die Fähigkeit des Schlüssels, nicht aber das Schloß. Von den Berufseinbrechern wissen wir nur zu gut, daß es eine Menge Schlüssel gibt, die anders geformt sind als unsere, aber unsere Türen nichtsdestoweniger aufsperren. Das mag eine recht grobe Metapher sein, doch um den Hauptpunkt, um den es hier geht, ein wenig greifbarer zu machen, paßt sie nicht schlecht. Vom Gesichtspunkt des radikalen Konstruktivismus aus stehen wir alle – Wissenschaftler, Philosophen, Laien, Schulkinder, Tiere, ja Lebewesen aller Art – unserer Umwelt gegenüber wie ein Einbrecher dem Schloß, das er aufsperren muß, um Beute zu machen.

Wenn das Wort „passen“ so verstanden wird, dann entspricht es dem englischen „*fit*“ in der Darwinschen und neodarwinistischen Evolutionstheorie. Darwin

---

[1]) Spinner (1977) vermittelt eine ausgezeichnete umfassende Übersicht über die Denker und Argumente, die diese immer noch verbreitete Auffassung widerlegt haben und dokumentiert den allgemeinen Bankrott der konventionellen Erkenntnistheorie.

selbst hat unglücklicherweise den Ausdruck *„survival of the fittest"* verwendet. Damit hat er der unsinnigen Vorstellung die Bahn bereitet, man könne aufgrund seiner Theorie den Begriff der *fitness* steigern und unter Organismen, die in ihre Umwelt passen, „passendere" finden, und unter diesen sogar noch „den Passendsten".[2] Doch in einer Theorie, in der Überleben das einzige Kriterium der Auswahl der Arten ist, gibt es nur zwei Möglichkeiten: entweder paßt eine Art in ihre Umwelt, oder sie paßt nicht; d.h. sie überlebt oder sie stirbt aus. Nur ein außenstehender Beobachter, der ausdrücklich andere, zusätzliche Kriterien einführt als das bloße Überleben – etwa Ökonomie, Einfachheit oder Eleganz der Überlebensweise –, könnte aufgrund dieser zusätzlichen Wertungsskala von „besserem" oder „schlechterem" Überleben sprechen; aber in dem theoretischen Modell, dessen Funktion ja ausdrücklich *nur* auf der Überlebensfähigkeit der Arten beruht, lassen zusätzliche Urteile sich grundsätzlich nicht begründen.

In dieser einen Hinsicht auf den Begriff der *fitness* fällt das Grundprinzip der radikal-konstruktivistischen Erkenntnistheorie mit jenem der Evolutionstheorie zusammen: Wie die Umwelt den Lebewesen (organischen Strukturen) Schranken setzt und Varianten vernichtet, die den so umgrenzten Raum der Lebensmöglichkeiten überschreiten, so bildet die Erlebenswelt, sei es im Alltag oder im Laboratorium, den Prüfstein für unsere Ideen (kognitive Strukturen). Das gilt für die ersten Regelmäßigkeiten, die der Säugling in seiner noch kaum differenzierten Erfahrung etabliert, es gilt für die Regeln, mit deren Hilfe Erwachsene das tägliche Leben zu meistern trachten, und es gilt für die Hypothesen, Theorien und die sogenannten „Naturgesetze", die der Wissenschaftler formuliert in seinem Bemühen, der weitest möglichen Erfahrungswelt dauerhafte Stabilität und Ordnung abzugewinnen. Regelmäßigkeiten, Faustregeln und Theorien erweisen sich im Licht weiterer Erfahrung als verläßlich oder nicht (es sei denn, wir führen den Begriff der Wahrscheinlichkeit ein – doch sobald wir das tun, geben wir die Bedingung, daß Wissen *sicher* sein muß, ja ausdrücklich auf).

In der Evolutionstheorie, wie in der Geschichte des Wissens, hat man von Anpassung (*adaptation*) gesprochen und damit ein kolossales Mißverständnis heraufbeschworen. Wenn wir die evolutionäre Denkweise ernst nehmen, können es niemals die Organismen oder unsere Ideen sein, die sich der Wirklichkeit anpassen, sondern es ist die Wirklichkeit, die durch ihre *Beschränkung des Möglichen* schlechthin ausmerzt, was nicht lebensfähig ist. Die „natürliche Auslese", in der Phylogenese wie in der Wissensgeschichte, liest nicht im positiven Sinn das Widerstandsfähigste, Tüchtigste, Beste oder Wahrste aus, sondern funktioniert negativ, indem sie all das, was der Prüfung nicht standhält, eben untergehen läßt.

Der Vergleich ist freilich überspannt. In der Naturgeschichte ist Unzulänglichkeit ausnahmslos tödlich; Philosophen hingegen sterben nur sehr selten an der Unzulänglichkeit ihrer Ideen. In der Geistesgeschichte soll es ja auch nicht um Überleben gehen, sondern um „Wahrheit". Wenn wir das im Auge behalten, liefert die Evolutionstheorie eine wertvolle Analogie: das Verhältnis zwischen lebensfähigen organischen Strukturen und Umwelt ist in der Tat das gleiche wie das Verhältnis zwischen brauchbaren kognitiven Strukturen und der Erfahrungswelt des denkenden Subjekts. Beide Gebilde „passen" – die einen, weil der natürliche Zufall

---

[2] E.U. von Weizsäcker hat mich während eines Symposiums in Bremen (1979) darauf aufmerksam gemacht, daß in der deutschen Fachliteratur *fit* oft mit „tüchtig" übersetzt wird, was dann freilich auch zum Geschwätz vom „Tüchtigsten" führt.

der Mutationen ihnen die Form verliehen hat, die sie nun haben, die anderen weil menschliche Absicht sie im Hinblick auf jene Ziele geformt hat, die sie nun tatsächlich erreichen. Diese Ziele sind Erklärung, Vorhersage und Kontrolle oder Steuerung von bestimmten Erfahrungen.

Noch wichtiger ist die erkenntnistheoretische Seite der Analogie. Trotz der oft irreführenden Behauptung von Ethologen kann man aufgrund der Struktur oder des Verhaltens eines Lebewesens niemals Schlüsse auf eine „objektive", d.h. der Erfahrung vorhergehende Welt ziehen.[3]) Der Grund ist, daß – laut Evolutionstheorie – zwischen jener Welt und der Überlebensfähigkeit biologischer Strukturen oder deren Verhaltensweisen keinerlei Kausalverbindung besteht. Wie Gregory Bateson hervorgehoben hat, ist die Darwinsche Theorie auf dem kybernetischen Prinzip der Beschränkung aufgebaut, nicht auf dem Prinzip von Ursache und Wirkung.[4]) Die Organismen und Verhaltensweisen, die wir zu einem beliebigen Zeitpunkt der Entwicklungsgeschichte lebend vorfinden, haben sich kumulativ aus *zufälligen* Variationen entwickelt und der Einfluß der Umwelt war und ist unter allen Umständen darauf beschränkt, die *nicht* lebensfähigen Varianten zu eliminieren. Die Umwelt kann also bestenfalls für Aussterben, nicht aber für Überleben verantwortlich gemacht werden. Das heißt, der Beobachter der Entwicklungsgeschichte kann wohl feststellen, daß alles Ausgestorbene in irgendeiner Weise den Bereich des Zulässigen überschritten hat, und daß das Überlebende, zumindest zur Zeit, eben zulässig ist. Diese Feststellung ist aber offensichtlich eine Tautologie (was überlebt, lebt), die keinerlei Schlüsse auf die objektive Beschaffenheit jener Welt zuläßt, die sich nur in negativen Auswirkungen offenbart.

Diese Überlegung paßt ebenso auf das Grundproblem der Erkenntnislehre. Ganz allgemein betrachtet, ist unser Wissen brauchbar, relevant, lebensfähig (oder wie immer wir die positive Seite der Wertungsskala nennen wollen), wenn es der Erfahrungswelt standhält und uns befähigt, Vorhersagen zu machen und gewisse Phänomene (d.h. Erscheinungen, Erlebnisse) zu bewerkstelligen oder zu verhindern. Wenn es diesen Dienst nicht erweist, wird es fragwürdig, unverläßlich, unbrauchbar und schließlich als Aberglaube entwertet. Das heißt, vom funktionalen, pragmatischen Standpunkt aus betrachten wir Ideen, Theorien und „Naturgesetze" als Strukturen, die der Erlebenswelt (der wir sie abgewonnen haben) dauernd ausgesetzt sind und ihr weiterhin standhalten oder nicht. Wenn nun so eine kognitive Struktur etwa bis heute standgehalten hat, so beweist das nicht mehr und nicht weniger als eben, daß sie unter den Umständen, die wir erlebt und dadurch bestimmt haben, das geleistet hat, was wir von ihr erwarteten. Logisch betrachtet, heißt das aber keineswegs, daß wir nun wissen, wie die objektive Welt beschaffen ist; es heißt lediglich, daß wir *einen* gangbaren Weg zu einem Ziel wissen, das wir unter von uns bestimmten Umständen in unserer Erlebenswelt gewählt haben. Es sagt uns nichts – und kann uns nichts darüber sagen – wie viele andere Wege es da

---

[3]) Wie J. von Uexküll (z.B. Uexküll/Kriszat 1933) so elegant gezeigt hat, bestimmt jedes Lebewesen seine Umwelt durch seine Eigenart. Nur ein völlig beziehungsloses, außenstehendes Wesen, das die Welt nicht erfährt, sondern *unbedingt* kennt, könnte von einer „objektiven" Welt sprechen. Darum bildet auch der Versuch von K. Lorenz, die menschlichen Begriffe von Raum und Zeit einerseits als „Anpassung" zu erklären, sie andererseits aber doch als objektive Aspekte der ontologischen Wirklichkeit zu betrachten, einen logischen Widerspruch (vgl. Lorenz 1941).

[4]) Vgl. Bateson (1967). Heinz von Foerster hat mich darauf aufmerksam gemacht, daß das Prinzip der Auswahl durch einschränkende Bedingungen eigentlich nicht als „kybernetisch" bezeichnet werden sollte, da es für gewisse Sachverhalte schon im 18. Jh. von Maupertuis formuliert wurde.

geben mag und wie das Erlebnis, das wir als Ziel betrachten, mit einer Welt jenseits unserer Erfahrung zusammenhängt. Was wir von jener „absoluten" Wirklichkeit erleben, sind bestenfalls ihre Schranken; oder, wie Warren McCulloch, einer der ersten Kybernetiker, es dramatisch ausdrückte: „Es ist in der Tat der Gipfel des Wissens, eine Hypothese als falsch erwiesen zu haben." (1965, 154.)

Der radikale Konstruktivismus ist also vor allem deswegen *radikal*, weil er mit der Konvention bricht und eine Erkenntnistheorie entwickelt, in der die Erkenntnis nicht mehr eine „objektive", ontologische Wirklichkeit betrifft, sondern ausschließlich die Ordnung und Organisation von Erfahrungen in der Welt unseres Erlebens. Der radikale Konstruktivist hat ein für allemal dem „metaphysischen Realismus" abgeschworen und stimmt voll und ganz mit Piaget überein, wenn er sagt: *„L'intelligence ... organise le monde en s'organisant elle-même."* (1937, 311.)

Für Piaget ist Organisation stets das Ergebnis einer notwendigen Wechselwirkung zwischen bewußter Intelligenz und Umwelt, und da er sich in erster Linie als Philosoph der Biologie sieht, charakterisiert er diese Wechselwirkung als „Anpassung". Auch damit bin ich einverstanden – doch nach dem, was ich in den vorhergehenden Seiten über den Vorgang der evolutionären Anpassung gesagt habe, sollte es klar sein, daß das „passen" in der Anpassung nicht als Übereinstimmung oder Homomorphie verstanden werden darf. In bezug auf die Grundfrage, wie kognitive Strukturen oder Wissen und die ontologische Welt jenseits unserer Erfahrung sich zu einander verhalten, ist Piaget oft zweideutig und man gewinnt den Eindruck, daß er trotz seiner epochemachenden Beiträge zum Konstruktivismus doch noch an einem Rest von metaphysischem Realismus festhalten möchte. Darin ist er freilich nicht allein. Donald Campbell, der eine ausgezeichnete Übersicht über Vertreter der „evolutionären Epistemologie" seit Darwin verfaßt hat, schreibt: *„The controversial issue is the conceptual inclusion of the real world, defining the problem of knowledge as the fit of data and theory to that real world."* (1974, 449.) In seiner Zusammenfassung erklärt er dann, die von Karl Popper und ihm vertretene evolutionäre Erkenntnistheorie sei mit dem Anspruch auf Realismus und Objektivität in der Wissenschaft völlig vereinbar. Die Theorie, die er dem Leser zuvor sachkundig erklärt hat, führt jedoch in die entgegengesetzte Richtung. (Vgl. hierzu die kritische Betrachtung von Skagestad 1978.)

Ich habe versucht, in diesem ersten Teil meines Aufsatzes zu zeigen, daß der dem Realismus unerläßliche Begriff der Übereinstimmung (*match*) zwischen Wissen und Wirklichkeit nicht von dem entwicklungsgeschichtlichen Begriff des Passens (*fit*) abgeleitet werden kann, geschweige denn mit ihm vertauscht werden darf. Im zweiten Teil will ich nun zumindest ungefähr andeuten, wie der radikale Konstruktivismus mit der Geschichte der Epistemologie zusammenhängt und daß er vielleicht gar nicht so radikal ist, wie er auf den ersten Blick aussieht.

## II

Der Zweifel an der Übereinstimmung von Wissen und Wirklichkeit entstand in dem Augenblick, in dem ein Denkender sich seines Denkens bewußt wurde. Xenophanes, einer der frühesten der Vorsokratiker, sagte bereits: „Und das Genaue freilich erblickte kein Mensch und es wird auch nie jemand sein, der es weiß (erblickt hat) ... denn selbst wenn es einem im höchsten Maße gelänge, ein Vollendetes auszusprechen, so hat er selbst trotzdem kein Wissen davon: Schein (meinen) haftet an allem." (Diels 1957, 20.)

Etwas, das „erblickt" werden könnte, müßte *da* sein, bevor der Blick darauf fällt – und Wissen wäre somit notwendigerweise *Abbild* einer Welt, die da ist, d.h. existiert, bevor ein Bewußtsein sie sieht oder auf andere Weise erlebt. Damit ist auch schon das Szenario geschaffen, das die abendländische Erkenntnislehre seit dem 6. vorchristlichen Jahrhundert bestimmt und gefesselt hat. Der „metaphysische Realismus" ist nicht eine unter anderen Spielarten in diesem Szenario, sondern ist fest eingebaut als die *einzig* mögliche. Wie der Begründer der biologischen Erforschung kognitiver Prozesse, Humberto Maturana, sagt: „*The a priori assumption that objective knowledge constitutes a description of that which is known ... begs the questions what is to know? and how do we know?*" (1970a, 2.) Dadurch, daß die Antwort auf die Frage, was Wissen ist, vorweggenommen wird, schafft die herkömmliche Erkenntnislehre sich ein ebenso unvermeidliches wie unlösbares Dilemma. Wenn Erkenntnis und Wissen eine Beschreibung oder Abbild der Welt *an sich* sein sollen, dann brauchen wir ein Kriterium, aufgrund dessen wir beurteilen könnten, wann unsere Beschreibungen oder Abbilder „richtig" oder „wahr" sind.

Mit dem Szenario, nach dem der Mensch als Entdecker in eine bereits fertiggestellte, an und für sich unabhängige Welt geboren wird und nun die Aufgabe hat, diese Wirklichkeit zu erkunden und möglichst wahrheitsgetreu zu erkennen – mit diesem Szenario ist auch der Skepsis der Weg eröffnet. Die Idee des „Scheins", der schon laut Xenophanes allem menschlichen Wissen anhaftet, wurde von Pyrrhons Schule und später von Sextus Empiricus vor allem im Bereich der Wahrnehmung ausgearbeitet, und die unbeantwortbare Frage, ob oder inwieweit das Bild, das unsere Sinne uns vermitteln, der objektiven Wirklichkeit entspricht, ist auch noch heute ein wunder Punkt in der Erkenntnislehre. Sextus nahm unter anderem die Wahrnehmung eines Apfels als Beispiel. Unseren Sinnen erscheint er glatt, duftend, süß und gelb – aber es ist keineswegs selbstverständlich, daß der Apfel diese Eigenschaften wirklich besitzt, und ebensowenig selbstverständlich ist es, daß er nicht auch andere Eigenschaften hat, die unseren Sinnen entgehen (Sextus Empiricus 1967.)

Die Frage ist unbeantwortbar, denn was immer wir machen, wir können unsere Wahrnehmung von dem Apfel nur mit anderen Wahrnehmungen vergleichen, niemals aber mit dem Apfel selbst, so wie er wäre, *bevor* wir ihn wahrnehmen. – Rund zweitausend Jahre lang hat dieses Argument der Skeptiker den Philosophen das Leben sauer gemacht (vgl. Richards/von Glasersfeld 1979). Dann hat Kant ein zweites, noch schwerer wiegendes hinzugefügt. Indem er Raum und Zeit als Anschauungsweisen unseres Erfahrens aus der absoluten Wirklichkeit in den Bereich des Phänomenalen rückte, hat er außer den sinnlich wahrgenommenen Eigenschaften auch die Dinghaftigkeit des Apfels in Frage gestellt. Es ist also nicht mehr nur zweifelhaft, ob der wirkliche Apfel so glatt, duftend, süß und gelb ist, wie er erscheint, sondern auch, ob da ein wirklicher Gegenstand existiert, der sich als zusammenhängendes Ganzes, so wie wir ihn als „Ding" erleben, von der restlichen Welt absetzt.

Dieser Zweifel ist in der Tat folgenschwerer als jener an der Verläßlichkeit der Sinneswahrnehmungen: er unterminiert jede Vorstellung von objektiver Struktur in der Welt und wirft darum unweigerlich die Frage auf, warum und vor allem *wie* es dazu kommt, daß wir in unserer Erlebenswelt eine Struktur suchen und auch finden können, die *nicht* eine Spiegelung der Wirklichkeit ist. Anders gesagt, wenn Kant recht hat mit seinem Satz, daß die Erfahrung uns nichts über die Natur der Dinge an sich lehren kann (1783, 295) wie kommt es dann, daß wir doch eine in vielen Beziehungen außerordentlich stabile und verläßliche Welt erleben, in der es dauerhafte Dinge gibt, ständige Verhältnisse und Regeln von Ursache und Wirkung, die uns gute Dienste erweisen?

Das ist die Hauptfrage, die der radikale Konstruktivismus zu beantworten versucht, und die Antwort, die er vorschlägt, wurde in ihren Grundzügen bereits 1710, mehr als ein halbes Jahrhundert vor Kants Kritik, von Giambattista Vico vorbereitet.

> Ebenso wie die Wahrheit Gottes das ist, was Gott erkennt, indem er es zusammenfügt und schafft, ist die menschliche Wahrheit das, was der Mensch erkennt, indem er es handelnd aufbaut und durch sein Handeln formt. Darum ist Wissenschaft (scientia) Kenntnis (cognitio) der Entstehung, der Art und Weise, wie die Dinge hergestellt wurden. (Vico 1710, Kap. 1, § 1,5–6.)

Vicos Schlagwort, *verum ipsum factum* – das Wahre ist dasselbe wie das Gemachte (*factum* kommt von *facere*, „Tatsache" von „tun"!) – ist, dank dem Erfolg, den Vicos in diesem Jahrhundert wiederentdeckte kulturhistorische und geschichtsphilosophische Schriften gehabt haben, oft zitiert worden. Seine revolutionären erkenntnistheoretischen Ideen hingegen werden selten erwähnt, geschweige denn erläutert. Vico sagt, Gott allein weiß, wie die wirkliche Welt ist, weil er sie geschaffen hat und darum sowohl die Bausteine als auch den Bauplan kennt. Ebenso kann der Mensch stets nur das kennen, was er selber macht, denn nur der Erbauer selbst kann von den Dingen, die er zusammenstellt (*componit*), wissen, was die Bestandteile sind und wie sie mit einander verbunden wurden. Vico verwendet sogar das Wort „Operation" und nimmt somit einen der Hauptausdrücke vorweg, den die Konstruktivisten unseres Jahrhunderts, Dewey, Bridgman, Ceccato, und Piaget lanciert haben.

Vico bemüht sich freilich, zwischen dem menschlichen Wissensgebäude und der göttlichen Schöpfung eine Verbindung zu schaffen. Beim Lesen seiner Abhandlung über Metaphysik bekommt man den Eindruck, daß er hier und dort selber vor seinen Ideen zurückschrickt. Obschon die Erkenntnistheorie, die er entwickelt hat, logisch geschlossen ist, weil menschliches Wissen in ihr als menschliche Konstruktion betrachtet wird und darum keine ontologische Schöpfung Gottes braucht (ja gar nicht brauchen kann), zögert Vico, diese Unabhängigkeit hervorzuheben. Aufgrund dieser Unschlüssigkeit könnte Vicos Weltbild als Gegenstück zu Berkeleys Metaphysik angesehen werden. Berkeleys Prinzip *esse est percipi* (Sein ist wahrgenommen werden) tut für ihn den gleichen Dienst, den der Satz „Gott ist allwissend, weil er alles geschaffen hat" für Vico leistet. Für beide ist die Ontologie durch Gottes Handeln entstanden und gesichert. Vico aber deutet auch einen anderen Weg zur Wirklichkeit an, der von meinem Standpunkt aus weit annehmbarer ist, da er keinerlei rationalen Realismus bedingt. Vico schlägt vor, daß Mythologie und Kunst sich mit Hilfe von Symbolen der Wirklichkeit nähern. Er sieht Symbole freilich auch als Konstruktion, aber die Interpretation ihrer Bedeutung liefert eine Art von Erkenntnis, die anders ist als die sachliche, die aus der rationalen Kenntnis des Konstruierens erwächst.

Im Rahmen dieser Diskussion jedoch will ich Erkenntnis auf die Vernunft begrenzen, und da unterscheidet sich Vico von Berkeley und den späteren Idealisten dadurch, daß er das Wissen der menschlichen Vernunft sowie die Welt der rationalen Erfahrung als Produkte *kognitiver Konstruktion* betrachtet (ebda. Kap. 1, § III, 2). Erkenntnis ist für ihn also, was wir heute die Bewußtmachung der Operationen nennen würden, deren Resultat unsere Erlebenswelt ist. Berkeley sagt zwar *„that all the choir of heaven and furniture of earth, in a word all those bodies which compose the mighty frame of the world, have not any subsistence without a mind, their being is to be perceived or known,"* (1710, 32)[5]) und setzt somit ausdrücklich die Aktivität des Intellekts voraus, doch der Akzent liegt bei ihm stets auf dem Sein der Dinge, während der Akzent bei Vico durchwegs auf dem menschlichen Wissen und Erkennen liegt.

Mit seinen ausdrücklichen Hinweisen auf das *facere*, das Komponieren und Zusammenfügen, kurz, auf die aktive Konstruktion alles Erkennens und Wissens, kommt Vico der genetischen Epistemologie Piagets und dem heutigen Konstruktivismus überhaupt bedeutend näher als Berkeley. Das ist nirgends klarer ausgedrückt als in dem Ausspruch, mit dem er die epistemologische Einstellung der modernsten Wissenschaftsphilosophen vorwegnimmt: „So wäre dann menschliches Wissen (Wissenschaft) nichts anderes, als die Dinge in schöne Beziehung zu einander zu bringen." Vico 1710, Kap. 7, § III, 5.)

Unsere Hauptfrage war, wie es dazu kommt, daß wir eine relativ stabile und verläßliche Welt erleben, obschon wir nicht imstande sind, Stabilität, Regelmäßigkeit, oder irgendeine wahrgenommene Eigenschaft der objektiven Wirklichkeit mit Sicherheit zuzuschreiben. Vico beantwortet diese Frage nicht, sondern er erübrigt sie, indem er sie sinnlos macht: Wenn, wie er uns erklärt, die Welt, die wir erleben und erkennen, notwendigerweise von uns selber konstruiert wird, dann ist es kaum erstaunlich, daß sie uns relativ stabil erscheint. Um das klar zu sehen, muß man freilich den Grundzug der konstruktivistischen Epistemologie im Auge behalten – nämlich daß die Welt, die da konstruiert wird, eine Welt des Erlebens ist, die aus Erlebtem besteht und keinerlei Anspruch auf „Wahrheit" im Sinne einer Übereinstimmung mit einer ontologischen Wirklichkeit erhebt. Vicos Stellung ist also in dieser Hinsicht ganz ähnlich der Stellung Kants, der sagt: „Natur also, *materialiter* betrachtet, ist der Inbegriff aller Gegenstände der Erfahrung." (1783, 295.) Für Kant ist da der „rohe Stoff sinnlicher Eindrücke", den die „Verstandesthätigkeit ... zu einer Erkenntnis der Gegenstände verarbeitet, die Erfahrung heißt" (1787, 27) – und Erfahrung, sowie die Gegenstände der Erfahrung, sind ja unter allen Umständen das Resultat *unserer* Art und Weise des Erfahrens, denn sie sind allesamt notwendigerweise durch Raum und Zeit und die von Raum und Zeit abgeleiteten Kategorien strukturiert und bestimmt.

Das „Verarbeiten" des sinnlichen Rohstoffs geschieht in Kants System durch die automatische Funktion der „Anschauungen" (Raum und Zeit) und der Kategorien unseres Denkens, die er eben deswegen als „a priori" bezeichnet, weil Erfahrung ohne sie überhaupt nicht möglich wäre. Alles Apriorische ist also gewissermaßen technische Beschreibung des erfahrungsfähigen Organismus. Es legt den Rahmen fest, innerhalb dessen so ein Organismus operiert, läßt aber dahingestellt, *wie* er operiert, geschweige denn *warum*. A priori heißt „eingebaut" oder „angeboren", und die Begründung des Apriorischen führt, wenngleich auf Umwegen, so doch letztenendes zu Gott und zu einer platonischen Mythologie der kategorialen Ideen. – Vico ist in dieser Hinsicht sowohl moderner als auch sachlicher. In bezug

---

[5]) Berkeleys *Treatise* und Vicos *De Antiquissima etc.*, zwei Werke, die in vielen Beziehungen erstaunlich parallel sind, wurden gleichzeitig veröffentlicht, ohne daß die Autoren voneinander wußten. Sie trafen wenige Jahre später in Neapel zusammen, doch ist meines Wissens nichts über Diskussionen bekannt, die sie, so möchte man meinen, gehabt haben müssen.

auf die Kategorie der Kausalität sagt er zum Beispiel: „Wenn wahr ist, was gemacht ist, dann heißt, etwas durch seine Ursache beweisen, das gleiche wie, es bewirken." (1710, Kap. 3, § 1,2.) Diese Auffassung (die von den konstruktivistischen Mathematikern der Moderne, wahrscheinlich ohne Kenntnis von Vico, wiederentdeckt wurde) hat eine beachtliche Tragweite, die Vico auch klar erkannte.

Die Möglichkeit, etwas als Ursache zu identifizieren, entspringt dem Vorgang des Zusammensetzens von unverbundenen Elementen, also aus dem aktiven Operieren des Erlebenden, so daß „aus der Ordnung und Komposition von Elementen die bestimmte (d.h. kausal determinierte) Form des Gegenstandes entsteht" (ebda. § 1,3.).[6] Das heißt ganz allgemein, die Welt, die wir erleben, ist so und muß so sein, wie sie ist, weil *wir* sie so gemacht haben. – Die Art und Weise dieser Konstruktion ist für Kant durch das Apriorische bestimmt. Bei Vico hingegen sind es nicht unabänderliche in den Organismus eingebaute Anschauungen oder Denkweisen, die alles Konstruieren bestimmen, sondern es ist die Geschichte des Konstruierten selbst, weil das jeweils bereits Gemachte das einschränkt, was noch gemacht werden kann (vgl. Rubinoff 1976).

Weil Vico den Bau des Wissens nicht nach der (unmöglich erkenntlichen) Übereinstimmung mit einer „objektiven" Wirklichkeit geleitet sieht, sondern nur durch Bedingungen beschränkt, die dem Baumaterial, d.h. dem bereits Gemachten anhaften, verkörpert er – freilich ohne es zu wissen – den Grundgedanken der konstruktivistischen Erkenntnistheorie, die auf *Möglichkeit innerhalb von Schranken* beruht und nicht auf Abbildung und Angleichung.

So elegant diese Erklärung auch ist, sie läßt doch zwei Fragen offen. Erstens: Was sind die Schranken, innerhalb derer etwas mit dem bereits vorhandenen Wissen als vereinbar gilt? Und zweitens: Warum unternimmt ein Organismus überhaupt so eine kognitive Konstruktion? – Der Versuch, eine *mögliche* Antwort auf diese Fragen zu finden, bildet den dritten Abschnitt dieses Aufsatzes.

## III

Im Gegensatz zur herkömmlichen Erkenntnislehre, in der Erkennen als selbstverständliche oder durch sich selbst gerechtfertigte Tätigkeit eines biologisch und psychologisch unbelasteten Subjekts vorausgesetzt wird, fällt der radikale Konstruktivismus absichtlich aus dem Rahmen und begeht, was Berufsphilosophen oft mehr oder weniger verächtlich als „Psychologismus" abtun. Die Überlegung, die zu diesem Schritt führt, läßt sich aus den Ausführungen der ersten beiden Abschnitte ableiten, sobald man sie zusammenfügt.

Da ist zunächst die Einsicht, daß Erkennen und Wissen nicht der Niederschlag eines passiven Empfangens sein können, sondern als Ergebnis von Handlungen eines aktiven Subjekts entstehen. Diese Handlungen sind freilich nicht ein Handhaben von „Dingen an sich", d.h. von Objekten, die eben schon in einer von der Erfahrung unabhängigen Welt so beschaffen und als Dinge strukturiert gedacht werden müßten, wie sie dem Erkennenden erscheinen. Handeln, das Wissen aufbaut, nennen wir darum „operieren", und es ist das Operieren jener kognitiven Instanz, die, wie Piaget so schön sagt, sich selbst und somit ihre Erlebenswelt organisiert.

---

[6] George A. Kelly, der Begründer der „psychology of personal constructs", kam unabhängig zu dem gleichen Schluß: „Das Universum ist also für das lebende Wesen wirklich, es ist aber nicht unwandelbar, es sei denn, es wird als solches konstruiert." (1963, 8)

Die Erkenntnislehre wird so zu einer Untersuchung der Art und Weise, wie der Intellekt operiert, um aus dem Fluß des Erlebens eine einigermaßen dauerhafte, *regelmäßige* Welt zu konstruieren. Die Funktion des Intellekts ist aber ein Thema, mit dem sich seit jeher die Psychologie befaßt hat – und je mehr das aktive Operieren betont wird, desto psychologischer wird die Untersuchung. Kommen noch entwicklungsgeschichtliche, d.h. phylo- und ontogenetische Begriffe und Betrachtungsweisen dazu, dann sind wir mitten in der „genetischen Epistemologie". Der metaphysische Realist wird sich da abwenden, denn für ihn darf die Erkenntnislehre nicht durch biologische oder psychologische Betrachtungen verunreinigt werden (vgl. Mays 1953).

Wenn aber – wie der am Anfang zitierte Alkmaion schon erklärte – die menschliche Tätigkeit des Erkennens nicht zu einem wahren Bild der Welt führen kann, sondern ein „Erschließen" ist, dann gehört zu dieser Tätigkeit auch das Schmieden von Schlüsseln, mit deren Hilfe der Mensch Wege zu den Zielen zu erschließen sucht, die er gewählt hat. Das heißt aber, daß die zweite Frage, die wir am Ende des vorhergehenden Abschnitts stellten, nämlich die Frage nach dem Warum der kognitiven Tätigkeit, ganz unzertrennlich mit der ersten verkettet ist; denn ob ein Schlüssel funktioniert oder nicht, hängt nicht davon ab, ob sich ein Schloß finden läßt, in das er paßt, sondern einzig und allein davon, ob er uns den Weg zu *dem* Ziel eröffnet, das wir erreichen wollen.

Jeder Konstruktivismus beginnt mit der (intuitiv bestätigten) Annahme, daß alle kognitive Tätigkeit in der Erlebenswelt eines zielstrebigen Bewußtseins stattfindet. Zielstrebigkeit hat in diesem Zusammenhang freilich nichts mit Zielen in einer „Außenwelt" zu tun. Die hier gemeinten Ziele entstehen lediglich dadurch, daß der kognitive Organismus seine Erlebnisse bewertet und darum die einen zu wiederholen, die anderen zu vermeiden trachtet. Die Produkte der bewußten kognitiven Tätigkeit, d.h. die kognitiven Konstruktionen und Strukturen, haben also jeweils einen Zweck und werden, zumindest ursprünglich, danach beurteilt, wie sie dem gewählten Zweck dienen. Der Begriff der Zweckdienlichkeit aber setzt seinerseits die Annahme voraus, daß es möglich ist, in der Erlebenswelt Regelmäßigkeiten festzulegen. Das Argument, das Hume formulierte, beschreibt die Lage einwandfrei: „Wäre da der geringste Verdacht, daß der Lauf der Natur sich ändern könnte und daß die Vergangenheit nicht Regel für die Zukunft wäre, so würde alle Erfahrung nutzlos und könnte zu keinerlei Folgerungen oder Schlüssen führen." (1750, 47.) Dieser Glauben an Regelmäßigkeit und somit an die Möglichkeit der Induktion liegt allem Lebenden zugrunde.

Die „Natur" war für Hume, ebenso wie für Kant, „der Inbegriff aller Gegenstände der Erfahrung". (Kant 1783, 295.) Das heißt, was immer wir aus unserer Erfahrung folgern – also alles, was wir *induktiv* nennen –, bezieht sich notwendigerweise auf unsere Erfahrung und nicht auf jene mythische, erfahrungsunabhängige Welt, von der die metaphysischen Realisten träumen.

Die zweite Einsicht, die wir aufgrund der konstruktivistischen Anschauung formulieren können, betrifft die Beschaffenheit der Regelmäßigkeiten, die der kognitive Organismus in seiner Erlebenswelt findet oder, besser gesagt, hervorbringt. Um von etwas zu behaupten, daß es regelmäßig, konstant, also in irgendeiner Weise *unverändert* sei, muß ein Vergleich gemacht werden. Das heißt, etwas bereits Erlebtes wird zu einem zweiten Erlebnis in Beziehung gesetzt, das in der Folge unseres Erlebens nicht mit dem ersten zusammenfällt. Dieses „In-Beziehung-Setzen" kann, abgesehen von dem *Ergebnis* des Vergleichs, zwei grundsätzlich verschiedene Begriffe liefern: Äquivalenz und individuelle Identität. Die Verwechslung dieser beiden grundverschiedenen Begriffe wird durch die gedankenlose Vertauschung der Ausdrücke „das gleiche" und „dasselbe" dauernd gefördert (im Englischen ist es so weit, daß ein und dasselbe Wort, *the same*, für beide Begriffe gang und gäbe ist). Die Unterscheidung ist jedoch unerläßlich, wenn wir die elementarsten Bausteine der kognitiven Konstruktion verstehen wollen.

Wie Piaget (1937) gezeigt hat, sind die Begriffe der Äquivalenz und der individuellen Identität keineswegs apriorisch angeboren, sondern werden von jedem „normalen" Kind innerhalb der zwei ersten Lebensjahre aufgebaut. Grundlegend ist da die Entwicklung der Vorstellungsfähigkeit, die es einerseits überhaupt möglich macht, eine nicht gegenwärtige Wahrnehmung mit einer gegenwärtigen zu vergleichen, und die andererseits den Weg dazu bereitet, wiederholte Wahrnehmungen und besonders Komplexe von Wahrnehmungen als *Objekte* in einen von der eigenen Bewegung des Subjekts unabhängigen Raum und in eine vom subjektiven Erlebnisfluß getrennte Zeit zu stellen. Hand in Hand mit dieser Entwicklung eröffnen sich zwei Möglichkeiten des Vergleichs: Zwei Wahrnehmungskomplexe können jederzeit als zwei voneinander unabhängige Objekte „externalisiert" werden; sie können aber auch als zwei Erlebnisse ein und desselben als Individuum „existierenden" Objekts betrachtet werden. Das hat nichts mit dem Vergleich an sich zu tun, sondern bestimmt lediglich den begrifflichen Charakter dessen, was verglichen wird. Führt der Vergleich dann zu einem Urteil der „Gleichheit", so haben wir entweder zwei Objekte, die in den im Vergleich untersuchten Eigenschaften gleichwertig sind, oder wir haben *ein* Objekt, das sich in der Spanne zwischen den beiden Erlebnissen nicht verändert hat. Führt der Vergleich hingegen zu einem Urteil der „Verschiedenheit", so haben wir entweder zwei Objekte, die eben verschieden sind, oder wir haben ein Objekt, das sich seit dem vorhergehenden Erlebnis *verändert* hat.

In der Praxis des Erlebens bilden sich da freilich Zusammenhänge heraus, die uns jeweils in die eine oder andere Richtung weisen, ohne daß wir jedesmal bewußt zwischen Äquivalenz und individueller Identität entscheiden müßten. Ich habe anderwärts gezeigt, daß es Zweifelsfälle gibt und wie wir sie dann, im Falle der Identität, durch den mehr oder weniger plausiblen Nachweis einer Kontinuität zu entscheiden trachten (vgl. von Glasersfeld 1979). Hier will ich nur betonen, daß eben jene Kontinuität in der Existenz eines individuellen Objekts stets das Produkt einer vom erkennenden Subjekt ausgeführten Operation ist und niemals als eine Gegebenheit der objektiven Wirklichkeit erklärt werden kann.

Niemand verwendet diese begrifflichen Möglichkeiten geschickter als der Zauberkünstler. In einer Vorstellung erbittet er sich zum Beispiel den Siegelring eines Zuschauers, wirft ihn durch den halben Saal seinem Gehilfen zu, und läßt dann den verblüfften Zuschauer selber den Ring in seiner eigenen Tasche finden. Der Zauber besteht darin, die Wahrnehmungen der Zuschauer so zu steuern, daß sie unwillkürlich vom ersten Erscheinen des Rings zu dem durch den Saal geworfenen Objekt eine kontinuierliche Identität konstruieren. Ist das gelungen, kann tatsächlich nur Zauberei ein und denselben Ring in die Tasche des Zuschauers befördern. Ähnlich ist es mit dem roten Seidenband, das der Zauberkünstler in kleine Stücke schneidet und dann – buchstäblich im Handumdrehen – wieder in seiner ursprünglichen Ganzheit vor Augen führt.

Ein ähnliches schon oft zitiertes Beispiel ist der Kinofilm, den wir je nach den Umständen der Wahrnehmung als eine Folge einzelner, jeweils verschiedener Bilder sehen, oder als *eine* kontinuierliche Bewegung. Ganz abgesehen davon, ob da zum Beispiel irgendwo und irgendwann ein „wirkliches" Pferd in der Wirklichkeit trabte und dabei gefilmt wurde, wenn wir den Film vorgeführt bekommen, müssen wir die Bewegung als kontinuierliche Veränderung (ein und desselben Pferdes) *selber* aus der Bilderfolge konstruieren. (Die Tatsache, daß wir das ganz unwillkürlich tun, ändert nichts daran, daß wir es tun müssen, um das Pferd in Bewegung zu sehen.)

Nicht minder konstruiert sind die Urteile der Gleichheit und Verschiedenheit im Bereich der Wahrnehmungsgegenstände. Wie ich oben bereits andeutete, ist „Gleichheit" immer das Resultat einer Untersuchung von bestimmten Eigenschaften. Zwei Eier sind etwa gleich in Form und Farbe und weil sie von derselben Henne stammen, sind aber nur zu deutlich verschieden, wenn das eine gestern gelegt wurde, das andere vor sechs Wochen. Eine Feldmaus und ein Elefant sind in vielen Beziehungen verschieden, sind aber gleich als Lebewesen und wenn wir die Säugetiere von anderen Tieren unterscheiden wollen. Und schließlich sind alle Eier, alle Tiere, ja alle Dinge, die ich je gesehen oder mir vorgestellt habe, einander in der einen Beziehung gleich, daß ich sie eben durch ganz bestimmte Wahrnehmungsoperationen als begrenzte, in sich geschlossene Objekte im Gesamtfeld meines Erlebens isoliert habe. In diesen Fällen, wie in allen erdenklichen, ist es wohl klar, daß die Kriterien, anhand derer Gleichheit oder Verschiedenheit festgestellt werden, von dem erlebenden, urteilenden Subjekt geschaffen und gewählt werden und nicht einer unabhängigen Welt zugeschrieben werden können.

Wichtiger noch für ein Verständnis des radikalen Konstruktivismus ist das aktive Operieren des Subjekts in bezug auf das, was wir Regelmäßigkeit oder Konstanz in der Erlebenswelt nennen. Sowohl Regelmäßigkeit als auch Konstanz setzen wiederholtes Erleben voraus, und Wiederholung kann nur aufgrund eines Vergleichs festgestellt werden, der ein Gleichheitsurteil liefert. Gleichheit ist aber, wie wir eben sahen, immer relativ: Gegenstände und Erlebnisse schlechthin sind „gleich" in bezug auf eben jene Eigenschaften oder Bestandteile, die im Vergleich in Betracht gezogen wurden. Das heißt, ein Erlebnis, das zum Beispiel aus den Elementen a, b und c besteht, kann einem Erlebnis aus a, b, c, und x gleichgesetzt werden, solange x nicht in Betracht gezogen wird. Das ist das Prinzip der *Assimilation*. In einem Zusammenhang, in dem es ausschließlich auf die Bestandteile oder Eigenschaften a, b und c ankommt, ist jeder Gegenstand, der a, b und c enthält, annehmbar. Ja er ist sogar von anderen Gegenständen, die ebenfalls a, b und c enthalten, nicht unterscheidbar, solange andere Eigenschaften nicht in den Vergleich einbezogen werden. Die Situation ändert sich jedoch, wenn ein Gegenstand, der zwar a, b und c aufweist, sich in irgendeiner Weise anders verhält, als es von a-b-c-Gegenständen aufgrund der bisherigen Erfahrung erwartet wird. Das bewirkt eine Störung (*perturbation*), die nun dazu führen kann, daß andere Bestandteile oder Eigenschaften in Betracht gezogen werden. Sobald das geschieht, ist die Möglichkeit geschaffen, den störenden (und darum in der gegebenen Situation unannehmbaren) Gegenstand aufgrund einer Eigenschaft x von den annehmbaren Gegenständen zu unterschieden. Das ist das Grundprinzip, auf dem Piaget seine Theorie der Assimilation und Akkomodation im Rahmen der Aktionsschemata aufgebaut hat und das in seiner Analyse der kognitiven Entwicklung überhaupt zu den wichtigsten Komponenten zählt. Hier will ich nur hervorheben, daß auch in diesem Prinzip der Begriff des Passens verkörpert ist, denn es kommt auch hier nicht darauf an, wie ein Gegenstand „objektiv" betrachtet oder in „Wirklichkeit" beschaffen ist, sondern nur darauf, ob er den erwarteten Dienst leistet und darum „paßt", oder nicht.

Wenn nun Wiederholung aufgrund solcher Vergleiche konstruiert werden kann, ist es klar, daß für alle Arten der Regelmäßigkeit (die ja stets Wiederholung voraussetzt) das gleiche gilt. Hier wie dort ist es eine Frage des Gesichtspunktes, d.h. *was* betrachtet wird und in bezug *worauf* „Gleichheit" verlangt wird. Vorausgesetzt, daß das Rohmaterial der Erlebenswelt reichhaltig genug ist, kann ein assimilierendes Bewußtsein auch in einer völlig ordnungslosen, chaotischen Welt Regelmäßigkeiten und Ordnung konstruieren, Inwieweit das gelingt, hängt mehr von den Zielen und den bereits konstruierten Ausgangspunkten ab, als von den Gegebenheiten der sogenannten „wirklichen" Welt. Doch in unserem jeweils von gewählten Zielen bestimmten Erleben neigen wir dazu, alle Hindernisse eher der mythischen Wirklichkeit als unserer Handlungsweise zuzuschreiben.

Ein Maurer, der ausschließlich mit Ziegelsteinen baut, wird früher oder später zu dem Schluß kommen, daß alle Fenster- und Türöffnungen einen Bogen haben *müssen*, der das obere Mauerwerk tragen kann. Wenn der Maurer dann glaubt, er habe ein Gesetz der absoluten Welt entdeckt, so irrt er in ganz ähnlicher Weise, wie Kant irrte, als er glaubte, daß alle Geometrie euklidisch sein müsse. Was immer wir als Bausteine wählen, seien es Ziegel oder Euklids Elemente, bestimmt Grenzen. Wir erfahren diese Grenzen aber sozusagen nur von „innen", aus der Ziegelperspektive oder aus der euklidischen Perspektive. Die Schranken der Welt, an denen unsere Unternehmen scheitern, bekommen wir nie zu Gesicht. Was wir erleben und erfahren, erkennen und wissen, ist notwendigerweise aus unseren eigenen Bausteinen gebaut und läßt sich auch nur aufgrund unserer Bauart erklären.

*Zusammenfassung*

Die Sprache zwingt uns unerbittlich, alles als ein Nacheinander zu präsentieren. Die drei Abschnitte dieses Kapitels müssen darum eines nach dem anderen gelesen werden – doch diese unvermeidliche Reihenfolge soll nicht als logische Ordnung verstanden werden. Was diese Abschnitte behandeln, läßt sich jeweils nur sehr ungefähr als selbständiges Thema umreißen, denn es ist im konstruktivistischen Denken mit den anderen Leitgedanken so eng verflochten, daß es, einzeln dargestellt, eher wie eine Fingerübung wirkt. Die Argumente, die hier vorgebracht werden, können ein neues Weltbild sicher nicht als einzelne Fäden schaffen, sondern nur als Gewebe.

Die Begriffsanalyse zeigte einerseits, daß ein Bewußtsein, wie immer es beschaffen sein mag, nur aufgrund eines Vergleichs „Wiederholung", „Konstanz" und „Regelmäßigkeit" erkennen kann; andererseits zeigte sie, daß da jeweils schon *vor* dem eigentlichen Vergleich entschieden werden muß, ob die beiden Erlebnisse, die da verglichen werden, als Vorkommnisse ein und desselben Objekts oder zweier separater Objekte betrachtet werden sollen. Diese Entscheidungen legen jeweils fest, was als „existierende" Einheit (Gegenstand) und was als Beziehung (zwischen Gegenständen) betrachtet wird, und indem sie das bestimmen, schaffen sie *Struktur* im Fluß des Erlebens. Diese Struktur ist, was der bewußte kognitive Organismus als „Wirklichkeit" erlebt – und weil sie (bisher) fast ausschließlich *unwillkürlich* geschaffen wurde und wird, erscheint sie als Gegebenheit einer unabhängigen, selbständig „existierenden" Welt.

Diese Anschauung ist nichts Neues. Von Pyrrhon bis zu den theoretischen Physikern der Gegenwart, die sich immer öfter fragen müssen, ob sie Naturgesetze entdecken oder durch die raffinierte Vorbereitung der experimentellen Beobachtungen die Natur eher in die vorgefaßten Hypothesen zwingen, ist der Skeptizismus zu dem gleichen Schluß gekommen. Solange wir aber zutiefst „metaphysische Realisten" sind und von der Erkenntnis (der wissenschaftlichen wie der alltäglichen) erwarten, daß sie uns ein „wahres" Bild einer als unabhängig vorausgesetzten „wirklichen" Welt vermitteln könnte, muß der Skeptiker stets als Pessimist und Spielverderber erscheinen, denn seine Argumente machen uns immer wieder darauf aufmerksam, daß so eine „wahrheitsgetreue" Erkenntnis nicht möglich ist. Der Realist kann freilich trotzdem Realist bleiben, wenn er die Argumente der Skepsis als dem „gesunden" Menschenverstand widersprechend unter den Tisch schiebt und so tut, als wären sie nie vorgebracht worden. Nimmt er die Argumente aber ernst, so muß er sich in einer Form von subjektivem Idealismus zurückziehen, und dieser Rückzug führt schließlich unweigerlich zum Solipsismus, das heißt zu dem Glauben, daß es überhaupt keine vom Subjekt unabhängige Welt geben kann.

Weil diese Situation einerseits angesichts der unwiderlegbaren Logik der skeptischen Argumente so unvermeidlich scheint, und weil wir andererseits intuitiv überzeugt sind und täglich neuerdings erfahren, daß die Welt voll von Hindernissen ist, die wir uns nicht absichtlich in den Weg stellen, müssen wir zu den allerersten Schritten der Erkenntnislehre zurückfinden, um das Dilemma aufzulösen. Zu diesen ersten Schritten gehört auch die Definition des Verhältnisses zwischen Wissen und Wirklichkeit, und das ist eben der Punkt, in dem der radikale Konstruktivismus aus dem herkömmlichen Szenario der Epistemologie herausführt. Sobald Erkenntnis nicht mehr als Suche nach ikonischer Übereinstimmung mit der ontologischen Wirklichkeit, sondern als Suche nach *passenden* Verhaltensweisen und Denkarten verstanden wird, verschwindet das traditionelle Problem. Wissen wird vom lebenden Organismus aufgebaut, um den an und für sich formlosen Fluß des Erlebens soweit wie möglich in wiederholbare Erlebnisse und relativ verläßliche Beziehungen zwischen diesen zu ordnen. Die Möglichkeiten, so eine Ordnung zu konstruieren, werden stets durch die vorhergehenden Schritte in der Konstruktion bestimmt. Das heißt, daß die „wirkliche" Welt sich ausschließlich dort offenbart, wo unsere Konstruktionen scheitern. Da wir das Scheitern aber immer nur in eben jenen Begriffen beschreiben und erklären können, die wir zum Bau der scheiternden Strukturen verwendet haben, kann es uns niemals ein Bild der Welt vermitteln, die wir für das Scheitern verantwortlich machen könnten.

Wer das verstanden hat, wird es als selbstverständlich betrachten, daß der radikale Konstruktivismus nicht als Abbild oder Beschreibung einer absoluten Wirklichkeit aufgefaßt werden darf, sondern als ein mögliches Modell der Erkenntnis in kognitiven Lebewesen, die imstande sind, sich aufgrund ihres eigenen Erlebens eine mehr oder weniger verläßliche Welt zu bauen.

# Rückkopplung, Induktion und Erkenntnistheorie

*Zusammenfassung*

Der Autor vertritt den Standpunkt, daß Regelungssysteme, die den Prinzipien der negativen Rückkopplung und des induktiven Lernens gehorchen, anschauliche Beispiele für eine Erkenntnistheorie sind, die *Wissen* als systemspezifische interne Konstruktion versteht. Diese Erkenntnistheorie ergibt sich aus Piagets Analyse der kognitiven Entwicklung des Menschen und verlangt eine radikale Änderung unserer Sicht des Verhältnisses von Wissen und ontologischer Realität. Das Kriterium der Beurteilung des Wissens ist nicht seine ikonische Übereinstimmung oder seine Isomorphie mit dieser Realität – was die Skeptiker seit jeher für unerweisbar erklärt haben – , sondern daß es in die einschränkenden Bedingungen unserer Erfahrungswirklichkeiten *paßt*. Kognitive Konstrukte sind folglich das Resultat der aktiven Erfahrungsinterpretation durch einen Organismus, und diese erfolgt im Prinzip analog der Interpretation in sprachlicher Kommunikation.

## Einleitung

Als ich im Sommer 1980 die erste Inhaltsskizze dieses Beitrages verfaßte, wollte ich erkenntnistheoretische Parallelen zwischen gewissen Anwendungen der Regelungstheorie einerseits und der kognitivistischen Erklärung der Selbstregelung in lebenden Organismen andererseits herausarbeiten. Ich wollte im besonderen darstellen, daß Jean Piaget, der das Gebiet der Psychologie in alles überragender Riesengröße beherrscht, in jüngerer Zeit auch bestimmte kybernetische Begriffe aufgenommen hat, und daß sich daraus die begründete Hoffnung ableiten läßt, die von ihm selbst betriebene Überprüfung und Umformulierung seiner früheren Arbeiten könnte eine begriffliche Integration beider bewirken, die den Namen „Kybernetik der Kognition“ verdienen würde. Im Herbst darauf allerdings haben wir Piaget verloren. Wie weit eine Integration kybernetischer Vorstellungen in seine Theorie auch immer möglich sein mag, sie muß nun jedenfalls von anderen geleistet werden. Ich halte dies für ein sehr lohnendes Unterfangen, mache mir aber keine Illusionen, daß es einfach ist oder gar in einem kurzen Aufsatz bewältigt werden kann. Ich möchte hier nur einen Beitrag zur erkenntnistheoretischen Grundlegung liefern, um eine solche Integration zu erleichtern.

## Regelung und Regler

Zu den ertragreichsten Vorstellungen der Regelungstheorie gehört das Prinzip der negativen Rückkopplung. Otto Mayr hat in seinem amüsanten Buch *The Origins of Feedback Control* (1970) praktische Umsetzungen dieses Prinzips dargestellt, wie sie schon seit dem dritten Jahrhundert vor Christus bekannt sind. Da ist etwa das Beispiel der Öllampen, die den Ölfluß entsprechend dem verbrannten Ölbetrag regulieren. Heute gibt es Thermostaten, Autopiloten und Lenkwaffen. Auch wenn sich alle diese Geräte nach Struktur und Material voneinander unterscheiden, haben sie doch eines gemeinsam: Sie sind innerhalb gewisser Grenzen in der Lage, Tätigkeiten auszuführen, die zuvor die bewußte Wahrnehmung, das Unterscheidungs- und Urteilsvermögen eines menschlichen Akteurs erfordert hatten. Alle Regelungsmechanismen wurden entwickelt, um Hand oder Geist des Menschen zugunsten einer wichtigeren Aufgabe oder vielleicht auch nur einer unterhaltsameren Tätigkeit freizusetzen. Von Anfang an wurde ihr Zweck darin gesehen, einen Zustand aufrechtzuerhalten oder zu schaffen, den der Konstrukteur oder der Benutzer in seiner Erfahrungswelt für wünschenswert hielt, – die Lampe in Gang zu halten, nachdem die Sklaven ins Bett geschickt worden waren, die Raumtemperatur unabhängig vom Wetter auf bestimmter Höhe zu halten usw. Das alles ist heute so selbstverständlich, daß wir leicht einige wesentliche Aspekte des Phänomens übersehen. Powers (1978) hat nachgewiesen, daß die Einbettung in die Zielstrukturen ihrer Benutzer zu einer schwerwiegenden Fehlinterpretation des tatsächlichen Funktionierens von Rückkopplungsmechanismen geführt hat.

Ich möchte hier auf zwei Aspekte eingehen, erstens darauf, daß „Regelungssysteme ... den Input regeln, nicht den Output", und zweitens, daß sie „nicht auf der Grundlage objektiver Wirkungen ihres Verhaltens in einer Außenwelt organisiert werden können" (Powers 1978, 418). Ein Regelungssystem wird aktiv, wenn es eine Diskrepanz zwischen dem gibt, was es wahrnimmt (dem sensorischen Signal) und dem, was es wahrnehmen soll oder will (Bezugs-/Referenzgröße). Die entscheidenden Verbindungen sind die zwischen bestimmten Aktivitäten aus dem Repertoire des Systems und den Veränderungen, die diese in gewissen sensorischen Inputs bewirken. Ein technischer Rückkopplungsmechanismus, der uns selbst bei einer bestimmten Aufgabe ersetzt, ist ein Stück kristallisierten Lernens aus Erfahrung. Es ist die Materialisierung einer Wenn-Dann-Regel, die der Konstrukteur induktiv aus seiner Erfahrung gewonnen hat.

Wir wollen für einen Augenblick annehmen, der Thermostat einer Klimaanlage wäre auf wundersame Weise mit Bewußtsein und gewissen kognitiven Funktionen ausgestattet, so daß er seine Erfahrungswelt reflektieren und organisieren könnte. Diese Welt wäre sehr einfach, denn der Thermostat brauchte nur zwischen drei Arten von Signalen unterscheiden zu können, solchen, die den Referenzwert nicht erreichen, solchen, die mit ihm übereinstimmen und solchen, die ihn überschreiten. Es gäbe keine weiteren Wahrnehmungsdaten. Was die propriozeptiven Signale angeht, d.h. die kinästhetische Rückkopplung des Systems, die durch sein eigenes Verhalten bewirkt wird, könnte die Aktivität des Heizens von der Aktivität des Kühlens unterschieden werden. Die Verbindung zwischen diesen beiden Arten von wahrnehmbaren Störeinwirkungen und den jeweiligen Aktivitäten sind für den Thermostaten festgelegt. Sie sind in dieser Hinsicht ähnlich denen, die in lebenden Organismen als „Reflexe" oder „feste Handlungsschemata" bezeichnet werden. Weder der thermostatgesteuerte Regler noch der mit Reflexen ausgestattete Organismus mußte die dafür nötigen Verbindungen lernen. Sie sind vielmehr fest verdrahtet, das Werk des für die Konstruktion verantwortlichen Ingenieurs im Falle des Thermostaten, das Werk der Evolution und Selektion für den Fall des Organismus. In einem komplexeren System aber können die Verbindungen das Ergebnis von Lernprozessen sein. Kenneth Craik hat schon in den frühen vierziger Jahren ausgeführt, wie dies geschehen könnte (Craik 1966). Erforderlich dafür ist eine Art von Gedächtnis, ein Ort, an dem Signalfolgen aufgezeichnet werden, so daß sie an einem späteren Punkt des Erfahrungsstroms wieder „abgelesen" werden können. Sobald dieses Instrument vorhanden ist, sind auch die Voraussetzungen für induktives Lernen geschaffen. Auf dieser elementaren Ebene ist Induktion so simpel, wie sie David Hume vor mehr als zweihundert Jahren beschrieben hat: Es bedarf nur der Anlage oder Regel, die das System veranlaßt, das zu wiederholen, was in seiner vergangenen Erfahrung erfolgreich war. Das bedeutet, das System wählt bei jedem Auftreten einer Störeinwirkung die Tätigkeit aus, die eben diese Art der Störung in der Vergangenheit reduziert oder eliminiert hat. Implizit oder explizit muß der Glaube herrschen, daß Verknüpfungen, die sich in der Vergangenheit als erfolgreich erwiesen haben, auch in der Zukunft erfolgreich sein werden. „Sollte es nämlich irgendeinen Verdacht geben, daß der Lauf der Natur sich wandeln könnte, und daß die Vergangenheit keine Regel für die Zukunft wäre, dann wird alle Erfahrung nutzlos und kann keinerlei Schlußfolgerungen oder Ableitungen begründen." (Hume 1784/1963, 47)

Wie ausgeklügelt auch immer die kognitiven Funktionen sein mögen, die wir hypothetisch einem imaginären lernenden Thermostaten zubilligen, er könnte nie mehr leisten, als Regularitäten hinsichtlich spezifischer Verbindungen zwischen seinen Tätigkeiten und den daraufhin erfahrenen Veränderungen sensorischer Signale ermitteln. Er könnte niemals lernen oder entdecken, daß er durch die Aktivierung seiner Heizanlage die Temperatur seiner „Umwelt" verändert, und daß dies wiederum den „Input" für sein Sinnesorgan modifiziert. Dieser *externe* Zusammenhang kann nur durch einen Beobachter bestimmt werden, denn nur vom Standpunkt eines Beobachters sind sowohl der Organismus *als auch* dessen Umwelt Teile tatsächlicher Erfahrung. Aus der Perspektive des Organismus kann jegliche Verknüpfung, die hergestellt wird, und jegliche Regularität, die aufgebaut wird, nur eine Verknüpfung bzw. Regularität im Bereich der eigenen internen Signale sein.

### Kognitive Entwicklung

Die von Piaget konzipierte und ausgearbeitete Theorie der kognitiven Entwicklung ist tief in der Biologie verwurzelt, schon allein, weil sie auf Annahmen basiert, die für alle Lebensformen gelten sollen. Vielleicht ist die wichtigste davon die, daß das, was lebende Organismen vom übrigen Universum unterscheidet, ihre Beschäftigung mit einem „inneren Millieu" sowie ihre relative Fähigkeit ist, interne Zustände trotz externer Störeinwirkungen im Gleichgewicht zu halten. Alle Aktivität – somit auch kognitive Aktivität – wird daher als „adaptiv" in dem spezifischen Sinne aufgefaßt, daß sie den Zwecken der Selbstregulierung dient (vgl. Piaget 1967b).

Der biologische Organismus beginnt sein Leben nicht als *tabula rasa*. Wir brauchen auch nicht zu behaupten, daß sein Leben mit von Gott verliehenen platonischen Ideen oder mit genetisch vermitteltem „Wissen" von einer Außenwelt einsetzt. Es genügt anzunehmen, daß der Organismus eine Tendenz zeigt, Störeinwirkungen gegenüber zu handeln. Der Schlüssel Piagets zur Erklärung dessen, was wir Entwicklung nennen, d.h. des Prozesses zunehmender interner Organisation, ist der Begriff des *Schemas*. Ob ein solches Schema nun als Reflex oder als eine höchst verfeinerte Anordnung kognitiver Strukturen verwirklicht wird, es besteht immer aus drei Teilen. Zunächst ist da ein Muster sensorischer Signale, das vom Standpunkt des Beobachters als Auswirkung eines externen Stimulus betrachtet werden kann. Zweitens ist da eine Aktivität, die durch dieses Muster sensorischer Signale ausgelöst wird, die der Organismus koordiniert hat, und die ein Beobachter, wenn er sie beobachten kann, als Reaktion auffaßt. Drittens erfährt der Organismus im Anschluß an seine Aktivität eine gewisse Veränderung, die früher oder später als die Folge dieser Aktivität registriert wird. Und eben diese Folge ist der Grund, warum bestimmte Aktivitäten mit bestimmten Störeinwirkungen verknüpft werden. Auf der Ebene der Evolution eliminiert die natürliche Selektion gewöhnlich Individuen, die in nicht-adaptiver Weise auf Störeinwirkungen der Umwelt reagieren, während diejenigen überleben, die die geeigneten adaptiven Beziehungen aufweisen. Die Phylogenese erzeugt somit Ergebnisse, die im Rückblick so aussehen, als wären sie das Ergebnis induktiver Prozesse: Es überleben nur die Mutanten, die in der Lage sind, den Störeinwirkungen der Umwelt zu widerstehen. Auf der Ebene der Ontogenese ist das Muster durchaus ähnlich. Thorndikes Wirkungsgesetz „Bei gleichen Randbedingungen werden die Verknüpfungen stärker, die zu befriedigenden Zuständen führen" (Thorndike 1931) ist im Grunde dem folgenden Modell äquivalent: „Das lebende System ist auf Grund seiner zirkulären Organisation ein induktives System und funktioniert stets in prädiktiver Weise: Was einmal aufgetreten ist, wird wieder auftreten. Seine Organisation (sowohl die genetische als auch die andere) ist konservativ und wiederholt nur das, was funktioniert." (Maturana 1970b) „Funktionieren" bedeutet in diesem Kontext, eine Störeinwirkung erfolgreich auszuschalten. Das gleiche Prinzip ist im Begriff des Schemas enthalten, es wird noch verstärkt dadurch, daß die Prozesse der Assimilation und Akkomodation hinzukommen. Um aktiviert zu werden, erfordert ein Schema die Wahrnehmung eines bestimmten Musters sensorischer Signale. Nun sind in der tatsächlichen Erfahrung kaum zwei Situationen von ganz gleicher Art. Das sensorische Muster, das ein bestimmtes Schema auslöst, muß daher vom Organismus innerhalb eines Wahrnehmungsfeldes isoliert werden, in dem entweder mehr oder weniger Signale vorhanden sind als zur Vervollständigung des erforderlichen Musters benötigt werden. Mit anderen Worten, Unterschiede müssen vernachlässigt werden, und diese Vernachlässigung von Unterschieden, damit das Muster hergestellt werden kann, heißt *Assimilation*. Vom Gesichtspunkt des Organismus mag es keine Unterschiede geben, sei es daß das sensorische System keine Signale erzeugt, die nicht in das Muster passen, sei es daß der Organismus sie nicht bemerkt. In jedem Falle kann nur ein Beobachter, der von außen kommende Signale registriert, feststellen, daß der Organismus assimiliert. Kognitive Organismen besitzen jedoch die Fähigkeit, solche Unterschiede ganz bewußt zu übersehen, und für sie wird Assimilation daher ein ganz entscheidendes Instrument der Konstruktion von Regularitäten und Regeln sowie der praktischen Erweiterung ihrer Schemata. Ein Beispiel: Wenn Herr Schmidt dringend einen Schraubenzieher benötigt, um den Lichtschalter in der Küche zu reparieren, dann kann er im Kontext dieses besonderen Reparaturschemas ein Buttermesser assimilieren, obwohl er sehr wohl weiß, daß das Buttermesser perzeptuell und funktional von einem Schraubenzieher verschieden ist.

Immer dann, wenn ein Schema aktiviert wird und die ausgelöste Aktivität das erwartete Ergebnis nicht herbeiführt, erzeugt die Abweichung von der gewohnten Ereignisfolge eine neue Störeinwirkung, d.h. eine Störung, die noch nicht mit einem Schema verknüpft ist, das sie beseitigen könnte. Und es ist diese Art von Störung, die die Aufmerksamkeit eines kognitiven Organismus auf einen der vorangegangenen Teile des Schemas lenken kann, der das ungewohnte Ergebnis bewirkt hat (vgl. Piaget 1974, 264). Dies kann sodann zu einer Modifizierung der Aktivität oder zu einer Isolierung eines bisher nicht bemerkten sensorischen Signals im Kontext desjenigen Wahrnehmungsmusters führen, das das Schema ausgelöst hat. In beiden Fällen wird es zu einem neuen Schema kommen, wenn eine Veränderung vorgenommen wird und sich als erfolgreich erweist (und das neue Schema wird das alte ersetzen oder als Alternative dazu fungieren). Diese Art der Produktion von relativ Neuem heißt *Akkomodation*. Wie im Falle der Assimilation kann der Prozeß ohne die bewußte Aufmerksamkeit des Organismus oder aber auch bewußt ablaufen. Jedesmal, wenn wir uns auf einen uns unbekannten Stuhl setzen, müssen die körperlichen Bewegungen, die den motorischen Teil unseres Hinsetz-Schemas ausmachen, leicht angepaßt werden, um den neuen Umständen gerecht zu werden. Uns bleibt diese Art der Akkomodation im allgemeinen aber ganz unbewußt. Wenn wir dagegen ein neues Auto fahren, passen wir uns in ganz bestimmter Weise an: wir akkomodieren ganz bewußt unsere motorischen Akte und konstruieren manchmal sogar neue Subschemata (durch Versuch und Irrtum), um sie in vorhandene einzufügen oder diese zum Teil zu ersetzen. Diese „sensomotorischen" Schemata bilden die niedrigste, aber nichtsdestoweniger entscheidende Ebene kognitiver Entwicklung, die Begriffe des Schemas, der Assimilation und der Akkomodation sind aber auch auf die höheren Ebenen kognitiver Prozesse anwendbar.

## Die Rolle des Wissens

Aus systemtheoretischer Perspektive ist die Konzeption des Schemas und der zugehörigen Prozesse der Assimilation und Akkomodation analog der Konzeption des lernenden Rückkopplungsmechanismus und völlig damit vereinbar. In beiden Fällen wird alles lebenswichtige Wissen durch Regeln konstituiert, die angeben, welche Aktionen Störeinwirkungen erfolgreich ausschalten. Es gibt kein Wissen von einer unabhängig existierenden ontologischen Realität, noch bedarf es auch derartigen Wissens. (Hier bin ich anderer Meinung als Boden 1979, die viel zur Integration Piagetscher und kybernetischer Vorstellungen beigetragen hat. Sie spricht ständig von „Rückfluß der Signale aus der materiellen Welt", also aus der Sicht eines Beobachters, nicht des Organismus selbst.) Das System muß Aktivitäten entdecken, die es instandsetzen, sein Gleichgewicht aufrecht zu erhalten, oder es muß zugrundegehen. Dies ist ähnlich der Situation biologischer Organismen in der Evolutionstheorie insofern, als nur die *viablen* Strukturen überleben, denn natürliche Selektion schaltet die aus, die nicht in ganz bestimmter Weise den Umweltbedingungen standhalten können. Auf der kognitiven Ebene sind die Störeinwirkungen in der Regel natürlich nicht unmittelbar tödlich. Die Ontogenese bietet Gelegenheiten des Lernens, die Phylogenese merzt aus. In beiden Fällen stößt der Organismus nur in seinen Mißerfolgen auf Realität. Warren McCulloch sagte es so: „Eine Hypothese als falsch erwiesen zu haben, ist in der Tat der Gipfel des Wissens." (McCulloch 1965, 154) Diese Aussage bedeutet im Bezug auf die traditionelle Erkenntnistheorie den Bankrott dieser Disziplin. Seit den Vorsokratikern wurde „Wissen" als Übereinstimmung mit einer „wirklichen" Welt angesehen. War dies der Fall, war es wahr, wenn nicht, war es nutzlos. Aber schon zur Zeit der Vorsokratiker gab es zweifelnde Stimmen. Pyrrhon etwa hat nur wenig später die Argumente der Skeptiker vorgetragen, die die Erkenntnistheoretiker bis heute nicht zur Ruhe haben kommen lassen. Wie können wir überhaupt jemals feststellen, ob die Bilder, die unsere Sinnesorgane „vermitteln", genau oder wahr sind, wenn die einzige Möglichkeit ihrer Überprüfung wieder unserer Sinnesorgane bedarf? Kant hat das Dilemma verschärft, indem er die „Dinghaftigkeit" der Gegenstände unserer Erfahrung in Zweifel zog. Wenn nämlich Raum und Zeit spezifische Merkmale der Art sind, auf die wir Menschen unsere Erfahrung strukturieren, dann scheint klar, daß es keine Möglichkeit gibt, uns die Struktur einer Welt vorzustellen, *bevor* wir diese erfahren haben. Der traditionelle Erkenntnistheoretiker hat daher nicht mehr in den Händen als die fromme Hoffnung Descartes', daß Gott nicht so grausam gewesen sein kann, uns mit trügerischen Sinnen auszustatten.

Die radikal konstruktivistische Erkenntnistheorie, die ich vorgeschlagen habe (v. Glasersfeld 1976; 1978; 1979; 1981), bricht mit dieser Tradition und gibt die ikonische Konzeption des Wissens auf. Wenn man die Aussage ernst nimmt, daß der einzige kognitive Kontakt, den Organismen mit einer ontologischen Realität haben können, dann hergestellt wird, wenn ihre Schemata für die Eliminierung von Störeinwirkungen versagen, dann kann man eine positivere, wenngleich weniger metaphysische Erkenntnisauffassung entwickeln. Der Wert neuer Schemata, die Handlungen enthalten, ist stets danach beurteilt worden, ob sie das leisten, was sie leisten sollen oder nicht. Mit anderen Worten, das Wissen-Wie hat funktionalen Wert, und wie bei allen funktionalen Werten können wir Kriterien der Ökonomie, z.B. Aufwand, Geschwindigkeit, Kosten, Eleganz usw. hinzufügen. Wir können jedoch über die Ebene einfacher Schemata hinausgehen. Mit der Konstruktion von Schemata für die Konstruktion von Schemata ist der erste Schritt zu einer praktisch unendlichen Hierarchie von Ebenen der Reflexion und Abstraktion getan, und zur Einschätzung kognitiver Strukturen und Schemata werden schließlich auf den einzelnen Abstraktionsstufen besondere Kriterien der Homogenität, Kompatibilität und Konsistenz ausgebildet, auch wenn die Verbindung mit den funktionalen Ebenen des Handelns am Fuße der Leiter nie abreißt.

Der entscheidende Aspekt dieser Erkenntnistheorie liegt darin, daß die Idee der Übereinstimmung mit der Realität durch die Idee des *Passens* ersetzt wird. Wissen ist dann gut, wenn es in die einschränkenden Bedingungen der Realität paßt und nicht mit ihnen kollidiert. Dieses Passen zeigt sich dann, wenn eine kognitive Struktur, ein Schema, eine Theorie, trotz neuer Erfahrungen oder Experimente viabel bleibt. Die Erkenntnistheorie, die sich aus diesen Überlegungen ergibt, liegt parallel zu der von Popper (1962) vorgetragenen Vorstellung von „Vermutungen und Widerlegungen", legt den Hauptakzent aber auf die *Viabilität* von Vermutungen und nicht auf deren Widerlegung.

**Kommunikation**

Der Begriff der *Viabilität*, verstanden als eine Funktion des Passens in ein Schema, eine Umwelt, oder einen Erfahrungszusammenhang, ist ein Begriff, mit dem wir im Bereich sprachlicher Kommunikation wohlvertraut sind. Der Empfänger eines Stückes Sprache, sei dieses ein Wort, ein Satz oder ein Text, steht vor der Aufgabe, es zu interpretieren. Die Mitglieder einer Sprachgemeinschaft haben als Benutzer ihrer Sprache im Laufe ihres Lebens semantische Verknüpfungen zwischen denjenigen Erfahrungselementen, die ihre „Sprache" bilden, und anderen Elementen, die sie im Strom ihrer Erfahrung isoliert haben, hergestellt. Ein Stück Sprache kann daher den Empfänger instandsetzen, eine begriffliche Struktur aufzubauen, deren Bausteine völlig *subjektiv* sind. Sie können nur subjektiv sein, denn Elemente seiner eigenen Erfahrung sind das einzige Material, zu dem ein kognitiver Interpret Zugang hat. Gelingt es dem Empfänger, die begriffliche Struktur zu vervollständigen, dann wird er das Stück Sprache als *verstanden* betrachten. Das Interpretieren einer „Mitteilung" besteht daher im Weben eines begrifflichen Netzes, das die einschränkenden Bedingungen erfüllt, die von den empfangenen Zeichen oder Signalen angezeigt werden. Weder Zeichen und Signale noch Wörter können das begriffliche Material liefern, dieses Netz zu knüpfen, sie grenzen jedoch ein, was zur Verfügung steht. In diesem Sinne haben sie eine selektive Funktion, ebenso wie die Natur oder die Umwelt lebende Organismen dadurch auswählt, daß sie andere ausschaltet. Im Englischen hat zum Beispiel fast jedes lexikalische Element in seinem Satz oder Text mehr als eine „Bedeutung", wenn es isoliert auftritt. Der kommunikative Kontext eliminiert jedoch gewöhnlich fast alle der potentiellen Bedeutungen bis auf eine (Fälle nicht auflösbarer Mehrdeutigkeit sind bemerkenswert selten). Auch im Prozeß der Evolution überlebt nur das, was die Ausstattung besitzt, mit den einschränkenden Bedingungen der Umwelt fertigzuwerden und sich diesen daher *einzupassen*. In der Kommunikation „überlebt" das Ergebnis einer Interpretation und wird als *die* Bedeutung angesehen, wenn es in der begrifflichen „Umwelt" Sinn ergibt, die der Interpret aus dem situativen Kontext und seiner voraufgegangenen Erfahrung ableitet. Die einschränkenden Bedingungen einer begrifflichen Umwelt sind natürlich weit weniger konkret und festgelegt als Temperatur- und Feuchtigkeitsskalen, Geschwindigkeiten, Fortpflanzungsraten usw., die zu den Faktoren gehören, welche das Überlebenspotential eines Organismus definieren. Auch wenn also die begrifflichen Bedingungen oft sehr dunkel sein mögen, sind sie es nichtsdestoweniger, die festlegen, ob ein Wort oder ein Satz sinnvoll in das Gewebe einer Interpretation eingepaßt werden kann oder nicht, und ob diese Interpretation in den Kontext der allgemeinen Erfahrung des Interpreten paßt oder nicht. Es muß hier besonders hervorgehoben werden, daß diese einschränkenden Bedingungen weder im Bereich der Evolution noch in dem der Interpretation die konkreten Eigenschaften der Elemente bestimmen, die in den zugemessenen Raum passen oder passen könnten. Diese Bedingungen eliminieren lediglich das, was *nicht* hineinpaßt.

**Schluß**

Norbert Wieners Definition der Kybernetik basiert auf den Begriffen der Regelung und der Nachrichtenübertragung. Während er Regelungsmechanismen vor allem aus der Perspektive des Ingenieurs und Technikers betrachtete, der Rückkopplungsmechanismen als Ersatz für sich selber ansah, hat er die erkenntnistheoretischen Implikationen nicht besonders betont, die sich ergeben, wenn man diese Geräte als unabhängige, sich selbst regulierende Systeme betrachtet. Es gibt jedoch keinen Widerspruch zwischen der erkenntnistheoretischen Position, die ich für ein lernendes Rückkopplungssystem skizziert habe und der Verwendung eines solchen Systems durch seinen Konstrukteur, beide leben bloß in sehr verschiedenen Erfahrungswelten. Mit Bezug auf Kommunikation ist die Analyse der Interpretation, die ich vorgenommen habe, in der Tat nur eine Erweiterung der Theorie Wieners (und Shannons).

Es gibt jedoch eine präzisere Formulierung des Zwecks und der Eigenart der Kybernetik. Die Erforschung von Regelung und Nachrichtenübertragung läßt sich explizieren als das Bemühen, tatsächlich oder hypothetisch mögliche und plausible Innenstrukturen von schwarzen Kästen, also undurchschaubaren Systemen, zu erzeugen. Der formalistische Zweig dieser Disziplin zielt auf die Entwicklung mathematischer „Modelle", das heißt Netzwerke von Funktionen, die mathematisch begründen und vorhersagen, welcher beobachtbare Output auf welchen beobachtbaren Input folgt. Die konkretere heuristische Linie der Disziplin zielt auf die Entwicklung begrifflicher oder physikalischer Modelle, die operational den unbeobachtbaren Mechanismen im Inneren eines schwarzen Kastens äquivalent sind. In diesen beiden Zweigen der Kybernetik arbeitet man auf ein *Passen* hin, und nicht auf eine ikonische Kopie. Ein Modell ist daher ein gutes Modell immer dann, wenn die Resultate seines Funktionierens vom Funktionieren des schwarzen Kastens nicht abweichen. Diese Relation, so behaupte ich, ist genau die gleiche wie die Relation zwischen unserem Wissen und unserer Erfahrung, – und weil unsere Erfahrung der einzige Kontakt mit dem ist, was Philosophen die „ontologische Realität" nennen, habe ich behauptet, daß diese absolute Realität für uns den Status eines schwarzen Kastens hat.

*Danksagung*

Über die Angaben im Literaturverzeichnis hinaus möchte ich dankbar vor allem die große Inspiration hervorheben, die ich in den Werken von Giambattista Vico und Percy Bridgman gefunden habe, nicht minder aber die Anregung und Ermutigung, die mir durch persönliche Kontakte Silvio Ceccato, Heinz von Foerster und Charles Smock gegeben haben.

# Piagets Konstruktivismus – eine Interpretation

„Qui est donc le vrai Piaget? C'est un Piaget unique plutôt que multiple."
Seymour Papert (in: Inhelder/Garcia/Voneche 1977, 50) *(a)**)

Wer ernstlich versucht, Piagets epistemologische Anschauungen zu erfassen, stößt auf dreierlei Hindernisse. Zunächst ist da die einfache Tatsache, daß Piaget im Laufe seiner mehr als sechzigjährigen Produktivität so viel geschrieben hat, daß kein einzelner Leser mit ihm Schritt halten konnte; dabei haben sich seine Ideen freilich auch in mehr und zuweilen weniger subtiler Weise entwickelt, auf einander abgestimmt und verändert. Zweitens, wie Piaget angeblich selbst gesagt hat, sprach er eine Sprache zu Biologen, eine andere zu Psychologen und eine dritte zu Philosophen; außer diesen drei, kann man hinzufügen, hat er eine Privatsprache erfunden, um Mathematik zu behandeln. Das dritte Hindernis rührt daher, daß – obschon er oft und inständig die Notwendigkeit der „Dezentration" (d.h. der Fähigkeit, den Gesichtspunkt zu wechseln) betonte – er beim eigenen Schreiben nur selten versuchte, sich in die Lage des Lesers zu versetzen. Seine unermüdlichen Bemühungen, Gedankengänge mit größtmöglicher Genauigkeit wiederzugeben, hemmen oft die Verständlichkeit, statt sie zu fördern. Selbst der willigste Leser gerät da zuweilen in einen Zustand erschöpfter Lustlosigkeit. Dennoch habe ich nicht den geringsten Zweifel, daß es der Mühe wert ist zu versuchen, diese Hindernisse zu überwinden, denn was man dabei erobern kann, ist eine Interpretation, die Erkenntnis und den Vorgang des Wissens in einer Weise erhellt, die, so will mir scheinen, kohärenter und einleuchtender ist als alles, was die Philosophie uns bisher geboten hat. Doch es ist in der Tat eine mühevolle Arbeit. Ununterbrochenes Auslegen, Verwerfen und Wiederaufnehmen, und was dabei herauskommt, kann nie mehr sein, als *eine* individuelle Interpretation.

Für einen Konstruktivisten ist das natürlich ganz wie es sein soll. Von diesem Gesichtspunkt aus gibt es keine Möglichkeit, Wissen (Erkenntnis[1])) von einem zum anderen zu übertragen, denn jeder muß es für sich selbst aufbauen. Ein kognitiver Organismus ist vor allem ein Organisierer, der sein Erleben interpretiert und durch dieses Interpretieren eine strukturierte Erlebenswelt formt. Das gilt für das Erleben von allem, was wir sinnliche Gegenstände oder Ereignisse nennen, für das Erleben von Sprache und anderen, und es gilt nicht minder für das Erleben seiner selbst.

„L'intelligence ... organise le monde en s'organisant elle-même." (Piaget 1937, 311) *(b)*

---

*) Die zwischen Sternchen gesetzten Kleinbuchstaben beziehen sich auf die vom Autor angefertigten Übersetzungen der französischen Zitate im Text. Sie sind am Ende des Beitrags (S. 238–240) in der alphabetischen Reihenfolge der Kennbuchstaben aufgeführt.

1) Im Englischen steht das eine Wort *knowledge* für alles, was man im Deutschen unter „Wissen", „Kenntnis" und „Erkenntnis" verstehen kann. Auf den ersten Blick mag Deutsch da präziser erscheinen, denn man hat den unwillkürlichen Eindruck, daß die drei Wörter nicht genau das gleiche bedeuten. Die vermeintlichen Unterschiede entspringen aber eben jener *realistischen* Voraussetzung, von der die hier vertretene epistemologische Richtung sich absetzen will, nämlich der Voraussetzung einer „ontischen" Welt, die „erkannt" werden könnte. Trotzdem fällt es mir schwer, ohne das Wort „Erkenntnis" auszukommen. Darum bitte ich den Leser zu versuchen, „Erkenntnis" mit „Wissen" gleichzusetzen.

Die konstruktivistische Denkweise verläßt die herkömmliche Auffassung von „Wissen“ und „Wirklichkeit“. Piaget jedoch verwendet diese Wörter und warnt den Leser nur selten, daß er ihre Bedeutung verändert hat. Das schafft hier und dort den Eindruck, er widerspreche sich. Das, scheint mir, ist Piagets Schwäche und die Quelle der unzähligen Mißverständnisse, denen sein Werk zum Opfer gefallen ist. Mitunter kann man nicht umhin, sich zu fragen, ob diese Undurchsichtigkeit des Ausdrucks in einem so umsichtigen Denker einer Unfähigkeit entsprang oder eher der Absicht, seine Jünger vor allzu revolutionärer Einsicht zu bewahren. Wie immer dem sein mag, Piaget vermeidet es, diese grundlegenden Begriffe zu definieren. Stattdessen legt er lediglich in unterschiedlichen Zusammenhängen nahe und deutet an, wie seine Ausdrücke zu verstehen seien, und das führt so manches Mal zu Auslegungen, die unvereinbar erscheinen. Es ist, als vertraue er dem Leser, die vielen Andeutungen und Bezüge im Gedächtnis zu behalten, sie zu vergleichen und abzuwägen, um dann schließlich den Schlüssel zu finden, ohne daß er ausdrücklich erwähnt worden wäre. Es ist unvermeidlich, daß dies zu Unsicherheiten führt. Darum betone ich, daß die radikal konstruktivistische Erkenntnistheorie, die ich aus meiner Analyse von Piagets Verwendung der Ausdrücke „Wissen“ und „Wirklichkeit“ und der mit ihnen verbundenen Begriffe von Wahrheit und Objektivität abgeleitet habe, nicht mehr sein will als meine persönliche Auslegung.

### Die Konstruktion der Erkenntnis

Alles Wissen, sagt Piaget, beruht auf Organisation, und die Art der Organisation, die er im Sinne hat, ist bedingt durch zielstrebiges Handeln:

> „Toute connaissance est liée à une action et connaître un objet ou un événement, c'est les utiliser en les assimilant à des schèmes d'action. ...
> Connaître un objet implique son incorporation en des schèmes d'action, et cela est vrai des conduites sensori-motrices élémentaires jusqu'aux operations logico-mathématiques superieures.“ (Piaget 1967, 14–15, 17) *(c)*

Obschon diese Zitate aus Piagets Buch über biologische Aspekte des Wissens stammen, erhellen sie doch seine allumfassende epistemologische Anschauung. Die Begriffe des Aktionsschemas und der Assimilation (sowie der Akkommodation) sind in Piagets Erkenntnistheorie grundlegend. Sie gehören aber auch zu den am häufigsten mißverstandenen.

Was den ersten dieser Begriffe betrifft, so rührt viel Konfusion davon her, daß Piaget „Handlungsschema“ ursprünglich von dem biologischen Begriff des Reflexes (*fixed action patterns*) abgeleitet hat. Handlungsschemata sind darum oft stillschweigend dem „*stimulus-response*“-Mechanismus gleichgesetzt worden. Konventionellen Psychologen gab dies ein Gefühl der Vertrautheit, denn es erlaubte ihnen, Piagets Theorie als „interaktionistisch“ zu betrachten. Zwar schien dies ein etwas komplizierter Interaktionismus zu sein, aber doch nicht eine revolutionäre Theorie, die den grundlegenden Glauben an eine allgemeine, wirkliche Umwelt, mit der lebende Organismen interagieren, erschüttern könnte. Auf der kognitiven Ebene bestätigte diese verfehlte Interpretation aufs neue die Auffassung, daß Interaktion mit der „Wirklichkeit“ dem intelligenten Organismus „Wissen“ liefert, und daß dieses „Wissen“ dann durch weitere Interaktion verbessert werden kann und schließlich die Umwelt mit mehr und mehr Genauigkeit widerspiegelt. Somit schien da kein Grund zu sein, weswegen man die herkömmliche Auffassung vom „Wissen“ als einer mehr oder weniger adäquaten Repräsentation der Umwelt aufgeben sollte.

Ist aber diese Auffassung einmal eingeführt, so könnte nur eine ausdrückliche Negierung sie aus dem Weg räumen – und ausdrückliche Negierungen der uralten, eingefleischten Auffassung von Wissen und Wirklichkeit sind in Piagets Werk schwer zu finden. Wo immer er zum Beispiel sagt, man dürfe sich Wissen nicht als Bild oder Kopie der Wirklichkeit vorstellen (und er sagt das oft genug), ist es leicht, das als eine konventionelle Warnung zu verstehen, die nicht mehr bedeutet, als daß das Bild, welches kognitive Organismen sich von der wirklichen Welt machen, notgedrungen unvollständig oder verzerrt sein wird. Realisten werden diese Stellen in Piagets Werk ohne Zweifel so interpretieren und nicht als Ausdruck der ungewohnten Auffassung, daß Wissen *aufgrund seiner begrifflichen Struktur* nie in einer ikonischen Beziehung zur ontischen Wirklichkeit stehen kann.[2]

Dieses Mißverständnis wird leicht auch dadurch erhärtet, daß Piaget sich häufig auf „Anpassung" beruft. Er spricht von „kognitiver Anpassung" (*ebda.*, 210 ff) und wiederholt auch andernorts die These, daß Intelligenz im wesentlichen eine adaptive Funktion hat. Da Anpassung im allgemeinen so verstanden wird, als bewirke sie eine Art Spiegelung gewisser Umweltfaktoren im Organismus – die Schutzfärbung gewisser Tiere ist ein Schulbeispiel –, ist man versucht, unter „kognitiver Anpassung" den Aufbau eines Wissens zu verstehen, das sich mehr und mehr an die Außenwelt angleicht. Das hieße aber Piaget völlig mißzuverstehen, denn für ihn ist Wissen stets an Handeln gebunden und hat keineswegs die Funktion, die Umwelt zu beschreiben oder bildhaft wiederzugeben. Die Angepaßtheit des Wissens läßt sich nie durch einen Vergleich mit der „Wirklichkeit" beurteilen, und Piaget weiß sehr gut, daß so ein Vergleich ausgeschlossen ist. Das Kriterium, mit dem er sowohl die biologische als auch die kognitive „Anpassung" mißt, ist Erfolg, sei es in bezug auf Überleben oder in bezug auf Verstehen. (*ebda.*, 210; Piaget 1970, 15)

Ich habe anderwärts die irreführende Auffassung von „Anpassung" besprochen und vorgeschlagen, das Wort „Viabilität" vorzuziehen.[3] Vom Gesichtspunkt des Organismus ist die Umwelt im biologischen wie im kognitiven Sinn nicht mehr und nicht weniger als die Gesamtheit der Beschränkungen, innerhalb derer der Organismus handeln kann. Ein Organismus ist erfolgreich, wenn seine Handlungen oder Operationen nicht von Hindernissen gehemmt oder vereitelt werden, d.h. wenn sie sich als „viabel" erweisen. Von „Kontakt" mit der Umwelt kann man darum nur dann sprechen, wenn Handlungen oder Operationen scheitern, nie aber wenn sie erfolgreich sind.

Das ist nun aber einer der Punkte, in denen Piaget zweideutig bleibt. Sowohl Physiker wie Kinder, sagt er, schreiben in ihrem Versuch zu verstehen ihre eigenen mentalen Operationen den physischen Gegenständen zu. Das ist in der Tat eine Art Projektion. Doch ein wichtiger Aspekt bei diesem Projizieren ist, so sagt Piaget, daß weder Physiker noch Kinder den Gegenstand verstehen könnten, wenn dieser die auf ihn projizierten Operationen nicht zuließe. „D'autre part, l'objet se laisse faire." (Inhelder/Garcia/Voneche 1977, 64; Piaget 1968, 35) *(d)*

Für mich ist dieser letzte Ausdruck maßgebend. Daß der Gegenstand – und das bezieht sich hier auf den *ontischen* Gegenstand oder die ontologische Wirk-

---

[2]) „Ikonisch" ist hier im weitesten Sinn zu verstehen, einschließlich aller *Darstellungen* (im Gegensatz zu *Vorstellungen*), die auf positiver Korrespondenz oder Isomorphismus beruhen.

[3]) Vgl. von Glasersfeld 1981d und 1980.

lichkeit schlechthin – die Operationen zuläßt, die das handelnde Subjekt ausführt, drückt kurz und bündig aus, daß diese Operationen in eben diesem Zusammenhang nicht auf Hindernisse stoßen und somit gangbar oder viabel sind.

Piaget fügt dann hinzu, daß der Gegenstand, wie wir ja alle wissen, unseren Handlungen keineswegs immer zugänglich ist. Wenn der Gegenstand unser Handeln *nicht* zuläßt, so deshalb, weil es uns eben nicht gelungen ist, angemessene Operationen zu finden, oder eine passende Theorie, ihn zu erklären. Dazu ist zu bemerken, daß Piaget ja eine detaillierte Analyse des Vorgangs vorgelegt hat, der den kognitiven Organismus dazu führt, in seiner Erlebenswelt verhältnismäßig dauerhafte Gegenstände zu schaffen und sie in jenes Netz von Raum, Zeit und Kausalität zu „externalisieren", das seinerseits das Ergebnis von Beziehungen und Koordinationen ist, die vom handelnden Subjekt in die Erlebenswelt eingeführt wurden (1937). Die Schranken und Hindernisse, die bestimmen, welche Handlungen ein Gegenstand zuläßt, rühren darum in der Hauptsache von der Art und Weise, wie der Gegenstand ursprünglich begrifflich aufgebaut wurde.[4] Im erwähnten Zusammenhang jedoch scheint Piaget Gegenstände als Fertigware zu betrachten.

> „L'attribution est la condition nécessaire pour comprendre, ou pour essayer de comprendre; si l'objet s'y prête, cela prouve simplement qu'il y a quelque chose de commun entre les actions de l'objet et les operations du sujet ..." (Inhelder/Garcia/Voneche 1977, 64) *(e)*

An dieser Stelle behauptet Piaget, ein Realist zu sein und erklärt, daß das Zusammenfallen der Handlungsweise des Subjekts und der Zugänglichkeit des Gegenstands darauf beruht, daß sowohl Subjekt wie Gegenstand physische und chemische Dinge sind. So scheint er sich auf eine physikalisch-chemische Ontologie zu berufen und sie als Basis der erfolgreichen Interaktion von Subjekt und Objekt hinstellen zu wollen. Doch Physik und Chemie sind Wissensgebiete wie alle anderen, und, wie Piaget so oft betont hat, Wissen besteht aus Invarianten, die vom erlebenden Subjekt geschaffen und im Fluß des wechselnden Erlebens aufrecht erhalten werden. (Die Konstruktion solcher Invarianten soll im nächsten Abschnitt behandelt werden; hier will ich lediglich ihre Verbindung mit der sogenannten „Wirklichkeit" aufzeigen.)

In einer zusammenfassenden Erklärung des komplizierten Begriffs, den er mit dem Wort „Struktur" verbindet, erläutert Piaget das Mißverständnis dessen, was „Subjekt" genannt werden soll.

> „En premier lieu, il convient de distinguer le sujet individuel, qui n'intervient point ici, et le sujet épistémique ou noyau cognitif commun à tous les sujets de même niveau. En second lieu, il faut opposer à la prise de conscience, toujours fragmentaire et souvent deformante, ce que parvient à faire le sujet en ses activités intellectuelles, dont il connait les résultats et non pas le mecanisme. Mais si l'on dissocie ainsi le sujet du ‚moi' et du ‚vecu', il reste ses operations, c'est-à-dire ce qu'il tire par abstraction réfléchissante des coordinations générales de ses actions: or, ce sont précisément ces operations qui sont les éléments constitutifs des structures qu'il utilise. Soutenir qu'alors le sujet a disparu pour faire place à l'impersonnel et au général serait oublier qu'au plan des connaissances (comme peut-être des valeurs morales ou esthé-

---

[4]) Die beschränkende Auswirkung begrifflicher Bausteine auf die weitere Konstruktion der Begriffswelt wurde in Richards & von Glasersfeld 1979, und von Glasersfeld 1981, eingehender behandelt.

tiques, etc.) l'activité du sujet suppose une continuelle décentration qui libère de son égocentrisme intellectuel spontane au profit, non pas précisément d'un universel tout fait et extérieur à lui, mais d'un processus ininterrompu de coordinations et de mises en réciprocités: or, c'est ce processus même qui est générateur des structures en leur construction ou reconstruction permanentes. ... Il n'existe pas de structure sans une construction, ou abstraite ou génétique." (Piaget 1968, 120) *(f)*

Koordination und Wechselbeziehung (*réciprocités*) sind Schlüsselbegriffe in meiner Interpretation von Piagets Theorie des „Wissens". Sie verkörpern den generativen Vorgang in der Konstruktion viabler kognitiver Strukturen, ebenso wie in der Evolution viabler biologischer Strukturen. Als Funktion betrachtet, sind sie jedoch recht verschieden. Im Rahmen des kognitiven Bereichs können Akte der „Koordination" sich nur auf das Verbinden und Umstellen oder Neuanordnen von kognitiven Elementen durch bereits eingeführte Operationen beziehen; und die Elemente, die als Bausteine verwendet werden, sind bereits vorhanden und dem Organismus zugänglich.[5])

„La genèse n'est jemais que le passage d'une structure à une autre, mais un passage formateur qui conduit du plus faible au plus fort et la structure n'est jamais qu'un système de transformations, mais dont les racines sont operatoires et tiennent donc à une formation préalable des instruments adéquats." (Piaget 1968, 121) *(g)*

Kybernetisch betrachtet, heißt das, daß ein System Signale koordinieren (oder sonstwie verarbeiten) kann, sofern diese Signale in dem Netzwerk, aus dem das System besteht, vorhanden sind. Es kann jedoch nicht mit Dingen arbeiten, die vom Gesichtspunkt eines Beobachters aus als äußere, in der Umwelt liegende Ursachen der Signale innerhalb des Systems betrachtet werden können. Koordination ist somit eine durchwegs „interne" Angelegenheit, die, was die Epistemologie betrifft, für den koordinierenden Organismus nicht anders als subjektiv sein kann. (Und ein Beobachter, der nicht Anspruch auf eine „Gottesperspektive"[6]) erhebt, wird nicht umhinkönnen, sich selbst früher oder später als erlebenden Organismus zu betrachten und somit sein eigenes Wissen „intern" zu erklären.)

„Reziprozität" hingegen bezieht sich eben auf die Wechselwirkung zwischen Organismus und Außenwelt und charakterisiert das Verhältnis, in dem die Strukturen des Organismus (biologische ebenso wie kognitive) zu der Umwelt stehen, in der er, vom Gesichtspunkt eines Beobachters aus, lebt und handelt. Doch diese interaktiven Kontakte mit der Umwelt sind notwendigerweise durchwegs gleicher Art: Strukturen scheitern, weil sie nicht zu dem Ergebnis führen, das das handelnde Subjekt von ihnen erwartet. Kognitive Strukturen sind stets in Handlung und Gebrauch verstrickt, und Handlung und Gebrauch sind stets mehr als willkürliche Bewegung und willkürliche Veränderung, denn sie geschehen im Rahmen von Ak-

---

[5]) Im Rahmen der biologischen Evolution ist das ebenso. Auch da kann „Koordination" sich nur auf das Verbinden von Elementen beziehen, die bereits im Organismus vorhanden sind, entweder aufgrund seiner ererbten Anlage oder als Ergebnis einer Mutation. Kein Organismus kann spontan neue Elemente erzeugen, um neue Strukturen zu formen. Selbst die Neuanordnung von Elementen, die nach Piagets Ansicht durch außerordentlichen *stress* hervorgerufen werden kann, muß als ziellos und unbeabsichtigt betrachtet werden (Piaget 1976).

[6]) Diesen Ausdruck habe ich Hilary Putnam entlehnt, der in seinem Buch *Reason, Truth and History (1981)* von „*God's eye view*" spricht.

tionsschemata. Da ist es nun wichtig hervorzuheben, was Piagets Begriff des Aktionsschemas kennzeichnet und ihn zum Beispiel von der *stimulus-response*-Verknüpfung der Behavioristen oder von den linearen Kausalketten der Physiker unterscheidet. Das ist in erster Linie, daß das Aktionsschema ausdrücklich zielstrebig ist. Wie Piaget selbst zuweilen erwähnte, besteht eine Analogie zwischen dem Aktionsschema und dem *feedback loop*, denn die dem Aktionsschema innewohnende zweifache Möglichkeit der Assimilation oder Akkommodation macht es zu einem sich selbst regulierenden und somit, in diesem besonderen Sinn, zu einem in sich geschlossenen System.[7)]

Das Verhältnis zwischen „Wissen" und „wirklicher Welt" ist also reziprok in dem Sinn, daß kognitive Strukturen dazu neigen, sich zu verändern, wenn sie auf Schranken oder Hindernisse stoßen. Dem Organismus offenbart sich die Umwelt *nur* in solchen Zusammenstößen, und darum kann der Organismus auch nie mehr erschließen, als daß jene Strukturen und Schemata, denen die Welt *keine* Hindernisse entgegenstellt, eine viable Art und Weise des Handelns gestatten. Das entspricht genau der Aussage, daß jene biologischen Organismen, die man zu einem bestimmten Zeitpunkt lebend vorfindet, viabel sind, da es ihnen gelungen ist, bis zu diesem Zeitpunkt zu überleben. Aus dem Verhältnis der Viabilität jedoch ein Verhältnis der „Korrespondenz" oder „Isomorphie" ableiten zu wollen, wäre ein *non sequitur* und ein grober Fehlschluß. Den Anprall an Hindernisse vermieden zu haben, kann nicht erhellen, wie eine Wirklichkeit, die aus Hindernissen besteht, strukturiert ist. Wenn wir auf Schranken stoßen und Mißerfolge erleben, so zeigt uns das lediglich, daß das Handlungsschema, das wir benützt haben, in eben diesem Fall nicht funktioniert hat. Da unser Wissen vom Mißerfolg und den Umständen, unter denen er erfolgte, nur aus viablen kognitiven Strukturen bestehen kann, d.h. aus Strukturen, die selbst *nicht* mit Hindernissen in Kontakt gekommen sind, können wir die „Wirklichkeit" ausschließlich in negativen Begriffen erfassen und beschreiben. Die Idee, daß kognitive Strukturen jemals eine ontische Wirklichkeit widerspiegeln könnten – etwa daß wir die ontische Form der Dinge entdecken könnten, indem wir mit Sinnes- oder Meßinstrumenten an Oberflächen entlangtasten und so aus absichtlichen Kontakten Darstellungen bilden – ist eine Illusion, denn der „Raum", in dem wir uns bewegen, in dem wir messen und, vor allem, unsere Bewegungen und Handlungen verzeichnen, ist ein Raum, den wir uns selbst konstruiert haben, und jedwede „Erklärung", die wir in ihm formulieren, ist mithin notwendigerweise inzüchtig und zirkulär.

Kurz gesagt, die epistemologische Anschauung, die sich meines Erachtens am ehesten mit Piagets Werk vereinbaren läßt, ist eine instrumentalistische, in der „Wissen" nicht das herkömmliche Wissen von einer vom Erlebenden unabhängigen Welt ist. Von diesem Gesichtspunkt aus werden kognitive Strukturen, d.h. Handlungsschemata, Begriffe, Regeln, Theorien und Gesetze in erster Linie auf Grund ihres Erfolgs bewertet, und Erfolg besteht letztenendes darin, daß es dem Organismus gelingt, angesichts der störenden Einwirkungen (*perturbations*), denen er ausgesetzt ist, sein inneres Gleichgewicht zu erreichen, zu erhalten, und zu erweitern.[8)]

---

7) Die kybernetische Parallele wird in von Glasersfeld 1981a ausführlicher beschrieben.

8) Im Rahmen von Piagets Werk ist „Gleichgewicht" (*équilibration*) freilich keine statische Angelegenheit, in der alles immer zu einem *status quo* zurückkehrt, sondern ein Beziehungsbegriff, dessen Bereich durch die Bildung neuer Strukturen zur Überwindung von Störungen dauernd erweitert wird.

**Die Konstruktion der Wirklichkeit**

Eine instrumentalistische Erkenntnistheorie, die „Wissen" ausdrücklich der Verpflichtung enthebt, eine ontologische Wirklichkeit widerzuspiegeln und die Spiegelung zudem zu rechtfertigen, mag als „philosophisch unattraktiv" betrachtet oder als Ausdruck „antiphilosophischer Einstellung" hingestellt werden.[9] Insofern Philosophen es ablehnen, den „metaphysischen Realismus"[6] aufzugeben, müssen sie sich von Systemen abwenden, die absichtlich mit dem traditionellen Vorsatz brechen, nach Kundschaften von der wirklichen Welt zu fahnden (Kundschaften, von denen Kant bereits sagte, daß kein Mensch sie jemals bekommen kann[10]). Es ist jedoch unzulässig, diese Reaktion gegen instrumentalistische Erkenntnistheorien durch die Behauptung rechtfertigen zu wollen, daß sie unweigerlich zu „epistemologischem und ontologischem Idealismus" führen.[9] Wie ich im vorhergehenden Abschnitt gezeigt habe, ist das nicht der Fall. Die Tatsache, daß kognitive Strukturen die ontischen Hindernisse und Schranken, an die unser Handeln stößt, nicht *beschreiben* und auch nicht beschreiben können, stellt die „Existenz" solcher Hindernisse und Schranken nicht in Frage und spricht auch dem Erlebenden keineswegs das Recht ab, einen Aufbau seiner viablen kognitiven Strukturen als „Wirklichkeit" zu bezeichnen. Wenn Piaget sagt „l'objet se laisse faire", so fügt er doch hinzu, daß der Gegenstand oft Widerstand leistet und dadurch unser Handeln einschränkt. Die Behauptung, daß das kognitive Subjekt sein Wissen konstruiert, bedeutet darum keineswegs, daß das Subjekt in seiner Rolle als Konstrukteur frei wäre, alles zu tun, was ihm beliebt. Sein Konstruieren ist stets beschränkt, und es ist eben die wiederholte Erfahrung, daß seine Konstrukte an Schranken stoßen, die jenen Konstrukten, welche sich in seiner subjektiven Erfahrung als viabel erweisen, den Aspekt der subjektiven Wirklichkeit verleiht. In der konstruktivistischen Perspektive ist jedoch die Wirklichkeit des Wissens in einer Beziehung radikal verschieden von der Wirklichkeit, der metaphysische Realisten nachspüren: Viables Wissen *paßt* in die ontische Welt, erhebt aber niemals den Anspruch, diese Welt ikonisch darzustellen oder zu *repräsentieren.*

Für Realisten, seien sie naiv oder metaphysisch, besteht das Hauptproblem darin, einen Weg zu finden, es plausibel zu machen, daß Wissen mit der ontischen Welt übereinstimmen kann und in der Tat zuweilen mit ihr übereinstimmt. Um so eine Übereinstimmung ernstlich zu behaupten, sollte man aber in der Lage sein, sie nachweisen zu können – und dazu müßte man einen Vergleich anstellen, den Piaget (wie viele andere) als unmöglich aufzeigt.

> „Um eine Kopie zu machen, müssen wir das Modell kennen, das wir kopieren (sollen), doch laut dieser (realistischen) Erkenntnistheorie ist das Kopieren der einzige Weg, das Modell kennenzulernen; wir sind also in einem Kreis gefangen und können niemals wissen, ob die Kopie des Modells dem Modell gleicht oder nicht gleicht." (1970, 15)[11]

Das ist, was die Skeptiker seit Pyrrhons Schule unentwegt verkündet haben. Wenn Wissen aber nun die ontische Wirklichkeit nicht kopienartig darstellen oder

9) Siehe Radnitzky 1980: 198.

10) Kant, *Kritik der reinen Vernunft,* 461)

11) Um Mißverständnisse zu vermeiden, weise ich darauf hin, daß Piaget mit „Modell" das Original bezeichnet, das kopiert werden soll. Das ist nicht der Sinn, in dem ich das Wort „Modell" später verwende: nämlich um etwas zu bezeichnen, das im kybernetischen Sinn mit etwas anderem, was die *Funktion* betrifft, als äquivalent betrachtet wird.

*repräsentieren* kann, dann stellt sich dem Konstruktivisten die Frage, welcher Art die Wirklichkeit ist, die man wissen *kann* – denn Konstruktivisten möchten nicht weniger als andere zwischen Wirklichkeit und Illusion unterscheiden können. Da diese Trennung sich nun aber nicht aufgrund von Übereinstimmungen oder Unterschieden mit „Dingen-an-sich" machen läßt, muß sie vom Subjekt innerhalb seines Erfahrungsbereichs gemacht werden. Das setzt aber nun einen *aktiv* Erlebenden voraus und wirft somit die Frage auf, wie ein wissendes Subjekt überhaupt entsteht.

Realisten ignorieren diese Frage zumeist, indem sie sowohl das Subjekt als auch die Welt der Objekte voraussetzen und dem erlebenden Subjekt stillschweigend die Aufgabe zuteilen, die Welt aufgrund von „Daten" oder „Information", die gesammelt werden müssen, zu „erkennen".[12])

Descartes *cogito ergo sum* scheint die „Existenz" des Subjekts durch des Subjekts eigenes Bewußtsein von einer bestimmten privaten Tätigkeit zu begründen. Das kommt der radikalen Ansicht, die ich hier vorschlage, recht nahe, doch der Konstruktivismus macht einen elementaren Unterschied: „Existenz" darf nicht ontologisch, sondern muß epistemologisch interpretiert werden. Das heißt, „Existenz" muß im Bereich des kognitiven Operierens und Strukturierens definiert werden, nicht im Bereich des „Seins", wie die herkömmliche Philosophie es versucht. Man könnte das vielleicht als eine Rückkehr zu Parmenides betrachten, doch auch dann bliebe die grundlegende *metaphysische* Frage offen, wo der Handelnde, der Konstrukteur des Wissens herkommt. Diese Frage scheint auf die elementarste Offenbarung der Rückbezüglichkeit zu weisen: Wissen vom Ursprung des Wissenden.

Piaget berührt dieses Problem mehrmals, geht in seiner Diskussion aber jedesmal vom Gesichtspunkt des Subjekts zum Gesichtspunkt eines Beobachters des Subjekts über.

> „Ausgehend von einem Zustand der Zentrierung auf ein Selbst, das nichts von sich selbst weiß und in dem das Subjektive und das Objektive unzertrennlich vermischt sind, führt die fortschreitende Dezentrierung des Subjekts zu einer zweifachen Bewegung: einerseits Externalisierung, die zu tatsächlicher Objektivität tendiert, und andererseits Internalisierung, die zu logisch-mathematischer Kohärenz tendiert. Doch tatsächliches Wissen wäre ohne das logisch-mathematische Netzwerk unmöglich, und ebenso unmöglich wäre es, dieses Netzwerk zu konstruieren, wenn es sich nicht auf jedwedes Objekt (Objekt im allgemeinsten Sinn) anwenden ließe." (1971, 115) (Ich habe hier *physical* mit „tatsächlich" übersetzt, weil es mir der Piagetschen Absicht angemessener erscheint als „physisch", „physikalisch", oder „materiell".)

Ein „Selbst, das nichts von sich weiß", kann nur von einem außenstehenden Beobachter postuliert werden, der in seinem Erlebensbereich ein einheitliches Etwas isoliert und diesem Etwas das Potential der „Selbstheit" zuschreibt. Für dieses Etwas könnte der Dezentrationsprozeß, der zur „Externalisierung" der physischen Welt führt, sowie die „Internalisierung" des denkenden, wissenden Ichs, bestenfalls

---

12) In erkenntnistheoretischen Zusammenhängen wird das Wort „Information" oft wie in der Alltagssprache in seiner vagen, untechnischen Bedeutung verwendet. Wie von Glasersfeld und Varela (1979) erklärten, läßt sich „Information", soweit es nicht innerhalb der mathematischen Kommunikationstheorie benützt wird, in dem Sinn interpretieren, daß da ein kognitiver Organismus zur Bewältigung einer Erlebenssituation eine viable Struktur *(in sich) formt.*

nachträglich postuliert werden. Solange das Ich seiner selbst unwissend ist, kann es eine derartige Unterscheidung nicht als Resultat seines *eigenen* Handelns erleben.

„On voit donc que l'activité intellectuelle débute par la confusion de l'éxpérience et de la conscience de soi, du fait de l'indifférenciation chaotique de l'accommodation et de l'assimilation. Autrement dit, la connaissance du monde éxtérieur débute par une utilisation immédiate des choses tandis que la connaissance de soi est bouchée par ce contact purement pratique et utilitaire. Il y a donc simplement interaction entre la zone la plus superficielle de la réalité éxtérieure et la périphérie toute corporelle du moi." (Piaget 1937, 311) *(h)*

Die apodiktische Unterscheidung von Organismus und externen Dingen, oder von „oberster Schicht der Außenwelt" und „körperlicher Oberfläche des Ichs", ist eine Unterscheidung, die hier aus der Perspektive des Beobachters gemacht wird und die der Organismus selbst unmöglich machen kann, *bevor* er gewisse Teile seines Erlebens als selbständige Welt externalisiert und andere Teile als Komponenten seines erlebenden Ich internalisiert hat.

Am Ende eines Textstücks, das ich im vorhergehenden Abschnitt zitiert habe (siehe S. 225), macht Piaget die etwas kryptische Aussage:

„En un mot, le sujet existe parce que, de facon générale, l',être' des structures, c'est leur structuration." (1968, 120) *(i)*

Piaget sagt dies, nachdem er das individuelle Ich des Erlebenden von dem allgemeinen Urheber kognitiver Konstruktionen, d.h. vom Subjekt als epistemologischem Begriff, unterschieden hat. Das „epistemische Subjekt", sagt er, entsteht, weil ein erlebendes Ich kognitive Strukturen produziert hat – und, vom Gesichtspunkt des Beobachters aus gesehen (in diesem Fall der Gesichtspunkt des Epistemologen), müssen kognitive Strukturen ja von einem Subjekt konstruiert worden sein. Das ist der Grund, weswegen wir ein verallgemeinertes epistemisches Subjekt postulieren. Der Beobachter, der Epistemologe, ist nun aber selbst auch ein erlebendes Ich, und das epistemische Subjekt, das er erdenkt, ist darum auch ein Produkt kognitiver Konstruktion.

Kurz, nach Piagets Ansicht liegt der Ursprung des kognitiven Abenteuers im Handeln, und da es „Verwendung" einschließt, ist es ein Handeln, das jeweils auf ein bestimmtes Ziel zustrebt. Kognitive Strukturen werden gebildet, einige dann externalisiert, andere internalisiert, und schließlich findet der Urheber dieses Aufbaus sich als „Ich" im internalisierten Teil des Erlebens, dem nun der externalisierte Teil als umgebende Welt gegenübersteht. Obgleich Piaget einen derartigen Vergleich vielleicht nicht besonders geschätzt hätte, hat sein Szenario einiges mit der Ontogenese des Ich in der buddhistischen Philosophie gemein. Auf jeden Fall wird hier wie dort der Versuch gemacht, das Problem der epistemischen Rückbezüglichkeit zu bewältigen, ein Versuch, von dem man kaum erwarten darf, daß er uneingeschränkt erfolgreich sein könnte. Auf Piagets Seite jedoch steht die Tatsache, daß sein Weg zu einer Analyse geführt hat, die auf annehmbare Weise erklärt, *wie* der kognitiv Handelnde das konstruiert, was er schließlich als „Wirklichkeit" betrachtet. Im Mittelpunkt dieses Vorgangs stehen nun Wiederholung, Regelmäßigkeiten, Invarianten, und Regeln.

Was den kognitiven Strukturen ihre erste, primitive und relative Dauerhaftigkeit verleiht, ist einfache Wiederholung. Eine Handlung, auf die ein Erlebnis folgt, das in irgendeiner Weise für den Handelnden „interessant" oder „befriedigend" ist, wird wiederholt (zirkuläre Reaktionen; Piaget 1937, 10ff, sowie Piaget 1951, 101). Das verleiht der Verbindung von Handlung und Resultat (Aktionsschema), sowie den Gruppierungen der Sinnessignale, die den Auslöser bzw. das Resultat des Schemas bildeten, eine vorläufige, dürftige „Permanenz". Erfolgreiche Wiederholung erhärtet dann aber die betreffenden Kompositionen von Sinnessignalen zu Gebilden, die als Erlebensinvarianten *wieder*erkannt werden können und schließlich, als Gegenstände externalisiert, selbständig „existieren", d.h. auch dann als mögliche Vorstellungen zugänglich sind, wenn sie nicht gerade wahrgenommen und in Handlungen verwickelt werden. Ihr wiederholtes Vorkommen und ihre Zugänglichkeit im Rahmen von Vorstellungen schaffen dann die erste Ahnung einer Wirklichkeit.

Eine zweite Stufe der Wirklichkeit wird erreicht, wenn Erlebensinvarianten aus Sinnessignalen gebildet werden, die aus unterschiedlichen Quellen stammen. Ein Ding, das sowohl gesehen als auch berührt wird, ist „wirklicher" als eines, das nur aus visuellen Signalen zusammengesetzt wurde.

Auf jener höheren Stufe, die Piaget „operational" nennt, gibt es dann Schemata für die Konstruktion von Schemata. Die Voraussetzung ist da, daß der Handelnde sich der Struktur seiner eigenen Handlungsschemata gewahr wird. Dieses Gewahrwerden ist das Ergebnis „reflexiver Abstraktion", die dem Handelnden ganz neue Möglichkeiten eröffnet: 1. Die Handlungsfolge (*pattern of action*) von dem sensomotorischen Material zu trennen, aufgrund dessen sie ausgeführt wurde; 2. die Handlungsfolge auf andere Umstände zu übertragen; 3. Handlungsfolgen zu homogenisieren und miteinander vereinbar zu machen; und schließlich 4. Handlungsschemata zu operationalen Invarianten auszubilden, welche nicht nur im Rahmen des Handelns, sondern auch in jenem der Vorhersage und der Erklärung verwendet werden können (Piaget 1937, 334 ff).

Als letzte Stufe konstruiert der Organismus dann sein eigenes Ich als Erlebenden unter anderen Erlebenden, als „Individuum in einem sozialen Kontext", in dem es nun die besondere Art der Interaktion gibt, die Kommunikation heißt. Auf dieser Stufe eröffent sich somit nicht nur ein neues Niveau von Aktionsschemata, Assimilation und Akkomodation, sondern auch ein neuer und weit wirksamerer Weg, kognitive Strukturen und Wissen zu bewerten, nämlich durch gegenseitige Übereinstimmung und Bestätigung. (Die „Wahrheit" und „Objektivität", die durch diese kommunikativen Interaktionen entstehen, sollten im nächsten Abschnitt behandelt werden.)

Das läßt sich nun etwa so zusammenfassen: Statt einer Wirklichkeit, die für sich selbst und unabhängig vom erlebenden Organismus „existiert", postuliert Piagets genetische Epistemologie eine stufenweise artikulierte Wirklichkeit, die durch die Anwendung jener kognitiven Invarianten geschaffen wird, welche dem Erleben des Subjekts die Struktur von Gegenständen, Ereignissen und Beziehungen aufprägen. Dank der ununterbrochenen Funktion der Assimilations- und Akkomodationstätigkeit (d.H. Ignorieren gewisser erlebensmäßiger Verschiedenheiten und/oder Abänderung von kognitiven Strukturen, so daß sie auf gewisse Erlebnisse passen), ermöglichen die verhältnismäßig invarianten Strukturen, die da gebildet werden, Vorhersagen und werden somit mehr und mehr unerläßlich für den Organismus in seinem unentwegten Bemühen, im Fluß des Erlebens sein Gleichgewicht zu bewahren.

Da diese Theorie absichtlich und ausdrücklich „genetisch" ist, mögen konventionelle Philosophen dazu neigen, sie zu verwerfen. Sofern sie das tun, müssen Konstruktivisten sie auffordern, eine einleuchtendere Rechtfertigung für den anscheinend unerschütterlichen Glauben vorzubringen, daß sie und andere kognitive

Organismen jene Wirklichkeit erkennen können, die sie als *a priori* fertig voraussetzen.[13] Einer der attraktivsten Aspekte von Piagets Epistemologie ist eben die Tatsache, daß da keine göttlich vorausbestimmte, fertiggestellte und dennoch verständliche Welt vorausgesetzt wird. Stattdessen legt er ein hypothetisches Modell des kognitiven Organismus vor, das die Fähigkeit hat, durch die aktive Erhaltung des Gleichgewichts von Assimilation und Akkommodation eine verhältnismäßig stabile Erfahrungswirklichkeit zu schaffen, selbst wenn die ontische Welt in einem Fluß dauernder Veränderung sein sollte.

> „Ce qui reste alors est la construction elle-même et l'on ne voit pas pourquoi il serait deraisonnable de penser que la nature dernière du réel est d'être en construction permanente au lieu de consister en une accumulation de structures toutes faites." (Piaget 1968, 57–58) *(j)*

### Die Begriffe der Wahrheit und Objektivität

Piaget unterscheidet Wahrheit von Weisheit.

> „Die Hauptthese dieses Buchs ist, daß die Philosophie, da sie keine Methode der Verifikation besitzt, uns kein Wissen geben kann. ... Andererseits aber kann sie ‚Weisheit' schaffen, indem sie kognitive Werte mit anderen menschlichen Werten koordiniert; doch Weisheit setzt Engagement voraus, und darum kann es mehrere Weisheiten geben, die gleichzeitig existieren, aber nicht aufeinander zurückgeführt werden können. Hingegen ist immer nur eine einzige Wahrheit annehmbar, wenn wir es mit dem Problem des Wissens im strikten Sinn zu tun haben." (Piaget 1971, 216–217)

Um Wahrheit und ihre Alleingültigkeit festzulegen, sagt Piaget, braucht man Methoden der Verifikation. An dieser Stelle mag der Leser stocken. Verifikation hieße ja die Gleichheit dessen, was verifiziert werden soll, mit etwas Externem zu prüfen. Zumindest im herkömmlichen Denken ist Verifikation stets so verstanden worden, als prüfe man da die Güte des Wissens als Kopie der „Wirklichkeit".[14] In einer Erkenntnistheorie jedoch, in der kognitive Strukturen das Ergebnis von Assimilation (d.h. Unterschiede übersehen) und Akkommodation (d.h. *nicht* Änderung in Richtung auf mehr Gleichheit, sondern Änderung in Richtung auf größere Viabilität) sind, in so einer Erkenntnistheorie können „Verifikation" und „Wahrheit" nicht die herkömmliche Bedeutung haben.

Ich verstehe Piagets Theorie so, daß Wahrheit da, ebenso wie Wirklichkeit, mehrere Stufen haben muß, und daß keine dieser Stufen den realistischen Leitgedanken einer „wahren Repräsentation der Wirklichkeit" enthält. In Piagets System kann überdies der Begriff der Wahrheit nur als Resultat von Reflexion entstehen. Ein in sein Handeln vertieftes Subjekt erreicht sein Ziel oder erreicht es nicht. Ein Urteil von wahr oder falsch wird erst dann möglich, wenn das Subjekt sein eigenes Handeln zu überschauen und zu beurteilen beginnt. Solange das Subjekt im Kontext des Handelns befangen ist, ist so ein Urteil ausgeschlossen.

Auf der untersten Stufe, der Stufe des Wiedererkennens, gibt es die Pseudo-Wahrheit der Wiederholung. Eine Erlebenssituation löst ein Handlungsschema aus,

---

[13] Vgl. Mays 1954, 53–55.

[14] Vgl. Wittgenstein, *Tractatus* (1933), § 2.223: „Um zu erkennen, ob das Bild wahr oder falsch ist, müssen wir es mit der Wirklichkeit vergleichen."

wenn der Organismus die Situation an vergangene Situationen assimilieren kann, in denen ein besonderes Handlungsschema erfolgreich war. Insofern der Organismus die Situation assimiliert, *nimmt* er sie einfach als gleich und wird der Unterschiede, die ein Beobachter entdecken könnte, nicht gewahr. Fragen eigentlicher Wahrheit kann es auf diesem Niveau nicht geben. Sobald der Organismus jedoch fähig geworden ist zu reflektieren, hat er die Möglichkeit, *absichtlich* gewisse Unterschiede in einer Erlebenssituation zu ignorieren, um eine bestimmte Handlung im Bezug auf ein gewünschtes Ziel ausführen zu können. Ein Beispiel mag dies erhellen. Angenommen wir finden nicht das richtige Werkzeug und verwenden einen Schuh, um einen Nagel in die Wand zu hämmern, so heißt das nicht, daß wir den Schuh mit einem Hammer verwechselt haben. Rechtmäßige Beschreibung verlangt, daß wir den Schuh, wenn wir ihn als Schuh erkannt haben, „Schuh" nennen und den Hammer „Hammer" – aber das verhindert nicht, daß wir den Schuh wissentlich in einem Handlungsschema assimilieren und als Hammer benützen. Auf diesem Niveau also bezeichnet „Wahrheit" den Umstand, daß Erlebensgegenstände und Ereignisse in vorgefaßte kognitive Strukturen und die für sie festgelegten Namen passen, *ohne daß wir sie absichtlich assimilierten*. Ein derartiges Passen aber offenbart sich durch die Abwesenheit von Unterschieden und ist darum begrifflich analog der Viabilität.[15])

Auf dem Niveau der komplexen kognitiven Strukturen und ihrer Verwendung als Vorhersagen und Erklärungen, d.h. Strukturen, die wir zuversichtlich zum Beschreiben und Erklären benützen, ist es die mehr oder weniger verläßliche erlebensmäßige Bestätigung, die ihre Viabilität erzeugt und uns schließlich dazu führt, sie als „wahr" zu betrachten. All das umfaßt freilich, was üblicherweise als „empirische Wahrheit" bezeichnet wird, doch es tut dies, *ohne* jenen weiteren, unberechtigten erkenntnistheoretischen Schritt zu machen, der für Realisten unvermeidlich zu sein scheint. Wenn Vorhersagen, die auf eine bestimmte Theorie gegründet sind, sich wiederholt als zutreffend herausstellen, wird oft angenommen, daß dies nur möglich ist, weil die Theorie „relevante Aspekte der Wirklichkeit mit hinreichender Genauigkeit darstellt und darum einen Kern von Wahrheit enthält".[16]) Man muß nicht unbedingt Konstruktivist sein, um diesen Schluß als unberechtigt zu erkennen. Aus der konstruktivistischen Perspektive gesehen schaut die ganze Situation jedoch anders aus. Da alle kognitiven Strukturen und Theorien, die systematisch dazu verwendet werden, Erleben zu ordnen, vorherzusagen und zu steuern, von allem Anfang an aufgrund erfolgreicher Wiederholung aufgestellt werden, läßt ihr Erfolg auf nichts anderes schließen, als daß sie eben bisher viabel geblieben sind; noch ist da jemals Grund zu glauben, daß eine Theorie im ontologischen Sinn die einzig mögliche sei. (Sie mag freilich angesichts der kognitiven Bausteine, die zur Zeit zur Verfügung stehen, die einzige erreichbare Theorie sein; und das könnte einem Beobachter wohl etwas über den beobachteten Organismus sagen, nie aber dem Organismus selbst etwas über eine als unabhängig vorausgesetzte ontische Welt.)

---

[15]) Tatsachlich haben wir oft mit Gegenständen zu tun, deren Passen in vorgefaßte kognitive Strukturen so mangelhaft ist, daß wir unsicher sind, ob wir sie als viable Träger eines bestimmten Namens annehmen sollen.

[16]) Radnitzky 1980: 197.

Empirische Wahrheit aber ist nicht die einzige. Piaget hat sich zwar stets bemüht, die „Wahrheit" der Logik und Mathematik in sein umfassendes System der Anpassung zu bringen, doch er hat die wesentliche Andersartigkeit dieser Wahrheit nie außer acht gelassen. Im Zusammenhang mit der Evolution der Fähigkeit lebender Organismen, sich selbst zu regulieren, unterscheidet er zwischen *kognitiver* Regulierung und *kognitivem* Gleichgewicht einerseits, und *vitaler*, d.h. organischer Äquilibrierung andererseits; und seine Trennung gründet sich (unter anderem) darauf, daß die erste erreichbar ist, während die zweite stets unvollkommen bleibt. (1967, 406)

> „Les structures logico-mathématiques présentent en effet cet exemple unique au monde d'un développement évolutif sans cassures, tel qu'aucune structuration nouvelle n'ait conduit à éliminer les précédentes: celles-ci peuvent bien être dites non adaptées à telle ou telle situation imprévue, mais au sens où elles ne suffisent pas à resoudre un problème nouveau et non pas ou elles seraient contredites par les termes mêmes de ce probleme comme cela peut arriver en physique." (1967, 407) *(k)*

In anderen Worten, kognitive Strukturen der Logik und der Mathematik können ein dauerndes Gleichgewicht erreichen. Das wird ermöglicht durch „die Dissoziation von Form und Inhalt" (*ebda.*, 409 ff). Eines der Beispiele, die Piaget anführt, ist die bekannte Beobachtung, daß menschliche Subjekte auch angesichts einer recht unvollkommenen Repräsentation einen vollkommenen Kreis wahrnehmen (*ebda.*, 363). Obschon er dieses Beispiel im Zusammenhang mit Kants *a priori* anführt, könnte es auch hier verwendet werden, um die Dissoziation von Form und Inhalt zu illustrieren. Die Sinnessignale im visuellen Erleben des Subjekts liefern amorphen Inhalt. Die *Form* hingegen erwächst aus den Operationen des Subjekts, wenn es die einzelnen Signale durch Bewegung des Blicks oder der Aufmerksamkeit verbindet und so einen Bewegungsweg schafft, der an die bereits festgelegte prototypische Kurve, die mit dem Namen „Kreis" assoziiert ist, assimiliert werden kann. Diese Gruppe von Operationen (ein Programm oder *subroutine*, wenn man will) *ist* die Form, und die spezifischen Signale, die im Augenblick vorhanden sind, werden in sie eingepaßt. Darum ist die Form als eine *operationale* Invariante zu betrachten, die das Subjekt von seiner eigenen Handlungsweise, nicht von dem Material der Sinnessignale abstrahiert hat.

> „Dans le cas de l'abstraction logico-mathématique, ... ce qui est donné est un ensemble d'actions ou d'opérations préalables du sujet lui-même, avec leurs résultats." (*ebda.*, 366) *(ℓ)*

Die Frage, ob das vorhandene Sinnesmaterial als Inhalt, zum Beispiel für die Kreisform, hinreichend ist, ist eine Frage der Assimilation. Der Entschluß jedoch, das operationale Programm auszuführen, das eine bestimmte Form darstellt, hat nichts mit Assimilation zu tun: Entweder entschließt sich das Subjekt zu dem Programm, das „Kreis" heißt, oder es verwendet dieses Programm nicht.

Das Gebiet der geometrischen Figuren mag ein einfaches Niveau operationaler Invarianten darstellen, doch es offenbart bereits die Art der Sicherheit, die sie kennzeichnet. Es ist eine Sicherheit, die einzig und allein durch „Reflexion" entsteht und nichts mit „empirischer Wahrheit" zu tun hat. Diese Sicherheit entsteht dadurch, daß man sich selbst entschlossen hat, eine bestimmte Gruppe von Operationen auszuführen oder nicht auszuführen, und daß es dann gleichgültig ist, wie gut oder wie schlecht die vorhandenen Sinnessignale in die operationale Struktur passen.[17])

Die kognitiven Strukturen, die logisch oder mathematisch genannt werden, bestehen aus solchen operationalen Invarianten.

> „... la construction logico-mathématique n'est à proprement parler ni invention ni découverte: procédant par abstractions réfléchissantes elle est une construction proprement dite, c'est-à-dire produisant des combinaisons nouvelles." (*ebda.*, 367) *(m)*

Eben weil das logisch-mathematische Denken mit Elementen arbeitet, die in jedem spezifischen Kontext als *bereits festgesetzt angenommen werden*, liefert es Ergebnisse, die *logisch* sicher sind. So stammt, wie ja allgemein bekannt ist, die Sicherheit syllogistischer Schlüsse daher, daß man die Wahrheit der Prämissen als sicher voraussetzt und sie nicht von der Viabilität irgendwelcher Erfahrungstatsachen abhängig macht. Meine Interpretation der Piagetschen Theorie schafft „logische Wahrheit" darum keineswegs ab, erklärt sie aber als ein Ergebnis der Interaktion des kognitiven Subjekts mit sich selbst, d.h. seiner reflexiven Abstraktion von seinen eigenen Operationen, statt als Ergebnis einer Interaktion mit Elementen der externalisierten Welt.

Das bringt uns nun zu den zwei Hauptproblemen in der Interpretation von Piagets epistemologischem Gebäude. Das erste wurde bereits berührt, doch es taucht hier aufs neue auf im Zusammenhang mit Logik und Mathematik. Das Problem besteht darin zu erklären, wie es kommt, daß die kognitiven Strukturen, die wir hervorbringen, in die Strukturen unseres Erlebens passen. Auf der sensomotorischen Stufe, hat Piaget stets erklärt, wird das Erleben des kognitiven Subjekts durch Strukturen geformt und definiert, die es bereits besitzt (Assimilation), und diese Strukturen werden beibehalten, insofern sie sich in der Erhaltung des inneren Gleichgewichts des Subjekts erfolgreich erweisen, oder abgeändert (Akkommodation), wenn sie darin nicht erfolgreich sind. Piaget nennt das „Anpassung", und ich habe versucht zu zeigen, daß Anpassung nicht als Angleichung an die Umwelt verstanden werden darf, sondern Fortschritt im Finden von viablen Wegen bedeutet. Wenn Piaget von der Beziehung zwischen logisch-mathematischen Strukturen und Erleben spricht (*ebda.*, 388–395), verwendet er durchwegs das französische Wort *accord*. Das Wort ist zweideutig, doch er sagt nicht, ob er es im Sinne von „Übereinstimmung" oder von „Harmonie" meint. Der Unterschied ist für mich von grundlegender Wichtigkeit, doch soweit ich die Texte verstehe, wechselt Piaget von dem einen Sinn zum anderen. Er sagt zwar, daß die interne Organisation des Organismus auf allen Stufen zu kontinuierlicher Anpassung neigt und daß das *nicht* bedeutet, daß die Organisation „ein Abbild der Umwelt" wird. Doch im gleichen Absatz sagt er dann, es gäbe keine organisierende Funktion „*sans un accord avec le milieu*" (*ebda.*, 395). Im Einklang mit dem, was ich in den vorhergehenden Abschnitten auseinandergelegt habe, muß dieser *accord* als Harmonie interpretiert werden, d.h. als Abwesenheit von Zusammenstößen, und darum als Viabilität.

---

[17]) Das ist der Grund, weswegen der Geometrielehrer nie einen perfekten Kreis an die Tafel zu zeichnen braucht; wenn er „Kreis" sagt, so bezieht sich das auf eine perfekte operationale Struktur, welche die Schüler bereits besitzen (oder deren Besitz zumindest vorausgesetzt wird) und die laut Definition ***perfekt*** ist.

An anderem Ort jedoch erläutert Piaget.

„Mais comprendre ou expliquer ne se borne nullement alors à appliquer nos opérations au réel et à constater que celui-ci se ‚laisse faire': une simple application demeure intérieure au niveau des lois. Pour le dépasser et atteindre les causes, il faut plus: il est nécessaire d'attribuer ces opérations aux objets comme tels et de les concevoir comme constituant en eux-mêmes des opérateurs. C'est alors, et alors seulement, que l'on peut parler de ‚structure' causale, cette structure étant le système objectif des opérateurs en leurs interactions effectives." (1968, 35–36) *(n)*

Nach einem Abstecher in die Kernphysik kommt Piaget dann zu der Schlußfolgerung: „Um zusammenzufassen, es gibt also physische ‚Strukturen', die von uns unabhängig sind, aber unseren operationalen Strukturen entsprechen, ..." (*ebda.*, 39). Obgleich dies ganz wie ein Manifest des Realismus klingt, schwächt Piaget sofort die Bedeutung des „Entsprechens" ab, indem er den Leser daran erinnert, daß der Begriff der Kausalität aus den frühesten Erfolgen erwächst, die das Kind in instrumentalen Anwendungen seiner sensomotorischen Handlungen erreicht.

Um einige Schleifen dieser anscheinenden Verwicklung zu entwirren, könnte man folgende Punkte herauslösen:

a) Das aktive Subjekt organisiert sein sensomotorisches Erleben, indem es Handlungsschemata aufbaut und diejenigen beibehält, die zu Gleichgewicht führen oder es angesichts von Störungen erhalten.
b) Durch Reflexion werden von den Handlungsschemata dann operationale Strukturen abstrahiert und externalisierten Gegenständen zugeschrieben.
c) Nachdem diese operationalen Strukturen von dem sensomotorischen „Inhalt", der ursprünglich zu ihrem Aufbau führte, abstrahiert worden sind, kann mit ihnen in einem Klima der Sicherheit operiert werden, und auf dieser Stufe liefern sie „logisch-mathematische Wahrheit".
d) Andererseits aber werden operationale Strukturen auf Gegenstände projiziert und somit „externalisiert". Ihre fortdauernde Viabilität angesichts weiterer Erfahrung führt dann zum Glauben an ihre unabhängige „Existenz" und mithin zum Glauben an ihre „objektive Wahrheit".

Objektivität jedoch hat auch eine Wurzel in der Interaktion zwischen Subjekten, und das bringt mich nun zu dem zweiten der erwähnten Probleme. Piaget behandelt zwar nur selten das Problem der Kommunikation, doch im Zusammenhang mit operationalen kognitiven Strukturen stellt er eine wichtige Behauptung auf:

„... les formes les plus générales de la pensée pouvant être dissociées de leur contenus, sont de ce fait même des formes d'échange cognitif ou de régulation interindividuelle, en même temps qu'elles sont tirées du fonctionnement commun propre à toute organisation vivante." (1967, 413) *(o)*

Wie auch immer man diese Äußerung verstehen mag, sie beruht auf der Sicht aus der Gottesperspektive und wirft die Frage auf, wie in einem Subjekt, dem nichts zur Verfügung stehen kann als sein eigenes Erleben, überhaupt die Idee von *anderen* Subjekten und einem „kognitiven Austausch" mit ihnen erwachsen könnte. Soweit ich weiß, hat Piaget wenig über den epistemologischen Aspekt dieses Problems gesagt, und darum will ich es hier nur kurz behandeln und mich auf den Zusammenhang mit dem Begriff der Objektivität beschränken.

Ein Teil des Vorgangs, der dem Kind das Gebäude der Wirklichkeit liefert, ist die Koordination von Gegenstandsbegriffen und ihre Externalisierung als „permanente Objekte" in Raum und Zeit. Unter diesen verhältnismäßig stabilen sensomotorischen Gegenständen ist auch das physische Selbst des Kindes, d.h. der Komplex von Erlebenselementen, die aufgrund von gewissen gegenseitigen Beziehungen von allen anderen Koordinationen unterschieden werden können, in denen diese Beziehungen nicht vorhanden sind.[18])

> „Mais, au fur et à mesure de la coordination de ses instruments intellectuels, il (l'enfant) se découvre en se situant comme un objet actif parmi les autres dans un univers éxtérieur à lui." (Piaget 1937, 309) *(p)*

Später in dieser Entwicklung werden, wie wir gesehen haben, operationale Strukturen, Invarianten und Regelmäßigkeiten von den Handlungen und Ergebnissen des Subjekts abstrahiert und auf die betreffenden Gegenstände projiziert, bis auf diese Weise schließlich eine begreifliche Wirklichkeit geschaffen wird, in der Dinge, Zustände und Ereignisse kausal verkettet sind.

In einem frühen, „intuitiven" Stadium, wenn Gegenstände, die sich bewegen, besonders faszinierend sind, werden Flüssen, Wolken und Winden „lebendige" Attribute wie Absicht oder Ärger zugeschrieben. Für diese spezifischen Gegenstände wird das Schema des Lebendigen bald aufgegeben, denn was Vorhersage und Steuerung betrifft, leistet es da schlechte Dienste. Doch es gibt nun andere Gegenstände, für die es nicht nur erfolgreich beibehalten, sondern sogar erweitert und durch kompliziertere Schemata ausgebaut wird, die allesamt den gleichen Ursprung haben: sie stammen aus der Selbstbeobachtung des Subjekts, das sich seiner eigenen Handlungen, Reaktionen und Absichten gewahr wird. Auf diese Weise schafft das Subjekt sich *Modelle* von anderen, die in Analogie zur Erfahrung seiner selbst nun als Wahrnehmende, Wissende und absichtlich Handelnde betrachtet werden, weil eben diese Zuschreibungen sie voraussagbarer machen.

Einen anderen „kennen" bedeutet somit, sich ein Modell aufgebaut zu haben aus Elementen – Eigenschaften, Funktionen und kognitiven Strukturen – von der Art, wie man sie sich selbst zuschreibt, doch mit Spielraum für gewisse Unterschiede; und es bedeutet, daß dieses Modell sich bis auf weiteres als Mittel bewährt hat, Handlungen dieser anderen vorherzusehen, zu steuern, oder vielleicht auch nur dazu, eigene Erlebnisse mit diesen anderen zu erklären.

Von diesem Gesichtspunkt aus ist Kommunikation einschließlich aller sprachlichen Handlungen zwar eine besondere Art der Interaktion, aber niemals ein Austausch von „Bedeutungen", „Wissen" oder „Information".[19]) Was in diesem Zusammenhang wichtig ist, ist folgende Einsicht: Wenn ein Subjekt das Gefühl hat oder sagt, es *verstehe* einen anderen, so heißt das nicht mehr, als daß die kognitiven Strukturen, die es seinem *Modell* des anderen zugeschrieben hat, sich bisher, oder wiederum, in der Interpretation der Erfahrungen mit dem anderen als viabel erwiesen haben.

Wenn nun aber gewisse kognitive Strukturen sich nicht nur in der Interpretation und in der Einordnung eigenen Erlebens als viabel erweisen, sondern auch als

---

18) Ein Kind, zum Beispiel, das sich in den eigenen Arm zwickt, erlebt eine Kombination von Sinnessignalen, die durch Zwicken anderer Gegenstände nicht hervorgebracht werden kann. (Vgl. von Glasersfeld 1979)

19) Diese Anschauung von Sprache und Kommunikation wurde von Maturana entwickelt (siehe Maturana 1985).

ein Organisationsmittel, das man den Modellen zuschreibt, mit deren Hilfe man sich andere und deren Bemühungen, *ihr eigenes* Erleben zu organisieren, erklärt, dann erhalten diese zweifach viablen Konstrukte einen Wert, der „Objektivität" genannt werden kann. Das ist freilich jene Objektivität, die sich auf den Begriff intersubjektiver Übereinstimmung gründet und die angesichts der allgemeinen Annahme, daß andere, da sie wie „permanente Objekte" externalisiert worden sind, in einer objektiven Welt „existieren", auch ganz vernünftig erscheint.

Vom konstruktivistischen Gesichtspunkt aus ist jedoch jedes Erlebenden Begriff von „Existenz" eine kognitive Struktur und als solche die Konstruktion eines kognitiven Subjekts, das sie auf die eine oder andere Weise von seinem eigenen Handeln abgeleitet hat.

**Schlußbemerkungen**

Die radikal konstruktivistische Erkenntnistheorie ist vor allem deshalb schwer zu erklären, weil in der philosophischen Tradition der westlichen Welt schon seit den ersten Anfängen alle Epistemologie mit Ontologie verkettet wurde. „Wahrheit" und „Objektivität" nehmen eine unabänderliche Bedeutung an, sobald die unerfüllbare Bedingung gestellt wird, daß Kognition zu verifizierbarem Wissen *von* einer a *priori* festgelegten, ontischen Wirklichkeit führen soll. Unter den vielen Beiträgen, die Piaget zum intellektuellen Klima unserer Zeit geleistet hat, scheint mir der wichtigste der zu sein, daß er einen Weg um dieses Hindernis der Überlieferung gewiesen hat.

> ..L'analyse épistémologique d'un mode de connaissance consiste à déterminer ses conditions nécessaires et suffisantes, non pas seulement d'un point de vue formel ou logique, mais sous l'angle des relations entre les instruments cognitifs du sujet et les caractères de l'objet tel qu'il est accessible à l'éxpérience de ce sujet (en référence eventuelle avec ce qu'il apparaît dans la perspective de sujets de niveau superieur, c'est-à-dire en fait de l'observateur)." (1967, 248) *(q)*

Die Welt des Erlebenden von der hypothetischen Welt eines Übersubjekts zu trennen, war ein gewaltiger Schritt. Unsere natürlichen Sprachen, die durch und durch mit realistischer Ontologie getränkt sind, machen es jedoch beinahe unmöglich, diese Unterscheidung aufrechtzuerhalten. Sie fördern dauernd den Glauben, daß Subjekte einander ihre kognitiven Strukturen mitteilen und daß diese Strukturen, um „wahr" zu sein, die Welt widerspiegeln müssen, wie sie *ist*. Viel von dem, was in Piagets Schriften widersprüchlich erscheint, kann, glaube ich, vereinbart werden, wenn man sich ununterbrochen vor Augen hält, daß sein Anliegen darin besteht, die „kognitiven Instrumente" des Subjekts zu analysieren, sowie die Art von Objekten und Objektivität, die das Subjekt erdenklicherweise mit seinen eigenen Mitteln konstruieren kann. Piaget bemüht sich, Wissen und Wirklichkeit des Subjekts ausschließlich aufgrund von Elementen zu erklären, die laut Definition *innerhalb* der Erlebenswelt des Subjekts liegen. Obschon seine Methode eine andere ist, und obschon er die Annahme irgendwelcher apriorischer Begriffe und Kategorien zurückweist, ist Piagets Unternehmen doch recht nahe jenem, das Kant in seiner *Kritik* als das seine beschreibt: „Ich nenne alle Erkenntnis *transzendental*, die sich nicht sowohl mit Gegenständen, sondern mit unserer Erkenntnisart von Gegenständen, so fern diese a *priori* möglich sein soll, überhaupt beschäftigt."[20]

---

[20] Kant, *Kritik der reinen Vernunft*, 43

In heutiger Ausdrucksweise ist so eine „transzendentale" Untersuchung die Analyse der mentalen Operationen, die wir als Bausteine der rationalen Kognition betrachten. Diese Analyse befaßt sich nicht mit dem sensomotorischen Inhalt des Denkens, sondern mit seiner Struktur. Anders ausgedrückt, was da gesucht wird, ist ein Modell des *Wissenden*, nicht ein Modell der Welt des *Seins*.

An diesem Punkt – eben weil das Modell als Modell des Wissenden verstanden werden will – dürfen wir nicht die Aufforderung übergehen, die Leo Apostel anläßlich Piagets 80. Geburtstagsfeier ausgesprochen hat: *Il faut toujours appliquer un système à soi-même* (Inhelder/Garcia/Voneche 1977, 61) *(r)*

Wenngleich Piagets Modell des Wissenden zuweilen so präsentiert wird, als wäre es eines Beobachters Modell von einem beobachteten Organismus, wurde es doch von einem Organismus konstruiert, der seine eigenen kognitiven Operationen reflexiv erfaßte und externalisierte. Selber ein wissendes Subjekt, konnte er sich unmöglich mit Dingen-an-sich befassen, sondern nur mit seiner Art und Weise, Dinge zu *erkennen*. Sein Modell wird sich in Zukunft entweder als viabel erweisen oder nicht. Auf keinen Fall jedoch darf man es so auslegen, als stelle es ontologische Behauptungen auf. Eher sollte es in jenem Sinn verstanden werden, für den Valérys Wort gelten mag: *„L'ennième coup de la partie d'échecs que joue la connaissance avec l'être."* (*Oeuvres*, I: 1199) *(s)*

**Übersetzungen**

(N.B. Die Übersetzungen der Piaget-Zitate in diesem Aufsatz stammen von mir. Da oft fehlerhafte Übersetzungen von Piagets Werken veröffentlicht worden sind, schien es mir angemessen, jeweils den französischen Originaltext wiederzugeben. Bei Zitaten aus *Insights and Illusions of Philosophy* und *Genetic Epistemology* war das nicht möglich, weil diese beiden Werke mir nur in der englischen Ausgabe zugänglich waren. E.v.G.)

(a) Wer ist nun der wahre Piaget? Es ist ein einziger Piaget und nicht ein vielfältiger.

(b) Intelligenz ... organisiert die Welt, indem sie sich selbst organisiert.

(c) Alles Wissen ist mit Handlung verbunden, und Gegenstände oder Ereignisse kennen, heißt, sie benützen, indem man sie an Handlungsschemata assimiliert.... Einen Gegenstand kennen, heißt, ihn in ein Handlungsschema eingebaut haben. Das gilt von der elementaren sensomotorischen Stufe bis zu den höchsten Stufen der logisch-mathematischen Operationen. (Siehe auch Piaget 1967, 10; 1970, 15; 1937, 10.)

(d) Der Gegenstand, andererseits, gibt sich dazu her.

(e) Die Zuschreibung ist die notwendige Bedingung des Verstehens oder des Versuchs zu verstehen; wenn der Gegenstand sich dazu hergibt, so zeigt das einfach, daß die Handlungen des Gegenstands und die Operationen des Subjekts etwas Gemeinsames haben.

(f) In erster Linie muß man das individuelle Subjekt, das hier nicht in Betracht kommt, von dem epistemischen Subjekt oder dem kognitiven Kern unterscheiden, den alle Subjekte auf der gleichen Ebene gemein haben. Zweitens muß man die Bewußtmachung (die stets fragmentarisch und oft verzerrend ist) dem gegenüberstellen, was dem Subjekt zu *tun* gelingt in seinem intellektuellen Handeln, von dem es wohl die Ergebnisse kennt, aber nicht die Mechanismen. Doch wenn man auf diese Weise das Subjekt von seinem „Ich“ und seinem „Erlebten“ trennt, so bleiben seine *Operationen*, das heißt eben das, was das Subjekt mit Hilfe seiner reflektierenden Abstraktion aus den verallgemeinerten Koordinationen seiner Handlungen zieht. Diese Operationen sind nun genau die Elemente, die das Subjekt für den Aufbau der Strukturen verwendet. Wer annimmt, daß das Subjekt verschwunden sei und seinen Platz dem Unpersönlichen und dem Verallgemeinerten überlassen habe, vergißt, daß auf der Ebene des Wissens (wie vielleicht auch auf jener der moralischen, ästhetischen u.s.w., Werte) das Handeln des Subjekts eine dauernde Dezentration voraussetzt, die es von seinem natürlichen, intellektuellen Egozentrismus befreit, und dies zugunsten wenn auch nicht einer Allgemeinheit ganz außerhalb seiner selbst, so doch eines Prozesses von ununterbrochenen Koordinationen und Wechselbeziehungen (Reziprozitäten); es ist nun eben dieser Prozeß, der die Strukturen schafft, in andauernder Konstruktion und Rekonstruktion. ... Es gibt keine Struktur ohne Konstruktion, sei sie abstrakt oder entwicklungsgeschichtlich.

(g) Genese ist nie mehr als ein Wechsel von einer Struktur zu einer anderen, doch ein produktiver Wechsel, der von Schwächerem zu Stärkerem führt; und Struktur ist nichts als ein System von Transformationen, deren Wurzeln jedoch operatorisch sind und darum in der vorhergehenden Bildung von angemessenen Werkzeugen beruhen.

(h) Man sieht also, die intellektuelle Tätigkeit beginnt mit der Verwirrung von Erleben und Bewußtsein seiner selbst, die aus dem chaotischen Nichtunterscheiden von Akkommodation und Assimilation erwächst. Anders ausgedrückt, das Wissen von der Außenwelt beginnt mit der unmittelbaren Verwendung von Dingen, während Selbstwissen durch diesen rein praktischen, utilitaristischen Kontakt verhindert wird. Es findet da also eine einfache Interaktion zwischen der obersten Schicht der Außenwelt und der völlig körperlichen Oberfläche des Ichs statt.

(i) Kurz gesagt, das Subjekt existiert, weil, allgemein betrachtet, seine Strukturierung das „Sein“ der Strukturen ist.

(j) Was dann bleibt, ist Konstruktion als solche, und es besteht kein Grund, weswegen es unvernünftig wäre, sich die tiefste Natur der Wirklichkeit in einem dauernden Zustand der Konstruktion zu denken, statt als eine Anhäufung von bereits fertiggestellten Strukturen.

(k) Die logisch-mathematischen Strukturen stellen in der Tat ein einzigartiges Beispiel einer evolutionären Entwicklung dar, die keinen Sprung aufweist und in der keine neue Struktur zur Eliminierung einer vorhergehenden geführt hat. Diese älteren Strukturen können als an diese oder jene unvorhergesehene Situation nicht angepaßt betrachtet werden, doch nur in dem einen Sinn, daß sie nicht ausreichten, um ein neues Problem zu lösen, nicht aber in jenem anderen Sinn, daß sie von den eigentlichen Bedingungen des Problems widerlegt würden, wie das in der Physik vorkommen kann.

(ℓ) Im Fall der logisch-mathematischen Abstraktion ... ist das Gegebene eine Gruppe der dem Subjekt bereits zugänglichen Handlungen oder Operationen und deren Ergebnisse.

(m) Genau gesagt ist logisch-mathematische Konstruktion weder Erfindung noch Entdeckung. Da sie durch reflexive Abstraktion zustande kommt, ist sie Konstruktion im wahren Sinne des Wortes, und das heißt, sie produziert neue Kombinationen.

(n) Doch Verstehen oder Erklären kann sich nicht darauf beschränken, unsere Operationen auf die Wirklichkeit anzuwenden und festzustellen, daß „sie es geschehen läßt". Eine einfache Anwendung kann uns nicht über die Stufe der Gesetzmäßigkeit hinausbringen. Um sie zu überschreiten und die Ursachen zu erreichen, brauchen wir mehr. Es ist da nötig, daß wir unsere Operationen den Gegenständen als solchen zuschreiben und die Gegenstände selbst als Operatoren begreifen. Dann und nur dann kann man von kausaler „Struktur" sprechen, einer Struktur, die in dem *objektiven* System der Operatoren und ihrer tatsächlichen Interaktionen besteht.

(o) ... die allgemeinsten Formen des Denkens können von ihrem Inhalt getrennt werden und sind aus eben diesem Grund die gleichen wie die Formen des kognitiven Austauschs oder der interindividuellen Regulierung, wie sie aus dem gemeinsamen Funktionieren erwachsen, das aller lebenden Organisation innewohnt.

(p) Mit der fortschreitenden Koordination seiner intellektuellen Instrumente entdeckt sich das Kind und placiert sich selbst als aktives Objekt unter anderen Objekten in einem Universum, das außerhalb seiner selbst liegt.

(q) Die Epistemologie einer Art und Weise des Wissens besteht darin, daß die notwendigen und hinreichenden Bedingungen dieses Wissens festgestellt werden, und zwar nicht nur von einem formalen oder logischen Gesichtspunkt aus, sondern aus der Perspektive der Beziehungen zwischen den kognitiven Instrumenten des Subjekts und den Eigenarten des Objekts, so wie es dem Erleben des Subjekts zugänglich ist (und schließlich auch in der Hinsicht, wie es in der Perspektive eines Subjekts höherer Stufe erscheint, d.h. in der Perspektive eines Beobachters).

(r) Man muß ein System stets (auch) auf sich selbst anwenden.

(s) Der n-te Zug in der Schachpartie, die Wissen und Sein miteinander spielen.

(N.B. Für jedes der Piaget-Zitate in diesem Aufsatz hätte ich ein Dutzend mehr oder weniger ähnlicher aus seinen anderen Büchern oder Artikeln wählen können. Ich habe mich jedoch auf sechs Werke beschränkt, die ich für repräsentativ halte.)

**Dank**

Meinem verstorbenen Freund und Kollegen Charles Smock verdanke ich die Einführung in Piagets Werk und die anhaltende Ermutigung, meine eigene Auslegung zu suchen.

# Teil III

# Untersuchungen zum Zahlbegriff

N. B.
Der National Science Foundation habe ich für Unterstützung der Forschungsarbeiten zu danken, über die in den Beiträgen dieses Teils berichtet wird.

# Ein Bewußtseins-Modell der begrifflichen Konstruktion von Einheiten und Zahlen

Kurz vor der Jahrhundertwende schrieb John Dewey: „Die Zahl ist ein rationaler Prozeß, keine Sinnestatsache" (McLellan/Dewey 1895/1908, 24). Er präsentierte in einer Nußschale eine Idee, die schon von verschiedenen Philosophen vor ihm ausgesprochen, impliziert oder stillschweigend vorausgesetzt worden war. Das von ihm benutzte Wort *Prozeß* jedoch unterstrich einen Aspekt, der bis dahin fast völlig vernachlässigt geblieben war. Zwar hatte Berkeley fast zweihundert Jahre zuvor gesagt, daß „die Zahl ganz vom Geiste geschaffen wird" (1710/1963, 36), aber da Berkeley alle Produkte der Sinneswahrnehmung als „Ideen" bezeichnete, hat man dieser seiner Aussage über Zahlen ebenso wenig an Bedeutung zugemessen wie fast allem, was er über andere Dinge gesagt hat.

Kant, zeitlich etwa zwischen Berkeley und Dewey, kommt der Sache wesentlich näher. Einheit, Vielheit und Gesamtheit sind für Kant die drei Kategorien der Quantität, und sie entstehen durch „reine Synthesis" der apriorischen Bedingungen aller Erfahrung, nämlich Raum und Zeit. Auch wenn Kant festhält, daß wir uns des Prozesses dieser Synthesis selten bewußt werden, scheint sie eine konstruktive Aktivität bzw. ein konstruktiver Prozeß zu sein, worin die „reinen" Kategorien, die der Quantität eingeschlossen, in bestimmter Weise aus den Vorstellungen von Raum und Zeit als dem ursprünglichen apriorisch gegebenen Rohmaterial zusammengesetzt werden (Kant 1787/1897, 45 ff.) Hinsichtlich eben dieser Frage nach dem Rohmaterial vertritt Jean Piaget, in vieler Hinsicht selbst Kantianer, eine abweichende Auffassung. In seiner genetischen Erkenntnistheorie sind die Begriffe von Raum und Zeit ebensowenig apriorisch wie jene der Existenz, der Kausalität, oder der Zahl. Sie sind für Piaget alle Konstruktionen eines aktiven Bewußtseins, das sowohl sich selbst als auch seine Welt begrifflich organisiert, indem es Erfahrung zu einer Interaktion zwischen dem erfahrenden Subjekt und den Gegenständen der Erfahrung kristallisiert (Piaget 1937, 311 ff.).

Es besteht kein Zweifel daran, daß Piaget das Bewußtsein – das aktive Element aller Konstruktion – als rationales Bewußtsein versteht. Er würde Dewey sicherlich zustimmen, daß die Zahl ein rationaler Prozeß ist. Weder er noch Dewey haben jedoch in zufriedenstellender Weise erklären können, aus welchen spezifischen Einzeloperationen dieser Prozeß besteht und wie er zur Bildung der Zahl führt. Auch wenn beide sich der Bedeutung des Begriffs der Einheit sehr bewußt sind, wagt keiner eine Hypothese darüber, wie dieser Begriff konstruiert wird. Dewey führt die vorhin zitierte Aussage weiter aus und stellt fest, daß sich die Zahl „aus gewissen rationalen Prozessen der Konstruktion, Definition und Verknüpfung des Materials der Sinneswahrnehmung" ergibt (McLellan/Dewey 1895/1908, 35), und daß sich genaue Zahlvorstellungen nur bilden können aus „der Aktivität des Kindes, das die Vorstellung eines Ganzen, das aus Teilen besteht, aufbaut, sowie Teile zu einem genau bestimmten Ganzen verbindet" (30–31). Das ist eine ausgezeichnete Beschreibung dessen, was getan werden muß, gibt uns aber keinerlei Hinweise auf die Art von Mechanismus, der es tun könnte.

Piaget nun kennzeichnet den Begriff der Einheit durch eine negative Beschreibung: „Wenn man von Elementen ihre Eigenschaften abzieht, werden sie zu arithmetischen Einheiten." (1970, 37). Wir spüren intuitiv, daß damit etwas Wichtiges über Einheit gesagt wird, ja auch über Zahlbegriffe. Wiederum aber erfahren wir nicht, worin diese Begriffe bestehen. Nehmen wir diese Definition ganz wörtlich, dann ergibt sich unmittelbar das Problem, daß uns *nichts* bleibt, wenn wir ein Element *aller* seiner Eigenschaften berauben, – ein Problem, das wir nur zu gut aus den seit Aristoteles unternommenen verzweifelten Bemühungen kennen, eine amorphe „Materie" zur Basis aller Eigenschaften zu machen. Die Schwierigkeit liegt darin, daß wir uns zwar alle einig sein können, das mit *zwei* benannte Etwas habe keine Farbe, keine Gestalt, keine Textur oder irgendwelche anderen sinnlich erfaßbaren Merkmale, daß es aber nichtsdestoweniger etwas haben muß, was es eindeutig von *eins* oder *drei* oder irgendeiner anderen Zahl unterscheidet. Es kann also nicht stimmen, daß es *keine* Eigenschaften hat. Sagt man nun, daß das, was die Zahlen voneinander unterscheidet, eine *abstrakte* Eigenschaft ist, dann hilft das auch nicht, weil die Bedeutung des Wortes „abstrakt" bis heute immer nur negativ definiert worden ist (d.h. nicht in konkreter oder sinnlich nachvollziehbarer Weise).

Wir wollen jedoch gerecht sein und uns daran erinnern, daß Piaget die Zahl als eine „operatorische Gruppenstruktur" definiert, „ohne die es keine Erhaltung numerischer Gesamtheiten unabhängig von der Disposition ihrer Einzelelemente geben kann" (Piaget/Szeminska 1964, 9). In allen seinen Arbeiten zur Entwicklung der Zahlbegriffe beschäftigt sich Piaget mit einem theoretischen Komplex, zu dem Klasseninklusion und Ordnung gehören, und setzt dabei, wie die meisten seiner Vorgänger, die Konstruktion von Einheiten voraus. In diesem Aufsatz beschäftige ich mich dagegen nicht mit „numerischen" Relationen oder Eigenschaften von Zahlbegriffen (Mächtigkeit, Ordinalität, Kommutativität usw.), sondern ausschließlich mit mentalen Operationen, die den Aufbau begrifflicher Strukturen ermöglichen, die diese Relationen und Eigenschaften haben *können*.

Die Tatsache, daß Zahlbegriffe und andere „Geschöpfe des Geistes" direkter Beobachtung nicht zugänglich sind, hindert uns nicht, hypothetische Mechanismen zum Zwecke ihrer Erklärung aufzubauen. In den folgenden Ausführungen möchte ich die Skizze eines Modells vorlegen, das eine neue Perspektive der begrifflichen Fundierung der Mathematik und einen neuen Ansatz für die Erforschung des kindlichen Erwerbs numerischer Operationen bietet. Ich möchte betonen, daß es mir um die theoretische Darstellung des Modells geht, nicht so sehr um seine Anwendung in entwicklungspsychologischen Untersuchungen. In einer späteren Arbeit sollen Anwendung und Nützlichkeit des Modells in der Analyse des Zählens von Kindern erörtert werden.

Die Idee, daß die Struktur bestimmter abstrakter Begriffe als Bewußtseinsmuster interpretiert werden könnte, wurde zuerst von Ceccato (1966) im Rahmen seiner Pionierarbeiten zur Begriffssemantik vorgeschlagen. In unseren neueren Untersuchungen, die auf die Formulierung eines theoretischen Entwicklungsmodells für die Begriffe zielen, die Operationen zugrundeliegen, haben wir die ursprüngliche Vorstellung modifiziert und erweitert (von Glasersfeld 1981f). Bevor ich nun die Grundzüge dieses Ansatzes skizziere, möchte ich hervorheben, daß „Bewußtsein" in diesem Zusammenhang eine besondere Bedeutung hat. Bewußtsein ist nicht als ein Zustand zu verstehen, der sich über längere Zeiträume erstrecken kann. Stattdessen stelle ich mir eine pulsartige Abfolge von Bewußtseinsmomenten vor, wovon jeder auf ein bestimmtes neuronales Ereignis innerhalb des Organismus „zentriert" sein kann oder nicht. Mit „zentriert" meine ich lediglich, daß ein Bewußtseinspuls mit irgendeinem anderen Signal (von den zahllosen Signalen, die ständig das Nervensystem des Organismus durchströmen) so zusammengeschaltet wird, daß es registriert werden kann. Ein „unzentrierter" Puls ist einer, der keinen Inhalt registriert.

Die Vorstellung eines pulsierenden Bewußtseins findet sich bereits bei Craik (1948) und auch bei Pitts/McCulloch (1947). Ich vermute, daß die Idee sogar noch weitaus älter ist, denn sie scheint sich ganz natürlich aus Bemerkungen bei von Helmholtz (1866) zu ergeben, die die Erfahrungstatsache betreffen, daß wir unsere Aufmerksamkeit willentlich von einem Teil unseres visuellen Feldes zu einem anderen verschieben können, ohne unsere Augen zu bewegen. Diese Beobachtung wurde auch von Köhler (1947) gemacht und außerdem vielfach durch Experimente mit der Technik des sogenannten „fixierten retinalen Bildes" demonstriert (Pritchard/Heron/Hebb 1960; Zinchenko/Vergiles 1972). In gleicher Weise ist der Forschung im Bereich der Gehörwahrnehmung seit langem bekannt, daß innerhalb gewisser akustischer Grenzen die Aufmerksamkeit willkürlich auf *eine* von mehreren gleichzeitig dargebotenen Signalsequenzen zentriert werden kann („Cocktailparty-Effekt"). Dies widerspricht in keiner Weise den experimentell gesicherten Regeln, nach denen sich die unterschiedliche Auffälligkeit des sensorischen Inputs in den visuellen oder auditorischen Kanälen richtet, – es bedeutet lediglich, daß die Zentrierung der Aufmerksamkeit zuweilen die relative Auffälligkeit verfügbarer Signale vernachlässigen kann.

Im gegenwärtigen Zusammenhang sind diese Ergebnisse besonders wichtig, denn sie bestätigen erstens die Annahme, daß Bewußtsein oberhalb der Sinneswahrnehmung und unabhängig davon operiert, daß es daher als Organisationsinstanz wirkt, und zweitens, daß Bewußtsein, wenn es in der Tat von einem Ort des Erfahrungsfeldes zu einem anderen verschoben werden kann, ein Instrument besitzen muß, diese Orte überhaupt zu erkennen (zu zentrieren) bzw. all das zu vernachlässigen, was zwischen ihnen liegt. Stellt man sich Bewußtsein als eine Abfolge von diskreten Augenblicken vor, dann wäre dies auf die einfachst mögliche Weise zu leisten.

Zum Problem der Pulsstruktur des Bewußtseins hat die Neurophysiologie vor kurzem Daten geliefert, die diese Annahme wesentlich plausibler erscheinen lassen als früher. Harter (1967) hat eine größere Zahl unterschiedlicher experimenteller Arbeiten resümiert, die regelmäßige Unterbrechungen in perzeptuellen und begrifflichen Prozessen nachweisen. Nur wenige Autoren sind sich allerdings einig, was den physiologischen Ursprung oder die Funktion dieses Rhythmusphänomens angeht. „Die verschiedenen Aspekte des Problems der Erklärung solcher Unterbrechungen müssen erst klar voneinander gesondert werden." (Kohlers 1972, 148). Inzwischen hat die Idee aber durch die Arbeit von Varela/Toro/John/Schwartz (1979) neuen Schwung bekommen. Die Autoren berichten über experimentelle Befunde, daß zwei rasch nacheinander aufleuchtende Lichter als sequentiell bzw. simultan aufgefaßt werden, je nachdem, ob sie in die positive Phase des Alpha-Rhythmus des wahrnehmenden Subjekts fallen oder nicht. Die Autoren meinen daher, dieser kortikale Rhythmus könne in der Tat die Funktion haben, die treffend als „perzeptuelle Rahmenbildung" bezeichnet wird.

Sowohl die Beobachtung der stimulusunabhängigen Mobilität des Bewußtseins als auch die empirische Feststellung, daß ein kortikales Pulsphänomen bei der Festlegung bestimmter Wahrnehmungsergebnisse eine entscheidende Rolle spielt, haben mich ermutigt, die Ausarbeitung eines Bewußtseinsmodells jener

Prozesse der Begriffskonstruktion weiter zu verfolgen, in denen Einheiten, Vielheiten und Mengen entstehen.

Die Gründe dafür, daß gewisse rhythmische Unterbrechungen eine notwendige Voraussetzung für jegliche Analyse von Wahrnehmungsprozessen scheinen, wurden von Harter (1967) so zusammengefaßt.

„Zunächst wird das Gehirn, wenn es die endliche Zahl seiner Bestandteile auf die wirksamste Weise nutzt, nicht kontinuierlich verfahren und zu jedem Zeitpunkt sensorische Information verarbeiten, sondern es wird diskontinuierlich arbeiten, also Stücke der sensorischen Information zu unterschiedlichen Zeitpunkten nacheinander verarbeiten... Außerdem muß das Gehirn hereinkommende Sinnesinformation nach der Zeit ihres Auftretens kodieren oder kennzeichnen... Eine solche Kodierung ist notwendig, damit Ereignisse kognitiv in die angemessene zeitliche Abfolge gebracht werden können, und damit die sensorischen, die assoziativen, und die motorischen kortikalen Funktionen auf einer gemeinsamen Zeitbasis operieren können." (47).

Für das Problem der Begriffsbildung sind die Bemerkungen über die assoziativen Funktionen am wichtigsten. Wir teilen in der Tat unsere visuellen, auditorischen und taktilen Erfahrungsfelder in voneinander geschiedene Teile auf, die sodann in unserer kognitiven Organisation zu Einzelelementen oder „Dingen" werden. Das heißt, wir differenzieren bzw. „schneiden" mit Erfolg Dinge aus einer Umgebung heraus und nehmen jedes davon als eine Entität bzw. ein Ganzes wahr. Jede schärfere Analyse dieses Prozesses scheint zu der Erkenntnis zu führen, daß Entitäten, die in einem Wahrnehmungsfeld wiedererkannt, verschoben und vor allem auch gezählt werden können, nicht durch bloße sensorische Differenzierung geschaffen werden können. Ob dies nun der Tisch vor uns ist, ob es Bäume sind, die wir durch das Fenster sehen, oder ein Schlüsselbund, den wir in unserer Hosentasche fühlen, nichts davon könnte als ein diskretes Element nur aufgrund sensorischer Unterschiede allein wahrgenommen werden. Viele der Dinge, die wir als einheitliche Elemente wahrnehmen, enthalten bei aller Einheitlichkeit sensorische Unterschiede, die ebenso groß oder noch größer sind als diejenigen, wodurch sie von ihrem Hintergrund geschieden werden. Außerdem beobachten wir, daß wir einheitliche Elemente auch ohne sensorische Unterschiede erzeugen können. Wenn wir z.B. ein leeres Blatt Papier ansehen und daran einen oberen und einen unteren Teil wahrnehmen, dann sind diese beiden Teile nicht nur begrifflich voneinander getrennt, sondern auch als individuelle Größen, die tatsächlich auch materiell voneinander getrennt werden können, wenn wir das Blatt zerschneiden (wir wissen ja, wo wir es zerschneiden müssen, *bevor* wir zu schneiden anfangen).

Auf der Grundlage dieser und anderer einschlägiger Beobachtungen können wir den Schluß ziehen, daß die Schaffung begrifflicher Einheiten das Ergebnis von Operationen ist, die im Prinzip nicht vom sensorischen Material abhängen, auch wenn derartiges Material am Beginn ihrer Entwicklung unentbehrlich sein mag. Die Hypothese, die ich vorlege, besteht darin, daß diese Einheiten schaffenden Operationen in der differentiellen Verteilung zentrierter und nicht-zentrierter Bewußtseinspulse besteht. Eine Gruppe zusammen auftretender sensomotorischer Signale wird dann zu einem „Ganzen", zu einem „Ding" oder zu einem „Gegenstand", wenn eine ununterbrochene Sequenz von Bewußtseinspulsen auf diese Signale zentriert wird, und wenn diese Sequenz an jedem Ende durch einen nicht-zentrierten Puls eingerahmt bzw. abgegrenzt wird. Die nicht-zentrierten Pulse schaffen Geschlossenheit und trennen die Sequenz benachbarter zentrierter Pulse von den vorausgegangenen und darauffolgenden Bewußtseinspulsen.

Piaget hat schon seit langem behauptet, daß der Begriff des „Gegenstandes" die Koordinierung von sensorischem Material aus mehr als einer Quelle erfordert (z.B. Piaget 1937, 76). In der Praxis ist dies meist eine Kombination visueller und taktiler Signale zusammen mit den propriozeptiven (kinästhetischen) Signalen, die aus den Bewegungen stammen, die zu visuellem Abtasten und taktiler Exploration gehören. Ein Alltagsbeispiel ist der Regenbogen. Er ist ein ausschließlich visuelles Phänomen, hat keine Korrelate in anderen sensorischen Modalitäten, verändert seinen Ort relativ zur Bewegung des Beobachters, und wir zögern daher, ihn für einen „Gegenstand" im gewöhnlichen Sinne des Wortes zu halten. Außerdem ist nicht zu vergessen, daß ein einzelnes sensorisches Signal niemals ausreicht, um begrifflich Dauer bzw. „Permanenz" zu schaffen, die wir für ein wesentliches Konstituens von Gegenständen halten.

In der vorgeschlagenen Analyse wäre daher ein Erfahrungsobjekt stets zusammengesetzt aus mehreren Pulsen, die auf verschiedene sensorische Signale zentriert sind. Das Bewußtseinsmuster eines derartigen *sensomotorischen Elements* läßt sich graphisch so notieren:

$$0\,{}^{I}_{a}{}^{I}_{b}\cdots{}^{I}_{n}\,0 \qquad \text{sensomotorisches Element} \qquad (1)$$

„0" bedeutet unzentrierter, „I" zentrierter Puls; „a, b, ... n" bedeuten, daß die Sequenz zentrierter Pulse verschiedene sensomotorische Signale umfaßt.

In der (oben erwähnten) Analyse des Zählens von Kindern wird die Hypothese bestätigt, daß die bewußte Wahrnehmung der Eigenart der Elemente, die gezählt werden, eines der Entwicklungsmerkmale des Kindes ist, das sich mit dem Erwerb numerischer Fertigkeiten fortschreitend verändert. Dabei ist es unter anderem wichtig, sensomotorische Elemente entsprechend dem besonderen Wahrnehmungs-, Körperbewegungs- oder Darstellungsmaterial zu differenzieren, auf das sich das Kind jeweils konzentriert. Im gegenwärtigen Zusammenhang werde ich jedoch sensomotorische Elemente nur allgemein behandeln (d.h. unabhängig davon, ob sie aus visuellen, auditorischen, kinästhetischen oder anderen Signalen bestehen) und mich lediglich mit den beiden Aspekten beschäftigen, die sie alle gemeinsam haben.

Der erste dieser Aspekte ist, daß eine sensomotorische Erfahrung, um als „Ding" konzeptualisiert zu werden, mehr als *einen* zentrierten Impuls enthalten muß. Dies könnte z.B. ein perzeptuelles Signal (z.B. Farbe, Textur) und ein propriozeptives Signal sein (z.B. von der Augenbewegung, die bei der Hinwendung zu dem perzeptuellen Signal registriert wird); die auf derartige Signale zentrierten Impulse würden jeweils das Ding qualitativ unterscheidbar machen und ihm in dem Erfahrungsfeld einen Ort zuweisen.

Der zweite Aspekt ist der der Begrenztheit. Dies ist ein unabdingbares Merkmal, wenn die Erfahrung als ein „Ding" konzeptualisiert werden soll. Auch wenn das sensorische Material, das durch die zentrierten Pulse aufgezeichnet wird, heterogen sein mag, muß die Abfolge der Pulse als Gesamtheit von einem Hintergrund unterscheidbar sein. Hintergrund ist natürlich ein relatives Konstrukt in dem Sinne, daß alles in einem Erfahrungsfeld als Hintergrund dienen kann, vorausgesetzt, daß wir etwas anderes als eine Figur davon abheben. Im gegenwärtigen Zusammenhang ist aber von Bedeutung, daß die sensomotorische Erfahrung dadurch zu einer Ganzheit vereinigt wird, daß gewisse sensorische Signale hintereinander bewußt zentriert werden, während zumindest ein Puls, der ihnen vorausgeht, und einer, der ihnen folgt, *nicht* zentriert wird, unabhängig davon, ob andere Signale verfügbar sind oder nicht. Diese nicht-zentrierten Pulse bilden das Äquivalent einer Leerstelle, d.h. eines Raums, der als leer aufgefaßt wird, da in ihm keinerlei Signale registriert werden.

In einer frühen Phase der begrifflichen Entwicklung scheint die einheitsbildende Bewußtseinsprozedur der Unterstützung durch leicht unterscheidbare sensorische Signale zu bedürfen. Im visuellen, auditorischen und taktilen Bereich wird Unterscheidung durch Kontraste, Vereinigung durch Nachbarschaft im Strom der Erfahrung unterstützt; im kinästhetischen Bereich bildet der Anfang und das Ende eines motorischen Aktes eine natürlich gegebene Grenze für die Wahrnehmung, die dieser Akt erzeugt, und ein Rhythmus oder eine andere Form der Regularität kann Kontinuität erzeugen helfen. Im zweiten Lebensjahr verlangen Kinder in der Regel vielerlei Namen für Dinge. Jedesmal, wenn sie einen neuen Namen richtig anzuwenden lernen, müssen sie zuerst ein Erfahrungselement isoliert haben, das zumindest ungefähr derjenigen Erwachsenenvorstellung des Gegenstandes nahekommt, die diesen Namen trägt. Um nun ein Element vom Erfahrungshintergrund abzuheben, bedarf es nach meiner Hypothese des Bewußtseinsmusters, das eine Sequenz zentrierter Pulse mit Hilfe eines unzentrierten an jedem Ende begrenzt bzw. abhebt. Dieses Muster muß daher sehr oft auftreten, – und die Fähigkeit, es begrifflich von dem rasch wechselnden sensorischen Material zu trennen, mit dem es auftritt, gehört wahrscheinlich zu den frühesten Fällen der Generalisierung oder „empirischen“ Abstraktion (Piaget 1974). Das heißt, das Bewußtseinsmuster wird immer dann als ähnlich wiedererkannt werden, wenn es unabhängig von den besonderen sensomotorischen Signalen auftritt, die durch die zentrierten Impulse registriert werden. Aber auch wenn der Inhalt dieser zentrierten Pulse keine Rolle spielt, so müssen sie doch einen Erfahrungsinhalt haben. Das wird klar, wenn wir erkennen, daß es eben das generalisierte Konstrukt eines einheitlichen Ganzen ist, welches mit der grammatischen Kategorie des Singulars im Gegensatz zum Plural verknüpft wird. (Der spezielle Name ist natürlich mit dem sensomotorischen Inhalt verknüpft.)

Meine Notation gibt lediglich die wesentlichen Merkmale wieder, d.h. die Grenzpunkte aus nicht-zentrierten Pulsen, die eine bestimmte zentrierte Sequenz sensorischer Signale (n) einschließen, die näher gekennzeichnet werden könnte, hier aber nur durch einen einzigen zentrierten Puls dargestellt wird, weil das jeweils darin enthaltene sensomotorische Material für die Konzeption der Einheit bzw. Ganzheit irrelevant ist:

$0 \, \overset{\mathrm{I}}{\underset{\mathrm{n}}{}} \, 0$ Einheitliches Element (2)

Wenn Kleinkinder in ihrem zweiten Lebensjahr einen Gegenstand nach dem anderen benennen (Psycholinguisten haben dieses frühe Benennen als *Etikettieren* bezeichnet), erzeugen sie eine Folge heterogener sensomotorischer Elemente, von denen jedes eine separate einheitliche Ganzheit ist, unabhängig von allen anderen, und daher kein Element irgendeiner Art von Folge, die als *Vielzahl* aufgefaßt werden könnte. Eine Vielheit kann erst dann geformt werden, wenn die sensomotorischen Elemente der Folge ein sensorisches Merkmal teilen, das die Grundlage dafür liefert, sie mit Bezug darauf als äquivalent anzusehen. Das heißt, das begriffliche Konstrukt der Vielzahl hat mit Klassifikation zu tun. Eine Vielzahl ist natürlich noch keine Klasse, die Einzelelemente einer Vielzahl müssen jedoch ebenso wie die einer Klasse zumindest ein Merkmal gemeinsam haben, das sie alle miteinander verbindet. Auch dies zeigt sich wiederum im alltäglichen Sprachgebrauch, wo eine Pluralform notwendig Elemente bezeichnet, von denen jedes auch einzeln mit der Singularform des Wortes bezeichnet werden könnte. Es ist jedoch wichtig festzuhalten, daß eine Vielzahl (also das, was durch eine Pluralform bezeichnet wird) nicht begrenzt ist und daher weder als eine bestimmte Abfolge von Einheiten, noch als geschlossenes Gebilde aufgefaßt wird, das einem und nur einem Zahlwort entspricht.

Man muß daher Vielzahl als eine offene Kette einheitlicher Elemente in Minimalform repräsentieren, und dabei anzeigen, daß der eine zentrierte Puls in jedem Element das gleiche Erfahrungsmaterial enthält, das jenes gemeinsame Merkmal ausmacht, welches alle verbindet.

$$\ldots 0_a^I0 \;\; 0_a^I0 \;\; 0_a^I0 \ldots \qquad \text{Vielzahl} \qquad (3)$$

Wer im Stadtzentrum lebt und durch das Fenster einer ebenerdigen Wohnung auf den Gehweg einer belebten Geschäftsstraße schaut, kann eine nicht endende Vielzahl von Menschen vorübergehen sehen. Nimmt man dann die Männer, Frauen und Kinder, die man etwa zwischen Frühstück und Mittagessen vorbeigehen sah, zusammen, dann hat man eine Vielzahl von Menschen, die von zwei andersartigen Ereignissen eingerahmt wird, die Teil der eigenen Erfahrungswelt sind. An diesem Punkt wird die Vielzahl zu einer *Ansammlung*. Die Elemente dieser Ansammlung sind immer noch individuell geschiedene sensomotorische Elemente, sie haben alle aber ein Merkmal oder mehrere Merkmale gemeinsam, die uns erlauben, sie „Menschen“ zu nennen, und auf dieser Basis bilden sie eine geschlossene Gruppe vor unserem Erfahrungshintergrund.

Anfänglich werden solche Ansammlungen wahrscheinlich im visuellen Bereich gebildet, – eine Handvoll Kirschen auf einem Teller, ein Stoß Bücher auf dem Tisch, eine Gruppe von Bäumen gegen den Himmel. Wichtig ist, daß eine Folge sensomotorischer Elemente von einem Hintergrund abgehoben werden kann, daß die Elemente in einer bestimmten Hinsicht gleich sind und daher als eine Vielzahl angesehen werden können, und daß die Vielzahl selbst gegen einen Hintergrund erfahren wird, der sie enthält, und zwar in dem Sinne, daß es einen Umgebungsbereich gibt, in dem keine Elemente dieser besonderen Art isoliert werden können.

In meiner Notation wird diese erfahrungsbezogene Begrenztheit mithilfe von Klammern abgebildet.

$$\left(0_a^I0 \;\; 0_a^I0 \ldots 0_a^I0\right) \qquad \text{Ansammlung} \qquad (4)$$

Noch ein weiteres soll angemerkt werden. Die Bestimmung des gemeinsamen Merkmals oder der gemeinsamen Merkmale, die bei der Konstruktion einer Vielzahl oder Ansammlung eine Rolle spielen, ist gleichbedeutend mit einer intensionalen Defintion. Das bedeutet aber nicht, daß eine Vielzahl oder Ansammlung mit „Klasse“ synonym ist. Der Begriff der Klasse wird nicht durch Erfahrung, sondern logisch durch die Bedingung begrenzt, daß er alle die und nur die Elemente enthalten muß, die den Kriterien der intensionalen Definition genügen. Begrifflich wird das Wort „alle“ so konstruiert, daß jegliche Erfahrungsbegrenzung ausgeschlossen wird, die nicht explizit davon ausgenommen ist. Eine Vielzahl hat es in keiner Weise mit Begrenzungen zu tun. Eine Ansammlung muß dagegen durch Erfahrung begrenzt sein, da sie das verlangt, was wir als „Zusammensein-in-Erfahrung“ bezeichnen könnten. Wir können daher die intensionale Definition einer Klasse aus einer Vielzahl ableiten und sodann die Vielzahl zu einer Ansammlung machen, indem wir um sie eine Grenze ziehen. Diese Ansammlung kann jedoch nicht als die Verkörperung einer Klasse angesehen werden, es sei denn, wir haben Gründe zu glauben, daß jenseits ihrer Begrenzung kein Element existiert, das der Definition genügt.

Wird die gleiche Definition der empirischen Abstraktion, die wir hypothetisch für die Konstruktion einheitlicher Elemente eingesetzt haben, auf die sensomotorischen Elemente angewendet, die als Ansammlung gefaßt wurden, ergibt dies eine etwas höher entwickelte Begriffsstruktur, die ich als *Menge*[1] bezeichnet habe (von Glasersfeld 1979). Wir können Mengen auf die gleiche Art wie Ansammlungen abbilden, aber da uns nun die „Ganzheit" und „Gleichheit" der Elemente, und nicht so sehr der spezifische sensomotorische Inhalt interessiert, schreiben wir wieder das generelle *n* anstelle des spezifischen *a*:

$$\left(0^{\mathrm{I}}_{n}0 \quad 0^{\mathrm{I}}_{n}0 \ldots 0^{\mathrm{I}}_{n}0\right) \qquad \text{Menge}^{1)} \qquad (5)$$

Es muß betont werden, daß diese Mengenstruktur wie alle bisher erörterten Strukturen nicht die begriffliche „Mobilität" (im Sinne Piagets) besitzt, daß sie ohne die Wahrnehmung oder Abbildung sensomotorischen Materials verfügbar wäre. Das heißt, ihre Konstruktion ist immer noch von der Erfahrung einer sensomotorischen Situation abhängig, und sie kann daher nicht als gänzlich abstrakter noch als numerischer Begriff gelten.

Die Loslösung von der sensomotorischen Ebene erfordert das, was Piaget „reflexive Abstraktion" genannt hat, das heißt, in unserer Ausdrucksweise, die Zentrierung des Bewußtseins nicht auf sensomotorische Signale, sondern auf die Resultate oder Produkte früherer Bewußtseinsoperationen. Was mithilfe von Bewußtseinsmustern konstruiert worden war, wird nunmehr erneut verarbeitet und so zum Rohmaterial für eine neue Sequenz zentrierter und nicht-zentrierter Pulse. Im Falle von einzelnen Elementen ergibt dies eine abstrakte oder *arithmetische Einheit*, die nach meiner Auffassung Piagets Element entspricht, dessen „Qualitäten" beseitigt worden sind (vgl. das obige Zitat von Piaget 1970). Die Wiederverarbeitung eines Einzelements leistet zweierlei: Sie trennt das Bewußtseinsmuster, das die Einheit erzeugte, von jeglichem sensomotorischen Material, das es enthielt, und zentriert einen Bewußtseinspuls darauf. Dadurch wird eine neue Einheit erzeugt, die wiederum durch zwei nicht-zentrierte Pulse begrenzt wird. Diese Ableitung kann explizit auf folgende Weise dargestellt werden:

$$0 \underset{\left(0\,{}^{\mathrm{I}}_{n}\,0\right)}{\overset{\mathrm{I}}{\frown}} 0$$

Diese graphische Darstellung zeigt, daß ein Einzelelement den Fokus des zentralen Bewußtseinspulses bildet. Aus Gründen typographischer Einfachheit schreibe ich das lieber so:

$$0(0\mathrm{I}0)0 \qquad \text{Arithmetische Einheit} \qquad (6)$$

---

1) Die englischen Wörter *lot* und *set* werden auf Deutsch gewöhnlich durch „Menge" wiedergegeben. Die Struktur, um die es sich hier handelt, konnte auf Englisch *lot* genannt werden, ohne Beziehungen zur Mengenlehre heraufzubeschwören. Auf Deutsch fehlt ein passendes Wort für eine begrenzte, aber noch nicht festgelegte oder gezählte Vielzahl von Elementen, deren einzige Eigenschaft die begriffliche Einheit ist. Ich verwende also das Wort „Menge", möchte aber dahingestellt lassen, wie diese Begriffsstruktur sich zur Mengenlehre verhält. (Anm. d. Autors zur deutschen Ausgabe.)

Auch wenn diese arithmetische Einheit offensichtlich zur Familie der „Ganzheiten“ oder „Einheiten“ gehört, scheint es mir unwahrscheinlich, daß ein Kind sie unmittelbar nach dem Erwerb von Einheitselementen als erstes konstruiert. Sie ergibt sich wahrscheinlich als ein Nebenprodukt der reflexiven Abstraktion, und zwar, nachdem der Prozeß der Bewußtseinsiteration, das heißt der logisch nächste Schritt, auf Ansammlungen und Mengen angewendet worden ist.

Wenn das erneut verarbeitete Material kein Einzelelement ist, sondern eine Menge, dann ergibt die Anwendung von Bewußtseinspulsen auf existierende Bewußtseinsmuster einen iterativen Wechsel zentrierter und nicht-zentrierter Pulse. Das Produkt dieser Iteration ist noch nicht gänzlich abstrakt, denn es wird immer noch durch Erfahrung begrenzt, weil es seine Begrenzung aus der Ansammlung bezieht, die weiterverarbeitet wird. Intern besteht es jedoch aus abstrakten Einheiten. Ich nenne diese Struktur eine *arithmetische Menge*. Ihre Ableitung läßt sich explizit so darstellen:

$$\left(0 \underset{(0I0)}{I} 0 \underset{(0I0)}{I} 0 \ldots 0 \underset{(0I0)}{I} 0\right)$$

Aber auch hier schreibe ich dies lieber so:

$(0I0I0\ldots I0)$ Arithmetische Menge (7)

Die Bewußtseinsiteration, die arithmetische Mengen erzeugte, ist die operationale Basis für die Konstruktion von *Zahlen*. Zwar haben arithmetische Mengen in der Tat bereits eine Mächtigkeit, weitere Operationen sind jedoch nötig, um die Mächtigkeit einer bestimmten arithmetischen Menge genau anzugeben. Diese weiteren Operationen unterliegen den verschiedenen Erscheinungsweisen des „Zählens“ und verwenden Eigenschaften und Fähigkeiten, die als solche nicht numerisch sind: (a) Eigenschaften des Systems der Zahlwörter sowie der Art, wie dieses erworben und angewandt wird; (b) Wahrnehmungsprozesse im Bereich der Mustererkennung, von denen gewisse mit dem Begriff „*subitizing*“ (ganzheitliche Wahrnehmung kleiner Mengen) bezeichnet werden; (c) besondere Fähigkeiten, die das Nervensystem für die Verarbeitung elementarer Rhythmen zu haben scheint; hierher gehört vor allem die Art von Koordination, die die komplexen Ergebnisse erzeugt, welche traditionell mit dem Begriff der *eindeutigen Übereinstimmung* benannt werden. – Dies alles wird Gegenstand künftiger Untersuchungen sein.

Die Darlegung der Rolle von Bewußtseinsmustern muß jedoch noch um einen weiteren Schritt fortgeführt werden, der für den Erwerb arithmetischer Fertigkeiten entscheidend ist. Reflexive Abstraktion kann eine noch höhere Ordnung begrifflicher Struktur schaffen. Jede arithmetische Menge kann dem Bewußtseinsmuster als Material unterworfen werden, das Einheiten erzeugt. Das Ergebnis einer solchen Operation entspricht genau dem, was als *Einheit von Einheiten* oder als *ganze Zahl* benannt wird. In unserer expliziten Abbildung sieht dies so aus:

$$0 \underset{(0I0I0\ldots I0)}{I} 0$$

Oder etwas vereinfacht:

$0(0I0I0\ldots I0)0$ Zahl (8)

Jede Zahl läßt sich so als eine arithmetische Einheit vorstellen, und zwar unabhängig von der Mächtigkeit der Menge, die sie enthält. In der Praxis arithmetischer Operationen ist es natürlich immer notwendig, sich der spezifischen Zahlenmächtigkeiten bewußt zu bleiben. Dies ist – außer der typographischen Einfachheit – der Grund, warum ich diese besondere Notation gewählt habe: Sie erlaubt uns, die Unterschiede der Mächtigkeit anzugeben, die berücksichtigt werden müssen, wenn die Zahlbegriffe in irgendeiner Art von Rechnung verwendet werden sollen. Vergleichen wir die graphische Darstellung der arithmetischen Einheit etwa mit der der Zahl „drei", dann erkennen wir, daß beide die gleiche einheitliche Begriffsstruktur aufweisen und sich nur nach dem Ausmaß der Bewußtseinsiteration unterscheiden:

0(0I0)0 „Eins"

0(0I0I0I0)0 „Drei"

Zum Abschluß möchte ich zwei Dinge besonders hervorheben, die für mich die zentralen Ideen des vorgestellten Modells ausmachen. Wenn wir von „Dingen", „Ganzheiten", „Einheiten" und „Singularen" einerseits, von „Pluralen", „Vielheiten", „Ansammlungen" und „Mengen" andererseits sprechen, beziehen wir uns auf begriffliche Strukturen, die von dem Material abhängig sind, das die Sinneserfahrung liefert. Soweit also diese Begriffe sensomotorische Signale enthalten, gehören sie nicht zum Reich der Zahlen. Sie betreten dieses verfeinerte Reich über den Prozeß der reflexiven Abstraktion, der Bewußtseinsmuster aus Einzelereignissen sensomotorischer Erfahrung abzieht und so Zahlbegriffe erzeugt, die aller sensorischen Eigenschaften beraubt sind.

Zum anderen können wir verallgemeinern und festhalten, daß alle ganzen Zahlen begrifflich in der Tat einheitliche Ganzheiten sind und, wie Euklid (Buch 7, 1975) bereits richtig gesehen hat, selbst aus Einheiten aufgebaut sind; wir können nun aber auf der Grundlage unseres theoretischen Modells hinzufügen, daß die Einheiten, die die Bestandteile bilden, zwar aus dem nicht-numerischen Rohmaterial zentrierter Bewußtseinspulse bestehen, die Ganzheit der Zahlbegriffe aber aus anderem Stoff ist, – sich nämlich aus dem *Strukturmuster* herleitet, nach dem diese Pulse angeordnet werden.

Es bleibt nun abzuwarten, ob dieses Modell einen neuen und ergiebigeren Zugang zu einem Verständnis der immer noch rätselhaften Tätigkeiten des Zählens sowie der Operationen eröffnet, die die Herstellung bestimmter und bestimmbarer Zahlenmächtigkeiten ermöglichen.

**Danksagung**

Ich möchte hier ausdrücklich festhalten, wie sehr Leslie P. Steffes Untersuchungen und Mikroanalysen des Zählverhaltens von Kindern und John Richards' Prüfung der philosophischen Wurzeln und Konsequenzen unseres gemeinsamen Vorhabens mich bei der Entwicklung des hier beschriebenen Modells immer wieder angeregt und korrigiert haben. Unser intensiver Austausch hat zu vielerlei Präzisierungen geführt. Mein Dank gilt auch Gérard Noelting sowie einem anonymen Rezensenten für nützliche Hinweise bezüglich einer früheren Fassung dieser Arbeit. Was immer diese allerdings an Irrtümern enthält, kommt ausschließlich mir selbst zu.

Schematische Übersicht der einzelnen Schritte in der Konstruktion der abstrakten Begriffe „Einheit" und „Zahl"

| | | |
|---|---|---|
| Sensorisch-motorisches Element | $0^{II}_{ab}\ldots{}^{I}_{n}0$ | Abfolge von auf sensorische Signale zentrierten Bewußtseinspulsen, durch unzentrierte Pulse begrenzt |
| (Minimalrepräsentation) | $0^{I}_{a}0$ | Durch spezifisches sensorisches Signal gekennzeichnetes sensorisch-motorisches Element |
| Vielheit | $\ldots 0^{I}_{a}00^{I}_{a}00^{I}_{a}0\ldots$ | Offene Abfolge sensorisch-motorischer Elemente mit gemeinsamem sensorischem Merkmal |
| Ansammlung | $(0^{I}_{a}00^{I}_{a}0\ldots0^{I}_{a}0)$ | Erfahrungsbegrenzte Vielheit |
| *Erste (empirische) Abstraktion* Einheitliches Element | $0^{I}_{n}0$ | Abstrahiertes „figurales" Muster eines sensorisch-motorischen Elements, noch abhängig von sensorischem Material |
| Menge | $(0^{I}_{n}00^{I}_{n}0\ldots0^{I}_{n}0)$ | Abstrahiertes „figurales" Muster der Ansammlung, noch abhängig von sensorischem Material |
| Arithmetische Menge | (0I0I0...I0) | Abfolge einheitlicher, auf iterative Bewußtseinsmuster reduzierter Elemente |
| *Zweite (reflexive) Abstraktion* Arithmetische Einheit | $0^{\,I}_{(0I0)}0$ | Bewußtseinsmuster des einheitlichen Elements, das so wiederverarbeitet worden ist, daß es das Kernelement des einheitlichen Musters bildet |
| Zahl | $0^{\,I}_{(0I0I0\ldots I0)}0$ | Bewußtseinsmuster einer arithmetischen Menge, das so wiederverarbeitet wurde, daß es das Kernelement des einheitlichen Musters bildet |

# „Subitizing": Die Rolle figuraler Muster in der Entwicklung von Zahlbegriffen

„Kein Denken, auch das reinste nicht, kann anders als mit Hilfe der allgemeinen Formen der Sinnlichkeit geschehen: nur in ihnen können wir es auffassen und gleichsam festhalten."
W. v. Humboldt (1907, 581)

Wenn wir ein Zahlwort hören, dann wissen wir – wie schon Euklid –, daß es sich auf eine begriffliche Einheit bezieht, die selbst wieder aus Einheiten gebildet ist. In einer normalen Alltagssituation haben wir wenig Probleme mit diesen Teileinheiten. Wir wissen, welche es sind, denn der Sprecher *sagt* es uns, oder wir *sehen* sie vor uns, oder wir können uns aufgrund einer bestimmten Erfahrungssituation an sie *erinnern*. In Alltagssituationen beziehen sich Zahlwörter also auf tatsächliche oder *vor*-gestellte (imaginierte) perzeptuelle Elemente. In der Mathematik ist dies jedoch nicht der Fall, auch dann nicht, wenn wir uns, wie in diesem Aufsatz, nur mit ganzen Zahlen beschäftigen und alle die ausgeklügelten Dinge beiseitelassen, die Mathematiker auch als „Zahlen" bezeichnen. Wenn Kinder Arithmetik lernen, dann erwartet man von ihnen, daß sie die Bedeutung von Zahlwörtern aus den Wahrnehmungssituationen „abstrahieren", in denen wir sie gebrauchen. Sie sollen etwa ausrechnen, wieviel 7 + 5 ist, und obwohl sie am Anfang vielleicht Hilfsmittel bekommen, z.B. Glasmurmeln, Spielsteine oder Kekse, wird erwartet, daß sie solche Aufgaben schließlich *ohne* die Hilfe irgendwelcher perzeptueller oder anschaulicher Krücken bewältigen. Diese Erwartung wird zwar von vielen Kindern erfüllt, die Tatsache aber, daß manche Kinder ihr nur langsam, andere überhaupt nicht entsprechen, führt unvermeidlich zu der Frage, wie wir denn genauer bestimmen können, was hier eigentlich geleistet werden muß.

Zwei frühere Aufsätze aus unserer Forschungsgruppe haben sich mit einigen Aspekten dieser Frage beschäftigt. Der erste hat eine Analyse von Zähltypen geboten und im besonderen die Entwicklung der Fähigkeit dargelegt, abstrakte Einzelelemente zu zählen, die wohl von sensomotorischem Material abgeleitet wurden, aber nicht mehr davon abhängig sind (Steffe/Richards/von Glasersfeld 1979); der zweite Aufsatz beschrieb ein theoretisches Modell der abstrakten begrifflichen Strukturen, die wir „Einheit" und „Zahl" nennen (von Glasersfeld 1981 b).

Im folgenden werde ich mich mit dem Phänomen des „subitizing" beschäftigen, das seit langem bekannt ist, gewöhnlich aber als eine Merkwürdigkeit betrachtet wird, die für den Erwerb numerischer Fertigkeiten im besten Falle von nebensächlicher Bedeutung ist. (Der Begriff „subitizing" wurde von Kaufman u.a. 1949 eingeführt, und zwar in einem Forschungsbericht über frühe Arbeiten zur Wahrnehmung von „Zahlen" in visuellen Anordnungen, die aus einer Mehrzahl ähnlicher Elemente bestanden. Eine neuere Übersicht der Literatur sowie experimenteller Ergebnisse zu diesem Phänomen bieten Mandler/Shebo 1980.) Steffes umfassende Untersuchungen der Entwicklung kindlicher Rechenfertigkeiten zeigt sehr deutlich, daß die differenzierte Wahrnehmung und darauffolgende Abbildung kleiner Mengen von vier oder fünf Elementen in der Entwicklung arithmetischer Operationen eine unentbehrliche Rolle spielen (Steffe/von Glasersfeld/Richards/Cobb 1983). (Schon Binet hat in seinen interessanten Untersuchungen zur Zahlwahrnehmung bemerkt, daß die Fähigkeiten von Vierjährigen, Objektkonfigurationen mit dem richtigen Zahlwort zu belegen, die Obergrenze fünf nicht überschreiten können, vgl. Pollack/Brenner 1969, 89.) Die Denkansätze, denen ich hier folge, entspringen alle dieser Interpretation des kindlichen Verhaltens in Versuchen, einfache Zahlenprobleme zu lösen, im besonderen auch dem Vorschlag Steffes, daß Kinder „subitizing“ als Mittel der Repräsentation benutzen, wenn keine Wahrnehmungselemente verfügbar sind. Ich möchte jedoch zeigen, daß die Wahrnehmung zusammengesetzter figuraler Muster eine noch grundlegendere Rolle spielt, und zwar als wesentlicher Baustein der Entstehung des Zahlbegriffs selbst. Um diese Behauptung zu begründen, möchte ich mit der Darstellung eines Modells beginnen, das vor einiger Zeit im Zusammenhang mit psycholinguistischen Untersuchungen entwickelt wurde und die Verbindungen zwischen Wörtern und ihren Bedeutungen explizieren sollte. Ich werde sodann dieses Modell auf den Spezialfall der Zahlwörter anwenden, die mit räumlichen wie auch mit zeitlichen Konfigurationen von Wahrnehmungselementen verknüpft werden. Zum Schluß möchte ich zu zeigen versuchen, wie dieses Modell in Verbindung mit Piagets Vorstellung der „empirischen“ (oder „generalisierenden“) und „reflexiven“ Abstraktion die Integration der differenzierten Wahrnehmung kleiner Mengen (d.h. „subitizing“) in eine allgemeinere Theorie der Zahlbegriffe und numerischen Operationen ermöglicht.

**Wörter und Bedeutungen**

Zahlwörter sind ebenso wie andere Wörter und konventionelle Kommunikationsmittel in das umfassende semiotische System der Spezies Mensch eingebettet, in dessen Benutzung wir alle hineingewachsen sind, ohne daß wir besondere theoretische Vorstellungen entwickelt hätten, wie es funktioniert. Die scheinbare Mühelosigkeit, mit der wir Menschen in der Regel eine Sprache erwerben und zu mehr oder minder geschickten Kommunikatoren werden, ohne jemals wirklich zu verstehen, wie Sprache funktioniert – und gerade das macht eben eine *natürliche* Sprache aus –, hat dazu beigetragen, daß gewisse falsche Sehweisen des sogenannten „gesunden Menschenverstandes“ weiter vorherrschen, obwohl sie seit langer Zeit ein genaueres Verständnis der in Frage stehenden Prozesse verhindert haben. Dazu gehört etwa die Auffassung, daß Wörter sich auf Gegenstände in einer vom jeweiligen Sprachbenutzer unabhängigen „wirklichen“ Welt beziehen, die für die Sprachwissenschaft ebenso hinderlich war wie die angebliche Verknüpfung von Zahlwörtern mit Mengen von Gegenständen für das angemessene Verständnis numerischer Operationen.

Man hätte sich viel Zeit und vergebliche Mühe sparen können, wäre man den schon zu Beginn dieses Jahrhunderts vorgelegten sprachtheoretischen Lehren Ferdinand de Saussures gefolgt. (F. de Saussure ist inzwischen mehrmals wiederentdeckt und in Teilen ausgebeutet worden, neuerdings auch von Soziologen: vgl. Lemert 1979.) Saussure schreibt:

„... sie (die Sprache) bildet ein System von Zeichen, in dem einzig die Verbindung von Sinn und Lautzeichen wesentlich ist und in dem die beiden Seiten des Zeichens gleichermaßen psychisch sind.“ (de Saussure 1967, 18)

„Das sprachliche Zeichen vereinigt in sich nicht einen Namen und eine Sache, sondern eine Vorstellung und ein Lautbild." (Ebda. 77)

Saussures Vorstellungen können durch ein einfaches Schaubild ergänzt werden, welches zeigt, daß die „semantische Verknüpfung" stets im Bereich des erfahrenden Subjekts, also diesseits der Erfahrungsschnittstelle liegt und nicht in dem, was oft die „objektive Umwelt' genannt wird (vgl. Abb. 1).

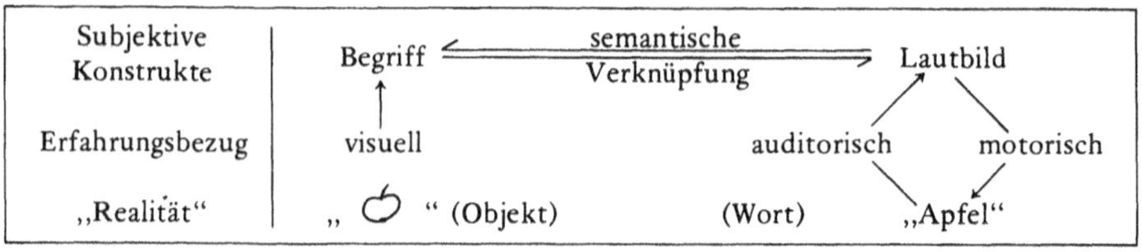


**Abb. 1:** Graphische Veranschaulichung von de Saussures Auffassung „Das sprachliche Zeichen vereinigt in sich nicht einen Namen und eine Sache, sondern eine Vorstellung und ein Lautbild." (de Saussure 1967, 77)

De Saussures Ausdruck „Lautbild" bezieht sich auf begriffliche Repräsentationen, die von der Erfahrung gesprochener Wörter abstrahiert sind, und ist damit analog dem Ausdruck „Vorstellung", der sich auf die begrifflichen Repräsentationen nicht-verbaler Erfahrungen bezieht. Die Realität und die als ihre Teile aufgefaßten Elemente sind zwischen Anführungszeichen gesetzt, denn in der Sicht des Konstruktivisten sind sie externalisierte Perzepte eines Beobachters und nicht „reale" Dinge oder Ereignisse in einer vom Beobachter unabhängigen ontologischen Welt (vgl. von Glasersfeld 1974a; Richards/von Glasersfeld 1979).

Ogden/Richards haben in ihrer klassischen Arbeit *The Meaning of Meaning* (1923) diese Anordnung beträchtlich simplifiziert, „Vorstellung" und „Lautbild" (in irreführender Vermengung) zusammen an die Spitze eines Dreiecks gesetzt, dessen Basisecken auf einen „Referenten" (ein Objekt) bzw. auf ein „Symbol" (Wort) zeigten. Stark beeinflußt durch den Aufstieg des Behaviorismus, hatten sie offensichtlich Hemmungen gegenüber „mentalen" Konstrukten wie Vorstellungen und Lautbildern, hielten es aber nach wie vor für notwendig, das Wort „Gedanke" an die Spitze ihres Dreiecks zu setzen. Man muß nach wie vor anerkennen, daß sie ausdrücklich betonten, die direkte Verbindung zwischen dem Symbol und dem objektiven Referenten sei eine vorgestellte oder „behauptete". Ihre Simplifizierung war jedoch leider ein Schritt in die Richtung des radikalen Behaviorismus, jener Schule, die kurz danach zur Blüte kam und versuchte, das Denken insgesamt zu eliminieren und durch direkt verknüpfte „Stimuli" und „Reaktionen" anstelle von Symbolen und Referenten zu ersetzen. Es hat lange Zeit gebraucht, diese kategorische Ausschaltung mentaler Operationen und Bedeutungen sowohl in der Linguistik als auch in der Psychologie zu überwinden. Inzwischen hat sich die allgemeine Auffassung jedoch geändert, und wir können wieder die Sicht einnehmen, die zu Beginn dieses Jahrhunderts galt, als nicht nur de Saussure, sondern auch Charles Peirce erkannt hatten, daß es zwischen Symbolen und deren Referenten keine andere Verbindung geben kann als die, die im Geist ihrer Benutzer hergestellt wird.

Wir dürfen nun aber das schematische Bild von de Saussures „psychologischer" Verbindung zwischen Wörtern und Dingen nicht weiter vereinfachen, sondern müssen es beträchtlich erweitern, damit es als ein plausibles Modell der menschlichen Sprachverarbeitung dienen kann. Für den gegenwärtigen Zweck genügt es zu sagen, daß ein derartiges Modell den Schritt von Perzepten zu Repräsentationen, sowie den Schritt von Repräsentationen zu motorischen Programmen für die Produktion von Äußerungen enthalten muß (vgl. Abb. 2).[1]

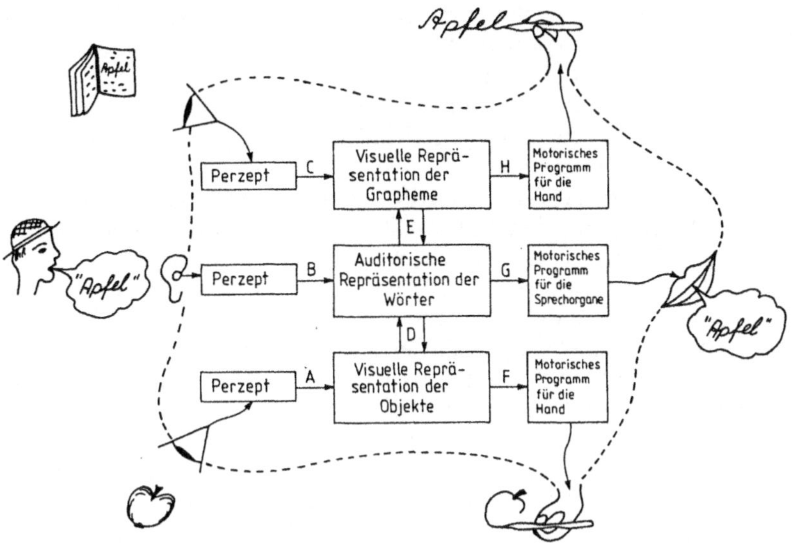


**Abb. 2:** Hypothetisches Modell eines Beobachters für semantische Verknüpfung (D und E) auf der sensomotorischen Ebene zwischen Lautbildern und Vorstellungen. Taktile und propriozeptive Elemente sind ebenso vernachlässigt wie Geruch und Geschmack, die natürlich weitere Bestandteile der Vorstellung „Apfel" bilden.

Diese Analyse unterscheidet zwischen dem Hören eines Wortes und dem Sprechen eines Wortes und zeigt die zweifache semantische Verknüpfung auditorischer Wortrepräsentationen mit visuellen Repräsentationen perzeptueller Gegenstände bzw. mit Repräsentationen geschriebener (und gedruckter) Wörter. Das Schaubild ist natürlich grob vereinfacht, denn es zeigt nur die bildhafte, die sensomotorische Ebene sprachlicher Fertigkeiten. Die operativen, d.h. die begrifflichen Ebenen müßten in einer dritten Dimension darüber angeführt werden. Es zeigt außerdem keine allgemeinen mehr oder minder „idealen" Begriffe, etwa „Kreis-

[1]) Ich möchte nachdrücklich betonen, daß „Repräsentation" im konstruktivistischen Sinne *nie* das Bild einer vom erfahrenden Subjekt unabhängigen „Außen"-Welt bedeutet, sondern ganz buchstäblich die *Re*-Konstruktion eines Etwas ist, das in einer vorausgegangenen Erfahrungssituation konstruiert worden war. Auch das Wort „Begriff" darf nicht so verstanden werden wie in der behavioristischen Lernpsychologie, nämlich als simple Benennung einer Dimension der Wahrnehmung wie etwa Farbe, Form, Größe, es bezieht sich vielmehr auf jede Struktur, die aus dem Prozeß der Erfahrungskonstruktion als rekurrent verwendbar abstrahiert worden ist, etwa zum Zweck der Verknüpfung oder Klassifikation von Erfahrungssituationen. Um als „Begriffe" gelten zu können, müssen solche Konstrukte so stabil sein, daß sie auch ohne Wahrnehmungs-Input vorgestellt werden können.

förmigkeit" oder „Kugelhaftigkeit", – Konstrukte also, die im Erkennen (in der Assimilation) perzeptueller Muster (z.B. Äpfel) eine wichtige Rolle spielen, selbst aber nicht Teil, sondern *Ergebnis* früherer sensorischer Erfahrung sind. Abstraktionen entstehen, wie W. von Humboldt mit exemplarischer Klarheit ausgeführt hat, aus einem Prozeß, der gewöhnlich als „Reflexion" bezeichnet wird:

„Das Wesen des Denkens besteht im Reflektiren, d.h. im Unterscheiden des Denkens von dem Gedachten." (von Humboldt 1907, 581).

Der gleiche Prozeß wurde 1890 von Husserl beschrieben und analysiert[2]), und auch Piaget hat den Begriff „reflexive Abstraktion" ständig benutzt und von dem Begriff „empirischer Abstraktion" geschieden. Vor kurzem (Piaget 1975, 63) hat er die Überzeugung gewonnen, daß beide Typen der Abstraktion in ständiger Interaktion auftreten. Für die analytische Darlegung ist es jedoch von Nutzen, diese beiden Ebenen der Abstraktion hintereinander zu präsentieren, auch wenn sie in der tatsächlichen Entwicklung des Kindes laut der gegenwärtigen Auffassung Piagets häufig aufeinander einwirken.

Im Kontext dieses Aufsatzes werde ich mit dem Begriff „empirische Abstraktion" das Abstrahieren figuraler Muster aus sensomotorischer Erfahrung benennen, mit dem Begriff „reflexive Abstraktion" aber jene höhere Ebene der Abstraktion, die die Ergebnisse der empirischen Abstraktion sowie anderer Operationen als Rohmaterial verwendet. Ich werde daher so verfahren, daß es sich um empirische Abstraktion handelt, wenn das erfahrende Subjekt sich nicht dem spezifischen sensorischen Inhalt der Erfahrung zuwendet, sondern den Operationen, die perzeptuelle und propriozeptive Elemente zu mehr oder minder stabilen Mustern *kombinieren*. Diese Muster bestehen aus Bewegungen, seien es physische, seien es solche des Bewußtseins, und bilden „Abtastpfade", die Partikel sensorischer Erfahrung miteinander verknüpfen. Um in einem Wahrnehmungs- und Repräsentationsprozeß verwirklicht zu werden, bedürfen diese Muster sensorischen Materials *irgendwelcher* Art, es ist jedoch die Bewegung und nicht das spezifische sensorische Material, das im Einzelfall die Eigenart der Muster festlegt. Aufgrund dieser Abhängigkeit von gewissem (nicht weiter festgelegtem) sensorischem Material sowie von Bewegung werden sie *figurale* Muster genannt. Die reflexive Abstraktion andererseits findet dann statt, wenn das erfahrende Subjekt sich nur den *mentalen* Operationen zuwendet und diese von dem sensomotorischen Zusammenhang abstrahiert, aus dem sie entstanden sind. Wie Piaget/Szeminska (1967; Piaget 1970) und viele andere dargelegt haben, sind Zahlbegriffe bar aller sensomotorischen Eigenschaften und beruhen daher notwendig auf reflexiver Abstraktion.

Ein Weg zur Gewinnung gänzlich abstrakter Zahlbegriffe, die unabhängig nicht nur vom sensomotorischen Material, sondern auch von figuralen Mustern sind, wurde in einer früheren Arbeit beschrieben (von Glasersfeld 1981b). Hier nun möchte ich mich der Frage zuwenden, wie die primitiveren perzeptuellen Begriffe (die der Zahlvorstellung vorausgehen) in das allgemeine semiotische System passen, das ich oben skizziert habe, und wie sich im besonderen ihre Verknüpfung mit Zahlwörtern entwickelt.

---

[2]) Husserl (1970, 2) gibt die folgende Definition: „Was die psychologische Grundlage dieser komplizierten Bildungen anlangt, so erkennt man, daß hier *psychische Akte höherer Ordnung* vorliegen, d.h. psychische Akte, welche wieder auf psychische Akte gerichtet sind und erst durch Vermittlung dieser auf die primären Inhalte gehen."

**Zahlwörter ohne Zahlen**

Zahlwörter sind Wörter, und wie andere Wörter auch können Kinder sie schon viel früher aufsagen, als sie entsprechende perzeptuelle Repräsentationen, geschweige denn abstrakte Begriffe als ihnen zugehörige Bedeutungen entwickelt haben (in Abb. 2 werden also die Verbindungen B und G vor den Verbindungen D und E aufgebaut). Das Erlernen leerer, noch bedeutungsloser Wörter ist nun sowohl leichter als auch wahrscheinlicher, wenn die Wörter häufig in einer festgelegten Ordnung auftreten. Dies ist bei Zahlwörtern natürlich ebenso der Fall wie bei Gedichten und Gebeten, die Kinder ohne das geringste Verständnis auswendig lernen können. Schon vor langer Zeit hat Piaget festgehalten, daß das Aufsagen der Kette der ersten Zahlwörter Kindern zwar schon früh aufgezwungen wird (wenn sie noch keine vier Jahre alt sind), aber „durchaus nur verbal und ohne jede operationale Bedeutung“ bleibt (Piaget/Szeminska 1967, 48; vgl. auch Pollio/Whitacre 1970; Potter/Levy 1968; Saxe 1979).

Schon früher aber können sich Kinder einzelne Zahlwörter ebenso aneignen wie sie Wörter für Gegenstände lernen. Dabei handelt es sich gewöhnlich um die ersten paar Zahlwörter der üblichen Reihe, zumindest „eins“ bis „fünf“, und da es diese sind, die hernach auch beim „subitizing“ eine Rolle spielen, müssen wir uns fragen, wie denn überhaupt Wörter irgendwelcher Art erst einmal erworben werden.

Ein zwölf Monate altes Kind wird die auditorische Erfahrung des Wortes „Löffel“ (das die Mutter immer wieder äußert) mit der globalen sensomotorischen Erfahrung der Fütterung mit dem Löffel verbinden, auch mit dem Versuch, selbst mit dem Löffel zu essen. Es wird sodann auch versuchen, diese Hörerfahrung durch eigene Sprechversuche zu reproduzieren. Im Alter von vierundzwanzig Monaten hat das Kind in jedem Fall seine sensomotorische Erfahrung so hinreichend segmentiert und organisiert, daß es den Löffel ausschließlich als visuelles Objekt (d.h. ohne zusätzliche taktile oder motorische Wahrnehmungen) und aus jedem beliebigen Winkel erkennen kann. Der Löffel ist damit zu einem „permanenten Gegenstand“ geworden (Piaget 1937), der ein charakteristisches visuelles Muster sowie weitere sensomotorische Aspekte aufweist, die als Vorstellung hervorgebracht werden können, wenn das Objekt nicht sichtbar ist, und diese Vorstellung oder Repräsentation hat eine starke semantische Verbindung mit dem Lautbild des Wortes „Löffel“ (Verbindung D in Abb. 2).

Sobald sich einmal semantische Verknüpfungen bilden, kann jedes rekurrente figurale Muster semantisch mit einem Zahlwort verknüpft werden. Es ist häufig genug beobachtet worden, daß Kinder dies tatsächlich so machen (vgl. Wirtz 1980, 2).

Figurale Muster können in zwei Gruppen aufgeteilt werden: die einen werden als eine räumliche Konfiguration gebildet (der ein bestimmter Abtastweg, ein „scan path“, entspricht), die anderen entstehen als zeitliche Abfolge (der ein Rhythmus entspricht). In beiden Gruppen ergibt die empirische Abstraktion von dem konkret gegebenen sensorischen Material, aus dem die einzelnen Konfigurationen oder Sequenzen aufgebaut sind, figurale Muster, die von allgemeiner Anwendbarkeit sind und semantisch mit bestimmten Namen verknüpft werden können. So kennen wir etwa die Vorstellung „Dreieckigkeit“, die uns ermöglicht, räumliche Konfigurationen als Dreiecke zu *sehen*, unabhängig von ihrer Farbe, Größe, ihren Winkeln, oder anderen sensorischen Merkmalen; und in der temporalen Gruppe haben wir Vorstellungen wie etwa „Walzer“ oder „Iambus“, die uns erlauben, diese besonderen Rhythmen unabhängig von den auditorischen Besonderheiten zu erkennen, durch die sie konkret verwirklicht werden. Da „subitizing" meist als visuelles Phänomen untersucht worden ist, möchte ich mich zunächst mit den semantischen Verbindungen zwischen Zahlwörtern und räumlichen Konfigurationen befassen, erst danach mit jenen, die temporale Muster betreffen.

### Räumliche Konfigurationen

Wenn man einem Kind Zahlnachbildungen aus Holz oder Kunststoff zum Spielen gibt, und wenn diese Spielzeuge gelegentlich von den Eltern als eine „Drei", eine „Eins" oder eine „Acht" bezeichnet werden, dann verbindet das Kind rasch die visuellen Muster mit den zugehörigen Namen. Gibt man dem Kind dann Dominosteine, wird es Punktkonfigurationen als alternative semantische Verknüpfungen mit den Zahlwörtern hinzunehmen, und es wird das gleiche tun mit den verschiedenen Anordnungen von Bildelementen auf Spielkarten, sobald es mit einem Kartenspiel bekannt gemacht wird. Und von da an wird das Kind immer wieder Verknüpfungen mit jedem Muster herstellen, das in seiner Erfahrung beständig zusammen mit ein und demselben Zahlwort auftritt. Das ist in keiner Weise anders als das, was ein Kind tun muß und tut, um Geläufigkeit im Gebrauch gängiger Wörter wie „Hund" zu erwerben. Gehört etwa ein Pudel zum Haushalt, dann wird die Abbildung des Pudelperzepts die erste Bedeutung dieses Worts „Hund" sein. Sobald ein weiterer Hund in den Erfahrungsbereich des Kindes tritt, werden neue perzeptuelle Muster mit dem Wort assoziiert werden. Auch wenn einige Theoretiker (z.B. Katz/Fodor 1963) es behauptet haben, ist doch völlig unvorstellbar, daß ein Kind eine einzige umfassende Repräsentation für alle Hundeperzepte bildet, wenn es entdeckt, daß Erwachsene das Wort „Hund" nicht nur für ihren Pudel, sondern auch für einen Dachshund, eine dänische Dogge, einen Bernhardiner oder eine Bulldogge verwenden. Keine allen gemeinsame figurale Abbildung würde nämlich die Mannigfaltigkeit hundeartiger Wesen abdecken, ohne Angehörige anderer Arten irrtümlich miteinzuschließen (vgl. Barrett 1978). Kinder können daher den Anwendungsbereich eines Wortes überziehen und „Hund" sagen, wenn sie zum ersten Mal ein Lamm oder ein Kalb sehen. Dennoch aber lernen Kinder es schließlich, das Wort „Hund" in angemessener Weise für visuell ganz verschiedene Tiere zu gebrauchen, die alle nur deshalb zur Klasse der Hunde gehören, weil die Zoologen eine taxonomische Definition dafür festgelegt haben, die auf Merkmalen beruht, welche himmelweit von der visuellen oder sensomotorischen Erfahrung von Kindern entfernt sind. Das Erlernen des angemessenen Wortgebrauchs wird verständlich, wenn wir dabei an *alternative* Repräsentationen denken, die über unterschiedliche Assoziationen mit *einem* Wort verknüpft sind, und nicht so sehr an eine Vielfalt von Erfahrungen, die mit einer einzigen Abbildung verbunden ist.[3])

Die Hypothese alternativer figuraler Repräsentationen, die in dem Sinne „äquivalent" sind, daß sie alle semantisch mit einem einzigen Wort verknüpft werden, hat den Vorzug, daß sie unmittelbar dazu paßt, daß Kinder eine beträchtliche Vielfalt figuraler Muster als zulässige Bezugsgrößen eines Zahlwortes schon erken-

---

[3]) Es darf hier nicht vergessen werden, daß dies für die Perspektive des Kindes gilt, das in eine Sprachgemeinschaft hineinwächst, in eine Gemeinschaft also, wo jedes künftige Mitglied eine Vielzahl von Verbindungen zwischen Erfahrungselementen und Lautbildern beherrschen *muß*. Natürlich werden in einer solchen Gemeinschaft im Wege der Übereinkunft immer wieder auch neue „arbiträre" semantische Verknüpfungen geschaffen (vgl. de Saussure 1967), ein Kind oder eine Einzelperson *allein* kann dies nicht.

nen, bevor sie noch irgendeine Vorstellung von *Zahl* oder *Mächtigkeit* haben. Das Lautbild „drei“ wird ohne Mühe mit all den perzeptuellen Konfigurationen verbunden, die von den Erwachsenen, in deren Gesellschaft das Kind aufwächst, mit „drei“ bezeichnet werden. Da gibt es Finger-, Punkt- und Linienmuster, Anordnungen verschiedener Bildelemente (Herz, Karo usw.), und natürlich all die Variationen der Ziffer „3“.

Einige dieser figuralen Muster sind in dem Sinne „ikonisch“, daß sie aus perzeptuellen Einheiten zusammengesetzt sind, die quantitativ (für einen zählenden Beobachter, der bereits über Zahlbegriffe verfügt) genau die Mächtigkeit darstellen, die das Zahlwort benennt, mit dem sie verknüpft sind. Andere, wie etwa die arabischen Zahlen (und die römischen Zahlen über III) sind nicht ikonisch, denn sie bestehen nicht in einer Verbindung von Elementen, die die von ihnen ausgedrückte Mächtigkeit darstellt. Ich meine also, daß das Kind durch „subitizing“ figurale Muster mit Zahlwörtern über eine *semantische* Verbindung assoziiert und nicht aufgrund der Anzahl der perzeptuellen Einheiten, aus denen die Muster gebildet sind. In den Akten des „subitizing“ werden die figuralen Muster, die sie jeweils auslösen, als figurale Ganzheiten aufgefaßt, nicht als aus Elementen zusammengesetzte Gebilde. Sie werden also als globale Konfigurationen, nicht als Anhäufung zählbarer Elemente erkannt. Zu den überzeugendsten Demonstrationen der Tatsache, daß „subitizing“ keinerlei Wahrnehmung von Zahlen oder Zahlenmächtigkeit bedeutet, gehört vielleicht die Fähigkeit des Kartenspielers, Spielkarten auch dann zu erkennen und zu benennen, wenn nur ein Teil der perzeptuellen Einheiten sichtbar ist, die die entsprechende Konfiguration aufbauen (vgl. Abb. 3). Die Namen der Karten sind natürlich Zahlwörter.

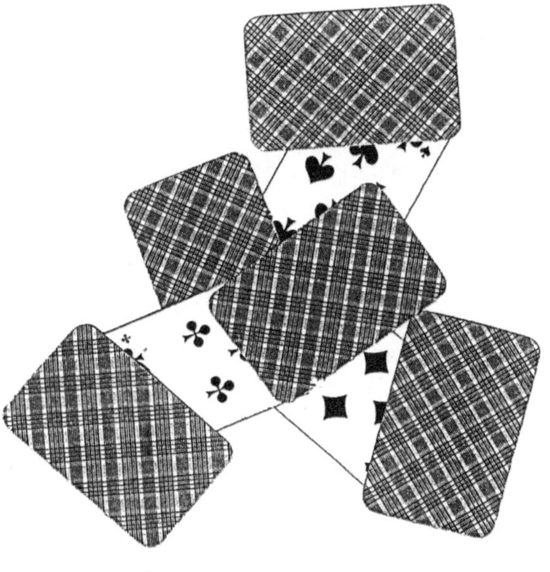

**Abb. 3:** Spielkarten, die mit Zahlwörtern benannt werden, können ohne jede „Zahlwahrnehmung“ und ohne Zählen richtig identifiziert werden (aus von Glasersfeld 1981f).

In diesem Falle werden die Zahlwörter jedoch nicht durch die wahrgenommenen Zahlenmächtigkeiten aufgerufen, sondern vielmehr durch Konfigurationen, die so vertraut sind, daß ihre Repräsentation trotz nur teilweiser Wahrnehmung vollständig hergestellt werden kann. Dieses Wiedererkennen ist der schlagende Nachweis einer Fähigkeit, die die Gestaltpsychologen schon vor langer Zeit beobachtet haben. Piaget/Szeminska haben sie gut veranschaulicht, als sie feststellten, daß die Eckpunkte eines Dreiecks immer den Eckpunkten anderer Dreiecke entsprechen, unabhängig davon, ob man weiß, daß ihre Zahl stets dieselbe ist, ebenso wie die Teile eines menschlichen Gesichtes denen eines anderen entsprechen (1967, 93). Die Ecken eines Dreiecks „entsprechen" den Ecken *aller* Dreiecke, denn sie bilden die Wendepunkte eines Abtastprozesses, der für alle Dreiecke gleich ist, unabhängig von ihren Winkeln oder ihrer Größe. (Wir konnten dies mithilfe eines recht simplen Programms für einen Kleincomputer zeigen, das Dreiecke ohne Fehler „erkannte", und zwar ausschließlich aufgrund der im Abtastprozeß durchlaufenen Bewegungen, *nicht* anhand irgendwelcher geometrischer Kriterien. Vgl. Czerny/von Glasersfeld 1979.) In ähnlicher Weise entsprechen die Teile eines Gesichts den Teilen aller Gesichter, denn allen entspricht der gleiche Abtastverlauf (ausgenommen einige der Gesichter, die Picasso gemalt hat, die eine besondere Wahrnehmungsprozedur erfordern). Ein einheitlicher, nämlich ein gerader Abtastweg kennzeichnet alle figuralen Anordnungen aus zwei Elementen, und viele Anordnungen von vier Elementen lassen sich auf einer quadrilateralen Bahn abschreiten. Da sich diese charakteristischen Bahnen als figurale Repräsentationen von „Zweien", von dreieckigen „Dreien", quadrilateralen „Vieren" und gewissen „Fünfen" abstrahieren lassen, reduzieren sie die Anzahl der einzelnen figuralen Abbildungen, die im Falle von räumlichen Mustern aus bis zu fünf perzeptuellen Einheiten erinnert werden müssen. Und diese Ökonomisierung wird ohne jeglichen Bezug auf Zahlen erreicht, noch auch hat der Begriff der Mächtigkeit irgendetwas mit diesem Verfahren zu tun (vgl. Mandler/Shebo 1980).

Als ich vorhin sagte, daß die verschiedenen figuralen Repräsentationen, die mit ein und derselben Zahlbezeichnung assoziiert werden, „äquivalent" sind, habe ich mich auf ihre *semantische* Äquivalenz bezogen. Die Leichtigkeit oder Unmittelbarkeit, mit der die einzelnen Konfigurationen visuell erkannt werden, kann natürlich stark variieren. Die Vertrautheit und auch die strukturellen Merkmale der Muster beeinflussen sowohl die Geschwindigkeit als auch die Genauigkeit ihrer Wahrnehmung. Die Forschungsarbeit von Brownell, der eine umfangreiche Untersuchung des „Erfassens visueller konkreter Zahlen" (1928) durchgeführt hat, enthält viele Beobachtungen zur präferentiellen Verknüpfung spezifischer Konfigurationen mit bestimmten Zahlen durch Kinder, sowie zu der Tatsache, daß figurale Regularitäten das „Erfassen" der korrekten Mächtigkeit erleichtern. Leider hat Brownell mit der realistischen Annahme gearbeitet, daß Zahlen „konkret" sind und daher durch Wahrnehmung „erfaßt" werden können. Er hat folglich angenommen, daß unabhängig davon, wie etwa vier Elemente im Raum angeordnet sind, die Wahrnehmung einer Zahl stets die gleiche Aufgabe bedeutet, und er hat sich große Mühe gegeben, die an unterschiedlichem „sensorischem Material" vorgenommenen Messungen auf Durchschnittswerte zu bringen. Er hat sogar die frühere Arbeit von Howell (1914) kritisiert, da sie nur einen Typ von „Zahlenbildern" eingesetzt hatte, nämlich den quadratischen, der Zahlen so abbildet, daß er Punkte an die Ecken imaginärer Quadrate setzt. In meiner Sicht bietet Howells Untersuchung jedoch Ergebnisse, die auch dann noch von Bedeutung sind, wenn sie genau dem entsprechen, was wir intuitiv vorhersagen würden. Seine Daten zeigen, daß die durch das volle quadratische Muster oder dessen Vielfache abgebildeten Zahlen relativ leichter zu „erfassen" sind als solche, die unvollständige Vierecke, d.h. einen, zwei oder drei einzelne Punkte enthalten. Perzeptuell ist dies sehr sinnvoll, und es ist außerdem genau das, was wir erwarten würden, wenn wir das Problem als ein Problem der visuellen Mustererkennung auffassen, dessen einzige Verbindung mit Zahlen darin liegt, daß bestimmte Zahlwörter (und auf der Ebene des Erwachsenen Mächtigkeiten) semantisch mit bestimmten Punktmustern assoziiert werden.

Howells Untersuchung zeigt diesen „Effekt des leichten Musters" natürlich nur für die quadratische Anordnung von vier Punkten in einer Orientierung (wie in einem horizontal-vertikalen Gitter). Es ist möglich – und manche der Brownellschen Daten scheinen dies nahezulegen –, daß das „Quadrat Vier" sogar noch leichter zu erkennen ist, wenn es auf der Spitze steht, also als „Karo" präsentiert wird. Wir würden ebenso vermuten, daß das Fünfer-Dominomuster vertrauter ist als ein Quadrat Vier mit einem danebenliegenden fünften Punkt. (Beobachtungen von Schaeffer/Eggleston/Scott (1974, 371) bestätigen, daß bestimmte Konfigurationen besonders leicht mit Zahlwörtern verbunden werden, und das sind, so zeigt sich, genau die, von denen man es aufgrund der oben gegebenen Erklärung durch den Abtastverlauf erwarten würde.) Das sind aber Fragen aus dem Bereich der visuellen Mustererkennung. Im Kontext des „subitizing" bei Kindern haben diese Muster keinen Bezug zu den Begriffen der Zahl oder Mächtigkeit.

### Temporale Muster

Es gibt Punktmuster und andere räumliche Konfigurationen, die augenscheinlich nicht auf der Grundlage qualitativer motorischer Merkmale von Abtastverläufen unterscheidbar sind. Werden zwei Punkte als eine charakteristische Konfiguration nur deshalb erkannt, weil sie durch einen gerade verlaufenden Abtastweg verknüpft werden, dann würden drei, vier oder mehr Punkte in linearer Anordnung als das gleiche betrachtet werden. Dies ist jedoch nicht der Fall. Starkey/Cooper (1980) haben sehr schön gezeigt, daß sogar Kleinstkinder unter sechs Monaten drei Punkte in einer Linie von zwei Punkten ziemlich sicher unterscheiden können, vier von sechs Punkten aber nicht. Wir können getrost annehmen, daß Kleinstkinder in diesem Alter nicht zählen können. Andererseits hat das Experiment klargemacht, daß die Unterscheidung nicht vom Abstand zwischen den Punkten oder von der Gesamtausdehnung der Darstellung abhängt. Der Prozeß der Wahrnehmung von zwei Punkten muß also in sich verschieden sein von dem der Wahrnehmung von drei Punkten[4]. Ich meine, daß dieser Unterschied sich aus der Fähigkeit des Nervensystems herleitet, zwischen den temporalen Mustern zu unterscheiden, die aus einer Abfolge von zwei perzeptuellen Akten im Gegensatz zu einem oder dreien bestehen. „Perzeptueller Akt" bedeutet in diesem Zusammenhang nicht mehr und nicht weniger als die Isolierung eines beliebigen Elements

[4]) Ich betone den *Prozeß* der Wahrnehmung, denn – wie ich an anderer Stelle gezeigt habe (von Glasersfeld 1974; 1978; 1979; 1981 f) – auch in der Sicht einer realistischen Epistemologie, die annimmt, „Zweiheit", „Dreiheit" usw. existieren in einer vom erfahrenden Subjekt unabhängigen Welt, muß der wahrnehmende Organismus immer noch jene Muster und Begriffe *konstruieren*, mithilfe derer er die Welt wahrnimmt. Es gibt keinen vorstellbaren Weg, auf dem Muster oder überhaupt irgendwelche *strukturierte* „Information" in einem Stück in den erkennenden Organismus gelangen könnte.

innerhalb des übrigen Erfahrungsfeldes, das wir hier auf das visuelle Feld reduzieren können. Mit anderen Worten, ich postuliere einen neuronalen Mechanismus, der das zweifache Auftreten eines bestimmten Ereignisses vom einfachen oder dreifachen unterscheidet (von Glasersfeld 1981 e). Was nun konkret als zweiteiliges Ereignis und nicht als zwei Einzelereignisse hintereinander gesehen wird, hängt natürlich von temporalen Parametern ab, die wir in das System hineinverlegen müssen, – eine Annahme, die nicht durch die Beobachtung widerlegt werden kann, daß diese temporalen Parameter unter bestimmten Umständen durch Erfahrung, Praxis oder Training modifiziert werden können.

Die bestbekannten Fälle nicht-numerischer Unterscheidung und Wahrnehmung einfacher, zwei- oder dreiteiliger usw. Ereignisse sind wahrscheinlich die, die wir beim Hören von Musik erleben, denn sie bilden dort das Erfahrungsmaterial, das mit dem Ausdruck „Rhythmus" bezeichnet wird. Neuere Arbeiten mit Kindern lassen keinen Zweifel daran, daß die Fähigkeit, einfache Rhythmen zu erinnern, wiederzuerkennen und zu wiederholen (etwa durch Klatschen oder Klopfen) vor jeder abstrakten oder notenmäßigen Abbildung derartiger Rhythmen ausgeprägt ist (Bamberger 1975; 1980; 1982). Eine Abfolge von Takten etwa, die ein Erwachsener mithilfe der herkömmlichen Notation festhalten würde, wird vom Kind als ein figurales Muster auf ähnliche Weise erkannt, wie dies zuerst bei visuellen Mustern geschieht, mit dem Unterschied jedoch, daß der Rhythmus eine Konfiguration in der Zeit ist, während die anderen Gestalten als räumliche Konfigurationen auftreten (von Glasersfeld 1979). In meiner Sicht ist es von besonderem Interesse, daß die Kinder in dieser Untersuchung wenige oder keine Schwierigkeiten hatten, die Rhythmen zu „zeichnen", indem sie ihre eigenen visuellen Abbildungsverfahren erfanden.

Diese spontane Fähigkeit, ein temporales Muster in ein lineares räumliches zu übersetzen, ist ein guter Beleg für meine Annahme, daß die visuelle Wahrnehmung einer linearen Anordnung von Elementen in der Tat durch ihre *rhythmischen* Eigenschaften gekennzeichnet ist (und von anderen visuellen Erfahrungen dieser Art unterschieden werden kann). Sowohl in der visuellen als auch in der auditiven Wahrnehmung wird das temporale Muster durch eine Reihe perzeptueller Akte gebildet, die durch eine bestimmte Abfolge von Bewußtseinspulsen strukturiert werden. Das ist ziemlich augenscheinlich bei Hörerfahrungen, die *notwendig* als geordnete Abfolge von Ereignissen in der Zeit wahrgenommen werden. In der visuellen Erfahrung ist diese Sequentialität verdeckt, denn meistens sind die einzelnen perzeptuellen Akte, die eine räumliche Konfiguration aufbauen, keiner vorgeschriebenen Ordnung unterworfen[5]). Aus diesem Grunde sind lineare Anordnungen eine Art Sonderfall: Hier wird eine bestimmte Ordnung zumindest durch die Leichtigkeit und Ökonomie des linearen Abtastverlaufes nahegelegt.

Ein schlagendes Beispiel der Fähigkeit, räumliche in zeitliche Muster zu transformieren, ist die Tätigkeit des Funkers, der den geschriebenen Morsekode in eine Sequenz von motorischen Akten übersetzt, die einen elektrischen Kontakt herstellen oder unterbrechen. Hier wird die konventionelle Ordnung der von links nach rechts laufenden Zeile in eine temporale Ordnung umgewandelt. Die Gruppen von

---

5) Dieser grundlegende Gegensatz zwischen der unvermeidbaren Sequentialität auditorischer Erfahrung und der willkürlichen Prozeßfolge der visuellen Wahrnehmung ist eng mit Bambergers (1982) Unterscheidung zwischen „Reflexion des Handelns" und „Reflexion über Handeln" verbunden, – einer Unterscheidung, die ohne Zweifel in dem dunklen Gebiet von Piagets *prise de conscience* von Nutzen sein wird.

Punkten und Strichen auf dem Ursprungsband werden weder gezählt noch als numerische Strukturen wahrgenommen, sie werden als Muster perzeptueller Akte aufgefaßt, die unmittelbar in motorischen Akten verwirklicht werden können, denn die rhythmische Konfiguration bleibt als Erfahrung in beiden Modalitäten die gleiche.

Ich meine also, kurz zusammengefaßt, daß die Fähigkeit der Kleinstkinder, zwischen linearen Darstellungen aus einem, zwei oder drei Punkten zu unterscheiden (Starkey/Cooper 1980), die Leichtigkeit, mit der kleine Kinder auditorische Muster graphisch darstellen (Bamberger 1975), die Fertigkeit des Funkers, visuelle in motorische Sequenzen umzusetzen, und schließlich die allgemeine Fähigkeit, lineare Anordnungen perzeptueller Elemente als figurale Muster wahrzunehmen, sämtlich auf die zugrundeliegende Fähigkeit zurückgeführt werden können, einfache temporale Konfigurationen, die eine kennzeichnende iterative Struktur aufweisen, zu unterscheiden, wiederzuerkennen und abzubilden. Derartige iterative Strukturen haben rhythmische Muster, die als *figurale* Muster empirisch aus sensorischen Ereignissen abstrahiert werden können, und zwar nicht nur im auditorischen Modus, sondern auch im kinästhetischen, taktilen und visuellen, denn in all diesen Erfahrungsmodi wird Struktur durch eine gegliederte Abfolge von Bewußtseinsmomenten erzeugt, die in der Erfahrung durch die Abfolge sensorischer Signale festgelegt wurde. Ist diese Abstraktion einmal vorgenommen worden, dann können diese rhythmischen Muster semantisch mit Zahlwörtern assoziiert werden. Die Verknüpfung mit einem Zahlwort macht sie jedoch nicht zu *numerischen* Begriffen. Begrifflich sind sie immer noch *figurale* Muster. Erst die „reflexive“ Abstraktion – die Konzentration des Bewußtseins auf ihre iterative Struktur, nicht nur auf das konkret gegebene oder repräsentierte sensorische Material, durch das diese Struktur gerade verwirklicht wird – kann sie auf die Ebene „reiner“ Abstraktion heben, wie sie für die Vorstellung von Zahlen charakteristisch ist (von Glasersfeld 1981 b).

Zum anderen machen Repräsentationen derartiger rhythmischer Strukturen schon in Form figuraler Muster, die aus Abfolgen von perzeptuellen Elementen bestehen, das Wiedererkennen bestimmter sequentieller Konfigurationen von Punkten, schwarzen und weißen Quadraten, Fingern usw. als Fälle solcher Muster möglich, die mit einem der Zahlwörter zwischen eins und fünf assoziiert werden. So wie also ein charakteristischer Abtastweg das entscheidende Wiedererkennungsmerkmal für bestimmte Klassen räumlicher Muster (z.B. Dreiecke) ist, dient eine charakteristische rhythmische Struktur als das entscheidende Wiedererkennungsmerkmal für große Klassen sensorischer Ereignisse, die auf temporale Muster in der Erfahrung zurückgeführt werden können. Da diese Klassen nicht nur auditorische und motorische Ereignisse umfassen (deren Eigenart in jedem Fall sequentiell ist), sondern auch visuelle und taktile Ereignisse, deren Sequentialität durch eine relativ festgelegte lineare Ordnung des Wahrnehmungsprozesses erzeugt wird, spielt die Wiedererkennung rhythmischer Strukturen eine wichtige Rolle beim Phänomen des „subitizing“ und ist außerdem auch eine notwendige Voraussetzung für die reflexive Abstraktion numerischer Begriffe aus linearen Konfigurationen von Elementen wie etwa Punkten und Plättchen, oder aus Fingermustern.

**Das Problem der Mächtigkeit**

Zahl und Mächtigkeit haben also in der Tat eine Wurzel in der Verarbeitung von Perzepten, und es stellt sich somit die Frage, wie dieser Zusammenhang entsteht. Ich stelle die These zur Diskussion, daß es mehrere voneinander unabhängige Erfahrungswege gibt, die zur Erzeugung der *komplexen* begrifflichen Struktur führen, die wir als Erwachsene gewöhnlich als Zahl benennen. Alle drei Wege tragen zum Zahlbegriff der Erwachsenen bei, keiner davon jedoch bedingt notwendig das Begehen der jeweils anderen.

Bevor ich nun versuche, diese Wege nachzuzeichnen, möchte ich noch begründen, warum ich die Komplexität des Zahlbegriffs hervorgehoben habe. In einer früheren Arbeit (1981 b) habe ich ein Bewußtseinsmodell für die Struktur von Zahlbegriffen vorgestellt und mich auf das *Material* konzentriert, aus dem solche Begriffe gebildet werden können, nämlich auf Bewußtseinspulse. Ich habe explizit festgehalten, daß die Produkte der Bewußtseinskonstruktion zwar eine Mächtigkeit *haben*, daß ihre Struktur aber nicht mit dem *Begriff* der Mächtigkeit vermengt werden darf. Diese Unterscheidung ist besonders wichtig, denn wenn wir im Alltag das Wort „Zahl" gebrauchen, geben wir nicht an, ob wir von einer numerischen Struktur oder von ihrer Mächtigkeit sprechen. Dieser Unterschied kann dadurch deutlicher gemacht werden, daß wir ihn mit einem logisch analogen Unterschied in einem anderen Bereich vergleichen. Die Farben, die wir wahrnehmen, können mit der Wellenfrequenz korreliert werden, die wir als Struktur des Lichtes postulieren. Wenn wir dann also sagen, daß Gelb zwischen den und den Frequenzen liegt, sprechen wir über die Struktur der Farbe Gelb, nicht über die charakteristische Qualität der Gelbheit, die wir von Orange und Grün unterscheiden. Auch wenn wir Wellenlängen und Frequenzen mit unserer Farberfahrung korrelieren können, sagen sie uns nichts über diese Erfahrung, nichts darüber, warum sich diese verändert, wenn wir uns die Frequenzskala entlangbewegen, warum wir Blau sehen, wenn wir uns von Grün nach oben bewegen, und Rot, wenn wir uns von Orange nach unten bewegen. In ähnlicher Weise bietet das Bewußtseinsmodell einen Denkansatz für die Erklärung der Struktur von Zahlbegriffen, sagt uns als solches aber nichts über das, was wir „Mengen" oder „Mächtigkeit" nennen.

Ich Gegensatz zu dieser Farbanalogie, wo es gegenwärtig noch keine Möglichkeit gibt, die qualitative Erfahrung auf ein strukturelles Modell zu beziehen, möchte ich im folgenden zeigen, wie die Vorstellung der Mächtigkeit mit dem Bewußtseinsmodell der Zahl verknüpft werden kann. Ich habe die *Komplexität* von Zahlbegriffen betont, denn in der hier vorgetragenen Auffassung umfassen Zahlen einmal eine Bewußtseinsstruktur, die für alle charakteristisch ist — analog der Wellenvorstellung, die die Struktur aller Farben bestimmt —, und zum anderen eine Vorstellung von Mächtigkeit, die selbst aus den Ergebnissen mehrerer relativ unabhängiger begrifflicher Entwicklungen aufgebaut ist.

### Die Erfahrung von Einheiten, die aus Einheiten bestehen

Kleinst- und Kleinkinder handhaben Gegenstände — Kieselsteine, Knöpfe, Bauklötze oder was immer sie als Spielzeug bekommen oder finden. Häufig entwickelt sich ihr Spiel so, daß sie diese Gegentände an einer Stelle anhäufen und sie hernach Stück für Stück wieder anderswo hinbringen. Diese Manipulationen sind von Forman (1973; Forman/Kuschner/Dempsey 1975) eingehend beobachtet und analysiert worden.

In der Erfahrung — das heißt, wenn wir die Erfahrung des Kindes rekonstruieren, und zwar nicht aus der Perspektive des Beobachters, sondern so, wie sie in der Sicht des Kindes sein könnte — gibt es augenscheinliche Unterschiede zwischen einer Situation mit einem Element und Situationen mit zwei oder drei Elementen. Es ist kein Problem, einen Bauklotz aufzunehmen, jede Hand ist dazu in der Lage.

Gibt es aber zwei, dann kann eine Hand nur einen nach dem anderen aufheben und beide Hände werden gebraucht, wenn die Bauklötze gleichzeitig aufgenommen werden sollen. Gibt es drei, dann kann man nicht alle gleichzeitig aufheben, sie können aber natürlich nacheinander aufgehoben werden. Auch wenn solche Überlegungen dem Erwachsenen trivial erscheinen mögen, liefern sie doch für den Fall des Kindes wichtige Einsichten in das, was ich „protonumerische" Prozesse und Vorstellungen nenne.

1. Der gleichzeitige Gebrauch beider Hände für die Verlagerung von zwei Objekten vermittelt einen direkt spürbaren Unterschied zur visuellen und taktilen Erfahrung räumlicher Konfigurationen mit einem und zwei Elementen, im Gegensatz zu solchen mit zwei oder drei.

2. Gerade die Tatsache, daß die Verlagerung von zwei Gegenständen gleichermaßen dadurch erreicht werden kann, daß man eine Hand zweimal hintereinander oder beide Hände gleichzeitig gebraucht, verleiht der visuellen und taktilen Erfahrung zweier Elemente einen sehr besonderen Status. Die gleichzeitige Bewegung beider Hände kann (wenn man über sie nachdenkt) sowohl als ein „einzelner" als auch als ein „doppelter" Akt aufgefaßt werden, da die motorische Komponente die Einheit, das Ergebnis die Dualität betont.

Auch wenn diese Erfahrung schon viel früher stattfindet oder stattfinden kann, als das Kleinkind irgendwelche Zahlwörter lernt, von Vorstellungen der Mächtigkeit ganz abgesehen, ist es eine Erfahrung, die im Laufe eines Menschenlebens ständig wieder auftritt, einfach deshalb, weil wir zwei Hände haben und diese manchmal einzeln und manchmal zusammen verwenden. Es gibt daher auch in der Erfahrung jedes (normalen) Kindes eine Fülle von Situationen, aus denen die Vorstellung abstrahiert wird, daß die mit „zwei" bezeichneten Konfigurationen konstruiert oder zerlegt werden können, indem man „eins" nimmt und dann noch „eins". Diese Vorstellung bildet als empirische Abstraktion von sensomotorischer Erfahrung solides protonumerisches Wissen.

Wie die Arbeiten von Steffe gezeigt haben, lernen Kinder die Reihe der Zahlennamen und deren angemessenen Gebrauch beim Zählen sensorischer Elemente geraume Zeit bevor sie irgendein Bewußtsein von den abstrakten Einheiten erlangen, die auf der begrifflichen Ebene die Bestandteile von Zahlen bilden (Steffe/Richards/von Glasersfeld 1979; Steffe/Thompson 1979). Kinder im Kindergarten und, wie Gelman/Gallistel (1978) berichten, sogar Dreijährige sind imstande, die lautliche Äußerung der geläufigen Reihe der Zahlwörter mit dem sequentiellen Etikettieren perzeptueller Elemente zu koordinieren. Da diese Tätigkeit im allgemeinen von Erwachsenen gefördert und belohnt wird, die es als einen Beleg für eine weit fortgeschrittene Operationsfähigkeit mit Zahlen ansehen, entwickeln Kinder diese „scheinbare Zahlenfertigkeit" (Hatano 1979) sehr rasch. Sie lernen unter anderem, daß dieses Zählen als die angemessene Reaktion auf jede Frage angesehen wird, die den Ausdruck „wie viele?" enthält, und daß in diesem Zusammenhang der Erfolg stark vergrößert werden kann, wenn sie das letzte Zahlwort der Kette, die sie mit den perzeptuellen Elementen koordinieren, besonders betonen oder nochmal wiederholen. Auch wenn all dies noch immer nichts zu tun hat mit einem Begriff der Zahl oder der Mächtigkeit[6]), verstärkt es den *Anschein*

---

[6]) Gelman/Gallistel (1978) nennen diese *scheinbare* Zahlenbeherrschung „Kardinalprinzip" (79 ff.), und diese recht aufgeblasene Interpretation läßt sie auch den Schluß ziehen, daß das „Aufzählen" schon für das erst zweieinhalbjährige Kind „die Erkenntnis umfaßt, daß die letzte Zählmarke einer Menge – zumindest einer kleinen – die Kardinalzahl dieser Menge darstellt" (98). Ähnlich schreiben Schaefer u.a. (1974, 360):

numerischer Fertigkeiten, was wiederum die Bekräftigung durch die Erwachsenen und folglich das weitere Zunehmen derartiger „Reaktionen" sicherstellt.

Sobald dieses verbale Zählen zur Routine geworden ist, wird es – wie Klahr/Wallace (1976) dargelegt haben – mit der anderen Tätigkeit, die mit Zahlwörtern zu tun hat, mit dem „subitizing" nämlich, interagieren. Dies ist im Falle jener figuralen Muster, die ich ikonisch genannt habe, völlig unvermeidlich. Diese Muster – Finger, Dominosteine, Spielkarten – sind Konfigurationen zählbarer perzeptueller Elemente, und das Kind kann sie daher zählen und wird das zuweilen auch tun. Immer wenn das geschieht, wird solches Zählen mit genau dem Zahlwort enden, das bereits semantisch als Name mit dem Figuralmuster als ganzem assoziiert worden war. Das heißt, ein Punktmuster, das mit „fünf" bezeichnet wurde, wird immer dann „fünf" ergeben, wenn die einzelnen Punkte mit der konventionellen Reihe der Zahlwörter koordiniert werden. Ein derartiges Zusammenfallen bleibt kaum je unbemerkt. Das Kind wird nicht lange brauchen, um zu entdecken, daß zwar die Verbindung zwischen dem Wort „fünf" und dem Zahlzeichen „5" durch Zählen nicht bestätigt werden kann, daß aber die Verbindung zwischen den anderen (ikonischen) Figuralmustern und den Namen, die man ihnen gegeben hat, so bestätigt werden *kann*. Diese Entdeckung bildet die erste Wurzel der Erfahrung des Begriffs der *Mächtigkeit* oder in der Tat der Kardinalität (vgl. Klahr/Wallace 1976). Der Grund dafür ist, daß das Zusammenfallen des Zahlworts als des Endpunkts einer interaktiven Prozedur (d.h. des Aufsagens und Koordinierens einer festgelegten Abfolge von Wörtern) mit dem gleichen Zahlwort als dem Ergebnis eines als Ganzheit wahrgenommenen Figuralmusters die Erfahrungsgrundlage liefert für die Vorstellung der Zahl als einer *Einheit, die aus Einheiten aufgebaut* ist. Die Koordinierung von Zahlwörtern mit einer Abfolge von perzeptuellen Elementen *verlangt*, daß jedes Element als Einheit erfaßt wird. Gleichgültig welche sensorischen Eigenschaften der einzelnen Elemente ausgewählt werden, jedes Element muß, um einen vokalen Akt des Äußerns eines Zahlworts auszulösen, vom übrigen Erfahrungsfeld isoliert und abgehoben werden, d.h. das Element muß durch die Bewußtseinspulse eingerahmt werden, die seine Struktur als Einheit festlegen. In ähnlicher Weise muß jedoch auch die Konfiguration von Elementen, soll sie als Ganzes erkannt werden, durch Bewußtseinspulse eingerahmt werden, die sie zu einer begrifflichen Einheit machen, und sie muß daher notwendig die anderen umfassen.

Ich habe hervorgehoben, daß ich nicht der Meinung bin, daß Kinder im Kindergarten oder im ersten Schuljahr in irgendeiner Weise Bewußtsein haben von den begrifflichen Merkmalen und Relationen, die zur Konstruktion solcher Einheiten aus anderen Einheiten gehören. Zum einen aber sind ihre frühesten protonumerischen Vorstellungen von einzelnen und zweiteiligen motorischen Akten ohne Mühe mit figuralen Mustern und mit den Zahlwörtern „eins" und „zwei" koordiniert worden (und im übrigen über rhythmische Wiederholungen dieser Akte sogar vielleicht mit „drei" und „vier"), zum anderen fahren Kinder fort, figurale

---

Fortsetzung der Fußnote 6 (S. 267)

„Der Beweis dafür, daß das Kind wußte, die letzte beim Zählen aufgesagte Zahl bezeichnete die Anzahl der Spielsteine in der Reihe (die Kardinalitätsregel), war, daß es die letzte Zahl, die es gerade aufgesagt hatte, erneut nennen konnte." – Die angeblich für diese zwei „operationalen Definitionen der Kardinalität" entscheidenden Verhaltensweisen sind in meiner Sicht nicht ausreichend, um *irgendein* Wissen um „Vielheit" oder Mächtigkeit annehmen zu können. Die gleiche Skepsis äußern Fuson/Richards (1980).

Muster wahrzunehmen und zu zählen, wenn sie älter werden, und sie erzeugen wiederholt Erfahrungssituationen, aus denen sie, wenn sie über ihre eigenen Handlungen nachzudenken beginnen, reflexiv den entscheidenden Strukturaspekt des Zahlbegriffs abstrahieren können.

**Die Erfahrung numerischer Relationen**

Der zweite Weg zum vollständigen Zahlbegriff hängt gleichermaßen vom Phänomen des „subitizing“ ab, führt aber zu einem davon verschiedenen und nicht minder „abstrakten“ Aspekt. Was ich aufweisen will, ließe sich mit Hilfe beliebiger perzeptueller Elemente explizieren, die als rekursive Elemente in Konfigurationen auftreten, welche mit den ersten Zahlwörtern assoziiert sind und daher für Prozesse des „subitizing“ zur Verfügung stehen. Ich nehme die Finger einer Hand, weil sie praktisch immer verfügbar sind. Was ich ausführe, gilt aber ebenso für Punktmuster oder alle anderen Konfigurationen, deren Elemente nach einfachen Kompositionsregeln angeordnet und erweitert werden (z.B. Brownell 1928). Wenn ein Kind ein bestimmtes Fingermuster mit dem Wort „zwei“ und ein anderes Muster mit dem Wort „vier“ assoziieren muß, entdeckt es *auf der sensomotorischen Ebene* (d.h. ohne jeglichen Bezug auf Zahlen), daß eine „Zwei“ zu einer „Vier“ gemacht werden kann, indem man eine weitere „zwei“-Konfiguration erzeugt. Ähnlich und noch einfacher ist die Entdeckung, daß eine „Zwei“ entsteht, wenn man eine „Eins“ mit einer „Eins“ verbindet, und daß auch eine „Drei“ so erzeugt werden kann, wenn man mit einer „Zwei“ anfängt. Für einen Erwachsenen, der die Verfahren seiner Kindheit nicht wieder aufrufen kann – weil Jahrzehnte der Erfahrung sie einfach verschüttet oder ausgelöscht haben –, ist es praktisch unmöglich, diese Kombinationen auf eine protonumerische, rein figurale Weise anzusehen. Wir haben aber gute Gründe zu glauben, daß ein zwei- oder dreijähriges Kind sie nur auf diese Weise sieht. Im Prinzip ist die Vervollständigung einer „drei“-Konfiguration durch die Verbindung einer „Eins“ mit einer „Zwei“ nicht verschieden von der Vervollständigung eines Gesichtes, daß bereits zwei Augen hat, durch das Zeichnen eines Mundes.

Mit anderen Worten, bestimmte Relationen, die jenen analog sind, die das Begriffssystem ganzer Zahlen charakterisieren, lassen sich durch Erfahrung lernen, also *ohne* den Begriff der Zahl, und zwar durch die Handhabung perzeptueller Muster, deren Aufteilung und Zusammensetzung. Wir haben damit ein weiteres Beispiel für einfache Erfahrungssituationen vor uns, die die Grundlage für die danach einsetzende reflexive Abstraktion des zweiten hervorstechenden Aspekts jener Konstrukte bilden, die wir Zahlen nennen: ihre Beziehungen zueinander in einem homogenen begrifflichen System.

Eben diese nicht-numerische figurale Handhabung perzeptueller Elemente hat Hatano für sein System des frühen Mathematikunterrichts ausgenutzt. Er verwendet Plättchen und bildet daraus lineare Konfigurationen bis zur Größe Fünf. In seinem Bericht (Hatano 1979) gebraucht er den Ausdruck „subitizing“ nicht, es ist jedoch klar, daß es bei seinen Kindern kein Zählen gibt, sondern daß die Konfigurationen zwei, drei, vier und fünf von den Kindern figural hergestellt werden, und daß die Transformationen der einen in die anderen perzeptuell und nicht numerisch gelernt werden. Fünf wurde als die am Anfang wichtigste Obergrenze gewählt, nicht wegen der Beliebtheit des Abacus, sondern weil sie sich als notwendig erwies.

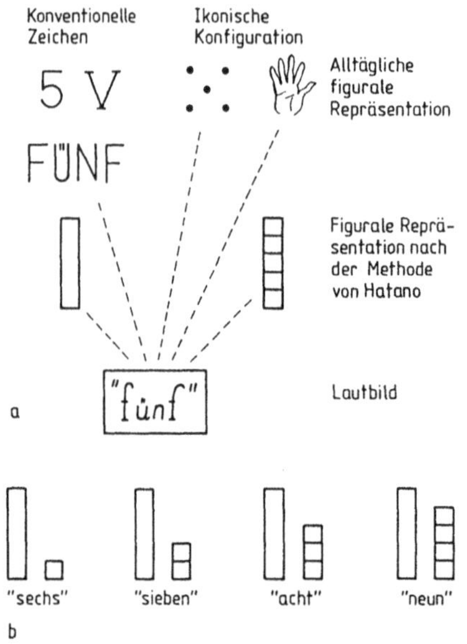


**Abb. 4:**
(a) Die semantische Verknüpfung verschiedener figuraler Repräsentationen mit dem Lautbild des Wortes „fünf".
(b) Leicht erkennbare Konfigurationen, deren figurale Repräsentationen mit den Zahlwörtern von fünf bis zehn verbunden werden können (nach Hatano 1979).

„Ohne die Zwischenstufe fünf haben sie (Kleinstkinder) große Schwierigkeiten, wenn sie zwischen sechs, sieben, acht und neun zu unterscheiden versuchen. Wenn man nicht-segmentierte Plättchen aus fünf Elementen statt kontinuierlicher, verbundener oder einzelner Plättchen verwendet, ermöglicht der Gebrauch der Fünf als Zwischeneinheit die Abbildungen dieser Zahlen als Fünf + Eins, Fünf + Zwei, Fünf + Drei (vgl. Abb. 4b) und somit die fast intuitive Erfassung ihrer Verschiedenheit von den anderen." (Hatano 1979, 10)

In meinem Begriffssystem bedeutet dies, daß zuerst ein alternatives Figuralmuster erzeugt und mit dem Wort „fünf" assoziiert wird (vgl. Abb. 4a). Dann werden die nachfolgenden Zahlen 6, 7, 8 und 9 als Kombinationen des „Fünfermusters" mit den bereits vertrauten Konfigurationen „Eins", „Zwei", „Drei" und „Vier" dargestellt. Dies hilft nicht nur bei der Unterscheidung der Konfigurationen, die die Fähigkeit zum „subitizing" übersteigen würde, wenn sie als Gebilde aus einzelnen Einheiten dargestellt wären, es macht auch die Tatsachen *perzeptuell* zugänglich, daß eine „Sechs" gleich einer „Fünf" und einer „Eins" ist, eine „Sieben" gleich einer „Fünf" und einer „Zwei" usw.[7]) Ich gebrauche hier mit Absicht Zahlwörter und nicht Zahlzeichen, um zu betonen, daß ich mich auf perzeptuelle Konfigurationen beziehe (die mit Zahlwörtern assoziiert sind) und nicht auf Mächtigkeiten, schon gar nicht auf Mengen, und ich gebrauche das Wort „und" und nicht das Pluszeichen, um zu betonen, daß ich mich auf eine *figurale Verbindung* und nicht auf die numerische Operation der Addition beziehe.

In meiner Sicht ist der Erfolg der Hatano-Methode vor allem auf die Tatsache zurückzuführen, daß sie Material anbietet, das zur Erzeugung stabiler rekursiver figuraler Repräsentationen ermutigt und sensomotorische Aktivitäten fördert, die

---

7) Das alternative figurale Muster für „fünf", das hilft, den Bereich der durch „subitizing" erweiterbaren Anordnungen zu vergrößern, trennt Hatanos Methode von der Wirtzs (1980) und ähnlichen früheren Systemen, wie sie etwa Catherine Stern in den dreißiger Jahren entwickelt hat (Stern 1971).

Manipulation und Komposition erleichtern, und die darüber hinaus, sobald das Kind darüber nachzudenken beginnt, eine optimale Basis für die Abstrahierung von Zahlbegriffen und Zahloperationen liefert.

Der Prozeß, den Hatano durch die absichtsvolle Einfügung der Zwischenstufe „Fünf“ auslöst, ist analog dem von Steffe hypothetisch beschriebenen Prozeß, der auf den Beobachtungen beruht, daß Kinder Abzählaufgaben sicher bewältigen konnten, wenn die Zahlen innerhalb des „subitizing“-Bereichs lagen (d.h. nicht größer als fünf waren), aber außerstande waren, solche Probleme zu lösen, wenn die Zahl größer war. Steffe erklärt seine Beobachtungen durch die Annahme, daß das Kind, solange es eine figurale, als ganzheitliches Muster benennbare Repräsentation der ersten Zählzahl herstellen kann, die in dieser Repräsentation enthaltenen perzeptuellen Elemente nacheinander abhakt, während es die nachfolgende Reihe der Zahlwörter aufzählt. So erreicht das Kind einen festgelegten Endpunkt, wenn es beim letzten Element der Repräsentation angelangt ist. Ist jedoch die Ausgangszahl größer als fünf, dann gibt es keine bereitliegende figurale Vorstellung dafür, daher auch keinen Weg des schrittweisen Abhakens und nichts, was einen Endpunkt angeben könnte (Steffe, persönl. Mitteilung 1978). Hatanos Methode und Steffes Beobachtungen sind Beispiele, die vollkommen zu den theoretischen Annahmen passen, die ich gemacht habe.

Ich möchte noch einen weiteren Punkt herausstellen. Wie immer figural begründet die absichtsvoll geförderten Tätigkeiten auch sein mögen, Kinder suchen ihr Zählen ohnehin selbst weiterzuentwickeln, denn auch wenn die Schule wenig Anstrengungen macht, es zu fördern, geschieht dies im Alltagsleben und durch ihre soziale Umwelt[8]. Kinder zählen also immer, d.h. sie wenden die Kette der Zahlwörter iterativ auf die Konfigurationen an, die sie in Wahrnehmungs- oder Repräsentationsprozessen erzeugen bzw. koordinieren beide. So entstehen neue Anlässe für den Übergang vom Figuralen zum Numerischen, denn in solchen Tätigkeiten wird die gegebene Ordnung der Zahlennamen figural *und* numerisch in der geordneten Abfolge der jeweiligen Konfigurationen gespiegelt: im Laufe der Zeit werden Konfigurationen immer größer und immer zahlreicher. (Ich glaube, Fuson/Richards (1980, 22) beziehen sich hierauf, wenn sie sagen, daß Erfahrungen mit Zählwörtern unabhängig von der Zahlenreihe „dem Kind nicht verlorengehen und in die Zahlenfolge eingegliedert werden“.) So entsteht anscheinend bruchlos auch ein weiterer abstrakter Begriff, der der *Ordinalität*, aus einer sensomotorischen Aktivität. Was in der verbalen Abfolge *nach* „fünf“ kommt, läßt sich visuell als *größer* als „fünf“ in der figuralen Progression wahrnehmen, und wenn das Kind dann abstrakte Einheiten zu zählen beginnt, verschmelzen die unabhängig voneinander entwickelten Begriffe von „nachher“ und „größer“ ganz ohne Schwierigkeiten, um den abstrakten Begriff des *numerischen* „Mehr“ zu bilden.

---

[8]) Hatano (1978) berichtet, daß „die Eltern wünschen, daß ihre Kinder schon vor Schuleintritt gewisse Rechenfertigkeiten haben“, und daß ein hoher Prozentsatz an Müttern „Rechenfertigkeiten zu vermitteln suchte, sooft sich Gelegenheit dazu fand“ (2). Im Westen tun Mütter vielleicht weniger dieser Art, die soziale Umwelt einer Konsumgesellschaft aber und die Spiele, die Kinder im Westen spielen, gleichen dies sicher aus.

## Zusammenfassung und Schlußbemerkungen

Diese Arbeit bietet theoretische Überlegungen bezüglich der Wurzeln der begrifflichen Entwicklung, die zum quantitativen Aspekt der Konstrukte beiträgt, die wir „Zahlen“ nennen. Ihr Ziel besteht darin, eine zumindest vorläufige Begriffsstruktur zu schaffen, um jene elementaren Prozesse zu analysieren, die in vieler Hinsicht bei Untersuchungen der frühen Rechenfertigkeiten und kognitiven Operationen stillschweigend vorausgesetzt werden. Die Entwicklung der Abstraktionen, mit denen ich mich beschäftige, dauert lange und durchläuft viele Phasen, das Hauptaugenmerk dieser Arbeit liegt auf den frühesten Anfängen, die dem Zählen und den arithmetischen Operationen von Schulanfängern um bis zu vier Jahre vorausliegen; auch wenn diese Entwicklungen sich über die ganze Kindheit hin fortsetzen, ist ihr erster Anfang meines Erachtens charakteristisch für den gesamten Weg, der schließlich in der Phase formaler Operationen zum eigentlichen mathematischen Denken führt.

Ich behaupte, daß die Zahlvorstellung des Erwachsenen in der Tat eine vollständige Abstraktion ist, die aus Elementen besteht, die aller sensomotorischen Eigenschaften beraubt sind (Piaget 1970, 37; Piaget/Szeminska 1967, 93); ich stimme aber auch mit W. von Humboldts Einsicht überein, daß wir diese Abstraktionen nur mithilfe sensorischen Materials „auffassen und festhalten“ können (vgl. Motto auf S. 254). Die reflexive Abstraktion wird hier buchstäblich genommen: Sie hebt das Konstruktionsmuster von einer sensomotorischen Konstruktion ab, läßt das gegebene sensorische Material hinter sich, – mit anderen Worten, sie hält die verbindenden, verknüpfenden und integrierenden Operationen fest, vernachlässigt aber den Stoff, der dadurch zusammengehalten wurde.

Die kurze Darlegung des begrifflichen Modells der semantischen Verknüpfung zwischen Einzelwörtern und ihrer Bedeutung liefert die Grundlage für die Erörterung des „subitizing“ als der perzeptuellen Wiedererkennung bestimmter rekurrenter Konfigurationen, die mit Zahlwörtern assoziiert sind. Die Tatsache, daß die gleichen Zahlwörter Elemente einer konventionellen Kette sind, die als eine festgelegte Abfolge in der auditorischen Wahrnehmung und der vokalen Produktion erworben wird, führt zu eigentümlichen Koinzidenzen in der Erfahrung des Kindes. Bestimmte figurale Muster, die bereits mit einer Zahlbezeichnung etikettiert sind, lassen sich als Ansammlungen perzeptueller Einheiten *sehen*, die gezählt werden können. Immer dann, wenn dies geschieht, endet die Zählfolge mit dem Zahlwort, das bereits mit der Konfiguration als deren Gegenstandsbezeichnung assoziiert ist. In diesen Fällen erweist sich das Ergebnis des Zählschemas des Kindes als das gleiche wie das Ergebnis des Benennungsschemas. Dies wird im einzelnen für die visuelle Wahrnehmung räumlicher Konfigurationen herausgearbeitet, die häufig mit Namen belegt werden, die in der Tat Zahlwörter sind, und entsprechend behaupte ich, daß auch temporale Muster wie etwa einfache Rhythmen an diesem Prozeß teilhaben und einen weiteren Schritt hin zu der abstrakten Begriffsstruktur der Zahl als einer Iteration von Bewußtseinspulsen darstellen.

Ein weiterer Aspekt dieser Entwicklung wird in den einfachen Handhabungen gesehen, die Kleinstkinder an greifbaren Objekten ausführen. Auch hier haben wir Situationen, in denen sich einheitliche Konfigurationen manchmal als ganze und manchmal durch die Zusammenfügung von Teilen ergeben.

Das Prinzip, daß Fälle von zwei oder mehr Schemata, die zu ein und demselben Resultat führen, das Kind auf eine höhere und abstraktere Ebene des Operierens führen, ist zutiefst in Piagets Theorie der kognitiven Entwicklung eingebettet (auch wenn es selten so explizit gemacht wird wie sein Gegenteil, nämlich das Prinzip, daß ein Schema zu zwei oder mehr verschiedenen Ergebnissen führt). Dieses Prinzip ist von entscheidender Bedeutung für die Erzeugung permanenter Objekte – wobei die räumliche, temporale und kausale Koordination sensomotorischen Materials in der Vorstellung und Repräsentation „existierender“ Dinge kulminiert; und es ist entscheidend für die Konstruktion von Invarianten, die „erhalten“ werden – wobei die sensomotorischen Erfahrungen von „nichts hinzugefügt, nichts weggenommen“, Fälle des figuralen „ein Stückchen Höhe herzugeben, um Breite zu gewinnen“, und das Schema der „individuellen Identität“ unentbehrliche Bestandteile der abstrakten operativen Vorstellung von Länge, Fläche, Gewicht usw. sind.

Ich habe zu zeigen versucht, daß das gleiche allgemeine Prinzip der kognitiven Entwicklung auch für den Teil der Vorstellung von „Zahl“ gilt, der sie als eine „Einheit aus Einheiten“ konstituiert. In dieser Perspektive ermöglicht die einheitliche figurale Abbildung eines Musters, das mit dem Ergebnis des Zählens der Elemente des Musters zusammenfällt, die Vorstellung einer Zahl, die aus zählbaren Bestandteilen aufgebaut ist.

Wir sind also von der strukturellen Analyse des Zahlbegriffs durch Bewußtseinspulse (von Glasersfeld 1981b) eine gute Strecke Weges vorangeschritten zum vollständigen ausgereiften Konstrukt, das Mächtigkeit hat. Zu Anfang erzeugt das Kind durch seine manipulierenden Handlungen mit einer Hand oder mit beiden Händen gleichzeitig einen Erfahrungsunterschied zwischen Einheit und Zweiheit. Danach bildet die Tätigkeit des „subitizing“ die Begriffe der Einheit, Zweiheit usw. bis zur Fünfheit als Abstraktionen von figural unterscheidbaren Erfahrungen, die auch „gezählt“ werden können. Wie die Praxis von Hatano nahelegt, hilft die Einführung einer nicht-zusammengesetzten Zwischenstufe „fünf“ bei der Ausdehnung des Bereichs dieser figuralen Muster auf die nachfolgenden Zählbegriffe und ermöglicht figurale Kompositionen und Unterscheidungen, deren Ergebnisse der Addition und Subtraktion äquivalent sind. Diese ersten Abstraktionen von figuralen Mustern und die gleichermaßen figuralen Akte des Verbindens und Trennens sind noch keine eigentlichen numerischen Operationen. Die echten Zahlbegriffe sind, wie ich früher begründet habe, das Ergebnis der Abstraktion von *Bewußtseins*mustern, nicht von figuralen Mustern. Bewußtseinsmuster erscheinen jedoch normalerweise nicht in einem Erfahrungsvakuum. Ich behaupte, daß wir sie zuerst auf der Basis der Wahrnehmung figuraler Muster in Raum und Zeit, deren Abbildung, sowie der Abstraktion strukturaler Muster aus ihnen entwickeln. Erst später, in einem zweiten Schritt, abstrahieren wir die Bewußtseinsmuster, deren unbewußte „automatische“ Anwendung auf sensorisches Material die figurativen Kompositionen möglich gemacht hat. Dann und nur dann erreichen wir „Zahl“ als eine abstrakte Einheit aus Einheiten, welche selbst wiederum gänzlich von sensomotorischer Erfahrung abstrahiert sind. Wir können dann mit den Beziehungen zwischen diesen abstrakten Größen operieren und können sie mithilfe von Zahlwörtern und Buchstaben symbolisch abbilden. Immer dann aber, wenn wir sie verstehen und ihre spezifischen Mächtigkeiten visualisieren wollen, müssen wir auf die figurale Ebene zurückgehen und für uns selbst räumliche Konfigurationen *re*-präsentieren, die wir *sehen* können, oder alternativ temporale Konfigurationen, wie sie das Nervensystem direkt als Rhythmen oder als spezifische Frequenzen wahrnehmen kann, von denen letztenendes die iterativen Bewußtseinsmuster abstrahiert werden können, die echte Zahlbegriffe konstituieren.

**Danksagung**

Obwohl die grundlegenden theoretischen Prinzipien dieser Arbeit in gut zwanzigjähriger Forschungstätigkeit im Bereich der Begriffssemantik sowie der genetischen Epistemologie entwickelt worden sind, hätten sie nicht in dieser Weise angewendet werden können, noch hätte dieser Aufsatz überhaupt geschrieben werden können, wären da nicht die ideenreichen Mikroanalysen des kindlichen Zähl- und Rechenverhaltens von Les Steffe und seinen Mitarbeitern gewesen. Ich möchte ihm hier für seine vielen förderlichen Anregungen sowie die konstruktive Kritik an einer ersten Fassung dieses Aufsatzes danken. Dank für Kritik schulde ich auch John Richards, Jack Lochhead und Ricky Carter.

# Lernen als konstruktive Tätigkeit

Das mir gestellte Thema lautet: „Die mathematikdidaktische Forschung aus erkenntnistheoretischer Perspektive". Das klingt ebensowenig verfänglich wie so manches andere akademische Thema. Aber lassen Sie sich von der prosaischen Oberfläche nicht täuschen. Erkenntnistheoretische Überlegungen in die Erörterung von Ausbildungs- und Erziehungsfragen einzubringen, ist immer Dynamit gewesen. Sokrates hat es getan, und man hat ihn prompt gezwungen, den Schierlingsbecher zu leeren. Giambattista Vico hat es im 18. Jahrhundert getan, und das philosophische Establishment konnte ihn nicht schnell genug verdrängen und vergessen. In unserer Zeit gab es Jean Piaget. Er wollte eigentlich nichts mit Erziehung zu tun haben, ließ es aber zu, da hineingezogen zu werden, – und wir alle wissen, was Interpreten und Übersetzer mit seiner Erkenntnistheorie angerichtet haben. Es scheint fast, als wäre eine Erörterung der Erziehung aus erkenntnistheoretischer Perspektive ein sicherer Weg, intellektuellen Selbstmord zu begehen. Vielleicht aber hat sich die Welt der Erziehung in der letzten Zeit doch zu wandeln begonnen. Zumindest das besondere Fach, um das es hier geht, die Disziplin, die es mit Zahlen, mit Arithmetik, schließlich mit Mathematik schlechthin zu tun hat, zeigt Symptome einer Bereitschaft, sich zu ändern.

Der rasche Wandel der Methoden im Mathematikunterricht, der in den letzten Jahrzehnten zu beobachten war – vom simplistischen Assoziationismus zur „New Math" der Mengenlehre und dann wieder „zurück zu den Grundlagen" –, hat keinesfalls die Wunder bewirkt, die erwartet worden waren. All die gescheiterten Versuche haben vielmehr eine Stimmung erzeugt, die keinen Enthusiasmus für neue Moden mehr aufkommen läßt. Man kann heute durchaus sagen, daß weithin Desillusioniertheit herrscht. Diese Desillusioniertheit ist gesund und förderlich, denn sie zwingt uns, einige der Grundvoraussetzungen der traditionellen Erziehungstheorien kritisch zu überprüfen. Zu diesen Voraussetzungen gehören unsere Auffassungen des Lehrens und Lernens, und vor allem deren allgemeine Grundlagen: unsere Vorstellungen dessen, was wir „erkennen" bzw. „wissen" nennen.

Vor zehn oder fünfzehn Jahren wäre es völlig unvorstellbar gewesen, Erzieher oder Erziehungswissenschaftler mit dem Thema Erkenntnistheorie zu konfrontieren. Die Erzieher beschäftigten sich damit, Wissen in die Köpfe ihrer Schüler hineinzubringen und Erziehungswissenschaftler damit, bessere Methoden dafür zu entwickeln. Es gab also kaum Unsicherheit bezüglich des Wissens, das Schüler erwerben sollten, und kaum Zweifel, daß solches Wissen auf die eine oder andere Art von einem Lehrer an die Schüler weitergegeben werden konnte. Die einzige Frage, die es gab, betraf den besten Weg, diesen Transfer zu leisten, – und die Erziehungswissenschaftler machten sich daran, mit ihren kriterienbezogenen Tests und ihren ausgepichten statistischen Methoden hierauf die definitive Antwort zu liefern.

Irgendwas ist dabei anscheinend schief gegangen. Die Dinge haben sich nicht so entwickelt wie erwartet. Nun herrscht Enttäuschung, und diese Enttäuschung – ich möchte das betonen – ist keineswegs nur auf den Mathematikunterricht beschränkt, sondern umfaßt ebenso den Unterricht und seine Methodik in praktisch allen anderen Fächern. Meines Wissens gibt es nur eine Ausnahme, die einen bemerkenswerten Kontrast bildet: das Lehren körperlicher, im besonderen athletischer Fertigkeiten. In diesem Bereich gibt es keinerlei Grund für Enttäuschung. In den gleichen zehn oder fünfzehn Jahren, in denen das Lehren geistiger Gegenstände irgendwie Schiffbruch erlitten hat, ist das Lehren von Fertigkeiten wie Tennis und Skilaufen, Stabhochsprung und Speerwurf buchstäblich in Riesensätzen vorangekommen. Dieser Kontrast ist nicht nur spektakulär, sondern auch äußerst aufschlußreich. Ich werde auf dieses Phänomen später noch einmal zurückkommen, wenn wir, wie ich hoffe, in der Lage sein werden, uns mit einer Analogie zu beschäftigen, die in diesem Augenblick völlig absurd erscheinen müßte.

Wenn nun unsere Erziehungsbemühungen in der Tat versagen, dann müssen die Voraussetzungen, auf die diese Bemühungen implizit oder explizit gegründet worden sind, in Frage gestellt werden. Es scheint mir daher sehr vernünftig, mit einer kritischen Prüfung desjenigen Guts zu beginnen, welches die Erziehung anzubieten beansprucht: „Wissen".

Mit dieser Arbeit möchte ich dreierlei versuchen. Zuerst möchte ich zu dem zurückgehen, was ich für den Ursprung der Schwierigkeiten halte, die wir seit jeher mit dem traditionellen Begriff des Wissens gehabt haben. Dieser historische Überblick wird nicht nur skizzenhaft, sondern auch durchaus einseitig sein, denn meine Auffassungen zu diesem Thema sind ziemlich radikal. Macht man sich jedoch die erkenntnistheoretische Konfusion in den „harten" Wissenschaften während der letzten fünfzig Jahre klar, dann dürfte mein Versuch, so hoffe ich, nicht als ganz ungerechtfertigt angesehen werden.

Als zweites möchte ich einen Begriff des „Wissens" vorlegen, der nicht in die gleichen Probleme führt, und der darüber hinaus insofern zusätzlichen Gewinn abwirft, als er den Prozeß der Kommunikation besser verständlich macht. Als Lehrer, so sagte ich eben, suchen wir in unseren Schülern Wissen zu erzeugen. Dafür werden wir schließlich alle bezahlt, und da der gesteuerte Erwerb von Wissen, wie immer wir ihn betrachten, auf einem Prozeß der Kommunikation zu beruhen scheint, sollten wir uns dafür interessieren, wie dieser Prozeß funktioniert. Nach meiner Erfahrung ist dies ein Aspekt, dem nicht viel Gedankenenergie gewidmet worden ist. Erzieher haben viel Zeit und Mühe auf die Lehrpläne verwendet, und zu Recht. Sie strengen sich also besonders an festzustellen, was in welcher Reihenfolge gelehrt werden soll. Der dabei zugrundeliegende Prozeß sprachlicher Kommunikation jedoch, der Prozeß, auf dem ihr ganzes Lehren ruht, wird gewöhnlich schlicht vorausgesetzt. Es herrscht ein naives Vertrauen in die Sprache und ihre Leistungsfähigkeit. Auch wenn ein guter Lehrer nicht lange braucht, um zu entdecken, daß es nicht ausreicht, etwas zu sagen, um es tatsächlich „rüberzubringen", gibt es wenig oder keine theoretische Erklärung dafür, warum sprachliche Kommunikation nicht das leistet, was sie leisten soll. Die Erkenntnistheorie, die ich vorschlage, macht dieses Problem zumindest sehr deutlich, auch wenn sie gewiß nicht alle Probleme löst.

Nachdem ich schließlich entwickelt habe, was ich gerne ein *Modell* des „Erkennens" nenne, das eine ganz bestimmte Sicht des Prozesses der Wissensvermittlung enthält, möchte ich zuguterletzt kurz einen Weg erläutern, dieses Modell auf das anzuwenden, was uns hier interessiert: Wie können und sollen wir Kindern die Kunst, das Geheimnis und das begeisternde Erfolgserlebnis numerischer Operationen beibringen?

I

Schon im 6. Jahrhundert vor Christus war das Wesen des Wissens ein heiß umstrittenes Problem. Diese Debatte hat seitdem nicht aufgehört, und auch wenn sie in vieler Hinsicht recht farbig gewesen ist, ist sie doch in *einer* von bemerkenswerter Monotonie geblieben. Das zentrale Problem ist völlig ungelöst, und die Argumente, aus denen sich schon zu Anfang die größten Schwierigkeiten ergeben haben, verhindern auch heute noch jede befriedigende Antwort auf die Frage.

Die Geschichte beginnt mit den ersten Dokumenten zur Erkenntnistheorie, die wir überliefert haben, mit den sogenannten „Fragmenten" der Vorsokratiker. Die Gedanken, um deren Klärung sich diese Männer bemüht haben, müssen allerdings schon geraume Zeit vor ihnen entstanden sein, da wir aber keine früheren schriftlichen Aufzeichnungen besitzen, bleibt ihre Vorgeschichte verschwommen. In jedem Falle zeigt das Denken der Vorsokratiker bereits einen so hohen Grad der Verfeinerung, daß es unwahrscheinlich ist, daß dies in einer oder in zwei Generationen erreicht werden konnte. Ihre Äußerungen sind zwar fragmentarisch, lassen aber keinen Zweifel daran, daß der Erkenntnisprozeß gegen Ende des fünften Jahrhunderts vor Christus in einen relativ stabilen allgemeinen Begriffsrahmen eingebaut worden war. Im großen und ganzen haben die Denker, die sich mit der Erkenntnistätigkeit befaßten, stillschweigend ein Schema akzeptiert, in dem der Erkennende und die Dinge, die er erkennt oder über die er etwas erfährt, von Anfang an getrennte und voneinander unabhängige Größen sind.

Ich möchte betonen, daß diese Dichotomie nicht dasselbe ist wie die Trennung von erkennendem Subjekt und dem Wissen dieses Subjekts. Diese zweite Dichotomie tritt immer dann auf, wenn ein Akteur sich seiner Tätigkeit bewußt wird oder wenn ein Denker über sein eigenes Denken nachzudenken beginnt. Dieses zweite Problem des Ich-Bewußtseins ist nicht identisch mit dem Problem des Erkennens. Auch wenn beide miteinander verbunden sind, weil sie überlappen (etwa in der Analyse des reflexiven Denkens, worauf ich später eingehen will), möchte ich mich hier nur mit dem ersten beschäftigen. Die Vorsokratiker haben jedenfalls die menschliche Fähigkeit, sich des eigenen Erkennens bewußt zu sein, stillschweigend vorausgesetzt. Sie stellen als erste die Frage, wie es möglich ist, daß man die Welt überhaupt erkennen kann. Und genau mit Bezug auf diese Fragestellung ist das kognitive Rahmenschema, das sie akzeptieren, und das von fast allen Erkenntistheoretikern, die ihnen nachfolgten, übernommen und fortgesetzt wurde, von entscheidender Bedeutung. Sobald dieses nämlich zur Grundlage der Konstruktion einer Erkenntnistheorie gemacht worden war, war diese Konstruktion in einem Paradox gefangen. Diese unausweichlich paradoxe Lage hat die Philosophen in den vergangenen 2500 Jahren verfolgt und geplagt.

Es gibt einen sehr einfachen Grund für die Annahme dieses besonderen kognitiven Rahmenschemas. Es bildet nämlich die Situation ab, in der sich jeder Mensch sieht, der Erfahrungen macht. Die Frage, wie es kommt, daß wir überhaupt etwas erkennen, wird nämlich kaum jemals am Anfang der Entwicklung eines später einmal „wissenden" Individuums gestellt. Ein sechs Jahre altes Kind, das auf dem Fahrrad von der Schule nach Hause fährt, wäre ein sehr merkwürdiges Wesen, würde es sich plötzlich fragen: „Wie um Gottes willen schaffe ich es, meinen Weg nach Hause zu finden?" oder „Was ist denn nun genau geschehen, als ich Fahrrad fahren lernte?"

Ich will damit nicht sagen, daß das Fragen sind, die sich ein sechsjähriges Kind oder in der Tat irgendjemand fragen *sollte*. Ich sage lediglich, daß wir sie, wenn überhaupt, erst stellen, wenn wir etwas älter sind. Das gleiche gilt für die Frage „Wie kommt es, daß ich das wissen kann, was ich weiß?" Wer derartige erkenntnistheoretische Neugier spürte, hat seine ersten einschlägigen Fragen wohl nicht vor dem fünfzehnten Lebensjahr oder noch später gestellt. Fragen nach dem eigenen Wissen tauchten also erst in einer Phase der kognitiven Entwicklung auf, in der bereits eine Riesenmenge von Wissen und Können erworben war. Und unweigerlich hielt man alles, was man zu diesem Zeitpunkt wußte, stillschweigend für Wissen über die Umwelt, über die Welt, in der man eben lebte. Es kann kaum überraschen, daß dies so ist. Hat man erst einmal gelernt, mit der Welt fertig zu werden, gibt es kaum einen Grund zu vermuten, daß sie nicht so sein sollte, wie sie erscheint.

Stellt nun ein Mensch, dessen Wissen über Jahre gewachsen ist und sich erweitert hat, Fragen, wie er denn zu all diesem Wissen gekommen ist, dann scheint es nur vernünftig, an den Anfang einen unerfahrenen und völlig unwissenden Menschen zu setzen, der ebenso in die Welt kommt, wie ein Forscher ein unbekanntes Land betritt, das er in all seinen Eigenarten entdecken will und muß. Die ersten und vielleicht die einzigen Werkzeuge, die für eine solche Aufgabe verfügbar zu sein scheinen, sind augenscheinlich unsere Sinne. Diese Sinne werden daher sofort als Organe oder als Kanäle kategorisiert, durch welche das erfahrende Subjekt Botschaften aus der Umwelt empfängt. Auf der Grundlage dieser Botschaften muß und kann anscheinend das erfahrende Subjekt ein „Bild" der Welt aufbauen. All dies wird im Jargon unserer Zeit oft dadurch beschrieben, daß die Sinne Information vermitteln, die das erfahrende Subjekt instandsetzt, eine Repräsentation der Welt anzufertigen. Im allgemeinen scheint dies recht gut zu funktionieren. Gelegentlich erweisen sich die Sinne zwar als trügerisch, im großen und ganzen aber funktionieren sie gut genug und gestatten uns, unseren jeweiligen *modus vivendi* zu finden. Vorausgesetzt wir bleiben geduldig und flexibel, nehmen wir auch ständig Korrekturen vor, und solange alles hinreichend gut funktioniert, wird es kaum ein Bedürfnis geben, die allgemeine Gültigkeit desjenigen Weltbildes in Frage zu stellen, das wir aufgebaut haben.

Die Vorsokratiker haben auf diese durchaus normale Art angefangen. Da sich unter ihnen aber einige äußerst originelle Denker befanden, haben sie unterschiedliche Weltbilder entwickelt, die miteinander unvereinbar waren. (Für den einen, Parmenides, war die wirkliche Welt ein unteilbares statisches Ganzes, für andere, Leukippos und Demokrit, war sie ein Haufen sich ständig bewegender Atome.) Dies mußte natürlich problematisch erscheinen und führte zu zwei eng miteinander verbundenen Fragen: 1. Wie konnte irgendjemand überhaupt ein Bild der Welt aus den Sinnesbotschaften zusammenbauen? Und 2. Wie konnte man sicher sein, daß ein bestimmtes Bild der Welt „wahr" war? Die Versuche, diese Fragen zu beantworten, gerieten bald in Schwierigkeiten, die zum Teil so gravierend sind, daß sie bis heute nicht überwunden werden konnten.

Ich möchte mich an dieser Stelle mit dem zweiten Problem beschäftigen, denn es ist unvermeidbar Teil des erwähnten Entdeckerschemas. Wenn Erfahrung den einzigen Kontakt eines erkennenden Menschen mit seiner Welt bildet, dann gibt es keine Möglichkeit, die Produkte der Erfahrung mit der Wirklichkeit zu vergleichen, von der alle die Botschaften, die wir empfangen, ausgehen. Die Frage, wie wahrheitsgetreu das erworbene Wissen ist, kann daher nicht beantwortet werden. Um sie zu beantworten, müßte man das, was man weiß, mit dem vergleichen können, was in der „wirklichen" Welt existiert – und um das zu tun, müßte man wissen, was „existiert“. Es ergibt sich also das Paradox: Um die Wahrheit unseres Wissens einzuschätzen, müßten wir das kennen, was wir erkennen, bevor wir es erkennen.

Das Argument, daß die Ähnlichkeit oder Verläßlichkeit eines Bildes nur eingeschätzt werden kann, indem man sowohl das Bild als auch das betrachtet, was es abbilden soll, ist bereits zur Zeit der Vorsokratiker vorgebracht worden und seitdem der Eckstein des Skeptizismus geblieben. Die Geschichte der westlichen Erkenntnistheorie ist die Geschichte mehr oder minder phantasievoller Versuche, es zu umgehen. Keiner dieser Versuche ist erfolgreich gewesen. Platons dichterischem Genie ist es fast gelungen, das Dilemma zu eliminieren, weil er die Rolle der Erfahrung auszuschalten suchte. Er versetzte die wirkliche Wirklichkeit in die Welt der Ideen und machte die Sinneserfahrung zu einer sekundären Angelegenheit, bewertete sie als unsauber, unzuverlässig und letztlich als für die Suche nach der Wahrheit irrelevant. Da die Welt der Ideen nur dem denkenden Geist zugänglich ist, erzeugte diese Anordnung die Idee des Solipsismus, die Vorstellung, daß es jenseits der Welt, die der Geist für sich selbst erzeugt, keine wirkliche Welt gibt.

Auf andere Weise konnte man sich wie Descartes dem Glauben an Gott überantworten und darauf vertrauen, daß der göttliche Schöpfer nicht so bösartig gewesen sein konnte, seine eigenen Kreaturen mit trügerischen Sinnen auszustatten.

Keine dieser beiden Möglichkeiten ergibt eine dauerhafte Lösung. Der Solipsismus wird widersinnig, wenn unsere Vorstellungen an der Erfahrung scheitern. Und dies ist in der Tat nicht selten der Fall. Wir werden ständig daran erinnert, daß die Welt, in der wir leben, nicht ganz die Welt ist, wie wir sie haben möchten, und daß es in der Tat eine harte und unbarmherzige „Wirklichkeit“ gibt, mit der wir fertig werden müssen. Die kartesische Vorstellung andererseits reduziert sich auf die einfache Aufforderung zu glauben, und das befriedigt natürlich nicht das Bedürfnis des Philosophen. Wenn die Erkenntnistheorie auf den blinden Glauben gegründet werden muß, daß unsere Sinne ein wahres Bild vermitteln, dann kann sie nicht leisten, was sie erreichen will, nämlich eine rationale Grundlage für die Erzeugung und Beurteilung von Wissen zu liefern. Im Grunde aber verschiebt Descartes' Aufforderung, unseren von Gott gegebenen Sinnen zu vertrauen, lediglich das Problem. Würden die Sinne nämlich für verläßlich gehalten, dann zeigt die Tatsache, daß wir immer wieder die falschen Schlüsse aus ihren Botschaften ableiten, daß es ein ernsthaftes Problem der Interpretation gibt, und wenn wir nicht sicher sein können, wie wir interpretieren sollen, was die Sinne uns sagen, müssen wir erneut zugeben, daß wir kein sicheres Wissen von der Welt besitzen, und daß das Bild, das wir von ihr haben, fragwürdig bleiben muß.

Wie ich eingangs gesagt habe, ist dieses Problem ein fester Bestandteil des traditionellen Denkschemas. Es entsteht aus der „ikonischen“ Vorstellung des Wissens, einer Auffassung, die eine *Übereinstimmung* oder eine *Korrespondenz* zwischen den kognitiven Strukturen und dem erfordert, was diese Strukturen angeblich *repräsentieren*. Wahrheit wird nach dieser Auffassung unweigerlich zur perfekten Übereinstimmung, zur fehlerlosen Abbildung. Sobald wir diesen Denkrahmen akzeptieren, müssen wir das Bedürfnis empfinden zu beurteilen, wie gut denn unsere kognitiven Strukturen mit dem übereinstimmen, was sie abbilden sollen. Jene „Wirklichkeit“ liegt aber für immer auf der anderen Seite unserer Erfahrungsschnittstelle. Um irgendeine Einschätzung der Wahrheit vorzunehmen, müßten wir, wie Hilary Putnam (1981) es vor kurzem formuliert hat, eine „Gottesperspektive“ einnehmen können. Da wir aber nicht in der Lage sind und es logisch gar nicht sein können, die „wirkliche" Welt und ihre angebliche Abbildung aus dieser Perspektive zu betrachten, gibt es keinen Ausweg aus dem Dilemma. Was wir brauchen, ist ein anderes Schema, eine andere Vorstellung dessen, was „Wissen" heißt, einen Begriff des Wissens, in dem die Güte des Wissens nicht durch Ähnlichkeit oder Abbildung bestimmt wird.

Der erste explizite Vorschlag eines neuen Zugangs entstand in jenen Bereichen, die sich am intensivsten mit dem Glauben und seiner Bewahrung befaßten. Als die revolutionäre Vorstellung, daß die Erde doch nicht das Zentrum des Universums sein könnte, erstmals das Weltbild, das die Kirche für unzweifelhaft und heilig ansah, ernsthaft in Gefahr brachte, waren es die Verteidiger des Glaubens, die ein anderes Denkschema zum Zwecke der Gewinnung wissenschaftlicher Erkenntnis entwickelten. Im Vorwort zu Kopernikus' Abhandlung *De Revolutionibus* schreibt Osiander (1627):

> „Es ist nicht notwendig, daß diese Hypothesen wahr sind, oder daß sie überhaupt der Wahrheit ähnlich sind; eines ist für sie ausreichend – sie müssen Berechnungen zulassen, die mit den Beobachtungen übereinstimmen." (Zit. nach Popper 1962, 98.)

Damit wird die Vorstellung einer zweiten Art von Wissen neben Glauben und Dogma eingeführt, ein Wissen, das zu Beobachtungen *paßt*. Das ist Wissen, welches die menschliche Vernunft aus der Erfahrung ableitet. Dieses Wissen besteht nicht in einem Bild der „wirklichen" Welt, sondern gibt der Erfahrung Struktur und Organisation. Als solches hat es eine allumfassende wichtige Funktion: es ermöglicht uns, Probleme der Erfahrung zu lösen.

In der Zeit des Descartes wurde diese instrumentalistische Erkenntnistheorie von Mersenne und Gassendi formuliert und entwickelt. (Popkin 1979 bietet eine hervorragende Analyse.) Sie wurde hernach von Berkeley und Vico erweitert und von Hume und Kant stark, wenngleich unabsichtlich, unterstützt, am Ende des letzten Jahrhunderts von Ernst Mach auf die Physik und die Naturwissenschaften angewendet, von Georg Simmel auf die Philosophie. (Popper 1962, Kap. 3& 6, hat Berkeley entsprechend interpretiert. Zu Vicos explizitem Instrumentalismus vlg. Vico 1710. Humes Analyse der Induktion ist in der Tat instrumentalistisch, und Kants Programm einer „transzendentalen Analytik" der Vernunft in seiner *Kritik* lieferte den modernen Instrumentalisten scharfe Munition. Vgl. Mach 1910; Simmel 1950.) Die instrumentalistische Erkenntnistheorie ist bei den traditionellen Philosophen nie populär gewesen. Die Vorstellung, daß Wissen dann gutes Wissen ist, wenn es unsere Probleme zu lösen hilft, ist als Kriterium für jene nicht akzeptabel, die nach wie vor hoffen, daß Wissen letztlich ein wahres Bild der „wirklichen" Welt zumindest approximieren wird.

Karl Popper (1962, Kap. 3) hat eine klare Darstellung der Anfänge des Instrumentalismus gegeben und sich sehr bemüht, uns zu überzeugen, daß er zwar eine vernünftige, aber doch keine befriedigende Theorie ist. In einem seiner letzten Bücher schreibt er:

> „Was wir in der Wissenschaft suchen, sind *wahre Theorien*, – wahre Aussagen, wahre Beschreibungen bestimmter struktureller Eigenschaften der Welt, in der wir leben. Diese Theorien oder Aussagesysteme mögen ihren instrumentalen Nutzen haben; was wir jedoch in der Wissenschaft suchen, ist nicht so sehr Nützlichkeit als *Wahrheit: Annäherungen an die Wahrheit; Erklärungskraft*, die *Macht, Probleme zu lösen*, also: *Erkenntnis.*" (Popper 1982, 42.)

Das bedeutet, daß „Beschreibungen", „Erklärungen" und „Erkenntnis" in der Tat Aspekte „der Welt, in der wir leben", erfassen können. Ob wir nun mit dieser Feststellung einverstanden sind oder nicht, hängt davon ab, wie wir „die Welt" definieren, „in der wir leben". Es gibt keinen Zweifel daran, daß Popper an eine *objektive* Welt dachte, also an eine vorgefertigte Welt, in die wir hineingeboren werden und die wir als Forscher erkennen wollen. Es handelt sich hier um die traditionelle realistische Auffassung, und Popper unternimmt größte Anstrengungen, um sie zu verteidigen, trotz all der Argumente, die dagegen vorgebracht werden. Der Realist und der Skeptiker sitzen wieder in der vertrauten Falle.

Es gibt jedoch eine andere Möglichkeit. „Die Welt, in der wir leben", läßt sich auch als die Welt unserer Erfahrung begreifen, als die Welt, die wir sehen, hören und fühlen. Diese Welt besteht nicht aus „objektiven Tatsachen" oder „Dingen an sich", sondern aus Invarianten und Konstanten, die wir auf der Grundlage unserer individuellen Erfahrungen entwickeln können. Akzeptiert man diese Sicht, dann akzeptiert man ein radikal anderes Denkschema für die Tätigkeit des Erkennens. Statt ein Forscher zu sein, der dazu verurteilt ist, „Struktureigenschaften" einer unzugänglichen Realität zu suchen, wird der Organismus, der Erfahrung aufbaut, nun zum Konstrukteur kognitiver Strukturen, die die Probleme lösen sollen, die der Organismus wahrnimmt oder sich ausdenkt. Vor fünfzig Jahren hat Piaget dieses Denkschema so prägnant gekennzeichnet, wie man sich dies nur wünschen kann: „Die Intelligenz organisiert die Welt, indem sie sich selbst organisiert." (Piaget 1937, 400.) Was also den Wert der begrifflichen Strukturen bestimmt, das ist ihre Erfahrungsadäquatheit, die Güte, mit der sie zur Erfahrung *passen*, ihre *Viabilität* als Mittel des Problemlösens. Und dazu gehört natürlich das nie aufhörende Problem der konsistenten Organisation, das wir *Verstehen* nennen.

Die Welt, in der wir leben, ist in der Sicht dieser neuen Perspektive immer und notwendig die Welt, wie wir sie begrifflich fassen. Wie Vico schon vor langer Zeit gesehen hat, werden „Tatsachen" von uns und durch unsere Art der Erfahrung *gemacht*, sie sind nicht in einer unabhängig von uns existierenden objektiven Welt *gegeben*. Dies bedeutet aber nicht, daß wir sie auf beliebige Weise herstellen können. Sie sind nur solange viable Tatsachen, als sie nicht mit der Erfahrung kollidieren, als sie in dem Sinne haltbar bleiben, daß sie leisten, was wir von ihnen erwarten.

Diese Auffassung des Wissens hat klarerweise gravierende Konsequenzen für unseren Begriff des Lehrens und Lernens. Sie verlegt vor allem den Schwerpunkt von der „korrekten" Wiederholung des vom Lehrer Gebotenen durch den Schüler auf die erfolgreiche Organisation der Erfahrung *des Schülers* durch diesen selbst. Bevor ich jedoch mehr darüber sage, möchte ich die weitverbreitete Vorstellung kritisch analysieren, daß Wissen ein Gut ist, das kommuniziert werden kann.

## II

Die uns geläufige Auffassung von „Bedeutung" ist durch Jahrhunderte geschriebener Sprache geprägt. Wir neigen dazu, in erster Linie an die Bedeutung von Wörtern eines Textes und nicht an die Bedeutung zu denken, die ein Sprecher meint, wenn er sprachliche Laute äußert. Geschriebene Sprache und gedruckte Texte sind von materieller Dauer. Sie liegen auf unseren Schreibtischen, lassen sich aus Regalen nehmen, sie können manipuliert und gelesen werden. Wenn wir das, was wir lesen, verstehen, gewinnen wir den Eindruck, daß wir die Bedeutung der gedruckten Wörter „erfaßt" haben, und wir glauben, daß diese Bedeutung *in* den Wörtern existierte, und daß wir sie wie Kerne aus ihren Schalen gezogen haben. Wir sagen sogar, daß eine bestimmte Bedeutung der „Inhalt" eines Wortes oder Textes sei. Diese Auffassung von Wörtern als Behältern, in denen der Schreiber oder Sprecher Bedeutung an Leser oder Zuhörer „überträgt", ist von außerordentlicher Festigkeit und scheint außerdem so natürlich und richtig, daß wir zögern, sie in Frage zu stellen. Und doch ist diese Sicht irreführend. Um dies einzusehen, müssen wir den Weg, den wir gekommen sind, zurückverfolgen und analysieren, wie wir die Bedeutung von Wörtern am Beginn unserer sprachlichen Entwicklung erworben haben.

Um Bedeutung mit einem Wort zu verbinden, muß ein Kind zunächst lernen, dieses Wort als ein rekurrentes Lautmuster aus der Totalität verfügbarer sensorischer Signale auszugrenzen. Sodann muß es etwas anderes in seinem Erfahrungsfeld isolieren, etwas, das ebenso mehr oder minder regelmäßig in Verbindung mit diesem Lautmuster auftritt. Nehmen wir ein alltägliches und relativ unproblematisches Wort wie etwa „Apfel". Wir wollen annehmen, daß das Kind gelernt hat, es als rekurrentes Element in seiner auditorischen Erfahrung zu erkennen. Wir wollen weiterhin annehmen, daß das Kind bereits eine vage Vorstellung hat, daß „Apfel" ein Lautmuster ist, das mit einem bestimmten anderen Erfahrungselement verknüpft werden *soll*. Erwachsene, die an der sprachlichen Entwicklung des Kindes interessiert sind, können ihm natürlich in diesem Prozeß der Verknüpfung mit bestimmten Handlungen und Reaktionen beistehen, und sie werden ihren „Unterricht" dann als erfolgreich ansehen, wenn das Kind in seinem Erfahrungsbereich etwas ausgegrenzt hat, das ihm ermöglicht, auf eine Weise zu reagieren, die sie für richtig halten. Ist dies einmal erreicht, und ist die angemessene Verknüpfung hergestellt, muß das Kind noch einen weiteren Schritt gehen, bevor man sagen kann, daß es die Bedeutung des Wortes „Apfel" erworben hat. Das Kind muß lernen, sich das mit dem Wort benannte Gebilde von Erfahrungen vorzustellen, wenn das Wort geäußert wird, auch wenn kein Element dieses Gebildes tatsächlich in seinem Erfahrungsfeld vorkommt. Das bedeutet also, das Kind muß die Fähigkeit erwerben, immer dann, wenn es das Lautmuster des Wortes „Apfel" hört, sich das vorzustellen oder anschaulich zu machen, was es mit diesem Wort verknüpft hat. (Ist diese Eingrenzung des benannten Dings – oder: des „Referenten" – schon bei recht simplen Wahrnehmungsgebilden wie einem Apfel eine schwierige Aufgabe, so ist sie es wahrscheinlich um so mehr, wenn die Bedeutung eines Worts ein Begriff ist, der noch weitergehendes Abstrahieren von sensorischer Erfahrung oder von mentalen Operationen erfordert. Da wir aber daran festhalten wollen, daß Wörter wie „alle", „einige", „mein", „euer", „Ursache", „Wirkung", „Raum", „Zeit" und zahllose andere, Bedeutung *haben*, müssen wir auch annehmen, daß diese Bedeutungen, auch wenn sie nicht direkt wahrgenommen werden können, dennoch irgendwie von jedem Menschen abgegrenzt und gehandhabt werden, der eine Sprache lernt.)

Unsere Analyse, auch wenn sie bereits detailliert erscheint, ist erst eine grobe Zusammenfassung bestimmter unentbehrlicher Schritte in einer langen Kette von Interaktionen. Sie sollte jedoch im gegenwärtigen Zusammenhang ausreichen, den Schluß zu rechtfertigen, daß das Gebilde von Erfahrungselementen, welches den Begriff bildet, den ein Individuum mit einem Wort verknüpft hat, nichts anderes als die Verbindung von Abstraktionen aus den Erfahrungen dieses Individuums sein kann. Für jeden von uns ist daher die Bedeutung des Wortes „Apfel" eine Abstraktion, die er oder sie in all den Apfelerfahrungen seines bzw. ihres Lebens hergestellt hat. Diese Bedeutung ist also in ihrem Ursprung subjektiv; sie befindet sich im Kopf des Subjekts, nicht in dem Wort. Das Wort vermag lediglich aufgrund der genannten Verknüpfung in jedem von uns die zugehörige subjektive Repräsentation aufzurufen.

Wenn wir diese grundlegende Subjektivität der Begriffe, und daher aller Bedeutung, einmal akzeptieren, sehen wir uns sofort vor einem ernsthaften Problem. Wenn die Bedeutungen von Wörtern in der Tat unsere eigenen subjektiven Konstruktionen sind, wie können wir uns dann überhaupt verständigen? Wie kann irgendjemand sich darauf verlassen, daß die Repräsentationen, die im Bewußtsein des Zuhörers aufgerufen werden, denjenigen *ähnlich* sind, die der Sprecher vor Augen hatte, als er bestimmte Wörter äußerte? Diese Frage trifft den Kern des Problems der Kommunikation. Unglücklicherweise ist die allgemeine Auffassung der Kommunikation von der Vorstellung geleitet und geprägt, daß Wörter Behälter von Bedeutungen sind. Ist diese Vorstellung aber inadäquat, dann gilt dies auch für die allgemeine Auffassung der Kommunikation.

Die Schwierigkeiten ergeben sich aus der falschen Annahme, daß die Repräsentationen, die mit den Wörtern verknüpft sind, die wir zum Zwecke der Verständigung gebrauchen, für alle Kommunikatoren die gleichen sein müssen. Damit Verständigung als erfolgreich angesehen werden kann und zu dem führen kann, was wir „Verstehen" nennen, genügt es jedoch völlig, daß die Repräsentationen der Kommunikatoren in dem Sinne miteinander vereinbar sind, daß sie nicht augenscheinlich mit dem situativen Kontext oder den Erwartungen des Sprechers kollidieren.

Ein einfaches Beispiel mag dies klar machen. Wir wollen annehmen, der kleine Ernst höre zum erstenmal das Wort „Meerjungfrau". Er fragt, was es bedeutet, und man sagt ihm, daß eine Meerjungfrau ein Wesen ist, das den Kopf und Oberkörper einer Frau und den Schwanz eines Fisches hat. Der kleine Ernst braucht nun einem solchen Wesen in seinem tatsächlichen Leben nicht begegnet zu sein, um es sich vorzustellen. Er kann sich ein inneres Bild aus ihm vertrauten Elementen aufbauen, vorausgesetzt er ist in gewissem Maße mit den Wörtern „Frau", „Fisch" usw. vertraut und hat Bedeutungen damit verknüpft. Sagt man dem kleinen Ernst aber nicht, daß bei Meerjungfrauen der Fischschwanz die Beine ersetzt, dann mag er vielleicht ein zusammengesetztes Wesen konstruieren, das ein Zweibeiner mit Fischschwanz und daher dem vom Sprecher gemeinten Wassergeschöpf ziemlich unähnlich ist. Der kleine Ernst könnte dann geraume Zeit Geschichten über Meerjungfrauen lesen und Gespräche über sie führen, *ohne* sein Bild verändern zu müssen. In der Tat könnte seine abweichende Vorstellung des Aussehens einer Meerjungfrau erst korrigiert werden, wenn er in eine Situation kommt, in der das Bild eines Wesens mit Beinen und Fischschwanz ausdrücklich mit einem Bild oder mit dem, was Sprecher seiner Sprache über Meerjungfrauen sagen, in Konflikt gerät. Das heißt, der kleine Ernst würde den Begriff, der seine subjektive Bedeutung des Wortes ausmacht, *erst dann* modifizieren, wenn ein bestimmter Kontext ihn dazu zwänge.

Nun könnten Sie fragen, wie denn ein Kontext jemanden *zwingen* kann, seine Begriffe zu modifizieren. Diese Frage muß nicht nur durch eine Theorie der Kommunikation, sondern auch durch eine Erkenntnistheorie beantwortet werden. Die Antwort, die ich geben möchte, ist für beide im Grunde die gleiche.

Die Grundannahme ist Ihnen vertraut. Organismen leben in einer Welt der einschränkenden Bedingungen. Um zu überleben, müssen sie angepaßt oder, wie ich lieber sage, „viabel" sein. Das heißt, sie müssen in der Lage sein, ihr Leben im Rahmen der einschränkenden Bedingungen der Welt, in der sie leben, zu bewältigen. In Biologie und Evolutionstheorie ist das ein Gemeinplatz. In meiner Sicht gilt dieses Prinzip aber auch für die Kognition, allerdings mit einem wichtigen Unterschied. Auf der biologischen Ebene haben wir es mit Arten zu tun, das heißt mit Gruppen von Organismen, die als Individuen ihre biologische Ausstattung nicht modifizieren können. Da sie aber nicht alle genau gleich sind, „paßt" sich die Art einfach deshalb „an", weil alle Individuen, die *nicht* viabel sind, eliminiert werden und sich nicht fortpflanzen. Auf der kognitiven Ebene haben wir es mit Individuen zu tun, im besonderen mit ihrem „Wissen", das glücklicherweise nicht unveränderbar und nur selten tödlich ist. Der kognitive Organismus versucht, Sinn in seine Erfahrung zu bringen, um immer besser vermeiden zu können, mit den einschränkenden Bedingungen der Welt in Konflikt zu geraten. Er kann die Mittel und Wege zur Erlangung größerer Viabilität aktiv verändern.

„Sinn schaffen" ist nichts anderes und erfordert die gleichen Voraussetzungen, ob der Gegenstand nun die Erfahrung im allgemeinen oder eine bestimmte Art von Erfahrung ist, die wir Kommunikation nennen. Das Vorgehen ist das gleiche, nur die Motivation, der Grund, warum wir „verstehen" wollen, kann verschieden sein.

Lassen Sie mich mit alltäglichen Erfahrungen beginnen. Wie immer man erkennende Organismen kennzeichnet, eines ihrer hervorstechenden Merkmale ist, daß sie fähig sind zu lernen. Etwas „gelernt" zu haben, bedeutet im Grunde, Schlußfolgerungen aus der Erfahrung gezogen zu haben und entsprechend zu handeln. Entsprechend zu handeln, bedeutet natürlich, daß es bestimmte Erfahrungen gibt, die man wiederholen, andere wiederum, die man gerne vermeiden möchte. Die Erwartung nun, daß man überhaupt eine gewisse Kontrolle über die Erfahrung erlangen kann, muß auf folgende Annahmen bauen: 1. In der Erfahrungsabfolge können gewisse Regelmäßigkeiten entdeckt werden. Und 2. Künftige Erfahrungen werden zumindest in gewissem Maße mit diesen Regelmäßigkeiten übereinstimmen. Diese Annahmen sind, wie David Hume gezeigt hat, Voraussetzungen des induktiven Prozesses sowie allen Wissens, das sich aus ihm ergibt.

Um nun Regularitäten festzustellen, müssen wir unsere Erfahrungen segmentieren und können dann nach bestimmten Operationen des Erinnerns und Vergleichens sagen, daß einige Segmente erneut auftreten. Die Segmentierung und das Erinnern, die Einschätzung von Ähnlichkeiten sowie die Entscheidungen, was als verschieden gelten soll, sind sämtlich Tätigkeiten, die *wir* ausführen. Immer dann aber, wenn ein bestimmtes Ergebnis dieser Tätigkeiten sich als nützlich erweist (indem es erwünschte Erfahrungen herbeiführt oder unerwünschte ausschließt), vergessen wir rasch, daß wir natürlich auch ganz anders hätten segmentieren, vergleichen und beurteilen können. Hat ein Schema mehrere Male funktioniert, dann beginnen wir zu glauben, wie Piaget festgestellt hat, daß es gar nicht anders hätte sein können, und daß wir etwas über die wirkliche Welt entdeckt haben. In der Tat haben wir aber lediglich *ein* viables Verfahren der Organisation unserer Erfahrung gefunden. Bestimmten Erfahrungen „Sinn" zu verleihen bedeutet also, sie so zu organisieren, daß wir mehr oder weniger verläßliche Vorhersagen machen können. In der Tat gilt fast universell, daß wir Erfahrungen entweder aufgrund von Erwartungen oder zum Zweck von Vorhersagen zukünftiger Erfahrungen interpretieren.

Im Gegensatz dazu hat das „Verstehen" eines Stücks Sprache normalerweise nicht mit der Vorhersage künftiger nicht-sprachlicher Erfahrungen zu tun. Es hat jedoch mit dem Aufbau von Erwartungen zu tun, die den Rest des Stückes betreffen, das wir noch nicht gehört oder gelesen haben. Diese Erwartungen betreffen Wörter und Begriffe, nicht Handlungen oder andere Erfahrungsereignisse. Das betreffende Stück Sprache kann natürlich eine Vorhersage ausdrücken wollen, zum Beispiel „Morgen wird es regnen", aber die Art, auf die diese Vorhersage von dem Sprachstück abgeleitet wird, unterscheidet sich von der Art, auf die sie etwa von der Beobachtung bestimmter Wolkenformationen am Himmel abgeleitet werden könnte. Der Unterschied wird ganz deutlich, wenn darauf hingewiesen wird, daß es für das Verstehen der Äußerung „Morgen wird es regnen" völlig irrelevant ist, ob man an die Wahrscheinlichkeit des Regens glaubt oder nicht. Um diese Äußerung zu verstehen, genügt es, daß wir eine begriffliche Struktur aufrufen, die aufgrund unserer vergangenen Erfahrung mit Wörtern und der Art ihrer Kombination mit dem gerade gegebenen Stück Sprache *zusammenpaßt*. Die Tatsache, daß es nicht regnet, wenn es morgen ist, widerlegt in keiner Weise die Interpretation der Äußerung. Wird andererseits die Vorhersage aufgrund einer Beobachtung des Himmels nicht durch das Eintreffen von Regen bestätigt, dann müssen wir daraus schließen, daß unsere Interpretation der Wolken nicht ganz richtig gewesen sein kann.

Trotz dieses Unterschieds zwischen der Interpretation von Erfahrungen und der Interpretation von Sprache haben beide ein wichtiges Merkmal gemeinsam. Beide beruhen auf dem Gebrauch begrifflichen Materials, über das der Interpret bereits verfügen muß. „Verstehen" bedeutet in beiden Fällen, ein Verfahren zu finden, verfügbare begriffliche Elemente in ein Muster einzufügen, das durch spezifische einschränkende Bedingungen bestimmt ist. In dem einen Fall bestehen diese einschränkenden Bedingungen in der Art, in der wir Sprache zu gebrauchen gelernt haben. In keinem der Fälle geht es um Übereinstimmung mit einem Original. Wenn uns die Interpretation der Erfahrung erlaubt, unser Ziel zu erreichen, dann sind wir mit unserem „Wissen" zufrieden, und wenn unserer Interpretation einer Botschaft nicht durch irgendetwas widersprochen wird, was der Kommunikator sagt oder tut, dann sind wir mit unserem „Verstehen" zufrieden.

Der Prozeß des Verstehens im Kontext eines Verständigungsprozesses ist analog dem Prozeß des Erkennens im Kontext der Erfahrung. In beiden Fällen handelt es sich um den Aufbau von begrifflichen Strukturen aus verfügbaren Elementen, damit sie in den Raum passen, der von den einschränkenden Bedingungen freigelassen wird. Natürlich ist das eine räumliche Metapher, sie beleuchtet jedoch die wesentlichste Eigenart des Begriffs der Viabilität und hebt einen weiteren Aspekt hervor, der ihn von der traditionellen „Wahrheit" abhebt: Hat man einmal einen viablen Handlungsweg, eine viable Lösung für ein Erfahrungsproblem oder eine viable Interpretation eines Stückes Sprache konstruiert, gibt es immer noch keinen Grund zu glauben, daß diese Konstruktion die einzig mögliche ist.

## III

Als ich am Anfang des Abschnitts über Kommunikation über den Begriff der Bedeutung sprach, muß deutlich geworden sein, daß ich kein Behaviorist bin. Etwa ein halbes Jahrhundert haben Behavioristen fleißig daran gearbeitet, „mentalistische" Vorstellungen wie Bedeutung, Repräsentation und Denken auszuräumen. Künftige Historiker werden zu beurteilen haben, wieviel Schaden diese hirnlose Mode angerichtet hat. Im Bereich der Erziehung ist der Schaden gewaltig. Da der Behaviorismus aber noch keinesfalls tot ist, wird weiterhin Schaden angerichtet, und auf vielerlei Weise. Die Wurzel allen Übels ist jedoch die irrige Annahme, daß alles, was wichtig ist – vielleicht sogar alles, was da ist – beobachtbare Stimuli und beobachtbare Reaktionen sind. Dieses Vorurteil hat mit beängstigendem Erfolg die Unterscheidung zwischen Training und Erziehung ausgelöscht.

Wie ich hoffentlich in dem vorigen Abschnitt gezeigt habe, muß ein Kind wesentlich mehr lernen, als nur auf Einzelfälle konkreter Apfelerfahrungen mit dem Wort „Apfel" zu reagieren. Wäre dies alles, was es lernen könnte, dann blieben seine sprachlichen Fertigkeiten etwa so gut wie die eines dressierten Papageis. Für den Vogel und seinen Trainer ist dies sicherlich eine bemerkenswerte Leistung, für ein menschliches Kind ist es aber bloß der Ausgangspunkt im Prozeß der Entwicklung der Selbststeuerung, des Bewußtseins und der rationalen Kontrolle.

Mathematiklehrer wissen das besser als alle anderen. Fragen aus dem Einmaleins korrekt beantworten zu können, ist ohne Zweifel eine nützliche Leistung, aber das ist noch kein Beweis *mathematischen* Wissens. Mathematisches Wissen kann nicht auf einen Fundus abrufbarer „Tatsachen" reduziert werden, sondern besteht in der Fähigkeit, neue Ergebnisse zu berechnen. Um Piagets Begriffe zu benutzen, es ist ein *operatives* und kein *figuratives* Wissen. Es ist das Produkt der Reflexion, und auch wenn Reflexion als solche nicht beobachtbar ist, so können doch ihre Produkte aus beobachtbaren Reaktionen *erschlossen* werden.

Ich verwende den Ausdruck „Reflexion" in dem Sinne, in dem er ursprünglich von Locke eingeführt wurde, das heißt als Bezeichnung der Fähigkeit des Geistes, seine eigenen Operationen zu beobachten. Operatives Wissen ist daher kein assoziatives Wiederbereitstellen einer bestimmten Antwort, sondern vielmehr Wissen von dem, was man tun muß, um eine Antwort zu erzeugen. Operatives Wissen ist konstruktiv und wird folglich am besten in Situationen demonstriert, in denen etwas Neues erzeugt wird, etwas, das dem Akteur noch nicht verfügbar war. Die Neuheit, die dabei eine Rolle spielt, ist natürlich Neuheit in der Sicht des Subjekts. Ein Beobachter, ein Experimentator oder Lehrer, kann diese subjektive Neuheit erschließen, zwar nicht aus der Korrektheit einer Reaktion, aber aus der Anstrengung, die dazu geführt hat. Es ist nicht die jeweilige Reaktion, die wichtig ist, sondern die Art, auf die sie erreicht wurde.

Ich habe auf den vorhergegangenen Seiten mehrere Male den Begriff „Interpretation" gebraucht. Ich habe dies mit Absicht getan, denn dieser Begriff lenkt die Aufmerksamkeit auf eine Tätigkeit, die Bewußtsein und absichtsvolle Auswahl verlangt. Auch wenn alles Material, das im Prozeß des Interpretierens benutzt wird, durch vorausgegangene Interaktionen mit Erfahrungselementen und mit Menschen geformt und vorbereitet worden ist, und auch wenn die Validierung irgendeiner Interpretation weitere Interaktionen erfordert, wie wir gesehen haben, verlangt der Prozeß des Interpretierens selbst Reflexion. Wenn ein Organismus lediglich handelt und reagiert, dann wäre es ein Mißbrauch des Wortes zu sagen, daß der Organismus interpretiert. Interpretation bedeutet bewußte Wahrnehmung von mehr als einer Möglichkeit, Überlegen und rational kontrollierte Auswahl.

Die Fähigkeit eines Schülers, gewisse Tätigkeiten auszuführen, ist immer nur ein Teil dessen, was wir sein „Können" nennen. Der andere Teil ist seine Fähigkeit, diese seine Tätigkeiten zu überwachen. Es ist nämlich nicht genug, das Richtige zu tun; um kompetent zu sein, muß man auch wissen, was man tut, und warum es richtig ist. Darin liegt vielleicht der überzeugendste Grund dafür, daß Langzeitbeobachtungen und Piagets klinische Methode unentbehrlich sind, wenn wir irgendetwas über das reflexive Denken von Kindern, über ihr operatives Wissen und darüber herausfinden wollen, wie wir sie unterrichten sollen, damit sie möglichst gute Fortschritte machen.

Am Beginn dieser Arbeit habe ich erwähnt, daß die Ausbildung athletischer Fertigkeiten eine nützliche Analogie bieten könnte. Ich habe damit auf die in jüngerer Zeit entwickelten Methoden angespielt, die es den Athleten ermöglichen, das auch zu sehen, was sie tun. Einige dieser Methoden verwenden das Tachistoskop und sind hochkompliziert, andere wieder sind sehr einfach wie etwa die Zeitlupenwiedergabe von Filmen und Videobändern. Ihr Zweck liegt darin, den Athleten, die sehr komplizierte Handlungen ausführen, die Chance zu geben, sich selbst dabei zu beobachten. Diese visuelle Rückkopplung ist ein weitaus leistungsfähigeres Werkzeug als Anweisungen, die sich auf Einzelheiten des Handelns beziehen, die dem Akteur selbst im allgemeinen nur ganz unklar oder überhaupt nicht zugänglich sind.

Die Geschicklichkeit guter Athleten entspringt in hohem Maße der Tatsache, daß sie einen Großteil ihres Handelns sozusagen automatisiert haben. So lange nun diese Art zu handeln tatsächlich für ihre Ziele am ergiebigsten ist, ist die Automatisierung ein Vorteil, da sie das Bewußtsein frei macht, sich auf höheren Ebenen der Steuerung zu widmen. Sobald aber etwas an ihrer Routine geändert werden muß, kann dies kaum oder gar nicht *ohne* Bewußtmachung jedes Einzelschritts geschehen. Aus diesem Grunde ist die visuelle Rückkopplung so besonders wirksam.

Auch wenn nun die Ausführungsgeschwindigkeit, die sich durch Automatisierung erhöht, ein charakteristisches Merkmal des erfahrenen Rechners sein mag, muß das primäre Ziel des Mathematikunterrichts darin liegen, das bewußte Verständnis des Schülers für das zu schärfen, was er macht und warum es gemacht wird. Dieses Verständnis ist durchaus ähnlich der Selbst-Bewußtheit des Athleten, die dieser aufbauen muß, um seine körperlichen Routinehandlungen bewußt zu verbessern. Leider haben wir noch kein Tachistoskop und keine Kamera, welche die Dynamik, die Abfolge der Einzelschritte der mentalen Operationen aufzeichnen könnte, die zur Lösung eines numerischen Problems führen. Doch der Mathematiklehrer bemüht sich, dem Schüler im Grunde gerade das Bewußtsein eines dynamischen Programms und seiner Ausführung zu vermitteln, – und eben dieses Bewußtsein ist im Prinzip ähnlich dem, was der Athlet einer Zeitlupenabbildung seiner sportlichen Leistung entnehmen kann. In Ermangelung einer solchen Technik für die Erzeugung von Selbstreflexion muß der Lehrer andere Mittel finden, um operative Bewußtheit zu entwickeln. Beim gegenwärtigen Stand des Wissens ist die Methode des „Lehrexperiments", die Steffe entwickelt hat (vgl. Steffe 1977; Cobb/Steffe 1983), ein vielversprechender Schritt in diese Richtung.

Der Begriff „Lehrexperiment" kann leicht mißverstanden werden. Er bezeichnet nicht ein Experiment, in dem eine akzeptierte Vorgehensweise gelehrt wird, wie zum Beispiel Verfahren der Erwachsenen, zu addieren und zu subtrahieren. Es ist stattdessen in erster Linie ein exploratives Werkzeug, abgeleitet von Piagets klinischem Interview, das darauf zielt zu entdecken, was im Kopf eines Schülers vor sich geht. Es umfaßt außerdem experimentelle Techniken, um die Verfahrensweisen des Schülers zu modifizieren. Die Mittel und Wege, derartige Veränderungen herbeizuführen, sind in gewissem Sinne das Gegenteil dessen, was als Verhaltensmodifikation bekannt geworden ist.

Ein großer Teil der Erziehungswissenschaften hat bislang eine Prozedur verwendet, die darin besteht, Aufgaben zu geben, Lösungen aufzuzeichnen, und diese Lösungen so zu analysieren, als ob sie sich aus den tastenden Bemühungen des Kindes ergäben, Operationen auszuführen, wie sie zur Kompetenz eines Erwachsenden gehören. Stattdessen beginnt das Lehrexperiment mit der Prämisse, daß das Kind sich seine Aufgabe, das dafür nötige Lösungverfahren und die Lösung nur mit den Mitteln vorzustellen vermag, die ihm zu diesem Zeitpunkt seiner begrifflichen Entwicklung verfügbar sind. Das Kind muß, um es anders zu sagen, die Aufgabe interpretieren und eine Lösung zu konstruieren versuchen, indem es ihm zugängliches Material verwendet. Dieses Material kann nur aus den begrifflichen Bausteinen und Operationen bestehen, die das Kind in seinen vorausgegangenen Erfahrungen angesammelt hat.

Wir dürfen nicht vergessen, daß Kinder nicht Gefäße des „Wissens" von Erwachsenen sind, sondern Organismen, die, wie wir alle, ständig versuchen, ihrer Erfahrung Sinn zu verleihen, sie zu verstehen.

> „Die meisten traditionellen Meßverfahren des Lernens von Schülern im Fach Mathematik nehmen an, daß individuelle Unterschiede hinsichtlich der Begriffe der Schüler entweder nur unwesentlich variieren oder in ihrem Einfluß auf die jeweils zu lernende Art von Mathematik unwichtig sind... Wenn man dagegen annimmt, daß es eine Vielfalt von Möglichkeiten gibt, einen mathematischen Begriff zu verstehen, dann werden die individuellen Unterschiede in der Mathematik gleichbedeutend mit einer Mannigfaltigkeit von Verstehensweisen der Schüler, was Begriffe oder die Mathematik insgesamt angeht. Das klinische Interview bietet ein Mittel, diese individuellen Verstehensweisen zu ergründen und zu erklären." (Confrey 1980, 400.)

Es ist nicht bloß ein Spiel mit Worten festzustellen, daß das Zeil des Interviews darin besteht, das Verstehen des Kindes zu verstehen. Der Unterschied zwischen dem Kind, das eine Aufgabe im gegebenen Zusammenhang interpretiert (und zu lösen versucht) und dem Interviewer, der die Reaktionen und das Verhalten des Kindes im Zusammenhang mit der Aufgabe interpretiert, liegt darin, daß der Interviewer seine Interpretation dadurch überprüfen kann, daß er absichtsvoll bestimmte Elemente im Erfahrungsfeld des Kindes modifiziert. Der Interviewer kann auch Fragen stellen und sehen, ob die Reaktionen mit seinen Vermutungen hinsichtlich der Vorstellung des Kindes von dem, was geschieht, vereinbar sind oder nicht. Wo immer sich eine Unvereinbarkeit ergibt, müssen die Vermutungen des Interviewers geändert und die stattdessen neu eingesetzten wieder überprüft werden, bis sie zuletzt für alle Situationen, die sich der Interviewer ausdenken und erzeugen kann, viabel bleiben.

Kurz, der Interviewer konstruiert ein *Modell* der Begriffe und Operationen des Kindes. Es ist unvermeidlich, daß dieses Modell nicht aus den begrifflichen Elementen des Kindes, sondern ausschließlich aus den dem Interviewer eigenen begrifflichen Elementen aufgebaut wird. Und eben in diesem Kontext ist das epistemologische Prinzip des *Passens*, und nicht des *Übereinstimmens*, von wesentlicher Bedeutung. Ebenso wie kognitive Organismen niemals die begriffliche Organisation ihrer Erfahrung mit der Struktur einer von ihnen unabhängigen objektiven Realität vergleichen können, kann der Interviewer, Experimentator oder Lehrer, niemals das Modell, das er von den Begriffsbildungen eines Kindes konstruiert hat, mit dem vergleichen, was tatsächlich im Kopf des Kindes vorgeht. In dem einen wie in dem anderen Falle ist das beste, was sich erreichen läßt, ein Modell, das innerhalb des Bereichs verfügbarer Erfahrung viabel bleibt.

Das Lehrexperiment ist jedoch, wie ich schon vorhin sagte, etwas mehr als ein klinisches Interview. Zielt das Interview darauf festzustellen, „wo das Kind ist", so zielt das Experiment auf Wege und Mittel, „das Kind weiterzubringen". Sobald der Experimentator ein viables Modell der gegenwärtig dem Kind verfügbaren Begriffe und Operationen erzeugt hat, entwickelt er hypothetisch Wege, die Begriffsbildungen des Kindes in Richtung der Erwachsenenkompetenz zu lenken. Um einen derartigen hypothetischen Weg zu formulieren, geschweige denn zu verwirklichen, muß der Experimentator/Lehrer nicht nur ein Modell der gegenwärtig verfügbaren Begriffsstrukturen des Schülers haben, sondern auch ein analytisches Modell der Erwachsenenbegriffe, zu denen seine steuernde Tätigkeit führen soll.

Die Struktur mathematischer Begriffe ist vielleicht immer noch dunkel (vgl. die jüngsten Begriffsanalysen bei Steffe u.a. 1983). Das mag eine seltsame Klage sein, betrachtet man die zahllosen Arbeiten, die in den letzten hundert Jahren zur Klärung und Formulierung der Grundlagen der Mathematik durchgeführt worden sind. Als ein Ergebnis dieser Arbeiten haben wir eine Fülle von Definitionen, diese Definitionen sind jedoch größtenteils formale, nicht so sehr begriffliche. Das heißt, sie setzen lediglich neue Zeichen oder Symbole an die Stelle des *Definiendum*. Selten wenn überhaupt gibt es einen Hinweis, geschweige denn eine Anweisung dafür, was zu *tun* ist, um die begrifflichen Strukturen aufzubauen, die mit den Symbolen verknüpft werden sollen. Genau das aber muß ein Kind herausfinden, wenn es einen neuen Begriff erwerben soll.

Ich möchte hierfür ein Beispiel geben. Eine der gängigen Definitionen der Zahl, und zwar einer positiven ganzen Zahl, sagt, diese sei „ein Symbol, das mit einer Menge sowie mit allen anderen Mengen verknüpft ist, die eindeutig auf diese Menge abgebildet werden können" (James/James 1968, 193). Nun klingt die Verwendung des Verbs „abbilden" wie eine Handlungsanweisung, eine Aufforderung, etwas zu konstruieren, wie es natürlich auch sein sollte. Um aber mit dieser Konstruktion zu beginnen, müßte der Schüler zunächst eine klare Vorstellung von „Menge" haben und, was noch wichtiger ist, von „eins". Ein derartiges Verständnis ist aber nur zu erreichen, wenn man über die Operationen des eigenen Bewußtseins nachdenkt und erkennt, daß man mit diesen Operationen Einheiten und Mengen überall und jederzeit erzeugen kann, unabhängig von irgendwelchen sensorischen Signalen. Das bedeutet, daß Lehrer zunächst nicht von „Mengen" und „mathematischen Objekten" sprechen sollten, so als ob diese eine von uns unabhängige Existenz in irgendeiner Art „objektiver" Realität besäßen, sondern daß sie vielmehr das reflexive Bewußtsein der Schüler von ihren eigenen mentalen Operationen fördern sollten, denn nur von diesen lassen sich die geforderten Begriffe abstrahieren.

Das Lehrexperiment setzt in jedem Fall ein explizites Modell des Erwachsenen-Operierens voraus. Der experimentelle Teil der Methode besteht folglich in einer Form „indirekter Anleitung", die darauf zielt, die dem Kind verfügbaren Begriffe und Operationen (die der Experimentator nur im Sinne des Modells „kennt", das er auf der Basis seiner Beobachtung des jeweiligen Kindes konstruiert hat) in Richtung der Begriffe und Operationen der Erwachsenen zu modifizieren (welche der Experimentator wiederum nur im Sinne des Modells „kennt", das er auf der Grundlage seiner Analysen der Verfahren der Erwachsenen konstruiert hat). Da das Kind notwendigerweise verbale Anweisungen nur im Sinne seiner eigenen Erfahrung interpretieren kann, muß diese „Anleitung" entweder die Form von Fragen annehmen oder in Veränderungen des Erfahrungsfeldes bestehen, die das Kind in Situationen bringen, in denen seine gegebenen Operationsweisen auf Hindernisse und Widersprüche stoßen. Analog dem Erwachsenen, der seine allgemeine Erfahrung organisiert, wird das Kind kaum eine begriffliche Struktur verändern, wenn es nicht die Erfahrung des Versagens oder zumindest der Überraschung gibt, daß etwas nicht in der erwarteten Weise funktioniert. Ein derartiges Versagen oder eine derartige Überraschung läßt sich aber nur erfahren, wenn es eine Erwartung gab, – und das bringt mich nun zu dem letzten Punkt, über den ich sprechen möchte.

Wenn es mir überhaupt gelungen ist, die konstruktivistische Erkenntnistheorie als eine mögliche Basis für Erziehung und Erziehungswissenschaft zu erläutern, dann wird es leicht sein, diesen letzten Punkt zu erörtern, und seine Bedeutung sollte unmittelbar einleuchten.

Je abstrakter die Begriffe und Operationen sind, die gebildet werden sollen, umso mehr reflexive Tätigkeit wird benötigt. Es gibt aber keine Reflexion ohne Anstrengung. Die Begriffe und Operationen der Mathematik sind nicht einfach nur Abstraktionen, die meisten davon sind das Produkt mehrerer Ebenen der Abstraktion. Es bedarf daher nicht nur eines Akts der Reflexion, sondern einer ganzen Reihe von reflexiven Anstrengungen, und jede solche Reihe von Anstrengungen verlangt starke Motivierung.

Die Notwendigkeit zu motivieren ist sicherlich für niemand neu, der jemals unterrichtet hat. Wie Motivierung gefördert werden kann, ist über viele Jahre erörtert worden. Aber auch dabei, so meine ich, ist die Auswirkung des Behaviorismus zutiefst schädlich gewesen. Das Grunddogma des Behaviorismus sagt ja bloß, daß Verhalten durch die Konsequenzen determiniert wird, die es in der Vergangenheit herbeigeführt hat (und das ist nur eine besondere Art zu sagen, daß Organismen induktiv operieren). Es gibt allen Grund, dem zuzustimmen. Schwierigkeiten ergeben sich aus der üblichen Interpretation der „Bekräftigung", d.h. jener Konsequenz, die belohnend ist und somit spezifische Verhaltensweisen stärkt und die Wahrscheinlichkeit ihres Auftretens erhöht.

Nun gibt es das weiterverbreitete Mißverständnis, daß Bekräftigung der Effekt bestimmter gut bekannter Güter ist, wie etwa Schokolade, Geld und sozialer Anerkennung. Das ist ein Mißverständnis nicht nur, weil Organismen nicht hart arbeiten würden, um solche Güter zu erlangen, sondern weil damit genau das verdeckt wird, was für einen kognitiven Organismus die stärkste Bestätigung bedeutet: eine zufriedenstellende Organisation zu erreichen, d.h. einen viablen Weg, mit irgendeinem Bereich der Erfahrung fertig zu werden. Diese Tatsache gibt der Vorstellung der Bekräftigung eine andere Dimension, denn was immer die belohnende Folge ist, wird in all diesen Fällen ausschließlich *innerhalb* des Systems des Organismus selbst erzeugt.

Selbsterzeugte Bekräftigung hat ein ganz enormes Potential für kognitive, reflexive Organismen. (Ich bin sicher, daß wir alle viel Zeit und Schweiß auf Rätsel verwendet haben, deren Lösung weder Schokolade, noch Geld und kaum Anerkennung gebracht hat.) Dieses Potential muß jedoch entwickelt und verwirklicht werden.

Wenn Kinder mit hölzernen Bauklötzen zu spielen beginnen, setzen sie früher oder später einen auf den anderen. Worin immer die Befriedigung bestehen mag, die sie aus der sich ergebenden Struktur ableiten, sie bietet jedenfalls genügend Anregung, daß sie das ganze wiederholen und zu verbessern suchen. Sie können sich zum Beispiel implizit oder explizit das Ziel setzen, einen Turm zu bauen, der alle Bauklötze enthält. Sind sie erfolgreich, dann sind sie ganz offensichtlich zufrieden, unabhängig von irgendwelchen greifbaren Belohnungen oder Kommentaren von seiten der Erwachsenen, denn sie bauen Türme auch, wenn keine Beobachter da sind. Die Belohnung ergibt sich aus der Leistung, aus der erfolgreichen und absichtsvollen Herstellung einer Ordnung, die ihrer eigenen spezifischen Art der Organisation innewohnt. Um das Meisterstück zu wiederholen, muß der Turm wieder zerstört werden. Auch dies erweist sich als eine Quelle der Befriedigung, denn einmal mehr liefert es die Bestätigung für die Macht des erfahrenden Subjekts über die Struktur der Erfahrung.

Manchem mögen diese Beobachtungen trivial erscheinen. Für mich belegen sie ein Grundmerkmal des Modells des kognitiven Organismus, ein Merkmal, auf das geachtet werden muß, wenn wir erziehen wollen.

Aus konstruktivistischer Sicht ist es wenig sinnvoll anzunehmen, daß sehr starke kognitive Befriedigung sich nur daraus ergibt, daß einem gesagt wird, daß man etwas richtig gemacht hat, solange diese „Richtigkeit" von jemand anderem beurteilt wird. Um zu einer Quelle echter Befriedigung zu werden, muß solche Richtigkeit als das Passen zu einer Ordnung erfahren werden, die man *selbst* errichtet hat. Lehrer und Mathematiker neigen dazu anzunehmen, daß es in jedem einzelnen Fall ein objektives Problem und eine objektiv „wahre" Lösung gibt. Kinder und Schüler jeden Alters sollen daher irgendwie das Problem „sehen" lernen, seine Lösung, und ebenso die *Notwendigkeit*, die beide miteinander verknüpft. Diese Notwendigkeit ist jedoch eine begriffliche, und sie kann sich aus nichts anderem ergeben als dem Bewußtsein von den Strukturen und Operationen, die in den Begriffsbildungen bezüglich des Problems und seiner Lösung im denkenden Subjekt eine Rolle spielen. Logische oder mathematische Notwendigkeit findet sich nicht in irgendeiner von uns unabhängigen Welt, – um sie zu sehen und daraus Befriedigung zu gewinnen, muß man seine eigenen Konstrukte und die Art und Weise reflektieren, auf die man sie zusammengesetzt hat.

### Schlußbemerkungen

Alle Erzieher glauben an das Ziel, in ihren Schülern Wissen zu erzeugen. In der epistemologischen Perspektive, die ich skizziert habe, ist Wissen jedoch kein übertragbares Gut und Kommunikation kein Beförderungsmittel.

Wenn wir also Wissen und Können als Produkte der begrifflichen Organisation der individuellen Erfahrung ansehen, dann ist die Rolle des Lehrers nicht mehr nur das Austeilen von „Wahrheit", sondern vielmehr die Unterstützung und Lenkung eines Schülers bei der begrifflichen Organisation bestimmter Erfahrungsbereiche. Zwei Dinge braucht der Lehrer, um dies zu leisten: zum einen benötigt er ein angemessenes Bild des Entwicklungsstandes des Schülers, zum anderen ein angemessenes Bild des Zieles. Keines von beiden ist direkter Beobachtung zugänglich. Was der Schüler sagt und tut, läßt sich nur im Rahmen eines hypothetischen Modells interpretieren, – und dies ist ein Bereich der Erziehungswissenschaften, den jeder gute Lehrer seit Sokrates intuitiv beherrscht. Heute sind wir um einiges weiter insofern, als wir dem Lehrer eine Reihe relativ verläßlicher diagnostischer Werkzeuge anbieten können.

Was die Unterstützung und Lenkung angeht, so haben gute Lehrer immer ihre Mittel und Wege gefunden, dies zu tun, denn sie haben bewußt oder unbewußt erkannt, daß man mit Wörtern und Symbolen zwar den Weg weisen kann, daß es aber der Schüler sein muß, der die Begriffsbildungen und die Operationen auszuführen hat.

Damit bleibt noch das Ziel und der Verfahrensweg offen, der aus der Sicht der Experten als der „richtige“ anzusehen ist. Wie ich schon früher sagte, ist ein begriffliches Modell des Aufbaus der Strukturen und der Operationen, die mathematische Kompetenz ausmachen, ganz wesentlich, denn nur ein solches allein kann die Richtung anzeigen, in die der Schüler gelenkt werden soll. Die Art von Analyse jedoch, die den Weg zur Konstruktion mathematischer Begriffe Schritt für Schritt ergeben würde, hat kaum begonnen. In diesem Bereich, meine ich, könnte die Forschung Fortschritte bewirken, die direkt der erzieherischen Praxis zugutekämen. Wenn das Ziel der Lenkung durch den Lehrer darin besteht, Verstehen zu erzeugen, und nicht so sehr im Training spezifischer Leistungen, dann wird seine Aufgabe klarerweise sehr erleichtert werden können, wenn dieses Ziel durch ein explizites Modell der Begriffe und Operationen dargestellt werden kann, die wir für die operative Quelle mathematischer Kompetenz halten. Und was noch wichtiger ist, wenn die Schüler in den Genuß auch nur eines Teils der Befriedigung kommen sollen, die das Praktizieren der Mathematik den Mathematikern gibt, dann wird sich dieser Genuß für sie nicht in irgendwelchen Belohnungen finden, die man ihnen für ihre Leistungen gibt, sondern nur darin, daß ihnen klar wird, wie perfekt die von ihnen entwickelten begrifflichen Konstruktionen in ihre Erfahrungswelt passen.

# Zitierte Literatur


Abbott, E.A.: *Flatland*, 1884, 6th edition New York 1952.

Alexander, R.D.: „Sound Communication in Orthoptera and Cicadidae", in: W.E. Lanyon/ W.N. Tavolga (eds.) 1960, 38–92.

Altmann, S.A. (ed): *Social Communication among Primates*, Chicago 1967.

Altmann, S.A.: „The Structure of Primate Social Communication", in: S.A.: Altmann (ed.) 1967, 325–362.

Ashby, W.R.: „Induction, Prediction, and Decision-Making in Cybernetic Systems", in: *Induction: Some Current Issues* (eds. H. E. Kyburg/E. Nagel), Middletown/Conn. 1963, 54–66.

Ashby, W.R.: „Learning in a Homeostat", *Symposium on Artifical Intelligence*, Knoxville 1970.

Ayala, F.: „Teleological Explanations in Evolutionary Biology", *Philosophy of Science*, 37 (1970) 1, 1–15.

Ayala, F.: „The Concept of Biological Progress", in: *Problems of Reduction in Biology* (ed. F. Ayala), London 1974, 339–354.

Bamberger, J.: „The Development of Musical Intelligence: Children's Representation of Simple Rhythms", *Artificial Intelligence Memo* 342, Cambridge/Mass. 1975.

Bamberger, J.: „Cognitive Structuring in the Apprehension and Description of Simple Rhythms", *Archives de Psychologie* 48 (1980), 171–197.

Bamberger, J.: „Revisiting Children's Drawings of Simple Rhythms: A Function for Reflection-in-Action", in: *U-Shaped Behavioral Growth* (ed. S. Strauss), New York 1982, 191–226.

Barrett, M.D.: „Lexical Development and Overextension in Child Language", *Journal of Child Language* 5 (1978), 205–219.

Barth, F.: „Analytical Dimensions in the Comparison of Social Organizations", *American Anthropologist* 74 (1972), 207–220.

Bateson, G.: „Cybernetic Explanation", *American Behavioral Scientist* 10 (1967) 8, 29–32.

Beilin, H.: „The Development of Physical Concepts", in: T. Mischel (ed.) 1971, 86–119.

Bellert, I.: „On the Use of Linguistic Quantifying Operators in the Logico-Semantic Structure Representation of Utterances", *Poetics* 2(1971), 71–86.

Bendix, E.H.: *Componential Analysis of General Vocabulary*, Indiana University 1966.

Bentham, J.: *The Theory of Fictions* (ed. C.K. Ogden), London 1932.

Berger, P.L.:/Luckmann, T.: *The Social Construction of Reality*, Garden City N.Y. 1966 (Anchor paperback, 1967).

Berkeley, G.A.: *A Treatise Concerning the Principles of Human Knowledge* (1710), La Salle/ Ill. 1963.

Boden, M.: *Jean Piaget*, New York 1979.

Bormuth, J.R.: „New Developments in Readability Research", in: *Readability in 1968*, Champaign/Ill. 1968.

Boulding, K.E.: *The Image*, Ann Arbor 1956.

Bower, T.G.R.: „The Visual World of Infants", *Scientific American* 215 (1966) 6, 80–92.

Bower, T.G.R.: *Development in Infancy*, San Francisco 1974.

Bower, T.G.R.: *The Perceptual World of the Child*, Cambridge/Mass. 1977.

Bridgman, P.W.: *The Nature of Physical Theory*, New York 1936.

Bridgman, P.W.: *The Way Things Are*, Cambridge/Mass. 1959.

Brøndal, V.: *Théorie des Prépositions. Introduction à une semantique naturelle*, Kopenhagen 1950.

Bronowski, J./Bellugi, U.: „Language, Name, and Concept", *Science* 168 (1970), 669–673.

Brown, G.S.: *Laws of Form*, London 1969.

Brown, R.: „How Shall a Thing be Called?", *Psychological Review* 65 (1958), 14–21.
Brownell, H.A.: *The Development of Children's Number Ideas in the Primary Grades*, Chicago 1928.
Bruner, J.S./Goodnow, J.J./ Austin, G.A.: *A Study of Thinking*, New York 1965.
Bruner, J.S.: „On the Conservation of Liquids", in: *Studies in Cognitive Growth* (eds. J.S. Bruner/R.R. Olver/P.M. Greenfield), New York 1966, 183–207.
Brunswik, E.: *The Conceptual Framework of Psychology*, Chicago 1952.
Burckhardt, J.: *Griechische Kulturgeschichte*, Bde. I–III, (1. Aufl. 1898–1902), Stuttgart 1952.
Burghardt, G.M.: „Defining ‚Communication'", in: *Communication by Chemical Signals* (eds. J.W. Johnston/D.G. Moulton/A. Turk), New York 1970, 5–18.
Busnel, M.C.: „The Psychophysiological Study of Acoustic Communication in Animals", in: T.A. Sebeok/A. Ramsay (eds.) 1969, 31–39.
Campbell, D.T.: „Evolutionary Epistemology", in: *The Philosophy of Karl Popper* (ed. P.A. Schilpp), La Salle/Ill. 1974, 413–463.
Cannon, W.B.: *The Wisdom of the Body*, New York 1932.
Carpenter, C.R.: „Approaches to Studies of the Naturalistic Communicative Behavior in Non-human Primates", in: T.A. Sebeok/A. Ramsay (eds.) 1969, 40–70.
Cassirer, E.: „Die Sprache und der Aufbau der Gegenstandswelt", *Berichte des 12. Kongresses der Deutschen Gesellschaft für Psychologie*, 1932, 134–145.
Castañeda, C.: *Journey to Ixtlan*, New York 1972.
Ceccato, S.: „Divagazioni di ‚animal semioticum'", *Sigma* 4–5 (1946), 294–302.
Ceccato, S.: „Il Teocono", *Methodos* 1 (1949) 1, 34–55.
Ceccato, S.: „Prima lettera ad un amico", *Methodos* 8 (1956), 29/30, 139–156.
Ceccato, S.: „Operational Linguistics and Translation", in: *Linguistic Analysis and Programming for Mechanical Translation* (ed. S. Ceccato), Mailand 1960, 11–80.
Ceccato, S.: „La meccanizzazione delle attività umane superiori", in: *Civiltà delle Macchine*, Jg. IX, 1961, 22–29; 55–61. Jg. X, 1962, 122–133.
Ceccato, S.: *Un tecnico fra i filsosofi*, Bd. I, Padua 1964; Bd. II, Padua 1966.
Ceccato, S.: *Cibernetica per tutti*, Mailand 1968/1970.
Chall, J.S.: „Readability: An Appraisal of Research and Application", *Educational Research Monograph* no. 30, 1959.
Cherry, C.: *On Human Communication*, Cambridge/Mass. 1957.
Chiszar, D./Carpen, K.: „Origin and Synthesis", *American Psychologist* vol. 35 (1980) no. 11, 958–962.
Chomsky, N.: *Aspects of the Theory of Syntax*, Cambridge/Mass. 1965.
Cobb, P./Steffe, L.P.: „The Constructivist Researcher as Teacher and Model-Builder", *J. R.M.E.* 14 (1983), 83–94.
Confrey, J.: „Clinical Interviewing: Its Potential to Reveal Insights in Mathematics Education", in: *Proceedings of the 4th International Conference for the Psychology of Mathematics Education* (ed. R. Karplus), Berkeley/Cal. 1980, 400–407.
Count, E.W.: „Animal Communication in Man-Science: An Essay in Perspective", in: T.A. Sebeok/A. Ramsay (eds.) 1969, 71–137.
Craige, B.J.: *Literary Relativity*, Lewisburg 1982.
Craik, K.J.W.: „Theory of Human Operators in Control Systems: I. The Operators as Engineering System", *British Journal of Psychology* 38 (1948), 56–61.
Craik, K.J.W.: *The Nature of Psychology* (ed. S.L. Sherwood), Cambridge 1966.
Czerny, P./von Glasersfeld, E.: *A Dynamic Approach to the Recognition of Triangularity*, unveröff. Manuskript, University of Georgia, 1979.
Diels, H.: *Die Fragmente der Vorsokratiker*, Hamburg 1957.
DuBrul, L.E.: „Structural Evidence in the Brain for a Theory of the Evolution of Behavior", *Perspectives in Biology and Medicine* 4 (1960) 1, 40–57.
Dutton, B.: *Theory and Practice of Correlational Grammar*, Athens/Georgia 1968.
Emlen, J.T. jr.: „Introduction", in: W.E. Lanyon/W.N. Tavolga (eds.) 1960, 9–13.
Euclides: *Die Elemente*, Buch I-XIII, Darmstadt 1975.

Feyerabend, P.K.: „Theatre as an Instrument of Criticism", *Inquiry* 10 (1967), 298–312.
Feyerabend, P.K.: *Against Method. Outline of an Anarchistic Theory of Knowledge*, London 1975.
Fish, S.: *Is there a Text in this Class?*, Cambridge/Mass. 1980.
Flavell, J.H.: *Cognitive Development*, Englewood Cliffs/N.J. 1977.
Forman, G.E.: „The Early Growth of Logic in Children: Influences from the Bilateral Symmetry of Human Anatomy", Paper presented at the Biennial Meeting of SRCD, Philadelphia 1973.
Forman, G.E./Kuschner, D.S./Dempsey, J.: „Transformations in the Manipulations Performed with Geometric Objects: An Early System of Logic in Young Children", Final Report, Grant NE-G-00-3-0051, NIE, Washington/D.C. 1975.
Fouts, R.: „Acquisition and Testing of Gestural Signs in Four Young Chimpanzees", *Science* 180 (1973), 978–980.
Fuson, K.C./Richards, J.: „Children's Construction of the Counting Numbers: From a Spew to a Bidirectional Chain", Paper presented at AERA Meeting, Boston 1980.
Gallup, G.G.: „Self-Recognition in Primates", *American Psychologist* 32 (1977), 329–338.
Gardner, B.T./Gardner, R.A.: „Two-Way Communication with an Infant Chimpanzee", in: *Behavior of Nonhuman Primates* 4 (eds. A.M. Schrier/F. Stollnitz), New York 1971, 117–184.
Gelman, R./Gallistel, C.R.: *The Child's Understanding of Number*, Cambridge/Mass. 1978.
Greenberg, J.H.: „Concerning Inferences from Linguistic to Non-Linguistic Data", in: *Language in Culture* (ed. H. Hoijer), Chicago 1954, 3–19.
Haldane, J.B.S.: „Animal Communication and the Origin of Human Language", *Science Progress* 43 (1955), 383–401.
Halliday, M.A.K.: „Notes on Transitivity and Theme in English", *Journal of Linguistics* 3 (1967) 1/2; 4 (1968), 2.
Hamilton, J.: "Hominid Divergence and Speech Evolution", *J. of Human Evolution* 3 (1974), 417–424.
Hanson, N.R.: *Patterns of Discovery*, Cambridge 1958.
Harter, M.R.: „Excitability Cycles and Cortical Scanning: A Review of Two Hypotheses of Central Intermittency in Perception", *Psychological Bulletin* 68 (1967), 47–58.
Hatano, G.: „Learning to Add and Subtract: A Japanese Perspective", Paper presented at the Conference on Learning of Addition and Subtraction Skills, Racine/Wisc. 1979.
Hays, D.G.: „Linguistic Foundations of the Theory of Content Analysis", *The Analysis of Communication Content* (eds. G. Gerbner et al.), New York 1969, 57–67.
Hebb, D.O.: „Alice in Wonderland or Psychology among the Biological Sciences", in: *Biological and Biochemical Bases of Behavior* (eds. H.F. Harlow/C.N. Woolsey), Madison/Wisc. 1959, 451–467.
Hebb, D.O.: „Science and the World of Imagination", *Canadian Psychological Review* 16 (1975), 4–11.
Heisenberg, W.: *Das Naturbild der heutigen Physik*, Reinbek bei Hamburg 1955.
Heisenberg, W.: *Physics and Beyond*, New York 1971.
Held, R.: „Plasticity in Sensory-Motor Systems", *Scientific American* 1965. Reprinted in: *Perception Mechanisms and Models*, San Francisco 1972, 372–379.
Hilgard, E.R.: „Toward a Neo-Dissociation Theory: Multiple Cognitive Controls in Human Functioning", *Perspectives in Biology and Medicine* 17 (1974), 301–316.
Hill, J.H.: „Possible Continuity Theories of Language", *Language* 50 (1974) 1, 134–150.
Hockett, C.F.: „Chinese Versus English: An Exploration of the Whorfian Hypothesis", in: *Language in Culture* (ed. H. Hoijer), Chicago 1954, 106–123.
Hockett, C.F.: „Logical Considerations in the Study of Animal Communication", in: W: E: Lanyon/W.N. Tavolga (eds.), 1960a, 392–430.
Hockett, C.F.: „The Origin of Speech", *Scientific American* 203 (1960b) 3, 88–96.
Hockett, C.F.: „The Problem of Universals in Language", in: *Universals of Language* (ed. J.H. Greenberg), Cambridge/Mass. 1963, 1–22.
Hockett, C.F.:/Altmann, S.A.: „A Note on Design Features", in: *Animal Communication* (ed. T.A. Sebeok), Bloomington/Indiana 1969, 61–72.

Hofstadter, A.: „Objective Teleology", *Journal of Philosophy* 38 (1941) 2, 29–39.
Holloway, R.L.: „Culture: A Human Domain", *Current Anthropology* 10 (1969) 4, 395–412.
Hoppe, A.: „Der sprachliche Formulierungsprozeß in den Funktionsebenen der Sprache", *Beiträge zur Sprachkunde und Informationsverarbeitung*, München, 4 (1964), 7–32.
Howell, H.B.: *A Foundational Study in the Pedagogy of Arithmetic*, New York 1914.
Hume, D.: „Sceptical Doubts Concerning the Operations of Understanding" (1750), in: D. Hume 1963.
Hume, D.: *An Enquiry Concerning Human Understanding* (1748), New York 1963.
Husserl, E.: *Philosophie der Arithmetik*, Den Haag 1970 (Original 1887–1901).
Inhelder, B./Garcia, R./Voneche, J.: *Epistémologie génétique et équilibration*, Neuchatel 1977.
Jacob, F.: „Evolution and Tinkering", *Science* 196 (1977), 1161–1166.
James, W.: *Pragmatism* (1907), New York 1955.
James, W.: *Psychology (Briefer Course)* (1892), New York 1962.
James & James: *Mathematical Dictionary*, 3rd. ed. Princeton/N.J. 1968.
Kant, I.: *Kritik der reinen Vernunft* (1787), Werke, Bd. III, 2. Aufl. Berlin 1911.
Kant, I.: *Prolegomena zu jeder künftigen Metaphysik, die als Wissenschaft wird auftreten können*, 1783, Werke, Bd. IV, Berlin 1911.
Katz, J.J./Fodor, J.A.: „The Structure of Semantic Theory", *Language* 39 (1963), 170–210.
Kaufmann, E.L./Lord, M.W./Reese, T.W./Volkmann, J.: „The Discrimination of Visual Number", *American Journal of Psychology* 62 (1949), 498–525.
Kawai, M.: „Newly-acquired Pre-cultural Behavior of the Natural Troop of Japanese Monkeys on Koshima Islet", *Primates* 6 (1) 1965, 1–30.
Kelly, G.A.: *The Psychology of Personal Constructs*, New York 1955.
Kelly, G.A.: *A Theory of Personal Constructs*, New York 1963.
Keys, J. (*alias* G. Spencer Brown): *Only Two can Play this Game*, New York 1972.
Kahr, D./Wallace, J.G.: *Cognitive Development*, Hillsdale/N.J. 1976.
Klare, E.G.R.: *The Measurement of Readability*, Ames/Iowa 1963.
Köhler, W.: *Gestalt Psychology*, New York 1947.
Kohlers, P.A.: *Aspects of Motion Perception*, Oxford 1972.
Kuhn, Th.S.: *The Structure of Scientific Revolutions*, Chicago 1970.
Langer, S.K.: *Philosophy in a New Key*, Cambridge/Mass. 1942.
Lanyon, W.E./Tavolga, W.N. (eds.): *Animal Sounds and Communications*, Washington/D.C. 1960.
Lemert, C.C.: „Language, Structure, and Measurement: Structuralist Semiotics and Sociology", *American Journal of Sociology* 84 (1979), 929–957.
Lenneberg, E.H.: „Of Language, Knowledge, Apes, and Brains", *Journal of Psycholinguistic Research* 1 (1971) 1, 1–19.
Lettvin, J.Y./Maturana, H.R./McCulloch, W.S./Pitts, W.H.: „What the Frog's Eye Tells the Frog's Brain", *Proceedings of the Institute of Radio Engineers* 47 (1959) 11, 1940–1959.
Lewis, B.N./Cook, J.A.: „Toward a Theory of Telling", *International Journal of Man-Machine Studies* 1969, 1, 129–176.
Lorenz, K.: „Kants Lehre vom Apriorischen im Lichte gegenwärtiger Biologie", *Blätter für deutsche Philosophie* 15 (1941), 94–125.
Mach, E.: *Die Analyse der Empfindungen*, Jena 1886.
Mach, E.: „Die Leitgedanken meiner naturwissenschaftlichen Erkenntnislehre und ihre Aufnahme durch die Zeitgenossen", *Scientia. Internationale Zeitschrift für wissenschaftliche Synthese* (Leipzig, London, Paris, Bologna) Bd. VII (1910), Nr. 14, S. 2 ff. Auch: *Pysikalische Zeitschrift*, 11. Jg. 1910, 599–606.
MacKay, D.M.: „Quantal Aspects of Information", *Philosophical Magazine* 41 (1950), 289–311.
MacKay, D.M. „Operational Aspects of Some Fundamental Concepts of Human Communication", *Synthese* 9, 1953/1955, 182–198.
MacKay, D.M.: „Cerebral Organization and the Conscious Control of Action", in: *Brain and Conscious Experience* (ed. J.C. Eccles), New York 1966, 422–445.
MacKay, D.M.: „Ways of Looking at Perception", in: *Models for the Perception of Speech and Visual Form* (ed. W. Wathen-Dunn), Boston 1967, 25–43.

MacKay, D.M.: „Formal Analysis of Communicative Processes", in: *Non-Verbal Communication* (ed. R.A. Hinde), Cambridge 1972, 3–26.
Malinowski, B.: „The Problem of Meaning in Primitive Languages", in: C.K. Ogden/I.A. Richards (eds.) 1923, 296–336.
Mandler, G./Shebo, B.J.: „Subitizing: An Analysis of Its Component Processes", unveröff. Manuskript, University of California/San Diego 1980.
Marler, P.: „Aggregation and Dispersal: Two Functions in Primate Communication", in: *Primates. Studies in Adaptation and Variability* (ed. P.C. Jay), New York 1968, 420–438.
Marler, P.: „The Logical Analysis of Animal Communication", *Journal of Theoretical Biology* 1 (1961), 295–317.
Martin, E./Roberts, K.H.: „Grammatical Factors in Sentence Retention", *Journal of Verbal Learning and Verbal Behavior,* 5 (1966).
Mason, W.A.: „Minding Our Business", *American Psychologist* vol. 35 (1980), no. 11, 964–967.
Mason, W.A./Hollis, J.H.: „Communication between Young Rhesus Monkeys", *Animal Behavior* 10 (1962) 3–4, 211–221.
Maturana, H.: *Biology of Cognition,* BCL Report Nr. 9.0., Urbana/Ill. 1970a. (Deutsch „Biologie der Kognition", in: ders. 1985, 32–80.)
Maturana, H.: „Neurophysiology of Cognition", in: *Cognition: A Multiple View* (ed. P.L. Garvin), New York 1970b, 3–23.
Maturana, H.: „Biology of Language. The Epistemology of Reality", in: *Biology and Psychology of Language.* Essays in Honour of Eric Lenneberg (eds. G.A. Miller/E. Lenneberg), New York 1978, 27–63. (Deutsch „Biologie der Sprache. Die Epistemologie der Realität", in: ders. 1985, 236–271.)
Maturana, H.: *Erkennen: Die Organisation und Verkörperung von Wirklichkeit.* Ausgewählte Arbeiten zur biologischen Epistemologie, 2. Aufl. Braunschweig/Wiesbaden 1985.
Mayr, E.: „Cause and Effect in Biology", in: *Cause and Effect* (ed. D. Turner), New York 1965, 33–50.
Mayr, O.: *The Origin of Feedback Control,* Cambridge/Mass. 1970.
Mays, W.: „The Epistemology of Professor Piaget", in: *Minutes of the Aristotelian Society,* London 1953, 54–55.
Mays, W.: „The Epistemology of Professor Piaget", in: *Proceedings of the Aristotelian Society,* London 1954, 49–76.
McCulloch, W.S.: „Finality and Form", *American Lecture Series* no. 11, Springfield/Ill. 1952. (Wieder abgedruckt in: ders. 1965, 256–275.)
McCulloch, W.S.: „Through the Den of the Metaphysician", in: ders. 1965, 142–156.
McCulloch, W.S.: *Embodiments of Mind,* Cambridge/Mass. 1965.
McFarland, D.J.: *Feedback Mechanisms in Animal Behavior,* New York 1971.
McLellan, J.A./Dewey, J.: *The Psychology of Number* (1895), New York 1908.
Menzel, E.W.: „Communication about the Environment in a Group of Young Chimpanzees", *Folia Primat.* 15 (1971), 220–232.
Menzel, E.W.: „Leadership and Communication in Young Chimpanzees", *Proceedings 4th International Congress of Primatology* 1 (1073), 192–225.
Michotte, A.: *The Perception of Causality,* London 1963.
Miles, T.R.: „Michotte's Experiments and the Views of Hume", in: A. Michotte, 1963, 410–415.
Miller, G.A.: *Language and Communication,* New York 1963.
Mischel, T. (ed.): *Cognitive Development and Epistemology,* New York 1971.
Mischel, T.: „Piaget: Cognitive Conflict and the Motivation of Thought", in: *Cognitive Development and Epistemology* (ed. T. Mischel), New York 1971, 311–355.
Moffet, J.: *Teaching The Universe of Discourse,* New York 1968.
Monod, J.: *Le hasard et la nécessité,* Paris 1970.
Mounin, G.: „Review of Hinde's *Non-Verbal Communication*", *Journal of Linguistics* 10 (1974), 201–206.
Ogden, C.K./Richards, I.A.: *The Meaning of Meaning,* London 1923.
Olson, D.R.: „Language and Thought: Aspects of a Cognitive Theory of Semantics", *Psychological Review* 1970, 4, 257–273.

Pask, G.: „The Meaning of Cybernetics in the Behavioral Sciences", in: *Progress of Cybernetics* (ed. J. Rose), New York 1969.

Peirce, C.S.: *Collected Papers of C.S. Peirce* (eds. C. Hartshorne/P. Weiss), Cambridge/Mass. 1931–1935.

Perry, R.B.: „A Behaviorist View of Purpose", *Jornal of Philosophy* 28 (1921) 4, 85–105.

Peters, R.H.: „Tautology in Evolution and Ecology", *American Naturalist* 110 (1976), 1–12.

Piaget, J.: *The Language and Thought of the Child*, New York 1926.

Piaget, J.: *The Child's Conception of Causality*, London 1930.

Piaget, J.: *The Origin of Intelligence in Children* (1936), New York 1963.

Piaget, J.: *La construction du réel chez l'enfant*, Neuchatel 1937. Engl.: *The Construction of Reality in the Child*, New York 1971.

Piaget, J.: *Psychology of Intelligence*, London 1951.

Piaget, J.: *Logic and Psychology*, New York 1957.

Piaget, J.: *Les mécanismes perceptifs*, Paris 1961.

Piaget, J.: *Six études de psychologie*, Geneva 1964.

Piaget, J.: *Six Psychological Studies*, New York 1967 a.

Piaget, J.: *Biologie et connaissance*, Paris 1967b.

Piaget, J.: *Le Structuralisme*, Paris 1968.

Piaget, J.: *Genetic Epistemology*, New York 1970.

Piaget, J.: *Insights and Illusions of Philosophy* (2nd French edition, 1967), New York 1971.

Piaget, J.: *The Principles of Genetic Epistemology*, New York 1972.

Piaget, J.: *Problèmes de psychologie génétique*, Paris 1972.

Piaget, J.: *La prise de conscience*, Paris 1974.

Piaget, J.: *L'équilibration des structures cognitives*, Paris 1975.

Piaget, J.: *Le comportement, moteur de l'évolution*, Paris 1976.

Piaget, J./Lambercier, M.: „La causalité perceptive visuelle chez l'enfant et chez l'adulte", *Archives de Psychologie* 36 (1958), 142–43, 77–201.

Piaget, J./Sinclair, H./Vinh Bang: *Epistémologie et psychologie de l'identité* (Etudes d'épistémologie génétique, vol. 24), Paris 1968.

Piaget, J./Szeminska, A.: *La genèse du nombre chez l'enfant*, 2. Aufl. Neuchatel 1964, 4. Aufl. Neuchatel 1967.

Piaget, J./Voyat, G.: „Recherche sur L'identité d'un corps en développement et sur celle du mouvement transitif", in: Piaget, J./Sinclair, H./Vinh Bang, 1968.

Piaget, J.: *Gesammelte Werke. Studienausgabe*, 10 Bde., Stuttgart 1975.

Pittendrigh, C.S.: „Adaptation, Natural Selection, and Behavior", in: *Behavior and Evolution* (eds. A. Roe/G.G. Simpson), New Haven/Conn. 1958, 390–416.

Pitts, W./McCulloch, W.S.: „How we Know Universals: The Perception of Auditory and Visual Frames", *Bulletin of Mathematical Biophysics* 9 (1947), 127–147.

Platon: *Theaitetos* übs. von F. Schleiermacher, Darmstadt 1970.

Ploog, D.: *Die Sprache der Affen*, München 1974.

Pollack, R.H./Brenner, M.W. (eds.): *The Experimental Psychology of Alfred Binet*, New York 1969.

Pollio, H.R./Whitacre, J.D.: „Some Observations on the Use of Natural Numbers by Preschool Children", *Perceptual and Motor Skills* 30 (1970), 1967–1974.

Popkin, R.H.: *The History of Scepticism from Erasmus to Spinoza*, Berkeley/Cal. 1979.

Popper, K.R.: *Conjectures and Refutations*, New York 1962.

Popper, K.R.: *The Logic of Scientific Discovery* (1934), New York 1965.

Popper, K.R.: *Quantum Theory and the Schism in Physics*, Totowa/N.J. 1982.

Potter, M.C./Levy, E.I.: „Spatial Enumeration without Counting", *Child Development* 39 (1968), 265–272.

Powers, W.T.: „Feedback: Beyond Behaviorism", *Science* 179 (1973a), 351–356.

Powers, W.T.: *Behavior: The Control of Perception*, Chicago/Ill.

Powers, W.T.: „Quantitative Analysis of Purposive Systems: Some Spadework at the Foundations of Scientific Psychology", *Psychological Review* 85 (1978), 417–435.

Premack, D.: „On the Assessment of Language Competence in the Chimpanzee", in: *Behavior of Nonhuman Primates* 4 (eds. A.M. Schrier/F. Stollnitz), New York 1971, 185–228.

Premack, D.: „Some General Characteristics of a Method for Teaching Language to Organisms that Do not Ordinarily Acquire it", in: *Cognitive Processes of Nonhuman Primates* (ed. L.E. Jarrard), New York 1971, 47–82.

Pritchard, R.M./Heron, W./Hebb, D.O.: „Visual Perception Approached by the Method of Stabilized Images", *Canadian Journal of Psychology* 14 (1960) 2, 67–77.

Putnam, H.: *Reason, Truth and History*, Cambridge 1981.

Rapoport, A.: „Mathematical Biophysics, Cybernetics and Significs", *Synthese* 8 (1949/51), 182–193.

Radnitzky, G.: „From Justifying a Theory to Comparing Theories and Selecting Questions", *Revue Internationale de Philosophie* 131/132 (1980) 34, 179–228.

Reichenbach, H.: *Experience and Prediction*, Chicago 1952.

Richards, J./von Glasersfeld, E.: „The Control of Perception and the Construction of Reality", *Dialectica* 33 (1979) 1, 37–58.

Rosenblueth, A./Wiener, N./Bigelow, J.: „Behavior, Purpose, and Telelogy", *Philosophy of Science* 10 (1943) 18–24.

Rubinoff, L.: „Vico and the Verification of Historical Interpretation", in: *Vico and Contemporary Thought* (eds. G. Tagliacozza/M. Mooney/D.-P. Verene), Atlantic Highlands 1976.

Rumbaugh, D.M., et al.: „Lana (Chimpanzee) Learning Language: A Progress Report", *Brain and Language* 1 (1974), 205–212.

Russell, B.: *Mysticism and Logic*, London 1953.

Rystrom, R.: „Toward Defining Comprehension", *Journal of Reading Behavior* 2 (1970) 1, 2.

Sahlins, M.: *Culture and Practical Reason*, Chicago 1976.

Sapir, E.: *Language*, New York 1921.

Sapir, E.: „The Expression of the End-Point Relation in English, French, and German", *Language Monograph* no. 10 (1932).

de Saussure, F.: *Cours de linguistique générale*, Genf 1916. (Deutsch *Grundfragen der allgemeinen Sprachwissenschaft*, 2. Aufl. Berlin 1967.)

Saxe, G.B.: „Children's Counting. The Early Formation of Numerical Symbols", *New Directions for Child Development* 3 (1979), 73–84.

Schaeffer, F./Eggleston, V.H./Scott, J.L.: „Number Development in Young Children", *Cognitive Psychology* 6 (1974), 357–379.

Schank, R.: „Intention, Memory, and Computer Understanding", *Artificial Intelligence Memo No. AIM-140*, Stanford/California 1971. (Auch: *Research Report Stan-CS-71-193*, Stanford 1971.)

Schank, R.: „Primitive Concepts Underlying Verbs of Thought", *Artificial Intelligence Memo No. AIM-162*, Stanford/California 1972.

Schmidt, S.J.: „Fictionality in Literary and Non-Literary Discourse", *Poetics* 9 (1980), 525–546.

Searle, J.R.: „The Problem of Proper Names", in: *Semantics* (eds. D.D. Steinberg/L.A. Jakobovits), Cambridge 1971, 134–141.

Sebeok, Th.A.: „Animal Communication", *Science* 147 (1965), 1006–1014.

Sebeok, Th.A.: *Perspectives in Zoosemiotics*, The Hague 1972.

Sebeok, Th.A.: „The Semiotic Web: A Chronicle of Prejudices", *Semiotica*, 1975.

Sebeok, Th.A./Ramsay, A. (eds.): *Approaches to Animal Communication*, The Hague 1969.

Seligman, M.E.F.: *Helplessness*, San Francisco 1975.

Sextus Empiricus: *Outlines of Pyrrhonism* (Translation R.G. Bury), London 1967 (Original ca. 200 n. Chr.).

Shannon, C.E.: „The Mathematical Theory of Communication", *Bell System Technical Journal* 27 (1948), 379–423, 623–656.

Shannon, C.E.: *The Mathematical Theory of Communication* (with introduction by W. Weaver), Urbana/Ill. 1949.

Shumaker, N.W.: *Conceptual Analysis of Spatial Location as Indicated by Certain English Prepositions*, unpublished dissertation Athens 1977.

Simmel, G.: *Hauptprobleme der Philosophie*, 7. Aufl. Berlin 1950.
Simpson, G.G.: *This View of Life*, New York 1963.
Skagestad, P.: „Taking Evolution Seriously: Critical Comments on D.T. Campbell's Evolutionary Epistemology", *The Monist* 61 (1978) 4, 611–621.
Smock, C.D./von Glasersfeld, E. (eds.): *Epistemology and Education, Research Report*, Athens/Georgia: University of Georgia Follow Through Program 1974.
Smock, C.D.: „Constructivism and Principles of Instruction", in: Smock, C.D./von Glasersfeld, E. (eds.) 1974.
Spache, G.D.: *Toward Better Reading*, Champaign/Ill. 1964.
Spinner, H.F.: *Begründung, Kritik und Rationalität*, Bd. 1, Braunschweig 1977.
Starkey, P./Cooper, R.J.: „Perception of Numbers by Human Infants", *Science* 210 (1980), 1033–1035.
Stauffer, R.G.: *Directing Reading Maturity as a Cognitive Process*, New York 1969.
Steffe, L.P.: „Constructivist Models for Children's Learning in Arithmetic", Research Workshop on Learning Models, Durham/N.H. 1977.
Steffe, L.P./Richards, J./von Glasersfeld, E.: „Experimental Models for the Child's Acquisition of Counting and of Addition and Subtraction", in: *Explorations in the Modeling of the Learning of Mathematics* (eds. K.C. Fuson/W.E. Geeslin), Columbus/Ohio 1979, 27–44.
Steffe, L.P./Thompson, P.: „Children's Counting in Arithmetical Problem Solving", Paper presented at the Wingspread Conference on Learning of Addition and Subtraction Skills, Racine/Wisc. 1979.
Steffe, L.P./von Glasersfeld, E./Richards, J./Cobb, P.: *Children's Counting Types: Philosophy, Theory, and Application*, New York 1983.
Stern, C.: *Children Discover Arithmetic*, New York 1971.
Strange, R./McCullough, C.M./Traxler, A.E.: *The Improvement of Reading*, New York 1967.
Struhsaker, Th. T.: „Auditory Communication among Vervet Monkeys", in: S.A. Altmann (ed.), 1967, 281–324.
Tavolga, W.N.: „Sound Production and Underwater Communication in Fishes", in: Lanyon, W.E./Tavolga, W.N. (eds.), 1960, 93–136.
Teleki, G.: „The Omnivorous Chimpanzee", *Scientific American* 228 (1973) 1, 33–42.
Thorndike, E.L.: *Human Learning*, New York 1931.
Thorpe, W.H.: *Learning and Instinct in Animals*, London 1956.
Thorpe, W.H.: „The Comparison of Vocal Communication in Animals and Man", in: *Non-Verbal Communication* (ed. R.A. Hinde) 1972, 27–47.
Tinbergen, N.: „‚Derived' Activities: Their Causation, Biological Significance, Origin, and Emancipation During Evolution", *Quarterly Review of Biology* 27 (1952) 1, 1–32.
Toulmin, S.E.: „The Evolutionary Development of Natural Science", *American Scientist* 55 (1967), 456–471.
Trevarthen, C./Hubley, P./Sheeran, L.: „Les activités innées du nourrisson", *La Recherche* 6 (1975) 56, 447–458.
Ullmann, S.: *The Principles of Semantics*, Oxford 1957.
Valéry, P.: „Au sujet du cimetière Marin" (1933), in: *Oeuvres de Paul Valéry*, Paris 1957.
Valéry, P.: „Note et digression (Introduction à la Méthode de Leonard de Vinci)", *Oeuvres, I.*, Paris 1957.
van den Berghe, P.L./Barash, D.P.: „Inclusive fitness and human family structure", *American Anthropologist* 79 (1977), 809–823.
van Lawick-Goodall, J.: „The Behaviour of Free-Living Chimpanzees in the Gombe Stream Reserve", *Animal Behavior Monogr. 1* (1968), 161–301.
Varela, F.: „The Arithmetic of Closure", *Proceedings of the Third European Meeting on Cybernetics and Systems Research*, Vienna 1975.
Varela, F.: „A Calculus for Self-Reference", *International Journal of General Systems*, 2/1975) 5–24.
Varela, F.: *Principles of Biological Autonomy*, New York 1979.
Varela, F./Toro, A./John, E.R./Schwartz, E.L.: Perceptual Framing and Cortical Alpha Rhythm, manuscript 1979.

Vico, G.: *De antiquissima Italorum sapientia,* Neapel 1710/1858.
von Foerster, H.: „Thoughts and Notes on Cognition", in: *Cognition: A Multiple View* (ed. P.L. Garvin), New York 1970, 25–48. (Deutsch „Gedanken und Bemerkungen über Kognition" in: ders. 1985, 95–112.)
von Foerster, H.: „Objects: Tokens for (Eigen) Behaviors", *Cybernetics Forum* 8 (1976), 91–96. (Deutsch „Gegenstände: greifbare Symbole für (Eigen-)Verhalten" in: ders. 1985, 207–216.)
von Foerster, H.: „Notes pour une épistémologie des objets vivants", in: *L'unité de l'homme* (eds. E. Morin/M. Piattelli-Palmarini), Paris 1972. (Deutsch „Bemerkungen zu einer Epistemologie des Lebendigen", in: ders. 1985, 81–93.)
von Foerster, H.: „On Constructing a Reality", in: *Environmental Design Research,* vol. II (ed. W.F.E. Preiser), Stroudsburg 1973. (Deutsch „Über das Konstruieren von Wirklichkeiten", in: ders. 1985, 25–41.)
von Foerster, H.: *Sicht und Einsicht.* Versuche zu einer operativen Erkenntnistheorie, Braunschweig/Wiesbaden 1985.
von Frisch, K.: „Decoding the Language of the Bee", *Science* 185 (1974), 663–668.
von Glasersfeld, E.: *Operational Semantics,* Brüssel 1963.
von Glasersfeld, E.: „An Approach to the Semantics of Preposition", *Proceedings of the Symposium on Computer-Related Semantic Analysis,* Las Vegas/Nevada 1965; Detroit 1967.
von Glasersfeld, E.: „Semantics and the Syntactic Classification of Words", *International Conference on Computational Linguistics,* Sånga Säby/Schweden 1969.
von Glasersfeld, E.: „The Correlational Approach to Language", *Linguaggio e Pensiero* 1 (1970), 3.
von Glasersfeld, E.: „Reading, Understanding and Conceptual Situations", in: F.P. Greene (ed.), *21st Yearbook of the National Reading Conference,* Milwaukee/Wisc. 1972, 119–127. (Deutsch „Lesen, Verstehen und begriffliche Situationen" in diesem Band 16–23.)
von Glasersfeld, E.: „Semantic Analysis of Verbs in Terms of Conceptual Situations", *Linguistics* 94 (1972), 90–107. (Deutsch „Die semantische Analyse von Verben auf der Grundlage begrifflicher Situationen" in diesem Band 24–38.)
von Glasersfeld, E.: „Piaget and the Radical Constructivist Epistemology", in: C.D. Smock/E. von Glasersfeld (eds.) 1974a. (Deutsch „Piaget und die Erkenntnistheorie des radikalen Konstruktivismus" in diesem Band 99–112.)
von Glasersfeld, E.: „‚Because' and the Concepts of Causation", *Semiotica,* 12 (1974b) 2, 129–144. (Deutsch „*Weil* und die Begriffe der Verursachung" in diesem Band 39–51.)
von Glasersfeld, E.: „Signs, Communication, and Language", *Journal of Human Evolution* 3 (1974c), 465–474. (Deutsch „Zeichen, Kommunikation und Sprache" in diesem Band 52–62.)
von Glasersfeld, E.: „Radical Constructivism and Piaget's Concept of Knowledge", *5th Annual Symposium of the J. Piaget Society,* Philadelphia 1975.
von Glasersfeld, E.: „Cybernetics and Cognitive Development", *Cybernetics Forum* 8 (1976), 115–120.
von Glasersfeld, E.: „A Radical Constructivist View of Knowledge", in: *Implications of Constructivism for Human Development* (Chair: B.A. Kaufman), Paper presented at the Annual Meeting of AERA, New York 1977a. (Deutsch „Wissen in der Sicht des radikalen Konstruktivismus" in diesem Band 131–136.)
von Glasersfeld, E.: „Notes on the Epistemological Revolution", in: *The General Systems Paradigm: Model for a Changing Science* (Chair: H. von Foerster), SGSR/AAAS Symposium, Denver/Colo. 1977b. (Deutsch „Bemerkungen zur epistemologischen Revolution" in diesem Band 122–130.)
von Glasersfeld, E.: „Radical Constructivism and Piaget's Concept of Knowledge", in: *Impact of Piagetian Theory* (ed. F.B. Murray), Baltimore 1978, 109–122.
von Glasersfeld, E.: „Cybernetics, Experience, and the Concept of Self", in: *A Cybernetic Approach to the Assessment of Children: Toward a more Human Use of Human Beings* (ed. M.N. Ozer), Boulder/Colo. 1979, 67–113. (Deutsch „Kybernetik, Erfahrung und der Begriff des Ich" in diesem Band 144–175.)

von Glasersfeld, E.: „Adaptation and Viability", *American Psychologist* vol. 35 (1980) 11, 970–974. (Deutsch „Anpassung und Überlebensfähigkeit" in diesem Band 80–85.)

von Glasersfeld, E.: „An Epistemology for Cognitive Systems", in: *Self-Organizing Systems* (eds. G. Roth/H. Schwegler), Frankfurt/M./New York 1981 a, 121–131. (Deutsch „Eine Epistemologie für kognitive Systeme" in diesem Band 176–185.)

von Glasersfeld, E.: „An Attentional Model for the Conceptual Construction of Units and Number", *Journal for Research in Mathematics Education* 12 (1981b), 83–94. (Deutsch „Ein Bewußtseins-Modell der begrifflichen Konstruktion von Einheiten und Zahlen" in diesem Band 243–253.)

von Glasersfeld, E.: „Einführung in den radikalen Konstruktivismus", in: *Die erfundene Wirklichkeit* (ed. P. Watzlawick), München 1981c, 16–38. (In diesem Band 198–212.)

von Glasersfeld, E.: „Feedback, Induction, and Epistemology", in: *Applied Systems and Cybernetics* (ed. G.E. Lasker), New York/Oxford 1981d. (Deutsch „Rückkopplung, Induktion und Erkenntnistheorie" in diesem Band 213–220.)

von Glasersfeld, E.: „Sensory-Motor Sources of Numerosity", paper presented at 11th Symposium of the Jean Piaget Society, Philadelphia 1981e.

von Glasersfeld, E.: „The Conception and Perception of Number" in: *Proceedings of the Conference on Mathematical and Cognitive Development* (eds. S. Wagener/W.E. Geeslin), Columbus/Ohio 1981f.

von Glasersfeld, E.: „The Concepts of Adaptation and Viability in a Radical Constructivist Theory of Knowledge", in: *New Directions in Piagetian Theory and Their Application to Education* (eds. I. Sigel/R. Glinkoff/D. Brodzinsky), Hillsdale/New Jersey 1981g. (Deutsch „Die Begriffe der Anpassung und Viabilität in einer radikal konstruktivistischen Erkenntnistheorie" in diesem Band 137–143.)

von Glasersfeld, E.: „An Interpretation of Piaget's Constructivism", *Revue Internationale de Philosophie* 36 (1982), 4, 612–635. (Deutsch „Piagets Konstruktivismus. Eine Interpretation" in diesem Band 221–240.)

von Glasersfeld, E. et al.: *Automatic English Sentence Analysis,* Final Report under Grant AFOSR 1319–67, Athens/Georgia 1970.

von Glasersfeld, E./Notarmarco, B.: „Some Adjective Classes Derived from Correlational Grammar", Scientific Progress Report, Athens/Georgia 1972.

von Glasersfeld, E./Pisani, P.P.: *The Multi-Store System MP 2,* Scientific Progress Report, Athens/Georgia 1968.

von Glasersfeld, E./Pisani, P.P.: „The Multi-Store Parser for Hierarchical Syntactic Structures", *Communication of the Association for Computing Machinery* 13 (1970), 2.

von Glasersfeld, E./Varela, F.: „Problems of Knowledge and Cognizing Organisms", *Aprendizagem/Desenvolvimento* 1985, 2 (6), 17–23.

von Helmholtz, H.: *Handbuch der Physiologischen Optik* (3. Aufl. 1866), Hamburg 1909.

von Humboldt, W.: „Über Denken und Sprechen", *Werke,* Band 7, Berlin 1907, 581–583.

von Uexküll, J./Kriszat, G.: *Streifzüge durch die Umwelten von Tieren und Menschen* (1933), Frankfurt 1970.

Vurpillot, E.: „The Development of Scanning Strategies and Their Relation to Visual Differentiation", *Journal of Experimental Child Psychology* 6 (1968), 632–650.

Vurpillot, E.: *Le monde visuel du jeune enfant,* Paris 1972.

Wapner, S./Werner, H.: „An Experimental Approach to Body Perception from the Organismic-Developmental Point of View", in: *The Body Percept* (eds. S. Wapner/H. Werner), New York 1965.

Wiener, N.: *Cybernetics,* Cambridge/Mass. 1948.

Wiener, N.: „Time, Communication, and the Nervous System", *Annals of N.Y.A.S.* 50 (1948) 4, 197–219.

Wiener, N.: *The Human Use of Human Beings,* New York 1950 (Paperback edition 1967).

Wilson, E.O.: *Sociobiology. The New Synthesis,* Cambridge/Mass. 1975.

Wilson, E.O.: *Human Nature,* Cambridge/Mass. 1978.

Wirtz, R.: *New Beginnings*, Monterey 1980.
Wittgenstein, L.: *Tractatus Logico-Philosophicus*, London 1922.
Yngve, V.H.: „A Model and an Hypothesis for Language Structure", *Proceedings of the American Philosophical Society*, 104 (1960), 5.
Yngve, V.H.: „The Depth Hypothesis", in: *Structure of Language and Its Mathematical Aspects* (ed. R. Jacobson), American Mathematical Society 1961.
Zierer, E.: „On the Depth Hypothesis", *Lenguaje y Ciencias*, Trujillo (Peru), 23 (1967).
Ziff, P.: „Understanding", in: *Studies in Thought and Language* ed. J.L. Cowan, Tuscon 1970.
Zinchenko, W.P./Vergiles, N.Y.: „Formation of Visual Images", *Special Research Report*, New York 1972.

# Namenverzeichnis

# Sachwortverzeichnis

# Erkennen: Die Organisation und Verkörperung von Wirklichkeit

Ausgewählte Arbeiten zur biologischen Epistemologie

von Humberto R. Maturana

Autorisierte deutsche Fassung von Wolfram K. Köck

*2., durchgesehene Auflage 1985. X, 322 Seiten.*
*(Wissenschaftstheorie, Wissenschaft und Philosophie, Bd. 19; hrsg. von Siegfried J. Schmidt und Peter Finke.) Kartoniert.*
*ISBN 3-528-18465-5*

Diese Auswahl der Arbeiten des chilenischen Neurophysiologen Humberto R. Maturana bietet einen radikal neuen Entwurf einer Theorie lebender Systeme, in deren Rahmen die menschlichen Erkenntnisleistungen (Wahrnehmungen, Lernen, Gedächtnis, Denken, Sprache usw.) sowohl systematisch-logisch als auch empirisch-neurobiologisch begründet werden. Maturanas Theorie „autopoietischer" Systeme überwindet die gängigen Maschinenmodelle von Mensch und Tier und bietet eine aussichtsreiche neue Basis für die empirische Forschung sowohl der biologischen als auch der Human- und Sozialwissenschaften.

Verlag Vieweg · Postfach 58 29 · D-6200 Wiesbaden

vieweg

GPSR Compliance

*The European Union's (EU) General Product Safety Regulation (GPSR) is a set of rules that requires consumer products to be safe and our obligations to ensure this.*

*If you have any concerns about our products, you can contact us on ProductSafety@springernature.com*

In case Publisher is established outside the EU, the EU authorized representative is:

Springer Nature Customer Service Center GmbH
Europaplatz 3
69115 Heidelberg, Germany

**Batch number: 10712209**

Printed by Printforce, the Netherlands